RAPPORT

DU JURY CENTRAL

EN 1844.

RAPPORT
DU JURY CENTRAL.

—

TOME PREMIER.

PARIS.

IMPRIMERIE DE FAIN ET THUNOT,
Rue Racine, 28, près de l'Odéon.

—

M DCCC XLIV.
1845

EXPOSÉ SOMMAIRE DES FAITS

RELATIFS

A L'EXPOSITION DES PRODUITS DE L'INDUSTRIE FRANÇAISE

EN 1844.

La dixième exposition de l'industrie française, ouverte le 1er mai 1844, a été close le 30 juin ; les travaux du jury se sont terminés le 25 juillet suivant ; aucune autre n'avait donné lieu à la réunion d'un aussi grand nombre d'exposants, et, ce nombre toujours croissant à chaque exposition nouvelle, une seule exceptée, est devenu, dans l'intervalle de quarante-six ans, *trente-six* fois plus considérable qu'il n'était d'abord.

La première exposition remonte à 1798, elle ne compta que . . 110 exposants.

La   2e réunit 220 exposants en 1801,
La   3e . . . 540 1802,
La   4e . . . 1422 1806,
La   5e . . . 1662 1819,
La   6e . . . 1648 1823,
La   7e . . . 1795 1827,
La   8e . . . 2447 1834,
La   9e . . . 3381 1839,
La 10e . . . 3960 1844,

Depuis l'exposition de 1839, de grands progrès se sont encore réalisés en France : on pourra s'en faire une idée en lisant le discours du président et la réponse du roi. Les rapports spéciaux du jury central permettront d'apprécier dans les principales branches de la production nationale les améliorations relatives aux matières premières mises en œuvre, aux moyens nouveaux de fabrication, aux prix et qualités des produits.

Nos manufacturiers habiles, toujours empressés de connaître les conditions de succès de leurs industries, trouveront en tête de chaque rapport des considérations générales dans lesquelles leurs véritables intérêts sont présentés en harmonie avec l'intérêt public ; ils ne sauraient mettre en doute les sentiments de haute bienveillance qui ont inspiré ces utiles conseils. Après ces considérations sur l'ensemble des principales industries, on lira les motifs à l'appui des décisions du jury central.

Nous présenterons d'abord, suivant l'ordre chronologique, les faits relatifs à ce grand concours, le plus brillant de tous.

ORDONNANCE DU ROI.

Le 3 septembre 1843.

LOUIS-PHILIPPE, roi des Français.

A tous présents et à venir, salut.

Sur le rapport de notre ministre secrétaire d'État au département de l'agriculture et du commerce;

Vu notre ordonnance du 4 octobre 1833, qui statue que l'exposition publique des produits de l'industrie aura lieu tous les cinq ans;

Vu la loi du 24 juillet 1843, portant fixation du budget des dépenses de l'exercice 1844,

Nous avons ordonné et ordonnons ce qui suit :

ARTICLE PREMIER.

Une exposition publique des produits de l'industrie française aura lieu à Paris, en 1844, dans le grand carré des jeux des Champs-Élysées.

Elle s'ouvrira le 1ᵉʳ mai et sera close le 30 juin suivant.

ART. 2.

Un jury nommé dans chaque département par

le préfet déterminera les produits qui seront admis à l'exposition.

ART. 3.

Les frais du transport des produits, du chef-lieu de chaque département à Paris, et de Paris au chef-lieu de chaque département, seront à la charge de l'État.

ART. 4.

Un jury central, dont les membres seront désignés par notre ministre secrétaire d'État au département de l'agriculture et du commerce, appréciera le mérite des produits exposés, et nous nous réservons, après son rapport, de décerner, à titre de récompense, des médailles d'or, d'argent et de bronze aux fabricants qui en auront été jugés dignes.

ART. 5.

Les jurys départementaux, en prononçant l'admission des produits présentés pour l'exposition, signaleront au Gouvernement les industriels qui, par la fondation d'établissements ou par des inventions ou des procédés nouveaux non susceptibles d'être exposés, auraient contribué aux progrès des arts et manufactures depuis l'exposition de 1839; ces industriels pourront avoir part aux récompenses.

ART. 6.

Notre ministre secrétaire d'État au département de l'agriculture et du commerce est chargé de l'exécution de la présente ordonnance.

Fait au château d'Eu, le trois septembre mil huit cent quarante-trois.

LOUIS-PHILIPPE.

Par le Roi :

Le Ministre Secrétaire d'État au département de l'agriculture et du commerce,

L. CUNIN-GRIDAINE.

CIRCULAIRES

DE M. LE MINISTRE DE L'AGRICULTURE ET DU COMMERCE.

PREMIÈRE CIRCULAIRE.

Paris, le 6 octobre 1843.

Monsieur le Préfet, une ordonnance royale du 3 septembre dernier a décidé qu'une exposition publique des produits de l'industrie nationale aurait lieu à Paris le 1ᵉʳ mai 1844 ; je vous adresse ci-joint plusieurs exemplaires de cette ordonnance, et je vous prie d'y donner la plus grande publicité possible.

C'est pour la dixième fois depuis quarante-cinq ans que la France est appelée à ces réunions solennelles dont elle a donné l'heureux exemple, et l'industrie s'y porte avec une ardeur toujours croissante. L'exposition de 1827 comptait 1,795 exposants ; celle de 1834 en a eu 2,447 ; celle de 1839, 3,381. Le maintien de la tranquillité au dedans, la conservation de la paix au dehors, en favorisant le développement de toutes les forces productives du pays, ont donné de l'essor au travail et garantissent à l'exposition de 1844 des résultats non moins remarquables.

Aux termes de l'article 1er de cette ordonnance, l'exposition ouverte le 1er mai sera close le 30 juin suivant. Cette durée de deux mois, durée ordinaire des expositions, suffit, sans épuiser la curiosité publique, pour la complète appréciation des produits exposés, et permet au jury central, ainsi que l'énonce son rapport particulier de 1839, d'apporter dans ses travaux la maturité nécessaire pour donner toute autorité à ses propositions.

L'article 2 de la même ordonnance institue un jury dans chaque département et délègue aux préfets le soin de le composer. Investis du droit de prononcer l'admission ou le rejet des produits présentés, chargés, en outre, de signaler les industriels qui ont contribué aux progrès des arts et manufactures, ces jurys ont à remplir une mission assez belle pour exciter l'ambition des hommes les plus recommandables de votre département, et, en même temps, assez délicate et assez difficile pour exiger de leur part aptitude et dévouement : le discernement que vous apporterez dans vos choix, et le sentiment du bien à faire et du devoir à remplir, suffiront, j'en suis convaincu, pour assurer l'un et l'autre.

Quant à la composition de ces jurys et à leurs

attributions, je vous adresserai séparément des instructions spéciales.

Pour le moment, vous avez, Monsieur le Préfet, à préparer, par un avertissement général, le concours actif de votre département à la prochaine exposition. Le Gouvernement du Roi est fier à trop de titres des progrès de l'industrie française, pour ne pas tenir à honneur de voir le pays répondre dignement à son appel.

Nos expositions, d'ailleurs, ne sont pas seulement un spectacle plein de grandeur et d'intérêt; la France, en montrant aux étrangers, et en voyant ainsi réunis dans une seule et même enceinte les témoignages si éloquents du travail national, enseigne aux autres et apprend elle-même à connaître sa véritable valeur industrielle; l'industrie, à son tour, puise dans cette école d'observation ces leçons pratiques qui généralisent le progrès, et nos fabricants, après avoir concouru au développement de la fortune publique, trouvent, dans les récompenses décernées par le Roi, un noble prix de leurs travaux et de puissants motifs d'encouragement et d'émulation.

Le jury, il y a quatre ans, se glorifiait, au nom du pays, des progrès effectués depuis la précédente exposition; qu'il me soit permis de le prédire aujourd'hui, en devançant le jugement du jury, l'exposition de 1844 constatera des progrès non moins importants, des conquêtes non moins utiles. Il vous appartient, Monsieur le Préfet, secondé par le jury que vous allez composer, de réunir les éléments de cette nouvelle épreuve : le Gouvernement compte à cet égard sur la sollicitude que doivent vous inspirer les intérêts et le renom du département que vous administrez.

Recevez, Monsieur le Préfet, l'assurance de ma considération la plus distinguée.

Le Ministre de l'agriculture et du commerce,

Signé : L. CUNIN-GRIDAINE.

DEUXIÈME CIRCULAIRE.

Paris, le 8 octobre 1843.

Monsieur le préfet, l'article 2 de l'ordonnance royale du 3 septembre dernier, relative à l'exposition publique des produits de l'industrie qui doit avoir lieu en 1844, vous charge de constituer, dans votre département, un jury spécial pour l'examen et l'admission des produits destinés à cette exposition. Il importe que vous vouliez bien vous occuper, dès ce moment, de la constitution de ce jury.

Vous connaissez, Monsieur le préfet, l'extension toujours croissante que prennent les expositions :

le grand intérêt qui s'attache à ces concours, puissamment secondé par le développement de l'industrie nationale, rend compte de ce progrès, que le Gouvernement du Roi constate avec bonheur, mais qui, sous un point de vue particulier, mérite toute son attention.

Les premières expositions furent peu nombreuses: c'était le début de l'institution et, d'ailleurs, les circonstances politiques et l'état de l'industrie, à cette époque, y étaient peu favorables; les expositions de 1819 et de 1823 marquèrent avec éclat les premiers pas de la France dans la carrière que la paix venait de lui rouvrir; celle de 1827, sous la restauration, et celles de 1834 et 1839, depuis la révolution de juillet, firent prévoir, par leur immense développement, que bientôt l'espace manquerait pour recevoir, *sans distinction*, les productions de toutes les industries.

Cette prévision s'est réalisée, Monsieur le préfet: déjà, depuis quelque temps, l'opinion publique signalait la convenance de réserver les honneurs de l'exposition aux produits de nos grandes industries manufacturières; le jury de 1839, dans son rapport particulier, s'est rendu l'organe de ce vœu: la nécessité l'impose aujourd'hui au Gouvernement: sans cette restriction, les expositions générales seraient désormais impossibles.

Cette observation est importante, M. le préfet,
au moment où vous allez vous occuper de composer, dans votre département, le jury chargé de
l'admission des produits. De la bonne composition de ce jury, de son discernement dans l'accomplissement de sa tâche, dépend le succès
de la prochaine exposition. Vous devez donc vous
appliquer à n'y appeler que des personnes qui,
avec les connaissances spéciales nécessaires, présentent toute garantie d'aptitude et d'indépendance.

Déjà vous avez près de vous des hommes que
leurs études spéciales et leur position signalent à
votre choix: l'ingénieur en chef des ponts et
chaussées, l'ingénieur des mines; dans quelques
arrondissements du littoral, les ingénieurs des
constructions maritimes; partout, l'architecte du
département; mais vous ne perdrez pas de vue
que l'industrie ne peut être mieux jugée que par
ses pairs, et vous devez réserver place dans le jury
pour les membres du conseil général des manufactures, pour les présidents des conseils des
prud'hommes, pour les présidents et un certain
nombre de délégués des chambres de commerce
et des manufactures.

Le nombre des membres du jury est nécessairement subordonné à l'importance et à la variété
des industries du département : l'ordonnance

royale vous laisse toute latitude pour la détermi-
nation de ce nombre. Vous resterez également
juge de la convenance de réunir ses membres en
une seule commission centrale, ou de les subdi-
viser en sections locales qui se chargeraient de
préparer le travail dans les arrondissements.

Le jury doit être placé sous votre présidence
personnelle et sous la vice-présidence d'un membre désigné par lui-même : le jury doit de même
désigner son secrétaire, mais il sera utile que vous
vouliez bien lui adjoindre un employé actif et intelligent de votre préfecture.

Aussitôt que le jury aura été constitué, et il
doit l'être avant la fin de ce mois, vous m'adres-
serez le procès-verbal de sa constitution. Dans
l'intervalle, je vous transmettrai des instructions
pour régler la marche de ses travaux, et il pourra
entrer en fonctions dès le 1er novembre prochain.

Veuillez m'accuser réception de cette circulaire
et assurer son exécution.

Recevez, Monsieur le préfet, l'assurance de ma
considération la plus distinguée.

Le ministre de l'agriculture et du commerce,

Signé : **L. CUNIN-GRIDAINE.**

TROISIÈME CIRCULAIRE.

Paris, le 15 décembre 1843.

Monsieur le préfet, mes lettres des 6 et 8 octobre dernier vous ont fait connaître l'intention du Gouvernement de ne rien négliger pour donner à la prochaine exposition des produits de l'industrie tout l'éclat que comporte cette grande solennité.

Depuis cette époque, je me suis occupé de la disposition des bâtiments nécessaires pour l'exposition ; les travaux de maçonnerie, que les gelées pouvaient empêcher ou interrompre, sont achevés depuis un mois ; les autres travaux, adjugés en totalité, sont en cours d'exécution ; une superficie de près de 20,000 mètres, entièrement couverte, recevra les produits du travail national, et déjà le degré d'avancement des travaux et l'activité avec laquelle ils se poursuivent me donnent la certitude qu'aucun obstacle n'en prolongera l'exécution au delà de l'époque fixée pour leur achèvement.

Je viens aujourd'hui, Monsieur le préfet, vous entretenir de la direction à imprimer aux opérations des jurys chargés de l'admission des produits.

Le droit de travailler est un droit garanti à tous par nos lois modernes, et le travail l'origine la plus noble de la propriété ; chacun peut donc se glorifier à juste titre de ses œuvres et prétendre à l'honneur de les exposer. Mais les jurys ne doivent pas perdre de vue que les expositions de l'industrie, comme l'indique leur titre, ont une spécialité marquée dans les limites de laquelle les admissions doivent être rigoureusement renfermées. Au début de l'institution, tous les produits purent être admis indistinctement. La France n'avait pas encore conquis parmi les peuples manufacturiers le rang que sa richesse, son intelligence et son activité lui assignent, et les expositions n'étaient encore alors, pour ainsi dire, qu'un appel au génie des arts industriels.

Depuis, l'industrie a grandi sous la protection des institutions du pays et sous l'influence de la paix et de l'ordre intérieur ; la science a éclairé sa marche ; la mécanique a centuplé ses forces, et le travail national exploite aujourd'hui en grand toutes les branches de la production.

Ce résultat, que je suis heureux de constater, commande au Gouvernement de réserver les honneurs de l'exposition aux produits qui occupent, dans la consommation, une place assez notable pour mériter véritablement l'intérêt et l'attention publique. Cette mesure contribuera à donner à cette belle et nationale institution le caractère sérieux et digne qui convient à la grandeur de la France et à l'importance de son commerce. Les jurys comprendront, en outre, la nécessité de n'admettre que des objets recommandables par leur bonne fabrication.

Si le but de nos expositions n'est pas d'offrir à la curiosité publique le vain étalage de stériles chefs-d'œuvre, il n'est pas non plus de recevoir sans choix les produits de toute nature qui peuvent être présentés : l'un et l'autre inconvénients doivent être évités avec le même soin.

Tous les arts industriels qui fournissent aux besoins de l'homme contribuent au bien-être de la société et concourent au développement de la richesse publique; leur utilité seule donne la mesure de leur valeur relative, et cette base est la règle la plus sûre que le jury puisse adopter pour l'appréciation des produits qui lui seront soumis.

En effet, un produit isolé, fût-il un chef-d'œuvre de patience ou d'adresse, un modèle de richesse ou d'élégance, s'il n'a été obtenu qu'à prix de travail ou d'argent, n'a pas, par lui-même, une valeur industrielle qu'on doive particulièrement encourager; souvent même de pareils travaux sont pour leur auteur une cause de mécompte et de ruine. Mais il n'en est pas de même d'un produit en réalité plus modeste, s'il satisfait à un besoin commun, si sa bonne fabrication en assure le bon usage, si son bas prix en généralise l'emploi. Ce produit a une véritable valeur industrielle, et sa place est marquée à l'exposition.

Les jurys auront donc à considérer :

La nature des produits ;

Leur qualité ;

Leur valeur industrielle et commerciale.

I. Les objets qui appartiennent à la science et aux beaux-arts doivent être écartés avec soin. Je rangerai particulièrement dans cette catégorie les objets d'art proprement dits, les systèmes planétaires et autres, les méthodes d'enseignement, les appareils médicaux, les pièces anatomiques, etc... D'autres expositions leur sont ouvertes, et ils ont leurs juges dans les sociétés savantes et dans les académies des arts et des sciences.

Il en est de même de ces spécimens d'invention ou de perfectionnement dont les résultats, purement théoriques, sont encore sans applications matérielles, et qui n'ont reçu aucune sanction de la pratique. Il convient d'attendre, à leur égard, que le temps les ait fait passer du domaine de la science dans celui de l'industrie.

D'un autre côté, le jury central de 1839, en signalant la convenance d'interdire aux exposants la distribution de toutes cartes, adresses et prospectus, a demandé qu'on cessât d'admettre certains objets qui, aux dernières expositions, occupaient une place considérable, et qui appartiennent plutòt *à la confection* qu'à la fabrique : je veux parler des vêtements, corsets, perruques, souliers, socques, etc.; et, en second lieu, des préparations alimentaires, boissons, cosmétiques, médicaments, etc. Toutefois, je dois expliquer que cette exclusion ne saurait s'appliquer, à l'égard des substances alimentaires et des cosmétiques, qu'aux produits qui n'ont été, en dernier lieu, que l'objet d'une manipulation accessoire ou d'une simple mise en forme.

Enfin, Monsieur le Préfet, je n'ai pas besoin de vous rappeler que les jurys départementaux ne doivent ni admettre, ni laisser expédier aucuns produits chimiques ou autres, qui seraient susceptibles de s'enflammer spontanément, soit dans le transport, soit sous la température élevée des salles de l'exposition. On ne saurait, à cet égard, déployer trop de sévérité pour prévenir les accidents.

II. La bonne qualité des produits est une des conditions essentielles pour leur admission; mais, par là, je n'entends pas exclusivement ces qualités recherchées par les classes riches de la société, et que seules elles peuvent payer convenablement; ce n'est là qu'une exception. La qualité qu'on doit exiger est celle qui résulte de l'emploi intelligent des matières, de la régularité de la fabrication, de la pureté des formes ou des dessins, de la solidité des couleurs ou des apprêts.

Quelques fabricants, au lieu d'envoyer à l'exposition les types ordinaires de leur fabrication, se croient obligés de faire exécuter à grands frais, pour cette époque, des produits exceptionnels, *des pièces d'exposition.* En cela ils méconnaissent le but de l'institution, qui n'est point d'établir un concours entre les fabricants sur la seule comparaison des objets exposés, mais de faire connaître l'état vrai des différentes branches de la fabrique. D'un autre côté, en se présentant avec des produits exécutés en dehors des conditions normales, on se met en contradiction avec la notoriété publique et on court la chance d'être mal classé : ce qu'on fait le mieux, en effet, c'est ce qu'on fait journellement, et, en visant à l'extraordinaire, on perd le bénéfice de sa spécialité.

III. Le jury de l'exposition de 1839 s'est préoccupé particulièrement, dans l'appréciation des objets exposés, *de la valeur industrielle et commerciale des produits.* Il a considéré, avec toute raison, que le prix est un des principaux éléments de la perfection, comme l'utilité est la mesure la plus vraie de la valeur réelle des choses.

Les jurys départementaux sont composés d'hommes trop positifs pour ne pas tenir le plus grand compte de cette considération. La réduction dans les prix, lorsqu'elle n'est achetée par aucune altération de la qualité, constitue un progrès véritable ; et ce progrès, en mettant la marchandise à la portée d'un plus grand nombre de consommateurs, est favorable au développement du travail, par l'augmentation de production qui en est la conséquence.

Lors des dernières expositions, mes prédécesseurs avaient demandé que le prix de chaque article fût soigneusement indiqué. Le jury central avait vivement appuyé cette mesure. Je vous invite, Monsieur le Préfet, à insister particulièrement sur ce point. Sans la connaissance exacte des prix, le mérite relatif des produits et leur véritable valeur commerciale ne peuvent être sainement appréciés, et le jury central se trouvant, à leur égard, sans moyens de remplir la mission qui lui est confiée, pourrait être obligé de les mettre hors de concours.

Telles sont, Monsieur le Préfet, les recommandations générales que je vous prie de soumettre au jury constitué dans votre département : placé sur les lieux, connaissant de longue date l'importance des établissements, la nature et la qualité de leurs produits, il peut avec sûreté en faire l'application, et son témoignage, donné sans esprit de localité comme sans faveur, ne peut

manquer d'être, pour le jury central, un élément
précieux d'appréciation. Veuillez, en outre, avertir le jury de votre département que, comprenant toute la difficulté de sa mission et voulant
donner force à ses décisions et le défendre lui-
même contre les influences qui pourraient entra-
ver l'accomplissement de sa tâche, j'ai décidé
que le jury central pourrait refuser l'exposition
des produits qui n'auraient pas été soumis à son
examen préalable, ou qui, par une cause quelconque, ne se trouveraient pas dans les conditions que je viens d'énumérer.

A la réception de cette lettre, vous aurez,
Monsieur le Préfet, à faire ouvrir, à votre préfecture et dans chaque sous-préfecture de votre
département, le registre d'inscription des déclarations des fabricants et industriels qui se propo-
sent d'exposer; ces déclarations devront indiquer :

Le nom du fabricant, la nature de son industrie, son domicile, le siége et la date de fondation de son établissement, le nombre d'ouvriers
qu'il emploie dans ses ateliers et le nombre de
ceux qu'il fait travailler en dehors, la nature et
la force de son moteur, le nombre de ses métiers,
feux, fours, forges, etc.; la quantité de matières
premières qu'il met en œuvre; l'importance annuelle en quantité et en valeur des produits qu'il

livre, soit au commerce intérieur, soit à l'exportation ; les avantages que présente l'établissement pour la localité ; les médailles ou récompenses honorifiques qu'il a pu obtenir.

De son côté, le jury, à mesure que ces déclarations lui seront remises, constatera, autant que possible, l'exactitude des renseignements consignés dans ces déclarations, et recueillera toutes les informations nécessaires pour l'examen des produits de chaque établissement et pour la rédaction de la note qui devra en accompagner l'envoi.

Vous savez, en outre, Monsieur le Préfet, qu'aux termes de l'article 5 de l'ordonnance royale du 3 septembre 1843, les jurys départementaux n'ont pas seulement la mission de prononcer sur l'admission des produits présentés pour l'exposition ; ils ont encore à signaler au Gouvernement *les industriels qui, par la fondation d'établissements ou par des inventions ou des procédés nouveaux, non susceptibles d'être exposés, auraient contribué aux progrès des arts et manufactures depuis la dernière exposition.* Les jurys, je n'en doute pas, apprécieront toute l'importance et l'intérêt de cette partie de leur tâche, et en ne négligeant rien pour déterminer les grands établissements à prendre au prochain concours la part que leur rang leur assigne, ils seront heu-

reux de pouvoir signaler les noms des industriels,
chefs d'atelier ou simples ouvriers qui, par des
perfectionnements pratiques ou des procédés ingénieux, auraient rendu des services à l'industrie : ce sont là des titres honorables à la reconnaissance du pays, et le Gouvernement, sur le
rapport du jury central, saisira avec empressement l'occasion de mettre ces titres sous les yeux
du Roi.

Veuillez, Monsieur le Préfet, m'accuser réception de cette circulaire, et recevoir l'assurance
de ma considération la plus distinguée.

*Le Ministre Secrétaire d'État de l'agriculture et du
commerce,*

Signé : CUNIN-GRIDAINE.

QUATRIÈME CIRCULAIRE.

Paris, le 1ᵉʳ mars 1844.

Monsieur le Préfet, au moment où les opérations du jury de votre département, chargé de
l'examen des produits destinés à la prochaine exposition, touchent à leur terme, vous avez à
vous occuper de leur expédition et de la rédaction
des pièces qui doivent les accompagner.

Comme aux précédentes expositions, les objets

expédiés doivent être détaillés dans un bordereau indiquant le nom et le domicile de chaque fabricant, le nombre et la nature de ses articles, les médailles et récompenses honorifiques qu'il a pu déjà obtenir.

Vous trouverez ci-joint, Monsieur le Préfet, un modèle de ce bordereau ; il ne devra être rempli qu'au fur et à mesure des expéditions, et il ne devra comprendre que les produits effectivement expédiés. Ce bordereau me sera adressé directement, par la poste, en *triple exemplaire*, et de manière à ce qu'il me parvienne toujours avant l'arrivée des colis.

Un de ces exemplaires est destiné au jury central de l'Exposition ; à cet exemplaire sera joint, pour chaque exposant, un bulletin individuel contenant les divers renseignements réclamés par ma circulaire du 15 décembre dernier ; on y inscrira, en outre, les observations et annotations particulières du jury départemental, propres à faire connaître l'importance réelle des établissements et les titres des fabricants aux récompenses nationales. Ce témoignage, émanant d'hommes si compétents, sera pour le jury central un utile élément d'appréciation. On devra joindre au bulletin les notes et documents qui auront pu être fournis par chaque exposant. J'ajoute que si un fabricant présentait en même temps des objets d'une nature complétement différente, il serait nécessaire de lui affecter un bulletin distinct pour chaque *nature* de produits.

Le second exemplaire du bordereau est destiné à l'administration centrale. Il m'est nécessaire pour la correspondance avec les préfectures, avec le jury central et avec l'inspecteur de l'exposition. Dans la colonne d'observations de ce bordereau seront reproduites les notes du jury départemental inscrites sur le bulletin individuel.

Enfin, le troisième exemplaire du bordereau est indispensable pour le service de l'inspecteur; ce bordereau ne reproduira pas les annotations du jury, mais il devra être accompagné, pour chaque exposant, d'une carte dont le modèle est ci-joint, et qui servira pour la répartition et le classement des produits dans les différentes divisions de l'exposition. Il est bien entendu que, comme pour les bulletins individuels, il devra être fait autant de cartes qu'il y aura de produits *d'une nature différente.*

Les produits pourront être reçus à l'exposition à partir du 25 mars courant; ils devront tous être arrivés avant le 15 avril prochain. Ils seront adressés à l'inspecteur de l'exposition, aux Champs-Élysées, et chaque envoi devra être accompagné d'une lettre de voiture *timbrée*, indiquant le nombre, les numéros, et le poids des colis, la nature des objets, ainsi que le prix du transport et la durée de la route. Il ne devra être ajouté au prix du transport aucuns frais à rembourser. Un duplicata, sur papier non timbré, de la lettre de voiture, sera joint à l'exemplaire du bordereau destiné à l'inspecteur de l'exposition. Les voituriers arriveront exclusivement par le quai de la Conférence ; la lettre de voiture devra en faire mention. Enfin la voie du roulage ordinaire ou celle de la navigation devront être exclusivement adoptées.

Je vous rappelle d'ailleurs, Monsieur le préfet, que certains produits bruts, tels que les minerais, granits, marbres et autres objets analogues, ne doivent être envoyés que par échantillons. Je dois vous avertir en outre que le Gouvernement ne répond pas des pertes ou dommages résultant, soit pendant la route, soit dans le cours de l'exposition, des vices d'emballage, de la détérioration naturelle des produits ni des accidents ou événements de force majeure, *même de celui d'incendie.* Les exposants doivent en être expressément informés, afin qu'ils puissent faire assurer leurs produits, s'ils le jugent convenable, ou rester leur propre assureur. Toutes les précautions ont d'ailleurs été rigoureusement prises contre les risques du feu, et, à cet égard, je vous rappelle, Monsieur le préfet, la recommandation que je vous ai faite, de ne laisser admettre aucune substance suscep.ible de s'enflammer spontanément ou par le simple choc.

Ma circulaire du 15 décembre dernier a recommandé aux jurys de signaler particulièrement à l'attention du Gouvernement les industriels qui, par des inventions ou des procédés nouveaux, ont contribué, depuis la dernière exposition, aux progrès des arts et manufactures. Leurs noms devront être inscrits, avec le rapport du jury, à la suite de ceux des exposants, sur les deux exemplaires du bordereau destinés au jury central et à mon département.

Enfin, Monsieur le préfet, je vous prie de faire remettre sous vos yeux les instructions adressées à votre préfecture les 9 octobre 1838 et 18 janvier 1839, lors de la dernière exposition, et je vous invite à vous y conformer avec soin pour tout ce qui concerne les mesures d'ordre propres à prévenir dans l'admission et l'expédition des produits l'encombrement et la confusion.

Veuillez, Monsieur le préfet, m'accuser *exactement* réception de la présente circulaire, et recevoir l'assurance de ma considération la plus distinguée.

Le ministre secrétaire d'Etat de l'agriculture et du commerce,

Signé : L. CUNIN-GRIDAINE.

MEMBRES DU JURY CENTRAL

NOMMÉS PAR L'ORDONNANCE DU ROI ET L'ARRÊTÉ MINISTÉRIEL.

MM.

D'Arcet, membre de l'Académie royale des sciences, du conseil de la Société d'encouragement, de la Société royale et centrale d'agriculture, du conseil de salubrité.

Arlès-Dufour, négociant à Lyon (Rhône).

Barbet, député, manufacturier à Rouen (Seine-Inf.), membre du conseil général du commerce.

Berthier, membre de l'Académie royale des sciences, professeur à l'École royale des mines.

Beudin, négociant.

Blanqui, membre de l'Académie des sciences morales et politiques, professeur au Conservatoire royal des arts et métiers.

Brongniart, membre de l'Acad. royale des sciences, du conseil de la Société d'encouragement, directeur de la Manufacture royale de Sèvres.

Chevalier (Michel), conseiller d'État, membre du conseil supérieur du commerce, ingénieur en chef des mines, professeur au collége de France.

Chevreul, membre de l'Académie royale des sciences, directeur des teintures à la Manufacture royale des Gobelins.

Combes, ingénieur en chef des mines, professeur à

l'École royale des mines, membre du conseil de la Soc. d'encouragement et du conseil de salubrité.

Delamorinière, membre du Comité consultatif des arts et manufactures.

Deneirouse, manufacturier, à Paris.

Denière, fabricant, membre du conseil général des manufactures.

Didot (*Firmin*), imprimeur, membre du conseil général des manufactures.

Dufaud, manufacturier à Fourchambault (Nièvre), membre du conseil général des manufactures.

Dumas, membre de l'Académie royale des sciences, vice-président de la Société d'encouragement, doyen de la Faculté des sciences, professeur à la Faculté de médecine et à l'École centrale des arts et manufactures.

Dupin (baron *Charles*), memb. de l'Acad. royale des sciences, pair de France, memb. du conseil supérieur du commerce, inspecteur général du génie maritime et président du conseil des colonies.

Amédée-Durand, ingénieur-mécanicien, membre du conseil de la Société d'encouragement.

Feuchère (*Léon*), architecte.

Fontaine, architecte, membre de l'Acad. royale des beaux-arts.

Gambey, membre de l'Acad. royale des sciences.

Girod de l'Ain (*Félix*), député, copropriétaire du troupeau de Naz (Ain).

Goldenberg, manufacturier au Zornhoff, près Saverne (Bas-Rhin).

Griolet, manufacturier à Paris, membre du conseil général des manufactures.

Guibal-Anne-Veaute, manufacturier à Castres (Tarn), membre du conseil général des manufactures.

Hartmann, député, manufacturier à Munster (Haut-Rhin).

Héricart de Thury (vicomte), membre libre de l'Académie royale des sciences, inspecteur général des mines, président de la Société royale et centrale d'agriculture, membre du conseil de la Société d'encouragement.

Keittinger, manufacturier à Rouen (Seine-Infér.).

Kœchlin (*André*), député, manufacturier à Mulhouse (Haut-Rhin).

Laborde (comte *Léon* de), membre de l'Acad. royale des inscriptions et belles-lettres, du Comité des monuments publics.

Legentil, négociant, président du conseil général du commerce, membre du Comité consultatif des arts et manufactures, membre du conseil de la Société d'encouragement.

Legros, ancien négociant, membre du conseil général du département de la Seine.

Mathieu, memb. de l'Acad. roy. des scienc., député.

Meynard, député, membre du conseil général des manufactures.

Mimerel, manufacturier à Roubaix (Nord), président du conseil général des manufactures.

Mimerel, ingénieur de la marine.

Moll, professeur au Conservatoire royal des arts et métiers, memb. de la Soc. royale et centrale d'agriculture, memb. de la Soc. d'encouragement.

Morin (Arthur), membre de l'Académie royale des sciences, de la Société d'encouragement, professeur au Conservatoire royal des arts et métiers.

Mouchel, manufacturier à l'Aigle (Orne), membre du conseil général des manufactures, de la Société d'encouragement.

Noé (le comte de), pair de France.

Olivier, professeur au Conservatoire royal des arts et métiers, à l'École centrale des arts et manufactures, membre du conseil de la Société d'encouragement.

Payen, membre de l'Académie royale des sciences, de la Société royale et centrale d'agriculture, du conseil de la Société d'encouragement, du conseil de salubrité, professeur au Conservatoire royal des arts et métiers et à l'École centrale des arts et manufactures.

Péligot, professeur au Conservatoire royal des arts et métiers et à l'École centrale des arts et manufactures, membre du conseil de la Société d'encouragement.

Petit, ancien négociant.

Picot, peintre d'histoire, membre de l'Académie royale des beaux-arts.

Pouillet, membre de l'Acad. royale des sciences, député, professeur-administrateur au Conservatoire royal des arts et métiers, membre du conseil de la Société d'encouragement.

Reverchon, manufacturier, à Lyon (Rhône).

Sallandrouze-Lamornaix, manufacturier à Aubusson (Creuse), membre du conseil général des manufactures, de la Société d'encouragement.

Savart, membre du Comité consultatif des arts et manufactures.

Schlumberger (*Charles*), secrétaire du Comité consultatif des arts et manufactures.

Séguier (baron *Armand*), membre libre de l'Acad. royale des sciences, conseiller à la Cour royale, memb. du Conseil général du départ. de la Seine, memb. du Comité consultatif des arts et manufactures, de la Soc. royale et centrale d'agriculture, du conseil de la Soc. d'encouragement.

Thénard (le baron), membre de l'Académie royale des sciences, pair de France, membre du Conseil royal de l'instruction publique, président de la Société d'encouragement, membre du Comité consultatif des arts et manufactures.

Yvart, inspecteur général des Ecoles vétérinaires, membre de la Société royale et centrale d'agriculture.

CONSTITUTION DU JURY CENTRAL.

TRAVAUX PRÉPARATOIRES.

Le jury central a tenu sa première séance au ministère de l'agriculture et du commerce, sous la présidence de M. le ministre, et s'est constitué en formant son bureau, élu au scrutin ; ont été nommés :

MM. le baron *Thénard*, président.

le baron *Ch. Dupin*, vice-président.

Payen,
Morin, } Secrétaires.

Immédiatement après, le jury, pour faciliter l'examen et l'appréciation des produits, s'est divisé en huit commissions spéciales composées de la manière suivante :

1re COMMISSION DES TISSUS : MM. *Legentil*, président, *Arlès-Dufour, Barbet, Blanqui, Chevreul, Deneirouse, Girod* (de l'Ain), *Griolet, Guibal-Anne-Veaute, Hartmann, Keittinger, Legros, Meynard, Mimerel* (du Nord), *Moll, Petit, Reverchon, Sallandrouze-Lamornaix, Schlumberger, Yvart.*

2ᵉ COMMISSION DES MÉTAUX ET AUTRES SUBSTANCES MINÉRALES : MM. le vicomte *Héricart de Thury*, président, *D'Arcet*, *Berthier*, *Chevalier* (Michel), *Chevreul*, *Combes*, *Denière*, *Dufaud*, *Dumas*, *Amédée-Durand*, *Goldenberg*, *Mimerel* (ingénieur), *Morin*, *Mouchel*, *Péligot*, *Pouillet*, baron *Séguier*.

3ᵉ COMMISSION DES MACHINES : MM. le baron *Charles Dupin*, président, *Chevalier* (Michel), *Combes*, *Delamorinière*, *Amédée-Durand*, *Gambey*, *Griolet*, vicomte *Héricart de Thury*, *Kœchlin* (André), *Mimerel* (ingénieur), *Moll*, *Morin*, *Olivier*, *Payen*, *Pouillet*, baron *Séguier*, *Yvart*.

4ᵉ COMMISSION DES INSTRUMENTS DE PRÉCISION ; MM. *Pouillet*, président, *Delamorinière*, *Gambey*, *Mathieu*, *Olivier*, *Savart*, baron *Séguier*.

5ᵉ COMMISSION DES ARTS CHIMIQUES : MM. le baron *Thénard*, président, *D'Arcet*, *Berthier*, *Brongniart*, *Chevreul*, *Combes*, *Dumas*, *Payen*, *Péligot*, *Pouillet*.

6ᵉ COMMISSION DES BEAUX-ARTS : MM. *Fontaine*, président, *Barbet*, *Beudin*, *Blanqui*, *Brongniart*, *Chevreul*, *Denière*, *Didot* (Firmin), *Amédée-Durand*, *Feuchère*, *Héricart de Thury*, *de Laborde*, comte de *Noé*, *Picot*, *Sallandrouze-Lamornaix*.

7ᵉ COMMISSION DES POTERIES : MM. *Brongniart*, président, *D'Arcet*, *Beudin*, *Chevreul*, *Dumas*, *Dela-borde*, *Péligot*, baron *Thénard*.

8° COMMISSION DES ARTS DIVERS : MM. *Chevreul*, pré-sident, *Blanqui*, *Denière*, *Didot*, *Dumas*, *Feu-chère*, *Goldenberg*, vicomte *Héricart de Thury*, de *Laborde*, *Mouchel*, comte de *Noé*, *Payen*, *Pé-ligot*, *Schlumberger* (Charles).

Les commissions s'étant ensuite réunies à part, chacune d'elles s'est subdivisée en plusieurs sous-commissions, et a désigné les rapporteurs pour chaque nature de produits ; ce travail a fourni les résultats suivants :

LISTE DES RAPPORTEURS.

PREMIÈRE COMMISSION.

Tissus.

MM.

GIROD DE L'AIN..	Amélioration des laines.
GRIOLET.	Filage de la laine et du cachemire.
LEGENTIL. LEGROS, GUIBAL-ANNE-VRAUTE et MIME-REL (du Nord).	Tissus de laine.
DENEIROUSE et LEGENTIL. .	Châles de cachemire et leurs imita-tions.
MEYNARD.	Soies grèges et ouvrées.
ARLÈS-DUFOUR et REVER-CHON.	Soieries, rubans, peluches de soie, tissus de crin.
SCHLUMBERGER et LEGENTIL.	Filature et tissage du lin et du chan-vre.
MIMEREL (du Nord). . . .	Filature et retordage du coton.
KEITTINGER.	Tissus de coton blancs, de couleur, etc.
PETIT.	Bonneterie. tricot et passementerie.
BLANQUI..	Tapis. dentelles, broderies, tapis-series, etc.
BARBET et SCHLUMBERGER.	Tissus imprimés.

2e COMMISSION.

Métaux et autres substances minérales.

MM.

Héricart de Thury (le vicomte)........ } Marbres, grès, ardoises, pierres lithograhiques, etc.

Berthier et Mouchel. . . Métaux divers.

Dumas. . . . . { Galvanoplastie, dorure, argenture, par les procédés électro-chimiques.

Chevalier (Michel). . . . Fers, fontes, tôles, etc.

Goldenberg. . . . . . . { Aciers, limes, faux, quincaillerie, etc.

Amédée-Durand. . . . . Serrurerie, quincaillerie, etc.

3e COMMISSION.

Machines.

Moll. . . . . Instruments aratoires.

Morin. . . . . Moteurs hydrauliques.

Combes. . . . . { Machines à élever l'eau, pompes, etc.

Pouillet. . . . . { Locomotives et chemins de fer. Machines à vapeur fixes, chaudières, appareils de sûreté.

Gambey. . . . . { Machines à imprimer et à fabriquer les tissus, à bouter les cardes.

Griolet. . . . . Cardes, peignes, machines à fouler.

Olivier. . . . . { Métiers à tisser, serrurerie de précision.

Amédée-Durand. . . . . { Presses d'imprimerie et autres, outils et mécanismes divers.

Delamorinière. . . . . . Machines-outils.

Chevalier (Michel). . . { Instruments de sondage, ponts, écluses, barrages, etc.

Ch. Dupin (baron). . . . Navires et bateaux à vapeur.

Mimerel (ingénieur).. . . Constructions navales, cordages.

4e COMMISSION.

Instruments de précision.

Séguier (le baron). . . . . Horlogerie.

Pouillet. . . . . { Instruments de précision (physique et optique), phares, balances pour le commerce, lampes.

MM.

GAMBEY.. . . . . Instruments de précision (mathéma-
tiques, astronomie, etc.), machines
à graver, à tailler, à diviser, da-
guerréotypes.

SAVART et DELAMORINIÈRE. Instruments de musique.

OLIVIER.. . . . . Cartes, globes terrestres et célestes,
etc., arquebuserie, fourbisserie.

5ᵉ COMMISSION.

Arts chimiques.

D'ARCET. . . . . Substances alimentaires, savons,
colles et gélatines.

DUMAS. . . . . Couleurs, caoutchouc, conservation
des bois, tissus imperméables.

PÉLIGOT.. . . . . Produits chimiques, cirages, vernis, cires à cacheter, glu marine.

PAYEN. . . . . Sucres, huiles, féculerie, boulange-
rie, engrais, bougies, distilla-
tion, etc.

CHEVREUL.. . . . . Matières tinctoriales, blanchiment
des étoffes, teintures et apprêts.

POUILLET. . . . . Chauffage des grands édifices, calo-
rifères, appareils culinaires, che-
minées, blanchiment, lessivage,
dessiccation, etc.

COMBES.. . . . . Tuyaux de conduite, appareils de
filtrage.

6ᵉ COMMISSION.

Beaux-arts.

DENIÈRE. . . . . Orfèvrerie.

FEUCHÈRE (Léon). . . . . Bronzes, ornements dorés, moulés,
sculptés, cuivres estampés.

BEUDIN. . . . . Ébénisterie, marquetterie, tablet-
terie.

HÉRICART DE THURY. . . . Bijouterie, stucs, etc.

FIRMIN-DIDOT.. . . . . . . Fonderie de caractères, gravure sur
bois, pierre, métaux, imprime-
rie, librairie, reliure.

CHEVREUL.. . . . . Papiers peints

PICOT.. . . . . Lithographie, mannequins, écor-
chés, brosses et pinceaux pour
peintres, taxidermie, etc.

SALLANDROUZE-LAMORNAIX. Dessins de fabrique.

7ᵉ COMMISSION.

Poteries.

MM.

Brongniart.. . . . . {Terre cuite, grès, faïences, porce-
laines, décors sur porcelaine,
émaillage, vitraux peints.

Dumas. . . . . Verrerie, cristallerie, glaces, émaux.

8ᵉ COMMISSION.

Arts divers.

Dumas et Didot.. . . . . . Papiers, cartons, flotres.

Dumas. . . . . {Cuirs et peaux, cuirs vernis, maroquins, toiles cirées.

Schlumberger (Charles). . {Gants, chaussures, papeterie, re-
gistres. gauffrage, gainerie, bou-
tons, sellerie, literie, etc.

Dumas et Goldenberg. . . {Instruments de chirurgie, bandages, etc.

Héricart de Thury (le
vicomte). . . . . }Fleurs artificielles.

Noé (comte de). . . . . . {Chapellerie, brosserie. cannes cᵗ
parapluies, corsets, perruques.

Sur la demande des commissions, le jury a prié
plusieurs savants ou artistes de vouloir bien lui
prêter le concours de leurs lumieres : la commission des instruments de musique a consulté
MM. Auber, Galay et Habeneck aîné. La commission des instruments de chirurgie. MM. Clo-
quet (Jules) et Velpeau.

L'inauguration de l'exposition a été faite le
4 mai par le roi, accompagné de la reine et des
princes de la famille royale. Dans cette première

visite, Leurs Majestés, accompagnées de M. le ministre du commerce et des membres du jury central, parcoururent d'abord le développement
entier des galeries, au milieu des vives acclamations de l'immense réunion d'industriels qui rem-
plissait les salles. Cette première reconnaissance
générale ne fut que le prélude des longues visites
dont le roi et la reine vinrent successivement,
tous les lundis, honorer chacune des industries
en particulier et encourager de leur suffrage
éclairé, de leurs conseils bienveillants, de leur
munificence, les exposants heureux de voir leurs
efforts si favorablement accueillis et si bien appréciés.

Madame la duchesse d'Orléans, accompagnée
du comte de Paris, prit part à plusieurs de ces
visites, et recueillit de tous l'hommage du respect et de la sympathie qu'elle inspire, ainsi que
le jeune prince, espoir de la patrie.

TRAVAUX DU JURY ET ANALYSE DE SES DÉCISIONS GÉNÉRALES.

Les premières séances du jury central ont eu
pour objet de statuer sur un grand nombre de
réclamations qui lui étaient adressées, pour prononcer en connaissance de cause et le plus
promptement possible : il fut arrêté que toute

réclamation serait d'abord examinée par la commission compétente, qui en ferait un rapport à l'assemblée générale, laquelle prendrait ensuite une décision.

La plupart de ces réclamations étant purement personnelles, il n'est résulté des décisions du jury, que fort peu de résolutions qu'il puisse être utile de faire connaître; nous nous bornerons à rappeler celles qui offrent un intérêt général.

Plusieurs commerçants en détail, qui vendent des objets d'art ou autres, qu'ils ne fabriquent pas eux-mêmes, qu'ils font parfois exécuter sur des modèles et des dessins achetés à des artistes, ont émis la prétention d'être considérés comme producteurs et admis à ce titre à l'exposition. Le jury central, après de longues discussions, a déclaré que, malgré son désir de reconnaître les services que le commerce rend à l'industrie, il ne devait pas perdre de vue qu'il était principalement institué pour apprécier les résultats des efforts et du talent des producteurs; que c'était à ceux-ci seulement que les récompenses pouvaient être décernées, et que la participation des commerçants non fabricants à ce grand concours aurait pour résultat nécessaire et fâcheux, d'en écarter souvent le producteur obscur qui se trouverait dans leur dépendance. En conséquence, il a décidé que chacun serait admis à exposer seulement ses propres produits et que l'on ne considérait pas comme tels des objets fabriqués sur des modèles, dessins, etc., acquis, mais non exécutés par celui qui vend ces objets.

Le jury central ayant remarqué la tendance de quelques commerçants à exploiter à leur profit les succès dus au talent des producteurs, a décidé :

Que tous les écriteaux par lesquels on indique que les objets exposés ont été commandés ou achetés par des maisons de commerce de détail, seront enlevés, ainsi que ceux qui rappelleraient des fournitures, commandes, faites à des établissements publics ou particuliers; cette disposition ne devant pas être appliquée aux achats ou commandes des membres de la famille royale.

Les teinturiers qui concourent si puissamment aux succès de la fabrication des tissus éprouvaient dans beaucoup de cas des difficultés de divers genres pour faire connaître la part qu'ils y ont prise; le jury a décidé que dans les expositions de tissus ou autres objets teints, on permettrait d'indiquer par des écriteaux particuliers, le nom du teinturier, en faisant savoir qu'il a été admis par le jury départemental, lorsque cette partie du travail n'aura pas été exécutée dans l'établissement de l'exposant principal, et qu'il sera spécialement exprimé sur l'écriteau, que le tissu exposé est admis comme œuvre de teinturier.

Pour limiter à un usage convenable la faculté qui devait être laissée à chaque exposant d'expliquer et de montrer le jeu de ses machines ou appareils, le jury a décidé que chaque commission prendrait à ce sujet les mesures d'ordre qu'elle croirait convenables pour éviter les accidents, l'encombrement et les autres inconvénients que l'abus pourrait faire naître.

Différentes réclamations ayant mis le jury central dans le cas de modifier plusieurs décisions prises par les jurys départementaux, une discussion longue et sérieuse s'est engagée sur la manière dont le jury central devait user de la faculté qui lui est donnée, à ce sujet, par la circulaire ministérielle du 15 décembre 1843.

Le jury central, reconnaissant toute l'importance du concours des jurys départementaux, la confiance que leurs décisions devront inspirer et la nécessité de leur donner la plus grande autorité possible, voulant en conséquence apporter toute la réserve convenable dans cette révision, a pris la décision suivante: « Chaque commission » examinera les circonstances particulières dans » lesquelles on aurait demandé de réformer la dé- » cision d'un jury départemental, et fera un rap- » port au jury central qui, après une délibération » spéciale, statuera sur les conclusions du rap- » port. »

Rappels de médailles, récompenses, approbations accordées par des sociétés savantes ou industrielles (séance du 18 mai).

Le jury, frappé des nombreux inconvénients et des graves abus qu'entraîneraient la mention, l'annonce ou l'exposition des médailles, récompenses, approbations, etc., accordées par des sociétés savantes ou industrielles, quelles qu'elles fussent (*Voyez* page LXIII), a décidé que ces mentions seraient rigoureusement interdites dans les galeries, et que tout signe apparent qui y serait relatif devait être enlevé.

Quant aux récompenses accordées par les jurys précédents, il a arrêté que la mention en serait autorisée après la vérification et le contrôle de M. le directeur de l'exposition.

Indication des brevets (séance du 18 mai).

Relativement à l'annonce des brevets d'invention obtenus par les exposants, le jury a décidé qu'elle serait tolérée, mais avec l'obligation d'indiquer l'objet spécial pour lequel le brevet a été obtenu, et de justifier de la possession sur la demande du directeur de l'exposition ou des membres du jury.

Prolongation de l'exposition pour l'achèvement de l'examen des commissions (séance du 28 juin).

Sur la proposition de plusieurs membres, M. le président du jury écrivit à M. le ministre du commerce pour demander que, malgré la clôture de l'exposition, les objets exposés restassent en place pendant une semaine de plus, en insistant pour que toute circulation de personnes étrangères au jury fût interdite dans les galeries.

Le ministre, par sa lettre du 1ᵉʳ juillet, consentit à autoriser cette mesure qui fut en effet prise, elle eut toute l'utilité qu'on en avait conçue.

Le jury, après une discussion prolongée, a émis l'opinion qu'il était convenable de conserver la période quinquennale admise pour les dernières expositions. *Période quinquennale pour les expositions (séance du 25 juillet).*

Le jury central a cru devoir, pour l'exposition de 1844, avoir égard aux précédents établis par l'usage, et ne refuser que rarement et pour des cas en quelque sorte exceptionnels, le rappel des récompenses accordées aux expositions précédentes, et la seule réserve qu'il ait mise dans ce rappel a été relative au mode de rédaction des rapports. Mais frappé des inconvénients de ces rappels de récompense qui se perpétuent en quelque sorte à des établissements malgré des changements de propriétaires et quelquefois même d'industrie, le jury, après une discussion approfondie, sans prétendre lier par son vote les jurys futurs, a émis l'opinion que les mesures suivantes éviteraient les principaux inconvénients. *Rappels de médailles (séance du 25 juillet).*

1° Il ne conviendrait pas d'accorder à un exposant ou à un établissement, plusieurs rappels successifs ou le rappel de récompenses remontant au delà de la précédente exposition.

2° Le rappel d'une récompense obtenue à la précédente exposition pourrait être accordé à un établissement qui continue à exploiter la même industrie.

3° Le jury conserverait la faculté d'accorder ou de refuser le rappel de la récompense accordée à la précédente exposition.

Indication du prix des produits (séance du 25 juillet).

Le jury a déclaré à ce sujet qu'il conviendrait d'exiger aux prochaines expositions, l'indication du prix de vente, sur les objets admis.

Exposants tombés en faillite et non réhabilités (Séance du 25 juillet).

Le jury a émis l'opinion que les faillis non réhabilités auxquels la Bourse est fermée, devraient être exclus du concours aux récompenses de l'exposition.

Identité des produits et limite de l'admission aux galeries (séance du 25 juillet.)

Pour apporter un terme aux abus des admissions tardives et de produits qui n'auraient pas été soumis aux jurys départementaux et reçus par eux, le jury central a émis l'opinion que les produits devraient porter la marque de l'admission par le jury départemental, et qu'ils ne pourraient pas être introduits dans les galeries de l'exposition après l'ouverture constatée par la première visite du jury central, à moins d'une autorisation spéciale de M. le ministre du commerce accordée pour des cas de force majeure.

Récompenses à accorder pour un ensemble de produits divers (séance du 25 juillet).

Le jury, ayant reconnu l'abus qui est fait des récompenses d'un ordre élevé accordées à un ensemble de fabrications diverses et que l'intérêt fait quelquefois attribuer à des produits qui n'en

eussent pas été dignes par eux-mêmes, a émis
l'avis que chaque espèce de produit devait être
jugée séparément et que dans, le texte des rapports, un renvoi devait servir à passer d'un produit à un autre.

Le jury central désirerait que MM. les préfets
fussent invités à l'avenir à distribuer au jury de
leur département, les déclarations des exposants,
quinze jours avant sa réunion, afin que les membres du jury eussent le temps de vérifier les faits,
de motiver les admissions et de recueillir des données positives, pour les transmettre au jury
départemental.

Pour empêcher que le même objet ne pût
être représenté à plusieurs expositions successives, le jury adopterait le moyen suivant :

Le jury pourra, s'il le juge convenable, placer
une marque distinctive sur les objets qui auront
servi de base immédiate au jugement et aux récompenses décernées.

Le jury central, reconnaissant l'abus des expositions faites, à des titres divers, par des sociétés
ou entreprises particulières, a pris la décision
suivante :

M. le ministre sera prié de demander à M. l'in-
tendant-général, administrateur de la liste civile,
de refuser à l'avenir la disposition de la galerie
du Louvre, aux sociétés qui font des expositions

Admission par les jurys départementaux (séance du 25 juillet).

Marques à placer sur les objets exposés (séance du 25 juillet.)

Abus des expositions particulières (séance du 25 juillet).

particulières, qui simulent l'exposition nationale et induisent le public en erreur.

Pour faciliter les moyens d'apprécier plus sûrement les progrès de notre industrie, le jury central a émis l'avis que le gouvernement ferait une chose utile aux progrès de notre industrie et au développement de notre commerce, s'il envoyait en Angleterre, en Allemagne et en Belgique, des agents très-capables, chargés de recueillir des documents et des échantillons propres à éclairer nos manufacturiers, et s'il confiait à ces agents la mission d'examiner les produits admis à figurer prochainement dans les expositions de Berlin et de Vienne; enfin de lui faire un rapport sur ces expositions.

CLASSIFICATION ET DISTRIBUTION DES RÉCOMPENSES.

Le jury a suivi, pour la gradation des récompenses, l'ordre précédemment adopté, savoir, et par ordre de mérite :

La médaille d'or.

La médaille d'argent.

La médaille de bronze.

La mention honorable.

La citation favorable.

Le rappel des récompenses précédemment obtenues a été accordé toutes les fois que l'industrie

avait été continuée avec succès, mais on a eu
soin d'indiquer, par la rédaction des rapports, si
ce rappel était, en quelque sorte, une nouvelle
récompense accordée à des travaux et à des succès persévérants, ou simplement une concession
à un usage dont le jury central a reconnu l'abus
et auquel il a cherché à porter remède pour l'a-
venir, à l'aide des mesures nouvelles ci-dessus
indiquées.

Lorsque des progrès notables ont été faits par
des industriels déjà récompensés, le jury, quand
il n'a pas cru pouvoir les faire parvenir à une
récompense supérieure, leur a accordé une *nouvelle* récompense du même ordre, qu'il a considérée comme une preuve d'estime *supérieure* au
rappel.

Le jury, conformément aux précédents et aux
instructions ministérielles, accorda des récompenses à des personnes qui avaient rendu à l'industrie des services non susceptibles d'être représentés par des produits exposés en leur nom.

Quant aux fabricants qui font travailler les
prisonniers des maisons de détention, le jury,
tout en reconnaissant, d'une part, le mérite de
leurs produits, et de l'autre, le service qu'ils
rendent à la société en contribuant à l'amélioration des détenus, n'a pu les placer sur la même
ligne que les autres industriels qui emploient

des ouvriers libres, par suite de la différence des salaires. Il s'est vu forcé de se borner à leur accorder la mention honorable, sans vouloir pour cela préjuger la qualité de leurs produits, auxquels le texte des rapports rend d'ailleurs justice.

Après trente et une séances générales, le jury central a clos ses opérations le 25 juillet, et a arrêté la liste des récompenses.

Le 29 juillet, eut lieu dans le palais des Tuileries, la distribution des récompenses accordées à l'industrie.

Le Roi et la Reine, entourés de LL. AA. RR. madame la princesse Adélaïde, monseigneur le duc de Nemours, monseigneur le duc de Montpensier, et accompagnés de M. le ministre de l'agriculture et du commerce, se sont rendus à une heure dans la salle des Maréchaux, où MM. les membres du jury étaient rassemblés. MM. les exposants ayant ensuite été introduits, M. le baron Thénard, président du jury, s'est placé au centre et a adressé au Roi le discours suivant :

« Sire,

« Les expositions de 1834 et de 1839 ont laissé de profonds souvenirs dans les esprits; celle de 1844 en laissera de plus profonds encore : elle surpasse les hautes espérances que les deux premières avaient fait concevoir.

» L'industrie poursuit donc sa marche progressive : ne pas avancer, pour elle serait rétrograder ; elle le sait, et redouble sans cesse d'efforts pour faire de nouvelles conquètes toujours pacifiques et fécondes.

» Presque aucun art n'est resté stationnaire ; un grand nombre ont fait de remarquables progrès ; quelques-uns même en ont fait de considérables ; d'autres tout nouveaux ont été créés ; la plupart des produits ont baissé de prix.

» Les savants rapporteurs du jury feront, avec l'autorité qui s'attache à leurs noms, le tableau des nombreux perfectionnements, de toutes les découvertes qui signalent l'exposition nouvelle ; qu'il me soit permis seulement d'en tracer l'esquisse.

» Les marins ne manqueront plus d'eau dans les voyages de long cours. Le foyer qui, sur nos vaisseaux, sert à la cuisson des aliments, opère en même temps la distillation de l'eau de mer, et la transforme en une eau douce qui ne laisse rien à désirer. Ainsi, les sciences ou les arts auront rendu en peu de temps quatre grands services à la marine ; ils lui auront donné des aliments toujours frais, de l'eau toujours en abondance, d'excellents chronomètres à bas prix, la vapeur pour remonter les courants les plus rapides, et naviguer au milieu des écueils et des tempêtes.

» La production de la fonte a presque quadruplé depuis vingt-cinq ans ; son affinage s'opère avec plus d'économie ; la chaleur perdue a été utilisée ; de nouveaux procédés de chauffage ont été créés ; tout ce qui tient, en un mot, à la fabrication du fer a éprouvé de grandes améliorations, et cependant la théorie en prévoit beaucoup d'autres encore qui devraient être un sujet de continuelles recherches.

» La pile voltaïque, qui a tant agrandi le domaine des sciences, vient d'être appliquée de la manière la plus heureuse à l'art de dorer et d'argenter les métaux. Un jour peut-être elle servira de base à l'exploitation des minerais d'or, d'argent et de cuivre.

» Des disques de flint-glass de plus de 60 centimètres de diamètre, et d'une parfaite pureté, se font aujourd'hui sans aucune difficulté ; déjà même la dimension d'un mètre a été atteinte. Tout porte à croire que l'astronomie aura bientôt des objectifs d'une grandeur inespérée, qui lui permettront de pénétrer plus profondément dans l'immensité de l'espace, et d'y faire des découvertes imprévues.

» Tout est mis à profit par les manufacturiers qui joignent la théorie à la pratique.

» Les uns condensent jusqu'à la fumée si incommode du bois ; ils savent en extraire du vinaigre pour les arts et même pour les tables les plus somptueuses, un fluide qui ressemble à l'esprit-de-vin, une huile qui rendra de grands services à l'éclairage.

» D'autres puisent une nouvelle source de richesses dans les eaux mères des salines, restées toutes jusqu'ici sans emploi ; ils les conservent, et le froid de l'hiver, par une réaction que la chaleur de l'été ne saurait opérer, en précipite une quantité de sulfate de soude, de sulfate et de muriate de potasse, assez grande pour suffire bientôt aux besoins de la France, et la délivrer d'un lourd tribut qu'elle paye à l'étranger.

» D'autres encore s'emparent des débris, *des détritus*, des immondices, végétaux et animaux, et les convertissent en riches engrais qui s'exportent au loin pour fertiliser le sol.

» De nouveaux marbres d'une grande beauté ont été découverts et viennent ajouter à l'exportation considérable de nos riches carrières.

» Les bonnes méthodes de chauffage commencent à se répandre ; elles ne s'appliquent pas seulement au foyer domestique ; elles s'étendent, en se modifiant, aux grands édifices, aux hospices, aux églises, aux palais. Un seul appareil suffit le plus souvent pour y maintenir une douce température par le froid le plus rigoureux. C'est l'eau qui produit cet effet si salutaire; c'est elle qui, circulant sans cesse à travers mille canaux, comme le sang dans les artères, va partout déposer la chaleur dont elle est imprégnée et revient ensuite au point de départ pour s'échauffer et circuler de nouveau.

» La construction de nos phares a été portée à un haut degré de perfection. La manœuvre en est si facile, les verres en sont si bien taillés, la lumière en est si vive, si brillante, projetée si loin dans toutes les directions utiles, que partout ils sont préférés.

» L'un des agents chimiques les plus actifs, l'acide sulfurique, dont la consommation s'élève annuellement à plus de 20 millions de kilogrammes, pourra désormais se fabriquer au sein des habitations et se livrer à plus bas prix. Les vapeurs corrosives qui se dégagent au moment de sa formation seront absorbées complétement, et diminueront par leur emploi les frais de l'opération qui les aura produites : de nuisibles qu'elles étaient, elles vont donc devenir très-utiles.

» Ce n'est plus de Hollande que nous tirons la céruse nécessaire à notre consommation. Nos fabriques pourraient en exporter; et, ce qui est plus précieux encore, l'opération peut être pratiquée presque sans danger.

Quelques centièmes d'alun suffisent pour donner au plâtre la dureté de la pierre, et le rendre propre à recevoir le poli du marbre.

» Le tir à la carabine a acquis tout à la fois plus de justesse et plus de portée à moindre charge.

» Il était à désirer que la pâte, sans perdre de sa qualité, pût être pétrie autrement qu'à bras d'homme, et que la cuisson du pain, pour être égale, pût être faite toujours à une température déterminée. Les pétrins mécaniques perfectionnés et les fours aérothermes résolvent ce double problème.

» De grandes améliorations ont été apportées à l'extraction et au raffinage du sucre.

» La production de la soie est toujours l'objet des efforts les plus soutenus. Des mûriers sont plantés de toutes parts. Les magnaneries continuent à se perfectionner. Le dévidage des cocons, si important et beaucoup trop négligé jusqu'ici, s'exécute avec le plus grand succès dans quelques ateliers. Aussi la récolte de la soie ne s'élèvera-t-elle pas à moins de 160 millions de francs en 1844. Bientôt la France n'en tirera plus de l'étranger.

» La filature du lin prend un développement qui promet les plus heureux résultats ; elle n'a besoin que d'une sage protection pour atteindre un haut degré de prospérité. Dès à présent elle produit des fils de la plus belle et de la meilleure qualité.

» Un grand pas a été fait dans l'art de la teinture : plus de vingt fabriques enlèvent à la garance les matières qui l'altèrent, et la livrent au commerce cinq fois plus riche en couleur qu'elle n'était d'abord. Sa puissance tinctoriale, révélée par l'analyse chimique, pourra devenir quarante fois plus grande encore.

» La palette du peintre s'est enrichie de belles couleurs qui joignent l'éclat à la pureté ; elles donnent les teintes qu'on admire dans les tableaux des grands maîtres de la renaissance. Plus de cinq ans d'épreuve semblent en constater la solidité.

» L'agriculture a fait une véritable conquête dans le troupeau de Mauchamp. Les laines qui en proviennent possèdent des qualités précieuses qui les rapprochent de la laine de Cachemire, et leur permettent souvent de rivaliser avec elle.

» Mais, Sire, de tous les arts, c'est celui de la construction des machines qui s'est élevé le plus haut par ses progrès, et qui, par son importance, mérite le plus de fixer tous les regards. Cette opinion sans doute ne saurait prévaloir tout d'abord. La magnificence de nos soieries, la finesse de nos tissus, la légèreté de nos châles, avec leurs vives couleurs et leurs mille dessins, la limpidité

et la taille de nos cristaux, la beauté de nos vitraux, l'élégance de nos meubles, la richesse de
nos tapis, la perfection de nos dentelles, les belles formes de nos bronzes, nos vases d'or et d'argent dont la ciselure rehausse encore le prix, nos
bijoux qui brillent de tout l'éclat des pierres précieuses, doivent émouvoir, séduire l'imagination
et l'entraîner au delà du vrai. A la vue de tant
de choses merveilleuses, on se croirait dans un
palais enchanté ; l'œil ne cesse de regarder l'objet
qu'il admire que pour se porter sur un autre qui
lui semble plus admirable encore.

» Mais lorsqu'on quitte ces lieux éblouissants
de magnificence et de richesses, pour pénétrer
dans la vaste enceinte qui renferme les machines,
et qui n'offre presque partout que du fer, encore
du fer, toujours du fer, l'illusion s'évanouit, la
vérité se fait jour, et l'esprit éclairé est tout à
coup saisi de la grandeur des effets que ces instruments muets, silencieux, produiraient s'ils venaient à s'animer ou se mouvoir. C'est que le fer
est l'agent de la force ; c'est que la puissance des
nations pourrait se mesurer jusqu'à un certain
point par la quantité de fer qu'elles consomment.

» Dans cette enceinte si sévère et si bien or-
donnée, se trouvent :

» Des outils qui permettent de forer le sol jusqu'à plus de 500 mètres de profondeur, et d'en faire sortir des eaux en jets puissants qui s'élancent dans les airs à une grande hauteur;

» Des instruments de précision qui attestent l'habileté et la sagacité de nos artistes;

» Des instruments aratoires qui proviennent de toutes les parties de la France, et qui prouvent que partout on fait des recherches agricoles dignes d'éloges;

» Un marteau, du poids de 9,000 kilog., qui fonctionne avec la régularité d'une machine de précision, et dont les effets excitent l'étonnement;

» Un métier propre à tisser deux châles à la fois, qu'une ingénieuse machine sépare ensuite en coupant le fil qui les réunit;

» Un barrage mobile dont les faciles manœuvres assurent en tout temps la navigation des rivières, même dans les eaux les plus basses;

» Un sifflet flotteur qui signale le trop peu d'eau que contiendrait une chaudière à vapeur et les dangers qui en seraient la suite;

» Une presse monétaire qui, mue par la vapeur, frappe et cordonne tout à la fois les monnaies d'une manière constante et précise;

» Une machine qui taille les engrenages dans le bois et les métaux avec une perfection qu'on ne saurait trop louer;

» Une autre machine destinée à la construction des chaudières, et dont le travail est si parfait que la main de l'homme ne pourrait l'égaler.

» Vient ensuite un système complet d'outillage, sans lequel rien de parfait, rien de grand , ne saurait être fait dans les usines.

» Ici, ce sont des tours de dimension variable ; là, des machines à diviser ; ailleurs, des machines à raboter ; plus loin, des machines à buriner ; plus loin encore, des machines à aléser, à percer, à faire des écrous, toutes d'une rare perfection, toutes utiles, toutes nécessaires , surtout pour la construction des grands mécanismes.

» Enfin apparaissent ces moteurs de force diverse, d'une puissance quelquefois gigantesque, qui sont la merveille des temps modernes, moteurs que la France produit maintenant à l'égal de l'Angleterre, et dont la destinée sera peut-être un jour de changer la face du monde en opérant dans les mœurs publiques la révolution la plus grande et la plus heureuse.

» N'est-il pas probable, en effe' que la rapidité avec laquelle les distances seront franchies établira entre les peuples des relations fréquentes , des liens de confraternité que resserreront encore les intérêts mieux compris ; et n'est-il pas permis d'espérer que la guerre, qui n'est honorable qu'autant qu'elle a pour objet la défense de la patrie ou de l'honneur national, fera place à la paix qui devrait toujours régner, du moins entre les nations civilisées?

» Telle est, Sire, l'esquisse rapide des principaux progrès qui font de l'exposition nouvelle la plus belle, la plus mémorable dont la France ait à se glorifier.

» Aussi quel empressement, quelle foule pour la voir et l'admirer! C'était un spectacle extraordinaire, inouï, qui avait quelque chose de prophétique, que d'observer tant de citoyens, français, étrangers, mêlés et confondus, dont les figures diverses, dont les traits mobiles, dont les attitudes variées peignaient tour à tour la surprise, l'étonnement, le plaisir, l'admiration, et que de les entendre ensuite, unis en un concert de louanges, exprimer à l'envi, dans leurs langues natales, tous les sentiments qui les animaient.

» Nous sommes heureux, Sire, nous sommes fiers d'avoir cet éclatant hommage à rendre à l'industrie.

» Placée si haut dans l'opinion publique, guidée par les sciences, avec lesquelles elle a fait une intime alliance, secondée plus que jamais par les sociétés savantes, surtout par la société d'Encouragement qui, depuis plus de quarante

ans, rend de si éminents services aux arts (1),
l'industrie, loin de descendre du rang élevé
qu'elle a conquis, voudra grandir encore : déjà
elle égale ou surpasse souvent les industries rivales ; elle voudra désormais leur servir de modèle.

» Mais, pour accomplir cette noble tàche, il
ne faut pas seulement qu'elle continue son essor
rapide ; elle doit s'efforcer encore de reconquérir
cette antique renommée de loyauté qu'elle avait
jadis méritée, renommée si grande et si pure,
que les colis expédiés de France étaient toujours
acceptés sans être ouverts.

---

(1) La société d'Encouragement a toujours pour 150 à 160,000 fr.
de prix au concours. Maintenant elle en a même pour 234,000 fr.
qui doivent être décernés dans les années 1844, 1845, 1846, 1847.

Lorsqu'un prix est remporté, il est ordinairement remplacé
par un autre.

La société décerne en outre, tous les ans, au mois de juin,
des médailles d'encouragement aux inventeurs et à ceux qui
perfectionnent les procédés. De 1839 à 1844, elle a décerné
vingt et une médailles d'or, vingt-quatre médailles de platine,
quarante-huit médailles d'argent, trente-sept médailles de
bronze.

Tous les quatre ans, elle décerne aussi à chaque contre-maître,
à chaque ouvrier qui s'est distingué par sa moralité et par des
services rendus à l'établissement où il travaille, une médaille
de bronze à laquelle elle joint des livres pour une somme de
50 fr.

Enfin elle a créé des bourses qu'elle donne au concours, à
l'école d'agriculture de Grignon, aux écoles vétérinaires et à
l'école centrale des arts et manufactures.

» Les événements qui se sont succédé, trop souvent même des falsifications réelles, l'ont altérée profondément dans l'esprit des peuples. Nos relations commerciales en ont été troublées ; elles en souffriront longtemps. Le soupçon s'éveille facilement et ne se détruit qu'avec peine. Mais rien ne doit être impossible quand il s'agit de l'honneur du nom français. Que les hommes honnêtes se liguent, et le triomphe de ceux qui manquent à la foi promise ne sera pas de longue durée ; leurs coupables manœuvres seront bientôt déjouées.

» Notre industrie, Sire, doit donc avoir foi dans le brillant avenir qu'elle s'est préparé. Depuis longtemps elle est l'un des plus fermes appuis de la France ; elle en deviendra bientôt l'une des principales gloires.

» Vous même, Sire, dans ces visites multipliées où votre présence et celle de votre auguste famille causaient des émotions si douces et provoquaient des acclamations si spontanées, vous-même et, à votre exemple, S. A. R. le duc de Nemours, vous avez encouragé tous ses efforts, vous avez applaudi à tous ses succès : et pour lui prouver en quelle haute estime vous la teniez, vous avez convié ses plus dignes représentants à une fête toute royale, dans ce palais si riche en souvenirs et tout plein encore de la grandeur de

Louis XIV; c'est là, c'est dans ces lieux consacrés aujourd'hui par vos soins à toutes les gloires nationales, que vous avez voulu recevoir tant d'honorables citoyens qui, dévoués tout entiers à l'avancement des arts utiles, ont acquis des droits sacrés à la reconnaissance publique, leur montrant, au milieu de ce musée, votre ouvrage, de ce monument unique dans les annales du monde, les noms, les effigies de leurs plus illustres devanciers, et proclamant ainsi qu'eux-mêmes un jour par leurs services pourraient aspirer à cet insigne honneur.

» C'est à vous, Sire, que l'industrie reconnaissante doit rendre hommage de tout ce qu'elle a fait d'utile, de durable, de grand. C'est vous qui l'avez sauvée des mauvais jours dont elle était menacée. La guerre lui eût été mortelle : vous avez su lui conserver la paix au milieu de tant d'orages qui devaient la troubler. Par vous, les factions ont été vaincues au dedans, nos institutions respectées au dehors. Depuis quatorze ans vous régnez par les lois et par la sagesse. La divine Providence, qui a veillé sur vos jours tant de fois attaqués, nous les conservera longtemps encore. Vous vivrez avec une Reine, modèle de toutes les vertus, que, dans sa bonté, le ciel vous a donnée pour adoucir et partager vos peines.

» Vous formerez votre petit-fils pour le trône ,

comme vous aviez formé le prince que nous avons
tant pleuré; nous lui porterons le même amour;
il grandira sous l'égide tutélaire de sa mère bien-
aimée, à l'ombre de la mémoire de son père à
jamais révérée, et deux fois ainsi vous aurez
sauvé la France, qui, dans sa reconnaissance
profonde, gardera l'éternel souvenir de votre
règne et de vos bienfaits. »

Le Roi a répondu :

« Nul n'a joui plus que moi du magnifique
» spectacle que l'industrie française vient de don-
» ner à la France et à l'Europe, par la brillante
» exposition de ses produits.

» Vous savez avec quel soin, quel zèle, quel
» plaisir, je me suis empressé d'en étudier tous
» les détails, et combien j'ai regretté que le temps
» m'ait manqué pour rendre mon examen encore
» plus complet. J'attendais avec impatience cette
» occasion de vous remercier des sentiments dont
» vous m'avez entouré dans mes nombreuses vi-
» sites, avec lesquels vous avez accueilli la Reine,
» mes fils, mon petit-fils et tous les miens. Mon
» cœur en était pénétré, et c'est une nouvelle sa-
» tisfaction pour ma famille et pour moi de vous
» témoigner à tous personnellement combien nous
» y sommes sensibles.

» J'ai suivi avec beaucoup d'intérêt le brillant
» tableau que le président du jury vient de retra-
» cer des produits de notre industrie nationale.
» Je reconnais avec lui que l'exposition de 1844 a
» dépassé les autres, et qu'elle a été la plus glo-
» rieuse de toutes. Cependant elle ne conservera
» ce titre que pour cinq ans; j'ai la ferme con-
» fiance que l'exposition de 1849 l'éclipsera comme
» celle-ci a éclipsé les expositions qui l'ont précé-
» dée. C'est, en effet, un besoin pour la France
» que son industrie suive une marche progressive :
» il faut que la rapidité de ses progrès égale la
» rapidité du temps, afin d'ajouter encore à cette
» prospérité dont l'essor a procuré tant d'avan-
» tages à la France.

» C'est par la paix, par la tranquillité intérieure
» que les arts peuvent fleurir, que l'industrie peut
» prospérer, et que la France peut croître en ri-
» chesse, en bonheur et en gloire, en cette gloire
» pacifique qui ne coûte de sacrifices ni de larmes
» à personne ; aussi mes efforts ont-ils eu constam-
» ment pour but de préserver mon pays du fléau de
» la guerre, car j'ai toujours eu pour principe qu'on
» ne doit se résoudre à la guerre, que lorsqu'il y
» a nécessité de la faire pour défendre l'honneur,
» l'indépendance de la patrie et ses véritables in-
» térêts ; mais lorsque cette nécessité impérieuse
» n'existe pas, il faut savoir résister à ces vaines

» illusions qui, sous de spécieuses apparences,
» entraînent trop souvent les États et les peuples
» dans l'incertaine et dangereuse carrière de la
» guerre, et les portent à sacrifier à des craintes
» ou à des espérances également chimériques les
» bienfaits réels de la paix; bienfaits qui sont pour
» le pays la meilleure garantie de la prospérité pu-
» blique, comme ils sont, pour les familles, celle
» de leur repos et de leur bonheur intérieur. »

(Ici le Roi est interrompu par de vives acclamations.)

Sa Majesté poursuit :

« Heureux de me trouver au milieu de vous,
» j'aime à vous redire combien je jouis de la con-
» fiance que vous n'avez cessé de me témoigner.
» Cette confiance n'est pas seulement un soutien
» pour moi dans la grande tâche que j'ai à rem-
» plir, elle est aussi, comme vous l'avez si bien dit
» tout à l'heure, un adoucissement à toutes les
» amertumes que j'ai dû supporter. S'il pouvait
» y avoir une véritable consolation pour les mal-
» heurs de famille qui m'ont accablé, je la trou-
» verais dans le sentiment général dont vous venez
» de me renouveler l'expression d'une manière
» qui m'a vivement ému. Mais croyez que rien
» n'ébranlera mon entier dévouement à la France.
» Elle me trouvera toujours prêt, moi et tous
» les miens, à répondre à son appel et à consacrer

» nos jours et nos vies à les préserver des maux
» dont elle pourrait être menacée. Grâce à Dieu !
» nous avons traversé les temps de crise et d'a-
» larmes, et nous n'avons qu'à remercier la Pro-
» vidence du repos et de la prospérité dont j'ai le
» bonheur de voir jouir la France. »

Ces paroles du roi ont été accueillies avec en-
thousiasme, aux cris répétés de *vive le roi! vive la
reine! vive la famille royale!*

Lorsque le silence a été rétabli, M. le ministre
du commerce a procédé à l'appel des personnes
désignées pour recevoir des récompenses; Sa
Majesté les leur remettait de sa main et se plai-
sait à adresser à chacun des paroles de bienveillance et d'encouragement.

A six heures, un banquet de deux cent cinquante couverts a réuni, dans la grande galerie du
Louvre, le Roi et la famille royale, MM. les ministres du commerce, de l'intérieur et des finances,
plusieurs notabilités civiles et militaires, MM. les
membres du jury et MM. les exposants qui
avaient reçu des mains du Roi la croix de la Légion d'honneur ou des médailles d'or.

Au dessert, le Roi s'est levé et a porté un toast
en ces termes :

« *Honneur à l'exposition de 1844!*
» *Prospérité à l'industrie française!* »

Ces paroles ont été saluées des plus vives acclamations, les ministres du commerce et des finances ont à leur tour porté la santé du Roi et celles de la reine et de la famille royale, au milieu des applaudissements de toute l'assemblée.

Après le dîner, le Roi, la reine et la famille royale sont rentrés aux Tuileries, suivis de tous les convives qui avaient été invités par Leurs Majestés à assister avec elles, des fenêtres du palais, au concert et au feu d'artifice.

Ainsi s'est terminée cette noble et touchante cérémonie, qui tiendra sa place dans les annales de l'industrie nationale, comme un de ses plus beaux jours de fête.

LISTE

DES EXPOSANTS, DES ARTISTES ET DES SAVANTS

AUXQUELS

LE ROI A DÉCERNÉ LA DÉCORATION DE LA LÉGION D'HONNEUR

DANS LA SÉANCE SOLENNELLE DU 29 JUILLET 1844.

MM.

ANDRÉ, fondeur, au Val-d'Osne (Haute-Marne).

BACOT (Frédéric), fabricant de draps, à Sedan (Ardennes).

BONNET (Claude Joseph), fabricant de soieries, à Lyon (Rhône).

BONTEMPS, fabricant de verreries, à Choisy-le-Roi (Seine).

BOURDON, directeur des forges et fonderies du Creusot (Saône-et-Loire).

BOURKARDT (J.-J.), constructeur de machines, à Guebwiller (Haut-Rhin).

BURON, fabricant d'instruments d'optique, à Paris.

CAIL (J.-F.), constructeur de machines, à Paris.

CAMU fils, filateur de laine, à Reims (Marne).

CHARRIÈRE, fabricant d'instruments de chirurgie, à Paris.

CHENNEVIÈRE (Théodore), fabricant de draps, à Elbeuf (Seine-Inférieure).

DEBUCHY (François), fabricant de tissus de lin, de laine et de coton, à Lille (Nord).

FAULER aîné, fabricant de maroquins, à Choisy-le-Roi (Seine).

FAURE (Étienne), fabricant de rubans, à Saint-Étienne (Loire).

FRÈREJEAN maître de forges, à Vienne (Isère).

GIRARD, imprimeur sur tissus, à Rouen (Seine-Inférieure).

MM.

Godard fils, fabricant de cristaux, à Baccarat (Meurthe).

Grillet aîné, fabricant de châles, à Lyon (Rhône).

Gros (Jacques), fabricant de tissus de coton, à Wesserling (Haut-Rhin).

Lacroix (Jean-Justin), fabricant de papiers, à Angoulême (Charente).

Lefebvre (Théodore), fabricant de céruse, aux Moulins-lès-Lille (Nord).

Lemire, fabricant de produits chimiques, à Choisy-le-Roi (Seine).

Massenet, fabricant d'acier et de faux, à Saint-Étienne (Loire).

Milliet, fabricant de porcelaine, à Montereau (Seine-et-Marne).

Ogereau, tanneur, à Paris.

Pecqueur, constructeur de machines, à Paris.

Roller, facteur de pianos, à Paris.

Roswag (Augustin), fabricant de toiles métalliques, à Schelestadt (Bas-Rhin).

Schattenmann, directeur de la compagnie des mines de Bouxwiller (Bas-Rhin).

Thénard, ingénieur en chef des ponts et chaussées, à Abzac, (Gironde).

Wixxerl, fabricant d'horlogerie, à Paris.

RAPPORT
DU JURY CENTRAL
SUR LES PRODUITS
DE L'INDUSTRIE FRANÇAISE
EN 1844.

PREMIÈRE COMMISSION.

TISSUS.

Membres de la Commission.

MM. LEGENTIL, président, ARLÈS DUFOUR, BARRET, BLANQUI, CHEVREUL, DENEIROUSE, GIROD (de l'Ain), GRIOLET, GUIRAL-ANNE-VEAUTE, HARTMANN, KETTINGER, LEGROS, MEYNARD, MIMEREL (du Nord), MOLL, PETIT, REVERCHON, SALLANDROUZE-LAMORNAIX, SCHLUMBERGER, YVART.

PREMIÈRE PARTIE,

LAINES ET LAINAGES.

PREMIÈRE SECTION.

AMÉLIORATION DES LAINES.

M. Girod (de l'Ain), rapporteur.

Considérations générales.

Conformément aux distinctions établies dans les précédents rapports du jury central, nous continuerons à classer la laine, considérée comme matière première, en trois sortes principales, savoir : 1° *la laine à carde* destinée à la fabrication des étoffes foulées, ou de la draperie proprement dite ; 2° *la laine à peigne* qu'emploient les fabriques d'*étoffes rases*, ou non foulées ; 3° *la laine commune*, qui sert à la confection des matelas et à la fabrication des tapis, couvertures et autres étoffes communes, ainsi qu'à la bonneterie et à la passementerie.

Les intéressantes statistiques publiées par le ministère de l'agriculture et du commerce et qui donnent le nombre des bêtes à laine que nourrit chaque département, ne classent pas ce nombre par races distinctes et n'indiquent pas, par conséquent, les proportions relatives dans lesquelles la France produit ces trois sortes de lainage ; cette distinction, cependant, serait importante, mais on ne peut se dissimuler qu'elle serait très-difficile à établir, en ce qui concerne surtout la ligne de démarcation à tracer entre les races qui produisent la *laine à carde* et celles qui produisent la *laine à peigne* : en effet, nos fabriques d'étoffes rases, qui semblaient demander surtout les laines longues, lisses et brillantes, dont l'Angleterre possédait le type, sont parvenues à tirer un excellent parti des laines mérinos ou métisses, dites *laines intermédiaires* de France, que l'on était accoutumé à considérer seulement comme *laines à carde*, et l'on voit les laines de Brie, de Beauce, et autres lieux qui naguère s'employaient principalement à Elbeuf, prendre aujourd'hui les routes de Reims et d'Amiens.

C'est là un fait digne de remarque et dont l'agriculture française doit se féliciter, car il atténue en partie les fâcheuses conséquences qu'entraîne la nécessité de plus en plus impérieuse, dans laquelle se trouvent nos manufactures de draps, d'aller chercher, au delà du Rhin, les laines fines dont elles ne peuvent se passer, et que la France est bien loin de produire en suffisante quantité.

Nos fabriques d'étoffes rases trouvent, en effet, dans les laines intermédiaires produites en grande quantité par les nombreux troupeaux mérinos, ou métis, que nourrissent les départements les plus voisins de la capitale, des qualités assez propres à leur genre de fabrication, pour qu'elles ne sentent pas encore le besoin d'aller s'approvisionner au dehors; il est à craindre sans doute qu'elles n'y soient bientôt obligées, les laines fines d'Allemagne l'emportant toujours par la douceur sur la généralité de celles de France; mais quant à présent, du moins, elles emploient principalement nos produits nationaux. Malheureusement il n'en est pas ainsi de la part de nos plus importantes manufactures de draps et à l'é-

gard des *laines à carde* qui les alimentent : déjà
on a constaté que Sedan, qui employait annuellement pour une valeur de plus de 12 *millions*
de laines françaises, n'en achète plus que pour
moins de 500 *mille francs*; tout le surplus de
son approvisionnement est en laine d'Allemagne;
Elbeuf, qui consomme pour plus de 30 millions
de laine, chaque année, ne demande plus à la
France que la moitié à peine de cette valeur ;
l'autre moitié est également tirée de l'Allemagne,
qui, en 1839, ne fournissait qu'un cinquième
environ de cette consommation (1); Louviers, qui
achète annuellement pour 4 à 5 *millions* de laine,
en reçoit aussi d'Allemagne pour plus de 3 *millions;* ces trois villes, à elles seules, portent donc
chaque année à l'étranger une somme de plus de
30 *millions*, au détriment de notre agriculture,
et cet état de choses tend rapidement à s'empi-
rer : c'est qu'en effet, à part un très-petit nombre de propriétaires de troupeaux fins, dont les
produits peuvent rivaliser avec les plus belles
laines électorales et qui luttent encore, avec une
louable persévérance, contre la tendance générale, nos éleveurs semblent avoir complétement
renoncé à l'amélioration de la toison, sous le

(1) *V.* l'intéressant rapport de M. Legentil (*Rapport du jury
central de* 1839, p. 47).

rapport de la finesse; ils ne se sont pas même maintenus au point de perfectionnement qu'ils avaient atteint; ils ont rétrogradé. C'est là un état de choses fâcheux et dont les conséquences ne peuvent manquer de préoccuper la sollicitude si éclairée de M. le Ministre de l'agriculture et du commerce. Quand nos producteurs verront se fermer pour eux l'unique et précieux débouché que leur offraient nos manufactures nationales, ils ne manqueront pas de réclamer la protection des douanes; déjà ils demandent à grands cris que le droit d'entrée soit reporté à l'ancien taux de 33 pour 100; mais serait-ce là un remède ? il est au moins permis d'en douter. En effet, si le droit était assez élevé pour empêcher, ou seulement restreindre dans une notable proportion, l'entrée des laines étrangères, la prospérité de nos manufactures en recevrait une atteinte grave dont l'agriculture elle-même ne tarderait pas à ressentir le contre-coup; si, au contraire, l'élévation du droit ne produisait qu'une baisse proportionnelle sur le prix des laines au dehors, le but serait manqué, car les laines étrangères achetées à meilleur marché entreraient au moins en aussi grande quantité que par le passé, et si, d'ailleurs, une amélioration quelconque dans le cours se manifestait à l'intérieur, elles seraient les premières à en profiter. On l'a dit cent fois et on ne saurait trop le répéter : C'est par *la qualité*, et par *la qualité seulement*, que nous pouvons nous défendre. Il est impossible de forcer nos fabriques à employer des matières premières qui ne leur conviennent plus; si l'agriculture française ne veut ou ne peut pas leur fournir celles dont elles ont besoin, il faut bien qu'on leur permette de les aller chercher au dehors; elles ne demanderaient pas mieux que de les recevoir des producteurs français. A qualité égale, les produits nationaux auront certainement la préférence; mais si les éleveurs ne font aucun effort d'amélioration, s'ils n'apportent aucuns soins à la tenue de leurs troupeaux, ils ne peuvent être que mal venus à réclamer la protection des douanes.

Or, quelles peuvent être les causes qui s'opposent à ce qu'ils s'engagent dans les voies de cette amélioration si désirable? Le sol, le climat de la France s'opposent-ils à ce qu'elle produise de la laine aussi belle qu'on la fait ailleurs? Non, certainement; car partout où l'on a essayé de la faire, on y est parvenu sans peine, et les toisons mêmes, qui figurent à l'exposition actuelle, comme celles qu'on a pu voir aux expositions précédentes, prouvent que la France pourra, quand elle le voudra, rivaliser pour cette importante production avec la Saxe elle-même.

Est-ce donc qu'elle ne trouverait aucun profit à le faire? Pour répondre à cette question d'une manière sûre et péremptoire, il faudrait faire le compte exact de chaque éleveur, suivant les conditions de sa localité; or, c'est là qu'est la difficulté :

Selon la situation particulière dans laquelle il s'est trouvé placé, chaque propriétaire de troupeaux dut se demander à quels besoins ou exigences il lui convenait le plus de satisfaire; or, ces exigences sont principalement de trois sortes : 1° celles du boucher; 2° celles du fabricant qui emploie la *laine à peigne;* 3° celles du fabricant qui emploie la *laine à carde.*

Le premier dit à l'éleveur : faites-moi de gros moutons qui donnent, proportionnellement à leur poids, la plus forte quantité de *viande* et de *suif.*

Le second attache assez peu d'importance à la *finesse;* il veut surtout des mèches longues, lisses et soyeuses.

Le troisième enfin lui demande des toisons à mèches courtes et aussi douces, aussi fines, aussi élastiques que les laines de Saxe.

Certaines localités ont permis de satisfaire à la fois les exigences du boucher et du fabricant qui emploie des *laines à peigne.* Ainsi, partout où l'abondance et la qualité nutritive des fourrages et paccages pousse naturellement à l'élévation de la taille des animaux, et particulièrement dans les dix ou douze départements qui entourent la capitale et qui sont formés des anciennes provinces de l'*Isle-de-France*, de la *Picardie*, de l'*Artois*, de la *Normandie*, de la *Touraine* et d'une partie de la *Champagne* et de la *Bourgogne*, on a trouvé avantage à produire de gros moutons et des laines à peigne, et on a décidément repoussé les races de moyenne ou petite taille, qui donnent les plus beaux lainages : obtenir les animaux les plus gros et les toisons les plus lourdes, voilà quel a été l'unique but qu'on s'est proposé dans toute cette partie du territoire, celle qui précisément nourrit le plus grand nombre de troupeaux mérinos ou métis ; là on n'a visé qu'à la *quantité*, sans trop se soucier de la *qualité*, c'est-à-dire de la finesse, et l'on a absolument renoncé à obtenir les deux choses à la fois, en essayant de nourrir, avec les mêmes ressources, *un poids équivalent d'animaux plus petits*.

Ainsi, d'un côté, le besoin de laines propres au peigne, précisément dans les contrées où existent à la fois nos plus nombreux troupeaux et nos plus importantes fabriques d'étoffes rases ; de l'autre, la prédilection exclusive des bouchers pour les gros moutons, prédilection fondée d'ailleurs en partie sur le mode de perception du droit d'octroi *par tête*, sont les causes principales qui portent les éleveurs de cette région de la France à persévérer dans le système qu'ils ont adopté; et, en vérité, s'il leur est bien prouvé qu'il y a bénéfice pour eux à marcher dans cette voie, et qu'il y aurait perte, au contraire, à agir autrement, on ne peut ni les blâmer ni leur conseiller une autre marche.

Mais, en est-il partout de même? Non, certainement; car, à part les provinces qu'on vient de citer, et qui nourrissent environ 5 à 6 millions de bêtes à laine, il est reconnu que, presque partout ailleurs, on essayerait en vain de donner à la taille des animaux ce développement excessif qui s'oppose naturellement à l'amélioration de la toison. Dans l'*Est*, le *Centre*, le *Midi*, et *une grande partie de l'Ouest* de la France, se trouvent beaucoup de localités qui sont dans ce dernier cas; les statistiques nous montrent que ces quatre régions nourrissent plus de 25 *millions* de moutons, sur les 31 millions existant sur toute l'étendue du territoire; or, si la nature elle-même semble favoriser, dans ces vastes contrées, les efforts de l'amélioration en maintenant les animaux dans une taille moyenne; si elle s'oppose à ce qu'on y fasse de lourdes toisons, pourquoi ne pas essayer, au moins, de les faire plus fines?

Se pourrait-il qu'il y eût, dans ces localités-là, perte réelle à métamorphoser des toisons indigènes ou grossières, dont la valeur est si minime, en toisons de valeur plus grande? Non, cela n'est pas possible; non, la France ne doit pas renoncer à produire les laines fines dont elle a besoin; les races de moyenne et de petite taille, qui les fournissent, peuvent être en même temps, et tout aussi bien que les grosses races, engraissées pour la boucherie; si elles donnent, *sur chaque animal*, moins de viande et de laine, chaque animal, aussi, *a coûté beaucoup moins à nourrir...*; cela ne peut pas être contesté. La France peut nourrir beaucoup plus de bêtes et produire beaucoup plus de laine qu'elle ne le fait, et, après avoir satisfait aux besoins de ses propres manufactures, pourquoi n'aurait-elle pas la prétention d'exporter certaines quantités de laine en Angleterre et en Belgique, pays d'immenses fabrications, qui tirent du dehors et de si loin leurs matières premières, et qui sont à sa porte?

Mais, sans porter, quant à présent, nos vues jusque-là, il faut du moins reconnaître que, si on ne veut pas condamner la France à demander, à tout jamais, à l'agriculture étrangère une quantité toujours croissante de matière première, dont la valeur se comptera bientôt par cinquantaine de millions, il faut, sans plus tarder et par les moyens les plus efficaces, encourager et propager l'éducation des races ovines dans tous les départements où nul obstacle ne s'oppose à leur perfectionnement.

Il ne nous appartient pas d'indiquer à l'administration ceux de ces moyens qu'elle peut avoir à sa disposition ; nous n'avons pas même besoin d'appeler, sur l'urgence et l'importance de cette question, son attention particulière ; nous savons qu'elle s'en préoccupe, et, bien que son intervention soit, en ce qui touche surtout à l'industrie agricole, beaucoup moins efficace qu'on ne le pense, nous ne doutons pas plus de son désir de porter remède au mal signalé, que de son zèle à en rechercher le moyen.

Déjà des expériences intéressantes ont été entreprises et suivies par les ordres et sous les auspices de M. le ministre de l'agriculture et du commerce, dans la vue de la production et de l'amélioration de certains types de *laines à peigne* et de *laines à carde*, soit à *Mauchamp* et à *Layevaux*, soit à *Alfort* et à *Naz*.

Le nouveau type de laine à peigne, qui avait déjà attiré l'attention particulière du jury central, en 1834 et en 1839, et mérité à M. Graux de Mauchamp, d'abord une mention honorable, et ensuite la médaille d'argent ; ce nouveau type, disons-nous, si remarquable par la longueur, le brillant et le soyeux de la mèche, se multiplie à Mauchamp et dans la bergerie royale de Layevaux, en acquérant la fixité qui caractérise une race constante.

A Alfort et à Naz, on a essayé le croisement des races de Naz et de Rambouillet, les deux races les plus anciennes que possède la France, et les résultats de cette expérience sont déjà de nature à éclaircir d'intéressantes questions : ainsi, on a pu constater que l'influence toute-puissante du mâle tend à ramener à son propre type, non-seulement sous le rapport du lainage, mais encore sous celui de la conformation et de la taille, la race des femelles qui lui sont données, quelque ancienne que soit cette race. En effet, l'alliance du bélier de Naz avec la brebis de Rambouillet ayant pu être poussée déjà jusqu'au *troisième croisement*, c'est-à-dire la mère, la fille et la petite-fille ayant donné des extraits du même père, on a pu voir, 1° que, dès le premier croisement, une amélioration notable, due à la supériorité de finesse de l'étalon de Naz, se faisait remarquer dans la toison, en même temps qu'un changement peu sensible dans la taille et la conformation; 2° qu'au second croisement, et d'une manière encore plus marquée *au troisième*, les extraits se rapprochaient de plus en plus du type du père, autant par l'abaissement de leur taille que par la finesse de leur toison ; de telle sorte qu'on pouvait prédire d'avance, qu'en poursuivant l'expérience, d'après les mêmes errements, on finirait par métamorphoser la race de Rambouillet en race de Naz.

La première conséquence qu'on puisse tirer de ce résultat, qui, d'ailleurs, pouvait être prévu, c'est que, dans les troupeaux où l'on tient, avant tout, à maintenir l'élévation de la taille, on doit s'abstenir d'employer le bélier de petite taille, surtout au delà du premier croisement. On a vu, en effet, que de ce premier croisement, si la toison s'améliorait, la taille tendait déjà à diminuer ; resterait, maintenant, à apprécier la plus value de la laine en qualité, et à mesurer l'influence qu'aurait l'extrait mâle de ce premier croisement, si on l'employait comme étalon, dans les mêmes troupeaux de grande taille.

La seconde conséquence du résultat obtenu, c'est que l'emploi de l'étalon superfin de moyenne taille peut être, non-seulement sans inconvénient, mais encore avec avantage, continué aux croisements subséquents, dans tous les troupeaux dont la taille se trouve égale à celle de l'étalon lui-même, ou plus petite. En effet, cet étalon devant ramener à son propre type les races avec lesquelles on l'allie, il ne changera rien à la taille, qui est la même que la

sienne propre, et il élèvera celle qui lui était inférieure.

Nous ne pousserons pas plus loin nos réflexions
sur ce sujet; il nous suffira d'ajouter que les résultats de l'expérience dont il s'agit, ont démontré la fausseté des allégations qui tendaient à faire
croire que la superfinesse de la laine ne s'obtenait qu'au moyen d'un régime débilitant, et sur
des races chétives et maladives: il a été prouvé
que les étalons superfins employés aux expériences de croisement étaient, au contraire, remarquables par leur vigueur, leur ardeur à la lutte
et leur parfaite santé.

Il serait fort à désirer que l'on pût se rendre
un compte plus exact qu'on ne l'a fait jusqu'ici,
du *prix de revient* et du *produit net* de chacun des
principaux types de bêtes à laine que nourrit la
France, et qu'on pût dire, par exemple, combien, avec *une quantité donnée de nourriture*, on
peut entretenir de moutons, soit de *grande*, soit
de *moyenne*, soit de *petite taille*; combien rap-
porte *cette quantité donnée de nourriture* changée en
laine, en viande, en suif et en fumier, lorsqu'elle
est consommée par telle race, ou par telle autre;
enfin, quelle est la quantité comparative, ou le
poids réel après lavage, et la différence de valeur
approximative des laines recueillies, sur un même
poids d'animaux de diverses tailles; mais ces

questions si importantes ne peuvent être résolues
que par les éleveurs eux-mêmes, et suivant les
conditions de chaque localité; nous nous contenterons donc de les signaler à leur attention. L'institution de quelques prix à décerner, chaque
année, aux meilleurs manuels sur ces questions,
et, en général, sur l'éducation des bêtes à laine,
ne manquerait pas d'exciter le zèle de nos agro-
nomes les plus instruits. D'un autre côté, la substitution, dans les principaux foyers de consommation, du droit d'octroi *au poids*, à celui *par
tête*, la création, dans des localités bien choisies,
de quelques bergeries d'expériences; l'exploration et l'étude des diverses localités de France
réputées les plus propres à la production des
laines fines, dans la vue d'attirer l'attention des
éleveurs sur le parti qu'ils pourraient tirer des
ressources offertes par un grand nombre de ces
localités, lesquelles sont loin de nourrir une quantité de bétail proportionnée à la masse des fourrages qu'elles pourraient aisément produire, tout
cela pourrait imprimer à l'amélioration une heureuse impulsion, et il est permis de croire que
le pays aurait bientôt à se féliciter de voir des
provinces entières qui, jusqu'ici, n'ont que peu
participé aux progrès de l'agriculture, trouver
dans l'éducation et la multiplication des races
améliorées de bêtes à laine, les mêmes avantages

qu'y trouvèrent nos plus riches départements, lorsque l'introduction simultanée des mérinos et des prairies artificielles opéra, il y a moins de quarante ans, une si heureuse révolution dans leur bien-être, en décuplant leurs produits.

Mais ce n'est pas seulement en ce qui touche à la production de nos lainages que le perfectionnement est désirable, c'est aussi en ce qui regarde leur *lavage* et leur *traitement avant* et *après la tonte :* le jury central n'a pu voir, sans intérêt, les efforts qui ont été tentés récemment dans cette vue, et particulièrement pour substituer le *lavage à dos* ou *à froid après la tonte*, à l'ancien *lavage à chaud ;* les inconvénients de ce dernier paraissent enfin avoir été compris, et tout annonce qu'il sera bientôt abandonné ; les bergeries royales elles-mêmes donnent l'exemple, en faisant *laver à dos* leurs produits de cette année. Si cet exemple est généralement suivi, les cultivateurs n'auront plus aucun intérêt à s'efforcer, au grand préjudice de la qualité de la laine, d'augmenter, outre mesure, le poids de leurs toisons. Des machines, plus ou moins ingénieuses, ont été inventées, notamment par M. Desplanques, pour le lavage à froid des laines en toisons ; leur usage n'est pas encore assez généralisé pour qu'on puisse invoquer en leur faveur les témoignages d'une suffisante expérience ; mais l'on ne peut qu'applaudir à ces essais, et faire des vœux pour leur complète réussite.

Les *laines à carde* et *à peigne* sont les seules représentées à l'exposition; il était à désirer, cependant, qu'on pût y voir au moins des échantillons des diverses variétés de *laines communes* les plus recherchées; on sait que nos nouvelles possessions d'Afrique en fournissent déjà, en notable quantité, de plusieurs sortes très-distinctes, parmi lesquelles certaines se font apprécier par de précieuses qualités.

Le nombre des éleveurs exposants, qui fut de 18 en 1834, et de 19 en 1839, n'est plus que de 15 en 1844; on peut voir dans cette décroissance un nouveau symptôme du peu d'importance que nos propriétaires de troupeaux attachent à l'amélioration des laines; il est particulièrement à regretter que, parmi les éleveurs auxquels le jury central s'est plu, lors des précédentes expositions, à décerner ses récompenses les plus honorables et ses éloges les plus encourageants, plusieurs se soient retirés de la lice, et ne se soient fait remarquer que par leur absence; six anciens exposants se sont seulement représentés, les neuf autres exposent pour la première fois.

———

PREMIÈRE DIVISION.

LAINES A CARDE.

EXPOSANTS HORS DE CONCOURS.

MM. GIROD (de l'Ain) et PERRAULT DE JO-TEMPS, co-propriétaires du troupeau de Naz, arrondissement de Gex (Ain); 2,000 bêtes.

Médaille d'or en 1823; rappel en 1827; hors de concours en 1834, 1839 et 1844, M. Félix Girod (de l'Ain) étant membre du jury central.

MÉDAILLE D'OR.

M. GODIN aîné, à Châtillon (Côte-d'Or).

Ce propriétaire éclairé, après avoir puisé dans le commerce des laines des connaissances spéciales, s'associa en 1828 à M. Joseph Maitre, pour intro-duire, dans l'arrondissement de Châtillon-sur-Seine, un troupeau de race saxonne : depuis, les associés ayant séparé leurs intérêts, le troupeau fut divisé en deux parts, dont les produits furent ex-posés, pour la première fois, en 1834; MM. Godin et Maitre obtinrent, alors, chacun la médaille d'argent; en 1839, cette récompense leur fut confir-mée; aujourd'hui le troupeau de M. Godin se com-pose de 1,200 bêtes; les toisons qui en proviennent montrent que cet éleveur a su faire de nouveaux progrès dans la voie du perfectionnement; elles sont aussi remarquables par leur finesse que par leur bonne qualité; les laines de M. Godin sont fort ap-préciées à Sedan, où elles trouvent, chaque année, leur placement à des prix avantageux; l'importance de son établissement et les succès incontestables qu'il a obtenus lui méritent la médaille d'or que le jury central se plaît à lui décerner.

***

RAPPELS DE MÉDAILLES D'ARGENT.

M. MONNOT-LEROY, à Pontru (Aisne).

Les beaux produits qu'expose M. Monnot-Leroy et qu'il a obtenus par l'introduction du bélier de Naz dans son troupeau, ne sont point inférieurs à ceux qui lui méritèrent, en 1834, la médaille d'argent, et en 1839 la confirmation de cette même récompense. M. Monnot-Leroy, qui peut être cité parmi les producteurs les plus éclairés et les plus zélés des départements situés au nord de la capitale, continue, presque seul, au milieu de tous ses voisins, à poursuivre le but de la superfinesse, et ses produits, sous ce rapport, comme sous celui de la bonne qualité, peuvent être placés en première ligne; cependant, pour arriver à ce point de perfectionnement, il ne s'est point cru obligé de maintenir son troupeau dans une trop grande infériorité de taille; ses extraits mâles engraissés se vendent au prix de 25 à 28 fr. chacun, prix que sont bien loin d'atteindre, dans la plus grande partie de la France, les animaux à laine plus ou moins grossière, qui ne sont élevés que pour la boucherie. Le troupeau de Pontru ne le cédant au précédent que sous le rapport de son importance, c'est-à-dire, du nombre de bêtes qui le composent, le jury central n'hésite pas à confirmer, avec de nouveaux éloges, à M. Monnot-Leroy, la médaille d'argent, qu'il avait déjà si bien méritée aux deux dernières expositions.

M. Joseph MAITRE, à la Villote (Côte-d'Or).

Ce n'est également que par le nombre de bêtes composant son troupeau que M. Joseph Maitre est resté inférieur à son ancien associé M. Godin; les toisons qu'il expose attestent la continuité de ses efforts et de ses succès, et lui donnent de nouveaux droits à la médaille d'argent, qui lui fut décernée en 1834 et rappelée en 1839 et que le jury central lui confirme de nouveau.

M. AUBERGER, à Malassis (Seine-et-Marne).

M. Auberger expose 12 toisons dont quatre sont lavées à dos; les toisons se font remarquer par leur grande finesse, laquelle a été le résultat, d'abord, de l'emploi du bélier de Naz et, ensuite, du choix fait, avec soin, d'étalons reproducteurs dans le troupeau lui-même; le troupeau est composé de 1,000 bêtes. M. Auberger déclare qu'il vend sa laine environ 1 fr. 20 c. le 1/2 kilog. : il est à croire qu'il en obtiendrait, eu égard à leur finesse, un prix plus élevé, s'il pouvait apporter un peu plus de soins à la tenue de son troupeau, sous le rapport essentiel de la propreté des toisons.

Le Jury central confirme à M. Auberger la médaille d'argent qui lui fut décernée en 1839.

MÉDAILLES D'ARGENT.

M. BOUCHU, à Longuay (Haute-Marne).

M. Bouchu est un ancien élève de l'école agricole

de Roville; il possède un troupeau de 400 bêtes, dont les toisons ont été portées à un degré de finesse très-remarquable, par l'emploi de béliers de Naz et de la race saxonne introduite par MM. Godin et Maitre. M. Bouchu expose sept toisons et des échantillons d'une cinquantaine de bêtes; les succès qu'il obtient lui donnent de véritables titres à la médaille d'argent que le jury lui décerne.

M. PORTAL, de Moux (Aude).

M. Portal possède un troupeau de 450 bêtes, dont l'origine remonte à l'année 1807, époque à laquelle le noyau de ce troupeau fut tiré de la bergerie royale de Perpignan. Depuis, il a été amélioré par l'emploi du bélier de Naz; il passe pour l'un des plus beaux troupeaux du midi; et les étalons qu'il fournit sont recherchés par les éleveurs de cette partie de la France; M. Portal a exposé une toison très-fine et trois écheveaux de laine filée; les succès qu'obtient M. Portal, et les services qu'il rend autour de lui en propageant les meilleures méthodes d'éducation et d'amélioration, lui méritent la médaille d'argent que le jury central lui décerne.

M. TERRASSON DE MONTLEAU, aux Andreaux,
arrondissement d'Angoulême (Charente).

M. Terrasson de Montleau expose six toisons très-remarquables par leur finesse et leur bonne nature; son troupeau, dont l'origine remonte à l'année 1811, et qui a été amélioré par l'emploi de béliers de Naz, n'est que de 250 bêtes; c'est le seul troupeau

fin qui existe dans le département de la Charente.
Le degré de perfectionnement qu'il a atteint, malgré la position désavantageuse dans laquelle le placent son isolement et son éloignement de nos manufactures, montre que, dans cette partie de la France, aussi, on pourrait produire de belles laines; celles qui proviennent du troupeau *des Andreaux*, trouvent à Sedan un débouché facile et avantageux; il serait à désirer que l'exemple donné par M. Terrasson de Montleau fût imité par ses voisins; mais la persévérance de ses efforts n'en est pas moins digne d'éloges. Propriétaire aussi zélé qu'éclairé, il est un des membres les plus utiles de la société d'agriculture de la Charente, et mérite, autant par ses propres succès que par les services qu'il rend, la médaille d'argent que le jury central lui décerne.

DEUXIÈME DIVISION.

LAINES A PEIGNE.

MÉDAILLE D'OR.

M. GRAUX DE MAUCHAMPS, à Juvincourt et Damary (Aisne).

Les tentatives faites par M. Graux, pour fixer et multiplier le type qui apparut dans son troupeau il y a environ 14 ans, et qui offrit à un degré si remarquable la réunion des qualités recherchées dans la laine à peigne, ont été couronnées de succès; cet éleveur intelligent répondant aux encouragements que l'administration supérieure et le jury

central s'étaient plu à lui donner, a poursuivi avec
persévérance le but qu'il s'était proposé, et aujourd'hui il est parvenu à métamorphoser, presqu'en entier, son ancien troupeau en un troupeau
de nouvelle race, dont la constance est désormais
assurée. Ce troupeau se compose de 427 bêtes, lesquelles portent ces toisons à longues mèches, lisses,
brillantes et soyeuses, dont chacun a pu admirer
les échantillons exposés cette année. M. Graux a eu
l'heureuse idée d'ajouter à son exhibition deux béliers vivants, encore revêtus de leurs toisons, afin
qu'on pût juger de la taille et de la conformation
des animaux, ainsi que des particularités caracté-
ristiques que présentent leurs toisons. Les expériences de croisement de cette nouvelle race avec
la race mérinos, montrent que l'influence du bélier,
peu marquée au premier croisement, devient de
plus en plus grande dans les croisements suivants.

La laine actuellement connue sous le nom de
Mauchamps a été mise en œuvre par plusieurs
de nos plus habiles fabricants et notamment par
M. Bietry, soit pure, soit mélangée avec d'autres
laines à peigne, et, en particulier, avec le duvet
de cachemire : l'on a pu voir à l'exposition de
M. Bietry les résultats de cette fabrication; les
tissus obtenus, au moyen du mélange de la laine
de Mauchamp avec le duvet de cachemire, ont
surtout attiré l'attention des connaisseurs; leur
finesse, leur souplesse et leur soyeux ne laissent rien
à désirer.

Le jury central décerne à M. Graux de Mauchamps la médaille d'or.

MÉDAILLES D'ARGENT.

M. BEAUVAIS (Jean-Armand), à Gastins, canton de Nangis (Seine-et-Marne).

M. Beauvais possède, depuis plus de 25 ans, un troupeau de mérinos, qu'il élève avec soin, et qui a été amélioré par l'emploi de béliers de Naz; il expose trois toisons remarquables par leur finesse, leur douceur, leur tassé, leur bonne nature et leur propreté. Il est du petit nombre des éleveurs des environs de Paris, qui poursuivent et obtiennent de véritables succès dans les voies d'amélioration.

Le jury central lui décerne la médaille d'argent.

M. GUENEBAULT, à Laperrière, commune de Poiseul-la-Ville (Côte-d'Or).

Les huit toisons en suint, qu'expose M. Guenebault, se font remarquer par leur douceur, leur bonne nature, et un degré de finesse qui les rend très-propres à la fabrication, comme laines à peigne; son troupeau est bien tenu et jouit, aux environs de Chatillon-sur-Seine, d'une réputation méritée; les étalons qu'il a présentés aux expositions de cette ville, lui ont valu plusieurs médailles d'encouragement.

Le jury central décerne à M. Guenebault une médaille d'argent.

M. DURAND (Constant), à la Maison-Rouge (Seine-et-Marne).

Des trois toisons qu'expose M. Durand, deux se distinguent par leur finesse et leur bonne nature,

et une par sa douceur, ainsi que par le caractère
lisse et propre au peigne de la mèche ; toutes les
trois offrent un tassé remarquable. Le troupeau de
M. Durand, si on en juge par les trois toisons, est
très-bien tenu. Le jury central lui décerne la médaille d'argent.

***

MÉDAILLES DE BRONZE.

M. PLUCHET, à Trappes (Seine-et-Oise).

M. Pluchet expose plusieurs toisons provenant
du croisement d'un bélier *Dishley*, avec des brebis
mérinos : ces toisons sont très-volumineuses ; elles
laissent sans doute à désirer sous le rapport de la
finesse ; mais la longueur de la mèche les rend
très-propres au peigne. Le troupeau de M. Pluchet
est de 1,000 bêtes ; il se loue des produits que 'i
donne la sous-race qu'il élève et qui n'a qu'un quart
de sang anglais et trois quarts de sang mérinos ; il
annonce que cette sous-race, tout en restant très-
propre à l'engraissement, se nourrit à moins de
frais et est plus robuste que les races indigènes mé-
tissées mérinos.

Le jury central décerne à M. Pluchet la médaille
de bronze.

M. LADREY, à la Fermeté (Nièvre).

M. Ladrey fit, en Angleterre, en 1825, l'acquisition de quelques béliers et brebis de la race de
Dishley, qui formèrent le noyau de son troupeau,
aujourd'hui composé de 400 bêtes. Des trois toisons
qu'il expose, une est la dépouille d'un bélier pur
Dishley, une provient du croisement du bélier an-

glais avec la brebis mérinos, et la troisième du même croisement avec la brebis berrichonne. M. Ladrey élève ses animaux en plein air; les efforts qu'il a faits pour introduire et propager la race anglaise dans le Berry, méritent d'être encouragés par le jury central, qui lui décerne la médaille de bronze.

M. DUFFOUR-BAZIN, à Bazin, commune de Lectoure (Gers).

M. Duffour-Bazin, qui est signalé par le jury départemental du Gers comme un agriculteur zélé et instruit, possède un troupeau de 5oo bêtes; il expose cinq toisons, dont une de pur mérinos, deux pur *New-Kent* et deux provenant d'un premier croisement entre ces deux types.

Le jury central accorde à M. Duffour-Bazin une médaille de bronze.

***

MENTIONS HONORABLES.

M. MARESCAUX, à Salperwick (Pas-de-Calais).

M. Marescaux expose quatre mèches provenant de bêtes anglaises pures et de croisements *anglo-mérinos* et anglo-artésien, et quatre échantillons de laine peignée. Il a fait une étude particulière des races anglaises et du régime qui leur convient, et s'efforce d'en propager l'éducation autour de lui.

Le jury central accorde à M. Marescaux une mention honorable.

M. DESPLANQUES (jeune), à Lisy-sur-Ourcq.

M. Desplanques ne se présente pas comme producteur de laine, mais comme laveur et inventeur d'une machine destinée à remplacer la méthode *du lavage à dos*. Il expose un grand nombre d'échantillons de laines de diverses qualités, lavés par différents procédés. M. Desplanques fait preuve de zèle et d'intelligence dans la recherche, très-digne d'encouragement, des meilleures méthodes de lavages; ses efforts pourront contribuer efficacement à la substitution si désirable du *lavage à froid* à l'ancien *lavage à chaud*, qui ne dispensait pas du *dégraissage à fond* et, par conséquent, avait le grand inconvénient de soumettre inutilement la laine à une opération dont l'effet était de la durcir et d'en altérer considérablement la douceur.

La commission des tissus ne pouvant apprécier la machine inventée par M. Desplanques sous le rapport de sa construction et de son mécanisme plus ou moins compliqué, laisse à la commission des machines le soin de proposer au jury central la récompense qu'elle croira méritée par cet industriel.

DEUXIÈME SECTION.

FILAGE DE LA LAINE ET DU CACHEMIRE.

M. Griolet, rapporteur.

———

PREMIÈRE DIVISION.

LAINE PEIGNÉE.

Filage de la laine peignée pure ou mélangée.

Les établissements de filature de laine peignée conservent, par la supériorité de leurs produits, le premier rang qu'ils ont toujours occupé en Europe.

En France, avec les mêmes laines, on file mieux et plus fin; c'est par ce motif et par l'habileté avec laquelle nos fabricants tirent parti de ces laines, que nos tissus, remarquables par leur beauté et leur bas prix, apparaissent sur tous les marchés, sans redouter la concurrence étrangère.

Nos machines, nos procédés et nos moyens d'exécution ont été exportés en assez grand nombre par des constructeurs français, sans que les peuples qui les ont acquis soient encore parvenus au degré de perfection de filage où nous sommes arrivés.

Une crise commerciale a entravé pendant deux années environ le filage de la laine peignée, crise occasionnée en partie par l'élévation du tarif des

États-Unis d'Amérique, qui a frappé de droits considérables les étoffes de laine peignée et qui eut pour effet de réduire à la somme de 10 millions, en 1842, l'exportation des tissus non foulés, tandis qu'elle était de 15 millions en 1839.

L'encombrement qui est résulté de ce manque d'exportation a fini par cesser, et l'activité est revenue dans tout le travail de la laine peignée, depuis les premiers mois de 1844 : cette industrie continuera sans doute à prospérer comme avant la crise.

L'emploi de petites bobines appelées *canettes*, que le rapport de 1839 a fait connaître, comme devant faciliter le tissage, se trouve avoir réalisé en partie les espérances conçues, et trouvera sans doute par la suite à se développer beaucoup plus encore. L'industrieuse Alsace s'en sert pour tisser mécaniquement des mousselines en trame laine peignée sur chaîne coton.

La facilité que les fabricants trouvent à tisser avec les *canettes* en laine sur leurs métiers mécaniques à calicot, en a déterminé un grand nombre à établir des mousselines chaîne coton avec trame laine peignée, qui ont un très-grand succès à la consommation. Cet accroissement à la vente tient au meilleur marché, comparativement avec le travail manuel, ainsi qu'à la plus grande régularité dans l'étoffe. On peut apprécier l'importance de cette nouvelle consommation en disant que cer-

tain fabricant de l'Alsace produit par an vingt
mille pièces mousseline mi-laine destinées à l'impression.

La consommation des fils de laine peignée augmente tous les jours par suite des nouvelles applications qu'on en fait à une grande variété d'articles
pour broderie, bonneterie et passementerie.

Depuis la dernière exposition le nombre des
filateurs de laine peignée s'est beaucoup accru,
et plusieurs contrées de la France se sont enri-
chies de cette industrie qu'elles ne connaissaient
pas il y a quelques années.

En 1839, il y avait 16 exposants : 24 figurent
à l'exposition de 1844.

Pour la première fois on voit Mulhouse, Bordeaux, Angers, Saint-Jean-de-Luz, envoyer à
l'exposition les produits des filatures établies
dans ces localités et entrer en lice pour lutter avec
Paris et Reims ; leur création dans ces contrées si diverses indique que cette industrie
trouve partout les moyens de se développer et de
fournir à des consommations très-différentes ; on
a remarqué avec intérêt que le département des
Hautes-Alpes ait aussi voulu montrer ses progrès
en industrie, en envoyant le produit des laines du
pays, peignées à Gap.

On doit aux connaissances que la pratique
amène, ainsi qu'à l'habitude du travail et aux

perfectionnements industriels dans le filage, depuis 1839, d'avoir produit une baisse de 10 pour 100 dans les prix de revient, sans diminuer le salaire des ouvriers.

RAPPEL DE MÉDAILLE D'OR.

M. PREVOST, filateur et fabricant de tissus de laine, rue Saint-Maur-Popincourt, 26 et 30, à Paris,

Expose des fils de laine peignée en chaîne et en trame d'une très bonne confection.

Ce sont des bobines de chaîne n° 92 $^m/_m$ jusqu'à 105 $^m/_m$ au kilo et des trames jusqu'à 125 $^m/_m$ qui ont servi à confectionner les beaux tissus mérinos de diverses couleurs qui figurent à son exposition.

Les mérinos dits draps d'été de ce fabricant sont d'une grande régularité. Il en exporte une partie en Amérique.

Le jury de 1839 appréciant son mérite lui a décerné une médaille d'or que le jury de 1844 se plaît à lui rappeler.

MÉDAILLE D'OR.

M. TRANCHARD-FROMENT, à Neuville-les-Wassigny, près Réthel (Ardennes),

Expose des fils en laine peignée, en chaîne et trame de toutes les qualités qui sont d'un placement habituel. On y remarque de la chaîne n° 90 $^m/_m$

au kil. qui a toute la résistance nécessaire pour un bon emploi. Ce filateur a voulu montrer ce qu'il serait en état de produire, si la consommation le réclamait, en exposant des trames filées au n° 210 mètres au kil.

M. Tranchard-Froment a commencé son établissement en 1820. Depuis cette époque il l'a constamment agrandi et porté jusqu'à 12,000 broches. Aujourd'hui c'est la plus importante filature de laine peignée de la localité, qui est une de celles de France où l'on s'occupe le plus de cette fabrication. La bonne confection des fils a suivi chez M. Tranchard la progression du bon marché, ce qui a considérablement aidé les fabricants de Réthel dans l'abondante production des étoffes de laine peignée.

Pour récompenser les divers mérites de ce filateur, le jury lui décerne la médaille d'or.

RAPPELS DE MÉDAILLES D'ARGENT.

MM. SOURD frères, à Tenay (Ain).

Ces filateurs exposent une grande variété de fils en laine peignée, thibet, cachemire, bourre de chameau, dont la consommation a lieu dans la fabrique de Lyon.

Leurs produits sont estimés dans le commerce par leur bonne fabrication et attestent de leur part beaucoup de soins et d'habileté.

Le jury vote le rappel de la médaille d'argent, décernée à l'exposition de 1839, à MM. Sourd père et fils, société industrielle dont MM. Sourd frères faisaient partie.

M. VULLIAMY, à Nonancourt (Eure),

Expose des fils doublés et retordus pour la broderie et pour la passementerie, de diverses qualités.

La bonté des produits de ce filateur les fait rechercher dans le commerce qui les apprécie beaucoup.

À l'exposition de 1839 le jury lui a décerné une
médaille d'argent.

Le jury de 1844 lui en vote le rappel.

MM. GAIGNEAU frères, à Essonne (Seine-et-Oise).

Ont obtenu à l'exposition de 1839 la médaille d'argent pour la bonté de leurs filés et les progrès qu'ils
avaient faits depuis l'exposition de 1834. Les produits qu'ils exposent cette année sont d'une grande
perfection.

Depuis 1839 ces exposants ont établi une teinture
pour leurs fils.

Ils ont en activité cinq grandes machines à carder
la laine produisant un ruban vulgairement nommé
cardé-peigné.

Leurs métiers continus pour filer la laine sont au
nombre de 12 et 8 pour doubler et retordre.

Ils s'occupent en ce moment d'établir le filage
mécanique de la bourre de soie sans la couper comme
on le pratique généralement.

Ces habiles manufacturiers sont possesseurs d'une
nouvelle machine brevetée pour débourrer les chapeaux des cardes à coton, que les principaux filateurs
de coton s'empressent d'adopter.

Le jury de 1844 vote le rappel de la médaille
d'argent en faveur de MM. Gaigneau frères.

NOUVELLES MÉDAILLES D'ARGENT.

M. CARLOS-FLORIN, à Roubaix (Nord),

Expose une très grande variété de fils de laine peignée, tous d'une grande netteté et d'une régularité remarquable.

Il présente 1° des laines de Kent filées en trame au n° 64 ᵐ/ₘ au kil.

2° des laines mérinos jusqu'aux nᵒˢ 165 à 170ᵐ/ₘ au kil.

3° des alpaga noirs au n° 50 ᵐ/ₘ et des marrons aux nᵒˢ 65 à 68 ᵐ/ₘ au kil.

En 1839, M. Carlos-Florin avait 3,000 broches en laine; depuis il a transformé toute sa filature de coton en métiers à laine peignée, ce qui la porte actuellement à 5,600 broches.

Pour la bonté de ses produits le jury de la dernière exposition lui avait accordé une médaille d'argent; le jury de 1844, pour récompenser les efforts et les progrès de cet habile industriel qui réussit si bien dans le filage de matières diverses, lui décerne une nouvelle médaille d'argent.

MM. J. J. DOBLER et fils, à Tenay (Ain),

Exposent un assortiment de fils de laine peignée en chaîne et trame dans diverses qualités propres à la confection des étoffes mousselines, etc.

Leurs fils en laine blanche et beige, tant simples que doublés et retordus pour la bonneterie, sont bien établis.

Tout en présentant une bonne confection, les produits de MM. Dobler et fils, soit en fils de laine, soit en fils thibet, se font remarquer par une grande modération dans les prix; aussi leurs débouchés leur ont-ils permis de fonder leur établissement sur des bases qui l'ont rendu le plus considérable de ceux des environs de Lyon en ce genre.

Le jury de 1827 avait décerné à MM. Dobler et Ronchaud la médaille d'argent pour la filature des fils thibet dont les jurys de 1834 et 1839 ont voté le rappel. Le jury de 1844, désirant récompenser les efforts de MM. Dobler et fils pour le filage de la laine, leur accorde une nouvelle médaille d'argent.

MÉDAILLES D'ARGENT.

MM. RISLER-SCHWARTZ et Cie, à Mulhouse (Haut-Rhin).

Pour la première fois, aux expositions nationales, on voit paraître des fils en laine peignée provenant du département si industriel du Haut-Rhin.

C'est à MM. Risler-Schwartz et Cie que cette contrée est redevable de l'établissement de la première filature en ce genre, et il a fallu toute l'habileté et la persévérance dont sont doués ces industriels pour surmonter les difficultés inséparables de l'implantation d'une nouvelle industrie dans une localité quelconque.

Les ouvriers peigneurs de laine leur manquaient; ils y ont suppléé par des machines à peigner (système Collier) auxquelles ils doivent avoir apporté de grands perfectionnements pour en tirer aussi bon parti qu'ils le font.

Les fils exposés sont tous confectionnés avec des laines peignées mécaniquement dans leurs ateliers;

leur bonté et leur bonne confection sont remarquables dans tous les numéros et qualités.

Leurs canettes en laine peignée sont très-bien
confectionnées, et les tissages mécaniques de ce
pays les emploient avec succès pour la fabrication
des mousselines et satins chaîne-coton.

Pour récompenser ces filateurs habiles le jury
leur décerne la médaille d'argent.

MM. LAROQUE frères, fils et JACQUEMET, à Bordeaux (Gironde),

Exposent une grande variété de produits :
1° des fils laine peignée en 2 jusqu'à 8 brins légèrement retordus pour tricots, broderie et passementerie;
2° des fils en laine cardée en 2 et 4 fils retordus;
3° des couvertures de laine, tant pour la vente
à l'intérieur que pour l'exportation;
4° des tapis dits *jaspés* d'un prix très-modéré.

L'établissement de ces exposants fondé depuis
plus de soixante ans, dit le jury départemental, sur
des bases d'abord très-modestes, a augmenté l'étendue de sa fabrication à mesure que s'offraient de
nouveaux débouchés.

Aujourd'hui c'est la plus importante manufacture
de Bordeaux et à son exemple se sont élevés d'autres filatures de laine.

Ces manufacturiers se renferment dans la production des articles de grande consommation, par
conséquent de prix peu élevé.

Leur fabrication, quoique variée, est très-soignée
dans tous les genres.

Le jury appréciant les efforts qu'ont dû faire MM. Laroque frères fils, et Jacquemet pour obtenir des produits aussi bien confectionnés, leur décerne pour l'ensemble de leur fabrication la médaille d'argent.

M. ORIOLLE fils, à Angers (Maine-et-Loire),

Présente à son exposition une grande variété de fils en laine peignée et cardée et des étoffes de laine.

Ses fils sont teints de diverses nuances, moulinés en deux jusqu'à huit bouts selon la destination de l'article qu'ils sont appelés à produire, et trouvent des débouchés dans une partie des provinces méridionales de la France.

La confection de ces filés est très-bonne pour la spécialité dont s'occupe principalement M. Oriolle, ce qui explique ses nombreux débouchés.

Sa fabrication d'étoffes communes pour vétement des femmes de la campagne en général se fait remarquer par des prix peu élevés.

Ce manufacturier a réuni dans le même établissement filature de laine peignée, cardée et teinture des laines qu'il emploie; le jury départemental indique qu'il occupe 350 ouvriers dans ses ateliers et 200 au dehors pour le tissage. C'est le plus grand et le plus important atelier de la ville d'Angers et des environs.

Le jury appréciant tous les efforts qu'a faits M. Oriolle depuis quatorze ans, pour fonder et conduire cette manufacture, ainsi que pour perfectionner ses produits, lui décerne la médaille d'argent.

RAPPEL DE MÉDAILLE DE BRONZE.

MM. LEJEUNE et Cie, à Roubaix (Nord),

Présentent à leur exposition :
1° Des fils en laine peignée dans diverses finesses jusqu'aux n^{os} les plus élevés en laine peignée;
2° Des fils en laine longue doublés et retordus pour chaîne;
3° Des fils alpaga en n° 45 $^m/_m$;
4° Des fils en laine cardée.

Les produits de MM. Lejeune et Cie avaient été appréciés par le jury de 1839 qui les avait récompensés de la médaille de bronze, dont le jury de 1844 s'empresse de voter le rappel.

MÉDAILLES DE BRONZE.

M. Alexandre LEBLANC, à Turcoing (Nord).

Cet exposant a été un des premiers à s'occuper dans sa filature de laine peignée, qui date de 1841, du filage de l'alpaga peigné, ce qu'il a fait avec succès ; il en a envoyé à l'exposition une grande variété dans tous les n^{os}.

Ce filateur est aussi constructeur de machines, et sa filature se compose de 5000 broches.

Voulant récompenser l'habileté de M. A. Leblanc pour le filage de la laine et de l'alpaga peignés, le jury lui décerne la médaille de bronze.

MM. Léon VALLÈS et BOUCHARD, rue Saint-Maur-Popincourt, 4, à Paris,

Avaient obtenu la mention honorable en 1839.

Depuis cette époque ces exposants ont beaucoup augmenté leurs affaires en fils de laine peignée et laine cardée.

Les fils peignés de leur établissement rue Saint-Maur-Popincourt sont très-variés et d'une bonne confection.

Pour récompenser le mérite de ces exposants le jury leur accorde la médaille de bronze.

MM. BURGADE père et fils, à Bordeaux (Gironde),

Ont envoyé à l'exposition des fils de laine peignée préparés pour les tricots, la broderie en plusieurs couleurs.

Les produits de ces exposants, dont l'établissement n'a été mis en activité qu'il y a deux ans à peine, sont bien confectionnés et témoignent en faveur de leur intelligence et de leurs connaissances en fabrication.

Pour récompenser leurs efforts et leur succès dans le filage de la laine, le jury leur décerne la médaille de bronze.

MENTIONS HONORABLES.

MM. FRANC père et fils et MARTELIN, à Saint-Rambert (Ain),

Ont exposé des fils laine peignée purs et mélangés de soie qui sont bien confectionnés.

Ces manufacturiers ont réuni depuis peu entre leurs mains les deux filatures qui existaient dans cette localité.

Espérant encourager leurs efforts et voulant leur

offrir une récompense pour leurs nouveaux progrès le jury les mentionne honorablement.

M. DANIEL (Louis), à Pontfaverger (Marne),

Expose des fils en chaîne, et trame, laine peignée qu'il a obtenue du peignage mécanique Collier. Pour prouver le bon résultat de ses fils il en a fait confectionner des tissus mérinos en diverses qualités qui se trouvent à son exhibition. Son établissement se compose de deux machines à peigner et de 1920 broches avec les accessoires.

Afin de récompenser les efforts de ce filateur, qui déjà a fait des progrès dans la fabrication, et l'encourager dans ses tentatives, le jury le mentionne honorablement.

M. ROUSSEAU, à Tremerolles (Seine-et-Oise).

Cet exposant réclame pour son directeur, M. Feauveau, tout le mérite de la bonne confection des fils de laine peignée qu'il a envoyés à l'exposition.

Cet établissement de filature a 2000 broches en activité, ses produits sont très-bien confectionnés ; en conséquence, le jury les mentionne honorablement.

MM. PLANQUE et Cie, à Saint-Jean-de-Luz (Basses-Pyrénées),

Ont envoyé des fils de laine peignée, moulinés en quatre bouts, et des traits de laine peignée.

Pour un commencement d'organisation dans un pays où il a fallu former les ouvriers, les laines peignées et les fils exposés ont paru bien confectionnés. Voulant encourager les efforts de MM. Planque et Cie et récompenser leurs progrès, le jury leur accorde la mention honorable.

M. CAULLIEZ-PETILLON, à Turcoing (Nord),

A envoyé à l'exposition des fils en laine peignée et des canettes de même laine teinte avant le filage que le tisserand met dans sa navette, ce qui est avantageux et économique pour son travail.

Le jury lui décerne une mention honorable.

MM. LABORDE, DEZEYMERIS et LAFOND, à Trugey, commune de Floirac, près Bordeaux, (Gironde),

Exposent divers échantillons en rubans de laine peignée, tous d'une confection très-remarquable par la pureté et le dressage de la matière.

Le jury départemental dit dans son rapport qu'après avoir entendu sa sous-commission décrire les avantages nombreux de la machine à peigner la laine qu'elle avait vue fonctionner pendant quelques heures dans l'établissement de MM. Laborde, Dezeymeris et Lafond, situé à Trugey près Bordeaux, il avait désiré qu'une expérience spéciale, faite en présence de sa sous-commission, constatât plus particulièrement la réalité des assertions de ces manufacturiers.

Le 11 février dernier, cette sous-commission se transporta à Trugey et procéda à une expérience pour comparer le rendement du peignage mécanique avec celui fait à la main.

Une certaine quantité de laine de Poitou fut dégraissée pour servir aux deux procédés.

La laine livrée au peignage mécanique en sortit parfaitement propre et d'un aspect satisfaisant dans un délai tel qu'en 12 h. de travail, la machine aurait pu produire 147 kil. sans que le déchet dépassât 4 1/5 pour 100 environ.

Le peignage à la main fait par un ouvrier habile avait rendu dans les proportions suivantes :

> 68 1/2 pour 100 de cœur (laine soignée).
> 27 de blousse ou peignon.
> 4 1/2 d'évaporation.
> ———
> 100

En présence de différences aussi remarquables, le jury départemental ajoute qu'il avait cru devoir émettre des doutes sur l'emploi à la filature de cette laine peignée; à cette objection il avait été répondu par la présentation d'un certificat de deux filateurs de Bordeaux qui déclarent que la laine vendue par MM. Laborde, Dezeymeris et Lafond, avait été aussi bien filée que les laines peignées à la main et sans plus de déchet.

Le jury central doit, à cet égard, admettre les faits constatés par le jury départemental.

Quant aux produits exposés, ils lui paraissent d'une perfection telle qu'ils ne laissent rien à désirer.

Mais comme les peignés de ces manufactures n'ont pu être encore appréciés que par deux ou trois filateurs seulement, et que cet établissement ne peut être considéré qu'à l'état d'essai, puisqu'il n'occupe encore que quatre homme et huit enfants, le jury fait des vœux pour le succès de cette belle et intéressante découverte et dans la vue d'encourager et de récompenser les efforts de MM. Laborde,

Dezeymeris et Lafond, leur décerne la mention honorable.

MM. ROGER frères, à Trie-Château (Oise).

On trouve à leur exposition des fils de laine peignée très bien-confectionnés, ainsi que les tissus mérinos qui ont été fabriqués avec ces fils.

Ces manufacturiers viennent de réorganiser leur établissement sur de nouvelles bases.

Le jury espère qu'ils sauront conquérir le rang que semble promettre la beauté des produits qu'ils ont exposés, et les mentionne honorablement.

RAPPEL DE LA CITATION FAVORABLE.

M. Achille AUBANEL - DELPON, Sommières (Gard),

Expose une grande variété de traits de laine peignée en blanc ou couleur naturelle ; son établissement occupe toujours un grand nombre d'ouvriers dans la localité, et les environs.

Ce manufacturier avait obtenu la citation favorable en 1839, le jury de 1844 le trouve toujours digne de cette distinction.

CITATIONS FAVORABLES.

MM. H. D. EHRMANN et Cie, à Bitschwiller (Bas-Rhin),

Exposent une collection de traits de laine peignée depuis le prix de 9 fr. 50 jusqu'à 35 fr. le kilo.

Toutes ces laines peignées, très-bien confectionnées, sont obtenues par le peignage à la main et par le système du travail à la griffe qui, permettant de charger beaucoup le peigne, en obtient des traits plus longs.

Pour former les 200 ouvriers qu'ils ont dans leur atelier, ils ont fait venir des ouvriers peigneurs de l'Allemagne et ont doté le département du Bas-Rhin d'une industrie importante.

Le jury leur décerne la citation favorable.

M. CRETENIER (Pierre-Alexandre), à Épernay (Marne),

Présente divers échantillons de laine *peignée*, qu'il annonce avoir obtenus sans peignage, par conséquent sans blousse ou peignons ; il présente également les fils obtenus de la laine ainsi travaillée.

M. GAILLET-BARONNET, à Somme-Py (Marne).

Son exposition se compose de trois sortes de fils de laine peignée, fi e à la main, dont le plus fin en chaîne est de 75 $^m/_m$ au kil.

MM. VINCENT (Pierre), de Meyrueis (Lozère),
ARNAUD (Isaac), de Nismes (Gard),
CALLANDRE (Jean-Jacques), de Gap (Hautes-Alpes),

Sont cités favorablement pour leurs laines peignées à la main.

———————

DEUXIÈME DIVISION.

LAINE CARDÉE.

Filage de la laine cardée.

Le filage de la laine cardée a vu paraître depuis la dernière exposition un nouveau système par lequel on obtient sur la carde finisseuse un certain nombre de fils continus qu'il ne s'agit ensuite que de soumettre à des Muljenny disposés à cet effet pour en obtenir le numéro que l'on désire.

Chacun a pu voir à l'exposition les cardes de ce système qu'on appelle cardes fileuses : elles ont l'avantage de n'avoir plus besoin du travail des enfants qui sont nécessaires dans l'ancien système pour rattacher les loquettes. Le travail de ces cardes laisse encore quelque chose à désirer sous le rapport de la régularité; il faut espérer que la pratique parviendra à remédier à ce qu'il y a de défectueux sous ce rapport.

Le nombre des métiers Muljenny, de 2 à 300 broches avec le chariot conduit au moyen d'une vis en spirale, s'accroît de jour en jour; l'économie qu'il procure le fera peu à peu adopter par tous les filateurs, en remplacement du métier à la chasse.

Le filage de la laine cardée a également fait des progrès depuis 1839; on file plus fin et plus régulièrement, ce qui a permis de fabriquer des

étoffes plus légères dont on a vu plus d'un exemple à l'exposition.

On prépare la laine au moyen de cardes à plusieurs tambours sur lesquels la matière passe
successivement jusqu'au dernier cylindre pei-
gneur, pour en sortir en ruban continu.

Ce ruban nommé *cardé peigné* par les uns, et
par les autres simplement *peigné* quand le cardage a été bien fait, a également pris un plus
grand développement.

Le produit de la carde ainsi combiné passe à
des préparations pour fixer le brin de laine en
long; puis soumis aux machines à travailler la
laine peignée, on en obtient des fils très-bons
pour les articles de bonneterie, broderie, passementerie et même beaucoup de tissus.

Cette méthode de travailler la laine peut jusqu'à un certain point suppléer au peignage, mais
jamais le remplacer totalement.

La grande facilité de filer la laine par tous ces
moyens a permis aujourd'hui de remplacer le
cardage et le filage à la main, et il n'est presque
pas de département qui n'ait plusieurs filatures
de laine cardée.

RAPPELS DE MÉDAILLES D'OR.

MM. CAMU fils et T. CROUTELLE neveu, à Pont-Givart, près Reims,

Soutiennent avec succès la position qui leur a valu la médaille d'or en 1839.

Leur exposition se compose d'une grande variété de fils laine et cachemire cardés, d'une grande régularité.

Afin de montrer que l'emploi des fils dans les n⁰ˢ élevés était possible, ils ont fait confectionner le tissu laine qu'on trouve à leur exhibition avec de la chaîne n° 42 ᵐ/ₘ et de la trame n° 100 ᵐ/ₘ.

Ces manufacturiers sont aussi inventeurs d'une machine qu'ils nomment *Ploqueuse*, pour laquelle ils ont pris un brevet; cette machine rajoute les loquettes de laine, que la carde produit, et remplace le travail des enfants, dont la fonction est de les rajouter sur la bely (métier à filer en gros).

Il est à désirer que cette machine puisse remplir le but auquel elle est destinée et que ses résultats la fassent adopter par les filatures de laine cardée.

Le jury de 1844, appréciant les efforts constants de MM. Camu fils et Croutelle neveu, pour améliorer leurs produits, vote en leur faveur le rappel de la médaille d'or.

MM. LUCAS frères, à Bazancourt (Marne),

Exposent des fils en laine peignée, remarquables par la solidité, en raison de la finesse à laquelle ils ont été tirés.

Leurs fils, dans tous les numéros, sont d'une grande régularité.

On y voit des fils de chaîne du n° 96 $^m/_m$ au k. et des numéros 186 $^m/_m$ en trame.

Les beaux tissus mérinos de MM. Dauphinot et Caillet que l'on trouve à l'exposition, proviennent de fils confectionnés à façon par MM. Lucas frères.

Ces filateurs consacrent la majeure partie de leur important établissement à la filature de laine cardée.

Dans les deux genres, ils se tiennent au premier rang et ne négligent aucun moyen pour introduire dans leur belle filature toutes les améliorations possibles.

En 1839, messieurs Lucas frères avaient obtenu la médaille d'or que le jury de 1844 leur rappelle.

MÉDAILLE D'OR.

MM. BERTHERAND-SUTAINE et Cie, à Reims (Marne),

Exposent: 1° des fils simples en trame du n° 25 $^m/_m$ au k. et du n° 120 ; 2° des chaînes n° 28 à 34 ; 3° des demi-chaînes n°^{s} 78 à 95 ; 4° des fils doublés et retordus, de couleurs variées, dont la confection *leur est spéciale* d'après l'indication du jury départemental, qui les a signalés d'une manière toute particulière.

M. Bertherand-Sutaine a mis des premiers en activité des machines mécaniques à carder et filer la laine. Dès 1811, il était en possession de celles qui ont été introduites en France par M. Cockerill.

Aujourd'hui messieurs Bertherand-Sutaine et

compagnie possèdent le plus vaste établissement de filature de laine cardée de Reims et des environs, qui met en cuve annuellement 200,000 k. de laine; ils ne le cèdent à aucun autre pour la bonne organisation et la bonne tenue des ateliers. Tous les perfectionnements qui peuvent apporter des améliorations dans la bonne confection des produits sont adoptés par eux avec empressement; aussi leur fabrication est tellement appréciée, que leurs ateliers ont constamment de l'occupation dans les moments difficiles, et la preuve incontestable de la supériorité de leurs produits, c'est qu'ils en obtiennent toujours un prix supérieur à celui que peuvent réaliser leurs confrères. Le jury leur décerne la médaille d'or.

RAPPELS DE MÉDAILLES D'ARGENT.

MM. LACHAPELLE et LEVARLET, à Reims (Marne),

Exposent des fils laine peignée, depuis les numéros les plus ordinaires jusqu'aux plus fins, d'un emploi journalier.

Leur chaîne n° 75 a 77 $^m/_m$ au kilog. et leur trame 105 $^m/_m$, ont l'élasticité et la force nécessaires à un bon emploi.

Leurs fils cardés, dont ils ont une grande variété, sont d'une régularité remarquable.

Comme on le voit par leur exposition, ces filateurs confectionnent pour leur compte les fils peignés auxquels ils consacrent 3,000 broches, et les fils cardés qui emploient 10,000 broches réparties entre leur bel établissement de Reims et celui de St-Brice.

Le jury de 1839 leur avait accordé une médaille d'argent, dont le jury de 1844 vote le rappel.

M. DUBOIS, à Louviers.

Ce filateur expose un assortiment de fils de laine cardée de différentes finesses, qui sont d'une grande régularité et d'une grande netteté.

Sa vente a lieu à Elbeuf et à Paris pour les articles de nouveautés et pour le broché des châles.

Le jury de 1839 accorda à M. Dubois une médaille d'argent pour la bonne confection de ses fils; le jury de 1844 en vote le rappel.

MÉDAILLES DE BRONZE.

M. DESCOINS, à Mouy (Oise),

A exposé une série de fils en laine, cardés en gras et dégraissés, depuis le n° 40 jusqu'au 88 $^m/_m$ au kil.; ces fils sont très-bien confectionnés.

Cet exposant est depuis longtemps connu comme habile manufacturier d'étoffes de laine, aussi les succès qu'il obtient comme filateur sont-ils très-naturels.

Dans la localité qu'habite cet industriel, on s'occupe peu du filage de la laine en n^{os} élevés, le mérite de M. Descoins n'en est que plus grand. Pour le récompenser, le jury lui décerne la médaille de bronze.

MM. Albert MENAGE et Cie, à Elbeuf (Seine-Inférieure),

Exposent des échantillons de fils fins laine cardée, qui ont servi à la confection des tissus nouveautés, que des fabricants d'Elbeuf ont exposés.

Le jury départemental dit que l'établissement de MM. Albert Menage et Cie doit être encouragé, en ce qu'il est le seul qui soit spécial dans cette ville, pour fournir les fils fins nécessaires à la fabrication des tissus légers.

Le jury décerne la médaille de bronze à MM. A. Menage et Cie.

M. PEQUIN (Jean), à Cugand (Vendée),

A obtenu une citation favorable en 1834, une mention honorable en 1839. Depuis lors cet établissement a pris un nouvel accroissement, il possède en ce moment huit assortiments de filature de laine cardée, dont les produits figurent à l'exposition et témoignent d'un bon marché qui a favorisé dans le pays le développement de la fabrication des étoffes de laine; et le jury départemental dit que c'est en partie à la bonne confection de ses fils que l'on doit la faveur dont jouissent les étoffes de Cugand.

Le jury décerne à M. Pequin la médaille de bronze.

M. PARPAITE aîné, à Carignan (Ardennes),

A un établissement de filature en laine cardée de 6,670 broches, occupé au filage à façon, pour la fabrique des environs et principalement de celle de Reims.

Les fils qu'il a envoyés à l'exposition sont très-bien confectionnés.

Cet exposant a pris un brevet pour un système de renvidage mécanique, applicable aux anciens métiers à la chasse pour la filature de la laine cardée.

L'application de cette invention dans d'autres filatures prouve son utilité.

Pour récompenser M. Parpaite aîné, le jury lui décerne la médaille de bronze.

CITATIONS FAVORABLES.

MM. DUVILLIER frères, à Turcoing (Nord),

Ont exposé des fils laine cardée.

M. GOFFINET-SALLE, à Reims (Marne).

Pour ses fils de laine cardéc pure et mélangée de diverses couleurs.

TROISIÈME DIVISION.

FILAGE DU CACHEMIRE.

Ce duvet, qui nous arrive depuis quinze années dans des proportions presque invariables, tant pour les quantités que pour les prix de revient (75 à 77 m. k., valant de 7 à 9 fr. le kil.), n'a pas permis de donner de plus grands développements au filage de cachemire.

Si quelques établissements de filature les plus anciens ont délaissé cet article ou n'ont pu continuer son emploi, d'autres manufacturiers plus industrieux les ont remplacés.

L'habitude du travail et les perfectionnements

dans les procédés du filage, ont fait obtenir de nouvelles améliorations dans le prix de vente des fils, qu'on estime être de 10 à 12 pour 100. Depuis 1839, cette baisse de prix s'est fait ressentir sur les tissus cachemire français dans une proportion équivalente.

RAPPEL DE MÉDAILLE D'OR.

M. BIETRY, à Villepreux (Seine-et-Oise).

Les fils et tissus cachemire qu'il présente à l'exposition, sont d'une très-belle confection, d'une régularité et finesse remarquables.

Cet habile manufacturier continue à se maintenir au premier rang qu'il a su conquérir par ses persévérants efforts.

Simple ouvrier, il a su par son intelligence et son esprit d'ordre, former un établissement qu'il a successivement agrandi, et chaque exposition depuis 1823, a vu récompenser les progrès qu'il a faits en tous genres, jusqu'à la médaille d'or que le jury de 1844 lui rappelle.

RAPPEL DE MÉDAILLE D'ARGENT.

M. POSSOT, rue des Vinaigriers, 19 bis, à Paris,

Présente à l'exposition des fils en chaîne et en trame, qui réunissent à une grande régularité une netteté parfaite ; on reconnaît dans tous les produits de ce filateur, la perfection la plus grande apportée dans toutes les opérations du filage.

Ses tissus cachemire se ressentent de la bonne

confection des filés, ce qui lui assure de faciles débouchés.

M. Possot a obtenu la médaille d'argent en 1834, et un rappel en 1839, que le jury de 1844 se fait un plaisir de lui rappeler.

MÉDAILLE D'ARGENT.

M. GIMBERT, rue des Marais, 35, à Paris,

A exposé une grande variété de fils cachemire et de laine cardée, qui sont très-bien .confectionnés. Ce manufacturier a déployé une intelligence remarquable pour la bonne confection des fils cachemire employés dans les châles de la fabrique de Paris et de Lyon, dont il est le plus grand fournisseur.

Sa filature est la plus importante dans ce genre, elle se compose d'environ 6,000 broches.

On a pu remarquer à son exposition les tissus, soit à carreaux, soit imprimés, qu'il a confectionnés avec ses filés cachemire, qui ont un grand succès dans le commerce, et dont il ne peut en ce moment porter au delà la production par le manque de matière cachemire convenable.

Pour remédier à cette pénurie, il emploie de la laine très-fine cardée.

Pour récompenser les efforts constants de cet habile et intelligent filateur, ainsi que pour la perfection de tous ses produits, le jury lui décerne la médaille d'argent.

TROISIÈME SECTION.

TISSUS DE LAINE.

PREMIÈRE DIVISION.

ÉTOFFES DRAPÉES ET FOULÉES.

M. Legentil, rapporteur.

Considérations générales.

Une industrie, dans la première période de son développement, a devant elle un vaste champ à défricher et à féconder. Ses progrès alors sont rapides et faciles à constater ; mais, lorsqu'elle a grandi, qu'elle compte de longues années de travaux et de succès non interrompus, lorsqu'elle a demandé à la science, aux arts, à la mécanique, leur concours pour rajeunir sa vieille expérience ; qu'ardente à s'approprier toutes les découvertes qui se produisent en France et à l'étranger, elle a tout expérimenté, tout approfondi, il lui faut des efforts constants pour se soutenir à sa hauteur, disons mieux, pour faire encore quelques pas en avant. En effet, il n'est pas permis à l'industrie de s'arrêter ; il faut qu'elle marche toujours, à peine de reculer. Une ressource lui est ouverte, c'est de tenter des voies inconnues, de séduire le consommateur par l'attrait de la nouveauté, de varier ses créations.

La variété a tant de prise sur nous, que le consommateur n'y résiste guère.

Cette nécessité, la fabrique de draps l'a parfaitement comprise. Déjà, en 1839, le jury central lui avait dû rendre cette justice. Il avait constaté que sur 5,000 métiers battants à Elbeuf, plus de la moitié étaient employés à la fabrication des draps-nouveautés et fantaisies pour paletots et pantalons, et que tous les autres centres de production avaient à l'envi suivi cet exemple. L'exposition actuelle en fournit de nouveau la preuve. Sans parler de Louviers et surtout de Sedan, qui sont, à cet égard, en possession de donner plutôt que de recevoir l'exemple, il n'est pas de fabrique qui n'ait tenté les mêmes genres avec succès. Le Midi n'est pas resté en arrière dans cette carrière d'innovation; ses produits, s'adressant en général à des consommateurs moins riches, il n'a pas cherché à lutter de finesse, mais il a su approprier avec goût et intelligence ses nouveaux produits aux besoins qu'il était appelé plus spécialement à satisfaire. Plusieurs de ses plus habiles industriels ont pu même venir sur le marché de Paris, faire concurrence à leurs rivaux du Nord, et lorsqu'au début de la vogue des paletots, nos élégants semblaient avoir emprunté au cocher anglais son vêtement large, lourd et épais, quelques fabricants ont pu s'éton-

ner et se réjouir en voyant l'honneur qu'on faisait à leurs produits, qui remplissaient bien
d'ailleurs les conditions du genre. On reproche
souvent à la mode d'être inconstante, nous serions tentés quelquefois de lui adresser le reproche contraire. En effet, le costume des hommes
est d'une uniformité désespérante. Le noir, rien
que le noir; c'est la seule recherche de la toilette. L'homme d'affaires et l'homme de loisir
n'ont rien qui les distingue, et l'on peut descendre
de la voiture de deuil pour s'asseoir au banquet
nuptial ou figurer au bal sans rien changer à son
habillement. Qu'en est-il résulté? C'est que du
nord au midi, de l'est à l'ouest, les fabriques se
sont organisées à l'envi pour faire du drap noir.
Les unes qui, de temps immémorial, excellaient
dans ce travail, comme Carcassonne pour les
draps communs, Sedan pour les draps fins, ont
redoublé d'efforts pour maintenir leur réputation.
Les autres, fières de leurs succès dans des genres
analogues, confiantes dans leur habileté éprouvée,
se sont mises à l'œuvre avec ardeur pour dispu-
ter la supériorité à leurs devanciers et partager
leur clientèle.

Elbeuf, entre toutes les villes, s'est distingué
dans cette lutte. Ses premiers essais avaient été
timides; ses fabricants, achetant souvent des
draps en blanc dans les fabriques secondaires, et

notamment à Mouy, se contentaient de les teindre et de les apprêter, et la consommation les accueillait à la faveur du nom qu'ils portaient. Encouragés par ces premiers succès, les fabricants d'Elbeuf n'ont pas tardé à exploiter plus largement ce nouveau genre. Ils ont fabriqué des draps noirs de toutes pièces, et sans se borner aux qualités communes ou moyennes, ils ont attaqué les qualités les plus fines. Il n'est pas de fabricant habile qui n'ait complété ses assortiments de draps de couleurs par quelques draps noirs; quelques-uns même se sont livrés exclusivement à cette fabrication, et l'élan a été si général, le succès si complet, qu'Elbeuf peut se flatter aujourd'hui d'entrer pour un cinquième dans la consommation générale des draps noirs en France.

La ville de Sedan, qui compte dans son sein des maisons puissantes, dirigées par des hommes du premier mérite, ne s'est point alarmée de la rivalité qui surgissait contre elle; dans un siècle de développements et de progrès industriels comme le nôtre, elle a compris que la concurrence était une nécessité qu'il fallait franchement accepter; que, lorsqu'elle était loyalement exercée, elle contribuait à améliorer les produits, en même temps qu'elle en diminuait le prix, et avait pour résultat d'en étendre la consommation, qu'ainsi chacun trouvait sa place au soleil. La fabrique de Sedan a donc redoublé d'efforts pour maintenir la supériorité, qui lui est depuis si longtemps acquise, et qu'elle n'est pas disposée à se laisser ravir.

Louviers aussi a reconnu que le prestige d'un nom ne suffisait pas pour maintenir une réputation, qu'à notre époque la palme appartient, non au plus ancien, mais au plus habile. Ses fabricants voyaient tout près d'eux cette ruche industrieuse, c'est ainsi que l'empereur avait caractérisé Elbeuf, se peuplant chaque jour de nouveaux travailleurs plus ardents et plus intelligents ; son bourdonnement laborieux ne leur permettait pas de s'endormir. Force a donc été à ces habiles manufacturiers de mettre en jeu toutes les ressources de leur talent et de leur longue pratique pour soutenir leur beau renom. En même temps, sentant bien que les qualités très-fines n'ont qu'une consommation limitée, et qui se restreint encore quand elle est disputée, plusieurs d'entre eux, pour profiter des avantages qu'offre leur belle localité, et y maintenir la vie et l'activité, se sont livrés à la fabrication des qualités ordinaires : imitant leurs adversaires d'Elbeuf, ils sont venus les attaquer sur leur terrain. Ils n'ont eu qu'à se louer de cette nouvelle direction donnée à leurs travaux ; de nouveaux débouchés se sont ouverts pour eux, et le pays verrait avec plaisir, dans l'intérêt de la classe ouvrière, que cet exemple eût des imitateurs.

Ce mouvement général d'amélioration, d'innovations, de progrès, ne s'est pas, ainsi que nous l'avons déjà dit, limité aux principaux centres de production que nous venons de signaler. Il s'est étendu aux fabriques de l'Est, du Midi et du Centre du royaume. Celles du Haut et du Bas-Rhin, par exemple, nous ont offert des draps parfaitement bien traités, dans les qualités moyennes, pouvant soutenir toute concurrence avec les qualités correspondantes d'Elbeuf. Nous pouvons faire le même éloge de la fabrique de Vire, dans le Calvados. Vienne, dans l'Isère; Mazamet, dans le Tarn; Limoux, dans l'Aude, nous ont également présenté, avec leur bonne et solide draperie, des nouveautés et des fantaisies traitées avec goût et avec habileté. Quelques fabriques, presque ignorées jusqu'à ce jour, se sont révélées à l'attention du pays par des produits vraiment remarquables. Nous citerons la ville d'Orléans, dont un fabricant a exposé des draps bleus que le consommateur saura apprécier pour la modicité des prix et la bonne confection.

Nous le voyons avec intérêt, l'élan se propage sur toute la surface de notre patrie; partout les bonnes méthodes chassent les vieilles routines; les mécaniques, qui abrégent et accélèrent le travail en le perfectionnant, s'établissent dans toutes les contrées. Les étoffes grossières et communes voient leur consommation se limiter de plus en plus à quelques localités peu avancées; elles sont remplacées par des tissus où la modicité du prix n'exclut pas le goût et le soin dans la fabrication. Le drap cati, qui fut longtemps exclusivement réservé au riche, habille aujourd'hui la classe moins aisée; c'est ainsi que l'industrie a su satisfaire à ce besoin d'égalité si universel dans notre pays, et que tous les citoyens français égaux devant la loi le sont aussi devant le monde.

La fabrication, poussée par ce besoin d'innovation dont nous avons constaté les résultats, a cherché à étendre son domaine; elle n'avait pour clients que les hommes, elle veut avoir aussi les dames; elle a déjà fait plusieurs essais heureux en robes et en châles: elle espère que ses tissus moelleux, souples et chauds, appropriés avec goût à leur destination, offriront au beau sexe un heureux préservatif contre les rigueurs des hivers et les variations des saisons. Reste à savoir ce qu'en dira la mode.

Innover n'est pas toujours améliorer, et le progrès ne mérite ce nom que lorsqu'il ajoute,

sans rien retrancher, à la richesse nationale;
sous ce rapport, l'industrie dont nous nous occu-
pons n'a mérité que nos éloges, et ne nous a
laissé aucun regret. L'ancienne fabrication du
drap cati, le vrai type du genre, l'élément solide
de sa gloire, et de sa prospérité, loin d'avoir été
négligée, a continué d'être cultivée avec soin;
elle a même reçu de notables perfectionnements.
Le commerce lui reconnaissait déjà ce mérite;
l'exposition nous a mis à même de le constater.
A aucune époque, ses produits ne se sont mon-
trés aussi beaux, ni même aussi nombreux. Elbeuf mérite la plus grande part de ces éloges. La
perfection, le fini du travail ne sont plus l'apa-
nage de quelques manufacturiers d'élite; tous
excellent dans la connaissance et la pratique de
leur industrie, et le jury, lorsqu'il a eu à faire
un choix entre les plus habiles pour décerner les
récompenses, n'a éprouvé qu'un regret, c'est
d'avoir été forcé d'en limiter le nombre.

Cette perfection que nous reconnaissons dans
la fabrication du drap, est due aux concours intelligent de tous les agents de la production;
filateurs, tisserands, teinturiers, apprêteurs,
tous, à l'envi, y ont apporté leur contingent.
Parmi tous ces éléments de succès, il en est un
que les fabricants eux-mêmes nous ont particulièrement signalé, c'est l'usage des foulons à

l'anglaise dont la commission des machines a su nous faire apprécier le mérite. Ces foulons domestiques permettent à chaque fabricant de faire chez lui, par lui-même, l'opération délicate du feutrage, de l'augmenter, de la diminuer, de la modifier suivant les besoins du tissu qui y est soumis. La toile pressée entre les cylindres, acquiert plus d'égalité, plus de fermeté, que lorsqu'elle est livrée à l'action des piles; elle résiste mieux aux apprêts, et est exposée à moins de tares que par l'ancien procédé.

La fabrique a recueilli le fruit de ses efforts persévérants; non-seulement elle a maintenu et même augmenté ses débouchés à l'intérieur, mais encore elle a réhabilité à l'étranger le beau nom de la draperie française. Une révolution heureuse tend à s'opérer dans nos exportations. Trop long-temps nous n'avons envoyé dans les pays lointains que de la marchandise de pacotille; ce que l'on ne pouvait plus vendre en France s'expédiait au loin, et l'on n'était pas toujours très-scrupuleux sur les moyens de réaliser ces soldes. Aujourd'hui l'exportation réclame en général des marchandises bonnes, bien faites, réunissant toutes les conditions qui peuvent satisfaire le consommateur. Elle offre même avec confiance et succès aux marchés étrangers les qualités les plus renommées de notre pays. Ainsi un fabricant de Sedan, dont les produits résument tous les genres de perfection qu'on peut désirer, nous a justifié qu'il avait exporté dans l'année 1843 une valeur de 350,000 fr.; en 1838, ses exportations n'atteignaient pas 100,000 fr. C'est sur l'Amérique du Nord, et spécialement sur New-York, où ce fabricant a créé un comptoir, qu'il dirige ses expéditions. Une autre maison de la même ville, qui tient sans contredit le premier rang parmi tous les exportateurs de draperie, nous a donné les mêmes renseignements sur cette nouvelle tendance du commerce avec l'étranger. A cette occasion, nous devons vous signaler un fait qui sera accueilli avec intérêt dans un moment où tous les yeux sont tournés vers le céleste empire, où le gouvernement y envoie à grands frais une mission d'exploration commerciale. Cette même maison, tout le monde l'a déjà nommée, ce sont MM. Bertèche, Bonjean jeune et Chesnon, a fait, dans l'année 1843, trois expéditions en Chine, montant ensemble à la somme de 340,000f. Les types des draps qui composaient ces expéditions ont été exposés dans la case de ces messieurs et dans celle de M. Randoing d'Abbeville. Les premiers ont fabriqué les draps noirs et de couleur teints en pièces; le second a livré les draps teints en laine. Nous avons eu l'occasion de parler au négociant qui a réalisé dans le pays même

ces cargaisons, et il nous a assuré que toutes les
conditions de largeur, de longueur, de couleur,
de qualité, avaient été remplies avec tant d'exactitude et d'intelligence, que les naturels avaient
acheté ces draps avec empressement; et il ajou-
tait qu'avec des produits aussi consciencieusement exécutés, on pourrait soutenir facilement
la concurrence étrangère, et même celle des Anglais. Que faudrait-il donc pour que de pareils
exemples trouvassent des imitateurs? Un peu plus
de confiance, un peu plus d'audace chez nos manufacturiers. Ce que le pays surtout appellerait
de tous ses vœux, ce serait de voir s'augmenter
le nombre des négociants exportateurs qui, fami-
liarisés avec les besoins et les usages des pays
lointains, pussent donner à nos manufacturiers
des directions utiles, se charger du placement
de leurs produits, et en trouver un écoulement
facile, si, opérant sur une grande échelle, ils
pouvaient se contenter de bénéfices modérés. En
Angleterre, cette classe si utile d'intermédiaires
entre le pays et l'étranger, est largement constituée, on la rencontre sur toutes les places du
dehors; ses connaissances, son expérience et ses
capitaux lui donnent presque le monopole de tous
les marchés. La lutte sans doute est difficile, mais
l'exemple prouve qu'elle n'est pas au-dessus de
nos forces. En France, notre organisation indus-

trielle et commerciale ne permet à personne, sauf
d'heureuses exceptions, de disposer de grands
capitaux; mais ce que nous ne pouvons faire in-
dividuellement, des efforts collectifs peuvent le
réaliser. Pourquoi, dans les centres de nos principales fabriques, bon nombre des premières
maisons ne se réuniraient-elles pas pour faire un
fonds commun destiné à alimenter les débouchés
au dehors ? Il ne manquerait pas d'hommes sûrs,
intelligents, capables, pour donner au travail une
bonne direction et opérer les placements. Conduites avec prudence, des opérations de cette nature devraient obtenir des résultats utiles, mais
dussent-ils rester au-dessous de nos espérances,
les fabricants ne trouveraient-ils pas la compensation d'un sacrifice individuel, toujours peu
important, puisqu'il serait divisé, dans l'avantage
d'occuper les bras pendant les temps de chômage,
d'éviter l'encombrement du marché, et de maintenir les prix qu'un trop-plein, si minime qu'il
soit, suffit souvent pour avilir.

La fabrication des couvertures qui fait partie
de cette section nous offre peu de choses à dire.
Dans cet article, le prix de la laine entre pour la
plus grande partie dans celui du produit. L'article
permet peu d'innovation; nous devons reconnaître toutefois que, comme toutes les autres
étoffes foulées, la couverture a profité des amé-

liorations que nous avons signalées dans la filature et dans les apprêts. Les pays qui sont les plus favorisés par le bon marché de la matière première, exploitent ce genre avec le plus de succès. Sous ce rapport, le Midi mérite d'être cité, et il y a dans cette contréc tel fabricant distingué que nous regrettons de ne pas voir à l'exposition, dont les produits s'exportent par masses considérables dans l'Amérique, et notamment à la Nouvelle-Orléans, où les balles, sans être ouvertes, sont acceptées sur les marques du fabricant, et trouvent un écoulement facile et assuré.

Paris, pour les couvertures de luxe, conserve le rang qu'il a su prendre depuis longtemps.

L'industrie dont nous venons de parler est une de celles qui contribuent le plus à la richesse nationale, par le service qu'elle rend à l'agriculture en employant ses produits, par le nombre de bras qu'elle utilise, par la somme des capitaux qu'elle fait fructifier. On évalue sa production annuelle à plus de 300 millions. Nous n'entrerons pas dans des détails statistiques, que le temps ne nous a pas permis de compléter, et que nous craindrions d'ailleurs de ne pas pouvoir présenter avec certitude. Nous dirons seulement que trois fabriques fournissent à elles seules environ le tiers de cette somme. Elbeuf y contribue pour 55 à 60 millions, Sedan pour 20 , Louviers pour 9.

Trente-sept départements ont répondu à l'appel du Gouvernement, et nous ont envoyé 142 exposants, qui viennent chercher le prix de leurs travaux et de leurs succès dans les récompenses que le jury est heureux de leur décerner.

Draperie fine et Draperie de l'est et du centre.

M. Legros , rapporteur.

EXPOSANT HORS DE CONCOURS.

MM. CUNIN-GRIDAINE père et fils, de Sedan (Ardennes).

Cette maison avait obtenu la médaille d'or en 1823, le rappel en 1827. Hors de concours en 1834, parce que son chef était membre du jury de l'exposition, hors de concours également en 1839 par la haute position où l'avait appelé la confiance royale, l'exposition de 1844 retrouve M. Cunin-Gridaine ministre de l'agriculture et du commerce.

Le jury exprime de nouveau son vif regret de ne pouvoir accorder à cette maison le témoignage éclatant d'estime que lui méritent ses produits si finis et si variés et de n'être pas à même de récompenser le concours actif et éclairé de MM. Cunin-Gridaine fils, dont le brillant avenir industriel est assuré par l'application qu'ils mettent à suivre les errements de leur père.

RAPPELS DE MÉDAILLES D'OR.

MM. Fréd. JOURDAIN et fils, de Louviers (Eure).

Si chaque exposition précédente a toujours été pour cette fabrique l'occasion d'un triomphe nouveau, l'exposition de 1844 ne constate pas moins la supériorité qu'elle a conservée par son importance commerciale et la beauté de ses produits, tant en draps lisses qu'en nouveautés dont le goût est remarquable.

Les draps de qualités basses et ordinaires, de 8 fr. 50 à 22 fr., confirment l'habileté de cette maison à traiter les diverses qualités de laine avec le plus grand succès. Le jury a remarqué les draps numéros 33575 vert et 33581, bleu-militaire, en laine de Naz, portant 5,000 fils en chaîne et présentant cependant un tissu très-ferme, serré, garni et d'un grain très-fin. C'est en introduisant avec constance de nouveaux perfectionnements dans la fabrication que MM. Jourdain et fils se soutiennent au rang honorable qu'ils ont conquis. Le jury leur vote le rappel de la médaille d'or.

MM. DANNET frères, de Louviers (Eure).

Cette fabrique a obtenu la médaille d'or aux expositions de 1823, 1834 et 1839; on ne peut en faire un plus grand éloge que de constater qu'elle a bien suivi les progrès que fait chaque jour l'industrie. Le jury en a reconnu la preuve dans les produits de deux espèces qu'elle expose : 1° les draps lisses, dont M. Hector Dannet dirige la fabrication, fins, serrés et parfaitement apprêtés; 2° les nouveautés, dont s'occupe spécialement M. Charles

Dannet, d'une exécution et d'un goût dignes des éloges les mieux mérités.

Un drap bronze d'Athènes notamment, portant le n° 11358, a été admiré par les connaisseurs.

L'importance de leur fabrication s'est constamment accrue.

Le jury vote à ces honorables exposants le rappel de la médaille d'or, obtenue en 1823, 1834 et 1839.

MM. POITEVIN et fils, de Louviers (Eure).

La perfection constante et régulière des produits exposés par MM. Poitevin justifie bien la récompense de la médaille d'or qui leur fut décernée à la dernière exposition. Leurs fabrications, que toujours ils améliorent en même temps qu'ils agrandissent le cercle de leurs opérations, et dont tous les travaux se font dans l'établissement même, soutiennent l'ancienne et bonne réputation de Louviers pour les draps fins.

Le jury leur rappelle la médaille d'or obtenue à la dernière exposition.

MM. Paul BACOT et fils, de Sedan (Ardennes).

Cet établissement, l'un des plus importants de Sedan, s'est toujours fait distinguer par la beauté et la bonne qualité de ses tissus. A chaque exposition où ils se sont présentés, nouveau triomphe pour ces habiles fabricants; aussi chaque année a vu grandir leur importance manufacturière au point de tripler leur production de 1838 à 1843. Outre la perfection de leurs tissus, ce résultat est dû à une grande activité et à une louable hardiesse qui n'a pas craint de fonder un comptoir à New-York, en concurrence avec les Belges et les Anglais, et, de cette manière, a ouvert dans l'Amérique du Nord d'importants débouchés à la draperie française.

A ces titres s'en joignent d'autres qu'approuve une philanthropie éclairée. Amis intelligents de l'humanité, MM. P. Bacot et fils ont fondé dans leur fabrique une caisse de *secours mutuels et de prévoyance* des ouvriers dont la destination est de fournir aux besoins de ceux qui tomberaient malades ou deviendraient infirmes; ils président l'association et concourent à la formation d'un fonds de réserve, en versant mensuellement à la caisse une contribution égale à la moitié de celle des ouvriers. Cette institution, qu'il serait si heureux de voir créer dans tous les établissements industriels, mérite les plus grands éloges à ses fondateurs.

Le jury vote à messieurs Paul Bacot et fils le rappel de la médaille d'or, dont ils sont de plus en plus dignes.

MM. Frédéric BACOT et fils, de Sedan (Ardennes).

Ce nom, honorable dans l'industrie drapière, est parfaitement soutenu par MM. Frédéric Bacot et fils. Leur exposition, aussi belle que variée, est un type heureux de la fabrication de Sedan. Plein, moelleux, fin de grain et très-brillant, le numéro 27960, drap A, lisse, première qualité, a bien reçu tous les apprêts qui exigent les efforts persévérants, le temps et les connaissances réelles du fabricant, et assurent à la belle draperie de Sedan une longue durée sans que l'étoffe perde de sa beauté. Le drap croisé E, deuxième qualité, un satin noir, fort, et un casimir zéphir, ont également fixé l'attention du jury, qui ne peut s'empêcher de citer aussi les draps couleurs de distinction, pour le beau choix des matières et l'éclat des couleurs.

La grande importance de cet etablissement s'augmente journellement, et les demandes nombreuses qui lui sont adressées prouvent qu'il suit avec succès la voie du progrès.

Le jury vote avec satisfaction à MM. Frédéric et Bacot fils, le rappel de la médaille, obtenue en commun avec son frère, sous la raison Bacot et fils.

MM. BERTÈCHE, BONJEAN jeune, et CHES-NON, de Sedan (Ardennes).

Cette maison, arrivée, en 1839, au premier rang par son mouvement industriel et commercial, a encore donné une nouvelle extension à ses débouchés par des envois en Chine qui ont, en 1843, dépassé plusieurs cent mille francs. La fabrique de Sedan, dirigée par MM. Bertèche et Bonjean, produit pour trois millions d'étoffes lisses et croisées et notamment ces belles nouveautés restées sans égales et toujours très-recherchées par la consommation. La maison de Paris, chargée de l'écoulement et dirigée par M. Chesnon, ajoute une somme égale de trois millions provenant des approvisionnements faits dans toutes les fabriques de France. Fabricants habiles, ils savent confectionner avec un égal succès les étoffes les plus fines et les plus communes, et y appliquer avec discernement les apprêts convenables à chaque sorte; leur exposition, où le jury a remarqué une pièce d'étoffe destinée à l'habillement des sœurs de charité; les draps écarlates, violets, boutons d'or, etc., destinés à être expédiés en Chine, des casimirs, blancs, bleus et garances, d'une qualité extra-fine, est la meilleure preuve de cette grande entente de la fabrique qui les distingue et atteste leurs progrès soutenus.

Ces actifs industriels ont fondé, depuis peu, à Bazeilles, près Sedan, un établissement spécial pour l'application d'un nouveau principe de fabrication pour l'implantation sur et dans toute espèce de tissus, de matières, soit animales, soit végétales. Cette industrie est trop nouvelle, et les échantillons d'essai qui nous ont été soumis ne sont pas suffisants pour asseoir un jugement, mais nul doute que la réussite rendrait d'immenses services aux classes pauvres, en permettant de transformer des étoffes d'été, de fil ou de coton en étoffes d'hiver, chaudes et à très-bas prix.

Le jury vote, avec éloges, à MM. Bertèche, Bonjean jeune et Chesnon, le rappel de la médaille d'or.

M. Jean-Bapt. RANDOING, d'Abbeville (Somme).

Cette maison jouit depuis longtemps d'une grande réputation dans la fabrication du drap cati. Le jury a distingué, dans sa nombreuse exposition, ses draps dits cachemires, d'un tissu moelleux, serré, qui sont bien appréciés par la consommation. Il a été surtout frappé de la collection de draps teints en laine que cet exposant présente comme les types d'une commission importante qui a été exécutée pour la Chine. Le jugement favorable que le jury

en a porté se trouve heureusement confirmé par
l'empressement avec lequel ils ont été accueillis
dans les pays lointains où ils ont été exportés. Ce
fabricant s'applique avec succès à reconquérir le
beau renom de la draperie française dans les pays
étrangers. La France ne peut qu'applaudir à des
travaux que couronnent de pareils résultats.

Cette fabrique, fondée en 1665, par Van-Robais,
a toujours tenu le premier rang parmi les plus importants établissements de son genre. Elle réunit
dans son enceinte tous les éléments de la fabrication, occupe 500 ouvriers de tout âge et de tout
sexe. Elle est desservie par une machine à vapeur
de la force de 20 chevaux et par un moteur hydraulique de 40. Sous la raison Lemaire et Randoing,
elle avait obtenu la médaille d'or en 1834. M. Randoing était déjà à la tête de la fabrication dont il
dirigeait tous les détails; il en est devenu depuis le
seul propriétaire. Le jury, reconnaissant que
M. Randoing est de plus en plus digne de la médaille d'or, s'empresse de la lui rappeler.

MM. CHEFDRUE et CHAUVREULX, d'Elbeuf
(Seine-Inférieure).

Plus de vingt ans se sont écoulés depuis que cette
maison a commencé, à Elbeuf, la fabrication de la
nouveauté. A bon droit, elle peut aussi revendiquer
la création de plusieurs genres d'étoffes qui ont contribué à la prospérité de cette ville. De grands sacrifices, inévitables dans l'origine, n'ont point découragé ces habiles fabricants. Le succès a couronné
leurs efforts; ils ont vu chaque année leur importance commerciale s'accroître, et chaque exposition,

depuis 1823, constater les progrès de leur industrie. En 1834, ils ont obtenu la plus haute récompense, elle leur a été rappelée en 1839. Au milieu d'une exposition dépassant 80 coupes, et composée d'une très-grande variété d'articles, draps lisses, croisés et nouveautés, unis et mélangés, d'une fabrication parfaite, le jury a distingué un drap extra-fin bronze doré à 30 fr., remarquable par son lainage et la perfection des apprêts; un satin garance drapé d'une grande force, sans exclure le moelleux, et enfin des écossais tatoués et rayés d'un excellent goût.

Le jury reconnaît que MM. Chefdrue et Chauvreulx, sont du petit nombre des industriels qui, ayant épuisé la série des récompenses nationales, savent encore dépasser la hauteur à laquelle ils avaient atteint, et leur rappelle la médaille d'or obtenue en 1834 et 1839.

M. Louis-Robert FLAVIGNY aîné, d'Elbeuf (Seine-Inférieure).

Cette maison justifie par la perfection de ses produits la réputation méritée dont elle jouit depuis longtemps. Sa draperie, constamment suivie, est parfaitement belle et de bonne qualité, ses apprêts bien traités, et ses mélanges de goût, d'une fraîcheur remarquable. Le jury lui rappelle la médaille d'or, déjà obtenue aux précédentes expositions.

M. Charles-Robert FLAVIGNY jeune, d'Elbeuf (Seine-Inférieure).

Cet établissement continue à produire sur une grande échelle des draps et surtout des nouveautés et satins drapés, qui justifient de plus en plus la réputation dont il jouit. Les prix de ces nouveautés son modérés, eu égard à leur perfection; il en est de même des draps unis et mélangés, qui sont parfaitement fabriqués.

En général, il y a dans cet établissement le mérite d'une innovation permanente et en progrès.

Le jury lui rappelle la médaille d'or.

M. Théodore CHENNEVIÈRE, d'Elbeuf (Seine-Inférieure).

Cet intelligent industriel, auquel le jury de 1839 décernait la médaille d'or, a encore, depuis cette époque, développé à un plus haut degré et au milieu d'une concurrence active, l'industrie de la nouveauté, à laquelle il avait précédemment donné une si grande impulsion; c'est lui qui fait aujourd'hui les affaires les plus importantes de la place d'Elbeuf et qui occupe le plus grand nombre d'ouvriers. Il se livre avec succès à tous les genres, et se fait remarquer par le goût, le choix, la diversité de ses dessins; ses prix modérés, sont à la portée de toutes les classes de consommateurs. Son ardeur pour le progrès de l'industrie semble avoir encore été stimulée par la récompense qu'il a reçue en 1839, et le jury, lui reconnaissant des droits si bien justifiés, lui rappelle la médaille d'or.

MÉDAILLES D'OR.

M. Antoine ROUSSELET, de Sedan (Ardennes).

Cet industriel avait obtenu la médaille de bronze en 1834, et lorsqu'en 1839, le jury lui décernait la médaille d'argent, il le signalait comme ayant souvent étonné les acheteurs par le bon marché auquel il établissait ses produits. M. Rousselet a continué à fournir à la consommation ses articles bien fabriqués et à des prix très-modérés, qui, toujours recherchés, lui ont permis, en donnant du développement à son usine, d'augmenter sa fabrication. Cet intelligent fabricant débutait en 1823 avec 10 ouvriers; ses ateliers en renferment aujourd'hui 400. Toutes les opérations de fabrique se font dans son établissement, dont le moteur hydraulique lui procure une économie de frais, comparé aux usines à vapeur, et où il existe aujourd'hui quatre machines à fouler. A sa fabrication ordinaire, il a joint avec succès l'article nouveautés. Ses draperies à 10 et 11 fr., ses casimirs et satins à 6 fr. 50 et 8 fr., témoignent qu'en augmentant sa production, il n'a point cessé de bien soigner ses produits. Artisan d'une fortune acquise par le travail, créateur d'un vaste établissement, M. Antoine Rousselet mérite la récompense de ses efforts et de ses progrès. Le jury lui décerne la médaille d'or.

M. Adolphe RENARD, de Sedan (Ardennes).

Fondateur d'un établissement considérable et complet dans le village de Pouilly, duquel il a repoussé la misère pour la remplacer par l'aisance que procure le travail industriel, M. Renard a su comprendre les besoins de la consommation. Elle abandonnait le casimir pour adopter le satin; il s'est livré sur une très-grande échelle à la fabrication de cette étoffe, dont les apprêts présentent de très-grandes difficultés, et une réussite complète a couronné ses efforts ; on peut s'en convaincre en admirant les satins bleus et noirs qu'il a exposés ; et qui sont appréciés et très-recherchés par le commerce. Le reste de son exposition, composé de draps noirs lisses et croisés, ainsi que de draps de couleur de distinction, est d'une belle fabrication et ne laisse rien à désirer pour le fini. L'empressement des acheteurs, si bien justifié par la beauté des produits, ne peut laisser aucun doute sur l'avenir toujours croissant de cet utile établissement.

Le jury vote à M. Renard la médaille d'or.

M. Delphis CHENNEVIÈRE, de Louviers (Eure).

Établir des tissus réunissant la solidité au bon marché. tel est le but que s'est proposé d'atteindre M. D. Chennevière, depuis l'origine de son établissement à Louviers. Pour réussir, il fallait beaucoup de courage et de persévérance, car il était indispensable de produire en grande quantité. Ce but a été atteint par cet habile manufacturier qui, en donnant un développement considérable à la fabrication des étoffes destinées à la classe moyenne, a procuré de l'ouvrage à un grand nombre d'ouvriers, et a rendu ainsi un service réel à la fabrique de Louviers, dont précédemment les produits étaient en général destinés à la classe aisée, et qu'il a fait entrer avec succès dans une voie nouvelle.

En 1839 il reçut la médaille d'argent, son établissement qui réunit tout ce qui est utile à la fabrication et aux perfectionnements, qui reçoit la toison et rend le drap confectionné, a pris depuis lors un essor plus grand, favorisé par un écoulement prompt et facile de ses produits. Le jury, après avoir reconnu la bonne qualité de ses draps lisses, le bon goût et la variété de ses nouveautés, et s'être assuré que les prix favorables indiqués sont ceux qu'il établit pour la consommation, lui décerne la médaille d'or.

M. DUMOR-MASSON, d'Elbeuf (Seine-Inférieure).

L'exposition de M. Dumor-Masson soutient bien le caractère de bel ensemble que présentait celle de 1839, et réalise les espérances données alors. En examinant ses tissus, on reconnaît facilement les soins apportés dans tous les détails par cet habile industriel, aux diverses qualités qu'il produit. Un satin garancé, un bronze-faisan ont particulièrement fixé l'attention du jury. On ne saurait trop louer ses efforts pour arriver à la perfection, et fabriquer le drap fin avec avantage, efforts heureux qui lui ont mérité la confiance des maisons de consommation les plus importantes et les plus honorables. Nous pensons ne pouvoir mieux terminer qu'en citant la note textuelle du jury départemental.

« Le jury de la Seine-Inférieure a reconnu una-
» nimement, que cet habile manufacturier doit
» être placé à la tête des manufacturiers de draps
» de première qualité à Elbeuf; et il le recommande
» tout spécialement au jury central. »

Pour reconnaître la perfection soutenue des étoffes de M. Dumor-Masson, dans le genre le plus difficile, le jury lui décerne la médaille d'or.

M. J. P. CHARVET, d'Elbeuf.

Ce fabricant, dont l'établissement remonte à

1816, a toujours été l'un des premiers à se livrer aux innovations qui, dans cette ville, ont donné un si grand essor à l'industrie drapière. En 1834, pour la beauté et la variété de ses nombreux produits, il obtint la médaille d'argent; ses ventes s'élevaient à 400,000 fr. En 1839, le bon goût et la bonne fabrication de son exposition, notamment ses progrès soutenus dans le genre nouveautés pour pantalons, et manteaux de dames, lui méritèrent le rappel de la médaille d'argent; son chiffre de production était alors 750,000 fr. L'exposition de 1844, voit apparaître M. Charvet avec 76 coupes servant d'échantillons aux produits qu'il fournit habituellement à la consommation. Parmi tous ces tissus, vraiment remarquables par la variété et le fini du travail, le jury signale celui dont l'exposant est le créateur, et auquel il a donné le nom d'articulé, étoffe extrêmement élastique, sans emploi du caoutchouc, et qui n'a pas cessé d'être demandée depuis 5 ans, malgré l'inconstance de la mode. « Sa fabrication, » dit le jury départemental, « est au premier rang de celles du même genre, elle tend à progresser, et l'on peut ajouter que M. Charvet a fait preuve d'un mérite incontestable, en élevant sa maison au point de réputation où elle est arrivée. » En effet, M. Charvet livre aujourd'hui pour 1,200,000 fr. de ses produits à la consommation, et cependant il ne peut suffire aux demandes qui lui sont journellement adressées.

En raison de ses progrès si bien constatés, le jury lui décerne la médaille d'or.

MM. Armand DURÉCU et Cie, à Elbeuf (Seine-Inférieure).

Cet exposant débutait presque, en 1839, et prenait aussitôt un rang distingué, qui lui présageait de plus grands succès. Cette attente n'a pas été trompée, et son exposition, miroir fidèle des produits qu'il livre à la consommation, se distingue par la fraîcheur, le fini, et une grande variété de très-belles étoffes, connues sous le nom de nouveautés. Ses tartans pour robes de chambre d'hommes, sont très-recherchés par le commerce intérieur et extérieur, et l'on remarque dans ses piqués façonnés pour pantalons, la pureté des nuances, et l'exécution des armures. La progression ascendante de cette fabrique qui emploie aujourd'hui un très-grand nombre d'ouvriers, sans qu'il en résulte d'encombrement dans ses magasins, prouve les heureux résultats obtenus par ses efforts. A tous ces mérites, l'exposant joint celui qui ne lui est pas contesté même par ses rivaux, d'avoir enrichi la fabrique de plusieurs créations en nouveautés, que la mode a acceptées avec empressement, et qui ont fait naître beaucoup d'imitateurs.

Le jury décerne la médaille d'or à MM. Armand Durécu et Cie.

M. Félix AROUX, d'Elbeuf (Seine-Inférieure).

M. Aroux expose cent quatre-vingt pièces de tissus, composées de six genres bien distincts. Ses ouates présentent une idée heureuse, et méritent d'être accueillies par le consommateur pour vêtements d'hiver.

L.

Cet habile manufacturier qui a eu la médaille d'argent en 1834, et le rappel en 1839, travaille sur une grande échelle, présente une grande variété et décèle beaucoup de goût : il n'a jamais reculé devant aucun sacrifice, pour introduire dans ses ateliers les machines nouvelles, et contribuer constamment à faire progresser l'industrie drapière.

Le jury lui vote la médaille d'or.

MM. BEUCK et Cie, de Bühl (Haut-Rhin).

Cet établissement fut en 1812, fondé par M. Martin Thys, sur une très-grande échelle. Après avoir vaincu de nombreuses difficultés dans un pays pauvre et isolé, en 1819 il obtint la médaille de bronze, la médaille d'argent en 1823, et le rappel en 1827.

M. Beuck, collaborateur de M. Martin Thys, est resté seul possesseur et directeur de cette fabrique, depuis plusieurs années ; ses soins et son activité lui ont donné un nouveau développement ; 700 ouvriers dont le salaire s'élève à 20,000 fr. par mois, emploient annuellement 100,000 kil. de laine, et produisent 2,400 pièces de draps d'un placement assuré. Toutes les opérations, y compris la teinture, se font dans l'établissement. Les produits très-recherchés du commerce, sont vraiment remarquables pour leur bonne qualité, le soin des apprêts et le bon marché. Le jury a remarqué un drap rubis à 10 fr., un bronze à 11 fr., un vert-russe à 12 fr. et un adélaïde à 14 fr., qui ont été reconnus par les acheteurs pour être bien le type de la fabrique, pour les prix et les qualités, et qui ne laissent rien à désirer.

Pour reconnaître leurs efforts et leurs progrès, le jury décerne à MM. Beuck et Cie la médaille d'or.

RAPPELS DE MÉDAILLES D'ARGENT.

M. LEROY (Picard), de Sedan (Ardennes).

Son exposition de produits très-variés, draps noirs et de couleurs, de 14 à 30 fr., casimirs et satins de 8 fr. 50 cent. ou 13 fr. 50 cent., atteste que ce fabricant n'est pas resté en arrière du progrès. Il se distingue toujours par une excellente fabrication, ne laissant rien à désirer pour la matière et le soin apporté dans les apprêts. Il avait obtenu la médaille d'argent en 1839; il en est de plus en plus digne. Le jury se plaît à la lui rappeler.

M. Marius PARET, de Sedan (Ardennes).

Ce fabricant déploie toujours une grande activité; il a exposé une variété d'étoffes et de couleurs, qui ont frappé le jury par leur bon goût et leur bonne fabrication; draps noirs lisses et croisés, draps bleus et de couleurs de distinction, draps-castor, cuirs-laine, casimirs noirs et de couleur, satins et nouveautés; il est difficile d'attaquer plus de genres divers, et pourtant tout est bien soigné. Le jury rappelle à M. Marius Paret la médaille d'argent qu'il avait obtenue en 1839.

M. Ferdinand-Joseph RIBOULEAU, de Louviers (Eure).

Ce fabricant expose des draps de différentes qualités, depuis 9 fr. jusqu'à 25, qui sont d'une bonne confection, et parfaitement traités dans les apprêts, et des écossais à 8 fr. 5o c., de bonne qualité et de bon goût. Cet ensemble atteste les efforts et les succès de M. Ribouleau, et le jury lui rappelle avec éloge la médaille d'argent qu'il a obtenue en 1839.

M. Louis MARCEL, de Louviers (Eure).

Cette maison continue avec persévérance et succès la fabrication des draps destinées à la grande consommation. Les produits de 8 fr. 75 c. et 10 fr., qui figurent à l'exposition, sont bons et très-bien confectionnés relativement à leurs prix. Le jury rappelle à M. Marcel la médaille d'argent qu'il a obtenue en 1839.

M. Victor BARBIER, d'Elbeuf (Seine-Inférieure).

Cet établissement comprend deux genres, les draps et les nouveautés; ces derniers produits sont remarquables surtout par leur variété et leur bonne exécution. Il y a principalement des castors, des twines et des étoffes d'hiver fabriquées avec des laines naturelles qui ont frappé l'attention du jury par leur qualité et la modération des prix. Les draps, dans leur ensemble, sont d'une fabrication très-satisfaisante. Le jury rappelle à M. Victor Barbier la médaille d'argent obtenue en 1839.

M. Charles FOURÉ, d'Elbeuf (Seine-Inférieure).

Ce fabricant se consacre principalement à la fabrication du drap lisse et croisé; sa nouveauté est d'un très-bon goût et de bonne qualité. Le jury a remarqué surtout les draps fins de son exposition, draps pleins, bien garnis, et d'apprêts parfaitement soignés. C'est vraiment l'ancien type de la bonne fabrication Elbeuvienne avec les perfectionnements que le temps lui a fait subir, et que les consommateurs recherchent toujours.

Le jury rappelle avec éloge à M. Fouré la médaille d'argent qu'il lui a décernée en 1839.

M. Augustin DELARUE, d'Elbeuf (Seine-Inférieure).

Ce manufacturier expose des draps de billards, des draps lisses et croisés, et des nouveautés de printemps. Ce dernier genre est satisfaisant eu égard aux prix ; les draps ordinaires lisses et croisés sont bien faits, et le jury a distingué les draps de billards qui sont fort moelleux et bien tondus. Il reconnaît que M. Delarue conserve la bonne tradition dans ce genre, et lui rappelle la médaille d'argent déjà obtenue en 1834 et 1839.

MM. SEVAISTRE aîné et LEGRIX, d'Elbeuf (Seine-Inférieure).

Ces fabricants qui avaient obtenu la médaille d'argent en 1834, n'ont point exposé en 1839. Leur fabrication est importante et les produits qu'ils exposent ont paru remarquables au jury à plus d'un titre. Les draps fins sont d'une belle qualité ; les nouveautés ont un fini et un brillant qui les distinguent, et les mettent en rivalité avec les meilleurs fabricants. Leurs étoffes dites draps-caoutchouc ont paru joindre à la beauté des couleurs l'élasticité qui en fait le principal mérite.

Le jury rappelle à MM. Sevaistre et Legrix la médaille d'argent obtenue précédemment, et se plaît à reconnaître qu'ils la méritent de plus en plus.

MÉDAILLES D'ARGENT.

M. E. de MONTAGNAC, de Sedan (Ardennes).

Ce fabricant expose principalement des nouveautés pour pantalons; ces articles sont d'un très-bon goût et d'une bonne fabrication; ils réunissent à un haut degré les mérites propres à ce genre de draperie, et nous ont paru bien justifier la concurrence qu'ils soutiennent contre les principales fabriques. Un satin blanc, un écarlate, un cramoisi et un garance, ont fixé l'attention du jury. Son drap noir de 23 fr. prouve que tous les secrets de la fabrication lui sont parfaitement connus, et lui présage un brillant avenir. Le jury lui décerne la médaille d'argent.

M. Alphonse TOUZÉ, d'Elbeuf (Seine-Inférieure).

L'ensemble de son exposition, composée de cuirs-laine, castors, zéphyrs et draps lisses, présente une grande variété d'excellentes qualités et des apprêts parfaitement soignés. Cet industriel est un de ceux qui excellent dans la fabrication des draps fins. Les n° 11,124 bleu-vif, 11,122 bleu-nègre, et 11,049 brun-musc, ont surtout paru remarquables par la solidité de la toile, la finesse du grain, la douceur et le moelleux de l'étoffe. Pour le mérite réel et distingué de M. Touzé, le jury lui décerne la médaille d'argent.

MM. FLAMANT et Cie, d'Elbeuf (Seine-Inférieure).

Ce fabricant exploite spécialement la draperie à l'usage des officiers de l'armée. Nulle autre maison, à Elbeuf, n'avait jusqu'à ce jour donné un aussi grand développement à cette branche d'industrie qui présente des difficultés réelles pour la réussite des couleurs distinctives, telles qu'écarlate, bleue, jonquille, etc. Le succès a couronné ses efforts, ses relations se sont promptement étendues, et lui ont en peu d'années, pour l'importance, assigné un rang très-distingué. Dans l'ensemble si varié des produits qu'il expose, et dont les nuances et qualités sont très-remarquables, le jury a distingué un satin garance de 1^m,6o de large; ce tissu annonce une très-grande solidité, et les apprêts en sont parfaitement réussis. Le jury, reconnaissant toutes les difficultés qu'a dû vaincre M. Flamant et sa bonne fabrication, lui décerne la médaille d'argent.

MM. Mathieu MIEG et fils, à Mulhouse (H.-Rhin).

A un siècle d'honneur et de probité, cette maison joint l'activité qu'exige le progrès; elle occupe un grand nombre d'ouvriers qu'elle ne laisse chômer en aucun temps. Son exposition se compose de draps noirs pour habillements, et de draps épais pour l'impression au rouleau, employés également dans les manufactures de toiles peintes, les filatures de laines peignées, les tissages mécaniques, etc. Ce dernier article a principalement fixé l'attention du jury; il réunit à une grande force une égalité de tissu très-difficile à obtenir. MM. Mathieu M. et fils avaient obtenu une médaille de bronze en 1834; le jury leur vote aujourd'hui la médaille d'argent.

M. J. KUNZER, de Bitschwiller (Haut-Rhin).

Cet établissement qui a obtenu une mention honorable en 1839, sous la maison Grenier et

Kunzer, est aujourd'hui dirigé par M. Kunzer seul. Homme de progrès, il a établi en 1842, à Bitschwiller, la première machine à vapeur appliquée aux draps. D'autres ont suivi son exemple ; les premiers essais de tissage à la mécanique ont été faits également dans ses ateliers. Deux cuirs-laine faisant partie de son exposition ont été tissés par ce nouveau système. Ils sont parfaitement réussis ; cette fabrique réunit la solidité du tissu à des apprêts très-bien entendus ; des prix avantageux lui assurent des débouchés faciles. Pour ses efforts et ses progrès, le jury lui décerne la médaille d'argent.

M. Alexandre LENORMAND, de Vire (Calvados).

Ce fabricant, établi depuis peu d'années, a su se faire remarquer, dès son début, par une bonne fabrication à des prix très-modérés. Ses produits, très-recherchés des acheteurs, sont parfaitement représentés par deux pièces de bleu, de 11 et 12 fr., qu'il a exposées. Toiles bien serrées et bien *dégraissées*, apprêts brillants, telles sont les qualités qui les distinguent. Toutes les opérations se font dans l'établissement de M. Lenormand, auquel le jury accorde la **médaille d'argent**.

MM. MONBORGNE fils et LEROY, de Mouy (Oise).

Cet établissement, le plus important de la ville de Mouy, présente à l'exposition une variété de tissus vraiment extraordinaire : draps écarlates, cramoisis et d'autres couleurs pour impressions, verts pour tapis de table, zéphyrs noirs et marrons, draps noirs et bleus pour habillements, twines, flanelles unies et à carreaux en 1",35 pour manteaux de dames, écossais lisses et flanelles-damas pour robes de chambre, pantalons croisés, écossais teints en laine, etc. Tous ces produits sont de bonne qualité, et les prix très-modérés leur font obtenir de grands débouchés. Si en général ils n'exigent pas à un très-haut degré la science des apprêts, on ne peut cependant refuser d'accorder un mérite réel à la réussite dans une aussi grande variété d'étoffes qu'approuve le bon goût et que recherchent les consommateurs. Le jury, pour récompenser MM. Monborgue fils et Leroy, leur décerne la médaille d'argent.

M. HAZARD père, d'Orléans (Loiret).

Cette fabrique, dans laquelle s'emploient principalement les laines de Beauce, a surgi très-importante dans Orléans, où il n'en existait point encore. Elle présente un ensemble complet de tout ce qui est nécessaire à la fabrication du drap, depuis le lavage de la laine jusqu'aux derniers apprêts. Les huit pièces de draps présentées à l'exposition ont paru très-remarquables par la bonne confection, l'apprêt, la qualité de la teinture, le moelleux du tissu et la modération des prix, qui permettent à M. Hazard de rivaliser avec les anciennes fabriques. Le jury lui décerne la médaille d'argent.

RAPPELS DE MÉDAILLES DE BRONZE.

MM. B. JAVAL et J. MAY, d'Elbeuf (Seine-Inférieure).

Les articles à bas prix, nouveautés à 10 fr. 50 c.,

tartans à 6 fr., twines à 9 fr., draps lisses de 10 fr. 5o c. à 16 fr., exposés par ces fabricants, justifient, par la qualité et la solidité, eu égard à la modicité des prix, l'accroissement de leurs débouchés. Le jury leur rappelle la médaille de bronze qu'ils ont déjà obtenue.

M. RASTIER fils, d'Elbeuf (Seine-Inférieure).

M. Rastier fabrique presque exclusivement des draps et satins noirs de diverses qualités, de 11 à 28 fr. le mètre. Ses produits ont paru au jury d'une fabrication très-satisfaisante, et il lui confirme la médaille de bronze qui lui a été décernée en 1839.

MM. Michel COUPRIE et Cie, d'Elbeuf (Seine-Inférieure).

Cette maison présente à l'exposition des draps fins d'un beau lainage, d'une toile serrée et régulière; elle se livre beaucoup à la fabrication du drap noir.

Le jury rappelle à M. Couprie la médaille de bronze qui lui fut décernée en 1839.

M. JUHEL-DESMARES, de Vire (Calvados).

Les laines employées par M. Juhel-Desmares sont toutes de qualités supérieures; ce sont des laines de moutons mérinos, achetées directement chez les propriétaires, et qui sont lavées, teintes, cardées, filées, etc., dans son établissement. Le jury a, en outre, remarqué que ses draps sont fort bien fabriqués et leurs prix modérés. Il lui rappelle la médaille de bronze qui lui a été décernée aux deux précédentes expositions.

M. GAUDCHAUX - PICARD fils , de Nancy (Meurthe).

Les draps qui sortent de la fabrique de MM. Gaudchaux-Picard, sont d'une bonne qualité et d'un prix qui les met à la portée d'une classe nombreuse de la société. Les prix varient de 6 fr. 75 c. à 14 fr. le mètre.

Le jury rappelle à ces exposants la médaille de bronze qu'ils ont eue aux précédentes expositions.

NOUVELLE MÉDAILLE DE BRONZE.

M. MOREL-BEER, d'Elbeuf (Seine-Inférieure),

Se livre à deux genres de fabrication bien distincts : draps lisses et nouveautés ; les premiers, d'une qualité moyenne, d'une bonne fabrication et de prix modérés. Les nouveautés se distinguent par la variété du dessin et la souplesse du tissu ; le jury a particulièrement distingué parmi ces dernières, les n°° 17,845 et 16,811, écossaïs-moirés, et l'article portant le n°| 17,813, dit chinois, dont les pareils ont été goûtés par les étrangers. Le jury accorde à M. Morel-Beer une nouvelle médaille de bronze.

MÉDAILLES DE BRONZE.

MM. BLANPAIN frères, de Sedan (Ardennes),

Exposent des draps noirs lisses et croisés, des draps de hautes couleurs, des satins blanc, bleu et noir, ainsi que divers casimirs. Ces produits ont paru au jury d'une bonne fabrication, et les prix en rapport avec les diverses qualités ; le jury leur accorde la médaille de bronze.

MM. REGNAULT et PELLIER, d'Elbeuf (Seine-Inférieure).

Fondé depuis peu d'années, cet établissement se livre spécialement à la fabrication des draps fins et superfins de 17 à 28 fr. le mètre; ses produits, d'un tissu délié, bien garnis, serrés et tenants, méritent sous tous les rapports d'être distingués. Le jury leur accorde la médaille de bronze.

M. Philippe DECAUX, d'Elbeuf (Seine-Inférieure).

Ce fabricant expose des draps types de ses fournitures à la garde municipale; ils sont remarquables par leur bonne fabrication, et la quantité de matière qui y est entrée, relativement aux prix auxquels il les livre. Il est parvenu, par suite d'un excellent dégraissage, à obtenir une teinture si bien fixée, que les étoffes, même les bleus de toutes nuances, ne blanchissent, pour ainsi dire, plus sur les coutures. Le jury lui décerne la médaille de bronze.

MM. J. BOISGUILLAUME et fils aîné, d'Elbeuf (Seine-Inférieure).

Leur exposition se compose de nouveautés et de draps pour billards. Les nouveautés sont faites avec goût et d'un prix modéré. Nous mentionnerons surtout les deux pièces n° 32,044 et 32,054. Les draps de billards, corsés et souples à la fois, sont bien apprêtés.

Le jury leur décerne la médaille de bronze.

MM. OSMONT et BOISMARD, d'Elbeuf (Seine-Inférieure).

Cette fabrique, établie depuis peu d'années,

expose pour la première fois. Ses nouveautés et ses draps paraissent bien traités , notamment les draps, qui méritent d'être appréciés pour leur bonne confection et le soin des apprêts. Le jury, persuadé que MM. Osmont et Boismard acquerront, d'ici à la prochaine exposition , des droits à une récompense plus élevée , leur accorde, en ce moment, la médaille de bronze.

MM. GOULDEN et Cie , de Bitschwiller (Bas-Rhin).

Cette fabrique , déjà ancienne, expose cinq pièces de draps et cuirs-laine , qui répondent à toutes les conditions d'une bonne fabrication : ils sont solides et grand teint , et les prix en sont très-modérés. Le jury leur accorde la médaille de bronze.

MM. BOURGUIGNON, SCHMIDT et SCHWEBEL, de Bitschwiller (Bas-Rhin).

Sous la raison Bourguignon et Schmidt , cette fabrique avait obtenu en 1834 une mention honorable et le rappel en 1839 ; en s'adjoignant le sieur Schwebel elle a pris une nouvelle activité et a donné à ses produits une plus grande perfection , ce qui est parfaitement justifié par les draps noir et écarlate qu'elle présente à l'exposition, et par l'accroissement de ses débouchés. Le jury leur décerne une médaille de bronze.

MM. RUEF et BICARD, de Bitschwiller (Bas-Rhin),

Ont exposé une pièce de drap noir, une vert-russe et un cuir-laine; la solidité du tissu paraît être toujours le but que se propose avant tout cette fabrique. Ses apprêts se sont améliorés; l'établissement renferme aujourd'hui tout ce qui est nécessaire à la fabrication du drap, et leur permet d'établir des prix favorables à la consommation. Le jury, pour reconnaître leurs progrès marqués depuis la dernière exposition, où ils avaient obtenu une mention honorable, accorde à MM. Ruef et Bicard la médaille de bronze.

M. J. F. CHAMPIGNEULLES jeune, à Varize (Moselle).

Cette fabrique, complétement isolée, et, dans son genre, une des plus importantes du département de la Moselle, emploie tous les ouvriers et habitants peu aisés de plusieurs communes, et par là, aide à y répandre l'aisance.

Son exposition consiste en deux coupes de flanelle de 2 fr. 40 c. et 2 fr. 80 c. le mètre ; elles sont bonnes et prouvent les progrès que fait journellement cet établissement, dont les produits se placent avec avantage sur les marchés du nord de la France.

Le jury décerne à M. Champigneulles la médaille de bronze.

RAPPELS DE MENTIONS HONORABLES.

M. BRISSON, d'Elbeuf (Seine-Inférieure).

Mentionné en 1839 sous la raison Berrier et Brisson. Leurs draps, d'une qualité ordinaire, paraissent convenablement fabriqués.

M. ANGO-LEVARD, de Saint-Lô (Manche).

Fabricant de droguets, mentionné en 1839, le jury lui rappelle cette mention honorable.

MENTIONS HONORABLES.

M. LAGNY-PASTOR, de Sedan (Ardennes).

Les draps et satins qu'il expose ont paru au jury de bonne confection et bien en rapport avec les prix indiqués.

M. Jules THILLARD, d'Elbeuf (Seine-Inférieure),

Expose pour la première fois des draps qui , surtout dans les qualités supérieures, ont paru d'une fabrication soignée, en rapport avec leurs prix.

MM. FERRY et ZÉDER, à Metz (Moselle).

Autrefois, cette fabrique, sous le nom de Ferry Barthélemy, ne fabriquait que des espagnolettes et flanelles. La nouvelle société, formée au commencement de 1843, a ajouté une nouvelle branche d'industrie : celle des castorines et cuirs-laine. Le jury départemental s'est plû à rendre hommage aux persévérants efforts de ces jeunes industriels, pleins d'activité et d'avenir. Le jury central leur accorde une mention honorable.

MM. COUSIN frères, d'Amiens (Somme).

Cet établissement, de création récente, expose des étoffes à pantalon très-élastiques, dans lesquelles le caoutchouc entre pour une portion de la chaîne. Les échantillons exposés sont de bon goût et paraissent présenter toute la solidité convenable. Le jury pense que le temps consacrera cette innovation, et qu'ils acquerront, d'ici à la prochaine exposition, des droits à une récompense plus élevée.

CITATION FAVORABLE.

MM. SCHMALZER-WEISS, de Mulhouse (Haut-Rhin),

Fabricants de draps, flanelles drapées, finettes drapées et droguets, exposent une pièce de drap pour rouleaux à impression, et une pièce de drap pour cylindres.

Draperie moyenne et commune.

M. Guibal-Anne-Veaute, rapporteur.

RAPPELS DE MÉDAILLES D'OR.

MM. MURET DE BORT et Cie, à Châteauroux (Indre),

Présentent à l'exposition, des draps de différentes qualités et de diverses nuances, qui réunissent toutes les conditions d'une excellente fabrication. La grande manufacture de M. Muret de Bort, fondée en 1817, rivalise avec les plus importantes fabriques du Nord; elle occupe 600 ouvriers, elle emploie 200,000 kilogrammes de laine; ses produits, toujours estimés et toujours recherchés par les consommateurs, maintiennent à M. Muret de Bort le haut rang qu'il s'est acquis depuis longtemps. Occupé principalement à fournir les draps propres à l'habillement de l'armée et les draps nécessaires aux douanes, M. Muret de Bort expose les types de cette fabrication. Pour récompenser les efforts constants, les progrès incontestables de son industrie, le jury central, en 1839, avait décerné la médaille d'or à **M. Muret de Bort**; le jury de 1844 confirme ce jugement et rappelle à cet exposant la médaille d'or qu'il a si bien méritée.

MM. BADIN, LAMBERT et Cie, à Vienne (Isère).

Les produits présentés par ces exposants sont parfaitement bien traités; leur variété, le bon choix des matières, et la perfection de la fabrication, témoignent des soins et de l'expérience de ces intelligents manufacturiers. Cette maison se présente avec distinction à chaque solennité industrielle; elle reçoit toujours les récompenses dues à ses efforts constants, couronnés de succès. Parmi les articles présentés par ces exposants, le jury central a distingué une nouvelle étoffe drapée, fabriquée au moyen du tricot élastique. Cette étoffe est belle, souple et soyeuse, l'élasticité, que le feutrage ne lui a pas enlevée, la rend très-propre à être employée pour pantalons. MM. Badin, Lambert et Cie, fabriquent eux-mêmes cette nouvelle étoffe; ils ont établi à grands frais les métiers propres à ce genre de tissage. Le jury central a également remarqué le tissu tricot-serpentin, qui présente une grande difficulté vaincue. Toujours placés à la tête de l'industrie de leur département, MM. Badin, Lambert et Cie, soutiennent la haute réputation qu'ils ont acquise et qu'ils ont méritée dans une période de près d'un siècle. Le jury leur rappelle la médaille d'or qui leur fut décernée en 1839.

———————

MÉDAILLES D'OR.

MM. HOULÈS père et fils, à Mazamet (Tarn).

C'est la maison la plus importante du département du Tarn, dans l'industrie manufacturière. Ayant formé de grands établissements qui réunissent le matériel le plus complet d'une très-grande fabrication, ces industriels n'ont cessé de déployer, dans leur exploitation, un zèle et une activité peu commune. Le succès a toujours couronné leurs efforts. Appréciant le mouvement imprimé à la consommation par l'introduction des nouveautés, ces manufacturiers se sont placés, dans le midi de la France, au premier rang pour ce genre d'articles, si difficile à réussir, à cause de la variété qu'il exige. Paris reçoit et consomme une très-grande partie de leurs produits; or, c'est un mérite dont il faut leur tenir un grand compte, que de pouvoir soutenir avec succès, sur le marché de la capitale, la concurrence des fabriques du Nord. La fabrique de Mazamet doit à leur exemple et au mouvement par eux imprimé, une partie de la prospérité dont elle jouit.

Le jury central de 1839, pour récompenser les premiers succès de ces exposants, leur avait décerné la médaille d'argent; le jury de 1844, appréciant les progrès soutenus de ces habiles manufacturiers, qui ont su, pendant la période quinquennale, marquer leur place parmi les premiers dans leur industrie, les élève à la médaille d'or.

MM. MORIN et Cie, à Dieulefit (Drôme).

Après avoir fondé une grande manufacture de draps, dans une contrée où la population ouvrière, assez nombreuse, réclamait du travail, MM. Morin et Cie, ont été des premiers à pourvoir aux besoins d'habillement de la classe moyenne et de la classe ouvrière. Ils ont fourni à la consommation de très-bons draps, de très-bons articles d'une excellente fabrication, et toujours à bas prix. Pour être doublement utiles à leur pays, ils ont établi leur fabrication sur l'emploi de laines indigènes. Ils n'ont pris en dehors que les matières plus fines qu'on ne produisait pas chez eux. Ainsi, ces manufacturiers ont répandu, dans leur contrée, l'aisance avec les moyens de travail, en même temps qu'ils ont exercé une influence utile sur l'agriculture. Le jury central, appréciant le grand développement de l'industrie de MM. Morin et Cie, reconnaissant les efforts faits par eux pour maintenir toujours à des prix modérés les bons articles qu'ils livrent à la consommation, considérant tout l'intérêt qui s'attache à des succès constants obtenus dans ce genre de fabrication, leur décerne la médaille d'or.

RAPPELS DE MÉDAILLES D'ARGENT.

M. Jean-François MOUISSE, de Limoux (Aude).

Cet exposant a soutenu la réputation qu'il s'est acquise dans une fabrication variée. L'introduction des nouveautés pour pantalons, à l'époque où la draperie de Limoux était en souffrance, a ramené le travail et donné une nouvelle importance à cette fabrique. C'est à M. Mouisse que l'on doit cette heureuse révolution ; le jury de 1839, reconnaissant le mérite de cet exposant, lui décerna la médaille d'argent; le jury central de 1844 lui rappelle cette médaille, en récompense de ses constants efforts pour perfectionner la fabrication des articles qu'il livre à la consommation.

M. Guillaume-Luc SOMPAIRAC aîné, de Cenne-Monestiès (Aude).

Cette maison se recommande par la variété, le nombre et le bas prix de ses produits; depuis long-temps elle fournit à la consommation de la classe ouvrière de bons articles, et en introduisant la nouveauté dans sa fabrication, elle a pu conserver l'étendue de ses affaires. Elle donne du travail à une population considérable, car elle emploie dans ses ateliers 450 ouvriers, et au dehors, 400 ouvriers trouvent encore le travail qui leur est nécessaire. M. Sompairac possède, au plus haut degré, le talent d'allier plusieurs qualités de laines de peu de valeur, pour produire à bas prix de bonnes étoffes. Il y a de l'industrie dans tout ce qu'il produit, et les consommateurs, même à Paris, sont satisfaits de la bonté et de la solidité de ses tissus. Le jury central accorde à ce manufacturier intelligent et laborieux le rappel de la médaille d'argent qui lui a été décernée en 1839.

MM. GABERT frères, à Vienne (Isère).

Ces exposants, qui ont reçu en 1839 la médaille d'argent pour la bonne fabrication de leurs articles usuels, présentent cette année de nouveaux produits : des coatings, remarquables sous le rapport de la confection, du choix des matières et du prix; des draps noirs soyeux et très-bien fabriqués; des draps de couleur irréprochables, eu égard à leur prix. Ils sont actifs et tout à fait dans le progrès, le jury se plait à leur rappeler la médaille d'argent.

NOUVELLE MÉDAILLE D'ARGENT.

MM. GARRISSON oncle et neveu, à Montauban (Tarn-et-Garonne).

Cette maison est du petit nombre de celles que n'a pas frappées la décadence de Montauban; elle a trouvé dans son énergie, dans sa persévérance, le moyen de donner du travail à la classe ouvrière. S'appliquant à produire à bas prix les articles d'une consommation usuelle, elle a pu rivaliser avec les fabriques de Mazamet, Lisieux, Crest et Dieulefit, et si son exemple et ses conseils étaient suivis, Montauban pourrait reprendre le rang qu'elle occupait parmi les villes industrielles du midi de la France. Elle fabrique toujours les cadis, royales et molletons, articles recherchés et nécessaires à la consommation des départements de l'ouest, et n'emploie que les laines françaises. La perfection qu'elle donne à ses produits lui procure de nombreux placements. Elle a joint à sa fabrique des ateliers considérables pour teindre et apprêter plus de 2,000 pièces qu'elle achète brutes dans les départements du Tarn, de l'Aveyron, des Hautes et Basses-Pyrénées; elle présente à la consommation, toujours dans sa spécialité, des articles qui ont de la vogue; c'est ainsi qu'elle a fourni, même à Paris, l'article *twines*. Une pièce de ce genre, présentée à l'exposition, a paru réunir toutes les conditions d'une bonne fabrication. MM. Garrisson oncle et neveu ont obtenu la médaille d'argent en 1839. Le jury central, voulant encourager et récompenser d'une manière plus marquée ces fabricants, qui donnent l'exemple d'une rare persévérance à poursuivre les perfectionnements de leur industrie, leur décerne une nouvelle médaille d'argent.

MÉDAILLES D'ARGENT.

M. Ferdinand CORMOULS, de Mazamet (Tarn).

La bonne fabrication de tous les articles présentés par cet exposant, la variété des produits et la grande amélioration portée dans la fabrication des tartans, ont attiré particulièrement l'attention du jury central, qui se plait à attester que ce fabricant est plein d'intelligence et de goût. L'établissement de M. Cormouls est un des plus importants du Midi ; plus de 400 ouvriers y trouvent constamment du travail, et plus de 40,000 kilogrammes de laine y sont mis en œuvre Cet exposant, par une activité incessante, a contribué à l'impulsion qu'a reçue la fabrique de Mazamet, il a hâté les progrès de l'industrie manufacturière de cette ville. En récompense des efforts que cet exposant ne cesse de faire, et pour l'encourager à persévérer dans la bonne voie où il est entré, le jury central lui accorde la médaille d'argent.

MM. VITALIS frères, de Lodève (Hérault).

Ces exposants présentent la série des draps nécessaires à l'habillement des troupes de terre et de mer, et quelques draps pour la consommation de l'intérieur et pour l'exportation. La fabrique de

MM. Vitalis frères est très-importante, elle met en œuvre plus de 100,000 kilogrammes de laine, et 450 ouvriers trouvent chez elle un travail assuré toute l'année; 100,000 mètres d'étoffes sont livrés à la consommation, et ces étoffes réunissent les conditions de la bonne fabrication et du bas prix. Lodève, dans sa spécialité, ne reste pas en arrière du progrès, et la maison Vitalis frères peut revendiquer, à juste titre, une grande part dans ce mouvement ascendant de l'industrie. Pleins de zèle et d'activé, ces manufacturiers dirigent tous les travaux de leur fabrique, et, par des soins incessants, par une connaissance parfaite de leur état, ils obtiennent la solution du problème économique le plus important : la perfection et le bon marché. De tels résultats doivent être récompensés, le jury central accorde à MM. Vitalis frères la médaille d'argent.

MM. VERNAZOBRES jeune et Cie, de Bédarieux (Hérault).

C'est pour la première fois que ces manufacturiers se présentent au concours industriel; les draps qu'ils ont exposés, vrais types de leur fabrication, sont dignes d'éloges; le drap écarlate est parfait, en qualité et en nuance, eu égard au prix, qui a paru très-modéré. L'établissement de MM. Vernazobres jeune et Cie, est un des plus considérables de Bédarieux, de même qu'un des plus anciens, car il date de 1798. Il occupe 260 ouvriers, met en œuvre 34,000 kilogrammes de laine, et livre à la consommation 46,000 mètres d'étoffe. Cette maison a toujours prêté son puissant concours au dévelop-

pement de l'industrie de son **pays. Les améliora-**
tions dans les **moteurs hydrauliques, pour utiliser**
les petites chutes, **les améliorations dans le foulage**
des draps, par l'introduction des piles à fouler au
système Benoit, les nouveaux appareils de filature
à loquets continus, pour soulager le travail des enfants, toutes ces améliorations sont dues à ces intelligents manufacturiers. L'importance de cette maison,
les beaux produits qu'elle présente, les efforts qu'elle
ne cesse de faire pour le progrès industriel dans leur
pays, ont déterminé le jury à accorder à MM. Vernazobres jeune et Cⁱᵉ, la médaille d'argent.

MM. FOURCADE frères, à Saint-Chinian (Hérault).

Ces fabricants, qui exposent pour la première
fois, présentent des draps de couleur pour l'exportation dans les échelles du Levant, dans l'Amérique
du Sud, et des draps pour la consommation de l'intérieur. Ces articles ont paru bien fabriqués pour les
prix auxquels ils sont livrés. Placés dans un pays
où le sol, peu fertile, refuse de nourrir ses habitants,
MM. Fourcade frères contribuent puissamment,
par un travail constant, à soutenir la population et
à donner des moyens d'existence à la classe ouvrière.
Cette manufacture, qui reçut, dans le siècle dernier, le titre de manufacture royale, remonte à
1620; plus de 600 ouvriers y sont employés, et
l'on y met en œuvre de 70 à 80,000 kilogrammes
de laine. MM. Fourcade frères, dont les produits
sont très-appréciés dans le Levant, se préparent à
en exporter en Chine. On ne saurait trop récompenser les manufacturiers qui vont au loin faire ap-

précier la fabrication française. Ces expéditions lointaines, toujours chanceuses, exercent une heureuse influence sur l'industrie nationale, et méritent la reconnaissance du pays. Le jury central se plaît à rendre justice au mérite de MM. Fourcade frères, et il leur accorde la médaille d'argent.

MM. PORTAL père et fils, de Montauban (Tarn-et-Garonne).

Ces exposants jouissent à juste titre d'une haute réputation dans le commerce; leur établissement a été fondé en 1763. Il s'est toujours maintenu. Et la maison Portal, comme celle de MM. Garrisson, oncle et neveu, a, par des efforts constants, soutenu l'industrie de son pays. Les étoffes présentés par elle au concours, sont remarquables par leur bonne qualité, leur solidité et leur excellente confection. C'est le type de cette ancienne fabrication qui avait fait la réputation de la ville de Montauban. Dans les contrées parcourues par MM. Portal père et fils : la Gironde, les deux Charente, la Vienne, l'Indre et Loire, leurs placements sont importants. Ils joignent à leur fabrication, la teinture et l'apprêt des marchandises brutes qu'ils achètent dans les départements voisins. Le jury central a examiné avec attention les produits de ces exposants ; il a apprécié leur bonne fabrication, et pour récompenser les efforts incessants de ces manufacturiers, il leur décerne la médaille d'argent.

MM. GRIOLET père et fils, à Sommières (Gard).

Cette maison, déjà ancienne dans l'industrie, se

présente pour la première fois au concours. Son établissement, fondé d'abord pour la fabrication des couvertures, s'est successivement accru. Il est aujourd'hui très-considérable et renferme une grande filature de laines cardées. MM. Griolet père et fils occupent dans ce moment 250 ouvriers : ils emploient une force de 30 chevaux, et mettent en œuvre 180,000 kilogrammes de laine. Le jury a remarqué les couvertures exposées par ces manufacturiers; elles lui ont paru d'une bonne fabrication. L'étoffe, dite limousine, destinée aux manteaux des rouliers, est solide et atteint bien son but. MM. Griolet père et fils ont exposé aussi des fils provenant de leur filature, et propres à la fabrication des châles du Midi, des tapis, des tartans. Ils ont donné un grand développement à l'industrie de leur pays, et le travail qu'ils procurent à la population, rend la misère inconnue dans la ville de Sommières. Le jury central se plaît à reconnaître l'influence heureuse qu'exerce leur industrie dans cette localité, et leur décerne la médaille d'argent pour l'ensemble de leurs produits.

MM. CHÉGUILLAUME et Cie**, à Cugand (Vendée).**

Cette maison, fondée en 1829, a obtenu en 1839 la médaille de bronze; elle marche toujours dans la voie du progrès; elle possède une filature de laine, et les fils qu'elle emploie attestent ses succès dans ce genre de travail; elle a créé une filature de coton qu'elle dirige avec intelligence, et dont les produits s'écoulent dans le pays; enfin, elle s'est mise à la tête d'une fabrique d'étoffes propres à la consommation locale. La solidité de ces étoffes et leur bas prix, ont fixé l'attention du jury central, qui, considérant les succès obtenus par ces intelligents manufacturiers dans plusieurs genres d'industrie, et voulant récompenser des travaux persévérants, dont le résultat est si utile pour leur pays, leur vote, pour l'ensemble de leurs produits, la médaille d'argent.

Bernard ROGER aîné, de Lastours, près Carcassonne (Aude).

Cet exposant, laborieux et actif, présente à l'exposition des draps noirs bien fabriqués et à des prix très-bas, eu égard aux qualités. Il a fondé à Lastours, petit village au pied de la montagne Noire, un établissement complet qu'il dirige lui-même. Il occupe 200 ouvriers, c'est-à-dire presque tous les bras que la population de ce pays peut fournir. La ville de Carcassonne, après la perte de son commerce dans le Levant, se livra à la fabrication des draps noirs. Émule de Sedan, elle ne prétendit point devenir sa rivale, elle se proposa de remplir l'échelle des prix décroissants. M. Roger aîné est un des manufacturiers de Carcassonne qui a bien compris l'industrie de son pays. Il a introduit chez lui le foulage au nouveau système à pression. Le drap noir de 7 fr. 10 c. le mètre qu'il expose, est le type d'une bonne fabrication à bon marché. En récompense des efforts que fait ce manufacturier pour soutenir la réputation des bons draps de son pays, le jury central lui accorde la médaille d'argent.

MM. P. FOUARD et A. BLANCQ, à Nay (Basses-Pyrénées).

Ces fabricants présentent à l'exposition les produits de leur industrie, qui consistent en tricots et bonneterie, et en bérets, coiffure des Basques, de temps immémorial. Tous les articles de cette maison sont bien confectionnés, solides, et remplissant parfaitement l'objet pour lequel ils sont destinés. La variété des produits, la bonne confection des étoffes, l'étendue de l'établissement, et le grand nombre d'ouvriers qu'il emploie, placent ces manufacturiers à la tête de l'industrie du département des Basses-Pyrénées. C'est au talent et à l'activité du chef de cette maison, venu d'Elbeuf, son pays natal, où il exerçait la profession de mécanicien, qu'est dû le grand développement de cette manufacture. Par l'introduction de la filature de la laine à la mécanique, la fabrication des bérets a pris un grand essor. L'invention d'une tondeuse pour tondre les bérets, n'a pas été moins utile au pays qui venait de l'adopter, d'autant plus que l'inventeur n'a pas voulu prendre de brevet pour cette machine, et qu'il en a doté son pays. En considération de l'industrieuse activité de ces exposants et des services qu'ils rendent à leur pays, le jury leur décerne la médaille d'argent.

M. PRAT aîné, à Oloron (Basses-Pyrénées).

Cet exposant se présente au concours industriel pour la première fois. C'est à Oloron qu'est le siége de son établissement, fondé en 1830, et qui occupe, dans ce moment, 150 ouvriers. La ville d'Oloron, située au débouché de la route d'Espagne, est le centre d'un commerce de laines important. Ces laines étaient travaillées, depuis des siècles, à Oloron par une population laborieuse; les manufactures de cette ville fournissaient à la consommation du pays de bons articles; les changements survenus dans le goût et les habitudes des populations ne laissèrent plus de débouchés à la majeure partie de ces étoffes. M. Prat aîné, jeune, intelligent et actif, a compris qu'il fallait changer l'industrie de sa ville, pour ne pas laisser sans travail la classe ouvrière. Au lieu de cadis, droguets et autres étoffes communes, Oloron fournit avec succès, en France et en Espagne, des tricots pour pantalons, des gilets, des cravates et des écharpes, et même les ceintures rouges qu'emploient les Béarnais et les Basques, et les populations des provinces limitrophes. M. Prat, répondant ainsi, par ses efforts, aux goûts et aux besoins du moment, a doté son pays d'une source nouvelle de travail lucratif. Le jury a vu avec beaucoup d'intérêt les produits de ce fabricant, et pour prix de ses efforts et de ses progrès industriels, il lui décerne la médaille d'argent.

RAPPELS DE MÉDAILLES DE BRONZE.

MM. BERTHAUD et PERTUS frères, de Vienne (Isère).

Ces exposants s'occupent toujours de la fabrication des draps cuirs-laine dans les prix moyens. Ils font avec succès les mêmes articles en nouveautés, pour se conformer au goût des consommateurs

Leurs produits se distinguent par toutes les qualités qui constituent une bonne fabrication qui ne reste pas en arrière des progrès de l'industrie. Le jury central rappelle à ces exposants la médaille de bronze qui leur a été décernée en 1839.

M. TALBOT fils, de Saint-Denis-hors-Amboise (Indre-et-Loire).

Cet exposant, qui faisait partie de la maison Bigot et Cie, à laquelle fut décernée en 1839 une médaille de bronze, est chef, aujourd'hui, de la manufacture établie à Saint-Denis-hors-Amboise. M. Talbot fils a continué le même genre de fabrication, et il présente à l'exposition des castorines et autres étoffes de laine, destinées à la consommation de la classe moyenne ou pauvre. Les prix sont bien en rapport avec cette destination, puisqu'ils varient de 1 fr. 70 c. à 2 fr., et à 2 fr. 50 c. en petite largeur. Ces étoffes sont bien fabriquées pour leur genre et leur bon marché. Le jury central rappelle à cet exposant la médaille de bronze qui avait été donnée à la maison dont il faisait partie en 1839.

M. Silvestre BARTHÈS, à Saint-Pons (Hérault).

Cet exposant présente une grande variété d'articles dans les nouveautés, analogues à celles des fabriques de Mazamet, et à des prix très-modérés : 7 fr. 50 c. le mètre. M. Barthès a introduit ce genre de fabrication à Saint-Pons ; le jury central lui rappelle la médaille de bronze qu'il avait obtenue aux précédents concours.

MÉDAILLES DE BRONZE.

M. Pascal LIGNIÈRES, de Carcassonne (Aude).

Cet exposant s'occupe de la fabrication des draps
noirs dans les bonnes qualités moyennes, et dans
les prix de 6 fr. 5o c. et 7 fr. 5o c. le mètre. Les
deux pièces présentées par lui ont paru réunir toutes
les conditions d'une bonne fabrication. Il occupe
200 ouvriers, met en œuvre 3o,ooo kilogrammes
de laine, et livre à la consommation 4o,ooo mètres
de draps. C'est à son activité et à son intelligence,
qu'il doit les succès qu'il obtient et la bonne réputation qu'il s'est acquise dans la fabrication des
draps noirs. Le jury central lui décerne la médaille
de bronze.

M. Augustin DOUX jeune, à Villalier, près Carcassonne (Aude).

La fabrication des draps noirs est la seule occupation des manufacturiers de Carcassonne. M. Augustin Doux jeune se distingue parmi eux par son
habileté. Les deux pièces de drap noir à 9 fr. 5o c.
le mètre qu'il expose, ont paru au jury central
d'une exécution soignée : cet exposant a créé, aux
environs de Carcassonne, une usine importante
qu'il dirige lui-même et où il emploie 200 ouvriers. Le jury central lui décerne la médaille de
bronze.

MM. Alexis GABARRON et ses fils, à Limoux
(Aude).

Ces exposants se présentent au concours pour la
première fois ; ils ont adopté pour spécialité le

genre nouveautés dans les très-bas prix. Leur maison a pris une grande extension. Si la ville de Limoux a repris le rang qu'elle avait parmi les villes manufacturières du Midi, c'est à l'introduction de la fabrication des nouveautés qu'elle le doit, et M. Gabarron et ses fils peuvent revendiquer à juste titre une grande partie de ce service rendu à leur pays. Le jury central leur décerne la médaille de bronze.

Joseph PONCHON, à Vienne (Isère).

« Cet exposant est considéré comme ayant le plus contribué au perfectionnement de la fabrication de Vienne. » C'est ainsi que s'exprime le jury départemental dans les notes qu'il a fournies. Le jury central, dans l'examen qu'il a fait des produits de M. Ponchon, a trouvé qu'ils étaient remarquables et pouvaient soutenir toute comparaison avec leurs similaires. M. Ponchon paraît pour la première fois au concours industriel. Il suit le progrès par des innovations heureuses, et est un de ceux qui contribuent le plus à améliorer la fabrication viennoise. Le jury central lui accorde la médaille de bronze.

M. RIGAT, à Vienne (Isère).

Cet exposant dirige avec succès une fabrique de draps cuir-laine; les draps qu'il fournit au commerce sont appréciés et recherchés pour leur bonne confection. Cet établissement a été fondé en 1822 : 160 ouvriers y trouvent toute l'année du travail et un salaire convenable. M. Rigat emploie 28,000 kil.

de laine, et livre à la consommation 30,000 mètres de draps. Une mention honorable lui a été accordée en 1839. Le jury central, appréciant ses efforts persévérants pour perfectionner ses produits, lui accorde la médaille de bronze.

M. MANIGUET, à Vienne (Isère).

C'est encore du drap cuir-laine que présente à l'exposition M. Maniguet : ses draps ont paru bien confectionnés, et soutiennent la réputation de la fabrication viennoise. Son établissement a été augmenté, on y emploie maintenant 25,000 k. de laine, qui donnent du travail à 72 ouvriers. Ses produits sont reçus avec faveur dans le commerce. Une mention honorable a été votée à M. Maniguet en 1834 et 1839; en récompense des efforts soutenus faits par lui pour arriver à la perfection du drap cuir-laine, article si convenable à la classe économe, la médaille de bronze lui est accordée.

MM. COURTEY frères et BARON, à Périgueux (Dordogne).

Ils présentent à l'exposition quatre pièces d'étoffes de laine de couleur, remarquables par le prix extrêmement bas auquel cet article est offert. Le jury départemental assure que les qualités et les prix sont conformes à ceux livrés journellement à la consommation. La classe la plus nombreuse et la plus pauvre aura ainsi une excellente étoffe, en remplacement des lainages imparfaits que l'on confectionne dans les campagnes. MM. Courtey frères et Baron ont rendu un grand service à leur pays en présentant à la consommation une bonne étoffe de 60 centimètres de large au prix de 1 fr. 50 c. le mètre. La fondation de leur établissement est sous tous les rapports un bienfait pour le pays non moins qu'un progrès industriel. Le jury central accorde à MM. Courtey frères et Baron la médaille de bronze.

MM. BRICHE et VANBAVINCHOVE, à Saint-Omer (Pas-de-Calais).

Ces manufacturiers se présentent à l'exposition pour la première fois. Leurs produits sont spécialement destinés à la confection des vêtements de femmes ou de marins. Ils sont d'une grande utilité dans un pays humide comme le département du Nord, et dans les ports qui avoisinent Saint-Omer. Ils se recommandent par la modicité du prix en rapport avec les besoins qu'ils sont destinés à satisfaire, et avec leur qualité. L'établissement de MM. Briche et Vanbavinchove est le seul qui existe maintenant à Saint-Omer, il doit donc être encouragé, car il est d'un puissant intérêt pour la localité. Le jury central accorde à ces exposants la médaille de bronze.

Mᵐᵉ veuve BORDEAUX-FOURNET et fils, à Lisieux (Calvados).

Maison importante pour la fabrication de la grosse draperie et des molletons connus sous le nom de frocs qui servent de vêtements aux femmes dans les départements de l'Ouest. Les articles présentés par ces exposants réunissent toutes les conditions d'une bonne fabrication. Cette fabrique importante a été fondée en 1834, elle occupe 300 ouvriers, met en œuvre 100,000 kil. de laine, et livre à la consommation 6,000 pièces. C'est donc un établissement des plus importants; il est aussi des plus intéressants pour le pays, par le travail qu'il donne aux ouvriers. Le jury central décerne à ces manufacturiers la médaille de bronze.

M⁰ᵉ veuve LAPORTE et fils, à Limoges (Haute-Vienne),

Présentent des flanelles rayées, fil et laine, article pour vêtements de femme d'une bonne fabrication. Les développements que cette industrie locale a pris depuis quelques années sont dus au concours intelligent et laborieux de plusieurs fabricants, parmi lesquels le jury se plaît à désigner la maison veuve Laporte et fils. C'est à eux que l'on doit cette fabrication qui ne se fait pas moins remarquer par le tissage que par la qualité des matières employées; elle trouve son écoulement sur plusieurs points de la France. 300 ouvriers sont attachés à cette maison, et 4,000 pièces de droguets et flanelles sont livrées à la consommation. Le jury central lui décerne la médaille de bronze.

MM. BOYER frères, à Limoges (Haute-Vienne).

Cette maison peut revendiquer à juste titre l'introduction de la flanelle perfectionnée pour vêtements de femmes, article qui forme une des grandes industries de la ville de Limoges. En 1620, à l'époque où la famille des exposants créa un établissement propre à donner une grande extension à cette industrie, 4 ou 5 maisons produisaient à peine 5 à 6,000 coupes : aujourd'hui, Limoges livre à la consommation plus de 35,000 pièces par an. La maison Boyer frères emploie 300 ouvriers, et 100 métiers sont occupés à leur production. Depuis vingt-quatre ans que ces exposants travaillent, leurs produits ont toujours été distingués. Le jury central leur accorde la médaille de bronze.

MM. RIVES (Ulysse) et Cie, de Mazamet (Tarn).

Cet exposant se présente pour la première fois; son établissement a été fondé en 1825. Il emploie 200 ouvriers, tant en dedans qu'en dehors, et il fournit à la consommation de très-belles espagnolettes blanches, et des flanelles dans les qualités superfines. Les échantillons qu'il expose ont été trouvés bien fabriqués et bien réussis pour le blanc, opération qui exige des soins et du savoir-faire. Le jury central accorde la médaille de bronze à MM. Rives (Ulysse) et Compagnie.

M. Jean-George DAYDÉ-GARY, de Cenne-Monestiès (Aude).

Ce manufacturier, qui s'applique à produire de bonnes étoffes de qualités moyenne et commune, a fait des progrès dans l'industrie qu'il exerce : ses draps croisés et lisses ont paru bien faits, d'un bas prix qui doit leur procurer un placement facile. Cette maison sage et laborieuse a un bon cours d'affaires. M. Daydé Gary a reçu une mention honorable en 1839. Le jury de 1844 lui a voté la médaille de bronze pour récompenser ses progrès industriels.

RAPPELS DE MENTIONS HONORABLES.

M. LE PARQUOIS, à Saint-Lô (Manche).

Cet exposant a présenté à l'exposition deux échantillons d'étoffes de sa fabrication qui ont paru réunir les conditions d'une bonne fabrication. Cette maison continue toujours le même genre d'articles, ses produits sont d'un tissage plus serré et présentent les conditions de la solidité et du bon marché. Le jury central rappelle à M. Le Parquois la mention honorable qu'il a obtenue aux précédentes expositions.

MM. BONDET fils aîné et Cie, de Limoges (Haute-Vienne).

Cette maison a exposé une série d'échantillons de droguets et flanelles, produits de son industrie; la fabrication en est régulière et soignée. L'emploi de la navette volante a permis à ces fabricants de n'employer que des femmes dans leurs ateliers, pour le tissage, et d'utiliser des bras jusque là sans travail. Les produits de ces exposants s'adressent à toutes les classes; ils réussissent également dans les flanelles d'un prix élevé et dans celles d'un prix modique. Le jury leur rappelle la mention honorable qui a été faite d'eux en 1839.

MM. J. BONRAISIN, TILLANT et Cie, de Nantes (Loire-Inférieure),

Ont envoyé des flanelles et des coutils sur laine

bien fabriqués. Leur établissement a peu d'étendue, mais ses produits sont bien appropriés aux besoins des habitants de la Bretagne qui veulent des étoffes durables. Il prépare lui-même les matières qu'il emploie. Le jury lui rappelle la mention honorable qui lui fut décernée en 1839.

M. DUBOIS, de Fougères (Ille-et-Vilaine), .

Expose des flanelles d'une fabrication soignée. Il y a amélioration dans la teinture et plus de régularité dans le tissu. Ces étoffes sont d'un bon usage, et elles se recommandent par la modicité des prix. En 1839 M. Dubois a été mentionné honorablement, le jury lui rappelle cette distinction.

MENTIONS HONORABLES.

M. ANCEL-ROY, de Lyon (Rhône).

Cet exposant est mentionné parmi les fabricants de drap, il confectionne des tricots élastiques drapés pour pantalons. M. Ancel-Roy a imité cet article des Anglais; afin d'en développer la consommation, il faut trois conditions : le soyeux de la matière, la variété du dessin et le bon marché. M. Ancel-Roy remplira plus tard, sans doute, ces trois conditions, et il trouvera dans cette nouvelle industrie perfectionnée le prix de ses efforts et de ses soins. Le jury central, voulant offrir à cet exposant une récompense, et témoigner l'intérêt qu'il prend au développement de ce nouvel article, vote une mention honorable à M. Ancel-Roy.

M. Claude PATOULIAD, à Vienne (Isère).

Cet exposant indépendamment de ses draps cuir-laine, présente à l'exposition des draps-tricot, façon d'Angleterre, et du drap-tricot satiné que l'on doit citer pour son élasticité. Les prix de M. Patouliad sont très-modérés, ce qui favorisera le placement de cet article encore peu connu. Le jury, pour récompenser ce manufacturier, qui s'occupe avec zèle de perfectionner son industrie, lui accorde la mention honorable.

M. THIOLIER aîné, de Vienne (Isère),

Expose des draps cuir-laine bien confectionnés. Les soins apportés dans le choix de la matière et dans la confection des étoffes, prouvent que cet exposant s'occupe consciencieusement de sa fabrication. Ses draps noirs ont beaucoup de propreté, qualité essentielle en ce genre de produits. Le jury lui accorde la mention honorable.

M. Urbain ROCH, à Carcassonne (Aude).

Maison nouvellement établie, appelée à prendre de l'essor, parce que sa fabrication est bien entendue et bien soignée. Les trois pièces de draps noirs présentées par elle dans des qualités diverses, remplissent les conditions d'une bonne fabrication. La mention honorable est accordée à M. Urbain Roch.

MM. THUYAU et TURPAULT, à Mortagne (Vendée).

Présentent des flanelles et un échantillon de laine filée. Le jury a reconnu l'emploi de matière premiè.es de **bonne** qualité. Cette fabrique est de création récente, mais on peut déjà apprécier les avantages qu'elle présente pour la localité; des femmes et d.. enfants, jusque-là sans travail, y trouvent une occupation appropriée à leurs forces. Le jury décerne la mention honorable à ces manufacturiers.

MM. FERRARY (Florimond) et ALBERT, à Saint-Sauveur (Hautes-Alpes),

N'exposent qu'une seule pièce de castorine, de bonne qualité et d'un bas prix. Le jury regrette qu'ils n'aient pas fourni une variété d'échantillons de couleurs plus arrêtées. Il mentionne honorablement MM. Ferrary (Florimond) et Albert.

M. Jules CHARPAL, à Mende (Lozère).

Ce fabricant présente des flanelles et des escots façonnés, d'un bon travail, d'un bon goût, d'un bon usage, et d'un prix modéré. Il a ajouté à son ancienne production, qui commençait à languir, ces nouveaux articles de fantaisie, ce qui prouve son intelligence. La mention honorable est accordée à M. Jules Charpal.

M. CAVREL-BOURGEOIS, à Beauvais (Oise),

Expose des draps et des couvertures de laine d'une bonne fabrication. Cet établissement est assez considérable; et ses produits méritent une mention honorable, que le jury s'empresse de leur accorder.

M. DUVILLIER - DELATTRE, de Turcoing (Nord).

Cet exposant offre une série d'échantillons de molletons rayés, propres aux vêtements de femmes ; d'étoffes mélangées de laine et fil et laine et coton. Ces produits sont bien faits. Le jury central mentionne honorablement ce manufacturier.

CITATIONS FAVORABLES.

M. Jean BARBE père, de Carcassonne (Aude).

Quatre pièces de draps noirs ; modeste maison, dont le chef, honnête et laborieux, a compté parmi les ouvriers de sa fabrique.

M. Alexis-Marthe BOUSMART, de Turcoing (Nord).

Échantillons de molletons bien fabriqués.

MM. Henri et Baptiste CARCENAC frères, de Rodez (Aveyron).

Cette maison, en raison de son importance, aurait pu recevoir une récompense plus élevée, mais elle a négligé son exposition, et le jury central n'a pu la juger définitivement.

M. CARLIER, directeur du dépôt de mendicité de Montreuil (Aisne).

Quelques échantillons d'étoffes de coton, fabriqués avec de vieilles matières de coton.

M. BONIN (Joseph), de Cugand (Vendée).

Serges croisées et kalmouks. Bonne qualité et bonne fabrication.

M. FROMENTAULT (Hippolyte), à Poitiers (Vienne).

Étoffes drapées. Le jury regrette de n'avoir que des renseignements incomplets sur cet exposant.

MM. VASSEUR et Cie, à Turcoing (Nord).

Molletons. Le jury se plaint de manquer de renseignements complets sur cet exposant; les produits qu'il a présentés sont bien fabriqués.

M. GLORIEUX - LORTHIOIS, de Turcoing (Nord).

Un seul échantillon de molleton. Le jury n'a pu baser un jugement définitif sur cet exposant.

M. MOUILLÉ (Pierre), à Cugand (Vendée).

L'absence de données certaines sur l'établissement de cet exposant, n'a pas mis le jury à même d'apprécier son importance.

Couvertures.

RAPPEL DE MÉDAILLE D'ARGENT.

M. POUPINEL jeune, à Paris, rue Galande, 57.

Ce fabriquant expose des couvertures en laine et en coton, d'un tissu fin et régulier et d'une perfection parfaite; le jury central se plaît à reconnaître l'activité et l'habileté qui ont valu à M. Poupinel la médaille d'argent à l'exposition de 1839, et il se fait un devoir de rappeler cette médaille en témoignage des progrès faits par cet habile manufacturier.

MÉDAILLES D'ARGENT.

MM. BUFFAULT, TRUCHON et DEVY, à Paris, rue Thibautobé, 16,

Présentent un assortiment varié, en qualité et en nuances, de couvertures de laine ou de coton ; la matière en est soyeuse, le tissu remarquable, la fabrication très-soignée, et le bon goût préside à leur confection. Ces exposants soutiennent la réprtation que s'était faite la maison A. Bacot, à laquelle ils ont succédé. La médaille d'argent a été donnée et rappelée plusieurs fois à leurs devanciers. MM. Buffault, Cruchon et Devy ont augmenté leurs affaires et perfectionné leur travail ; ils méritent une nouvelle récompense. Le jury central, pour prix de leurs efforts et de leurs progrès, leur décerne une médaille d'argent.

MM. F. BOUILLIER et Cie, à Condamine-la-Doye (Ain).

La manufacture de MM. Bouillier et compagnie, fondée en 1835, a pris un accroissement assez considérable ; elle occupe 80 ouvriers, emploie une force de 30 chevaux et met en œuvre 45,000 kil. de laine. Elle a présenté à l'exposition dix couvertures en diverses qualités qui sont remarquables autant par la beauté de leur fabrication que par leur bonté et la modération des prix. Les progrès faits par cette maison depuis 1839, doivent être récompensés, le jury lui accorde la médaille d'argent.

RAPPEL DE MÉDAILLE DE BRONZE.

M. LÉGER-FRANCOLIN, à Patay (Loiret).

Les couvertures présentées par cet exposant et fabriquées en laine du pays, sont toujours faites avec beaucoup de soin.

M. Léger Francolin s'occupe avec zèle de perfectionner son industrie; il trouve aisément le placement de ses produits. Le jury central lui rappelle la médaille de bronze qui lui a été donnée en 1839.

MÉDAILLES DE BRONZE.

MM. LEVASSEUR frères, à Paris, rue Saint-Victor, 116.

Ces exposants, qui paraissent pour la première fois, ont présenté des couvertures en laine et en coton qui ne laissent rien à désirer pour leur bonne fabrication, le choix de la matière, la régularité et la force du tissu. MM. Levasseur frères occupent 180 ouvriers, ils livrent à la consommation intérieure 30,000 couvertures et 5,000 à l'étranger. Ils emploient 60,000 kil. de laine ou de coton. De pareils établissements méritent d'être encouragés; le jury central reconnaît le mérite de ces exposants, il apprécie leurs produits et il leur accorde la médaille de bronze.

M. BEUDON, à Paris , rue Saint-Victor, 161.

Cette maison , très-ancienne dans son industrie , présente divers échantillons de ses produits qui ont paru d'une excellente fabrication dans toutes les qualités. Les couvertures en laine-mérinos ou en laine de Pologne demi-fines, moyennes ou ordinaires, peuvent convenir à toutes les classes de consommateurs; il en est de même des couvertures de coton. M. Beudon exporte environ le tiers de sa production. Son établissement est important, car il met en œuvre 75,000 kil. de laine et de coton et livre à la consommation 20,000 couvertures. Le jury accorde la médaille de bronze à M. Beudon.

Mme veuve ACCARY et fils, de Montluel (Ain).

Ils exposent des couvertures blanches et de diverses nuances dont le bas prix a fixé l'attention du jury central. Ces couvertures variant de prix, depuis 5 fr. jusqu'à 24, sont à la portée de toutes les fortunes, avantage qui peut compenser ce qui leur manque, peut-être, à d'autres égards. La maison veuve Accary et fils a pris une grande extension , et, pour travailler plus sûrement à perfectionner ses produits, elle a réuni toute la manutention de la fabrication, la teinture et les apprêts. Le jury lui vote la médaille de bronze.

MM. LÉGER jeune et PARÉ, à Patay (Loiret).

Ces industriels ont une fabrique bien établie; leurs couvertures sont d'un bon lainage et d'un bon travail. Le jury central a remarqué les couvertures à carreaux rouges et bleus, à pois et à petits semis, qui peuvent servir de couvre-pieds pour la classe ouvrière. Les prix de MM. Léger et Paré sont modérés. Pour récompenser leur industrie, le jury central leur accorde la médaille de bronze.

M. MARCHAND-LECOMTE, à Patay (Loiret).

Les couvertures de ces exposants sont fabriquées en laine du pays. L'assortiment en est varié et les produits se font remarquer par leur moelleux, la finesse et la solidité du tissu, la modicité du prix. Le jury accorde à M. Marchand-Lecomte la médaille de bronze.

M. PARENT aîné, à Lyon (Rhône).

Les articles de M. Parent se font remarquer par la finesse du tissu et la pureté des nuances. Ils sont offerts à des prix qui favorisent la grande consommation. Le jury a remarqué une couverture fond orange, avec dessins autour en grand teint. Le prix de 25 fr., pour cette couverture, a paru modéré. La médaille de bronze est décernée à M. Parent aîné.

MM. FORT et Cⁱᵉ, à Saint-Jean-Pied-de-Port (Basses-Pyrénées).

Cette maison se présente pour la première fois au concours. Le jury l'accueille avec intérêt, car MM. Fort et Cⁱᵉ peuvent, à bon droit, revendiquer le mérite d'avoir rappelé l'activité dans une fabrique qui languissait. En créant un établissement sur une grande échelle, en organisant le travail dans cette localité, ils ont été vraiment utiles à leur pays.

Leurs produits sont bien faits, de prix modérés, et très-appréciés dans le commerce. Le jury, considérant les utiles travaux de MM. Fort et Cie, dans une industrie qu'il a fallu presque créer, leur décerne la médaille de bronze.

RAPPELS DE MENTIONS HONORABLES.

MM. FOURCHÉ et SALMON, au Mans (Sarthe).

Le jury leur rappelle la mention honorable qu'ils ont obtenue, en 1839, pour leurs couvertures. Ils continuent la fabrication de ces sortes de produits, avec le même soin. Ils méritent le rappel qui leur est accordé.

M. FASOLA, à Paris, rue Villedot, 5.

Cette maison présente un assortiment très-varié de couvre-pieds, qui ont paru, au jury central, d'une bonne confection. La mention honorable obtenue en 1839 par M. Fasola, lui est rappelée en témoignage de son application pour soutenir la bonne réputation des articles qu'il livre en France et à l'étranger.

MENTIONS HONORABLES.

MM. CHASPOT-FERRANT et Cie, de Lyon (Rhône).

Ces exposants présentent à l'exposition des couvertures façonnées, en laine, d'une bonne fabrication. La mention honorable est accordée, par le jury central, à ces fabricants, qui se trouvent pour la première fois au concours.

M. GIROUD, à Serezin-du-Rhône (Isère),

Expose pour la première fois ; les couvertures offertes par lui à l'examen du jury, sont belles comme matière ; le travail en est soigné et le prix modique. Le jury mentionne honorablement M. Giroud.

M. BOUVRY, à Orbec (Calvados).

Sa fabrique de frocs est considérable, et les produits en sont d'une bonne qualité. Le jury accorde la mention honorable à ce manufacturier, qui se présente également pour la première fois.

CITATIONS FAVORABLES.

M. DORMOY, à Paris, rue Saint-Denis, 16,

Présente des couvertures en laine et coton, d'une bonne confection. Le jury cite favorablement M. Dormoy.

M. DUPUIS jeune, à Châteauroux (Indre),

Est cité favorablement pour la bonne fabrication de ses couvertures en laine et en coton.

MENTION POUR ORDRE.

MM. DEPOULLY, GONIN et Cie, à Suresne (Seine).
    STEHELIN (Ch. et Ed.), à Bitschwiller (Haut-Rhin),

Ont exposé des draps feutrés. Cette fabrication, d'importation assez récente, n'a pas encore tenu toutes les promesses qu'elle avait faites, ni répondu aux espérances que son apparition avait fait naître; jusqu'à présent, elle n'a trouvé d'emploi que pour draps de table propres à l'impression ou pour tapis, lorsque, comme dans l'exposition de MM. Depoully, Gonin et Cie, ces étoffes sont couvertes de dessins imprimés, convenables pour cet usage.

Nous devons, toutefois, nous empresser de signaler une innovation qui nous paraît de nature à faire entrer plus largement cette espèce de produits dans la consommation. Un industriel intelligent, M. Mazeron, secondé par M. Desbrosses, a trouvé le moyen de diviser le drap feutre dans son épaisseur, et de faire ainsi deux pièces d'une seule. La surface intérieure du drap, bien unie, offre une espèce de velours de laine, qui prend très-bien toutes les nuances de l'impression, et qui a frappé tous les regards par l'éclat et la netteté des couleurs. Ces étoffes, ainsi traitées et ornées, conviendront parfaitement à l'emploi des tentures et des portières. Par un procédé de gauffrage qui lui est propre, M. Desbrosses donne à cette étoffe l'apparence d'une tapisserie au petit point, et lui procure ainsi un nouveau placement pour la couverture des meubles. M. Desbrosses n'ayant point exposé en son nom, nous regrettons de ne pouvoir lui donner la récompense que son invention aurait pu lui mériter. Quant à MM. Depoully, Gonin et Cie, et Stehelin, ils sont exposants à d'autres titres, et recevront chacun la récompense qui leur est due, dans la partie du rapport qui traite de l'industrie dans laquelle ils se distinguent plus spécialement.

DEUXIÈME DIVISION.

ÉTOFFES NON FOULÉES EN LAINE PURE OU MÉLANGÉE.

MM. Legentil et Mimerel, rapporteurs.

Considérations générales.

L'industrie du tissage répand ses perfectionnements avec une telle rapidité qu'on trouve dans bien des localités diverses toutes les variétés d'un même produit, et que les fabrications spéciales se confondent, s'effacent et disparaissent.

Aussi, diviser aujourd'hui en catégories distinctes les tissus de laine non drapés serait obscurcir et multiplier sans utilité le travail du jury. Laine légèrement foulée, laine non foulée, laine mélangée de soie ou de coton, tout cela se trouve partout dans les mêmes mains, dans les mêmes ateliers.

C'est que le tissu de laine en variant ses formes a été réclamé par toutes les classes et dans toutes les saisons; il se drape en effet avec élégance et richesse dans nos beaux mérinos, et pare toujours la classe la plus aisée: il s'assouplit dans le stuff destiné à l'usage le plus général, et devient si léger dans la balsorine, que l'été il prend la place qu'autrefois le tissu de coton pouvait seul occuper.

C'est Paris, c'est Rouen, c'est Mulhouse, ce sont

Reims, Amiens et l'arrondissement de Lille, dont Roubaix est le centre manufacturier, qui s'occupent le plus spécialement de ces produits, dont la valeur totale s'élève aujourd'hui à 180 millions. Quelques nuances cependant séparent les uns des autres les tissus de ces différentes villes: ces nuances tiennent plutôt à des habitudes locales qu'elles ne constituent des différences réelles. Nous les signalerons, en disant quelques mots sur les principaux lieux de fabrication, c'est-à-dire sur Paris, Reims, Amiens et Roubaix.

PARIS.

Paris, la métropole des arts, où la mode trône en souveraine, donne à toute sa fabrication le cachet du goût et de la nouveauté; Paris ne peut lutter de bon marché avec les fabriques excentriques, aussi s'attache-t-il de préférence aux articles qui empruntent leur principale valeur au sentiment artistique de l'inventeur et à l'habileté de l'ouvrier : exceller dans l'exécution n'est pas tout, varier sans cesse est encore une nécessité.

« Il nous faut du nouveau, n'en fût-il plus au monde! »

Tel est le cri unanime du consommateur parisien. Aussi, créer du neuf, ou plus souvent rajeunir du vieux, voilà l'étude constante du fabricant, et souvent aussi son écueil. Il est vrai que les ma-

tériaux ne lui manquent pas : les modèles abondent sous ses yeux ; mais il faut beaucoup de tact
et de discernement pour ne pas se fourvoyer dans
cette route périlleuse. Il est vrai encore qu'il a
pour guides et pour collaborateurs une classe
nombreuse de dessinateurs qui ont souvent commencé par rêver la gloire dans l'exercice de leur
art, et viennent ensuite demander à l'industrie
une récompense plus modeste et plus solide de
leurs travaux ; mais il faut qu'il contienne les
écarts de leur imagination.

La fabrication de Paris est sans rivale pour
mélanger la laine, la soie et le coton. Quelle dame
résiste à la séduction de ces tissus légers, aériens?
soit qu'ils se présentent à son choix ornés de carreaux et rayures satinées, de bandes à jour imitant
la dentelle, ou qu'ils brillent des mille couleurs
que nos imprimeurs des environs de Paris savent
si bien nuancer.

La soie en fournit généralement la chaîne,
la trame se lance en laine sans mélange, surtout
quand elle doit recevoir l'impression : écharpes,
châles, fichus, robes, tout ce qui constitue la
toilette des dames, se façonne dans ce vaste atelier. C'est l'arsenal où la mode vient prendre les
armes qu'elle distribue à la femme du monde et à
la modeste beauté : tous les âges, toutes les conditions, toutes les situations de la vie y trouvent

celles qui savent leur plaire, et le bon marché n'exclut jamais l'élégance. La gaze de soie, qui ne semblait destinée qu'à des usages frivoles, a trouvé un emploi plus sérieux : un fabricant a dérobé à la Hollande le secret des gazes à tissu noué et serré pour la bluterie, et les produits de cette nature, manufacturés dans deux maisons, sont recherchés avec empressement.

Les hommes ont aussi leur bonne part dans les travaux de la fabrique parisienne. Longtemps ces belles étoffes à gilets, tissées en poil de chèvre sous le nom de valencias, ou en laine douce sous le nom de cachemire, étaient par contrebande introduits de l'Angleterre. Aujourd'hui, ces mêmes produits nous les envoyons à nos voisins et nous trouvons des consommateurs là où nous n'avions que des vendeurs.

Une fabrication qui a pris encore une grande importance, c'est celle des étoffes pour ameublements. Elle la doit aux progrès de l'aisance et au retour du goût vers les formes, les dessins et les tissus même du moyen âge. Ces étoffes en laine pure ou mélangée de bourre de soie, tissées avec ou sans envers, composées dans le style des tentures vénitiennes, épaisses si elles doivent servir de portières, moins lourdes, mais toujours solides quand elles doivent être tendues ou tomber en rideaux, ont obtenu la vogue. Aussi occupent-elles un grand nombre de métiers ; elles sont d'un aspect moins riche que la soie, elles sont aussi moins chères.

Si, pour ce genre d'articles, Paris donne l'impulsion par la création, la variété et surtout la richesse de ses dessins, l'importance des produits appartient aux autres fabriques. Nous en avons dit la cause.

Sans parler des manufactures du Nord, sur lesquelles nous aurons occasion de revenir, la Seine-Inférieure compte plusieurs fabrications en ce genre. L'une d'elles surtout a la première ouvert la voie : on a pu l'y suivre, jamais la dépasser. Le Bas-Rhin applique aussi, avec succès, l'habileté traditionnelle de ses fabricants à cette nature de produits.

La fabrique de Paris n'est pas généralement organisée comme celles des départements. Elle compte peu d'ateliers où elle réunisse tous les genres d'opérations. Elle n'a qu'un nombre assez restreint de métiers dans son enceinte ; elle se borne à avoir à côté de ses ateliers de vente, ses ateliers de dessin, de mise en carte, de lecture. Elle fait tisser au dehors ; la tête qui dirige est dans la capitale, les bras qui exécutent sont dans l'Aisne ou le Nord.

REIMS.

La statistique de la production rémoise a été mise, il y cinq ans, par le jury, sous les yeux de la France. Nous ne la redirons pas aujourd'hui, mais nous ferons remarquer que Reims emploie surtout des laines françaises et que dès lors ses tissus sont plus précieux par leur douceur et leur souplesse que par leur éclat et leur brillant.

Reims, qui excellait autrefois dans la fabrication des gilets et des étoffes pour pantalons établis sur chaîne coton, voit un peu tous les jours ces genres mélangés de matières diverses lui échapper. Mais en même temps cette ville fait chaque jour de nouveaux progrès dans le tissage des étoffes pure laine; progrès que facilite une filature grandement développée, aussi grandement perfectionnée.

Reims est sur le point d'accomplir dans les procédés de fabrication un de ces changements qui sont de nature à en bouleverser les résultats.

Le tissage mécanique qui, appliqué d'abord au coton, l'est par exception encore aux tissus de lin, s'empare des étoffes de laine douce.

C'est dans une des maisons les plus considérables de cette ville manufacturière que s'exécute un changement dont les suites peuvent être si décisives.

Ce n'est pas seulement un tissu exceptionnel, ce sont tous les tissus lisses, croisés, foulés, non foulés, le mérinos, la flanelle, et jusques au molleton et la napolitaine qui deviennent sujets du métier mécanique.

Des essais longtemps infructueux, soit en France, soit en Angleterre, ont enfin amené des résultats pratiques dont Reims aura tout l'honneur, car on peut bien regarder comme tels des travaux qui donnent déjà une production annuelle de 500,000 fr.

Toutefois ces résultats sont encore dans la seule main de l'inventeur, et pour être définitivement appréciés et consacrés, la propagation leur manque. Elle leur est indispensable.

Toujours est-il qu'à mesure qu'une concurrence active et inquiète fait tomber pour la ravir une des pierres de la couronne que l'industrieuse cité de Reims porte avec honneur depuis si longtemps, tout aussitôt une autre pierre plus précieuse la remplace, et cette couronne ne voit jamais s'obscurcir son éclat.

AMIENS.

- Serait-il vrai que l'image de la considération attachée à la vie modeste des gens d'étude, que le contact de tous les jours avec un haut clergé, une haute magistrature, de savants professeurs,

de nombreux avocats que l'estime publique entoure, que la société recherche, que l'instruction distingue, serait-il vrai que ces avantages
réels, s'ils sont trop haut et trop généralement
appréciés dans une ville d'industrie, puissent
réagir d'une manière fâcheuse sur la production
qui doit pourtant ses plus beaux moyens de développement à la science et à l'étude ?

Serait-il vrai que l'exemple du loisir et du repos sans ambition, que peut être le culte des arts
et des lettres si riche de jouissance et de véritable bonheur, fussent facilement contagieux et mo-
dérassent l'activité nécessaire à la marche de l'industrie, dont un labeur incessant, une préoccu-
pation exclusive peuvent seuls assurer les succès
dans ce siècle de lutte acharnée ?

Serait-il vrai que l'industrie ne fleurit que là
où elle ne reçoit pas trop d'ombrage étranger, et
qu'elle ne pousse de profondes racines qu'à la
condition de tout couvrir de ses rameaux ?

Ces réflexions nous arrivent en comptant le
petit nombre des exposants d'Amiens.

Cette ville où Colbert introduisit les fabriques, que des eaux magnifiques vivifient, qu'une
population nombreuse, intelligente, exercée,
devrait si utilement exciter, ne paraît plus partager cette agitation fébrile qui tourmente nos
autres lieux de production.

En effet, huit manufacturiers seulement se présentent à l'exposition.

Loin de nous la pensée de dire qu'Amiens ait en rien déchu. Mais cette ville progresse-t-elle à l'égal des villes rivales? Sur cette question le doute s'empare de plus d'un esprit attentif.

Amiens possède et retient quelques articles de fonds toujours utiles, toujours recherchés, où nul n'essaye de l'égaler. Ce sont les moquettes, les velours de laine, les velours de coton, l'alépine et l'escot. Amiens s'honore à juste titre de plus d'une maison dont les travaux et le nom suffiraient à l'illustration d'une cité; mais suit-on à Amiens, d'un œil assez investigateur, la marche rapide de la mode? Voyez ses articles de nouveauté, ils sont composés de très-belles matières : c'est de la soie en chaîne, de la très-belle laine pour trame. Les étoffes ont un admirable reflet, le tissage en est parfait. Mais le dessin a-t-il cette pureté de goût, ce cachet d'invention, qui ne se définit pas, qui s'apprécie pourtant, puisque seul il assigne la valeur, puisque seul il détermine la vogue?

On serait tenté de croire que sous ce rapport la fabrication laissât à désirer, quand on remarque que ces produits si beaux, la France les achète peu et qu'ils sont surtout accueillis par la consommation étrangère, ce qui semblerait montrer

qu'Amiens est toujours peuplée d'excellents ouvriers, mais que, peut-être, le chef est détourné
de sa mission et n'y satisfait plus complétement.

Cependant le commerce avec l'étranger, s'il
est incontestablement un très-utile auxiliaire,
offre-t-il ces chances égales et régulières de prospérité que donne la consommation intérieure?
L'exportation, il faut l'exciter et l'encourager
sans doute; mais y a-t-il prudence, quand le
choix est si facile, à fonder avant tout et presque
exclusivement, sa prospérité sur les relations
avec les peuples lointains? Actives aujourd'hui,
elles s'éteignent demain. Pendant un temps
donné les demandes abondent; c'est le jour,
c'est la nuit qu'on travaille; puis après, les ordres n'arrivent plus; l'atelier chôme, l'ouvrier
languit dans la misère. N'est-ce pas là l'exemple
trop fréquent que présente, en opposition avec
Roubaix et Rouen qui l'entourent, la fabrication
Amiennoise?

ROUBAIX.

Roubaix, pour la première fois, apparaît dans
tout son éclat. Soixante fabricants se présentent
au concours national.

Cet éclat d'aujourd'hui, les éléments en sont-
ils dès longtemps acquis?

Doit-il avoir de la durée?

Quelques supputations d'époques nous l'apprendront.

L'amour du travail manufacturier est dans l'air à Roubaix. Enfant on l'y respire, adulte c'est la seule vie. C'est encore ia vie du vieillard.

Cet amour du travail l'âge passé l'a transmis.

Au XV· siècle, sous Charles le Téméraire, Roubaix ne comptait peut-être pas 10,000 habitants, et le souverain y instituait un bureau d'aunage public pour les draps qui s'y fabriquaient alors.

En 1786 Roubaix comptait 5 à 6,000 âmes de population; on y fabriquait des calmendes, des camelots, toutes étoffes produites avec les laines qu'on tirait de la Hollande.

Sous l'empire, en 1806, la population était de 10,000 habitants. La fabrication avait été révolutionnée : la laine était oubliée, on ne tissait que des étoffes de coton.

Les choses allèrent ainsi jusqu'en 1830; alors et depuis 1806, le coton avait baissé des deux tiers de sa valeur, et malgré cela, Roubaix voyait croître le chiffre de sa production : ce chiffre s'élevait à 15 millions de francs et la population était approximativement de 15,000 âmes.

En 1830 et 1831, une crise terrible et ruineuse amena une nouvelle révolution industrielle.

Les tissus de coton se vendaient avec peine, et la fraude introduisait de l'Angleterre quelques stuffs, tissus de laine que la consommation française paraissait adopter : Roubaix entreprit cette fabrication, et après quarante années reparurent les premiers essais de filature et de tissage de laine.

Ces entreprises languirent jusqu'en 1833 ; mais dès cette époque le mouvement se manifesta, et la fabrication de la laine prit une importance chaque jour plus considérable.

Les tissus venus d'Angleterre étaient pour la France trop roides, trop durs d'aspect et de toucher. Roubaix et Tourcoing modifièrent les machines de filatures, et assouplirent les laines de l'Angleterre.

En 1830, il y avait à Roubaix 50 filatures de coton ; on n'en compterait pas 10 aujourd'hui.

Toutes les filatures de coton sont devenues filatures de laine.

Contrairement à ce qui passe à Reims, Roubaix n'emploie que des laines étrangères, parce que Roubaix ne fait que des tissus brillants : c'est la Hollande, c'est l'Allemagne, c'est surtout l'Angleterre qui lui fournit ses matières premières.

Dans leur préparation, Roubaix est admirablement secondé par Tourcoing où sont sont toutes les peigneries, où sont aussi beaucoup de filatures.

Tourcoing est une ville de l'importance de

Roubaix ; deux kilomètres seulement les séparent l'une de l'autre.

C'est ainsi que ces deux villes, ces deux sœurs émules et non rivales, se tendent la main et contribuent à leur mutuelle prospérité.

On tisse encore du coton à Roubaix, mais c'est la filature de Rouen qui supplée à ce qui manque en gros numéros. Roubaix et Lille filent les numéros fins utiles aux nouveautés.

La population, qui était de 15,000 âmes en 1830, était de 25,000 en 1841 ; elle est peut-être et probablement de 30,000 aujourd'hui.

Et la production, qui était de 10 millions en 1806, de 15 millions en 1830, est, en 1844, de plus de 35 millions de francs, dont :

4 millions étoffes de coton,

14 millions étoffes de laine,

17 millions étoffes mélangées de coton et de laine, de coton de laine, et de soie, de fil et de coton.

Si les matières premières avaient la même valeur qu'en 1830, la production de Roubaix serait de 60 millions, c'est-à-dire qu'elle est depuis cette époque quadruplée en importance, sinon en valeur.

Il y a aujourd'hui à Roubaix 4 fabrications bien distinctes :

L'étoffe pour meubles,

L'étoffe pour gilets,

L'étoffe pour robes,

L'étoffe pour pantalons.

Ces diverses fabrications occupent environ 240 chefs manufacturiers et 40,000 ouvriers.

Quelques-uns des chefs sont établis à Lille et à Tourcoing.

Cette fabrication, implantée à Roubaix de temps immémorial, l'a été en quelque sorte malgré la nature, malgré la civilisation.

En effet, Roubaix n'a pas de cours d'eau.

En 1824, Roubaix n'avait pour aller à Lille qu'un chemin vicinal non pavé, c'est-à-dire que, l'été seulement, le chemin était praticable, et Roubaix est à 12 kilomètres de Lille. A cette même époque, Roubaix n'avait pas de bureau de poste aux lettres.

Roubaix n'a pas de poste aux chevaux.

Roubaix, habile à créer, l'est plus encore à imiter.

On voit à l'Exposition, et à 3 fr. 50 c. le mètre, des copies des plus belles nouveautés d'Elbeuf et de Sedan, dont le prix est deux fois plus élevé; on voit des baréges à 75 cent., qui à dix pas produisent l'effet de la soierie; et les étoffes pour meubles, exposées par Roubaix, ont presque tout l'éclat des étoffes de Lyon, quoiqu'elles n'aient que le tiers de la valeur de ces étoffes.

Nous l'avons dit en commençant : à Roubaix, on ne connaît que le travail manufacturier; il commence avec le jour, il finit après que la nuit est venue, et le dimanche est un jour, non de plaisir, mais de repos en famille; ce jour paraît long quelquefois, mais il rend plus faciles et toujours plus agréables les occupations de la semaine. Ces occupations sont communes au mari, à la femme, aux enfants; personne n'est oisif : l'oisiveté ne se supporterait pas. Dans cette ville, il n'est qu'une pensée, une étude : produire et vendre. Partout règne l'aisance: chez le maître, chez l'ouvrier; la situation de celui-ci est la plus heureuse qu'on puisse imaginer : logement, vêtement, nourriture, rien ne lui laisse place à de légitimes désirs.

Heureuse la cité, si avec la fortune elle ne voit pas trop de luxe entrer chez elle. Le luxe, qui remplace l'aisance de tous par l'éclat de quelques-uns et la misère de beaucoup d'autres; le luxe, qui chasse devant lui l'amour du travail et la moralité qui l'accompagne : c'est là l'écueil à redouter; en l'évitant, Roubaix verra sa prospérité croître et croître encore. C'est à fermer la porte au luxe que doivent donner leurs soins ceux qui portent intérêt et amour au développement industriel de cette ville, aujourd'hui l'une des gloires de la France.

Les étoffes de Roubaix se distinguent particulièrement par la variété, le bon goût et le bas prix.

Roubaix donne au riche son vêtement négligé,
Au pauvre sa parure.

PARIS.

RAPPEL DE MÉDAILLE D'OR.

MM. EGGLY-ROUX et Cie, à Paris, rue Saint-Maur, 17.

Le jury de 1844 ne peut que répéter les éloges que celui de 1839 donnait à ces exposants; c'est toujours le même cachet de goût, la même perfection d'exécution qui les distingue dans tous leurs produits; mérinos simple ou double, cachemire d'écosse, mousseline-laine pure ou sur chaîne de coton, tissus variés de laine, coton et soie, tous ces articles, qu'ils soient unis ou façonnés, teints ou imprimés, rayés ou à carreaux, sont parfaitement accueillis de la consommation. Il n'est pas de saison où quelques-uns d'eux ne jouissent de la vogue. MM. Eggly-Roux et compagnie excellent à varier le genre écossais, et les impressions qu'ils font exécuter sur leurs dessins ont souvent assez de succès pour donner à leur genre le nom de la maison.

Cette fabrique, dont la fondation date de 1822, occupe de 300 à 350 ouvriers, et emploie de 330 à 400 métiers. Honorée de la médaille d'or, en 1834, de la confirmation de la même médaille, en 1839;

elle se soutient toujours à la hauteur qui lui a mérité ces distinctions honorables, et le jury s'empresse de lui confirmer de nouveau le rappel de la médaille d'or.

MENTION POUR ORDRE.

M. FORTIER, rue Neuve-Saint-Eustache, à Paris.

M. Fortier est honorablement connu dans l'industrie des châles; il a exposé aussi des étoffes, laine et soie, pour ameublements. Fabricant industrieux et intelligent, il a su comprendre la nouvelle direction donnée aux dessins d'étoffes. Il l'a presque devancée, et entrant hardiment dans cette nouvelle carrière, il a prouvé qu'il n'y a de témérité que là où il n'y a pas de goût. On remarque l'heureuse disposition de ses couleurs, la hardiesse de ses dessins, la largeur de son style, l'originalité de ses conceptions, dont quelques-unes rappellent, sans copier servilement, les belles tentures des grands maîtres vénitiens, ou les riches tapisseries de l'Orient. Le jury, tout en appréciant à sa juste valeur le talent de M. Fortier, ne le mentionne ici que pour ordre. Cet exposant trouvera, dans le rapport consacré aux châles de cachemire, la juste récompense de ses efforts et de ses succès.

MÉDAILLE D'OR.

MM. Germain **THIBAUT** et **CHABERT** jeune, à Paris, rue Neuve-Saint-Eustache, 30.

Cette fabrique s'occupe exclusivement des articles à l'usage des dames, c'est-à-dire qu'elle se distingue par le goût et la variété. C'est en mélangeant avec une rare habileté le coton, la laine et la soie; en façonnant les tissus de mille manières, en les diaprant de carreaux écossais, en les chinant ou en les enrichissant de rayures ou de larges bandes satinées en soie, qu'elle produit une quantité de fichus, châles, écharpes, robes, dont l'aspect séduit, et qui étonnent souvent par leur bon marché. C'est une tâche difficile pour un fabricant que d'être obligé de faire du nouveau à chaque saison; la fabrique de Paris ne doit ses succès qu'à cette condition, qui n'est remplie par personne mieux que par ces exposants, car ils sont au premier rang pour l'importance de leurs affaires. Indépendamment des articles qu'ils tissent en blanc ou en couleur, ils fabriquent aussi une grande quantité de tissus écrus, qu'ils font imprimer sur leurs dessins dans les usines des environs de Paris.

Les travaux de ces habiles fabricants trouvent leur récompense, non-seulement dans les débouchés que leur offre la consommation intérieure, mais encore dans les ventes considérables qu'ils font pour l'étranger.

En 1834, ces exposants avaient obtenu la médaille d'argent, elle leur fut confirmée en 1839. L'importance croissante de leurs affaires, leur mérite de fabrication, les succès qu'ils obtiennent dans tous les genres qu'ils exploitent, déterminent le jury à leur voter la médaille d'or.

RAPPEL DE MÉDAILLE D'ARGENT.

M. CROCO (François), à Paris, rue de Charonne, 165.

Ce fabricant distingué doit sa réputation à l'habileté avec laquelle il traite l'article à gilets. Ses ateliers ont servi d'école à plusieurs de ses concurrents actuels. Les genres cachemire et écossais lui ont dû souvent le succès que la mode leur a donné. La nature de ces produits exige beaucoup de ressources d'invention et une grande science de fabrication ; il faut varier sans cesse les dispositions du tissu, car nos élégants ne sont pas moins exigeants que les dames.

Il fabrique en outre des étoffes à tentures, à chaîne-fantaisie, tramées en laine et soie à trois et quatre couleurs, d'un effet original.

Sous le rapport de la fabrication, on ne peut que donner des éloges à tous ces produits ; au point de vue de la composition et du goût, la consommation leur donne son suffrage en les adoptant. Sur une valeur de 5oo,ooo fr. que ce fabricant livre annuellement au commerce, un tiers se vend pour l'étranger.

M. Croco a obtenu la médaille d'argent en 1834; son rappel en 1839, il se montre de plus en plus digne de cette distinction , et le jury s'empresse de la lui confirmer de nouveau.

MÉDAILLES D'ARGENT.

M. LAMBERT-BLANCHARD, à Paris, rue Neuve-Saint-Eustache , 36.

Cette fabrique est une des plus importantes parmi celles qui font des tissus en laine pure ou mélangée de soie et de coton, destinés à la teinture ou à l'impression. Le chiffre de ses affaires dépasse un million, dont la moitié environ pour l'exportation. Elle emploie tous les produits d'une filature de laine qui travaille exclusivement pour elle; cette importance se justifie par la bonne qualité des produits, leur variété et les prix auxquels ils sont établis. Cet exposant avait obtenu la médaille de bronze en 1839; l'extension qu'il a donnée à sa fabrication, la réputation dont jouissent ses produits dans le commerce, déterminent le jury à lui décerner la médaille d'argent.

SABRAN (Véran) et G. JESSÉ, à Paris, rue St-Joseph, 3.

Fondée seulement en 1839, cette maison s'est, tout de suite, placée au premier rang par l'importance, la variété, le bon goût de ses produits; c'est aux dames qu'ils sont destinés. Ces tissus où la laine, la soie et le coton se combinent de mille manières différentes, leur offrent le choix le plus heureux de fichus, châles légers, écharpes et robes. La plus grande partie de ces produits sont vendus pour la teinture et pour l'impression.

Connaissant à fond tous les procédés du tissage, et très-habiles à tirer le meilleur parti de la combinaison des matières, MM. Sabran et Cⁱᵉ ont souvent livré au commerce des articles de leur création qui, imités par d'autres, ont été largement exploités.

Les succès qu'ils ont obtenus, l'habileté qu'ils ont déployée, le mouvement qu'ils impriment à toute la production dans leur genre, donnent à MM. Sabran et Cie des droits à la médaille d'argent que le jury s'empresse de leur voter.

MÉDAILLES DE BRONZE.

MM. H. MOURCEAU et Cie, à Paris, rue du Mail, 25.

Le genre spécial de ces fabricants est l'article pour meubles, tissé sur chaîne-fantaisie, et tramé en laine sur 150 et 175 centimètres de large. Leurs belles étoffes présentent des dessins à effet, bien appropriés à leur destination. Celles qui sont sans envers, n'ayant pas besoin d'être doublées, conviennent surtout pour l'usage de portières. Bien qu'elles s'adressent à des emplois de luxe, ces étoffes cependant sont de prix fort abordables, puisque, dans les genres simples, ayant 150 centimètres de large, elles commencent à 10 fr. et que les étoffes à dessins plus riches, ayant de 150 à 175 centimètres de laize, se vendent de 16 à 26 fr.

L'intelligence déployée par ces fabricants, et les succès qu'ils obtiennent dans le commerce, leur méritent la médaille de bronze que le jury ne balance pas à leur décerner.

MM. SIMONDANT, A. BONNET et Cie, à Paris, rue du Gros-Chenet, 23.

C'est aussi comme fabricants d'étoffes à meubles, tissées en laine et bourre de soie, que ces exposants se présentent au concours. Leurs produits se font remarquer par leur richesse et leur bonne confection. On a distingué dans leur nombre des imitations de moire et de points de tapisserie obtenues par la Jacquard, et d'un excellent effet. Ces fabricants se distinguent par le goût et la connaissance parfaite des procédés de fabrication. Le jury leur décerne la médaille de bronze.

MM. FAVRE et BECHET, rue des Petits-Hôtels, 23, à Paris.

Les étoffes. à gilets qu'ils exposent offrent une heureuse variété de dessins et de tissu. Les poils de chèvre, dits valencias à rayures ou carreaux, et les fonds cachemire sont traités avec goût et intelligence. Les produits de cette fabrique, fondée en 1837, se sont bien classés dans la consommation; ils emploient de 60 à 70 ouvriers, et font battre 45 métiers. Pour le genre qu'ils exploitent, cette production n'est pas sans importance, et elle détermine le jury à voter à ces fabricants la médaille de bronze.

MM. KAZNER et DUBOIS, rue Saint-Maur-Popincourt, 14, à Paris.

Établis seulement depuis 1841, ces fabricants, élevés à bonne école, n'ont pas tardé à se bien classer parmi leurs concurrents. Leurs poils de chèvre rayés et à carreaux écossais, leurs étoffes cachemire offrent une grande variété et de jolies dispositions pour l'usage des gilets. Ils ont exposé un échantillon en velours jaspé, fait en bourre de soie, dont ils se disent les inventeurs, et sur lequel ils fondent des espérances quand ils l'auront perfectionné. Leurs produits dénotent à la fois de l'habileté et du goût, et l'extension qu'ils ont donnée

à leur fabrication justifie cet éloge, puisqu'ils annoncent occuper 130 ouvriers et 80 métiers.

Le jury leur accorde la médaille de bronze.

MENTIONS HONORABLES.

M. MILLOT fils, rues Lafayette, 59, et de Cléry,
44, à Paris.

Ce jeune fabricant, qui fait des étoffes destinées
à l'ameublement en laine et soie, donne beaucoup
à espérer pour le goût des dessins et la bonne exécution du tissage.

Nous avons remarqué entre autres une étoffe bleu-
clair, dont une rayure imite le moiré, et une autre
présente un dessin riche d'une seule couleur, d'un
ton d'or. Bien qu'il fasse remonter la date de son
établissement à 1839, en réalité, il ne fait que
commencer à se monter d'une manière un peu
importante, et la moitié à peine de ses métiers sont
en activité. Le jury ne doute pas que M. Millot ne
sache prendre bientôt un rang fort honorable parmi
ses concurrents, et, quant à présent, il lui vote une
mention honorable.

M. TOUREL, place des Victoires, à Paris.

On connaît dans le commerce le velours de soie,
le velours de coton, le velours de laine ou de poil
de chèvre pour meubles : M. Tourel a eu l'idée de
faire du velours avec du cachemire. Les pièces de
diverses nuances qu'il a exposées et qui ont été
fort bien teintes et apprêtées par M. Rouquès, de
Clichy, font espérer que son idée aura un heureux

résultat. Le velours de cachemire, s'il peut, comme l'annonce le fabricant, se vendre avec bénéfice à un prix intermédiaire entre celui du velours de coton et celui du velours de soie, aura une bonne place à prendre dans la consommation. On appréciera le mérite d'un tissu solide, bon teint, et ne miroitant pas par le frottement ou la pression, avantage précieux pour beaucoup d'usages, et surtout pour les robes de nos dames. Cette fabrication ne fait que débuter, et, en attendant que le fabricant réponde aux espérances qu'il peut faire concevoir, le jury se contente de le mentionner honorablement.

MM. BAUMIER et Cie, rue des Marais-Saint-Martin, 49, à Paris.

MM. GARNIER et Cie, rue des Trois-Bornes, 17, à Paris.

Ces deux fabricants établis, le premier en 1842 et le second en 1843, se livrent au tissage des étoffes nouveautés pour gilets. Les poils de chèvre et les étoffes cachemire qu'ils présentent méritent nos éloges et font bien espérer de leur avenir. Ces exposants dénotent à la fois du goût et l'intelligence de la fabrication. Le jury se plaît à les mentionner honorablement.

MM. SANGOUARD, père et fils, rue des Fossés-Montmartre, 14, à Paris,

Ont exposé des châles damassés laine et soie en couleur et tout laine, et un service damassé en fil. Le jury mentionne honorablement ces fabricants, favorablement connus dans le commerce pour d'autres produits.

____

CITATIONS FAVORABLES.

MM. DUMONT, ORIOL et RIVOLIER, rue de l'Orillon, 48, à Paris.

Échantillons de velours de laine en couleur à larges raies et à carreaux écossais.

MM. RICAUX fils et Cie, rue Neuve-de-Lappe, 3, à Paris.

Châles de laine damassés fond bleu.

____

ROUEN, ALENÇON, MULHAUSEN.

RAPPELS DE MÉDAILLES D'OR.

MM. L. AUBER et Cie, à Rouen (Seine-Inférieure).

Le jury de 1839, en détaillant tous les titres de cette maison aux honorables récompenses qu'elle a reçues, ne nous laisse que les mêmes éloges à répéter. La collection des étoffes qu'elle expose pour robes, manteaux, ameublements, tapis de table, justifie bien le premier rang qu'elle a eu le mérite de conquérir, et le mérite plus difficile peut-être de conserver. Obligée de composer des nouveautés pour chaque saison, son génie inventif n'est jamais en défaut; personne n'entend mieux à tirer parti du mélange de la laine et du coton pour offrir aux femmes une grande variété d'articles qui réunissent à l'élégance la modération des prix. Leurs tissus pure laine ne se font pas moins distinguer par leur bon goût que par l'heureux choix des matières, et leurs créations servent souvent de modèles à l'ingénieuse fabrique de Roubaix. L'une des premières, si ce n'est la première, cette maison a enrichi notre industrie du damas pure laine, laine et coton, laine et soie. C'est dans ces articles surtout qu'elle fait briller son habileté de fabrication. La mise en carte, savamment étudiée, donne aux dessins une pureté de couleurs et une finesse d'ombré qui semble défier la gravure; elle a appliqué avec succès le métier à la Jacquart à la fabrication des tartans. La laine peignée ou cardée, le coton, la bourre de soie, sont les éléments de sa fabrication; elle les emploie et les mélange avec une grande intelligence pour produire la diversité des articles que le commerce accueille toujours avec empressement. M. Auber fils, digne successeur de son père, a trouvé dans l'ancien associé de la maison, M. Coussin, un collaborateur habile, et la maison primitive, entre leurs mains, a bien soutenu sa belle réputation.

La médaille d'or avait été décernée à M. Auber en 1834; elle fut confirmée à ses successeurs en 1839; le jury leur en vote le rappel.

M. Ch. CLÉRAMBAULT, à Alençon (Orne).

En 1827, M. Clérambault recevait la médaille d'or pour avoir naturalisé en France la mousseline brodée pour meubles, que la Suisse fournissait jusqu'alors exclusivement. En 1839, il obtenait le rappel de cette haute distinction, comme récompense du service qu'il avait rendu à son pays en y apportant la fabrication des mousselines de laine. Aujourd'hui, l'exposant se présente encore avec de

nouveaux titres à la reconnaissance de ses conci-
toyens. Non-seulement il continue à fabriquer sur
une échelle toujours croissante, ces beaux tissus de
laine, connus sous les noms de mousseline, batiste
et cachemire d'Écosse, et à donner à ses produits
une perfection telle, qu'elle n'est égalée par personne; mais il peut encore, à bon droit, revendiquer le mérite d'avoir puissamment contribué à
ressusciter la belle industrie de la dentelle, connue
sous le nom de point d'Alençon. Dans un asile, dit
de la Providence, il a fondé une école de jeunes
filles qui y apprennent à travailler cette dentelle, la
plus belle et la plus solide de toutes, et la mode
paraît la reprendre sous sa protection; ce genre de
travail est d'un grand secours pour le bien-être et la
moralisation de la jeunesse.

M. Clérambault continue aussi à tisser des mousselines en coton qu'il livre en blanc ou en écru,
dont partie est destinée à la broderie pour meubles.

En considération de l'ensemble de ses produits
et des services qu'il rend à l'industrie, le jury se
fait un devoir de voter pour la seconde fois le rappel
de la médaille d'or à M. Clérambault.

MÉDAILLES D'ARGENT.

MM. Ch. ADOLPHE et BENNER, à Mulhausen
(Haut-Rhin).

Cette maison, fondée en 1836, s'est classée bien
vite parmi celles qui fabriquent avec le plus de
succès le damas laine et soie pour ameublement.
Elle en a exposé 32 coupes qui sont toutes d'une

bonne exécution, d'un dessin distingué et d'un effet de couleurs heureux; elle sait donner à la soie qu'elle emploie un brillant qui aide au succès de ses étoffes.

La mise en carte, le lisage des dessins, la teinture des matières, toutes ces opérations se font dans l'établissement qui contient, pour le tissage, 40 métiers à la Jacquart, et occupe 80 ouvriers.

Les produits de ces exposants, et l'accueil que leur fait le commerce, les rendent dignes de la médaille d'argent que le jury leur vote.

M. GAUDRAY-LOISIEL, à Rouen (Seine-Infér.).

Damas tout coton, damas laine et coton, damas laine et soie, toutes les variétés de ces articles consacrés à l'ameublement sont traitées par ce fabricant avec goût et habileté. Ses produits peuvent soutenir la concurrence avec tous ceux qui obtiennent le plus de faveur dans le commerce. Ses qualités sont régulières, ses matières bien choisies, et les fonds unis couvrent bien la chaîne. Sa production est des plus importantes pour ce genre d'étoffes, il déclare qu'elle atteint le chiffre de 500,000 fr. et qu'elle réclame les bras de 200 ouvriers.

Le jury, prenant en considération les divers mérites que nous venons de signaler, décerne à M. Gaudray-Loisiel la médaille d'argent.

MÉDAILLE DE BRONZE.

M. VIMAL-VIMAL fils aîné, à Ambert (Puy-de-Dôme),

A exposé cinq pièces d'étamines pour pavillons

de différentes couleurs. Cette fabrication n'est pas sans importance, puisqu'elle produit annuellement, suivant la déclaration de l'exposant, de 3 à 400,000 mètres du prix de 55 à 75 centimes le mètre. Il doit fournir durant l'année 1844, pour le port de Toulon seulement, 120,000 mètres. Son établissement fait vivre 40 familles qui n'ont, dans l'hiver, d'autres ressources que le travail qu'il leur procure. Depuis dix ans, tout en améliorant les qualités, il est parvenu à réduire les prix de 8 à 10 pour 100.

L'importance de cette fabrique, et son utilité dans le pays où elle est exploitée, la modicité des prix marchant de pair avec l'amélioration des produits, ont déterminé le jury à accorder à M. Vimal-Vimal fils aîné la médaille de bronze.

MENTION HONORABLE.

M. LERAT, à Rouen (Seine-Inférieure),

A exposé des damas laine et soie à deux couleurs d'une bonne fabrication, réunissant bien pour la qualité et le nuancé tous les mérites de ce genre d'étoffes.

Le jury le mentionne honorablement.

CITATION FAVORABLE.

MM. SECOND, FORTOUL et Cie, à Mende (Lozère).

Plusieurs pièces d'escot blanc, noir et façonné, ont frappé l'attention du jury pour leur bonne fabrication, et il a regretté qu'une production aussi faible que celle de 12,000 fr. par an, ne lui permît pas de faire pour les exposants plus que de les citer favorablement.

REIMS.

RAPPELS DE MÉDAILLES D'OR.

MM. HENRIOT frères, sœur et Cie, à Reims (Marne).

Le nom Henriot à Reims est placé au plus haut dégré de considération : cette famille a un long héritage d'honneur.

Parmi les membres qui la composent, ceux qui ont fondé et ceux qui exploitent aujourd'hui la maison Henriot frères, sœur et Cie, étaient et sont encore au premier rang, soit par l'importance de leurs affaires, soit par le complet de leurs ateliers de fabrication, soit par la perfection de leurs produits.

Aussi dès longtemps prennent-ils part aux récompenses que le jury décerne :

En 1819 c'est une médaille de bronze.

En 1823 une médaille d'argent.

En 1827 une médaille d'or.

En 1834 un premier rappel.

En 1839 un second rappel.

Tel est le prix que le jury a attaché à des efforts constants, à des progrès non interrompus.

Les produits exposés cette année disent assez qu'un troisième rappel de la médaille d'or est justement acquis à MM. Henriot frères, sœur et Cie, et le jury le leur décerne.

MM. HENRIOT fils et DRIEN, à Reims (Marne).

C'est le fils qui succède au père, c'est aussi le neveu qui succède à l'oncle.

Un même nom, de mêmes traditions commerciales, conduisent facilement aux mêmes récompenses.

En 1834, la maison Henriot fils avait eu la médaille d'argent, et en 1839 la médaille d'or.

« Les tissus présentés à l'exposition prouvent, » dit le jury départemental, que MM. Henriot » fils et Drien suivent les traces de leur habile » devancier. » Et le jury central, s'associant à la déclaration du jury départemental, vote à MM. Henriot fils et Drien le rappel de la médaille d'or, qu'en 1839 il avait accordée à M. Henriot fils.

MÉDAILLE D'OR.

M. DAUPHINOT-PÉRARD, à Isles-sur-Suippes (Marne).

M. Dauphinot-Pérard est créateur de son établissement, de sa fortune, de sa position sociale. Il était simple ouvrier en 1809, et le voilà grand manufacturier

Un ouvrier qui, sans secours aucun, s'élève, est hautement apprécié par les hommes de cœur et de raison.

M. Dauphinot-Pérard doit cette élévation à son application soutenue pour perfectionner ses produits.

Exclusivement livré à la fabrication du mérinos, M. Dauphinot en expose depuis 4 fr. 25 c. jusqu'à

20 fr. 5o c. le mètre; c'est partout une perfection relative qu'on ne saurait dépasser.

Aussi le jury départemental déclare-t-il que « la » manufacture de l'exposant, établie dans les » meilleures conditions d'économie, est dirigée » avec une intelligence telle qu'il ne peut y avoir » de concurrence fâcheuse pour lui. » Il eût pu ajouter ce que tout le monde proclame, que M. Dauphinot est resté simple et bon avec ses ouvriers, et qu'il n'use de sa position vis-à-vis d'eux que pour les protéger.

Sa production annuelle est de 2200 pièces : elle représente, assure-t-il, une valeur de 800,000.

Ce n'est pas la première fois que M. Dauphinot-Pérard expose : il a reçu la médaille de bronze en 1834, la médaille d'argent en 1839.

Tant d'années de progrès constants et de succès par le travail, sont des titres de valeur aux yeux du jury, qui décerne à M. Dauphinot-Pérard la médaille d'or.

———

RAPPELS DE MÉDAILLES D'ARGENT.

MM. BENOIST-MALOT et Cⁱᵉ, à Reims (Marne).

Fabriquer la nouveauté, c'est s'imposer l'obligation d'une étude et d'une recherche constantes des caprices de la mode : c'est s'imposer l'obligation d'une mobilité extrême dans la fabrication.

Faire de la nouveauté à bas prix, c'est prendre l'engagement de ne jamais produire d'articles de mauvais goût; car la perte qui en résulterait à la vente surchargerait d'autant les produits plus heureusement créés, et le bas prix n'existerait plus.

« Un heureux choix de matières, des couleurs
» vives disposées avec goût, font rechercher leurs
» produits qui se recommandent par la modicité
» des prix. »

Cet éloge nous est transmis par le jury départemental.

MM. Benoist-Malot et Cie, qu'une longue expérience recommande, ont obtenu la médaille d'argent en 1834 et un rappel en 1839; qu'ils reçoivent, comme marque de satisfaction, le deuxième rappel que le jury leur accorde.

MM. BUFFET-PERIN oncle et neveu, à Reims (Marne).

Fabrication correcte et soignée, qui dénote une vigilance constante, une intelligente application : telle est l'opinion que donne l'examen attentif des articles offerts au concours par ces exposants.

Ce sont des satins pour pantalons, des coatings pour robes de chambre, des casimirs; ce sont de ces articles de draperie qui semblent si bien faits pour la fabrication légère et élégante de Reims.

MM. Buffet-Perin ont trente années d'existence commerciale. Ils occupent 400 ouvriers. Ils produisent pour 800,000 fr.

Une médaille de bronze en 1834, une en argent en 1839, attestent que le jury a déjà apprécié toute la valeur de la maison Buffet-Perin. Il leur vote avec des félicitations le rappel de la médaille d'argent.

MM. LECLERC-ALLARD et fils, à Reims (Marne).

Se livrer à un seul genre de fabrication, c'est en faciliter le perfectionnement, soit qu'il vienne par

une meilleure confection de l'étoffe, soit qu'il résulte de l'abaissement des prix.

C'est là le mérite de MM. Leclerc-Allard et fils,
qui, au milieu de tant d'articles livrés aux entreprises des maisons de Reims, ne fabriquent que des
flanelles, mais ils les fabriquent bien, et leurs prix
de 1 fr. 5o à 5 fr. 5o montrent assez qu'ils méritent
cette mention du jury départemental, que « dans ce
» genre de fabrication, MM. Leclerc-Allard sont
» au premier rang. »

Le jury, appréciant le mérite des étoffes soumises
par MM. Leclerc-Allard et fils, leur avait décerné
une médaille d'argent en 1839; ils sont restés dignes
de cette récompense et le jury leur en vote le
rappel.

MÉDAILLES D'ARGENT.

M. CROUTELLE neveu, à Reims (Marne).

M. Croutelle neveu est le modèle de l'activité
commerciale ; après s'être livré longtemps à l'a-
chat des articles de Reims, il ne pouvait rester
insensible au mouvement qu'imprime la vie industrielle. Il en soupçonnait les labeurs, mais il en
voyait et en appréciait la gloire, et pour avoir des
droits à y prétendre il fut l'un des fondateurs de
la belle filature de Pont-Givars.

Placé au premier rang dans la filature, encouragé
par la haute récompense que son établissement
reçut du jury en 1839, M. Croutelle rêva d'autres
succès et essaya de tisser mécaniquement la laine
douce.

C'était une entreprise hardie, elle avait échoué

en France, elle avait échoué en Angleterre, elle fut longtemps difficile et infructueuse dans les mains de l'exposant qui vit alors, qu'en industrie, les succès sont souvent précédés par bien des sacrifices.

Mais enfin, après de nombreuses tentatives, et par un procédé qui lui est propre, M. Croutelle parvint à affermir ses fils, et résolut ainsi le problème objet de ses recherches.

Aujourd'hui il expose des tissus très-variés sortis de ses métiers mécaniques. Tous sont d'une qualité, d'une régularité qui indiquent que véritablement la difficulté est vaincue.

Mais pour que le succès soit complet, il ne faut pas qu'une production annuelle de 5oo,ooo fr., qu'accuse aujourd'hui l'exposant, soit le résultat unique de tant d'efforts.

Que M. Croutelle propage son invention; que par cette propagation il arrive à faire baisser pour tous le prix des tissus de laine, à les rendre plus accessibles à la classe ouvrière.

C'est alors que M. Croutelle aura fait quelque chose de véritablement utile, de véritablement digne d'attirer sur lui la reconnaissance du pays.

Jusque-là cependant, il le faut reconnaître, la découverte de M. Croutelle est un incontestable progrès qui peut et doit révolutionner la fabrication des tissus de laine. Ce n'est plus un essai, c'est une mise en pratique réelle qui s'étendra, qui portera ses fruits, parce que tout ce qui est vrai et bon se propage.

Pour récompenser plusieurs années d'efforts chez

l'exposant, pour le décider à ouvrir à tous la voie qu'il s'est difficilement ouverte à lui-même, le jury décerne à M. Croutelle neveu la médaille d'argent.

M. Ch. PATRIAU, à Reims (Marne).

Reims semblait avoir besoin d'une nouvelle impulsion, Reims surtout avait perdu son ancienne supériorité dans l'art de tisser le gilet et la nouveauté sur chaîne-coton.

M. Patriau entreprit de régénérer cette fabrication, et ses heureux efforts ont eu du succès.

L'entreprise montrait de la résolution, car s'il est difficile de vivifier un pays, le ramener à des habitudes oubliées est bien plus difficile encore.

Et ces habitudes, Reims depuis plusieurs années devait en regretter l'absence.

Les étoffes exposées par M. Patriau, soit en étoffes pour gilets, soit en nouveautés pour pantalons, prouvent que cet industriel peut avec de la persévérance et de l'étude accomplir la mission qu'il s'est imposée. Il y a dans ses produits du goût et une très-bonne exécution.

Ce n'est pas à la fabrication de Reims que M. Patriau a borné ses efforts, il a fait aussi tisser des piqués dans le département de l'Aisne.

C'est dans ce genre que M. Patriau a le plus approché de la perfection.

On peut facilement admettre que les Anglais, si habiles dans ce tissage, ne produisent rien de plus beau.

Pour l'ensemble des étoffes qu'il expose, M. Patriau a bien mérité la médaille d'argent que le jury lui décerne.

MM. FORTEL et LARBRE, à Reims (Marne).

Donner l'impulsion à la fabrication par une bonne direction, est un mérite sans doute ; donner l'impulsion par une vente active est un mérite aussi incontestable et plus rare peut-être à cette époque où l'acheteur manque toujours aux produits.

MM. Fortel et Larbre ont ce double avantage ; de bons produits secondent chez eux une ardeur au travail, un entrain pour les affaires qui se traduit chaque année en une fabrication de 800,000 fr.

Ce sont des gilets, des étoffes pour manteaux, pour châles. Ces tissus se recommandent par la modicité des prix et par la bonne exécution.

C'est ainsi qu'en jugent à la fois et le jury départemental et le jury central qui décerne à MM. Fortel et Larbre, établis depuis 1836, mais qui n'avaient pas encore exposé, une médaille d'argent.

M. CAILLET-FRANQUEVILLE, à Bazancourt (Marne).

La création du mérinos a été depuis longtemps et sera longtemps encore l'honneur de la ville de Reims : à quelque vicissitude qu'ait été soumis cet article par suite des changements dans les modes, il a pourtant toujours tenu une place importante dans la consommation. Le mérinos d'un prix ordinaire s'est toujours bien vendu. Le mérinos fin a toujours été bien porté.

Mais il a fallu du courage aux fabricants pour lutter contre les articles nouveaux que la mode préférait et ne pas laisser perdre les habitudes de bien faire en cessant de fabriquer.

M. Caillet-Franqueville est du nombre de ceux qui ont le mieux et le plus victorieusement lutté.

« La beauté de la matière, la perfection de la
» filature, la finesse et la régularité des tissus, dis-
» tinguent les produits de cet habile fabricant et
» l'ont depuis longtemps placé au premier rang.
» Toutes ces qualités se trouvent dans les mérinos
» présentés par M. Caillet pour être envoyés à l'ex-
» position comme elles se trouvent dans tous ceux
» de sa fabrication. »

Un jugement aussi élogieux du jury départemental, et que confirme pleinement l'inspection des tissus exposés par M. Caillet-Franqueville, détermine le jury central à récompenser l'exposant par la médaille d'argent.

RAPPEL DE MÉDAILLE DE BRONZE.

MM. PIERQUIN-GRANDIN et fils, à Reims (Marne).

M. Pierquin-Grandin compte trente années d'établissement : il fabrique plus particulièrement des flanelles, et le chiffre de sa production annuelle est d'environ 200,000 fr.

La qualité des marchandises de M. Pierquin-Grandin est remarquablement bonne et les prix des étoffes qu'il expose sont modérés.

MM. Pierquin-Grandin et fils sont donc dignes en tout point du rappel de la médaille de bronze qu'ils ont obtenue en 1833, et le jury leur décerne ce rappel.

MÉDAILLE DE BRONZE.

MM. LECLERC-BOISSEAU et Cie, à Reims (Marne).

Notre industrie est aujourd'hui généralement si avancée que le classement des industriels devient bien difficile, il n'en est pas un qui ne mérite, il n'en est pas un qui, il y a quelques années, n'eût mérité beaucoup.

La maison de M. Leclerc-Boisseau est fondée depuis 70 ans, mais l'établissement industriel n'est fondé que depuis 18 ans. Filature de laine cardée, filature de laine peignée, machine hydraulique, 700,000 fr. de production, peignage de la laine, teinturerie, grand nombre d'ouvriers, certes, voilà tout ce qui constitue un établissement important.

MM. Leclerc-Boisseau livrent à bas prix à la consommation les tissus les plus recherchés et les plus varié.

MM. Leclerc-Boisseau n'ont pas exposé jusqu'ici et n'ont conséquemment reçu aucune récompense : pour encourager leurs efforts, pour leur faciliter la route de la première exposition, le jury leur décerne avec satisfaction la médaille de bronze.

MENTIONS HONORABLES.

Le jury mentionne honorablement

M. NAZET-BUIRETTE, à Reims (Marne).

Établi seulement depuis 1842, il présente de très-bons produits, types de sa fabrication habituelle.

M. CHAFFNER-GUYOTIN, à Reims (Marne),

Fabricant depuis 1843, qui expose des tissus

d'une très-bonne qualité, tels que cachemires, satin rayé et uni.

AMIENS.

MÉDAILLE D'OR.

MM. H. LAURENT et fils, à Amiens (Somme).

Cette maison est depuis longtemps considérée comme la plus active et la plus habile d'Amiens; en perfectionnant ses produits elle a agrandi ses établissements et formé une excellente pépinière d'ouvriers.

Qui n'admirerait les velours de laine pour meubles dont les couleurs si nettes, si tranchées, si riches, sortent des ateliers de teinturerie des exposants? Ces velours vont si bien à la consommation que tous les jours on la voit s'accroître.

Et ces tapisseries si artistement peintes par le tissage?

Pour compléter ces belles productions, arrivent les moquettes dont la plus brillante compose ce tapis à palmes où les plus étincelantes couleurs sont répandues avec profusion, sans cependant qu'elles se confondent entre elles.

Médaille de bronze en 1823 et 1827,

Médaille d'argent en 1834,

Telles sont les récompenses obtenues par M. Laurent.

Mais quand les crises n'arrêtent jamais un établissement, quand 500 ouvriers y produisent chaque année pour un million; quand par son exemple et ses conseils le chef de cet établissement en-

tretient et veut propager dans sa ville le feu industriel qui dès longtemps était son partage, est-il
alors une récompense à laquelle un citoyen aussi
recommandable ne puisse aspirer?

Le jury ne l'a pas cru et décerne à MM. Laurent
et fils la médaille d'or.

RAPPEL DE MÉDAILLE D'ARGENT.

M. FEVEZ-DESTRÉ, à Amiens (Somme).

La fabrique d'Amiens avait en Espagne des débouchés importants. Les révolutions successives
auxquelles ce pays fut en butte, fermèrent à Amiens
ce débouché si utile.

Il fallut en chercher d'autres. L'Amérique était
là, elle reçut les comptoirs des fabriques qui avaient
l'intelligence la plus active.

M. Fevez-Destré fut du nombre. Il expose des
tissus de laine et de soie, et des tissus de laine pure
variés de composition, de couleurs et de dessin.

Ces articles sont presque tous destinés à l'exportation, et sont d'une exécution satisfaisante.

Félicitons Amiens, alors que cette ville n'avait
pas toutes les habitudes de la consommation intérieure, d'avoir conservé cette bonne et loyale fabrication qui lui a acquis la confiance des peuples
étrangers.

M. Fevez-Destré a obtenu la médaille d'argent
en 1839, la confirmer en 1844, est un acte de
justice que le jury accomplit avec empressement.

MÉDAILLE D'ARGENT.

MM. BERLY et Cie, à Amiens (Somme).

Des moquettes, des velours de poil du Levant, tels sont les objets exposés par MM. Berly et Cie.

Amiens excelle dans ces articles immuables que la consommation n'a jamais abandonnés, parce que la consommation les a toujours trouvés ce qu'elle les attendait, solides et loyalement fabriqués.

MM. Berly et Cie sont restés dans cette voie de probité industrielle qui assure l'avenir de la production : pour gagner davantage, ils n'altèrent pas la qualité ; de cette manière ils vendent et gagnent toujours.

MM. Berly et Cie produisent pour 450,000 à 500,000 f. Ils occupent 270 ouvriers.

Parmi les objets envoyés par MM. Berly, on remarque un velours en coton de très-grande largeur ; il y a là une difficulté vaincue, qui devrait rendre plus commode et plus avantageux l'emploi des velours à la confection des meubles. La fabrication de MM. Berly est très-bonne et importante ; elle est digne d'encouragements et de récompense.

Le jury décerne la médaille d'argent à MM. Berly et Cie.

MÉDAILLE DE BRONZE.

MM. MOLLET-WARMÉ frères, à Amiens (Somme).

MM. Mollet-Warmé comptent 5 années d'existence industrielle, et présentent une production assez importante qu'ils réalisent avec 100 ouvriers.

C'est que leurs étoffes sont toutes du prix de 4

à 6 fr. MM. Mollet-Warmé ont de l'ardeur, ils ne craignent pas d'aborder un obstacle pour le vaincre : l'examen de leurs étoffes suffirait pour donner cette pensée : leur conception est compliquée, leurs dessins riches , leurs couleurs variées.

Que MM. Mollet-Warmé s'attachent à bien connaître ce qui plaît en même temps qu'à produire ce qui est beau.

Ces fabricants jeunes et intelligents ont fixé l'attention du jury qui leur accorde la médaille de bronze.

MENTIONS HONORABLES.

La jury central mentionne honorablement

MM. HENRIOT fils et Cie, à Amiens (Somme).

Leur établissement date du 1er juillet 1843, et produit des nouveautés pour robes.

MM. DUFAU et DUPONTRUÉ, à Belloy-sur-Somme (Nord).

Ils produisent avec 30 ouvriers pour 86, 400 fr. de velours d'Utrecht.

ROUBAIX.

RAPPELS DE MÉDAILLES D'OR.

M. F. DEBUCHY, à Lille (Nord).

M. Debuchy a déjà parcouru une longue carrière commerciale. En 1823, il montait son tissage; en 1825 sa teinturerie ; en 1834 sa blanchisserie. C'est ainsi qu'armé de toutes pièces il se présenta au concours et obtint la médaille de bronze.

De 1834 à 1839, il tenta d'autres succès. Les Anglais fournissaient seuls au monde élégant les coutils-fil pour pantalons; après avoir contribué plus que personne à les remplacer sur le marché français, M. Debuchy les poursuivit sur les marchés étrangers et leur fit plus d'une fois céder la place.

C'est là un mérite toujours apprécié en France, aussi M. Debuchy obtint la médaille d'or en 1839.

Il est en M. Debuchy un autre mérite non moins apprécié; c'est qu'il est fils de ses œuvres. Fortune, considération personnelle, il a tout demandé au travail, à l'ordre, à l'économie, et rien ne lui a été refusé.

M. Debuchy a appris aux habitants de Roubaix que ce n'était pas seulement les besoins de la classe indigente qu'ils pouvaient satisfaire, et que, s'ils voulaient créer et perfectionner à la fois, ils arriveraient aussi aux classes les plus aisées, aux produits les plus beaux et les plus lucratifs.

M. Debuchy est le chef d'une bonne école : les produits qu'il expose, en fil, en coton, en laine, disent assez qu'il n'a pas dégénéré, et le jury lui rappelle la médaille d'or qu'il lui a décernée en 1839.

M. H. DELATTRE, à Roubaix (Nord).

Cet industriel hardi et créateur est arrivé pour la première fois à l'exposition en 1839, et sans autre précédent, il mérita et obtint la médaille d'or.

Cette récompense si bien donnée n'a pas été stérile. M. Delattre a su maintenir le rang élevé auquel il s'était placé dans la fabrication de Roubaix.

Ses stuffs pour robes ont toujours un éclat, une netteté d'effet qui indiquent que, chez M. Delattre, filature et tissage sont soumis à une attention et à des soins assidus; et ses étoffes en laine peignée pour pantalons ne sont surpassées par aucune des expositions rivales de Roubaix.

M. Delattre transforme en étoffes, chaque année, 100,000 kilogrammes de laine, qui présentent un chiffre de production de 1,200,000 fr. Il occupe 450 ouvriers et une machine de 20 chevaux donne le mouvement à ses ateliers.

C'en est assez pour légitimer en faveur de M. Delattre le rappel de la médaille d'or.

MÉDAILLES D'OR.

M. COCHETEUX, à Templeuve, près Roubaix (Nord).

Les galeries de tissus ne sont pas celles qui ont le privilége de fixer le plus l'attention des nombreux visiteurs de l'exposition : elles ont généralement un aspect monotone et sévère qui pique peu la curiosité. Quel est pourtant l'étranger qui ne soit resté avec admiration devant l'exposition des étoffes pour meubles de M. Cocheteux ? Quelle richesse d'aspect, quelle variété de dessins et de coloris.

Le juge sérieux ne se laisse pas entraîner par cette impression générale; mais s'il aperçoit que les plus beaux effets s'allient à l'économie; que par une double chaîne on multiplie les nuances sans beaucoup augmenter le prix, que la mise en carte est calculée sur l'usage dernier auquel l'étoffe est destinée; il applaudit alors à la véritable intelligence manufacturière et se sent porté à la récompenser.

Telles sont les qualités qui distinguent les tissus de M. Cocheteux; il employait en 1839 140 métiers à les confectionner, il en emploie aujourd'hui 700 et près de 1000 ouvriers. Le chiffre annuel de production qu'il atteint est de 1,200,000 fr.

C'en serait assez pour fixer l'attention : mais si l'on apprend que M. Cocheteux, en plaçant ses fabriques dans des localités que le tissage manuel de la toile abandonnait, a rendu à de nombreuses populations les moyens de vie et d'aisance qui allaient leur manquer, de sorte qu'à un travail ancien chassé par la mécanique, il ait substitué un travail nouveau qui longtemps encore sera le partage de l'homme, alors il faut s'empresser de reconnaître que les établissements de M. Cocheteux sont un véritable bienfait pour les campagnes où il les a implantés.

C'est à ces divers titres, c'est pour la beauté des tissus, la bonne intelligence qui préside à leur fabrication, pour l'aisance que les établissements qui les produisent répandent sur la classe ouvrière que le jury, qui avait accordé à M. Cocheteux une médaille d'argent en 1839, lui donne aujourd'hui la médaille d'or.

Mme veuve LEFEBVRE-DUCATTEAU, à Roubaix (Nord), et SOYER-VASSEUR, à Lille (Nord).

Madame Lefèvre Ducateau expose aux regards du public 273 coupes de gilets, dont les prix varient depuis 2 fr. 60 jusqu'à 14 fr. le mètre.

Les gilets sont fabriqués à Roubaix dans les ateliers de madame **Lefèvre** : ils embrassent tous les genres, toutes les consommations, et soit par leur prix modéré, soit par la perfection du tissu, soit encore par le bon goût du dessin, ces objets si variés et si jolis trouvent placement dans toute la France, et par les maisons de Paris arrivent même sur le marché de l'Angleterre.

Madame Lefebvre a une fabrication si certaine, si parfaite, que depuis plusieurs années une seule maison de Lille s'est emparée de tout ce qu'elle produit en gilets et en monopolise la vente : c'est M. Soyer-Vasseur qui, comme propriétaire des étoffes exposées, prend rang parmi les exposants, de concert avec madame Lefebvre.

Cette fabrication si belle, s'élève annuellement au chiffre de 1,200,000 à 1,300,000 fr. Elle occupe 250 métiers à la Jacquart et près de 500 ouvriers, qui trouvent toujours dans leur travail un salaire abondant. Au mérite d'une excellente fabrication, madame Lefebvre joint celui de n'avoir pas de chômage, de ne jamais congédier d'ouvrier faute de débouché, et, aidée de ses fils, elle n'a besoin pour la direction de ses affaires et des détails de son tissage, ni de contre-maîtres, ni de dessinateurs. C'est une exploitation industrielle d'autant mieux soignée, que c'est une exploitation de famille, et que rien n'est fait d'important que par les chefs eux-mêmes.

Tant d'assiduité au travail et de succès ont fixé d'une manière spéciale l'attention du jury, qui décerne avec satisfaction la médaille d'or à madame Lefebvre-Ducatteau.

MM. TERNYNK frères, à Roubaix (Nord).

Le jury de 1839 venait de décerner une médaille d'or à M. Debuchy, et en en votant une d'argent à MM. Ternynk frères, ce jury disait :

« Les coutils exposés par ces fabricants sont d'une » grande variété. MM. Ternynk rivalisent avec » M. Debuchy pour la bonne direction qu'ils ont » donnée à leur établissement; ils feront faire de » nouveaux progrès à l'industrie. »

La prévision du jury s'est réalisée : depuis 1839, MM. Ternynk ont marché, et marché vite; ils font aujourd'hui pour 800,000 fr. de produits, et 100,000 sont destinés à l'exportation.

Dans leurs belles étoffes, le coton est mêlé à la laine, le fil au coton, ou bien encore la laine et le fil sont employés sans mélange d'autres matières.

Pureté de goût, netteté d'exécution, harmonie de couleurs, fraîcheur, élégance, tout se trouve réuni dans la fabrication de MM. Ternynk, et des prix modérés font rechercher leurs produits à ce point, que pour les vendre, ils se rapprochent le plus possible du consommateur lui-même.

Les tissus de MM. Ternynk sont incontestablement ce qu'il y a de mieux fini, dans ce genre, à l'exposition de 1844; aussi le jury remplace-t-il la médaille d'argent de 1839 par la médaille d'or.

RAPPELS DE MÉDAILLES D'ARGENT.

M. F. FRASEZ, à Roubaix (Nord).

Les récompenses n'ont de prix qu'alors qu'une main sage et économe les donne : mais cette règle de prudence laisse souvent des regrets au moment où il lui faut obéir.

M. Frasez est un de ces fabricants utiles qui-donnent tous leurs soins à la fabrication en grand d'un article, et qui arrivent à le produire dans les meilleures conditions et de manière à défier toute concurrence.

C'est sur le stuff à bas prix que M. Frasez a porté son application : faire un tissu léger, mais régulier, apparent, joli et pourtant assez solide, arriver par là à mettre le vêtement de laine à la portée du peuple, tel a été le but des efforts de M. Frasez, et il y a si bien réussi, que nul ne peut lutter avec lui.

Il fait battre 400 métiers à la Jacquart, produit pour 1,500,000 fr. de stuffs, châles, tabliers, et vend toujours sa fabrication avec une facilité qui en atteste le mérite.

Personne à Roubaix ne produit autant que M. Frasez : c'est là la supériorité de l'exposant; mais quand tous ses concurrents réunissent la filature au tissage, M. Frasez n'a qu'un tissage; c'est là son point d'infériorité : toutefois, en présence de moins nombreux prétendants, M. Frasez serait arrivé aux plus hautes récompenses; mais en face d'une aussi nombreuse concurrence, le jury, limité dans de justes bornes, rappelle avec empressement la médaille d'argent qu'il a donnée en 1839 à M.F. Frasez.

M. H. CHARVET, à Lille (Nord).

M. H. Charvet se recommande aussi par une grande, bonne et belle fabrication.

Il occupe au tissage 600 ouvriers, produit pour 800,000 fr., et l'on ne voit pas qu'on puisse présenter un ensemble meilleur de produits, une collection qui annonce plus de soin et plus de goût.

Mais M. H. Charvet combat dans une armée où tous, quoique habiles à devenir chefs, ne peuvent pourtant être proclamés tels.

M. H. Charvet débutait en 1838, il eut la médaille d'argent en 1839; le jury la lui rappelle avec une entière satisfaction.

NOUVELLE MÉDAILLE D'ARGENT.

M. DERVAUX (Alexandre), à Roubaix (Nord).

M. Alex. Dervaux produisait pour 600,000 fr. en 1839; il n'avait pas de filature, et le jury lui décerna la médaille d'argent pour la bonne exécution de ses tissus.

M. Dervaux est aujourd'hui un fabricant en première ligne : s'il accepte une commission sur un échantillon donné, comptez que les pièces fournies vaudront plus que ce qui avait été promis; aussi les commissions sont-elles toujours abondantes chez M. Dervaux.

Ce n'est plus comme en 1839 une production de 600,000 fr., c'est 1,200,000 fr. de tissus qu'il livre chaque année à la consommation; il n'avait pas de filature, et celle qu'il possède suffit à 2000 kilogrammes de laine par semaine.

M. Dervaux a donc fait d'incontestables progrès : il fabrique le pantalon, il fabrique la robe en laine, en laine et coton, et tout cela avec goût et sûreté.

Si les récompenses sont proportionnées aux efforts et aux progrès, ceux qui ont applaudi à l'obtention de la médaille d'argent, donnée en 1839 à M. Dervaux, jugeraient sans doute qu'une récompense plus élevée lui est due en 1844.

Mais, resserré dans des limites étroites, le jury décerne à M. Dervaux une nouvelle médaille d'argent.

MÉDAILLES D'ARGENT.

M. Paul DEFRENNE, à Roubaix (Nord).

M. Paul Defrenne paraît pour la première fois à l'exposition : filature de coton, filature de laine, double moyen qui suffit à tous les besoins d'une fabrication importante, telle est l'escorte de l'exposant.

Sa production est de 800,000 fr., ses ouvriers sont au nombre de 500.

Ses tissus sont classés par le commerce, les premiers dans la qualité courante : on peut juger de leur qualité par l'examen des deux pièces camelot nᵒˢ 1 et 2 qui figurent à l'exposition : rien de mieux fait que cette étoffe qui, du domaine d'Amiens, passe successivement dans celui de Roubaix, et qui semble avoir été créée pour mettre en relief le brillant et le soyeux des laines de l'Angleterre.

Le jury, satisfait de l'importance, de la régularité de la fabrication de M. Paul Defrenne et des éléments précieux qu'il possède pour produire avec économie et supériorité, lui décerne la médaille d'argent.

M. Julien LAGACHE, à Roubaix (Nord).

« Les produits de ce fabricant sont généralement

» remarquables pour leur bonne exécution et le
» bon marché. »

Telle est la note remise par le jury du Nord, si
avare pourtant de notes apologétiques.

C'est en 1830 que M. Lagache a fondé sa fabrication, et il l'a rendue l'une des plus considérables
du pays. Sa production est de 800,000 fr., le nombre
de ses ouvriers de 500.

Ses tissus de fil et coton sont du prix de   1 fr. 50
Ceux en fil atteignent à peine   3 fr.
Et ceux mélangés de laine et de coton n'atteignent
pas ce chiffre.

Presque aucun autre ne lui est supérieur en
exécution, en qualité, en bon goût : aucun, à qualité
égale, ne l'approche pour la modicité du prix.

Pour être le premier récompensé, il ne manque
peut-être à M. Lagache que de ne pas être le dernier arrivé.

Mais qu'il soit le bienvenu : qu'il continue et
qu'il revienne au prochain concours, avec de nouveaux progrès.

Pour l'encourager et le récompenser, le jury lui
décerne la médaille d'argent.

Mme veuve D. DEBUCHY, à Tourcoing (Nord).

Une femme tombe en veuvage, son mari lui
lui laisse une fortune modeste, un atelier de filature, un atelier de tissage; ce sont là ses seuls
moyens d'existence, le seul moyen de maintenir
la position sociale de sa famille.

La veuve le sait et ne se décourage pas.

Sa fabrique est située loin du marché principal :
presque toutes les entreprises du même genre ont

été forcées au déménagement, et très-peu sur les lieux mêmes ont prospéré : délaissées par l'acheteur, elles ont langui.

La veuve le sait, et elle reste.

Elle travaille avec intelligence, avec assiduité. A mesure qu'ils sont propres au travail, elle y forme ses enfants, et voilà que les tissus produits par cette fabrique, sont recherchés à ce point, que, tous les jours, et plusieurs fois par jour, on les vient demander du marché principal, que jamais ils ne chôment, et que souvent ils manquent.

Debuchy avait eu une médaille de bronze en 1827, un rappel en 1834.

La médaille de bronze avait été rappelée une seconde fois pour sa veuve en 1839.

Satisfait des produits si variés, si beaux qu'elle expose en 1844, le jury lui vote avec éloge la médaille d'argent.

MM. E. GRIMONPREZ et Cie, à Roubaix (Nord).

Plus l'on considère l'exposition de Roubaix, plus on est frappé de ce grand nombre de maisons inconnues jusqu'ici, qui se produisent avec un chiffre annuel de fabrication qui varie de 600,000 à 1,200,000 fr. Presque chacun des chefs réunit la filature au tissage, et forme ainsi un établissement complet qui ne dépasse pas les bornes d'une fortune modeste, mais qui fait supposer dans chaque main une accumulation d'au moins 500,000 fr. ; somme considérable quand on remarque que si la ville est nouvelle, les enfants dans chaque famille sont nombreux.

C'est à une de ces familles qu'appartient M. E.

Grimonprez : c'est à son travail qu'il doit, jeune encore, le droit de paraître dans la lice avec un des plus complets établissements du pays

Sa production est approximativement d'un million, sa filature est bien conduite, et les produits exposés en sont beaux : les tissus ont toutes les qualités qui les peuvent recommander : M. Grimonprez est l'un des créateurs de la filature de la laine anglaise à Roubaix ; il s'exerce notamment dans la fabrication des étoffes pour châles, et il y réussit au gré des consommateurs.

M. E. Grimonprez a paru digne au jury de la médaille d'argent.

M. Auguste CLARO, à Lille (Nord).

M. Claro vise moins à faire beaucoup qu'à très-bien faire, et depuis 12 ans qu'il a essayé la fabrication, il a incessamment grandi, et il arrive aujourd'hui à une production approximative de 400,000 fr.

Pour les tissus de laine légèrement foulés, personne à Roubaix ne conteste à M. Claro le premier rang. Ses étoffes sont souples, bien colorées, douces à l'œil comme à la main, et on peut affirmer que si l'exposant a déjà fait faire des progrès à la fabrication du pays, il est appelé à lui en faire faire de plus grands encore.

Si M. Claro est au premier rang dans les tissus foulés, il est loin d'être en retard dans les tissus mélangés : ses mille côtes, laine et coton, ont particulièrement fixé l'attention.

Le jury, pour récompenser et encourager M. Claro, lui décerne la médaille d'argent.

M. WIBEAUX-FLORIN, à Roubaix (Nord).

Voici venir la plus importante fabrication de coton à Roubaix, c'est 560,000 m. de tissus pour pantalons d'ouvriers : ils valent de 95 c. à 1 fr. 40 le mètre.

Le même producteur est le créateur de l'article de nouveautés, c'est-à-dire article pour robe en chaîne coton ou soie et trame laine : le prix de ces robes si légères commence à 90 c. et n'excède pas 2 fr.; en même temps qu'il est créateur de cette fabrication, M. Wibeaux-Florin en est le plus grand producteur.

Pour fabriquer ses étoffes-pantalons, M. Wibeaux a une filature de coton de 8,000 broches dont il teint chez lui tous les produits.

Sa réputation de fabricant, soit qu'elle s'applique au pantalon, soit qu'elle s'applique à la robe, le place dans un rang distingué.

Il occupe 1000 ouvriers et 408 métiers de tissage. Cette analyse suffit pour faire apprécier le mérite industriel de M. Wibeaux-Florin.

Les articles, au nombre de 112, qu'il a exposés, justifient la bonne réputation acquise à M. Wibeaux.

Pour récompenser dignement le chef qui, par son travail, assure l'existence de si nombreux ouvriers, le jury décerne à M. Wibeaux-Florin qui se présente pour la première fois au concours, la médaille d'argent.

M. SCREPEL-LEFEBVRE, à Roubaix (Nord).

Si nous récompensons l'industriel qui a acquis de l'expérience et perfectionné les produits auxquels il s'appliquait, nous n'hésiterons pas à récompenser en même temps celui qui, avant de transmettre à à ses enfants le fruit de ses économies, leur a transmis son amour pour le travail, ses habitudes d'ordre, de soin, ses talents, son expérience, de telle sorte que sa maison a été tout à la fois une excellente école théorique et pratique de fabrication.

M. Screpel-Lefebvre était simple tisserand, lorsqu'en 1799 il commença pour son compte une très-petite fabrication; elle était soignée, il réussit et accrut sa production.

Quelques années après, il eut une filature de coton dont il consommait les produits dans son tissage; ses produits étaient, soit sous le rapport de la filature, soit sous celui des tissus, d'une perfection telle, que plus sa fabrique grandissait, plus la clientèle arrivait.

La laine prit faveur, M. Screpel joignit une filature de laine à sa filature de coton, et tout cela marche à l'aide d'un moteur de 12 chevaux.

M. Screpel se fit aider par les enfants qui se succédaient chez lui; il leur donnait ainsi des leçons, et ces leçons profitèrent si bien, que nous allons voir paraître trois de ces élèves qui ıdront prouver qu'eux aussi sont dignes de nos encouragements.

M. Screpel expose des tissus fabriqués 1° avec de la laine et du coton, 2° avec de la laine peignée.

Tous ces produits sortent de la filature et du tissage de l'exposant.

Ces tissus sont faits avec la perfection qu'a toujours mise à sa fabrication M. Screpel-Lefebvre.

Partout on y peut remarquer l'attention et les soins d'un chef éclairé.

Le jury vote à M. Screpel-Lefebvre la médaille d'argent.

M. ROUSSEL-DAZIN, à Roubaix (Nord).

Comme presque tous les fabricants de Roubaix, M. Roussel Dazin présente des produits variés, bien faits, dignes des éloges de tous ceux qui connaissent et apprécient les difficultés de la fabrication.

M. Roussel-Dazin emploie, comme tant de ses concurrents, le fil, le coton, la laine, la soie.

Il livre à la consommation 550,000 mètres d'étoffes qui représentent une valeur de 700,000 fr.

Il occupe environ 800 ouvriers qui s'exercent sur 30 métiers à filer et à retordre la laine, 80 métiers à la Jacquart et 300 à tisser à la marche.

Faire beaucoup et vendre beaucoup, c'est prouver qu'on produit d'une manière utile pour la consommation.

Le jury, toujours jaloux de récompenser ce mérite, but principal de son institution, accorde à M. Roussel-Dazin la médaille d'argent.

M. REQUILLART-SCREPEL, à Roubaix (Nord).

Nous l'avons dit: en 1830 on ne fabriquait que du coton à Roubaix; peu après, le coton faisait place à la laine.

L'exposant s'établit en 1830, et fabriqua comme tout le monde des pantalons en coton pour la classe ouvrière.

Mais, comme tout le monde, il ne quitta pas le coton ; loin de là, il s'y donna exclusivement.

C'est qu'il le fabriquait avec supériorité. Les tissus de M. Requillart-Screpel se vendent depuis 85 c. le mètre sur 70 centimètres de large, en coton pur, jusqu'à 1 fr. 50, mélangés de coton et de laine.

Il en fabrique annuellement un poids total de 110,000 kil.

C'est une valeur de 4 à 500,000 fr.; c'est l'existence de 500 ouvriers.

Retenir une industrie qui veut s'en aller, la rajeunir, la fixer de nouveau, c'est un mérite plus difficile et plus grand qu'amener une industrie nouvelle. Il n'y a d'ailleurs que les industries véritablement utiles qu'on parvienne à garder. En effet, les tissus de M. Requillart sont ce que la classe ouvrière peut trouver pour son vêtement de plus résistant et de meilleur marché. Or, bien vêtir et à bon marché la classe ouvrière, c'est rendre service au pays : sous ce rapport, M. Requillart-Screpel en a bien mérité, et le jury lui décerne la médaille d'argent.

MM. DELFOSSE et MOTTE, à Roubaix (Nord).

M. Delfosse avait longtemps dirigé la fabrique de M. Delattre et formait un établissement, quand M. Delattre reçut en 1839 la médaille d'or.

M. Delfosse porta dans sa nouvelle maison les bonnes traditions prises dans l'ancienne ; il y porta les soins qu'il avait donnés avec tant de zèle chez son patron.

Aussi les tissus de MM. Delfosse et Motte paraissent-ils la fidèle reproduction des tissus de M. Henr

Delattre : c'est presque le même reflet ; c'est presque la même netteté de dessin ; c'est la même école et bientôt le même résultat.

MM. Delfosse et Motte, secondés par un capitaliste, ont tout de suite donné de l'élan à leurs affaires. Après le stuff, ils ont produit le satin : Rouen avait le premier donné cet article à la consommation, mais la modicité des prix et la bonne qualité de MM. Delfosse et Motte, forcèrent bientôt Rouen à compter avec la concurrence.

Les tissus de MM. Delfosse et Motte sont d'une rare perfection. Leur production est importante, et, par ces divers motifs, le jury leur vote la médaille d'argent.

M. SCREPEL-ROUSSEL, à Roubaix (Nord).

Si MM. Delfosse et Motte se sont posés comme rivaux de M. Delattre pour la robe, M. Screpel-Roussel a eu la même prétention pour le pantalon, et plus d'un connaisseur consulté a reconnu que, dans leur genre, MM. Delfosse et Motte étaient restés un peu au-dessous et l'exposant un peu au-dessus peut-être du but qu'ils voulaient atteindre.

Tant il est vrai de dire qu'une récompense bien donnée enfante d'utiles progrès !

Ce n'est pas assez pour M. Screpel-Roussel de faire vivre par son travail 45o ouvriers et de produire dans sa filature les moyens de confectionner ses tissus ; M. Screpel-Roussel a pensé que le premier bonheur que donne la prospérité est de permettre de tendre la main à l'homme auquel il ne manque qu'un peu d'aide pour arriver.

Il y avait à Roubaix un dessinateur dont la ca-

pacité était reconnue; il alimentait cinq à six tisserands, pendant que lui-même vivait de son art.
M. Screpel a été à lui, l'a muni d'un capital, et
aujourd'hui le dessinateur monte une grande industrie et a produit à l'exposition des tissus parfaits
dont il sera ultérieurement parlé.

Faire bien, très-bien soi-même, aider les autres
à faire mieux, voilà le double mérite de M. Screpel-
Roussel, et le jury le récompense par la médaille
d'argent.

M. PRUS-GRIMONPREZ, à Roubaix (Nord).

C'est souvent chez le fabricant le plus modeste
qu'on trouve le principal auteur de la prospérité
d'une ville. C'est ainsi que M. Prus-Grimonprez
a le mérite d'avoir introduit à Roubaix le métier à
la Jacquart, qui a opéré dans cette ville la plus
complète et la plus heureuse révolution.

M. Prus expose des damas laine, laine et coton,
laine et alpaga, et plusieurs coupes de stuffs.

Les tissus sont bien fabriqués, et la production
de M. Prus est considérable.

M. Prus-Grimonprez a obtenu la médaille de
bronze en 1834: elle lui a été rappelée en 1839; le
jury lui décerne la médaille d'argent.

M. E. DEFONTAINE, à Lille (Nord).

M. Defontaine exposait, en 1839, sous la raison
Defontaine-Cuvelier. Il reçut la médaille de bronze.

Aujourd'hui M. Defontaine expose de nombreux
tissus, et, s'il faut en croire l'exposant, ces tissus
proviennent de 30 métiers mécaniques qu'il a fait

venir d'Angleterre, qu'il a perfectionnés, et qui donnent les avantages du métier à la Jacquart sans en présenter les inconvénients; on trouverait encore l'économie de la main-d'œuvre qui résulterait de ce tissage.

C'est surtout sur les résultats annoncés de ce tissage que l'exposant appelle et sollicite l'attention du jury.

Mais tous les tissus exposés par M. Defontaine peuvent être faits sans le secours du métier à la Jacquart. Le tissage mécanique pourrait donc les avoir produits sans qu'il eût pour cela les avantages qu'on lui attribue.

Reste l'économie. Mais les tissus de l'exposant sont cotés aux prix des autres tissus similaires, et si le propriétaire du tissage mécanique répond à cette observation, qu'il se réserve le bénéfice de son importation et de ses perfectionnements, ne semble-t-il pas dès lors que ces perfectionnements, qui ne sont utiles qu'à lui seul, ne puissent être encore pour lui une source de récompenses nationales.

En fait, M. Defontaine possède 3o métiers mécaniques.

Il ne les montre à personne, et, dans un pays de concurrence active et éclairée, personne ne cherche à en avoir de semblables. Depuis 1842, il n'y a aucune propagation des perfectionnements qu'invoque M. Defontaine.

Tous ces motifs ne permettent pas au jury de juger du mérite des métiers mécaniques de M. Defontaine, et, quelles que soient ses sympathies par les importations utiles, il est obligé sur ce point de s'abstenir.

Restent les tissus.

Sous ce rapport, le jury rend justice complète à M. Defontaine; ses tissus sont d'une bonne fabrication et de dispositions heureuses, soit pour le grain de l'étoffe, soit pour les couleurs et dessins qui les couvrent. M. Defontaine est un fabricant soigneux, appelé à arriver un jour au premier rang. Le jury ne croit pas qu'il y ait encore pris place, mais il le croit digne de la médaille d'argent qu'il lui décerne.

NOUVELLE MÉDAILLE DE BRONZE.

MM. BRUNEEL frères, à Lille (Nord).

MM. Bruneel frères exposent des linges de table et des coutils en fil; ils exposent aussi des nouveautés en laine.

La fabrication de ces articles est bonne, et ne laisse aucune prise à la censure.

MM. Bruneel ont le mérite d'avoir les premiers fabriqué les coutils de fil; dès avant 1828, ils correspondaient avec l'autorité supérieure pour obtenir l'établissement d'un droit qui facilitât en France cette fabrication. Cette priorité de fabrication est signalée par le jury départemental.

MM. Bruneel frères ne donnent pas de détails sur l'importance de leur fabrication : on voit seulement qu'elle occupe 160 ouvriers et à peu près 100 métiers à tisser.

Ces industriels, dignes à tous égards de l'attention bienveillante du jury, n'ont pas exposé depuis

1827 ; ils avaient alors obtenu la médaille de bronze; le jury récompense leur zèle en leur votant une nouvelle médaille de bronze.

MÉDAILLES DE BRONZE.

M. JOSEPH-POLLET, à Roubaix (Nord).

M. Joseph-Pollet est loin d'être étranger aux progrès du pays qu'il habite. Personne, mieux que lui, ne fait le tissu laine pour paletots et pantalons, et personne av: nt lui n'avait eu l'heureuse idée de substituer dans ces tissus, pour en effacer le brillant, une partie de laine-mérinos et une partie de laine anglaise. Par ce moyen, on donne au tissu de la douceur et un aspect drapé qui, pour l'usage indiqué, est une véritable qualité.

M. Pollet a une filature et un tissage, il occupe 250 ouvriers, il est très-bon fabricant, les produits qui sont dans les galeries en font foi.

Le jury lui décerne la médaille de bronze.

M. DUHAMEL-HOUSEZ, à Roubaix (Nord).

Grande fabrique de nouveautés pour robes, connue pour le bon goût avec lequel elle conçoit, la fidélité avec laquelle elle exécute.

Bonne qualité, prix modérés, voilà les mérites qui distinguent les produits exposés par M. Duhamel.

Il semble qu'il ait craint de révéler au jury tout le brillant de sa fabrication habituelle et de dire quelle est son importance; aucune note n'existe à cet égard dans la déclaration de l'exposant.

Mais le jury sait que M. Duhamel fait beaucoup. Il voit, par ce qu'il expose, qu'il fait bien; on assure qu'il fait mieux que ce qu'il soumet à l'examen du public.

Le jury, prenant en considération chacune de ces circonstances, décerne à M. Duhamel-Housez la médaille de bronze.

Mᵐᵉ veuve CORDONNIER, à Roubaix (Nord).

Sa fabrication est intelligente : il y a de la vie et du goût dans les tissus pour pantalons qu'elle expose. Les nuances sont variées et douces. Les qualités sont bonnes, et les prix très-modérés.

Son industrie s'exerce sur cent métiers et sur 3o,ooo kil. de laine cardée et de coton.

En persistant à faire fouler à Elbeuf les étoffes qu'elle produisait, cette maison a déterminé à Roubaix l'établissement de foulons. Sous ce rapport, elle a rendu un véritable service au pays.

Le jury, qui l'avait mentionnée honorablement en 1839, lui vote avec satisfaction une médaille de bronze.

M. A. GRIMONPREZ fils, à Roubaix (Nord).

M. Grimonprez fabrique des stuffs et des châles en qualité commune, qui ont la vogue et qui mettent le tissu de laine à la portée des plus petits consommateurs.

Il a une machine à vapeur, une filature et un tissage. Il exerce son industrie sur 4o,ooo k. de laine, qui représentent une production de 4oo,ooo fr.

Le jury lui décerne la médaille de bronze.

MM. BULTEAU frères, à Roubaix (Nord).

MM. Bulteau frères ont comme fabricants trois années d'existence : ils occupent 3oo métiers, 4oo ouvriers, et confectionnent les robes avec de la soie, du coton et de la laine.

Il y a du goût et de l'invention dans leurs dessins, de l'harmonie dans l'assemblage de leurs couleurs : c'est une maison qui promet beaucoup, et qui ne manque pas de promptitude à suivre et saisir les caprices de la mode.

Les tissus exposés sont brillants d'aspect, et régulièrement fabriqués.

Le jury, en les engageant à persévérer dans la voie où ils sont entrés, accorde à MM. Bulteau la médaille de bronze.

M. JOURDAIN-DEFONTAINE, à Turcoing (Nord).

Cet exposant varie beaucoup ses tissus, soit par le grain, soit par la couleur; sa fabrication est soignée, et si ce n'était aujourd'hui le mérite de tous les exposants, M. Jourdain tiendrait assurément un rang très-distingué.

Il fait battre 15o métiers, et emploie le fil, le coton et la laine ; il marie ces matières différentes avec une incontestable intelligence.

Son établissement date de 1839.

L'exposition de 1844 est la première à laquelle il ait pu paraître.

Le jury lui décerne la médaille de bronze.

M. Louis DEFRENNE, à Roubaix (Nord).

M. Louis Defrenne donne des produits estimés,

d'une qualité soutenue, et qui plaisent à la grande consommation.

Ce sont des stuffs pour habillements de femmes. Ses tissus absorbent les produits de sa filature, et sa production annuelle est de 600,000 fr.

Dans cette maison, le travail est toujours également réparti : les crises n'y voient pas les ouvriers sans moyens d'existence.

Le jury décerne à M. Louis Defrenne, la médaille de bronze.

M. Alphonse DEFRENNE, à Roubaix (Nord).

L'exposant a de l'activité, et cette activité assure l'existence de nombreux ouvriers.

La consommation accueille ses stuffs comme type d'une bonne fabrication courante : il en produit pour 700,000 fr. chaque année.

Ceux qu'il a exposés sont d'une bonne qualité; eu égard à l'importance de sa production, et à la bonne qualité de ses produits, le jury décerne la médaille de bronze à M. Alphonse Defrenne.

M. TETTELIN-MONTAGNE, à Roubaix (Nord);

Fabrique de stuffs importante, qui donne l'existence à 400 ouvriers, met en œuvre annuellement 70,000 kil. de laine, et arrive à une production de 7 à 800,000 fr.

Prix modérés, bonnes qualités, toujours recherchées, toujours facilement vendues, semblables en tout à celles qu'offre l'exposition; tels sont les titres de M. Tettelin-Montagne.

Le jury, les appréciant, lui décerne la médaille de bronze.

MM. DELEPOULLE frères, à Roubaix (Nord).

Propriétaires d'une filature importante dans l'arrondissement d'Avesne, MM. Delepoulle y filent avec supériorité le poil d'alpaga, qu'ils emploient avec avantage dans leurs tissus, et qu'ils vendent d'ailleurs aux fabricants de Roubaix.

Les étoffes exposées par MM. Delepoulle frères dénotent de l'intelligence en fabrication ; on remarque surtout leurs tissus moirés pour meubles, qui depuis un an ont pris une assez grande place dans la consommation.

Le jury attend beaucoup de ces fabricants, et leur vote la médaille de bronze.

MENTIONS HONORABLES.

MM. PIN-BAYART et Cie, à Roubaix (Nord).

Le jury central a examiné avec une attention satisfaite les beaux tissus de MM. Pin Bayart et Cie, et plus particulièrement ceux en alpaga.

Si le jury n'avait eu égard qu'aux tissus exposés, MM. Pin-Bayart et Cie eussent été haut placés.

Mais, habiles dessinateurs, ils ne figuraient pas du tout, il y a un an, pour l'importance de leur fabrication.

Depuis lors, des capitaux ont secondé leur intelligence, et MM. Pin-Bayart et Cie prendront sans doute un rang distingué parmi les fabricants de Roubaix.

Pour y arriver il leur suffit de continuer comme ils ont commencé.

Le prix de leurs efforts ne saurait leur échapper.

Le jury ne peut, quant à présent, assigner de rang positif à l'établissement ni aux produits de MM. Pin-Bayart et Cie.

En donnant tous ses éloges aux tissus exposés, il se borne à mentionner très-honorablement ces manufacturiers.

Le jury mentionne honorablement en outre les fabricants dont les noms suivent :

MM. JULIEN-BAYART,

    César SCREPEL,

    CYRILLE-FERLIÉ,

    Henry SIX,

    L. WATTINNE.

Ces jeunes gens, à peine établis, ont offert à l'exposition des produits qui font présager qu'ils seront un jour l'honneur de la fabrique de Roubaix. Les deux premiers surtout, méritent les félicitations du jury.

Le jury central accorde encore la mention honorable à

MM. RIBAUCOURT-NOTTE, à Roubaix.

    CASTEL frère et sœur, à Roubaix.

    Joseph FLORIN, à Roubaix.

    HERBO et BONNIER, à Templeuve.

    F. WATTEL et Cie, à Roubaix.

    LEPOUTRE-PARENT, à Roubaix.

    F. PLOYETTE, à Roubaix.

    LAURENT frère et sœur, à Turcoing.

    DEPLANQUE et de BLOCK, à Lille.

CITATIONS FAVORABLES.

Il cite favorablement :

MM. BAYART-LEFÈVRE fils, à Roubaix.
Gustave BOUCHERY, à Roubaix.
J. B. DUPISRE, à Roubaix.
BÉNY-AGACHE, à Roubaix.
DERREVAUX-DELFORTRIE, à Roubaix.
DUTILLEUL-LORTHIOIS, à Roubaix.
GRIMONPREZ-LAURIE, à Roubaix.
le chevalier de PRÉVILLE, à Roubaix.
ODOUX-BOURGEOIS, à Turcoing.

QUATRIÈME SECTION.

CHALES DE CACHEMIRE ET LEURS IMITATIONS.

MM. Deneirouse et Legentil, rapporteurs.

Considérations générales.

Lorsque le jury de l'exposition est appelé à
constater le développement des forces productives de la France, à faire, pour ainsi dire, l'in-
ventaire de ses richesses industrielles, il est
heureux toutes les fois qu'il peut signaler à son
pays une de ces industries qui font son orgueil,
en même temps que le désespoir de ses rivaux,
qui ne craignent à l'étranger ni la concurrence,
ni même l'imitation. La fabrique de châles est

de ce nombre, elle doit sa supériorité incontestable et incontestée, non-seulement au mérite du goût, au sentiment de la forme et de l'harmonie des couleurs, mais encore à l'extrême habileté du fabricant et de l'ouvrier.

La machine Jacquart a fait faire sans doute un pas immense aux procédés du tissage, mais dans sa simplicité primitive, elle eût été impuissante à produire les merveilles que nous avons sous les yeux. Il a fallu, pour atteindre ce but, mille combinaisons ingénieuses, une pratique longue et intelligente, une connaissance approfondie de toutes les ressources du métier.

Pendant longtemps, le châle n'avait présenté qu'un semis de petits bouquets ou palmettes, encadré d'une bordure étroite, lorsqu'en 1823 un fabricant qui poursuivait l'imitation du châle indien vint révéler le secret de son véritable croisé. Ce fut un trait de lumière qui frappa un de ses concurrents. Ce dernier conçut tout de suite toute la portée du nouveau système, et en appliqua le principe au lancé. Il créa le procédé signalé par le jury de 1827, sous le nom de *nouvelle armure;* à l'aide du papier pointé, les moyens d'action de la machine Jacquart furent doublés, et les frais de lisage diminués de moitié. De ce point de départ datent tous les progrès.

Le développement du dessin ne dépassait pas

alors 40 centimètres, on a pu lui donner un mètre 60 centimètres, sans augmenter les frais du lisage, ni les difficultés du travail. ·

Les expositions de 1834 et de 1839 semblaient pour la richesse des compositions et les difficultés vaincues avoir atteint la limite du possible, et ne laisser aux successeurs que le mérite de les imiter. L'exposition actuelle n'accepte point ce rôle modeste, elle signale elle-même de nouveaux progrès dans la fabrication, et marquera bien sa place dans les Annales de notre histoire industrielle.

Jusqu'à ce jour, sauf de rares exceptions, le dessin de châle se composait de quatre parties semblables qui étaient répétées, en sorte qu'il suffisait de lire le quart du dessin et de faire jouer à l'aide de retours ménagés par la mécanique, quatre fois le même rôle à chaque carton ; cependant, malgré cette économie, le jury de 1839 avait constaté qu'un des châles de l'exposition ainsi fabriqué avait demandé plus de 101,000 cartons.

Vous avez aujourd'hui sous les yeux plusieurs châles dont le dessin embrasse toute la largeur, et n'a pu ainsi être répété qu'une fois dans la longueur. Il a donc fallu doubler le nombre des cartons employés, et doubler également les moyens d'action de la mécanique ; cette innovation ouvre

un champ plus vaste aux combinaisons des formes et des couleurs, ajoute à l'effet et donne ainsi
plus de prix au produit.

Les châles de cachemire n'ont pas moins gagné
en finesse ; la plus grande réduction du compte
ne présentait pas 34 fils de trame par centimètre ;
vous en pouvez compter jusqu'à 60 sur plusieurs
châles exposés.

Ce ne sont pas là de ces tours de force qu'avec
tant de raison M. le ministre du commerce a
voulu exclure du concours. Sans doute, les nouveaux produits n'ont pas été créés sans efforts et
sans sacrifices ; mais comme ces résultats ne sont
dus qu'à l'emploi de la mécanique, une fois obtenus, ils deviennent acquis à l'industrie ; l'habitude, et la simplification des moyens qui vient
à sa suite, rendent bientôt usuelle une fabrication qu'on regardait comme exceptionnelle, et
l'industrie a fait encore un pas ; car il faut que
l'industrie, et surtout celle des châles, marche
toujours en avant, c'est la condition de son existence. S'adressant aux consommations de luxe,
elle en subit les exigences ; pour y satisfaire, elle
est forcée de varier à l'infini ses moyens d'exécution. Elle est heureusement secondée par la
classe modeste des ouvriers et des contre-maîtres
qui renferme dans son sein des praticiens consommés à qui l'on doit souvent les plus utiles

inventions. Nous avons regretté que le silence des jurys départementaux ne nous ait pas permis d'en signaler quelques-unes à la reconnaissance publique. Le mécanicien, le filateur, le teinturier méritent aussi leur part d'éloges pour leur concours intelligent, et c'est par la réunion de tous ces éléments de succès, que cette belle industrie peut être à juste titre considérée comme la grande école du tissage en France, et qu'elle a le droit de revendiquer en grande partie le mérite des perfectionnements dont il s'enrichit chaque jour.

Si tous les essais ne sont pas également heureux, tous attestent au moins cette ardeur d'innovation ou d'amélioration que nous avons signalée.

Une fabrique de Lyon, déjà connue par d'éclatants succès dans la fabrication des étoffes façonnées, a inventé un nouveau montage qui offre une économie notable, tout en conservant le jeu et l'éclat des couleurs. A l'aide de son procédé, elle annonce pouvoir se passer de doubles mécaniques, et obtenir avec une seule de 600 crochets un résultat qui exige ordinairement une mécanique de 1,200. Un autre fabricant de la même ville, pour avoir des fonds purs et éviter la nuance douteuse que donne la chaîne quand elle est recouverte par une trame de couleur différente, a imaginé de monter son châle sur deux chaînes. La chaîne rouge travaille quand on lance la navette de couleur, et la chaîne blanche, quand on lance le fond. Le coloris en acquiert plus de vivacité, et le fonds plus de netteté.

Un fabricant de Paris, qui est en outre l'un de nos imprimeurs les plus distingués, a exposé une chaîne imprimée par un procédé fort simple. L'impression suit tous les contours des palmes et des galeries, en sorte que la teinte se trouve égale sur toutes les parties coloriées. Ce procédé est, dit-on, déjà pratiqué à Lyon pour les étoffes; son application aux châles n'est pas moins heureuse.

Il est une nouvelle fabrication qui a frappé à la fois les gens du monde et les hommes du métier. Elle est, à la vérité, encore à l'état d'expérimentation, mais elle paraît promettre des résultats importants pour l'avenir. Deux fabricants de Paris se sont appliqués à faire deux châles à la fois, l'un en dessus, l'autre en dessous, tenant ensemble par toute leur superficie. Ils emploient ainsi la laine qui serait perdue par le découpage du châle, à en brocher un second. Leur dessin est combiné de manière à faire servir la laine qui flotte sur l'envers de l'un, à faire la fleur de l'autre. La grande difficulté n'était pas de fabriquer ces deux châles jumeaux, elle avait déjà été plu-

sieurs fois vaincue, et les expositions précédentes
en avaient offert des exemples; mais il fallait les
séparer, et leur adhérence est telle qu'il semblait
impossible d'y parvenir sans altérer l'un ou l'autre. Ce problème a été résolu par les deux fabricants, avec cette circonstance particulière que,
soit pour le montage du métier, soit pour la séparation des châles, chacun a employé des moyens
différents. Votre commission des machines aura
à vous rendre compte de la mécanique de
MM. Barbé-Proyart et Bosquet. MM. Boas frères
n'ont point exposé la leur, mais nous l'avons vue
fonctionner chez eux, et nous en avons été complétement satisfaits. Cette fabrication bien exploitée doit donner un jour une économie sur la
matière et la main-d'œuvre; nous ne pouvons *à
priori* en apprécier le montant, mais nous ne serions pas éloignés d'ajouter foi aux fabricants qui
assurent qu'elle peut être de 25 et 30 p. 100 sur
les prix de revient.

Ce procédé pourra-t-il s'appliquer avec succès
au châle riche dont l'heureuse harmonie des
nuances fait presque tout le prix? Pourra-t-on
obtenir cette harmonie sur les deux châles à la
fois avec la nécessité de faire alterner les couleurs, de telle sorte que celle qui vient de jouer
en dessus est remplacée par une autre en dessous?
Il faut attendre, pour se prononcer, le résultat

de l'expérience ; mais dût ce procédé se limiter à la confection des châles ordinaires pour la consommation courante, il mériterait encore tous nos éloges.

Quelque ingénieuse que soit une machine, ses moyens d'action sont toujours limités, et ils se contentent souvent de trancher plutôt que de dénouer la difficulté. Ne peut-on pas appliquer cette observation à la fabrication du châle de cachemire français ? Le châle indien se travaille comme une tapisserie, au fuseau; chaque fil de couleur ne fait qu'une passée à la fois, et suit sans interruption la fleur qu'il doit nuancer. Le châle français se fabrique au contraire par la navette volante. Le fil de trame qu'elle porte s'enlace du même coup à tous les points de la chaîne où la couleur doit figurer sur la même ligne. La partie du fil qui n'a pas d'effet à produire reste flottante à l'envers, et cette partie inutile est très-considérable, à tel point qu'un châle qui, sortant du métier, pèse 3 kilog., est réduit par le découpage à 0,750 grammes. Le travail indien, et nous avons pu en acquérir une nouvelle preuve par un métier du pays même qui nous a été montré dans une des cases d'un exposant, c'est l'enfance de l'art; il n'a de secrets pour personne, et tous les fabricants qui ont voulu l'exécuter dans sa simplicité y ont réussi; mais à quelles conditions ?

à force de temps et de main-d'œuvre. On peut faire bon marché dans l'Orient de ces deux éléments du prix, mais il n'en est pas de même en France. Toute la difficulté consiste donc dans l'économie du temps et du travail. C'est à la vaincre que s'est appliqué l'un de nos plus habiles fabricants. Par un procédé nouveau, un enfant peut exécuter rapidement, avec une grande facilité, les dessins les plus compliqués. Les fuseaux se présentent à sa main méthodiquement rangés. Il les passe et les classe avec une vitesse qu'on a peine à suivre des yeux; quinze jours suffisent pour son apprentissage, et il peut faire l'ouvrage de trois ouvriers indiens. Ces détails, qui nous ont été fournis par l'auteur même du procédé, se confirment par le résultat obtenu ; nous avons vu un châle rayé ainsi fabriqué qui fait partie d'une commission qui s'expédie pour une des principales villes de l'Orient. Ce fait est assez significatif et peut nous faire concevoir de justes espérances pour l'avenir. D'autres merveilles ont frappé nos regards et ceux du public, ce sont un châle fond blanc, long, d'un dessin riche et d'une grande variété de couleurs, et une écharpe rayée, fabriqués l'un et l'autre au fuseau et sans envers. Le châle est tissu de cachemire, et l'écharpe de la laine du troupeau de Mauchamps. Ce genre de travail, on le sait, est depuis longtemps pratiqué en Russie, et même en France, dès 1827, il a été essayé, sans qu'on y ait donné de suite. Nous ne pouvons que louer ces nouvelles tentatives d'autant que leur produit est vraiment remarquable. Le châle blanc surtout est d'une souplesse et d'une finesse de tissu qui peut rivaliser avec ce que l'Inde nous envoie de plus beau. Si ces essais ne constituent pas une industrie organisée, ils peuvent mettre sur la voie de nouvelles découvertes, et trouver des applications très-intéressantes, et à ce titre ils ont droit à l'attention publique.

Le principal mérite du châle de cachemire indien, c'est de briller par l'éclat, la variété et l'harmonie des couleurs; mais le dessin en est souvent bizarre, et presque toujours uniforme. Nos fabricants ont quelquefois tenté de sortir d'une imitation trop servile, c'est ainsi qu'il y a quelques années, plusieurs avaient cru devoir substituer aux formes fantastiques de l'Inde, les fleurs naturelles. Leur vogue n'a pas duré longtemps, il a fallu en revenir au type oriental; mais faut-il toujours le calquer servilement? Ne peut-on pas, en conservant le caractère et la richesse du nuancé, en varier la composition, lui donner plus d'élégance, la rajeunir par le goût français? C'est ce qu'ont pensé plusieurs de nos fabricants les plus renommés. Ils ont demandé au pinceau de notre habile dessinateur, M. Couder, ces belles esqu es que l'on a vues sur le papier, dans son exposition, et qui, exécutées avec une grande perfection, ont fait le principal ornement de l'exposition entière des châles. Le succès qu'ont obtenu quelques-unes de ces hardies conceptions en peut faire présager de nouveaux, et offrir des éléments précieux à la fabrication.

Ce n'est pas seulement par ses châles riches que se recommande la fabrique de Paris, elle aborde tous les genres, du plus cher au plus commun. Ses châles cachemire-indou, ses châles laine-pure, ou sur chaîne fantaisie, s'offrent pour des prix très-modérés à la moyenne, comme à la petite propriété, car l'on peut obtenir des châles-laine d'un carré de 180 centimètres dans les prix de 25 à 30 fr. Ils sont nuancés de quatre à cinq couleurs, et très-satisfaisants pour leur bonne exécution, sans que l'apparence soit acquise aux dépens de la qualité.

La fabrique de Lyon peut, à juste titre, s'appliquer la plupart des éloges que nous venons de donner à celle de Paris; si elle n'a pas cru jusqu'à ce jour devoir aborder le cachemire pur, car le seul fabricant lyonnais qui s'en occupe avec succès est venu prendre rang parmi ceux de la capitale, elle réussit admirablement dans le châle cachemire-indou et le châle de laine : elle a dé-

daigné et abandonné le châle bourre de soie pure.
Ses produits se distinguent par la science de la fabrication, l'entente et l'éclat des couleurs ; aussi trouvent-ils un placement régulier, non-seulement sur la place de Paris et dans la France entière, mais surtout à l'étranger.

Nîmes vient ensuite avec ses produits tout démocratiques, car elle a atteint la limite extrême du bon marché ; que peut-on demander à une fabrique qui livre des châles carrés de 150 centimètres de côté au prix de 8 à 9 fr. ?

Il est dans son sein quelques fabricants qui ne craignent pas de s'attaquer corps à corps avec leurs rivaux de Lyon, et de leur faire une bonne et sérieuse concurrence ; mais en général cette fabrique vise avant tout à livrer à la consommation des articles séduisants à l'œil et non moins attrayants par leur bas prix. Elle excelle dans ce genre avec une habileté étonnante ; c'est surtout en vue de l'exportation qu'elle travaille, et elle soutient bien sa vogue, par la variété et l'intelligente exécution de ses produits, sur tous les marchés étrangers et notamment dans l'Amérique Méridionale.

La revue que nous venons de faire atteste que la fabrique de châles n'a point cessé d'être en progrès. C'est la loi de toute l'industrie, mais c'est plus spécialement celle de l'industrie des châles qui, comme nous l'avons déjà dit, est la grande école de toutes les industries analogues. Ce progrès que nous aimons à constater n'est pas seulement dû à la perfection du travail; il se manifeste également dans l'économie des prix, et nous pouvons avancer avec quelque certitude qu'à qualités égales, depuis cinq ans, les prix sont descendus de 20 à 25 p. 100.

CHALES DE PARIS.

RAPPELS DE MÉDAILLES D'OR.

M. Frédéric HÉBERT, fabricant, à Paris, rue du Mail, 13.

M. Hébert, exact et intelligent imitateur du type indien, est toujours resté fidèle à un genre qui lui a valu de si éclatants succès. Ses châles longs et carrés, de nuances diverses, se recommandent tous par les mêmes mérites : pureté de goût, bonne entente des couleurs, connaissance profonde des procédés de fabrication, exécution soignée et consciencieuse; tout justifie le premier rang qu'il tient dans son industrie.

Le jury lui renouvelle le rappel de la médaille d'or qu'il avait obtenue en 1834 et qui lui avait été confirmée en 1839.

MM. GAUSSEN aîné et Cie, à Paris, passage des Petits-Pères, 2.

M. Gaussen, père de l'exposant, était distingué

parmi les plus habiles fabricants de Paris; son fils s'est proposé la tâche difficile de combler le vide que la mort si regrettable de son père a laissé dans leurs rangs. Il était déjà son associé en 1839, il s'est montré son digne successeur.

Les châles longs et carrés, et les écharpes qu'il a exposés, joignent à la hardiesse de la composition, une réduction superfine et une grande richesse de coloris. Ils prouvent que le talent est héréditaire dans la famille.

On a admiré surtout un châle long, blanc, d'une composition originale, et un carré dont le fond est composé de deux grandes palmes opposées. Les dessins de ces deux châles sont lus par la moitié seulement, et n'ont qu'une répétition. Ces belles pièces, tout en conservant le caractère indien, sont sorties du cercle étroit de l'imitation, sans que leur originalité ait rien coûté au bon goût.

Cette maison a joint à sa fabrication en cachemire celle des châles indous, et a su leur donner ce cachet de distinction et de perfection qui lui est propre.

Le jury central se plaît à rappeler à l'exposant la médaille d'or que la maison primitive avait obtenue en 1827, et qui fut confirmée en 1834 et en 1839.

MM. GAUSSEN jeune et MAUBERNARD, à Paris, rue Vide-Gousset, 2.

Ces fabricants, associés d'abord à l'ancienne maison Gaussen aîné et Cie, sont restés seuls possesseurs de tout le matériel après sa dissolution, arrivée en 1839.

Ils ont su conserver et augmenter même la haute position qu'ils avaient su conquérir, l'un comme fabricant distingué, l'autre comme dessinateur habile.

M. Gaussen jeune est, sans contredit, l'un des hommes les plus versés dans la science de la fabrication; il était le plus utile appui de son frère dans leur société, l'exécuteur intelligent de toutes les améliorations et innovations du génie inventif de ce dernier.

Cette maison se distingue par la sagesse et la sûreté de son goût, par l'entente du coloris, par le fini de l'exécution. Tous ses produits méritent les mêmes éloges, car sa fabrication est des plus régulières.

Comme quelques-uns de leurs concurrents, MM. Gaussen et Maubernard ne craignent pas d'aborder les plus grandes difficultés et de se lancer dans le nouveau et l'original; mais avec ce sentiment exquis qui leur est propre, ils peuvent beaucoup oser sans craindre d'écarts fâcheux. Le châle long, fond blanc, qu'ils ont exposé en est la preuve : c'est une des plus belles, parmi les pièces les plus remarquables.

Le jury, en rendant cette justice aux exposants, n'est que l'écho de l'opinion publique.

En conséquence, il leur vote le rappel de la médaille d'or qu'ils ont méritée en 1839, en société avec MM. Gaussen aîné et Cie.

MM. HEUZEY et MARCEL, à Paris, rue des Fossés-Montmartre, 16, et fabrique à Corbeil (Seine-et-Oise).

Ces fabricants, associés dès 1839 à la maison

Deneirouse et Cie, sont restés seuls possesseurs de cette fabrique.

Aux traditions de leur habile devancier, et soutenus même de son concours pour quelques-uns de leurs produits exceptionnels, ils ont donné une grande extension à leurs affaires, en adjoignant à la fabrication des cachemires, celle des châles indous, dans les qualités supérieures.

Ce sont eux qui ont exposé un châle espouliné rayé, type de la commission qu'ils expédient dans l'une des principales villes de l'Orient; ainsi qu'un châle long, blanc, et une écharpe rayée espoulinée également, mais sans envers. Nous avons rendu compte de ces produits, vraiment remarquables, dans la notice qui précède.

Par ces considérations, le jury vote, au profit de ces fabricants, le rappel de la médaille d'or qu'ils avaient obtenue en société avec MM. Deneirouse et Cie.

M. ARNOULD, à Paris, rue des Fossés-Montmartre, 7.

Cet exposant se livre avec succès à la fabrication des châles longs et carrés, en cachemire pur et en cachemire indou.

Ses produits se font remarquer et bien accueillir des consommateurs, par la richesse, la variété et la hardiesse des dessins.

M. Arnould les exécute souvent sur des esquisses qu'il fait venir à grands frais de Lahore même, et il fournit ainsi à la fabrique tout entière, des modèles qui contribuent à maintenir la belle imitation des châles de l'Inde.

Deux châles longs et deux carrés, d'une réduction remarquable, qu'il a exposés, ont mérité les suffrages du jury et du public.

Il avait obtenu la médaille d'or en 1839, le jury lui en vote le rappel.

M. FORTIER, à Paris, rue Neuve-Saint-Eustache, 36.

M. Fortier a su, depuis longtemps, se placer au premier rang pour la fabrication des châles indous. Une parfaite entente du coloris, et une grande habileté d'exécution, lui ont permis de réaliser l'un des premiers, dans cette fabrication, de notables économies. Faire bien et à bon marché, c'est un résultat que chaque fabricant doit se proposer, et nul ne résout ce problème économique plus heureusement que cet exposant, qui offre aujourd'hui, à la consommation, à 35 et 40 fr., des châles qui en valaient 50 et 55 il y a cinq ans.

Il excelle également dans la fabrication des châles plus riches, de 100 à 150 fr.

Il a eu l'heureuse idée de faire trois châles longs, blancs, très-riches, et d'une grande finesse, sur le même dessin et avec des matières différentes.

L'un est en pur cachemire, l'autre en laine de Saxe, et le troisième en laine du troupeau de M. Graux de Mauchamps.

Ces trois châles, d'une grande finesse, et également bien exécutés, nous ont offert une comparaison fort importante. Son résultat a été, que, pour la souplesse et la douceur, la laine dite de Mauchamps l'emportait sur celle de Saxe, et se rapprochait

beaucoup du cachemire pur. Ce jugement est intéressant pour l'avenir de cette nouvelle laine.

M. Fortier a exposé, en outre, des étoffes en
laine et soie, pour meubles, portières et tentures,
d'un dessin large, hardi, où il fait jouer avec
beaucoup d'effet les couleurs qu'il emploie.

Le jury, appréciant le mérite réel de ce fabricant, le reconnaît, de plus en plus, digne de la
médaille d'or qu'il a obtenue en 1839, et lui en vote
le rappel.

MÉDAILLE D'OR.

M. DUCHÉ aîné, à Paris, rue des Petits-Pères, 3.

Ce manufacturier, doué d'un esprit actif et nova-
teur, a su donner une si grande impulsion à sa fabrication, que sa maison est aujourd'hui, dans son
genre, la plus importante de Paris. C'est surtout en
ramenant la fabrication à des réductions plus fines,
à l'emploi des matières mieux choisies, qu'il a su
relever la vente des beaux châles de Cachemire; c'est
une justice que la fabrique tout entière se plaît à
lui rendre.

Aucun, avant lui, n'avait osé employer le cachemire de fond pour brocher, et faire des réductions
de soixante coups au centimètre. Il a montré, par
ses châles carrés vert et blanc, tout ce qu'on pouvait obtenir de plus fin en ce genre.

Son esprit actif ne se borne pas à ce seul article;
il les embrasse tous à la fois, depuis le châle de
5o fr. jusqu'à celui de 1200 fr.

On a pu remarquer un châle long, présentant,

dans le foud, un ombré dans les tons rouge, vert et bleu, qui a demandé l'emploi de cent vingt nuances différentes.

En considération de son importance, de la perfection de ses produits, et du mouvement heureux qu'il a communiqué à son industrie, le jury lui décerne la médaille d'or.

MENTIONS POUR ORDRE.

MM. GODEMARD et MEYNIER, à Paris, rue Neuve-Saint-Eustache, 5.

Ces exposants, qui ont une maison à Lyon, déjà honorée des premières récompenses pour la fabrication de l'étoffe façonnée, y ont joint celle des châles cachemires. Pour l'exploitation de cette seconde industrie, ils sont venus se fixer au milieu même de la fabrique parisienne, comptant sur le succès de leur procédé nouveau, pour soutenir la concurrence. L'expérience a prouvé qu'ils n'avaient pas trop présumé de leurs forces, et, quoique nouveaux encore, ils se sont tout d'abord placés en première ligne. Nous avons parlé de leur procédé en commençant ce rapport; nous ajouterons qu'ils ont porté, dans la fabrication du châle, ce sentiment du dessin, cette entente du coloris, cette habileté pratique si familière aux Lyonnais. Ils sont en voie de donner un grand développement à leur nouvelle industrie. Toutefois, comme elle est encore jeune et qu'elle a tout à espérer de l'avenir, le jury se réserve, lorsqu'il s'occupera des soieries, de leur décerner la récompense qu'ils méritent.

M. Paul GODEFROY, à Paris,

A exposé des châles indous et pur cachemire, qui ont fixé l'attention des connaisseurs et du public, par la hardiesse qu'il a su déployer dans la composition des dessins.

On a distingué surtout un châle long à fond varié, rehaussé d'or et d'argent, d'une exécution et d'une finesse de tissu admirables.

Nous avons remarqué une chaîne imprimée par un procédé nouveau de sa création, qui lui permet de fixer une couleur rouge, sur le fond de la chaîne, en guirlande ou de toute autre manière, suivant les contours et l'exigence des dessins, afin de donner, par ce moyen, plus de richesse de coloris et de vivacité aux châles.

Ce fabricant a déjà été honoré de la médaille d'or, comme imprimeur sur étoffes. Il expose encore aujourd'hui à ce titre.

Sa fabrication des châles promet beaucoup, sans doute, pour l'avenir, et nous fait concevoir les plus belles espérances; mais, comme elle est encore récente, le jury pense que la récompense à accorder à cet exposant sera mieux placée à la partie du rapport qui s'occupera de l'impression.

RAPPELS DE MÉDAILLES D'ARGENT.

M. FOUQUET aîné, à Paris, rue des Fossés-Montmartre, 10.

Ce fabricant, qui a tissé l'un des premiers un châle long, cachemire, à la tire, sur chaîne soie, lorsqu'il était simple ouvrier dans l'ancienne maison Bellangé et Dumas Descombe, doit à un travail long et honorable, la bonne position qu'il a su acquérir parmi ses concurrents.

Sa fabrication de châles indous, carrés et longs, se distingue par une exécution soignée et la modicité des prix; aussi est-elle bien accueillie par la consommation.

Le jury se plaît à rendre justice au mérite de ce fabricant, et lui décerne le rappel de la médaille d'argent qu'il a obtenue en 1839.

M. DEBRAS, à Paris, rue des Fossés-Montmartre, 19.

M. Debras a été, tour à tour, ouvrier, dessinateur et fabricant. Il a exécuté lui-même un châle espouliné, à une époque où on ne connaissait pas encore parfaitement le travail indien.

Par ses connaissances en fabrication, et par une économie bien raisonnée, dans la conformation des dessins, il est parvenu, à l'aide d'un pivotage des cartons habilement combiné avec le dessin, à réduire d'un tiers, et même quelquefois de moitié, le nombre des cartons nécessaires à la confection d'un châle.

Ses produits doivent, à l'économie de ses procédés, non moins qu'à leur bonne exécution, la faveur dont ils jouissent dans la consommation. C'est un mérite que le jury se plaît à reconnaître, en votant, au profit de ce fabricant, le rappel de la médaille d'argent.

MM. GAGNON et CULHAT, à Paris, rue Neuve-Saint-Eustache, 23.

Ces exposants ont présenté des châles indous d'une fabrication très-soignée ; ils soutiennent leur réputation de bien produire, avec goût, intelligence et bon marché.

Le jury leur accorde le rappel de la médaille d'argent qu'ils ont obtenue en 1839.

MM. SIMON et NOURTIER, à Paris, rue des Fossés-Montmartre, 2.

Cette maison se distingue par plusieurs genres de produits : le châle cachemire, le châle indou et plusieurs articles de nouveautés.

Ils ont aussi fabriqué des châles où ils ont admis l'or et l'argent dans le tissage des fleurs du dessin, à l'imitation de quelques étoffes recherchées en Orient, où ils ont su se créer des débouchés importants.

Le jury leur accorde le rappel de la médaille d'argent qu'ils ont obtenue en 1839.

M. CHAMBELLAN, à Paris, rue des Fossés-Montmartre, 8.

M. Chambellan obtint une médaille d'argent en société avec M. Duché aîné. Il continue seul, avec succès, la fabrication des châles cachemires et indous.

Le jury lui accorde le rappel de la médaille d'argent.

MÉDAILLES D'ARGENT.

M. BRUNET, à Paris, rue Neuve-Saint-Eustache, 44.

M. Brunet, qui s'est livré très-jeune à l'étude des procédés de fabrication, les dirige avec une habileté rare; sa production habituelle est le châle indou-laine, dont il accroît la vogue par une excellente confection.

Il a obtenu une médaille de bronze en 1839; depuis lors il a augmenté de beaucoup sa fabrication dans les châles bon marché.

Le jury, appréciant le mérite réel et distingué de ce fabricant, l'élève à la médaille d'argent.

MM. BARBÉ-PROYART et BOSQUET, à Paris, rue de Cléry, 42.

Indépendamment des articles de leur fabrication courante, ces manufacturiers ont exposé plusieurs châles faits doubles par le procédé que nous avons décrit en tête de ce rapport. Cette innovation nous a frappés, à juste titre, et nous a paru devoir exercer, pour l'avenir, une influence utile sur le prix de revient des châles.

La séparation des deux pièces jumelles était la grande difficulté de la question, elle a été bien résolue par la machine de l'invention des exposants, et dont votre section de mécanique aura à vous rendre compte. C'est d'accord avec elle, et dans la confiance que lui inspire ce nouveau mode de fabrication, que le jury ne balance pas à voter, à ces exposants, la médaille d'argent.

MM. BOAS frères, à Paris, rue de Cléry, 27.

Nous ne pouvons que répéter, pour ces exposants, ce que nous venons dire de MM. Barbé-Proyart et Bosquet. Comme ces derniers, ils fabriquent deux châles à la fois sur le même métier; et, comme eux aussi, ils ont inventé une machine pour les séparer. Il est vrai qu'ils ne l'ont pas exposée, mais nous l'avons vue fonctionner, et nous avons pu reconnaître qu'elle atteint parfaitement son but.

Leurs procédés de montage des métiers et de séparation des châles, sont tout à fait différents de ceux de leurs concurrents; il n'entre pas dans les attributions du jury de déterminer leur mérite comparatif, mais comme le problème est résolu de part et d'autre, il leur décerne également la médaille d'argent.

MM. GOURÉ jeune et GRANDJEAN, à Paris, rue Neuve-Saint-Eustache, 28.

M. Gouré obtint en 1834 une médaille de bronze, qui fut honorablement confirmée en 1839, pour ses châles cachemire et indou-laine.

Les débouchés de cette maison se sont considérablement accrus depuis 1839. Ces fabricants ont, depuis cette époque, établi de bonnes relations avec l'Allemagne et l'Italie, où ils exportent une grande partie de leurs produits.

Les châles qu'ils exposent cette année attestent leurs nouveaux efforts pour produire de bonnes qualités à des prix modérés.

Le jury leur décerne la médaille d'argent.

MM. JOURDAN et Cie, à Paris, rue Neuve-Saint-Eustache, 5.

MM. Jourdan et Cie ont su prendre une place distinguée parmi les fabricants de cachemire et indou-laine. Les produits qu'ils ont exposés sont remarquables par tous les genres de mérite qui constituent une bonne fabrication : coloris harmonieux, finesse de réduction, élégance et bon goût dù dessin. Ils peuvent soutenir la comparaison avec ce qui se fait de mieux en ce genre et sont bien appréciés par les consommateurs.

Le jury leur décerne la médaille d'argent.

MM. L. CHAMPION et C. GÉRARD, à Paris, rue Neuve-Saint-Eustache, 15.

Ces fabricants, successeurs de M. Léon Bachelot, qui obtint une médaille de bronze en 1839, ont su prendre un rang distingué pour la fabrication des châles indous qu'ils établissent à des prix favorables à la consommation; ils ont ajouté à leurs produits les châles pur cachemire.

Ils ont exposé, entre autres châles, un carré présentant deux dessins différents séparés diagonalement, ce qui, à l'usage, produira le même effet que deux châles tout à fait distincts.

Ces fabricants se sont classés fort honorablement parmi leurs rivaux; le jury, appréciant leur mérite, les élève à la médaille d'argent.

RAPPEL DE MÉDAILLE DE BRONZE.

M. BOURNHONET, à Paris, rue des Fossés-Montmartre, 2.

Ce fabricant a présenté à l'exposition des châles longs et carrés, indou-laine et cachemire d'une fabrication courante.

Nous avons remarqué un châle long blanc dune exécution superfine très-riche de dessin et de coloris. Ce produit tout exceptionnel pour ce fabricant nous fait regretter qu'il n'ait pas donné une plus grande extension à ce genre de fabrication.

Le jury lui accorde le rappel de la médaille de bronze.

NOUVELLE MÉDAILLE DE BRONZE.

M. Hippolyte JUNOT, à Paris, rue Neuve-Saint-Eustache, 6,

Fabrique avec succès le châle cachemire et le châle indou. Il a exposé, entre autres, un châle long noir qu'il nomme triface, dont le dessin est combiné de manière qu'il représente, dans un sens, un châle long à bas de palme, dans l'autre sens, un châle long à galerie, et dans le troisième sens, un carré à galerie seulement.

Le jury, tout en rendant justice à l'habileté de ce fabricant, regrette que son importance manufacturière ne soit pas à la hauteur de son mérite. Il a déjà eu le rappel de la médaille de bronze en 1839; le jury lui décerne une nouvelle médaille de bronze en 1844.

MÉDAILLES DE BRONZE.

MM. SIVEL-CARON et Cie, à Paris, rue Neuve-Saint-Eustache, 25.

Ces exposants se sont placés promptement au nombre des bonnes maisons qui fabriquent les châles indous. Leurs produits se distinguent par leur bonne confection et le choix heureux des dessins.

MM. Sivel et Herbin avaient obtenu une mention honorable en 1839. Le jury central de 1844, prenant en considération les progrès qui ont été faits depuis cette époque par leur nouvelle maison, leur décerne la médaille de bronze.

MM. BOUTARD-VIGNON et Cie, à Paris, rue des Fossés-Montmartre, 25.

Ces fabricants, établis depuis peu de temps, ont exposé des châles indous qui soutiennent avantageusement la comparaison avec ceux des anciennes maisons pour la qualité et pour le prix. Leur fabrication les place, dès leur début, au niveau des habiles producteurs.

Le jury se plaît à reconnaître le mérite distingué de ces exposants et leur décerne la médaille de bronze.

MM. LION frères et Cie, à Paris, place des Petits-Pères, 9.

Ces industriels, récemment établis, étaient auparavant dessinateurs dans une des premières fabriques. Ils ont fait preuve de bon goût ; leurs châles ont le cachet des produits les plus recherchés. Le long châle noir à grande galerie qu'ils ont exposé, ne le cède en rien, pour l'exécution et le coloris, à ceux de nos premiers fabricants.

Ces débuts ont paru au jury assez remarquables pour mériter à ces exposants la médaille de bronze.

MM. CHINARD fils et Cie, à Paris, rue de Cléry, 9,

Ont exposé des châles indous bien fabriqués et des écharpes en chenilles sans envers.

Leurs produits ont paru au jury assez remarquables pour qu'il se soit empressé de décerner à ces exposants la médaille de bronze.

M. BARRIER, à Paris, rue Saint-Joseph, 10 *bis*.

Ce fabricant a exposé des châles indou-laine à des prix modérés et qui font beaucoup d'effet.

M. Barrier a déclaré se servir d'un procédé qui lui permet de varier le fond de chaque palme sans qu'il en coûte plus de frais de main-d'œuvre.

Le jury lui décerne la médaille de bronze.

MM. DACHÉS et DUVERGER, à Paris, rue Neuve-Saint-Eustache, 7.

Ces exposants ont présenté, pour la première fois, leurs produits : ils fabriquent des châles indou-laine à des prix très-modiques, et d'une parfaite exécution.

Le jury leur accorde la médaille de bronze.

MENTIONS HONORABLES.

M. ROSSET, à Paris, rue Vivienne, 48 ,

Expose cette année, pour la première fois, des châles indou-laine et cachemire pur, remarquables par la richesse des dessins et la bonne fabrication. Ses produits sont de nature à le classer fort honorablement parmi ses concurrents : mais comme sa fabrique est nouvellement établie, le jury a cru devoir attendre que l'expérience ait réalisé les espérances que ses débuts font concevoir. En conséquence, il se contente de le mentionner honorablement.

M. FABRE-BOSQUILLON, à Paris, rue Neuve-Saint-Eustache, 24 ,

Dont l'établissement date de six mois seulement, a exposé des châles qui signalent un fabricant intelligent qui sort d'une bonne école.

M. LIGNIÈRE, à Paris, rue de Cléry, 13,

Expose des châles indous à des prix très-modiques, exécutés avec soin et très-variés de dessin.

MM. BONFILS-MICHEL et Cie, à Paris, rue Neuve-Saint-Eustache, 32 ,

Exposent des châles indous variés d'une bonne exécution.

CITATIONS FAVORABLES.

M. FRESSART, à Paris, rue Neuve-Saint-Eustache, 32 ,

Exploite le châle indou avec avantage.

M. FRETILLE, à Paris, rue de Cléry, 26,

Pour une collection de châles longs et carrés en pur cachemire, bien variée.

M. BAROUILLE, à Paris, rue Neuve-Saint-Eustache, 18,

Pour sa collection variée de châles indous.

CHALES DE LYON.

RAPPEL DE MÉDAILLE D'OR.

M. GRILLET aîné, à Lyon (Rhône).

M. Grillet est en même temps dessinateur, fabricant, mécanicien et négociant. Le goût, la variété, la bonne fabrication de ses produits et l'importance de ses affaires le prouvent.

Le jury a surtout remarqué les châles blancs fabriqués avec deux chaînes par un procédé de l'invention de M. Grillet.

Ce fabricant occupe 250 à 300 métiers qui font travailler de 750 à 900 ouvriers.

Il produit environ pour 1,500,000 fr. de châles, dont moitié à peu près pour l'exportation.

C'est la troisième fois que M. Grillet expose, et chaque fois le jury en constatant de nouveaux progrès lui a donné une récompense supérieure.

En 1834, à son début, la médaille d'argent.

En 1839, la médaille d'or.

En 1844, le jury a voulu lui donner un rappel, et il le lui donne avec les plus grands et les plus justes éloges.

RAPPEL DE MÉDAILLE D'ARGENT.

MM. DAMIRON frères, à Lyon (Rhône).

Cette maison, par l'excellente fabrication de ses châles et par l'importance de ses affaires, tant à l'intérieur qu'à l'étranger, mérite le rappel de la médaille d'argent qu'elle a reçue en 1834. Le jury central lui confirme de nouveau cette récompense.

MÉDAILLES D'ARGENT.

MM. PAGÈS, BLIN et Cie, à Lyon (Rhône).

Les châles carrés et longs, laine ou indou, qu'ils exposent, sont établis à des prix qui expliquent l'importance des affaires que font ces fabricants. En deux ans seulement, ils sont parvenus, à force d'intelligence et d'énergie, à soutenir et à vaincre sur les marchés d'Allemagne et d'Italie, la concurrence des fabriques de Vienne en Autriche.

Le chiffres de leurs affaires s'élève à près d'un million, dont les deux tiers au moins pour l'exportation.

Ils ont obtenu la médaille de bronze en 1839, et les progrès qu'ils ont faits depuis, méritent la médaille d'argent que le jury leur accorde.

MM. JARRIN et TROTTON, à Lyon (Rhône).

Ces fabricants exposent des châles carrés et longs en laine indous et cachemire.

Leurs prix sont modérés; leur fabrication est très-bien entendue pour produire de l'apparent, même du riche à bon marché.

Les grandes relations qu'ils ont formées à l'extérieur, leur ont permis de développer avec énergie
leurs moyens de production. Leurs affaires s'élèvent
de 6 à 700 mille francs, dont deux tiers pour l'exportation.

Le jury leur décerne la médaille d'argent.

MÉDAILLES DE BRONZE.

M. J. M. GOUJON, à Lyon (Rhône).

Ce fabricant expose, pour la première fois, des
châles indous très-variés de dessin, et d'une parfaite exécution. Il prend, dès son début, un rang
distingué dans la fabrique, qui lui présage, pour
l'avenir, de plus grands succès.

Le jury lui décerne la médaille de bronze.

M. JAILLET jeune, à Lyon (Rhône).

Très-connu à Lyon par les perfectionnements
qu'il a apportés dans diverses parties de la fabrication des châles, comme liseur et mécanicien, le
sieur Jaillet a entrepris, depuis peu, la fabrication
des châles de cachemire.

Ce qui paraît surtout avoir frappé cet industriel,
c'est la possibilité de multiplier, sans nouveaux
frais, les tons des couleurs, en les employant
tantôt seules, tantôt mélangées entre elles.

Les châles exposés par lui prouvent que ses essais
ne sont pas restés sans résultats, et dénotent, de
la part du sieur Jaillet, une connaissance profonde
de l'art du tissage.

Ces articles n'ayant pas encore acquis une grande

importance commerciale, le jury récompense ce
fabricant en lui décernant la médaille de bronze.

CHALES DE NIMES.

RAPPEL DE MÉDAILLE D'OR.

MM. Pierre CURNIER et Cie, à Nîmes (Gard).

Cette maison, qui a changé de chef, n'a pas
changé de raison commerciale; MM. Curnier fils
et Brunel, son cousin, ont conservé la raison sociale honorée par tant de succès.

Initiés depuis longtemps à la connaissance de la
fabrication, ils ont déployé le goût, l'habileté, le
mouvement, qui avaient distingué leurs prédécesseurs dans la direction de leur maison, ils ont
même sensiblement augmenté l'importance de
leurs affaires.

On distingue dans leur collection un châle long
vert et un bleu céleste, dont la disposition et le
goût ne le cèdent à aucune fabrique.

Leurs divers genres de châles à carreaux et imprimés sont aussi d'un très-bon effet.

Le jury, en raison de l'activité toujours croissante de ces industriels, leur accorde de nouveau le
rappel de la médaille d'or.

MÉDAILLE D'OR.

MM. DEVEZE fils et Cie, à Nîmes (Gard).

Ces fabricants, qui obtinrent la médaille de
bronze en 1834, n'exposèrent pas en 1839. Depuis
lors ils ont acquis de nouveaux titres à la récom-

pense du jury, et ces titres se sont accrus d'autant plus que, sans négliger la consommation courante de l'intérieur, qui était dans le temps leur seule ressource, ils ont su se créer des débouchés considérables à l'extérieur, principalement dans l'Amérique du Sud, où ils exportent les cinq huitièmes de leurs produits.

Outre les châles de qualité moyenne qu'ils ont exposés, et parmi lesquels on remarque un châle long noir et un bleu de France, qui réunissent au plus haut degré le double mérite de l'excellente exécution et du bon marché, ils fabriquent aussi des châles longs rayés, destinés à la consommation du Levant.

Le jury, en considérant le grand développement que ces exposants ont donné à leur fabrication, l'importance de leurs débouchés à l'extérieur, les trouve dignes de la médaille d'or qu'il leur décerne.

RAPPEL DE MÉDAILLE D'ARGENT.

MM. COLONDRE et GEVAUDAN, à Nîmes (Gard).

Une médaille d'argent fut décernée en 1839 au nom de Colondre et Prades.

La nouvelle maison mérite, par son importance et la bonne fabrication de ses produits, le rappel de la médaille d'argent que le jury lui décerne de nouveau.

MÉDAILLES D'ARGENT.

MM. F. CONSTANT et fils, à Nîmes (Gard).

M. Constant, excellent fabricant et dessinateur très-distingué, s'occupe principalement de la fabrication des châles dans les qualités supérieures, qui peuvent rivaliser avec les fabriques de Paris et de Lyon. C'est à ce genre spécial, auquel il se livre avec zèle et intelligence, qu'il doit les succès que ses produits obtiennent dans le commerce.

Le jury, appréciant les services qu'il rend à cette industrie, en ce qu'il entretient, par ses soins persévérants, le type du goût et de la bonne fabrication, lui décerne avec satisfactiou la médaille d'argent.

MM. PRADES et FOULC, à Nîmes (Gard).

M. Prades, associé d'abord avec M. Colondre, obtint en 1839 une médaille d'argent. Depuis lors M. Prades a formé une nouvelle société avec M. Foulc, et a mis en pratique, avec beaucoup de succès, l'expérience qu'il avait acquise dans sa première société.

Ces industriels ont donné une grande extension à leur fabrication, par les relations qu'ils ont établies avec la Hollande et la Belgique, où ils exportent les deux tiers de leurs produits. Ils ont su, par leur activité et leur intelligence, satisfaire au goût dominant de ces contrées, et entretenir, par ce moyen, une fabrique considérable où ils occupent un grand nombre d'ouvriers.

En raison de leurs efforts et de leurs succès, le jury leur décerne la médaille d'argent.

MM. FABRE et BIGOT, à Nîmes (Gard).

Ces exposants, établis depuis 1838, sont déjà profondément initiés à tous les secrets de la fabrication; on reconnaît dans leur production, l'intelligence et les soins les mieux entendus.

Ils ont établi des dépôts à Paris et à Bruxelles, et ont envoyé des représentants en Allemagne et en Hollande, où ils font des affaires considérables.

Ces fabricants se présentent pour la première fois au concours, et le jury central, en considérant le grand développement de leur fabrication et leur habileté industrielle, leur vote la médaille d'argent.

RAPPELS DE MÉDAILLES DE BRONZE.

M. J. BOUET, à Nîmes (Gard).

Les châles thibet de cet exposant ont fixé l'attention des connaisseurs par leur bonne exécution et leur bas prix. Il nous fait regretter qu'il n'ait pas donné une plus grande extension à sa fabrication.

Le jury n'a donc pu que renouveler à ce fabricant le rappel de la médaille de bronze qu'il lui avait accordée en 1839.

MM. MIRABAUD et Cie, à Nîmes (Gard).

Ces fabricants ont exposé des châles de laine et principalement des kabyles.

Ces articles, exécutés avec soin, sont livrés à la consommation à des prix très-modiques. Ces qualités remarquables déterminent le jury central à confirmer à MM. Mirabaud et Cie, le rappel de la médaille de bronze qu'ils ont obtenue en 1839.

MÉDAILLES DE BRONZE.

M. L. SERRES, à Nîmes (Gard).

Ce fabricant expose pour la première fois des châles thibet remarquables par la modicité de leur prix. Il occupe un grand nombre d'ouvriers. Les deux cinquièmes de ses produits sont livrés à l'exportation, et envoyés principalement en Espagne.

M. Serres, par l'extension qu'il a su donner à sa fabrication, par l'abaissement de ses prix, par le rang qu'il a pris dans les affaires, a droit à la médaille de bronze que lui décerne le jury central.

MM. REYNAUD père et fils, à Nîmes (Gard).

Ces exposants se présentent, cette année, pour la première fois ; ils ont envoyé des châles de qualités moyennes, à des prix modérés, qui leur assurent de bons débouchés.

Le jury central reconnaît que ces fabricants sont dans une voie de progrès, par la production d'articles fabriqués à bon marché, et leur accorde une médaille de bronze.

MENTIONS HONORABLES.

MM. AUDEMARD et BRÉS fils, à Nîmes (Gard),

Fabriquent les qualités ordinaires dont la consommation se trouve en France, en Hollande et en Allemagne.

MM. BERTRAND et PRADAL, à Nîmes (Gard).

Ils se renferment dans un genre de châle sur

fond couleur de mode, pour Paris et pour l'exportation.

CITATIONS FAVORABLES.

M. GAVANON fils, à Nîmes (Gard).

Les produits de ce fabricant s'appliquent généralement à la consommation moyenne.

M. MALHIAN aîné, à Nîmes (Gard).

Ses produits sont appréciés par les soins qu'il donne à sa fabrication de châles ordinaires.

MM. PONGE et fils, à Nîmes (Gard).

Ces fabricants exploitent avec avantage un genre de châle fond blanc qui leur est très-demandé.

EXPOSANT NON FABRICANT.

M. ECK, à Paris, rue du Chantre Saint-Honoré, 24.

Quoique cet industriel ait exposé quelques articles exécutés par lui, le jury n'a pu l'accepter comme véritable producteur : il doit plutôt être rangé dans la classe des industriels ou artistes dont le jury a la mission d'apprécier les mérites, bien qu'ils ne soient pas fabricants. Il est bien vrai qu'en 1823, M. Eck, en société avec M. Isot, avait obtenu la médaille d'argent. Depuis, il a cessé de travailler pour son compte ; mais, dans la nouvelle position qu'il a prise, il n'a cessé de s'occuper de la fabrication, d'en suivre et d'en faciliter les progrès. C'est à lui que la fabrication des châles doit les premiers essais du véritable croisé des châles des Indes.

Cette découverte a exercé la plus utile influence sur la fabrication des châles, elle a été l'origine de tous les perfectionnements; c'est une justice que lui rend l'opinion publique. Le jury, en considération de la constance des travaux de M. Eck, et des services très-importants qu'il a rendus à la fabrication des châles, vote à son profit la médaille d'argent.

DEUXIÈME PARTIE.

SOIES ET SOIERIES.

PREMIÈRE SECTION.

SOIES GRÉGES ET OUVRÉES.

M. Meynard, rapporteur.

L'appel que le jury faisait aux mouliniers et filateurs de soie, dans ses rapports de 1834 et 1839, a été entendu ; il a excité leur zèle, et l'exposition de 1844 s'est enrichie de leurs différents produits : si les exposants ne sont pas encore nombreux, du moins ils représentent cette année leur importante industrie dans toutes ses parties, depuis la formation et les variétés de graines, la filature et ses procédés divers, le moulinage en trames, en organsins, rondelettes, floches, etc. ; les connaisseurs trouvent à cette exposition la représentation de toutes les transformations que subit cette précieuse matière avant de former les riches tissus qui honorent la fabrication française.

C'est avec bonheur que nous signalons les progrès de cette industrie, non-seulement dans ses procédés, mais dans sa marche générale ; les petites filatures disparaissent chaque année ; de grands établissements avec des procédés perfectionnés se forment et les remplacent, et par cette heureuse substitution, la qualité des soies gréges s'améliore et s'élève ; les mouliniers deviennent filateurs ; ils ont senti que c'était le seul moyen d'avoir des organsins ou des trames régulières, d'un brin toujours égal et net, et d'assurer à leurs marques un débit facile et avantageux ; aussi nous pouvons dire avec assurance, sinon pour tous, du moins pour beaucoup d'entre eux, que leurs ouvraisons sont supérieures à toutes les ouvraisons connues ; il y a à peine 20 ans que les organsins du Piémont jouissaient d'une supériorité incontestable ; ils se vendaient de 10 à 12 fr. par kilog. en sus du prix de ceux de France, soit 12 à 15 pour 100 de la valeur ; aujourd'hui les produits français obtiennent la préférence sur ceux de l'étranger, et la différence du prix vénal est en sens inverse. Nous sommes loin de l'époque où les fabricants de Lyon sollicitaient et obtenaient du Roi Louis XIV des lettres-patentes pour les autoriser à employer, dans certaines étoffes, les soies nationales interdites alors à cause de leur infériorité.

Il est juste de remarquer que ces heureuses innovations ne doivent pas être uniquement attribuées aux mouliniers; les fabricants peuvent à bon droit en revendiquer une large part. Jadis le système de moulinage était uniforme; on employait indistinctement dans tous les tissus, satins, peluches, rubans, etc., les soies ouvrées d'une même manière; l'expérience est venue en aide à la fabrique, a diversifié les emplois suivant la diversité des étoffes; ainsi, pour le satin, on met en œuvre des organsins à deuxième apprêt très-lâche au titre de 26/30, n'ayant que 360 à 380 torsions par mètre; pour les peluches, même ouvraison à 300 ou 320 torsions seulement; pour les rubans satinés au contraire, des organsins à fort apprêt au titre de 18/22; ces variations d'ouvraison sont devenues des spécialités, et des transactions directes se sont ouvertes entre les deux industries. Le moulinage qui n'était naguère qu'une occupation mécanique et presque infime, s'est élevé au rang d'une profession industrielle distinguée.

Le gouvernement n'est point resté étranger aux divers perfectionnements de la production et de la fabrication sérigène; il pousse aux progrès par des encouragements et des sacrifices; une amélioration sensible que ce noble commerce lui doit se trouve dans l'application du nouveau système de conditionnement, qui règle d'une manière équitable et certaine la dessiccation des

soies. Qu'il nous soit permis d'appeler son attention sur un perfectionnement non moins important, non moins vivement réclamé, nous voulons
parler de la régularisation du *titrage* de la soie;
cette précieuse matière est si ténue, si délicate,
que l'œil le plus exercé ne peut juger de sa finesse
à la simple inspection; la grége offre tant de
disparate et pour le titre et pour le résultat du
dévidage, qu'une manutention préliminaire peut
seule en faire apprécier la bonne confection; un
essai est indispensable pour diriger l'acheteur;
aussi, à Lyon comme dans toutes les villes de
fabrique, les essayeurs se sont multipliés au delà
des besoins réels, ils ont donné lieu à de nombreuses plaintes sur leur incurie, sur le défaut
de leurs connaissances pratiques et même sur
l'exactitude de leurs épreuves, circonstance grave
qui porte la perturbation dans les transactions;
vendeurs et acheteurs réclament l'intervention
du gouvernement pour réglementer cette industrie accessoire et la transformer en établissement public, comme le conditionnement des
soies; nous croyons devoir appeler l'attention
du ministre du commerce sur ce point si important, et nous avons lieu d'espérer que son
active sollicitude se préoccupera utilement de
la satisfaction attendue par d'aussi grands intérêts.

Les progrès que nous signalons comme accompli et ceux que nous appelons de tous nos vœux nous donnent la confiance que la fabrique française pourra soutenir avec avantage la concurrence des produits étrangers, et se maintenir dans le haut rang qu'elle occupe depuis deux siècles; de toutes parts la rivalité s'établit et s'étend; en Suisse, en Italie, en Allemagne, en Prusse, en Russie; l'introduction des métiers à la Jacquard facilite l'établissement du tissage des étoffes de soie, et l'exportation de produits similaires des fabriques de Zurich et d'Elberfeld se fait déjà sentir dans la masse de la fabrication nationale. C'est par l'augmentation de notre production séricicole, par le perfectionnement de la matière première, par l'emploi de nos soies indigènes, supérieures aux soies étrangères dans quelques-unes de nos provinces, que nous parviendrons à triompher dans cette pacifique lutte, et à conserver cette supériorité que nos avantages naturels et l'habileté de nos fabricants assurent à la provenance française.

RAPPEL DE MÉDAILLE D'OR.

M. Louis CHAMBON., à Alais (Gard).

Depuis 1816, M. Chambon occupe un des premiers rangs dans l'industrie des soies: filateur et moulinier, ses produits sont aussi variés que perfectionnés ; dans ses divers ateliers il fabrique les organsins pour satin, les soies pour tulles, les grenadines, zéphirs, etc. ; ils répondent par la beauté de la matière et la supériorité de l'ouvraison, aux besoins les plus délicats et les plus variés. Chaque année amène dans les ateliers de M. Chambon quelque perfectionnement nouveau ; l'industrie de la filature lui doit le procédé qui purge la soie du mariage des fils ; le moulinage a reçu de lui l'application du mécanisme nouveau pour le tournage à la vapeur. Dans sa fabrique du Martinet, il a le premier mis en pratique le système de dévidage en bobines, de telle sorte que la soie, en sortant de la bassine, passe au doublage et au *tarse*, sans l'intermédiaire du *tavelage* qui entraîne toujours un déchet considérable dans la soie.

C'est par ses procédés et son zèle pour le progrès de cette noble industrie que M. Chambon est parvenu à donner à ses produits une supériorité incontestable. Le jury prenant en considération l'importance des établissemens de M. Chambon et le perfectionnement de ses systèmes, lui décerne avec éloges le rappel de la médaille d'or qu'il a obtenue en 1839.

MM. LANGEVIN et Cie, à La Ferté (Seine-et-Oise).

Cet établissement, uniquement destiné à la manutention des bourres de soie et à la production des filés dits fantaisies, est le premier et le plus considérable de France pour ce genre de fabrication : il fournit plus du dixième de la consommation de nos fabriques de châles-Thibet ; il file tous les numéros, depuis 60 jusqu'à 300, et ses produits n'ont rien à redouter de la concurrence anglaise, ni pour la qualité ni pour le prix; par les perfectionnements qu'a introduits cet habile industriel, ils égalent leurs similaires d'outre-mer. La conquête de cette fabrication formée avec des machines introduites à grands frais, est un véritable service rendu à l'industrie nationale; elle trouve en France la matière première qui l'alimente et assure à nos fabriques de châles une portion considérable de leur consommation; introduite à l'aide d'une protection presque insignifiante, elle a vécu et grandi en présence d'une concurrence incessante, et déjà elle est en possession du marché français. Une telle épreuve, si dangereuse pour les industries créées dans des conditions forcées et inopportunes, est le gage de la durée et du développement des ateliers de Laferté-Aleps. et le jury rappelle la médaille d'or qui lui a été décernée en 1839.

M. TEISSIER-DUCROS, à Valleraugue (Gard).

Depuis 1823, les soies de M. Teissier-Ducros figurent avec une distinction particulière dans toutes les expositions qui se sont succédé; il obtint alors une médaille d'argent qui fut le sujet d'un rappel en 1827, et reçut la médaille d'or en 1834, rappelée en 1839. Disons que c'est à bon droit que ces récompenses ont été données; cet honorable industriel en était digne par ses constants efforts pendant 47 ans à perfectionner la filature des soies, base unique de toute belle fabrication, mais industrie qui était fort arriérée alors qu'il commença à s'y livrer. M. Teissier-Ducros s'est retiré des affaires depuis trois ans; en lui succédant, ses fils ont conservé la raison sociale de leur père, comme un hommage de respect et de reconnaissance filiale.

Les établissements de MM. Teissier-Ducros ont pris depuis 1839 un nouveau développement ; ils viennent de créer un second atelier de moulinage ; leur filature suit cette progression ; dans l'une et l'autre manutention ils mettent en œuvre les procédés les plus perfectionnés.

Les gréges qu'ils ont exposées sont d'une rare perfection ; leur titre varie depuis 3 jusqu'à 48 cocons ; elles sont sans mariages et à bouts noués ; leur pureté, leur régularité, le degré de nerf et d'élasticité qu'elles possèdent en rendent le dévidage facile ; quelques fabricants les emploient pour chaîne à fil simple et sans aucune ouvraison ; les derniers numéros servent à la confection des toiles à bluter ; l'échantillon à 48 cocons est un modèle de perfection ; il est produit par le concours de deux fileuses, dépouillant chacune dans une bassine séparée quatre groupes de six cocons ; les brins se réunissent premièrement en deux fils de 12, puis de 24, et enfin après une forte croisure, ils forment la réunion de 48 cocons, en conservant la même régularité que les titres les plus fins. C'est un chef-d'œuvre en filature.

Le jury rappelle en faveur de la maison Teissier-Ducros la récompense de premier ordre qui lui a été décernée en 1834.

MÉDAILLES D'OR.

M. Louis BLANCHON, à Saint-Julien-en-Saint-Alban (Ardèche).

C'est pour la première fois que **M. Louis Blan-chon** expose les produits de son industrie; nous les jugerons par un seul mot: ils sont la perfection même; sans assigner de limites au progrès, nous doutons que dans aucun temps il soit permis d'espérer que ce degré soit dépassé.

C'est à cet habile industriel que la France doit la supériorité de ses organsins; c'est par ses soins constants, par ses efforts incessants, par son zèle infatigable pour le perfectionnement de l'organsinage, la bonne confection et la régularité de la soie grége que cette industrie a d'abord soutenu la concurrence étrangère, et qu'elle a fini par surpasser sa rivale.

C'est à **M. Blanchon** que nous faisions allusion dans notre avant-propos; nous devons le signaler à l'attention publique comme l'auteur, le propagateur de toutes ces améliorations qui ont porté le moulinage français à ce haut point de supériorité sur le moulinage du Piémont; que ses confrères suivent son exemple; qu'ils s'efforcent d'agrandir cette carrière de perfectionnement dans laquelle il marche avec une distinction si louable, et cette honorable lutte hâtera le triomphe désormais assuré de l'industrie nationale.

Le jury décerne à **M. Blanchon** la médaille d'or.

M. MEYNARD, à Valréas (Vaucluse).

Cet exposant a succédé à son père qui obtint à
l'exposition de 1834 la médaille d'argent. Par ses
heureuses découvertes, par son zèle et son désintéressement pour leur propagation, M. Meynard
marche à côté de M. Blanchon, et ses trames possèdent la même supériorité que les organsins de ce
dernier; dans nos grands foyers de consommation
comme à l'étranger, leur réputation méritée leur
assure non-seulement la préférence sur les similaires des autres mouliniers, mais une faveur de prix
de 5 à 6 fr. par kilog. Cet industriel est l'auteur
breveté du procédé de moulinage qu'il emploie;
en sortant de la bassine, au lieu de se porter sur un
asple à grande circonférence, la soie se dévide sur
des bobines, après avoir traversé un large cylindre
chauffé à la vapeur qui la débarrasse de l'humidité
et empêche le collage des brins. Un tournage lent
facilite la régularité des fils, et le dévidage simul-
tané dispense du tavelage, opération longue et dispendieuse, qui fait éprouver à la grége un déchet
de 2 jusqu'à 5 et 6 pour 100. Ce système, qui ne
compte que quelques années d'existence, se propage dans nos régions séricicoles, il produira une
économie de matière qu'on peut évaluer à plusieurs
millions.

M. Meynard emploie à d'utiles expérimentations
les moments que lui laisse le soin de son importante industrie. Depuis plusieurs années il a entrepris une seconde éducation de vers à soie, en au-
tomne; ses essais ont constamment réussi; conservant la graine dans une glacière, il opère l'éclosion

vers la fin de septembre. Jusqu'au troisième âge les vers sont nourris avec la feuille multicaule dont la pousse n'est arrêtée que par les gelées; après le troisième âge, c'est-à-dire vers le 10 octobre, la feuille du mûrier ordinaire alimente les vers, et quoique macérée, durcie par les vents, elle est dévorée par ce vivace insecte jusqu'au pétiole. Par ce procédé, le mûrier ne souffre aucune atteinte, car sa seconde feuille ne lui est enlevée qu'au moment de sa chute naturelle, et l'arbre n'éprouve aucune altération dans sa production future. Le rapporteur a suivi avec attention l'éducation seconde faite par l'exposant en 1843; il l'a examinée dans toutes ses phases; et le succès constaté a dépassé toutes ses espérances; c'est avec le produit de cette seconde récolte que M. Meynard a confectionné les gréges, les organsins et les étoffes qu'il a exposés; ils ne le cèdent à aucun autre pour le moelleux du tissu et le brillant de la couleur. Il a conservé un kilogramme de graine qu'il se propose de distribuer à ses confrères pour propager cette seconde éducation. Si cette expérience en grand confirme, comme tout porte à le croire, la réussite des essais antérieurs, une grande rénovation s'apprête dans la production de la soie; l'agriculture et l'industrie en retireront un bienfait immense, et la reconnaissance publique se reportera sur son auteur.

Le jury accorde à cet exposant la médaille d'or.

MM. AIGOIN-DELARBRE et Cie, à Ganges (Hérault),

Possèdent un des plus grands établissements de

France en filature et moulinage; il se compose de 213 bassines en organsins ou trames; ils produisent 10,000 kilog. de grége dont la valeur arrive à près d'un million de francs; leur industrie réunit la quantité à la qualité.

Les échantillons qu'ils ont soumis à l'appréciation du jury central sont d'une grande beauté : couleur, pureté, régularité, élasticité, ces soies déploient toutes les perfections qui distinguent les soies des Cévennes; aussi jouissent-elles dans nos grands centres de consommation de la faveur qui leur est due à tant de titres.

MM. Aigoin-Delarbre et Cie se livrent avec intelligence et succès à tous les perfectionnements que leur suggère une pratique habile; ils ont propagé la culture du mûrier dans la contrée qu'ils habitent et que leur industrie enrichit; la production générale des soies s'est portée en peu d'années de 13,000 kilog. à 40,000; c'est une richesse qu'ils ont créée en partie et qui mérite la reconnaissance universelle.

Le jury, en reconnaissant dans MM. Aigoin-Delarbre et Cie des industriels sur la première ligne dans une production qui est sans contredit l'une des plus magnifiques de la France, leur décerne la médaille d'or.

RAPPELS DE MÉDAILLES D'ARGENT.

M. Ernest FAURE, de Saillans (Drôme).

Depuis la dernière exposition, les produits de cette fabrique ont pris un grand développement et éprouvé une sensible amélioration ; M. Faure est un filateur distingué et un habile moulinier ; ses organsins à apprêts variés, pour satin, pour peluches, pour rubans satin, décèlent une application et une intelligence remarquables; encore un pas, et ce recommandable industriel se placera au premier rang. Déjà sa marque jouit à Saint-Étienne et à Lyon d'une faveur justement méritée.

Le jury se plaît à rappeler la médaille d'argent qu'il lui a accordée en 1839.

M. Ferdinand CARRIÈRE, à Saint-André-de-Valborgne (Gard).

Les soies blanches et jaunes de 4/5 à 9/10 cocons exposées par M. Carrière sont filées avec soin et à bouts noués. Elles sont d'une nature supérieure, nerveuse et élastique à la fois, avantages qu'elles doivent à la qualité des cocons que produit cette terre privilégiée des Cévennes. Elles servent principalement aux étoffes mélangées de laine, et s'emploient à fil simple. Il serait à désirer que cet industriel appliquât à sa filature les procédés économiques aujourd'hui en usage, et que, par la rénovation de la graine, il cherchât à améliorer la couleur de ses blancs; il trouverait dans ce progrès le double avantage d'un débouché plus facile et d'une vente plus lucrative.

Le jury rappelle en sa faveur la médaille d'argent accordée en 1839 à la maison Carrière et Reidon dont il était l'un des chefs.

M. Émilien REIDON, à Saint-Jean-de-Valerisque (Gard).

Ancien associé de M. Carrière, il a participé en 1839 à la récompense que le jury décerna à ces deux industriels. Aujourd'hui M. Reidon se présente comme filateur et moulinier, cette dernière industrie est chez lui un essai qui donne des espérances, et ses organsins pour satin méritent des éloges; ses gréges sont bien filées et soutiennent la comparaison avec les filatures de premier ordre.

Le jury rappelle en faveur de cet industriel la médaille d'argent donnée en 1839.

MM. BRUGUIÈRE et BOUCOIRAN, à Nîmes (Gard).

Comme en 1834 et 1839, MM. Bruguière et Boucoiran ont exposé une série d'échantillons de leurs nombreux produits : soies plates, soies perlées, floches, cordonnets, fantaisies, rondelettes, écrues et teintes, forment cet assortiment qui témoigne de leur goût et de leurs efforts; depuis la dernière exposition ils ont ajouté à leur établissement un atelier de teinture uniquement destiné à leurs besoins personnels, et l'inspection de toutes les variétés de leurs couleurs est un témoignage des avantages que ces adjonctions, trop rares dans la fabrication des soieries de tous genres, procureraient aux commerçants qui les créeraient; la teinture isolée est une occasion de pertes nombreuses pour les fabricants, il serait inutile d'en détailler les effets.

Ces industriels ne bornent pas leur production à la consommation intérieure ; ils exportent une portion notable de leurs produits à l'étranger, et travaillent avec activité à se procurer des débouchés nouveaux ; cette maison est ancienne et jouit d'une confiance méritée ; aussi n'a-t-elle à redouter aucune allusion personnelle, lorsque nous exprimerons ici nos doléances sur les causes qui ont amené la stagnation des anciennes relations, la restriction des débouchés que cette fabrication trouvait dans les régions transatlantiques. Naples et la Suisse ont élevé depuis quelques années une concurrence mortelle à nos produits français de soie à coudre et cordonnets, et il faut bien reconnaître que ce n'est pas à nos matières premières ni à l'infériorité de notre fabrication que cet échec doit être attribué ; les transactions commerciales ne durent que par la loyauté et la sincérité ; si quelques industriels avaient négligé ces principes, leur intérêt leur ferait une loi d'y revenir.

Le jury rappelle en faveur de MM. Bruguière et Boucoiran la médaille d'argent de 1839, comme récompense de leurs efforts et de leur intelligence.

MÉDAILLES D'ARGENT.

M. Jean-Baptiste HAMELIN, aux Andelys (Eure) et à Paris.

Il serait difficile de décrire toutes les variétés de soies à coudre et à broder, ombrées et chinées, mélangées d'or et d'argent, cordonnets, etc., que M. Hamelin a adressées à l'exposition : elles se composent de plus de 200 articles ; aussi nous empresserons-nous de reconnaître que sa fabrication est la plus diverse et la plus complète par les différentes natures de matière première et par la multiplicité des nuances; cet industriel opère le dévidage, le retordage et le doublage des soies qu'il emploie, et qui s'élèvent annuellement à 18,000 kilog., dans ses ateliers qui occupent plus de 200 ouvriers. Une industrie si développée est une véritable richesse pour le pays, et rend un éclatant témoignage des efforts et de l'intelligence de son chef.

Ses succès et le perfectionnement de ses produits remarquables par leur pureté, l'éclat de leur couleur et leur parfaite confection, ont engagé le jury à lui décerner, comme récompense, une nouvelle médaille d'argent.

M. Jules BOURCIER, à Lyon (Rhône).

A exposé quelques échantillons de soie filée par un procédé spécial qui consiste à diviser en deux opérations le dépouillement des cocons au moyen d'une double bassine et de deux fileuses; l'une bat les cocons, les purge et les file jusqu'au premier huitième environ; alors elle casse le fil et en fixe le bout sur un support intermédiaire; l'autre fileuse les reprend, les dévide jusqu'au moment où ils arrivent à une transparence prononcée qui annonce l'épuisement du tissu, et à l'instant les transmet à la première fileuse qui en termine le dépouillement. Il est aisé de concevoir que ce genre de filature donne deux qualités de soies, l'une secondaire formée par le dessus et le dessous de l'enveloppe, l'autre en première qualité, produite par la portion la plus saine et la mieux élaborée par le ver. M. Bourcier assure, dans ses notes, que ce mode de filature donne une économie considérable dans les produits, et que, tandis que par le procédé ordinaire on dépense 13 à 14 kilog. de cocons pour 1 kilog. de soie, 9 à 10 kilog. suffisent par l'emploi de son système.

Nous ne contesterons pas ce résultat, quoiqu'aucune preuve ne soit produite; nous le croyons possible, et nous ne doutons pas qu'il n'ait été obtenu par M. Bourcier dans les expériences nombreuses qu'il a faites; un mémoire soumis par M. de Lapeyrouse de Tessan, sous le n° 744, et que nous passerons sous silence, attendu que le jury n'est appelé à se prononcer que sur des produits matériels et non sur des formules théoriques, annonce des résultats à peu près semblables et par un mode identique.

Mais toutes ces épreuves ont eu lieu sur une petite échelle, et en quelque sorte comme expérience de laboratoire; l'application en grand nous manque, et seule elle peut donner la mesure du mérite de ce procédé et en constater la possibilité et la facilité d'exécution.

Le jury a cependant pensé qu'il devait tenir compte à M. Bourcier de ses efforts continuels pour le progrès de l'industrie à laquelle il a voué son temps et son intelligence, par la création d'une magnanerie modèle, par la culture de toutes les variétés de mûriers, et par ses essais en mécaniques appliquées à la filature des soies. En conséquence, il lui accorde la médaille d'argent.

MM. DELACOUR et fils, à Tain (Drôme).

La filature de M. Delacour et fils est une des plus anciennes et des plus estimées de la Drôme; leurs soies unissent la régularité à la légèreté, qualités si précieuses pour la fabrication des crêpes et des tissus légers, et qui leur donnent la préférence sur les similaires de la Briance et de la filature royale de Naples. L'établissement de ces honorables industriels a pris un développement que leur intérêt leur commandera d'augmenter encore; ils filent près de 2,000 kil. de ces précieuses gréges.

Dans le but de reconnaître ces perfectionnements et de récompenser leurs efforts, le jury leur accorde la médaille d'argent.

MM. LAPIERRE père et fils, à Valleraugue (Gard).

Ces exposants ont soumis au jury les produits de leur filature, pour la première fois; ils consistent en gréges jaunes et blanches, dont le titre est échelonné depuis 3 jusqu'à 16 cocons dans les deux couleurs; leurs soies blanches surpassent en nuance les produits indigènes des Cévennes, mérite acquis par le croisement de l'espèce milanaise avec celle de Roquemaure. Les soins qu'ils donnent à la formation de cette variété de graines, l'empressement qu'ils mettent à la propager par la grande quantité qu'ils produisent, sont dignes d'éloges et devraient avoir, dans l'intérêt de l'amélioration des races, de nombreux imitateurs.

Les soies de MM. Lapierre père et fils sont filées avec soin; elles ont toutes les qualités des gréges supérieures. Elles servent plus particulièrement à la fa-

brication des tulles, blondes et dentelles. Ces industriels sont dignes de la médaille d'argent que le jury
leur donne.

M. Casimir ROUSSY, à Ganges (Hérault).

C'est aussi pour la première fois qu'expose
M. Roussy, et nous le regrettons d'autant plus
qu'il file des soies avec une très-grande perfection ; on peut à bon droit les placer aux premiers rangs des soies françaises, qui pour certains
cantons ne connaissent pas de rivales en Europe.
M. Roussy développa l'établissement qu'il tient de
ses auteurs et qui est un des plus anciens du Midi ;
par l'adoption des procédés les plus récents et les
plus perfectionnés, il est appelé à soutenir et à
accroître la réputation et le mérite réel des soies de
Ganges que ses ancêtres ont contribué à établir
dans ces parages. Sa marque est prisée au niveau
des premières filatures, ce qui lui assure un débit
avantageux ; son zèle pour la propagation des bonnes
espèces de graines et pour la formation desquelles
il a établi un atelier spécial qu'il soigne par lui-
même mérite les plus grands éloges ; le jury lui
donne la médaille d'argent comme récompense de
son zèle.

**MM. MILLET et ROBINET, et madame MILLET,
à Poitiers (Vienne) et à la Catodière, près de
Châtellerault.**

Ce n'est point comme producteurs et industriels
que nous jugerons ces exposants. L'industrie de la
soie leur est redevable d'une autre nature de ser-

vices; ils se font distinguer par des recherches et des expérimentations remarquables; ils ont créé une magnanerie modèle départementale, où les différentes méthodes sont soumises à une pratique exacte pour en apprécier le mérite et les inconvénients.

M. Robinet s'est dévoué depuis plusieurs années au progrès de la science sérigène; il s'efforce de répandre les saines théories par un cours public et gratuit; il a publié différents mémoires sur la production des soies, sur le battage des cocons, sur les maladies de l'espèce bombycienne, sur la culture du mûrier et les variétés de sa famille, etc. Sans partager toutes ses opinions, nous devons reconnaître dans ces productions un savoir réel et un grand zèle pour l'amélioration de l'industrie séricicole.

Une des principales pratiques employées par MM. Millet et Robinet consiste dans le mouillage de la feuille destinée à l'alimentation du ver; ils en constatent les résultats les plus avantageux; nous n'avons aucun motif pour les contester; mais nous ne saurions recommander ce procédé avant qu'il ait été appliqué dans une grande magnanerie et sous le soleil méridional; il exige un délitement habituel et une alimentation fréquente, pour éviter la fermentation de la feuille et de la litière; l'expérience en décidera.

Ces exposants ne se bornent pas à l'enseignement théorique; ils se livrent aussi à la partie mécanique afférente à cette industrie: ils ont fait fabriquer des tours avec va-et-vient perfectionné, brise-mariages et croiseurs à tours comptés; dotant ainsi le centre de la France des moyens d'actions qui lui manquaient, ils obtinrent en 1839 la médaille de bronze.

Mais la partie de leurs travaux la plus incontesblese rencontre dans leur application au croisement et au perfectionnement des races de vers à soie; ils ont exposé une série de cocons d'une beauté rare, la variété *sina* et surtout la variété *cora* surpassent tout ce que la France possède de plus parfait pour la contexture, la force et le velouté du cocon; améliorer la *graine* des vers à soie, c'est améliorer cette industrie tout entière. Nous appelons l'attention des éleveurs sur les produits de MM. Millet et Robinet, en leur décernant la médaille d'argent, comme un témoignage de leurs succès.

M. L. SOUBEYRAND, à St-Jean-du-Gard (Gard),

Est un des grands filateurs des Cévennes, où il a transporté son industrie, qu'il exerçait précédemment dans l'Ardèche; il occupe 150 bassines, file et ouvre 12 à 15,000 kilogrammes de gréges annuellement; ses organsins sont bien traités; il est dans les conditions du progrès par la réunion de la filature et du moulinage; nous ne saurions trop encourager ses confrères à imiter un semblable exemple.

Nous ne pourrions que répéter ici ce que nous avons déjà avancé sur des expositions analogues. Le jury a pensé que M. L. Soubeyran était digne de la médaille d'argent.

RAPPELS DE MÉDAILLES DE BRONZE.

M. ALLIRE-BOUBON, à Chatte (Isère).

Le jury de 1839 avait accordé à M. Allire-Boubon une médaille de bronze, pour l'invention d'un purgeoir en verre. Il soumet aujourd'hui à notre appréciation un nouveau modèle d'une fabrication plus facile et d'un usage plus assuré : ce purgeoir ainsi perfectionné a été adopté par beaucoup de mouliniers.

Cet exposant s'est livré, depuis 1839, à l'industrie du moulinage des soies; il ouvre des organsins qui paraissent bien traités. Entré récemment dans cette carrière, ses produits sont encore peu connus. En pareille matière l'expérience seule peut donner la certitude d'une appréciation exacte. Le jury rappelle en sa faveur la médaille de bronze qu'il a obtenue en 1839.

M. Noël CHAMPOISEAU, à Tours (Indre-et-Loire).

Cet exposant est devenu le chef d'une de nos plus anciennes maisons dans le commerce des soies; ses efforts soutenus ont puissamment contribué à perpétuer en Touraine la production et la manutention de cette précieuse matière. Il a conçu et exécuté l'idée d'appliquer l'eau d'un puits artésien aux besoins de l'industrie. L'établissement qu'il a créé pour l'ouvraison des soies est mis en mouvement par ce moteur. M. Champoiseau a exposé des poils sans apprêts, des trames à deux bouts à différents apprêts et des soies à coudre dites grenades de Tours; tous ces produits proviennent des soies de Touraine et ne laissent rien à désirer sous le rapport de la bonne ouvraison et de la régularité du brin.

Le jury rappelle en faveur de M. Champoiseau la médaille de bronze qu'il a reçue en 1827.

M. Xavier DUMAINE, à Tournon (Ardèche).

Cet exposant file avec soin et ouvre en organsin des soies de trois à quatre cocons, qui se distinguent par leur légèreté et leur netteté ; nous applaudissons à ses efforts pour perfectionner ses produits déjà recommandables et généralement estimés ; nous rappelons ici, à titre de récompense, la médaille de bronze qu'il a obtenue à la dernière exposition.

MM. NOYER frères, à Dieu-le-Fit (Drôme).

Ces exposants reçurent, en 1834, la médaille de bronze qui fut rappelée en 1839 ; les organsins pour satin et les trames à deux bouts qu'ils exposent, cette année, sont assez bien traités ; nous eussions désiré pouvoir signaler un perfectionnement notable dans leurs produits, perfectionnement que l'aptitude et l'application connues de MM. Noyer frères semblaient promettre à cette industrie et que nous regrettons de voir se produire trop lentement peut-être. Le jury rappelle la médaille de bronze accordée à ces exposants en 1839.

MM. ROUVIÈRE frères, à Nîmes (Gard).

Ils réunissent dans leurs ateliers le dévidage et le moulinage, à la fabrication des soies à coudre, cordonnets, floches, etc., qui forment la base de leur industrie ; leur consommation en *doupions, perses, brousses* et *mestoups,* s'élève à 4,500 kilogrammes ; les échantillons des cordonnets et migrenades se font remarquer par leur bon confectionnement et la solidité des couleurs ; ils rivalisent avec les produits analogues de Paris, et leurs prix sont avantageux pour les acheteurs de la localité. Le jury rappelle la médaille de bronze décernée en 1839.

MÉDAILLES DE BRONZE.

MM. ANDRÉ-JEAN et le major BRONSKI, au château de Saint-Selve, arrondissement de Bordeaux (Gironde).

Ce n'est point par l'importance de leur établissement ni par la quantité de leurs produits que se distinguent ces exposants; jusqu'à présent leur production se borne à quelques kilogrammes, premier résultat des belles plantations de mûriers, opérées par eux au château de St-Selve, canton de la Brède, mais cette soie est d'une pureté si rare, d'une blancheur si éclatante, d'une qualité si bonne, que nous ne craignons pas de la proclamer comme l'échantillon le plus parfait qui nous ait été soumis. Ces exposants, en portant leur industrie dans une contrée où le mûrier se rencontre rarement, ont voulu se borner à leurs propres plantations; c'est donc cette première amélioration du produit industriel, que nous devons apprécier dans leur exposition; nous leur ferons observer que la faible quantité de soie qu'ils donnent se perd dans la production générale; qu'ils modifient l'emploi de leurs cocons, et, qu'au lieu d'en faire de la soie, ils en tirent de la graine, la rémunération sera bien plus grande et ils auront mérité la reconnaissance de la France séricicole; nous recommandons à tous les

éducateurs la graine des vers-à-soie de MM. André-
Jean et du major Bronski, comme supérieure en
couleur et en qualité à toutes les espèces connues
jusqu'à ce jour.

Le jury se plaît à décerner à ces exposants la médaille de bronze.

MM. BUISSON-JUGLAR et Eugène ROBERT, à Manosque (Basses-Alpes).

Depuis l'année dernière, ces exposants ont établi
à Manosque une filature de 60 bassines chauffées
par la vapeur; les tours sont mis en mouvement
par le même moteur, ils sont armés d'un brise-
mariage; ces procédés réunis donnent une économie dans la dépense tout en dotant la soie d'un brillant et d'un nerf qui ne se rencontrent pas dans
l'ancien système.

Ces exposants ont rendu un véritable service à la
vieille Provence en créant un établissement aussi
perfectionné dans ces contrées où le progrès arrive
si lentement et où la routine règne encore en souveraine; tandis que l'Hérault, le Gard, l'Ardèche
et la Drôme s'empressent à l'envi d'améliorer
l'éducation des vers et la filature des cocons, les
départements des Bouches-du-Rhône, des Basses-
Alpes et de Vaucluse, à quelques honorables exceptions près, restent stationnaires, et leurs produits n'acquièrent que lentement ce degré de perfection auquel la nature du sol et l'activité de ses
habitants leur permettraient d'atteindre. Nous dési-
rons que l'exemple qui vient de leur être donné
excite leur émulation, et il nous sera agréable de
constater leurs progrès.

Les soies que MM. Buisson-Juglar et Robert ont exposées, sont d'une bonne confection et d'une excellente nature ; elles se distinguent par leur légèreté et leur netteté.

Le jury accorde la médaille de bronze à ces exposants.

MM. GÉRIN fils et ROSSET, à Chabeuil (Drôme).

Ces exposants sont au nombre de ceux qui contribuent à réaliser le progrès des ouvraisons par la réunion de la filature et du moulinage ; leurs organsins pour satins et pour peluches sont recherchés par le commerce à cause de leur confection régulière et soignée ; leur établissement est monté sur une assez grande échelle et leur marque avantageusement connue ; les produits qu'ils ont exposés sont l'image fidèle de leur fabrication ordinaire et ils justifient complétement la réputation dont ils jouissent.

Le jury leur accorde la médaille de bronze.

MM. GIBELIN et fils, à Lasalle (Gard).

Les échantillons de gréges blanches et jaunes qu'ils ont exposés depuis les titres de 3, 4, 5, jusqu'à 12 cocons, sans mariages et à bouts noués, accusent une filature soignée et un produit de qualité supérieure ; ce sont des soies d'un emploi assuré, nerveuses, régulières ; les fabricants qui surveillent de près l'emploi de leurs matières premières doivent les rechercher pour leurs fabrications les plus délicates.

Une médaille de bronze leur est accordée.

M. Hippolyte BRESSON, à Bruges, près de Bordeaux.

Ses efforts pour la propagation des produits séricicoles sont dignes d'éloges; M. Bresson a planté 1,600 mûriers dans sa propriété où il a créé une magnanerie modèle, établie d'après les meilleurs et les plus nouveaux procédés, et une filature de 15 bassines chauffées d'après le système Gensoul. C'est un établissement complet qui est appelé à devenir une ressource pour la classe ouvrière de la localité.

Nous n'avons pu juger d'une manière exacte et consciencieuse l'échantillon de soie présenté par cet exposant; il ne se compose que de deux flottes, et il est facile de reconnaître, à sa couleur fanée, qu'il a déjà passé par bien des mains; cependant la nature de la soie nous a paru bonne. A titre de récompense le jury donne la médaille de bronze à M. Bresson.

M. SIDNEY DE MEYNARD, à Orleix, près de Tarbes (Hautes-Pyrénées).

Ce que nous venons de dire sur M. Bresson, sur ses plantations, sa filature, peut s'appliquer à M. Sidney de Meynard; ils ont procédé de la même manière, l'un dans la Gironde, l'autre dans les Pyrénées; tous deux ils ont transporté cette précieuse industrie dans leur contrée, où elle était presque inconnue, ils seront la providence de ces localités, leurs efforts ont égalé leurs sacrifices; le jury leur doit une égale reconnaissance et une récompense de même ordre : la médaille de bronze lui est décernée.

RAPPELS DE MENTIONS HONORABLES.

M. BARROT, à Petit-Bourg, à la Guadeloupe.

Produits identiques à ceux par lui exposés en 1839. Absence de renseignements sur l'importance de l'industrie de l'exposant. Il serait à désirer que le gouvernement donnât des encouragements à la production des soies dans nos colonies; les échantillons exposés par M. Barrot sont une preuve que leur fertile territoire est propice à cette industrie.

M. PLANEL aîné, à Saillans (Drôme).

Nous exprimons ici le regret déjà manifesté en 1839 que cet exposant ne fournisse aucun détail sur l'importance de son établissement; les échantillons qu'il a soumis au jury de ses cardettes communes et fines, de ses fantaisies simples et doubles du n° 25 à 120 sont confectionnés avec soin.

MENTIONS HONORABLES.

Le jury mentionne honorablement les exposants dont les noms suivent :

M. Théodore ADAM, à Moulin-lez-Metz (Moselle).

Il a exposé des cocons et des échantillons de soie de provenance messine; emploi des procédés Camille Beauvais; soie nerveuse et régulière dont toutes les qualités prouvent que tout le sol français est éminement propice à la production séricicole.

M. D'AUDEMARD, à Anduze (Gard).

Filateur pour compte de M. Gaudin et C°, de

Loriol (Drôme), titre de 3/4 et 5/6 cocons, sans mariage; la provenance et la main-d'œuvre sont en première ligne dans ce canton privilégié.

M. Nicolas ANGÈ, à Perpignan (Pyrénées-Orientales).

Déjà cité à l'exposition de 1839. Échantillons produits par trois éducations successives dans la même année au moyen de l'espèce trevoltini et du mûrier multicaule. Éducation forcément restreinte, système inapplicable avec les plantations existantes dans nos grandes provinces productrices. Échantillons bien filés, bonne nature de soie.

M. BONFILS, au Pègue (Drôme).

Sept matteaux de trame; ouvraison faible, soie incolore; moulinage créé depuis trois ans; nous espérons que cette mention soutiendra les efforts de l'exposant et l'engagera à perfectionner ses ouvraisons.

M. le baron de CHASSIRON, à Paris, rue Neuve-des-Mathurins, 53.

Planteur zélé, ami de l'industrie séricicole, il a propagé la culture du mûrier dans la Charente; les plantations qu'il a fait exécuter dans ses propriétés lui donnent déjà une certaine quantité de soies et celles qu'il a exposées méritent les éloges du jury.

MM. BENOIT et FOURNIER, à May (Seine-et-Marne).

Cités en 1839; ils produisent des échantillon s de soies jaune et blanche obtenues des cocons qu'ils récoltent dans leurs propriétés; magnanerie à la Darcet, filature à vapeur.

M. COMBIER, à Charenton-St-Maurice (Seine),

A exposé une collection d'échantillons de soies à coudre et à broder, par lui fabriquées et d'après un procédé spécial et breveté; les détails nous manquent pour apprécier les résultats sous le rapport de l'économie et du bon marché, mais les produits sont bien traités et nous devons les signaler aux consommateurs.

M. Achille DUVAL, à Bourg-Argental (Loire).

Les belles flottes de soies blanches exposées par M. Duval dénotent leur origine au premier coup d'œil; c'est en effet à Argental que se filent les plus belles soies blanches que recherchent les fabricants de blondes et de tulles. Nous n'avons pas de renseignements précis sur l'importance de l'industrie de cet exposant.

M. ENARD-FÉLIX, à Paris, rue St-Denis, 206,

Expose des chenilles de soie; goût remarquable dans le choix des couleurs et la variété des façons. Industrie digne d'éloges.

M. le comte de FRANCHEVILLE, au château de Fruscat (Morbihan).

Planteur, éducateur et fileur, M. de Francheville a rendu et est appelé à rendre encore un immense service à la Bretagne; en propageant une production dont le succès est assuré dans cette province, si l'on en juge par les cocons et les soies exposés par lui, et qui réunissent toutes les qualités qui distinguent les natures de premier ordre.

M. François GUIGON, à Nyons (Drôme).

Outre un échantillon de trame, ce moulinier présente au jury des essais de soie mi-perlée et floche qui se font remarquer par leur bon conditionnement; la citation est une récompense pour cet exposant dont les ouvraisons ordinaires jouissent d'ailleurs d'une réputation méritée.

M. Régis LEGAT, à Montélimart (Drôme).

Soie filée à 5 cocons dont la nature paraît bonne, mais qui manque de couleur; nous espérons que la mention favorable de cette filature engagera son propriétaire à perfectionner encore ses produits qui ont par leur quantité une certaine importance.

M. RUAS et Cie, à St-André-de-Valborgne (Gard).

Filature de gréges à 4 et 5 cocons, blanches et jaunes, bouts noués, bien croisées et d'un emploi assuré; ces exposants donneraient du prix à leurs produits s'ils amélioraient la couleur de leurs blancs qui manque d'éclat, défaut commun à la généralité des soies des Cévennes.

M. de TILLANCOURT, à Paris, rue du chemin de Versailles, 15.

Un des principaux fondateurs de la filature centrale des Champs-Elysées; nous regrettons que cet établissement n'ait pas une activité assez grande pour permettre d'apprécier les procédés et la direction; les produits exposés par M. de Tillancourt paraissent assez bien traités, mais ces éléments sont insuffisants pour porter un jugement définitif sur un établissement d'une nature si compliquée et dont le mérite dépend de la réunion de conditions si diverses : nous reconnaissons cependant que la réalisation du projet de la filature centrale est un bienfait pour tous les départements environnants; les propriétaires de mûriers trouvent dans cet établissement un moyen économique d'utiliser leurs produits, et le jury se fait un devoir d'en témoigner sa reconnaissance à M. de Tillancourt dans l'intérêt de la production séricicole.

M. Charles TORNE, à Puiseux (Oise).

Ses échantillons de soies à coudre et à broder, chinées et ombrées, se font remarquer par la variété et la délicatesse des nuances; nous aurions pensé que c'était par les succès en teinture de ses produits, que l'exposant se distinguait principalement, s'il ne nous assurait, dans un mémoire, qu'à force de patience et par une série de perfectionnements, il était parvenu à transformer les soies les plus communes en soies de qualité supérieure, et à leur donner, presque sans déchet, la régularité, la pureté et l'élasticité des provenances de premier ordre.

Le jury mentionne honorablement les échantillons de M. Torne, et attend que l'expérience, en constatant un si grand succès, permette de lui donner une récompense plus élevée.

MM. LAFONT et ABAUZIT, à Nîmes (Gard),

Présentent à l'exposition des fantaisies cardées.

Ils sont depuis deux ans entrepreneurs de la maison centrale de Nîmes. Ils y occupent annuellement 400 détenus à la manutention du cardage et de l'étirage des déchets de soie.

Leurs produits sont bien confectionnés, et leur bon marché les fait écouler facilement.

Le jury mentionne honorablement MM. Lafont et Abauzit.

M. J. A. GRANAD fils, à Trèbes (Aube).

Cet exposant présente un croiseur mécanique à tours comptés, de son invention, pour la filature de la soie.

Ce croiseur, très-simple et d'un emploi facile, apporte dans la soie une grande régularité de torsion.

Il possède depuis 1839, à Trèbes, une filature de soie à laquelle il donne tous ses soins pour le perfectionnement de ses produits.

Le jury décerne une mention honorable à M. Granad fils.

CITATIONS.

M. BISCOMTE, à Toulouse (Haute-Garonne).

Pour deux flottes de soie grége, produit de ses essais en filature et moulinage; M. Biscomte se recommande par son zèle héréditaire pour la propagation de l'industrie séricicole.

Madame veuve HENRY, à Briey (Moselle).

Cocons et quelques écheveaux de soie, mûriers.

M. PÉRICHON, à l'île Bourbon.

Quatre flottes de soie sans couleur, mais d'une

bonne qualité intrinsèque et d'un dévidage facile; l'essai qui en a été fait justifie les éloges du jury et sollicite ceux du gouvernement et en particulier ceux de M. le ministre de la marine.

M. PERRIN-DUGRIVEL, à Tournus (Saône-et-Loire).

Une flotte de soie jaune, plantation de mûriers; le zèle de M. Perrin-Dugrivel, pour la propagation de cette riche production, mérite l'approbation du jury.

M. PERRIS, directeur de la filature centrale, à Mont-de-Marsan (Landes).

Échantillons de gréges blanches et jaunes à 5/6 cocons parfaitement traités, et par les meilleurs procédés.

M. PERROTET, à Pondichéry.

Échantillon de soie grége avariée par l'eau de la mer.

M. RATIER, à Say, près de Nemours (Seine-et-Marne).

Récolte croissante en cocons, échantillons de soie jaune et blanche; progrès dans la filature.

M. DAVRIL, à Paris, rue Cimetière-St-Nicolas, 12 et 14.

Une coconnière, invention ingénieuse, mais dont l'utilité n'a pu encore être définitivement constatée.

M. BLAIN, à Chabeuil (Drôme).

Papier percé par un procédé mécanique, pour

remplacer les filets servant au délitement des vers à soie.

M. BRUYER, à Paris, rue Saint-Martin, 259.

Papiers filets, servant au même emploi.

M. COLLINEAU, à Tours (Indre-et-Loire).

Coconnière composée de rameaux naturels, recouverts en canevas, servant au délitement et au boisement des vers, au moment de leur montée. Essai peu praticable dans les grandes magnaneries à cause de la dépense et de l'encombrement que ces coconnières entraîneraient pour leur conservation.

———

Nota. Notre travail était terminé, l'exposition était fermée, lorsque M. le ministre du commerce a fait remettre au jury central une caisse qui arrivait de l'île Bourbon et qui contenait six flottes de soie blanche, envoyées par M. Périchon de Ste-Marie, filées à Salazie (île Bourbon) par les élèves créoles de madame Boieldion.

M. Périchon a déjà été cité dans notre travail pour des gréges exposées cette année sur le n° 3929. Ces soies appartenaient à la récolte de 1842, et nous devons attribuer à leur ancienneté le défaut de couleur que nous leur avons reproché; il est juste de reconnaître que ces nouveaux échantillons réunissent l'éclat du blanc à la pureté de la matière; qu'ils sont filés avec un grand soin et beaucoup de perfection ; s'ils nous étaient parvenus plus tôt, nous aurions dû proposer au jury une récompense en faveur de M. Périchon de Ste-Marie.

(Note du rapporteur.)

DEUXIÈME SECTION.

TISSUS DE SOIE.

MM. Arlès-Dufour et Reverchon.

Considérations générales.

Depuis l'exposition de 1839, l'industrie des soieries ne s'est pas arrêtée dans sa marche ascendante, et le nombre des métiers de Lyon, qui était alors évalué à 40,000, atteint aujourd'hui celui de 50,000.

Sans vouloir faire ici l'histoire de cette belle branche de la richesse nationale, nous croyons qu'il est à propos de donner le nombre des métiers de sa grande métropole relativement aux principales phases de sa vie industrielle.

Avant la révocation de l'édit de Nantes, de 1650 à 1680, le nombre des métiers, à Lyon, variait de. . . 9,000 à 12,000

De 1689 à 1699, peu d'années après la révocation, il était réduit à. 4,000

En 1750, les maux causés par l'intolérance étant momentanément réparés, le nombre des métiers atteignit de nouveau. , ... 12,000

De 1780 à 1788, apogée de Lyon avant la révolution, il fut porté à. 18,000

De 1792 à 1800, conséquences du siége
et des guerres, il est retombé à. 3,500
De 1804 à 1812, temps glorieux, mais
temps de guerre, apogée de Lyon sous
l'empire, le nombre des métiers se
releva sans jamais dépasser. 12,000
Dès 1815 et 1816, grâce à la paix qui
permit les échanges, il monta rapidement à. 20,000
De 1825 à 1827, apogée de Lyon sous
la restauration, il atteignit. 27,000
En 1835, malgré les tristes événements
de novembre 1831 et d'avril 1834, mais
toujours grâce à la paix générale, il
était de. 40,000
Et nous ne craignons pas d'exagérer en
l'évaluant pour 1844 à. 50,000

En dehors du cercle de Lyon, on compte encore
à Nîmes, Avignon, Paris, dans la Picardie et
dans les départements de la Moselle et du Nord,
environ 20,000 métiers tissant la soie pure en
étoffes ou passementerie, et environ 15,000 métiers tissant la soie mélangée avec d'autres matières, en diverses étoffes et passementerie. Dans
le ressort de Saint-Étienne et de Saint-Chamond
on compte 20,000 métiers employés à la rubannerie de soie. En ne prenant les 15,000 métiers
à mélanges que comme 10,000 métiers de soierie

pure, on trouve 100,000 métiers, qui, d'après des calculs exacts et scrupuleusement contrôlés, tissent, en moyenne, les chômages considérés, 30 kilog. de soie par an, donnant en étoffe une valeur de 3,000 fr. par métier, ou ensemble 300 millions.

En prenant pour base l'évaluation des tableaux de douanes des cinq dernières années, de 1838 à 1843 (les tableaux ne vont pas plus loin), on trouve que la moyenne des exportations de tous les produits manufacturés de la France s'élève à 498 millions, parmi lesquels les soieries et rubans figurent pour 150 millions, ou près du tiers. La production des soieries se partagerait donc en 150 millions pour l'exportation et 150 millions pour la consommation intérieure.

Cette somme de 300 millions se compose elle-même d'un tiers pour main-d'œuvre diverse et bénéfices, et de deux tiers pour matière première.

Malgré les progrès remarquables de la France dans la production de la soie, l'étranger contribue encore pour 57 millions, ou plus du quart, à nos approvisionnements; mais c'est toujours la somme énorme de 143 millions que l'agriculture française livre à l'industrie des soieries, 143 millions d'un produit qui se crée en cinq semaines !

Et il y a vingt ans à peine qu'au lieu de fournir les trois quarts des soies à l'industrie des soieries, notre agriculture ne lui en fournissait qu'un quart, tout au plus pour 50 millions.

Nous avons vu qu'il n'y a guère plus d'un siècle que les fabricants de soieries demandaient au roi la permission d'employer les soies de France dans une certaine proportion. Elles étaient alors considérées comme inférieures aux soies d'Italie et de Chine. Aujourd'hui elles leur sont bien supérieures.

Nous avons dit que depuis cinq ans le nombre des métiers, du ressort de Lyon, s'est augmenté d'environ 10,000, et cependant la sommé des exportations ne s'est pas élevée; mais c'est la consommation intérieure qui, sous l'influence de la paix et du bien-être général, s'est accrue dans les cinq dernières années dans une proportion vraiment étonnante.

Indépendamment des nombreuses améliorations et innovations de détail introduites dans la fabrication des soieries par les fabricants, les chefs d'ateliers et les ouvriers, nous signalerons :

L'invention des métiers-mécaniques pour le tissage des peluches à pièces doubles qui, tout en élevant le salaire de l'ouvrier, diminue considérablement la façon et par conséquent le prix du tissu.

L'invention du métier Janin pour le tissage du

velours à pièces doubles, qui élève aussi le salaire de l'ouvrier, tout en réduisant le prix du velours.

L'application à la condition publique des soies d'un nouveau système d'une certitude telle qu'il permet d'apprécier exactement, et quel que soit l'état hygrométrique de l'atmosphère, la quantité d'humidité que contient la soie. Ce procédé remarquable, dû aux savantes recherches de M. Léon Talabot, apporte, dans les transactions commerciales auxquelles donne lieu le commerce de la soie, une régularité, une sincérité relativement au poids, qui les simplifient et les facilitent en les moralisant.

L'exemple donné par Lyon a été ou va être suivi par Saint-Étienne, Milan, Turin, Crefeld et Elberfeld.

Un procédé qui tend aussi à moraliser d'importantes transactions, et par conséquent à faire progresser l'industrie des soieries, s'est grandement propagé; nous voulons parler du procédé Arnaud, au moyen duquel on constate facilement, et avec la plus grande exactitude, le rendement des filaments confiés à la teinture ou à l'ouvraison.

L'établissement de nouveaux ateliers à métiers mécaniques pour le tissage des étoffes de soie mérite aussi d'être signalé.

Il est probable que l'industrie de la soie est appelée à subir la transformation en ateliers que subissent successivement les industries du coton, de la laine et du lin.

Cependant la grande valeur de la matière première retardera cette fatale transformation. Nous disons fatale, parce que, tout en reconnaissant qu'elle est probablement inévitable, nous doutons qu'elle soit avantageuse au plus grand nombre de ses agents.

Notre intention n'est pas d'examiner ici cette grave question, aussi sociale qu'industrielle, mais nous croyons devoir la signaler à l'attention et à l'étude des hommes sérieux.

Dans les cinq dernières années, la branche si importante des étoffes façonnées a beaucoup souffert de l'élévation du tarif américain et aussi de la concurrence des fabriques étrangères qui, par le développement et le perfectionnement de leurs moyens de fabrication, copient avec rapidité les nouveautés que produisent sans cesse les nôtres.

Néanmoins, quelques parties de cette branche ont eu de beaux moments et se sont beaucoup développées.

Nous citerons surtout les châles de soie qui, pendant les années 1839, 1840, 1841 et 1842, ont donné lieu à de grandes affaires :

Les gilets et les cravates de soie qui ont pénétré dans la grande consommation et sont appelés à s'étendre encore.

Si l'article façonné, qui s'adresse plus particulièrement à l'étranger, a souffert, l'uni au contraire et surtout le bel uni, qui va plus spécialement à la consommation française, a prospéré, et ses progrès ont surtout été sensibles dans les velours, les satins, les étoffes larges en couleurs puce et caméléon que le jury a admirées.

Ainsi que nous venons de le dire, cette grande et belle industrie des soieries n'est pas, comme on voudrait le croire, sans concurrence sérieuse; il suffit pour s'en convaincre de jeter un coup d'œil sur l'Europe industrielle.

On verra que l'Angleterre qui, en 1824, comptait à peine 35,000 métiers de rubans et de soieries répartis entre Coventry, Spittafields et Manchester, en compte aujourd'hui presque autant que la France, environ 80,000
Le canton de Zurich en a près de. . 15,000
Le canton de Bâle en a plus de 10,000
La Prusse Rhénane, l'ancienne Prusse
   et la Saxe plus de 25,000
La Russie entre Pétersbourg et Moscou
   de . . . . 12 à 15,000
Enfin, l'Autriche et l'Italie au moins . . 25,000

Depuis longtemps nous trouvions la concurrence des soieries suisses et allemandes sur les marchés d'Europe et d'Amérique; mais depuis peu nous commençons à y rencontrer aussi la concurrence des soieries anglaises.

La grande flexibilité du goût des fabricants français, leur incessante création de dessins et de genres, expliquent comment, malgré ces rapides progrès de la concurrence étrangère et les droits élevés qui frappent partout nos soieries, nos exportations n'ont pas faibli.

Nous terminerons ces observations générales en résumant la position de l'industrie des soieries.

Elle occupe en France environ 100,000 métiers; elle emploie pour 200 millions de soie, dont 143 millions proviennent de l'agriculture française; elle livre pour 300 millions de produits manufacturés, dont 150 pour la consommation intérieure, et 150 pour l'exportation. Ces 300 millions se composent de 200 millions de matière première, et de 100 millions de main-d'œuvre diverse et de bénéfices.

Et si l'on considère que ces magnifiques résultats sont obtenus sans aucun moyen artificiel, sans primes ni prohibitions, en laissant les Français libres de vendre et d'acheter les soies et les soieries à l'étranger s'ils y trouvent avantage, on reconnaîtra que cette industrie appartient bien réellement au pays, et que ce travail est bien un véritable travail national.

§ 1. SOIERIES DE LYON.

RAPPELS DE MÉDAILLES D'OR.

MM. OLLAT et DESVERNAY, de Lyon (Rhône).

Par son intelligence, son activité et son esprit créateur, cette maison se maintient toujours au premier rang pour la production des articles de goût et de nouveautés qui conservent à l'industrie lyonnaise sa supériorité sur les fabriques étrangères.

Le jury a remarqué des articles d'une grande richesse pour turbans et écharpes, les imitations de fourrures, les fichus, les cravates et le tissu poil de chèvre pour robe, créé par cette maison.

En lui rappelant la médaille d'or qu'elle a obtenue en 1827 et que les jurys de 1834 et 1839 lui confirmèrent, le jury se plaît à reconnaître qu'elle est de plus en plus digne de cette haute récompense.

M. Nicolas YÉMÉNIZ, de Lyon (Rhône).

Aux expositions de 1819, 1827 et 1839, les produits de M. N. Yéméniz ont mérité les éloges et les récompenses du jury qui, cette fois encore, est heureux de constater de nouveaux progrès dans la fabrication de cet habile industriel. Une exécution parfaite, l'originalité et le bon goût des dessins distinguent les produits de M. Yéméniz.

Ses damas, ses brocatelles, ses lampas et surtout ses étoffes en dorure bosselée, justifient sa réputation.

Le jury rappelle à M. N. Yéméniz la médaille d'or, dont il se montre de plus en plus digne.

MM. GRAND frères, de Lyon (Rhône).

Exposent des étoffes d'une véritable richesse pour meubles et pour ornements d'église. Le jury a surtout remarqué un lambrequin surmontant deux rideaux en damas du plus bel effet; un velours broché or, dont l'exécution a dû présenter des difficultés réelles.

L'exposition de cette maison, dans son ensemble et dans ses détails, prouve qu'elle sait se maintenir au rang élevé qu'elle occupe depuis si longtemps.

Elle obtint en 1819 la médaille d'or qui lui fut rappelée aux expositions de 1823 et 1839. Le jury de 1844 lui confirme encore avec grande satisfaction cette haute récompense.

MM. MATHEVON et BOUVARD frères, de Lyon (Rhône).

Cette maison, qui s'était déjà distinguée aux expositions précédentes, a fait de nouveaux et incontestables progrès. Tout en se maintenant au premier rang des fabriques d'étoffes pour meubles, MM. Mathevon et Bouvard ont donné plus de développement aux articles nouveautés pour robes et pour gilets. La richesse et le bon goût de ces articles ont attiré l'attention générale. La moire unie, or et argent, a enlevé tous les suffrages. Le grand panneau damas cramoisi, destiné au palais de justice de la ville de Lyon, est aussi un bel échantillon de la fabrication de cette manufacture.

En rappelant à MM. Mathevon et Bouvard la médaille d'or, obtenue par eux en 1834 et qui leur a déjà été rappelée en 1839, le jury se fait un devoir de confirmer et de répéter les éloges donnés par les jurys précédents à ces honorables industriels.

MM. LEMIRE père et fils, de Lyon (Rhône),

Ont exposé une grande variété d'étoffes pour ameublement et pour ornements d'église, parmi lesquelles on remarque les dorures, les damas et les brocatelles qui sont établis à des prix très-modérés, et dont l'exécution ne laisse rien à désirer.

Depuis la dernière exposition, M. Lemire a pris ses fils pour associés, et ses affaires ont reçu de leur concours une nouvelle activité.

Cette honorable maison a obtenu la médaille d'or en 1827, et le rappel en 1834 et 1839.

Les progrès réels faits par MM. Lemire père et fils méritent un nouveau rappel de la médaille d'or.

MM. POTTIN, CROZIER et Cie, de Lyon (Rhône).

Les produits exposés, parmi lesquels se font remarquer des articles pour robes, dont les prix varient de 3 fr. 65 c. à 12 fr. le mètre, donnent une juste idée de l'importance de la fabrique. Elle marche à la tête des fabriques d'étoffes façonnées, et les trois quarts de sa production s'exportent en Amérique, en Allemagne, en Angleterre et en Russie.

Malgré l'aggravation de droits qui, depuis 1839, frappe, dans certains pays, les produits de nos fabriques, cette maison a augmenté le chiffre de ses affaires pour l'exportation.

Les succès obtenus par MM. Pottin, Crozier et Cie,

loin de les porter au repos, n'ont fait que stimuler leur intelligence et leur ardeur.

C'est donc avec une grande satisfaction que le jury leur rappelle la médaille d'or qui leur fut décernée en 1839.

MM. GODEMARD et MEYNIER, de Lyon (Rhône).

Par son exposition de cette année, cette maison conserve le rang qu'elle a su prendre dès 1839. Elle ne s'est pas arrêtée à l'application intelligente du battant-brocheur de son invention, elle a continué à faire descendre dans la consommation les articles riches que l'élévation de leurs prix rendait seulement accessibles aux grandes fortunes.

On admire autant le goût des dessins que la hardiesse et l'harmonie des couleurs.

Cette maison, dont il a été favorablement parlé dans le rapport sur les châles cachemire de Paris, mérite des éloges pour les progrès incessants qu'elle fait faire à l'industrie.

Le jury s'estime heureux de rappeler, pour l'ensemble de leurs produits, à MM. Godemard et Meynier, la médaille d'or qu'ils ont obtenue en 1839.

MÉDAILLES D'OR.

M. Claude-Joseph BONNET, de Lyon (Rhône).

Ce grand industriel, sorti des rangs des ouvriers, s'est placé sur la première ligne par son intelligence et son travail.

Doué d'une grande persévérance et d'un remarquable penchant au perfectionnement, M. Bonnet ne s'est pas seulement appliqué à la fabrication des étoffes, il a voulu aussi s'occuper de la filature, du moulinage des soies et de toutes les opérations préparatoires qui sont la base d'une fabrication régulière et économique.

Pressentant la prochaine transformation de l'industrie des soieries, il a fondé, dans le village du département de l'Ain qui l'a vu naître, un établissement modèle tant sous le rapport de la perfection des travaux que sous celui des habitudes d'ordre et de moralité que les ouvriers y prennent, et qui doit, avec le temps, réagir heureusement sur les populations voisines.

Il est de notoriété publique que l'industrie lyonnaise doit à M. Bonnet la supériorité qu'elle a conservée sur les fabriques étrangères dans la production du satin noir.

Depuis 1830, M. Bonnet n'a jamais fait moins de 3 millions d'affaires en satin et taffetas noir, dont moitié au moins pour l'extérieur.

Le jury, appréciant tous ces titres, décerne à M. Claude-Joseph Bonnet la médaille d'or.

M. C.-M. TEILLARD, de Lyon (Rhône),

Expose des velours unis, des étoffes caméléon, unies et moirées remarquables par leur parfaite fabrication, la beauté et l'harmonie de leurs nuances.

Dans la fabrication de ces belles étoffes, la supériorité de M. Teillard est incontestée, et le chiffre de ses affaires qui a doublé depuis 10 ans, et qui atteint aujourd'hui 3,000,000 fr., est la meilleure preuve de ses progrès.

Les hommes habitués aux industries à grands ateliers, où la division du travail, parfaitement établie, laisse au chef un certain loisir, peuvent difficilement comprendre ce qu'il faut à un fabricant lyonnais de soins minutieux et incessants, de travail intellectuel et aussi de travail presque manuel pour produire plus de trois millions d'étoffes.

Et les étoffes de ce fabricant sont si parfaites, qu'on peut dire que la France et l'étranger se les disputent.

C'est aussi par son travail et son intelligence que M. Teillard, qui a commencé sans aucune fortune, s'est élevé au premier rang.

Le jury est heureux de lui décerner la médaille d'or.

M. HECKEL aîné, de Lyon (Rhône),

Expose de très-beaux satins unis, blancs, noirs et couleurs diverses.

M. Heckel occupe la première place dans la fabrication de satins unis et de couleur, et ses efforts ont puissamment contribué à conserver à la fabrique lyonnaise sa supériorité pour cet article qui a une si grande part dans le chiffre de nos exportations.

Ce que nous avons dit de M. Teillard s'applique aussi à M. Heckel.

Comme lui et comme M. Bonnet il est l'artisan de sa fortune.

C'est à son infatigable activité, à la persévérance de ses soins, à sa loyauté dans toutes les transactions, qu'on doit attribuer la belle position qu'a su prendre cet industriel, qui fait plus de 3 millions d'affaires, dont moitié pour l'étranger.

Le jury, pour récompenser M. Heckel de ses heureux efforts, lui décerne la médaille d'or.

M. Louis GIRARD neveu, de Lyon (Rhône).

Son exposition se distingue surtout par la beauté des velours unis. Ce fabricant qui occupe aujourd'hui l'une des premières places dans l'industrie lyonnaise, et qui fait pour plus d'un million d'affaires, a débuté dans la carrière industrielle par être simple ouvrier.

Il faut connaître les difficultés de détail qui entourent la direction d'une fabrique, dont les opérations sont encore isolées, dont les métiers sont dispersés, pour apprécier ce qu'il a fallu de travail, d'intelligence et de soins à M. Girard, pour arriver de simple ouvrier à créer une fabrique des plus importantes, dont les produits jouissent, sur le marché de Paris, de la première réputation.

Déjà, en 1839, le jury le récompensa par la médaille d'argent. Les progrès accomplis par M. Girard, depuis la dernière exposition, méritent la plus haute récompense, que le jury se plait à lui donner en lui décernant la médaille d'or.

MM. Paul EYMARD et Cⁱᵉ, de Lyon (Rhône),

Exposent une très-grande variété d'articles qui donnent une juste idée du génie vraiment créateur de cette maison.

En effet, dans ces articles on trouve beaucoup d'essais, soit de matières nouvelles heureusement mélangées à la soie, soit de nuances obtenues par des procédés nouveaux, qui indiquent mieux que tout ce que nous pourrions dire l'esprit de recherches et d'innovation qui anime ces fabricants et qui les rend si utiles à l'industrie lyonnaise.

En 1839, le jury, reconnaissant les services rendus par cette maison, sous la raison sociale Eymard, Drevet et C^{le}, lui donna la médaille d'argent.

Le jury actuel ayant constaté de nouveaux efforts, de nouveaux services et de nouveaux succès, lui décerne la médaille d'or.

M. Claude CINIER, de Lyon (Rhône),

Expose des châles de soie dits *indiens*, destinés aux mers du Sud;

Des étoffes brochées pour le Levant;

Des étoffes pour meubles et des ornements d'église.

Tous ces articles témoignent d'une grande intelligence de la fabrication. Les ornements d'église présentent surtout un véritable progrès. M. Cinier s'est appliqué à réduire leur prix, pour les mettre à la portée des paroisses les plus modestes.

Il a réussi, en combinant le dessin de manière à rendre chaque pièce de l'ornement indépendante, tout en perfectionnant l'ensemble de l'exécution.

M. Cinier a obtenu en 1834 une médaille d'argent, que le jury de 1839 lui rappela avec les plus grands éloges.

Les progrès accomplis par M. Cinier depuis 1839 décident le jury à lui décerner la médaille d'or.

RAPPELS DE MÉDAILLES D'ARGENT.

M. Firmin SAVOYE, de Lyon (Rhône),

A exposé des étoffes pour robes, unies et façonnées, dont le jury a remarqué l'excellente fabrication. Ses velours unis, par leur beauté et leur fraîcheur, ont aussi mérité les plus grands éloges.

En perfectionnant et en développant, ainsi qu'il l'a fait, sa fabrication, M. Savoye a acquis de nouveaux titres à la récompense qui lui fut décernée en 1839; et le jury fait acte de justice en rappelant la médaille d'argent à M. Firmin Savoye.

M. Victor FOURNEL, de Lyon (Rhône).

Ce fabricant distingué expose de beaux châles et des écharpes en soie; mais l'article capital de son exposition est un service de table, en soie blanche, pour 12 couverts.

Sans doute, pour obtenir un tissu d'un aussi beau blanc, pouvant, sans s'érailler ni jaunir, supporter un blanchissage fréquent, M. Fournel a dû vaincre de grandes difficultés, mais le prix élevé de ce linge-soie (500 fr. le service de 12 couverts) en restreindra l'usage à une consommation exceptionnelle.

Néanmoins ce produit révèle, chez le fabricant qui l'a exposé, un infatigable esprit de recherches qui est la condition de tout progrès. Jaloux de reconnaître et de récompenser cette tendance autant que la perfection des produits de l'exposant, le jury lui rappelle la médaille d'argent dont il s'était déjà rendu digne en 1839.

MÉDAILLES D'ARGENT.

MM. BALLEYDIER, REPIQUET et SYLVENT, de Lyon (Rhône),

Ont exposé un très-grand assortiment d'étoffes soie et velours, façonnées pour gilets;

Des velours fond-plein, dessin épinglé pour robes;

Un panneau de tenture, fond velours plein avec un écusson en velours épinglé à plusieurs couleurs. L'exécution de ce dernier travail a dû présenter de grandes et coûteuses difficultés.

Les produits de cette maison, qui d'ailleurs est au premier rang dans la fabrication des gilets, se distinguent par le goût, la richesse des dessins autant que par la bonne fabrication.

Le jury est heureux de le reconnaître, et il décerne à MM. Balleydier, Repiquet et Sylvent, la médaille d'argent.

MM. VERZIER, BONNART et Cie, de Lyon (Rhône).

L'exposition de cette maison est l'une des plus variées.

Outre un bel assortiment de châles de soie pour l'exportation, et des mouchoirs, écharpes et cravates d'un choix très-varié, le jury a remarqué ses étoffes pour meubles, ses satins, gros de Naples, foulards, reps, etc. pour robes.

Cette maison a également exposé des portraits tissés, imitant la gravure en taille douce. Ce produit considéré jusqu'ici comme un objet de coûteuse fantaisie, descend aujourd'hui dans les derniers rangs de la consommation, grâce au bas prix auquel MM. Verzier, Bonnart et Cie l'ont réduit.

Cette exposition donne une juste idée de l'intelligente activité de cette maison et explique l'importance de ses affaires, qui s'élèvent au delà d'un million et demi.

Le jury décerne la médaille d'argent à MM. Verzier, Bonnart et Cie.

MM. André CHAVENT et Cie, à Lyon (Rhône).

MM. André Chavent et Cie, ont exposé un grand assortiment d'étoffes pour robes en soie façonnée.

Ces produits sont très-remarquables par le bon goût des dessins, la perfection de leur mise en carte et l'heureuse disposition des couleurs. Ces qualités précieuses dénotent l'heureuse association d'un fabricant habile, et d'un dessinateur de grand mérite.

Le jury central juge la maison André Chavent et Cie digne de la médaille d'argent.

MM. CHASTEL et RIVOIRE, à Lyon (Rhône),

Exposent une grande variété d'étoffes soie façonnée pour robes et d'une excellente fabrication. Leurs prix modérés résultent généralement de combinaisons intelligentes, de procédés ingénieux qui font honneur à ces fabricants.

Depuis la dernière exposition où ils obtinrent une médaille de bronze, MM. Chastel et Rivoire ont perfectionné et développé leur fabrication qui s'élève aujourd'hui à près d'un million, dont plus de moitié pour l'exportation.

Le jury leur décerne la médaille d'argent.

MM. FORNIER, JANIN et FALSANT, à Lyon (Rhône),

Exposent des velours soie tramés coton, qualité courante, tous fabriqués en pièces doubles, tissées et divisées par un nouveau procédé de leur invention.

Ce procédé a le rare mérite d'être d'une application facile, peu dispendieuse, et d'une simplicité si grande, qu'elle permet d'employer, sans nouvel apprentissage, tous les bons tisseurs d'étoffes unies.

Son importance ressort de la comparaison de la main-d'œuvre.

Le velours simple, 22 portées, fabriqué par l'ancien procédé avec les fers, se paye de 3 à 3 fr. 5o c. le mètre, et l'ouvrier n'en fait généralement qu'un demi-mètre, soit 1 fr. 73 c.

Le velours fabriqué par le nouveau procédé se paye seulement 2 fr., mais l'ouvrier en fait 2 mètres et demi, soit 5 fr., et de plus sa tâche est moins fatigante.

L'extension de ce procédé aux métiers de velours ou de peluches de la Moselle et des environs de Lyon, permettra certainement à notre industrie de concourir avantageusement avec la Prusse Rhénane pour la production des velours légers dont la consommation est si importante en France et à l'étranger.

Le nombre des métiers Janin, fonctionnant dans divers ateliers de Lyon, est aujourd'hui de 60, et s'accroît journellement. Ce chiffre n'est cependant pas encore assez considérable pour constater un grand succès pratique qui motiverait une plus haute récompense, mais il l'est assez pour justifier la médaille d'argent que le jury est heureux de décerner à MM. Fornier, Janin et Falsant.

MM. VUCHER, REYNIER et PERRIER, à Lyon (Rhône).

Cette maison expose une grande variété d'articles et entre autres :

Des mantelets et écharpes, en velours, en gaze et en satin façonnés ;

Des colliers, fichus, cravates et châles imprimés sur chaîne et façonnés ;

Des tissus divers et articles de nouveautés.

Le jury de 1839 jugea cette maison digne de la médaille de bronze. Les progrès de sa fabrication, progrès que le jury de 1844 est heureux de constater et de reconnaître, la rendent digne d'une récompense plus élevée. Le jury décerne à MM. Vucher, Reynier et Perrier la médaille d'argent.

MÉDAILLES DE BRONZE.

MM. Réné SAUVAGE et Cⁱᵉ, à Lyon (Rhône).

Cette maison a exposé des pouts-de-soie noirs moirés, des taffetas pour meubles et un velours uni jaspé, fabriqué par un nouveau procédé fort simple et fort ingénieux.

L'effet de dessin ou de jaspure est obtenu par un seul fer, sans cartons, sans mécaniques à la Jacquard, sur un métier de velours uni, au moyen d'un rabot particulier, dont ils réclament l'invention.

Le jury pense que ce procédé pourra s'étendre à la fabrication des velours façonnés pour gilets et pour robes, et acquérir ainsi une certaine importance.

Mais l'œuvre du temps ne saurait être préjugée, et le jury est d'avis que, par rapport à l'application actuelle de ce procédé, la médaille de bronze sera pour MM. Réné, Sauvage et comp. un honorable encouragement.

MM. GUSTELLE et MONNET, à Lyon (Rhône).

Ont exposé une collection d'étoffes pour gilets en soie, soie et laine, soie et cachemire; de plus, un assortiment de châles de soie à dessins riches variés pour l'exportation. Les châles de cette maison ont acquis dans les mers du Sud une réputation et un débouché considérables. Elle est du reste en première ligne, depuis longtemps, pour la fabrication de cet article.

Les gilets au contraire sont destinés en grande partie à la consommation intérieure, pour laquelle ils ont à soutenir l'énergique concurrence des fabriques de Paris et du nord de la France.

Cette maison, quoique ancienne, expose pour la première fois.

Le jury pour la récompenser et encourager ses efforts intelligents, lui décerne la médaille de bronze.

MM. DOUX, ROCHE et DIME, à Lyon (Rhône),

Ont exposé des mouchoirs, des écharpes, des mantelets, des châles et nouveautés en soie façonnée, brochée et chinée.

La variété de ces articles, leur bon goût, la richesse de leurs dessins, font honneur au fabricant et au dessinateur.

Le jury pense que les louables efforts de cette maison ont mérité une récompense; en conséquence il lui décerne la médaille de bronze.

MM. LORRAIN et GUILLET, de Lyon (Rhône),

Ont exposé des châles, robes et nouveautés en soie d'une grande variété, et d'une bonne fabrication.

Cette maison, qui expose pour la première fois, marche sur les traces des premières fabriques. Le jury désire vivement que la médaille de bronze, qu'il lui décerne, soit pour elle un puissant motif d'encouragement.

M. CARQUILLAT, maître ouvrier, à Lyon (Rhône),

A tissé un tableau représentant la visite faite dans son atelier par M. le duc d'Aumale à son retour d'Afrique.

Ce tableau reproduit fidèlement treize personnages, d'après une toile de M. Bonnefond, directeur de l'école de dessin et de peinture de Lyon.

L'exécution de ce travail a nécessité la création d'un métier à cinq mécaniques Jacquart, beaucoup d'intelligence, de soins et d'argent. Rien n'a arrêté M. Carquillat et le succès a couronné ses efforts.

Le jury lui décerne la médaille de bronze.

MENTIONS HONORABLES.

MM. HECKEL et MONTET, à Lyon (Rhône),

Exposent des satins unis en couleur qui ne laissent rien à désirer sous le rapport de la fabrication comme sous celui des nuances. Il est vrai que M. Heckel a longtemps partagé les travaux de M. Heckel aîné, et il parait devoir marcher sur ses traces.

Cette maison n'étant établie que depuis très-peu de temps, le jury, tout en reconnaissant le grand mérite de ses produits, ne peut que la mentionner honorablement.

MM. LANÇON et Cⁱᵉ, à Lyon (Rhône).

Cette maison expose des étoffes de soie pour ornements d'église, en damas satin broché soie et or faux, mi-fin et fin.

Ces articles se recommandent surtout par la modicité de leur prix qui les met à la portée des plus pauvres paroisses.

Le jury, pour encourager les efforts de MM. Lançon et comp., leur décerne la mention honorable.

MM. V. LAFABRÈGUE et fils et VINCENT, à Lyon (Rhône).

Les écharpes en velours, et les velours glacés, caméléon, pour robes, exposés par ces messieurs sont très-bien fabriqués. Les velours glacés, surtout, présentent des effets nouveaux dus à une fabrication intelligente. Le jury a remarqué le goût et le soin qui ont présidé à l'ensemble de cette exposition, et il est heureux de donner à MM. Lafabrègue et fils et Vincent la mention honorable.

CITATIONS FAVORABLES.

Le jury cite favorablement:

MM. NALTÈS, PROTLON et **THIERRIAT**, de Lyon (Rhône),

Pour les étoffes pour gilets façonnés **et** brochés qu'ils ont exposées.

MM. DURET et Cie, de Lyon (Rhône),

Pour leurs foulards de soie imprimés qui dénotent d'intelligents efforts.

M. DOUILLET, de Lyon (Rhône),

Pour leurs bannières soie peintes et **dorées** que leur bas prix met à la portée des plus pauvres paroisses.

----

§ 2. RUBANS.

L'industrie des rubans a suivi à **peu** près les phases de l'industrie des soieries.

Ses grands développements, dans les villes de Saint-Étienne et Saint-Chamond, datent de 1600 à 1680, époque qui vit s'élever à 10,000 le nombre de ses métiers.

La révocation de l'édit de Nantes, en poussant à l'étranger le génie industriel de la France, porta aussi une rude atteinte à la rubannerie française, qui trouva dès lors une énergique concurrence dans les fabriques de Bâle. De 1700 à 1760 elle végéta, et ce ne fut que vers 1760 qu'elle prit une nouvelle vie, grâce à la respectable maison Dugas frères de Saint-Chamond, qui importa de Bâle et répandit dans nos fabriques les métiers mécaniques dits à la zurichoise, et connus aujourd'hui sous le nom de métiers à la barre.

En 1788, apogée de la fabrique des rubans avant la révolution, le nombre des métiers de tout genre s'éleva à 15,000.

En 1800, par suite des troubles et des guerres, il n'était plus que de 13,800, et il ne paraît pas que sous l'empire, il ait dépassé le nombre de 13,850.

Aujourd'hui on peut sans exagération l'évaluer à 20,000, qui, vu la grande proportion des métiers à la barre et les perfectionnements apportés aux métiers à lisse, représentent réellement un nombre bien plus considérable comparativement aux époques antérieures,

Ce qui distingue la rubannerie française, et maintient sa supériorité à l'étranger, c'est le goût que Paris inspire et imprime à ses fabricants, c'est la création permanente de couleurs, de dessins, de dispositions que les fabriques étrangères suivent et copient d'aussi près qu'elles peuvent, mais de trop loin pour satisfaire à la passion fébrile et toujours croissante de la consommation pour la nouveauté. Pour Saint-Étienne comme pour Lyon, créer sans cesse est la condition essentielle de la vie. Le repos serait la mort.

Malgré la rude concurrence de Bâle et de Coventry, l'exportation des rubans est en progrès, et nous ne craignons pas d'exagérer en l'évaluant à 35 millions. La production générale dépasse aujourd'hui 60 millions de francs, dont presque moitié est main-d'œuvre ou bénéfice, et moitié matière première.

RAPPELS DE MÉDAILLES D'OR.

M. Étienne FAURE, à Saint-Étienne (Loire).

La maison Faure frères, dont M. Étienne Faure a été l'associé et est aujourd'hui le continuateur, occupe depuis vingt ans le premier rang dans l'industrie des rubans façonnés.

Sa brillante exposition prouve que loin de s'arrêter, M. Étienne Faure travaille avec énergie à étendre les affaires de sa maison et sa bonne et belle réputation. Il occupe mille ouvriers, et fait pour un million d'affaires.

Le jury lui confirme avec les plus grands éloges la médaille d'or qu'il a obtenue en 1839.

M. VIGNAT-CHOVET, à Saint-Étienne (Loire).

Le goût, la richesse et l'originalité des rubans exposés par ce fabricant justifient pleinement sa bonne et ancienne réputation.

M. Vignat-Chovet marche toujours au premier rang des fabricants de façonné, non-seulement pour le goût et la bonne exécution, mais encore pour l'importance de ses produits.

Il emploie environ 700 métiers et fait un million d'affaires, dont moitié pour l'exportation.

Le jury lui rappelle la médaille d'or qu'il a obtenue en 1839 et dont il se montre de plus en plus digne.

MÉDAILLES D'OR.

MM. ROBICHON et Cie, à Saint-Étienne (Loire).

Il suffit d'examiner les rubans exposés par cette maison pour reconnaître qu'elle est au rang de celles qui soutiennent le mieux la supériorité de la rubannerie française à l'étranger.

MM. Robichon et Cie se signalent depuis long-temps par la perfection autant que par l'importance de leur fabrication ; mais c'est surtout depuis la dernière exposition que leurs progrès, sous ces deux rapports, ont été sensibles.

Ils obtinrent une médaille de bronze en 1834 et une médaille d'argent en 1839.

Ces récompenses ont stimulé le zèle et les efforts de MM. Robichon et Cie, auxquels, pour leurs nouveaux succès, le jury décerne la médaille d'or.

M. Jules BALAY, à Saint-Étienne (Loire).

A côté des riches expositions des fabriques de rubans façonnés, l'exposition de M. Jules Balay paraît bien modeste, car elle ne se compose que de rubans de satin unis des qualités les plus courantes.

Mais ces articles occupent une grande place dans la consommation, et Saint-Étienne doit à M. Jules

Balay la conservation de l'un des plus importants.

Nous voulons parler des rubans satin fabriqués avec la soie grége et teinte en pièce.

M. Jules Balay soutient sur les marchés d'Allemagne, à force d'intelligence et d'énergie, la rude concurrence des fabriques de Bâle.

Il occupe plus de 1,200 ouvriers et fait de 1,300,000 à 1,500,000 fr. d'affaires dont les sept huitièmes avec l'Allemagne et les Amériques.

En 1839, M. Jules Balay obtint la médaille d'argent, et pour le récompenser de ses persévérants efforts et de ses nouveaux succès, le jury lui décerne la médaille d'or.

RAPPEL DE MÉDAILLE D'ARGENT.

MM. MARTIN et Cie, à Saint-Étienne (Loire).

Les rubans exposés par MM. Martin et Cie sont dignes de cette maison, dont le chef est considéré comme très-habile fabricant et comme un grand artiste.

Cette maison occupe environ 300 métiers et fait de 500 à 550,000 fr. d'affaires, dont près de moitié pour l'exportation.

Le jury se plaît à rappeler à MM. Martin et Cie la médaille d'argent obtenue par eux en 1839.

MÉDAILLES D'ARGENT.

MM. GRANGIER frères, à Saint-Chamond (Loire).

Depuis l'exposition de 1839, MM. Grangier

frères ont enrichi l'industrie des rubans de plusieurs inventions pour lesquelles ils ont pris des brevets.

Leur métier à battant brodeur a surtout donné naissance à des articles qui ont eu et ont encore une grande vogue.

Les rubans exposés par MM. Grangier frères donnent une juste idée du goût et de l'originalité de leur fabrication.

Leurs affaires s'élèvent à 600,000 fr., dont plus de moitié pour l'exportation.

Ces habiles fabricants ne négligent rien pour améliorer et étendre leur industrie.

Le jury est heureux de leur décerner la médaille d'argent.

M. DEBARY-MÉRIAN, à Guebwiller (Haut-Rhin).

Cette maison est la suite de celle de J. De Bary et Bischoff de Bâle, qui importèrent en France, en 1805, la fabrication des rubans taffetas.

Jusqu'en 1832, elle a travaillé sur les errements en usage dans le canton de Bâle, donnant à tisser aux ouvriers dispersés dans les campagnes ; mais, depuis lors, entraînée par l'exemple de l'ancienne industrie alsacienne, elle a transformé toute son organisation et monté des ateliers spéciaux, à métiers mécaniques, avec la division du travail et tous les perfectionnements de l'industrie la plus avancée.

Toutes les préparations, depuis la teinture jusqu'à l'apprêt, se font dans l'établissement, qui emploie 200 ouvriers et 90 métiers mécaniques. Son chiffre d'affaires s'élève de 525,000 à 600,000 fr., selon le cours de la matière première employée.

Les rubans taffetas noir et couleur et les galons croisés que MM. De Bary et Mérian exposent, n'ont rien de brillant pour l'apparence, mais, au fond, ils ont un immense mérite que le jury apprécie.

Ils sont très-bien et très-économiquement fabriqués, et la consommation les préfère aux articles de Bâle, qu'ils remplaceront tout à fait lorsque l'établissement pourra répondre à toutes les demandes.

Pour implanter dans une province de France, étrangère aux préparations, comme au tissage de la soie, l'industrie des rubans de Bâle, il a fallu que MM. De Bary et Mérian déployassent une intelligence et une persévérance dignes des plus grands éloges.

Le jury, pour les récompenser et les encourager, leur décerne la médaille d'argent.

M. C. BARALLON, à Saint-Étienne (Loire).

Expose des étoffes et des rubans unis et ombrés, tissés en soie grége et teinte ou ombrée après le tissage.

Ce fabricant, l'un des premiers qui aient réussi dans la fabrication des rubans en soie grége, est celui qui, en perfectionnant le plus cet article, a aussi le plus contribué à le conserver à Saint-Étienne.

Il est l'inventeur d'un procédé pour ombrer, après tissage, les rubans et étoffes dans les couleurs les plus variées.

Il occupe 100 métiers et fait pour 450,000 fr. d'affaires, dont 150,000 avec l'intérieur et 300,000 avec l'étranger.

Rien ne prouve mieux le mérite de ce fabricant que la somme de ses exportations dans un article très-courant et très-bon marché, pour lequel Bâle était réputée sans rivale.

Le jury, pour récompenser et encourager M. Barallon, lui décerne la médaille d'argent.

M. Mathieu PASSERAT, à Saint-Étienne (Loire).

Cette fabrique est une des plus importantes pour l'article courant, surtout en satin.

Son chef, M. Passerat, est un fabricant distingué qui, sorti des rangs des ouvriers, a su, à force de travail et d'intelligence, placer sa maison en première ligne.

Le chiffre de ses affaires dépasse un million, dont plus de la moitié pour l'exportation.

C'est la première fois que M. Passerat expose, et cependant le jury le reconnaît digne de la médaille d'argent, qu'il lui décerne.

MM. TEYTER aîné et Cie, à Saint-Étienne (Loire).

Cette maison, qui expose pour la première fois, a déjà pris un rang distingué parmi les fabriques de rubans façonnés.

Elle occupe 230 métiers et fait plus de 500,000 francs d'affaires, dont une très-grande partie avec l'Angleterre.

Ses produits se distinguent surtout par la richesse des dessins et des dispositions.

Le jury lui décerne la médaille d'argent.

RAPPELS DE MÉDAILLES DE BRONZE.

M. DUTROU fils, à Paris, rue St.-Denis, 345.

Ce fabricant expose un grand nombre de rubans, la plupart pour ceintures et pour ordres.

Établi à Paris pour répondre aux besoins d'une consommation exceptionnelle, M. Dutrou y rencontra la redoutable concurrence de Saint-Étienne qu'il soutint cependant avec une grande et honorable persévérance.

Le jury lui rappelle la médaille de bronze.

MM. MESNAGER frères, à Saint-Étienne (Loire).

Cette maison fait beaucoup d'affaires, tant en rubans de sa fabrique qu'en rubans qu'elle achète sur place.

Elle a récemment importé à St-Étienne la fabrication des soies à coudre, qui sera pour le pays une nouvelle source de travail et de richesse.

Le jury lui rappelle la médaille de bronze.

MÉDAILLES DE BRONZE.

MM. CANEL-CHAPELON et Cie, à Saint-Étienne (Loire).

Les rubans façonnés exposés par cette maison, témoignent d'une très-bonne fabrication.

Sa production, qui s'élève de 300 à 350,000 fr., se partage entre la consommation intérieure et l'exportation.

Pour récompenser MM. Canel-Chapelon et Cie, le jury leur décerne la médaille de bronze.

M. CARRIÈRE-VIGNAT, à St-Étienne (Loire).

Les rubans gaze façonnés que cette maison expose donnent une juste idée de sa fabrication, qui est excellente, tant pour l'exécution que pour le goût et la variété.

Depuis un an surtout M. Carrière-Vignat a donné une grande impulsion à sa fabrique, et le succès a couronné ses efforts.

Il a porté ses affaires à plus de 600,000 fr., chiffre considérable dans cet article.

Le jury, pour récompenser M. Carrière-Vignat, qui expose pour la première fois, lui décerne la médaille de bronze.

MM. RICHOND et Cie, à Saint-Étienne (Loire).

Cette maison a exposé des rubans façonnés très-variés, qui donnent une juste idée de l'importance de sa fabrication, dont le chiffre s'élève à près de 700,000 fr.; plus de la moitié de ses produits vient faire concurrence à l'étranger aux fabriques de Bâle et de Coventry.

Le jury décerne à M. Richond et comp. la médaille de bronze.

MENTIONS HONORABLES.

MM. JAMET et CHARRAT aîné, à Saint-Étienne (Loire).

Leur fabrication est assez importante puisqu'elle dépasse le chiffre de 500,000 fr., dont les deux tiers s'exportent.

Le jury donne à MM. Jamet et Charrat aîné la mention honorable.

MM. RENODIER père et fils, à St-Étienne (Loire).

Cette maison fabrique surtout les rubans unis et velours pour la mercerie et pour la consommation intérieure.

Elle réussit dans sa fabrication, et le jury se plaît à la mentionner.

CITATION FAVORABLE.

M. J.-C. ROCHE, à Saint-Étienne (Loire),

Fabrique divers genres de rubans, et, entre autres, les rubans satin-grége qu'il réussit bien.

Le jury le cite favorablement.

---

§ **3.** SOIERIES ET ARTICLES DE NÎMES ET AVIGNON.

Considérations générales.

L'industrie nîmoise a, comme l'industrie lyonnaise, subi et suivi l'influence des événements politiques.

Elle a souffert, comme elle, des guerres étrangères et surtout des guerres civiles, et comme elle aussi sa constitution énergique a résisté aux crises terribles qui semblaient devoir l'étouffer.

Si loin qu'on remonte dans l'histoire du pays Nîmois, on trouve des traces de l'aptitude de ses habitants pour les travaux manufacturiers; mais ce n'est cependant que depuis sa réunion au royaume de France, au XIII° siècle, qu'on peut suivre les mouvements et les développements de son industrie.

Les règlements qu'on trouve dans les annales des XIVe et XVe siècles concernant les arts et métiers, les apprentis et les compagnons, prouvent que le travail des manufactures en général et même pour les soieries avait déjà acquis une certaine importance. Ce ne fut cependant qu'au XVIe siècle que la ville de Nîmes obtint des lettres patentes et statuts royaux qui la placent au nombre des quatre villes de France, Paris, Tours, Lyon et Nîmes, *ayant privilége d'exercer le commerce, art et fabrique du drap d'or, d'argent et de soie, et autres étoffes mélangées.*

Les règlements généraux donnés par Colbert, au XVIIe siècle, aux manufactures et fabriques du royaume, en désignant nominativement presque toutes les villes et tous les villages du pays Nîmois et des Cévennes, témoignent de leur grand développement manufacturier.

C'est vers cette époque que le métier à bas, importé par Cuvillier, créa une nouvelle source de travail et de richesses à ces laborieuses populations.

La révocation de l'édit de Nantes apporta une grande perturbation dans toutes les branches des manufactures de la France, et l'industrie nîmoise en souffrit plus qu'aucune autre ; néanmoins elle se releva , et la révolution de 1789 la trouva dans la plus grande prospérité.

Cette révolution et les premières guerres de l'Empire lui portèrent un coup funeste, dont elle ne se serait pas relevée sans la souplesse de son génie.

C'est alors qu'elle sut avec une rare intelligence s'approprier une matière nouvelle pour elle, le coton, quelle mélangea de mille manières avec la soie.

Les troubles civils et religieux qui agitèrent encore Nîmes et les Cévennes, en 1815, arrêtèrent le mouvement que la paix devait imprimer à leur industrie ; mais une fois l'ordre rétabli et la paix assurée, le temps perdu fut vite regagné et le mal réparé.

C'est surtout depuis 1830 que l'industrie nîmoise a progressé. Les produits qu'elle expose en 1844, et parmi lesquels on remarque des soies, des lacets, de la filoselle, de la passementerie, de la bonneterie, des foulards , des soieries, des nouveautés, des châles et des tapis, prouvent quelle n'a jamais été plus forte, plus vivace et plus souple.

RAPPEL DE MÉDAILLE D'OR.

MM. THOMAS frères, d'Avignon (Vaucluse).

Cette maison a exposé des étoffes soie tissées par par des métiers mécaniques, soit :

Des florences, des marcelinettes, des gros de Naples, des foudrosiennes.

Depuis plusieurs années, Avignon a vu ses fabriques de florence, si florissantes autrefois, fléchir tant sous le rapport de l'importance que sous celui de la perfection des produits. Non-seulement Avignon n'exporte plus à l'étranger, mais on a vu Zurich importer ses florences à Paris, malgré le droit de 15 à 16 pour cent qui les frappe.

Le produits exposés par MM. Thomas frères, doivent à leur tissage mécanique, une régularité qui permet d'espérer pour eux des débouchés à l'intérieur et même à l'extérieur.

Si, comme tout porte à le croire, le tissage mécanique est le seul moyen de rendre à Avignon son ancienne supériorité pour le florence et les tissus légers en général, MM. Thomas frères auront rendu un immense service à cette industrie, service pour lequel ils n'ont épargné ni le zèle, ni les capitaux. MM. Thomas frères ont obtenu en 1834 la médaille d'or, le jury est très-heureux de rappeler en leur faveur cette éclatante récompense.

RAPPELS DE MÉDAILLES D'ARGENT.

MM. Michel DHOMBRES et Cie, de Nîmes (Gard),

Présentent à l'exposition des foulards et des châles thibet imprimés, d'une bonne exécution; le tissu des foulards est fabriqué et imprimé par MM. Michel Dhombres et Cie. La fabrique de Tarare leur fournit les tissus thibet, sur lesquels ils appliquent l'impression avec beaucoup de succès.

Cette maison a aussi un atelier de teinture. Le jury leur rappelle la médaille d'argent, qu'ils avaient obtenue en 1834 et qui leur fut confirmée en 1839.

M. Antoine PUGET, de Nîmes (Gard),

A exposé des foulards, des gros de Naples, des levantines à dispositions et des florences unis.

Ces articles sont bien traités et établis à des prix modérés, ce qui en rend le placement facile autant à l'intérieur qu'à l'extérieur.

Cette maison occupe depuis longtemps à la maison centrale de Nîmes, un atelier de soixante-dix métiers, indépendamment des ouvriers qu'elle emploie dans le dehors.

Le jury, jugeant M. Antoine Puget toujours digne de la médaille d'argent qu'il a obtenue en 1839, lui en vote le rappel.

MM. GAIDAN frères, de Nîmes (Gard).

Cette maison qui obtint en 1839 une médaille d'argent pour la beauté de sa fabrication et de l'impression de ses foulards, continue à exploiter cette branche d'industrie avec succès, elle a aussi exposé des cravates en gros de Naples et taffetas noirs, articles d'une grande consommation en France et à l'étranger.

Ces différents produits sont d'une bonne fabrication et à des prix qui déterminent une grande vente.

Le jury rappelle à MM. Gaidan frères la médaille d'argent.

M. Claude JOURDAN et fils, de Nîmes (Gard),

Ont exposé des mouchoirs, des foulards, des écharpes et des ceintures pour l'Algérie.

Cette maison, appréciant tous les débouchés que pourrait offrir à la France notre colonie d'Alger, s'est spécialement occupée de la fabrication d'articles appropriés au goût et aux usages de ce pays. Ses efforts ont été couronnés de succès, et un grand nombre de métiers sont actuellement employés à tisser ces étoffes, où l'or, la soie, la laine et le coton sont adroitement mélangés.

Le jury, appréciant les efforts intelligents de MM. Jourdan et fils, leur rappelle la médaille d'argent qu'ils ont obtenue en 1839.

MM. DAUDET jeune et **ARDOUIN-DAUDET**, de Nîmes (Gard).

Cette maison qui obtint en 1839 une médaille d'argent, sous la raison sociale Daudet jeune et Chabaud, expose cette année des fichus et des foulards imprimés, d'une belle exécution.

Les tissus sont fabriqués par elle et imprimés dans ses ateliers. Les soins que ces habiles manufacturiers apportent dans toutes les parties de la fabrication, ont puissamment contribué à augmenter l'importance de leurs affaires. Le jury rappelle à MM. Daudet jeune et Ardouin Daudet la médaille d'argent.

M. Auguste CHABAUD, de Nîmes (Gard).

Associé de la maison Daudet jeune et Chabaud, qui obtint en 1839 la médaille d'argent, M. Auguste Chabaud présente à l'exposition des foulards de poche dont l'impression et le tissu sont bien exécutés, et les dessins variés; il expose aussi des cravates en taffetas noir, bien réussies et à des prix qui lui en procurent un placement facile, soit à l'intérieur, soit à l'extérieur.

Cette maison qui a ses ateliers d'impression, de dévidage, d'ouvraison et de tissage, présente une bonne organisation.

Le jury reconnaît que M. Auguste Chabaud se montre toujours digne de la médaille d'argent et lui en vote le rappel.

M. COUMERT, CARRETON et CHARDOUNAUD, de Nîmes (Gard),

Ont exposé des châles cachemire d'Écosse imprimés; des châles damassés et brochés qui offrent une grande variété; du damas laine et soie pour meubles. Ces articles sont variés et bien exécutés, et à des prix très-modérés. Cette maison a aussi exposé des tapis de pied remarquables par leur bon marché.

Le jury, appréciant le mérite de MM. Coumert, Carreton et Chardounaud, vote en leur faveur le rappel de la médaille d'argent.

MÉDAILLES D'ARGENT.

M. CHARDON, successeur de feu DAUDET aîné et Cⁱᵉ, de Nîmes (Gard),

Présente à l'exposition un grand assortiment d'étoffes en soie pour robes, des foulards en tout genre, des taffetas écossais, des cravates en satin noir uni, façonné et écossais, des fichus, etc.

Tous ces articles, dus à l'active intelligence de M. Chardon, sont généralement bien entendus, d'une bonne fabrication et d'un prix avantageux. Cette maison, qui avait obtenu une mention favorable à l'exposition de 1834, sous la raison sociale Daudet aîné et Cie, se trouve aujourd'hui placée sur la première ligne, autant par l'importance de ses affaires, que par le nombre, la variété et le bon goût de ses produits; et le jury se plaît à le reconnaître, en décernant à M. Chardon une médaille d'argent.

M. DAUDET-QUEIRETY, de Nîmes (Gard),

A exposé des foulards imprimés, la plus grande partie pour mouchoirs de poche.

Cette maison, qui obtint en 1834 une médaille de bronze, n'a pas exposé en 1839. Depuis quatre ans elle s'occupe exclusivement de l'article foulards imprimés, qu'elle fait avec beaucoup de perfection et de succès. Pour parvenir à ce résultat M. Daudet-Queirety a fondé un établissement complet, qui comprend l'ouvraison et le dévidage des soies, l'impression et l'apprêt des étoffes.

Le jury, appréciant les efforts de M. Daudet-Queirety, et reconnaissant qu'ils ont été couronnés de succès, lui accorde la médaille d'argent.

RAPPEL DE MÉDAILLE DE BRONZE.

MM. TROUPEL-FAVRE et GIDE, d'Embrun (Hautes-Alpes).

Entrepreneurs généraux des services de la mai-

son centrale d'Embrun, ces fabricants ont envoyé
à l'exposition :

Des draperies communes;
De la fantaisie cardée en rame;
Des tissus-bourette en filoselle;
Des toiles-fil, dites de ménage;
Divers articles de soierie unis et des velours soie.

Ces nombreux articles ont été, généralement,
trouvés dans de bonnes conditions de fabrication.
Les draps se consomment dans le pays même; les
soieries sont pour le compte de maisons de Lyon.

Les détenus de la prison centrale sont ainsi répartis entre les divers travaux :

Pour l'industrie de la laine.	105
Aux diverses préparations de la bourre de soie.	290
Au tissage des soieries et des toiles. . .	88
A la fabrication des velours de soie (récente dans la maison).	62
Total.	545

Le jury applaudit aux efforts que MM. Troupel,
Favre et Gide, ont fait pour utiliser les travaux des
détenus et leur apprendre des professions qui pourront leur fournir des moyens d'existence après l'ex-
piration de leur peine.

C'est pour récompenser ces Messieurs que le jury
rappelle en leur faveur la médaille de bronze qu'ils
obtinrent en 1839.

MÉDAILLES DE BRONZE.

M. SAGNIER-TEULON, de Nîmes (Gard),

A exposé des écharpe ou turbans algériens en soie et or; des robes et autres étoffes destinées à la consommation de l'Algérie.

Ces articles sont d'une bonne exécution et d'un goût approprié à la consommation qu'ils doivent satisfaire.

Le jury voit avec plaisir les efforts faits par M. Sagnier-Teulon pour s'emparer d'une consommation qui doit naturellement appartenir à la France, et lui accorde une médaille de bronze.

MM. BLACHIER et MASSERAN, de Nîmes (Gard),

Ces fabricants, qui exposent pour la première fois, ont envoyé un assortiment de cravates, à dispositions gracieuses, en soie pure ou mélangée, qui sont destinées à la vente intérieure; ils présentent encore une collection d'articles pour la consommation algérienne.

Un vif intérêt doit s'attacher à ces commencements de rapports entre la métropole et la colonie.

Le jury décerne à MM. Blachier et Masseran une médaille de bronze.

M. Alexis QUIBLIER, de Nîmes (Gard),

Présente à l'exposition un grand assortiment de châles de différents genres, en chaîne fantaisie et trame laine peignée ou cardée. Ces articles, qui sont en grande partie pour la consommation d'été, sont d'une bonne fabrication et bien entendus.

Le jury accorde à M. Alexis Quiblier une médaille de bronze.

MENTIONS HONORABLES.

Madame veuve VEYRUN, née DUMONT, et Cie, de Nîmes (Gard),

Exposent des châles imprimés, thibet et grenadine, dont le bas prix procure un grand écoulement, tant en France qu'à l'étranger ; les tissus de soie sont fabriqués et imprimés par eux ; les thibet leur sont fournis par la fabrique de Tarare.

Le jury accorde à Madame veuve Veyrun, née Dumont, et Cie, une mention honorable.

MM. LEVAT frères, de Nîmes (Gard),

Exposent des châles grenadine imprimés, en diverses largeurs. Cette fabrique, qui s'occupe spécialement de cet article, le fait avec succès. L'Espagne et l'Italie reçoivent la plus grande partie de ses produits.

Le jury accorde à MM. Levat frères une mention honorable.

M. Frédéric BOUSQUET, de Nîmes (Gard),

Présente à l'exposition des châles et des fichus de soie, qui sont d'une fabrication bien entendue pour être vendus à bas prix, ce qui procure à M. Frédéric Bousquet un placement facile de ses produits.

Le jury, appréciant ce mérite, le mentionne honorablement.

MM. Louis BESSON et Cie, de Nîmes (Gard),

Exposent des châles en laine, en soie et laine, en laine et coton damassés et brochés, à des prix avantageux : la fabrication en est bien entendue.

Le jury accorde à M. L. Besson une mention honorable.

CITATION FAVORABLE.

Le jury cite favorablement

Madame veuve ARNAUD-GAIDAN, de Nîmes (Gard),

Qui a exposé des buratins et des étoffes en fleuret pour robes d'une bonne fabrication.

---

§ 4. PELUCHES DE SOIE.

Considérations générales.

La fabrication de cet article a pris un si grand développement depuis la dernière exposition, qu'il est convenable d'entrer dans quelques considérations générales, avant d'apprécier le mérite de chaque exposant.

Depuis 20 ans environ, la peluche-soie tend à remplacer le feutre, mais aussi longtemps que sa fabrication a été chère et imparfaite, ses progrès dans la consommation ont été lents.

Les fabriques de Berlin et de la Prusse Rhénane ont, pendant quelques années, joui du privilége de fournir cet article à l'Europe et à l'Amérique.

Aujourd'hui, non-seulement la France ne tire plus ses peluches des fabriques d'Allemagne, mais

elle leur fait une rude concurrence sur les marchés étrangers et même pour les qualités supérieures sur les marchés allemands.

En 1839, l'industrie de la peluche pour chapellerie était représentée à l'exposition par deux exposants.

Aujourd'hui, après cinq ans seulement, douze
exposants se présentent au concours. Il y a quinze
ans, la France ne comptait que quelques métiers
de peluche à Lyon et dans le département de la Moselle, aujourd'hui, on compte dans le département
du Rhône environ 600 métiers, la plupart à double pièce, produisant 2 millions et demi, dont
moitié à l'exportation, et dans la Moselle 2,500 métiers qui livrent 5 millions 500 mille fr., dont
un tiers à l'exportation. Il y a de plus 400 métiers
dans les maisons centrales, produisant 900 mille
francs; ce qui donne un chiffre de 3,500 métiers
et de 9,000,000 de produits.

La consommation classe généralement les peluches en deux catégories; elle préfère celles du
département du Rhône pour les basses et moyennes
qualités et celles de la Moselle pour les qualités
supérieures.

Cela tient à ce que, dans le Rhône, les procédés de tissage sont plus économiques, surtout depuis l'introduction, par MM. Brisson frères et
J.-B. Martin, des métiers mécaniques à double

pièce qui, tout en donnant à l'ouvrier une journée supérieure, produisent une grande réduction
de façon. Mais jusqu'ici le procédé pour couper
le poil des pièces en les séparant, ne produit pas
la même régularité dans le poil de la peluche que
l'ancien procédé appliqué aux métiers ordinaires.
C'est une des raisons qui expliquent la préférence
accordée aux peluches de la Moselle dans les prix
élevés. On doit aussi reconnaître que les teintures de la Moselle, établies à l'instar de celles de
Berlin, ont acquis, pour le noir, une supériorité
marquée sur celles du Rhône.

Mais tout fait supposer que cette différence
entre les produits des fabriques du Rhône et de
la Moselle s'effacera bientôt ; car, d'une part, les
fabricants du Rhône établissent aussi des ateliers
de teinture spéciaux et perfectionnent journellement le métier mécanique à pièces doubles,
et d'autre part, les fabricants de la Moselle ne
manqueront pas de s'approprier aussi les procédés
d'un tissage plus économique.

La propagation des métiers de peluche dans les
villages de la Moselle, a eu pour résultat de donner du travail et de l'aisance à une partie de la
population des campagnes qui vivait misérable-
ment du tissage de la toile et de quelques travaux agricoles très-mal rétribués. La journée qui
était autrefois de 50 à 75 cent. s'est élevée à

1 fr. 50 cent. et même 2 fr., et cette hausse ne s'est pas arrêtée aux ouvriers occupés du tissage de la peluche, elle a nécessairement réagi sur toutes les mains-d'œuvre.

C'est de l'importation de la teinture du noir de Berlin dans la Moselle que datent les grands progrès de l'industrie de la peluche, et il est bon de faire observer que ce fut un teinturier français établi à Berlin qui perfectionna la teinture de ce noir au point de lui donner une supériorité incontestée.

Les fabricants de la Moselle ont exposé des velours façon Crefeld très-bien fabriqués.

Le jury pense que s'ils appliquaient à la fabrication de cet important article, l'intelligence et la persévérance dont ils ont fait preuve, ils réussiraient comme ils ont réussi dans la fabrication des peluches.

Dans cette vue il leur recommande le métier à pièces doubles pour peluche et le métier Janin à pièces doubles pour velours. Les récompenses nombreuses que le jury décerne aux exposants de peluches, sont la meilleure preuve de l'intérêt qu'il porte à cette industrie.

RAPPEL DE MÉDAILLE D'OR.

MM. MASSING frères, HUBER et Cⁱᵉ, de Puttelange (Moselle).

Cette maison a exposé des peluches noires en

soie pour chapeaux d'homme, depuis 4 fr. 78 c. le mètre jusqu'à 12 fr. L'importance et la qualité de ces produits maintiennent cette fabrique au rang élevé qu'elle a su conquérir depuis longtemps.

Récompensés par la médaille d'or en 1839, les chefs de cette maison n'ont cessé d'apporter à la teinture et aux autres procédés de fabrication des améliorations importantes. Heureux de constater d'aussi louables efforts, le jury se plaît à rappeler à MM. Massing frères, Huber et Cie la médaille d'or.

MÉDAILLE D'OR.

MM. SCHMALTZ et THIBERT, de Metz (Moselle),

Ont exposé des peluches en soie noire pour chapeaux d'hommes, de 5 fr. 50 à 10 fr. le mètre, et du velours tout soie, façon Crefeld, à 10 fr. le mètre.

Les peluches sont remarquables par la beauté et la pureté de leur noir.

Le velours est très-bien fait, et le jury ne saurait trop recommander à MM. Schmaltz et Thibert d'appliquer leur persévérante intelligence à développer la fabrication de cet important article. Nul doute qu'ils ne réussissent complétement à rivaliser avec succès les produits analogues de la fabrique rhénane.

Ces messieurs sont également cités comme très-habiles teinturiers.

Leur système de fabrication diffère entièrement de celui de la plupart de leurs confrères, en ce que tous les ustensiles propres à la fabrication leur appartiennent et que leurs ouvriers ne quittent jamais le métier pour les travaux des champs. C'est ce qui explique comment, avec 350 métiers, ces fabricants font environ un million d'affaires, dont un quart à l'intérieur et trois quarts à l'extérieur, tandis que pour atteindre le même chiffre d'autres maisons occupent presque un nombre double de métiers.

Il était difficile de justifier plus pleinement les bonnes notes du jury départemental et les renseignements fournis par les consommateurs eux-mêmes, qui placent MM. Schmaltz et Thibert à côté de MM. Massing frères, Thiber et compagnie.

Récompensés en 1839, à leur début, sous la raison Schmaltz, par la médaille de bronze, les progrès de MM. Schmaltz et Thibert ont dépassé les espérances qu'ils avaient fait naître alors et le jury est heureux de leur décerner la médaille d'or.

MÉDAILLES D'ARGENT.

MM. BARTHE et PLICHON, de Sarreguemines (Moselle),

Ont exposé des peluches noires en soie pour chapeaux d'hommes, de 5 fr. à 8 fr. 25 le mètre.

Cette maison, dont l'établissement remonte à l'année 1833, expose pour la première fois. Elle occupe dans l'arrondissement de Sarreguemines 4 à 500 métiers et elle livre à la consommation pour un million de francs de ses produits, répartis par moitié entre l'extérieur et l'intérieur.

De même que les meilleures fabriques de la Moselle, elle a son atelier de teinture.

Ses efforts, pour perfectionner les procédés de fabrication, la beauté et l'importance de ses produits, ont été remarqués par le jury central qui, pour récompenser cette maison, décerne à MM. Barthe et Plichou la médaille d'argent.

MM. NANOT et Cie, de Sarreguemines (Moselle),

Ont exposé des peluches noires en soie pour la chapellerie, de 4 fr. 5o c. à 12 fr. le mètre.

Ces fabricants, qui ont pris la suite des affaires de la maison Walter et Joyeux, la plus ancienne fabrique de peluches de la Moselle, quoique établis depuis 1829, exposent cette année pour la première fois.

Leur fabrication est importante puisqu'elle occupe 4 à 5oo métiers répartis dans plus de 3o villages.

Les produits qu'ils livrent au commerce jouissent, à l'intérieur surtout, d'une excellente réputation.

Depuis leur établissement, ils n'ont épargné aucun soin, aucune peine pour améliorer les procédés de fabrication. Le jury se plaît à le reconnaitre, et, pour récompenser dignement leur intelligente activité, il décerne à MM. Nanot et compagnie la médaille d'argent.

MM. BRISSON frères et Cie, de Lyon (Rhône).

Cette maison, l'une des plus anciennes de Lyon, s'est vouée spécialement depuis quelques années à la fabrication des peluches en soie pour chapellerie.

MM. Brisson frères, pour vaincre les difficultés que rencontre toujours une industrie nouvelle comme l'était celle à laquelle ils se sont livrés, ont fait de grands sacrifices parmi lesquels le plus important et le plus utile a été l'établissement d'ateliers à métiers mécaniques. Ces métiers tissent deux pièces à la fois, ce qui apporte une très-grande économie dans la production, tout en élevant la journée de l'ouvrier qui, par ce nouveau procédé, fait deux fois plus de travail dans le même nombre d'heures.

Récemment encore, afin de remédier aux inconvénients qui résultent des teintures banales, pour un article qui ne peut se passer de la certitude de solidité et de l'uniformité de nuance, MM. Brisson frères et Cᵉ ont aussi créé leur atelier de teinture.

Leur production, qui a déjà atteint le chiffre d'un million, fait chaque jour, sous une direction intelligente, de remarquables progrès.

Le jury se fait un devoir de reconnaître l'habile activité de MM. Brisson frères, et pour récompenser leurs efforts il leur décerne la médaille d'argent.

MÉDAILLES DE BRONZE.

Madame veuve WALTER aîné, de Metz (Moselle).

Cette maison réclame l'honneur d'avoir été la maison-mère des fabriques de peluches de la Moselle, alors qu'elle était dirigée par MM. Walter et Joyeux.

C'est dans ses ateliers que se sont formés MM. Massing, Schmaltz, Thibert, Nanot, etc., passés maîtres aujourd'hui.

Madame veuve Walter aîné s'efforce de rendre à cette maison, demeurée languissante pendant plusieurs années, son ancienne réputation, et déjà elle compte environ 200 métiers.

Les peluches qu'elle a exposées cette année ne le cèdent en rien à celles de ses concurrents, et bientôt sans doute l'importance de ses affaires autant que la perfection de ses produits, replaceront cette maison au rang qu'elle occupa jadis.

Le jury en conserve l'espérance, et voulant récompenser ses efforts dans cette direction, il lui décerne la médaille de bronze.

M. Joseph GAILLARD, de Lyon (Rhône),

Expose des peluches noires pour chapellerie de 3 fr. 5o c. à 9 fr. le mètre.

Il est l'un des premiers qui se soient occupés de la fabrication de cet article; c'est en 1822 qu'il monta ses premiers métiers. Il en compte aujourd'hui plus de 200 dont la production s'élève annuellement à 700,000 fr.

Les peluches exposées par ce fabricant sont remarquables par leur bonne fabrication autant que par la modicité de leur prix.

Le jury récompense M. J. Gaillard en lui décernant la médaille de bronze.

M. Jean-Baptiste MARTIN, de Tarare (Rhône).

Ce fabricant a exposé des peluches noires en soie pour chapellerie de 4 fr. 40 c. à 10 fr. le mètre.

Longtemps associé de MM. Brisson frères, M. Martin en fondant son bel établissement a pu immédiatement y introduire tous les perfectionnements les plus récents, comme les métiers mécaniques à pièces doubles, l'atelier de teinture et toutes les opérations accessoires, et le jury qui connaît l'intelligence et l'activité de M. Martin ne doute pas, en voyant ses produits actuels, qu'il n'élève bientôt au premier rang la maison qu'il vient de fonder.

Le jury a voulu le récompenser en lui décernant la médaille de bronze.

MM. DONAT, ACHARD et Cⁱᵉ, de Riom (Puy-de-Dôme).

Cette maison expose des peluches noires en soie pour chapellerie. Ses produits sont bien fabriqués, à des prix avantageux, et ils font une active concurrence aux produits des fabriques rhénanes.

MM. Donat-Achard et Cⁱᵉ occupent dans la maison centrale de Riom 200 métiers servis par 260 détenus. Dans les campagnes ils en occupent 2 à 300, suivant les besoins de la consommation.

Leur production varie de 800 à 900,000 fr. dont un tiers pour la consommation intérieure, et deux tiers pour l'exportation.

Le jury croit devoir récompenser les efforts actifs de MM. Donat-Achard et Cⁱᵉ, en leur donnant la médaille de bronze.

M. RAVIER, de Sarreguemines (Moselle).

Ce fabricant a peu cherché jusqu'ici à étendre le cercle de sa production, mais il a cherché avec succès à la rendre aussi parfaite que possible.

Les peluches noires qu'il a exposées varient de 6 à 15 fr. le mètre; elles sont fort belles et jouissent parmi les consommateurs d'une excellente réputation.

M. Ravier occupe environ 165 métiers répartis dans diverses communes de l'arrondissement de Sarreguemines.

Le jury félicite M. Ravier sur la beauté de ses produits et lui donne la médaille de bronze.

MENTION HONORABLE.

M. SERPOLET, à Paris, rue Culture-Sainte-Catherine, 48.

Ce fabricant a exposé des peluches pour chapellerie, en coton, tirées à la carde, de 1 fr. 25 cent. à 3 fr. 50 cent. le mètre; des peluches chaîne coton, tramées bourre de soie, également tirées à la carde, de 1 fr. 50 cent. à 5 fr. le mètre.

Ces étoffes, destinées à la chapellerie commune, occupent une place assez importante dans la consommation générale.

Le jury, pour récompenser les utiles travaux de M. Serpolet, lui accorde une mention honorable.

CITATION FAVORABLE.

MM. POREAUX et Cⁱᵉ, à Paris, rue de Richelieu, 92.

Cette maison expose des velours peluches en coton et fantaisie, tirés à la carde et imprimés pour robes de chambre et gilets.

Elle expose en outre des étoffes soierie piquées

façon ouate pour doublure et garniture d'habillement.

Cet établissement, récent encore, a droit à des éloges publics, et le jury se plaît à citer favorablement MM. Poreaux et Cie.

---

§ 5. TISSUS DE CRIN.

Considérations générales.

Depuis l'exposition de 1839, l'industrie des tissus de crin n'a pas fait de progrès bien sensibles, mais grâce aux efforts des fabricants, et malgré la concurrence d'autres étoffes introduites dans la confection des meubles communs, cet article est toujours recherché, surtout pour la consommation étrangère. Des efforts couronnés de succès ont aussi été faits pour l'application du crin à divers autres produits.

RAPPEL DE MÉDAILLE D'ARGENT.

M. DELACOUR, à Paris, rue Vieille-du-Temple, 51.

Successeur de la maison Bardel et Noiret jeune qui obtint en 1839 une médaille d'argent, M. Delacour expose des tissus de crin noirs et de diverses couleurs, façonnés pour meubles. Ces tissus dont les fonds satins ont beaucoup d'éclat et de brillant, sont bien entendus et les dessins en sont de bon goût. M. Delacour soutient dignement la réputation de ses prédécesseurs.

Aussi trouve-t-il un placement facile de ses produits en France et à l'étranger, où il fait des affaires
assez importantes.

Le jury lui décerne le rappel de la médaille
d'argent.

RAPPEL DE MÉDAILLE DE BRONZE.

Madame veuve GENEVOIS, à Paris, rue Grenier, 5.

Cette maison qui a obtenu en 1839 une médaille
de bronze pour sa belle collection d'étoffes en crin
et en soie végétale pour meubles, expose cette
année des tissus de crin damassés, deux couleurs,
à bouquets et rosaces, dont la belle exécution prouve
que Mᵐᵉ Vᵉ Genevois est toujours digne de la médaille de bronze que le jury lui rappelle.

NOUVELLE MÉDAILLE DE BRONZE.

M. OUDINOT-LUTEL, à Paris, rue St-Joseph, 3,

Expose des tissus de crin pour cols, pour gilets,
pour chapeaux de femme, pour robes de dessous, pour
tamis, et enfin pour garniture d'habits d'hommes. Ces
divers tissus sont bien appropriés aux différents
usages auxquels ils sont destinés, et prouvent que
M. Oudinot-Lutel cherche avec persévérance à perfectionner une industrie à laquelle il s'est entièrement dévoué.

Le jury lui accorde en récompense de ses efforts
une nouvelle médaille de bronze.

CITATIONS FAVORABLES.

Le jury cite favorablement :

M. JOURDAN, à Paris, rue de Charonne, 169.

Pour ses tissus de crin et soie végétale imprimés pour meubles.

M. ZERR, à Paris, galerie Colbert, 8 et 10.

Pour des brodequins et des souliers confectionnés avec des tissus de crin.

---

§ 6. SOIERIES DE TOURS.

MÉDAILLE D'OR.

M. MEAUZÉ-CARTIER et Cie, à Tours (Indre-et-Loire).

Cette maison avait déjà une réputation très-étendue pour la fabrication de la passementerie, lorsque M. Pillet, dont le père avait eu la médaille d'or en 1823, comme fabricant d'étoffes de soie, vient, en s'associant avec M. Meauzé-Cartier, son beau-père, lui apporter l'industrie dont il avait hérité.

Depuis lors, la maison des exposants a pris une nouvelle extension et s'est placée au premier rang.

L'exposition de MM. Meauzé-Cartier et Cie a présenté les échantillons de la double industrie qu'ils exploitent. Ce sont d'abord les damas soie, les brocatelles, les tissus soie mélangée pour voitures, et ensuite une grande variété d'articles de passementerie.

Le tout est traité avec un excellent goût et une grande intelligence de la fabrication.

Cette maison, pour combattre la concurrence de Lyon, s'est organisée en ateliers et elle réunit dans son bel établissement, non—seulement le tissage, mais encore la teinture, le dévidage, l'ourdissage et enfin toutes les opérations qui constituent la fabrication.

Pour établir une si belle organisation, il fallait que MM. Meauzé-Cartier et Cie fissent de grands sacrifices et de grands efforts, et le jury, pour les récompenser, leur décerne la médaille d'or.

MÉDAILLE D'ARGENT.

MM. FEY—MARTIN et Cie, de Tours (Indre-et-Loire).

Cette jeune fabrique expose des étoffes en soie pour ameublement. Ses damas et brocatelles sont remarquables par le bon goût des dessins, la pureté et l'harmonie des couleurs, la bonne fabrication des tissus.

C'est après avoir fait dans la fabrique lyonnaise un long et sérieux apprentissage, que MM. Fey-Martin et Cie ont fondé leur établissement à Tours où, dès leur début, ils ont pris place à côté de l'honorable maison Meauzé-Cartier.

Le jury est heureux d'exprimer cet éloge et de décerner à MM. Fey-Martin et Cie la médaille d'argent.

TROISIÈME SECTION.

BONNETERIE, TRICOT ET PASSEMENTERIE.

M. Petit, rapporteur.

§ 1. BONNETERIE.

Considérations générales.

La bonneterie ordinaire est toujours en voie d'amélioration; il s'y fait journellement des progrès sensibles, relativement à la qualité et à la modicité des prix.

La bonneterie qui façonne les articles de luxe, tels que les bas de soie, première qualité, unis, à jour et brodés, n'est pas moins progressive malgré les obstacles qu'elle rencontre; car, il faut bien le reconnaître, cette partie importante souffre beaucoup du caprice de la mode qui la délaisse depuis longtemps, et il est certain que ses progrès auraient été plus grands si la consommation lui eût été plus favorable; cependant cette industrie, si elle a vu se limiter sa consommation intérieure par l'abandon de la mode, ne continue pas moins à conserver sa supériorité sur les marchés étrangers.

Cette fabrication emploie la soie, la bourre de soie, le coton et la laine. Cette dernière matière n'est appliquée qu'à des bas communs d'une longue durée, et qui sont d'une vente facile.

La bourre de soie est la principale matière première des fabriques de Nîmes et d'Uzès. Ses produits peu variés sont d'un bon usage, mais s'ils n'atteignent jamais l'élégance, ils sont du moins consommés dans presque toutes les classes.

La soie par son prix ne peut pas se prêter aux fabrications communes; mais le coton s'étend depuis les articles les plus simples jusqu'à ceux du luxe le plus recherché: aussi trouve-t-on des bas de coton pour femmes depuis 4 fr. jusqu'à 72 fr. la douzaine. Ce n'est que depuis peu que cette limite du bon marché a été atteinte; on le doit à l'adoption du métier circulaire qui produit des pièces d'étoffes en tricot, dans lesquelles on taille des bas, des bonnets, des jupes, des caleçons et des gilets.

Sauve, Sumène et le Vigan, ont adopté ce genre économique. Ces deux dernières villes fabriquent aussi des bas de soie et de coton de qualités supérieures que l'on trouve aussi à Saint-Hippolyte, à Anduze et à Saint-Jean-du-Gard.

Il se fabrique aussi à Nîmes quelques belles qualités de bas, mais principalement les objets de goût qui lui sont spéciaux. Le métier à maille fixe, seul ou combiné avec la mécanique à la Jacquart, se prête à une infinité de créations nouvelles. C'est l'aide de ces moyens que l'on fabrique des mitaines, des châles, des écharpes et des voiles, et qu'on les enrichit de chinés de différentes couleurs et de jolis dessins imitant la dentelle. Le principal débouché de ces articles se trouve à l'étranger, et principalement dans les états de l'Amérique du Sud.

La fabrique de Ganges, dont les produits en bonneterie se sont perfectionnés depuis 1839, fournit à la grande consommation de l'Espagne et du Portugal. La beauté des matières qu'elle emploie et la finesse de ses métiers font rechercher par l'Angleterre ses bas de soie blancs et noirs unis; les bas de soie des fabriques anglaises ne pouvant rivaliser avec les siens, attendu l'irrégularité des soies qu'elles mettent en œuvre.

Il se fabrique aussi à Ganges des bas de soie et de coton retors, à jour, avec une telle perfection de goût dans la broderie, une si grande pureté de blanc, et à des prix si modérés, qu'aucune fabrique étrangère ne peut soutenir la concurrence. Il s'y fait en outre des mitaines et des gants ainsi que des chaussettes, qui par leur bonne qualité et leur belle fabrication ne craignent aucune rivalité.

La Picardie est dans ce moment le pays où la bonneterie se fabrique en plus grande quantité et en plus belle qualité. Il s'y fait des bas de laine noire de différents genres et de divers prix qui ont un grand débouché en Italie, et dans beaucoup d'autres pays étrangers. On y fabrique aussi de la flanelle pour robes, jupes, gilets, pantalons et autres articles, pour lesquels les fabricants peuvent soutenir toute concurrence.

Troyes, avec ses environs, est le pays où la bonneterie en coton a pris le plus d'extension et a fait les plus grands progrès, soit pour la beauté de la fabrication, soit pour la modicité des prix; aussi obtient-elle la préférence dans les marchés étrangers sur l'Angleterre et la Saxe.

Les fabricants de la bonneterie destinée à l'usage des orientaux, ont apporté de nouveaux perfectionnements dans les qualités de leur teinture, et ils continuent à soutenir avec avantage la concurrence des fabriques de l'Italie et du Levant.

Caen a aussi des fabriques de bonneterie d'une grande importance, principalement celle de M. Bellamy. Il est à regretter que les articles qu'il a envoyés à l'exposition se soient égarés; on aurait pu juger des progrès de cette belle fabrique, qui d'après sa réputation aurait eu droit à l'attention toute particulière du jury central.

Nous dirons la même chose de M. Dillon aîné, de Xivray près Saint-Mihiel (Meuse) : le seul échantillon qu'il eût envoyé ne s'est pas retrouvé.

MÉDAILLE D'OR.

MM. LAURET frères, à Ganges (Hérault).

La fabrique de bas de soie de MM. Lauret frères, date de plus de 5o ans; elle se transmet par succession dans la famille. Ses produits sont arrivés au plus haut degré de perfection. Ils se distinguent aujourd'hui par une pureté et une netteté dans les blancs qui ne leur sont disputées par aucun de leurs concurrents.

La grande supériorité de leurs produits est due à l'attention soutenue que ces industriels apportent dans la filature de leurs soies.

Les matières qu'ils emploient proviennent d'une filature qu'ils ont dans leur établissement et qu'ils peuvent approprier à chaque besoin que les articles de leur fabrication réclament.

Ils occupent près de quatre cents ouvriers et constamment 3oo, auxquels ils procurent un travail lucratif, faisant confectionner outre les articles pour l'exportation, des objets de luxe qui ordinairement sont très-ouvragés; les dessins des broderies riches, et des jours qu'ils font exécuter sur leurs bas, sont d'une élégance et d'un fini qui ne laissent rien à désirer.

Leur exposition de bas et gants de soie unis, à jour et brodés offre un ensemble de produits variés, habilement fabriqués et dont les prix sont bien en harmonie avec les qualités; ils en ont un grand débouché tant pour la consommation intérieure que pour l'exportation.

MM. Lauret frères, exposent aussi des gants

sans coutures dont la fabrication ne mérite que des éloges.

C'est par la création d'articles nouveaux et de fantaisie que ces fabricants sont parvenus à augmenter le nombre de leurs métiers et de leurs ouvriers, et à donner plus d'extension à leurs affaires dont le chiffre se monte annuellement de sept à huit cent mille francs.

Cette maison est toujours au premier rang des fabriques des Cévennes, par la perfection de ses bas de soie et la variété de ses produits.

En 1839, MM. Lauret frères ont obtenu une médaille d'argent. Le jury, en considération des progrès incontestables de leur industrie, leur décerne la médaille d'or.

RAPPELS DE MÉDAILLES D'ARGENT.

M. MEYNARD Cadet, à Nîmes (Gard).

Cet industriel, l'un des plus anciens fabricants de Nîmes, a exposé des mitons, des mitaines et des gants de soie à jour et en fil damassé, remarquables par la variété et le bon goût des dessins et leur perfection.

Il occupe 100 ouvriers, soit dans ses ateliers soit au dehors.

Son esprit inventif lui procure les moyens de renouveler chaque année la forme et les dispositions des divers articles de sa fabrication, ce qui lui en facilite la vente et augmente l'importance de ses affaires.

Ses produits sont à des prix modérés, et il en a un grand débouché pour l'exportation.

Le jury se plaît à reconnaître que M. Meynard soutient sa réputation de bon fabricant et est toujours digne de la médaille d'argent qu'il a obtenue en 1834 et qui lui a été rappelée en 1839. Il lui en confirme de nouveau le rappel.

M. VALENTIN-FÉAU-BÉCHARD, à Orléans (Loiret).

M. Valentin-Féau-Béchard a exposé des bonnets turcs destinés au commerce du Levant.

Sa fabrique, fondée en 1758, est connue depuis cette époque sous les rapports les plus avantageux.

Il occupe en Beauce 1200 tricoteuses, femmes et enfants, dont le salaire s'élève de 30 à 60 centimes par jour, suivant leur dextérité et leur activité.

Une centaine d'ouvriers travaillent journellement dans ses ateliers où se trouvent réunies toutes les machines nécessaires aux diverses préparations de la laine.

Ce fabricant a apporté une grande amélioration dans la teinture de ses bonnets, dont la couleur rouge est plus belle et plus solide que celle des plus beaux bonnets de Tunis.

Cette maison obtint en 1819 la médaille d'argent sous la raison Benoit-Mérat et Desfrancs. On lui en a fait le rappel en 1823, 1827 et 1839. Le jury trouve que M. Valentin-Féau-Béchard a acquis de nouveaux titres à la médaille d'argent, et il la lui confirme.

M. TROTRY-LATOUCHE, à Paris, rue Chapon, 5,

A exposé comme en 1839, des bonnets de laine pour le commerce du Levant. Il fabrique aussi des bonnets en drap imprimé pour la marine et les colonies, des tapis de pied, des bonnets et des cabas en drap imprimé en relief et des ceintures en tricot dites antirhumatismales, fabriquées avec une laine dans laquelle on a laissé une partie du suint. Tous ces produits se font remarquer par leur bonne fabrication, la pureté des couleurs et la modicité de leur prix.

M. Trotry-Latouche a fondé depuis 1814 une fabrique à Chatou. Il y a établi 6 foulons et une machine à vapeur de la force de 12 chevaux; il y réunit la filature de la laine et le tissage, le foulonnage et l'impression sur drap. Il occupe 200 ouvriers dans ses ateliers et 7 à 800 au dehors, pour la confection de ses divers produits dont il a un grand débouché pour l'exportation.

Cette maison soutient bien son ancienne réputation. Le jury trouve que M. Trotry-Latouche est de plus en plus digne de la médaille d'argent qu'il a obtenue en 1827, qui lui fut rappelée en 1834 et en 1839, et il la lui confirme.

M. Henri LOMBARD jeune, à Nîmes (Gard),

A exposé un assortiment de gants, des mitaines, des chaussettes et des bonnets de soie chinés, d'une fabrication généralement bien soignée. Il a aussi exposé des gants, des mitaines, des écharpes et des mantelets en filet de soie damassé, de diverses dispositions d'un bon goût.

L'adjonction de la machine à la Jacquart, au métier à maille fixe, lui procure des effets de couleurs qui imitent et remplacent la chinure. Depuis 15 ans ce fabricant exploite ce procédé dont il présente aujourd'hui les résultats perfectionnés par son expérience, qui lui facilitent une grande consommation de ses produits dans les divers États de l'Amérique du Nord.

Cette maison a obtenu en 1827 la médaille d'argent, sous la raison sociale H. Lombard et Grégoire aîné; le jury la trouve toujours digne de cette récompense, et il la confirme à M. H. J. Lombard jeune.

MÉDAILLES D'ARGENT.

MM. ANNAT aîné et COULOMB, au Vigan et à Sauve (Gard),

Ont exposé un assortiment de chaussettes de coton de 2 fr. à 5 fr. la douzaine; des bas de coton de 4 fr. 25 cent. à 7 fr. la douzaine et des bonnets de coton de 3 fr. 50 cent. à 5 fr. 75 cent. la douzaine. Ils ont aussi exposé un pantalon de tricot au prix de 24 fr. la douzaine ainsi qu'un gilet de tricot à 32 fr. la douzaine, et un échantillon de coton 2 fils n° 11 à 2 fr. 90 cent. le kilog. Tous ces articles sont à des prix modérés, d'une bonne fabrication et d'une vente prompte et facile.

Cette maison possède à Coularan près le Vigan, une manufacture importante qui se compose d'une filature de coton produisant par jour 300 à 350 kilog. de filés n° 11 à 18. Cette partie de l'établissement existe depuis 25 ans. Pour l'écoulement de ses productions elle y a joint depuis 4 ans une fabrique de grosse bonneterie, qui comprend 51 métiers tricoteurs horizontaux et 24 métiers circulaires. Tout ce système ainsi que la filature sont mis en mouvement par un moteur hydraulique; outre cela elle possède un second·atelier où 40 métiers horizontaux sont conduits à bras d'homme d'après l'ancien système.

La maison de Sauve est plus particulièrement destinée à la vente, 500 ouvriers, hommes, femmes et enfants trouvent un travail continu dans ce vaste établissement qui renferme des ateliers considérables de couture et de confection.

Le quart des produits de ces industriels trouve un écoulement facile pour l'exportation.

Le jury central considérant l'importance de la fabrique de MM. Annat aîné et Coulomb, et le grand développement qu'ils ont donné à leur industrie, leur décerne la médaille d'argent.

Madame veuve RUEL et fils, et DUMAS, à Quissac (Gard).

Voici encore une manufacture complète. Il s'y fabrique des bas et des bonnets confectionnés avec des laines ordinaires du pays.

Jusqu'à présent la consommation intérieure en a toujours absorbé la production avec un empressement qui ne lui a pas fait sentir le besoin de chercher des débouchés à l'étranger. Cet empressement s'explique par le bas prix et la bonne confection de leurs produits, qui s'élèvent annuellement de 30 à 40 mille douzaines de bas ou de bonnets, et s'expédient dans toutes les villes de France.

Ces fabricants ont présenté à l'exposition des bas de laine de 8 fr. à 12 fr. la douzaine, et des bonnets de 10 à 13 fr. la douzaine. Le matériel de leur fabrique se compose de 250 métiers à bras, répandus dans les communes de Quissac, Sauve, Corconne, Brouzet et Durfort, et de 10 métiers circulaires dans leur atelier à Sauve. Ils occupent ordinairement plus de 700 ouvriers tant hommes que femmes, pour la fabrication et la confection de leurs bas et de leurs bonnets.

Les salaires varient pour les hommes suivant les emplois, de 1 fr. 50 cent. à 7 fr., et pour les femmes de 60 cent. à 1 fr.

Le jury se plaît à reconnaître que ces fabricants rendent un grand service à la classe ouvrière et qu'ils dirigent leur établissement avec une intelligence remarquable. D'après ces considérations, il leur décerne la médaille d'argent.

RENVOI A LA COMMISSION DES MACHINES.

M. DESHAYES, à Paris, rue Bleue, n° 2,

A exposé une collection de bourses en filet de soie d'une grande variété de dessins et de différentes couleurs bien nuancées. Ces bourses sont fabriquées sur un métier très-ingénieux qu'il a perfectionné et qui exécute les dessins les plus compliqués avec autant de vitesse que de régularité.

Le jury aura encore occasion de parler de M. Deshayes, lorsque la commission des machines rendra compte de son métier ; c'est alors qu'en réunissant l'ensemble des titres de l'exposant, il lui sera accordé la récompense à laquelle il a droit.

RAPPELS DE MÉDAILLES DE BRONZE.

M. DELÉTOILLE-COCQUEL , à Arras (Pas-de-Calais),

A exposé des chaussettes et des bas de fil, de coton de laine et de cachemire. Ces divers articles se distinguent par leur bonne confection et les belles qualités des matières premières.

Le placement de ses produits au fur et à mesure de la fabrication, est d'ailleurs la meilleure preuve que leur qualité répond à leur prix qui sont très-modérés. C'est une amélioration que la consommation apprécie, d'employer trois mailles, au lieu de deux, pour former le talon et le pied des bas, et d'ajouter ainsi à leur solidité.

M. Delétoille-Cocquel emploie 75 ouvriers dans ses ateliers et près de 600 au dehors pour la confection de ses produits, et il livre annuellement à la consommation 15,000 douzaines de bas

Le jury reconnaît que ce fabricant recommandable soutient sa bonne réputation, et il lui confirme la médaille de bronze qu'il a obtenue en 1834.

MM. TROUPEL et BARAGNON, à Montpellier (Hérault), entrepreneurs de la Maison centrale ;

Présentent à l'exposition des bas, des chaussettes et des bonnets de bourre de soie, des mitai-

nes et des mitons en soie écossais et brodés, destinés à l'exportation, ainsi que des fantaisies cardées
et filées. Tous ces produits sont remarquables par
leur bas prix et leur bonne fabrication.

Ces industriels occupent la majorité des détenus
de la maison centrale de Montpellier, où la matière
première arrive brute et subit toutes les opérations du cardage, de la filature et de la fabrication
de leurs articles.

Cet établissement pour l'ensemble de ses produits bien confectionnés a obtenu, en 1839, la médaille de bronze, sous la raison Troupel fils. Le
jury la confirme à MM. Troupel et Baragnon.

M. VAUTIER fils, à Caen (Calvados),

Présente à l'exposition un bel assortiment de bas
de coton et en fil d'écosse, unis et brodés ; ces articles sont remarquables par leur bonne confection,
la beauté des matières, le bon goût des broderies
et leur bon marché. Ils sont très-recherchés dans le
commerce.

M. Vautier est un industriel intelligent, qui
s'occupe avec zèle et activité de la fabrication de la
bonneterie, et donne tous ses soins à l'amélioration
de ses produits.

Il occupe journellement 40 ouvriers, tant dans
ses ateliers qu'au dehors.

Cette maison se montre par ses efforts et ses
succès toujours digne de la médaille de bronze
qu'elle a obtenue, en 1834, sous la raison Vautier
(Victor). Le jury la confirme à M. Vautier fils.

MÉDAILLES DE BRONZE.

Madame veuve FLORY et AUDIBERT, au Vigan
(Gard).

Cette fabrique expose des chaussettes et des bas
de coton et de bourre de soie unis de diverses qualités bien confectionnés et à des prix modérés. Parmi
les bas exposés il y en a dont le talon sans couture
est réuni, par une chaînette qui se fait avec les diminutions sur le métier. Ce moyen appartient à
cette maison, qui l'applique sans augmentation de
prix aux bas fins et aux bas communs.

Cet établissement, fondé il y a 25 ans, a une seconde maison à Saint-Jean Dubruel (Aveyron),
pour la fabrication des bonnets et des bas de laine.
Elle y occupe 40 à 50 ouvriers, qui n'ont pas d'autres moyens d'existence pendant l'hiver. Il s'y confectionne près de 2,000 douzaines de bas ou de
bonnets de laine.

La maison du Vigan occupe plus de 200 ouvriers,
et les produits qu'elle livre à la consommation se
recommandent par leur bonne confection et leur
bon marché.

Le jury se plaît à reconnaître que madame veuve
Flory et Audibert, dirigent leur fabrique avec intelligence et activité, et il leur décerne la médaille
de bronze.

M. MALLEZ (Jules), à Lille (Nord).

Cet exposant présente divers articles de bonneterie confectionnés, tels que bas de femmes et d'enfants, chaussettes et brodequins, robes et manteaux

d'enfants de différentes formes et variés de diverses couleurs, et de diverses dispositions.

Tous ces articles sont d'un bon goût et parfaitement fabriqués. Il en a une vente facile non-seulement dans l'intérieur, mais aussi en Allemagne, en Belgique, en Hollande et en Angleterre.

Il occupe 56 métiers, et il emploie 80 ouvriers dans ses ateliers, et 160 au dehors pour la confection de tous ces articles de fantaisie. Ceux qui travaillent à la bonneterie fine gagnent de 4 fr. à 7 fr. par jour, et les autres de 1 fr. 50 c. à 3 fr.; les femmes et les enfants gagnent de 50 cent. à 2 fr.

Cet établissement présente l'avantage de fournir du travail à un grand nombre d'ouvriers, et à des mères de famille qui peuvent améliorer leur sort sans se déranger de leur ménage.

M. Mallez a une très-grande consommation de ses produits, tant pour l'intérieur que pour l'exportation. La perfection de ses produits atteste le soin qu'il donne à sa fabrique pour l'améliorer. Le jury, pour l'en récompenser, lui décerne la médaille de bronze.

M. DEMOREUIL (Dominique), à Hangest (Somme),

Présente à l'exposition des bas de laine noirs, pour femme, fabriqués au métier circulaire, à 1 fr. la paire; des cravates zébrées et écossaises, une robe d'enfant et un gilet en tricot, une veste dite moravienne et une autre peluchée fantaisie. Tous ces articles sont d'une fabrication soignée et à des prix très-modérés.

Ce fabricant possède 30 métiers, et il occupe

près de 200 ouvriers, tant dans ses ateliers qu'au dehors.

Il a une filature de laine, et il met en œuvre annuellement 13,000 kil. de laine et de coton.

Il a un grand débouché de ses articles en Espagne et en Portugal.

La perfection des produits de M. Demorenil atteste les soins qu'il donne à sa fabrique pour l'améliorer.

Le jury lui décerne la médaille de bronze.

M. JACQUIN (Julien), à Troyes (Aube),

A exposé des tissus en tricot de coton et de bourre cachemire, unis et à carreaux, pour bas et bonnets, ainsi que divers articles confectionnés, tels que jupons, camisoles et robes d'enfants de différentes couleurs et variés de dessins à carreaux gauffrés.

M. Jacquin possède 25 métiers, et il occupe 100 ouvriers, dont 60 au dehors.

Il livre annuellement à la consommation 40,000 k. de tricot de coton, qui trouvent leur placement, tant pour l'intérieur que pour l'exportation.

Tous ses produits sont d'une qualité et d'une perfection qui ne laissent rien à désirer, et ils sont très-recherchés dans le commerce.

Le jury trouve M. Jacquin digne de la médaille de bronze, et il la lui décerne.

M. JOYEUX fils aîné, à Nîmes (Gard),

A exposé des mitons, des mitaines et des gants de soie à jour et chinés d'une exécution parfaite; il a aussi exposé des bas mi-soie pour femme, d'une bonne fabrication. Tous ces articles sont à des prix très-modérés et d'une vente facile pour l'exportation.

Cet industriel a emprunté, il y a une douzaine d'années, à la fabrique de Champagne, l'emploi du métier à côte mécanique, dit anglais, et par l'addition qu'il a fait de la machine de Berlin, il a pu créer des effets nouveaux à ses divers articles de fantaisie, et, par ce moyen, augmenter la consommation de ses produits. Les 20 métiers qu'il possède de ce genre peuvent produire annuellement 3,000 douzaines de mitons qui se vendent partie pour la consommation intérieure et partie pour l'exportation, et particulièrement pour les deux Amériques.

Il possède 3o à 4o métiers et il occupe 100 ouvriers au dehors.

M. Joyeux a obtenu à l'exposition de 1839 une mention honorable. Le jury, prenant en considération la perfection de ses produits et son talent industriel, le trouve digne de la médaille de bronze qu'il lui décerne.

M. VALENTIN (Ferdinand), à Nîmes (Gard),

Présente à l'exposition des bas de soie rayés à jour et brodés ainsi que des chaussettes et des bas chinés. Tous ces produits se font remarquer par le bon goût, la bonne confection et la modicité de leur prix. Ils sont particulièrement destinés à la vente pour le Brésil et le Chili, et les demandes en sont assez suivies pour donner de l'activité à cette industriel.

L'établissement de M. Valentin date de 1820. Il possède 20 métiers et il occupe 60 ouvriers dans ses ateliers et 40 au dehors.

Le jury, pour reconnaître les soins que M. Valentin apporte à l'amélioration de son industrie, lui décerne la médaille de bronze.

M. MORIZE aîné, à Paris, rue des Mauvaises-Paroles, 42,

Expose des gants de tricot de diverses couleurs et en blanc dont il a une grande consommation pour les gens de livrée et pour la troupe.

Il a exposé aussi des gants de cachemire qui sont remarquables par leur bonté et leur solidité.

Il a un débouché assez facile de ses articles pour l'exportation et particulièrement pour les colonies espagnoles.

Tous ces produits sont parfaitement fabriqués et à des prix très-modérés.

Il a trois coupeurs et cinquante coupeuses occupés journellement dans ses ateliers.

Le jury, prenant en considération la spécialité de l'industrie de M. Morize aîné, la bonne direction de son établissement et son importance, lui décerne la médaille de bronze.

M. DOUINE, à Troyes (Aube).

Ce fabricant présente à l'exposition des tissus et des bonnets de coton sans couture, et d'une fabrication soignée et d'un prix très-modéré.

Il est propriétaire d'une filature importante dont les produits sont employés à la fabrication de ses tricots et se vendent sur la place de Troyes.

Il a 32 métiers circulaires qui marchent au moyen d'un moteur hydraulique ; c'est présentement à Troyes le seul établissement de métiers circulaires qui marche ainsi; par ce moyen la main-d'œuvre d'un kilogramme de tricot qui coûtait il y a 3 ans 3 fr. ne revient aujourd'hui qu'à 25 c.

M. Douine occupe plus de 60 ouvriers; il met annuellement en œuvre 20 mille kilog. de coton filé, et il livre à la consommation intérieure 24,000 douzaines de bonnets de coton sans couture de 1 fr. 90 c. à 7 fr. 60 c. la douzaine.

Le jury appréciant les progrès que M. Douine a fait faire à la fabrication de la bonneterie, en amenant une réduction sensible dans les prix, lui décerne la médaille de bronze.

M. BOUNIOLS aîné, au Vigan (Gard).

Cet industriel a exposé des chaussettes de coton de 2 fr. 50 c. à 13 fr. la douzaine, des bas d'enfants à 3 fr. la douzaine, des bas fillettes de 5 fr. à 6 fr. 50 c. la douzaine, des bas pour homme et pour femme de 9 fr. 50 c. à 27 fr. la douzaine, et à jour de 8 fr. 50 c. à 18 fr. la douzaine, ainsi que des bonnets de coton sans couture de 2 fr. 75 c. à 12 fr. la douzaine. Tous ces articles de bonneterie sont à des prix bien modérés, parfaitement confectionnés, et d'une vente facile.

Cette maison qui expose pour la première fois existe depuis environ trente ans; elle lutte avec avantage pour l'exportation de ses produits contre ceux de la Saxe et de l'Angleterre, surtout en ce qui concerne ses demi-bas, pour hommes, à 2 fr. 50 c. la douzaine, ses bas à jour, pour femmes, à 8 fr. 50 la douzaine, ses bonnets noirs sans couture, à 2 fr. 85 c. la douzaine, et ceux en laine, soie et mi-soie, dont la souplesse et l'élasticité sont le résultat d'un système particulier de fabrication qu'il emploie depuis à peu près deux ans.

Il a une grande consommation de ses articles, tant à l'intérieur que pour l'extérieur.

Le jury pensant que l'on doit récompenser les efforts de M. Bouniols aîné pour l'amélioration de ses produits, et l'extension de ses affaires, lui décerne la médaille de bronze.

M. CAMBON (Cadet), à Sumène (Gard),

A exposé des mitons, des gants et des pantalons de soie avec un assortiment de divers articles en coton, tels que bas, chaussettes, gilets, pantalons, caleçons, maillots et robes d'enfants. Tous ses produits sont d'une bonne confection et à des prix bien en rapport avec leur qualité.

Ce fabricant applique tout à fait son industrie à la création d'articles que l'on ne trouve que chez lui.

Une partie des bas qu'il fabrique est destinée à des usages particuliers et faite par des procédés nouveaux. Il possède 40 métiers, il occupe 120 ouvriers, et il met en œuvre annuellement 9 à 10,000 kilog. de matières premières.

M. Cambon a obtenu, en 1839, une mention honorable. Le jury pour récompenser les efforts qu'il fait afin d'améliorer ses produits, lui décerne la médaille de bronze.

MM. COLLARD et BELZACQ, à Paris, rue des Lavandières-Sainte-Opportune, 22,

Ont exposé des lacets de laine et de coton en couleur mélangée, et des chaussons confectionnés avec ces lacets.

Leurs produits sont d'une exécution remarquable, d'un prix modéré et d'un débouché facile.

Ces fabricants emploient 200 métiers mis en mouvement par trois moteurs hydrauliques, et occupent près de 3oo ouvriers, dont la majeure partie travaillent dans leurs ateliers à Mouy, à Saint-Felix, et à Mello, département de l'Oise.

Ils mettent en œuvre annuellement 25,000 kilog. de laine et 3,ooo kilog. de cuir.

Ils livrent à la consommation 11,600 pelotes de lacets et 13o,ooo paires de chaussons.

Ils fabriquent aussi des bas et des gilets de laine dans les qualités ordinaires, dont ils ont un grand débit.

En considération du grand développement que MM. Collard et Belzacq donnent à leur industrie; et pour les en récompenser, le jury leur décerne une médaille de bronze.

RAPPELS DE MENTIONS HONORABLES.

M. JOYEUX (Émile), à Nîmes (Gard),

A exposé des bas et des gants en laine cachemire faits à maille fixe et foulés, des mitaines, des gants et des bonnets de femmes en réseau de soie damassé et façonné, il fabrique sur le métier à maille fixe une étoffe en tricot de laine dont il s'est réservé la propriété. Il présente à l'exposition des mantelets, des robes, des petits bonnets et des manchons d'enfant confectionnés avec ce tissu.

Ses genres de fabrication sont très-multipliés et la plupart lui sont spéciaux. Tous ses articles sont d'une exécution parfaite et les prix en sont très-modérés.

M. Joyeux (Émile) a obtenu en 1834 une mention honorable, ainsi qu'en 1839; le jury la lui confirme.

MM. ROUVIÈRE-CABANE et Cⁱᵉ, à Nîmes (Gard).

Ils présentent un seul des objets qu'ils fabriquent, ce sont des bonnets en réseau pour femmes et fillettes, avec ou sans garniture. La modestie de cette exposition n'exclut pas le mérite de la production à bon marché qu'elle signale.

Ces fabricants possèdent 20 métiers et occupent 80 ouvriers dont 20 dans leurs ateliers et 60 au dehors.

Leurs produits sont d'une bonne exécution et la plus grande partie est destinée pour l'exportation.

MM. Rouvière, Cabane et Cⁱᵉ, ont obtenu une mention honorable en 1839; le jury la leur confirme.

M. MANNOURY (Arsène), à Caen (Calvados).

Ce fabricant a exposé des bas et des chaussettes de coton de différentes couleurs unis et jaspés. Tous ses produits se font remarquer par leur belle qualité et la modération de leur prix et ils sont susceptibles d'un grand débouché.

Cette fabrique de bas jouit d'une bonne réputation dans le commerce.

M. Mannoury (Arsène), a obtenu, en 1839, une mention honorable; le jury la lui confirme.

M. FABRE-ABDON, à Prats-de-Mollo (Pyrénées-Orientales).

Les bonnets catalans en laine rouge que ce fabricant a exposés sont la coiffure ordinaire du plus grand nombre des habitants de la campagne et de quelques paysans de la plaine des Pyrénées-Orientales. Il fallait pour cet usage un article solide, bien teint et d'un prix très-modéré. La fabrique de M. Fabre-Abdon, depuis bien longtemps réunit ces conditions et ses produits ont la préférence sur ceux de la Catalogne. Il espère étendre bientôt la consommation de ses produits à Gênes où ils sont aussi en usage parmi les habitants du littoral, et déjà quelques envois d'essai ont réussi.

Le prix de ses bonnets est de 3 fr. 50 c. la première qualité, et de 3 fr. la deuxième.

Cette maison, sous la raison André Fabre, a obtenu une mention honorable en 1827; le jury de 1844 la confirme à M. Fabre-Abdon.

MENTIONS HONORABLES.

MM. GAMALIER fils et Cⁱᵉ, à Nîmes (Gard),

Ont exposé des gants et des mitaines en soie, en tulle de soie et en filet à jour et brodés soie et or.

Ils ont propagé dans le département et principalement dans le canton de Vauvert la confection des gants filet au fuseau.

La consommation de cet article s'est soutenue dans les deux Amériques, étant particulièrement appropriée à leurs besoins.

Une préparation habile du cordonnet, qui admet les soies les plus communes, leur permet de soutenir toute concurrence, et, comme cette fabrication s'exécute tout à la main, ils emploient un grand nombre d'ouvriers à Vauvert et dans les villages environnants.

Leurs produits sont perfectionnés et de bon goût.

Ces exposants ont obtenu, en 1839, une citation favorable.

Le jury leur décerne une mention honorable.

M. MAZAURIN fils, à Saint-Hippolyte (Gard),

A exposé des chaussettes, des bas de soie unis, à jour et brodés, d'une bonne qualité, et établis à des prix modérés. Il est, sous ce rapport, très-avantageusement placé, parce que les matières qu'il emploie proviennent de sa filature qu'il dirige spécialement pour fournir à sa fabrication.

On remarque dans son exposition une paire de bas de soie, blanc mat, pour homme, dont la bonne qualité et la bonne exécution doivent satisfaire aux conditions d'une très-longue durée.

Ce fabricant procure du travail à près de 100 personnes des deux sexes.

Le jury reconnaît que M. Mazaurin est dans une voie de progrès, et il lui décerne une mention honorable.

M. MAYSTRE (Édouard), au Vigan (Gard).

C'est le seul des fabricants de bas de soie du Vigan qui se présente à l'exposition. Il expose des bas, des bonnets, des mitaines et des gants de soie à jour et brodés, avec des bracelets élastiques, ainsi que des mitons en fil et brodés.

Ses produits sont de qualité moyenne, mais d'une confection bien soignée qui atteste l'attention qu'il donne à sa fabrication.

Son établissement date de 1834 et jouit depuis cette époque dans le commerce d'une réputation méritée.

Le jury décerne à M. Maystre une mention honorable.

M. GILLY-PAGÈS, à Nîmes (Gard),

A exposé des mitons, des mitaines et des gants de soie de diverses couleurs, unis, damassés et brodés. Cette collection est très-soignée et se compose des qualités les plus recherchées.

Ce fabricant a heureusement appliqué le métier à maille fixe à l'exécution des bonnets qui lui sont demandés pour l'Algérie.

Ses produits sont à des prix modérés et il en livre la moitié pour l'exportation.

Le jury décerne à M. Gilly-Pagès une mention honorable.

MM. TROUPEL (Octavien) et Cⁱᵉ, à Nîmes (Gard),

Ont exposé des bas de coton blancs et de fantaisie ; des bas, des gants et des bonnets, mi-soie, noirs.

Tous ces articles sont à bas prix et d'une bonne confection.

Ils ont aussi exposé des échantillons de fantaisie filés. Leurs opérations embrassent une triple industrie. Elles commencent par le cardage des déchets de soie qu'ils font exécuter dans plusieurs maisons de détention dont ils sont les entrepreneurs. Une partie de ces produits est employée à alimenter la fabrique de bonneterie qu'ils possèdent à Nîmes, le reste est livré à la vente à Nîmes et à Lyon, pour les étoffes communes et les châles, et à Paris pour la chapellerie.

Outre leur fabrique de bonneterie, ils possèdent une filature de fantaisie à Nîmes et une au Vigan, et ils occupent 150 ouvriers dans leurs divers ateliers.

Le jury leur décerne une mention honorable.

M. RONDEAU, à Estissac (Aube),

A exposé des bas d'enfant, en laine mérinos, de diverses couleurs, de 14 fr. à 16 la douzaine; des bottines de 17 fr. à 19 la douzaine.

Ces bas et bottines sont fabriqués sur le métier uni, dit français; les dessins en sont variés, la laine en est douce et la doublure intérieure en même matière, fabriquée aussi sur le métier, a l'avantage d'augmenter la solidité du tricot et produit une chaleur salutaire aux jeunes enfants auxquels cet article est destiné.

Le sieur Rondeau est un fabricant actif, laborieux et intelligent qui, depuis plusieurs années, a fait des efforts constants pour arriver à l'amélioration de ses produits.

Le jury lui décerne une mention honorable.

M. DAUTREVILLE, à Châlons-sur-Marne.

Ce fabricant se présente pour la première fois à l'exposition avec des bas de laine mérinos, en noir et en blanc de différentes qualités, d'une fort belle fabrication et en très-jolie matière.

Ses produits sont établis à des prix modérés et il en a le débouché pour la consommation intérieure.

Le jury décerne une mention honorable à M. Dautreville.

M. BOZONET, à Paris, rue des Mauvaises-Paroles, 5,

A exposé des bas de soie unis, à jour et brodés, des mitaines et des gants de soie brodés soie, brodés or et soie et brodés argent et soie.

Ses produits sont d'un bon goût, d'un effet agréable et d'une fabrication parfaite; il en trouve la consommation pour le commerce intérieur et pour l'exportation.

Le jury décerne une mention honorable à M. Bozonet.

M. LEVRIEN, à Paris, rue du Chaume, 19 et 21,

A exposé plusieurs pièces de tricot obtenues sur des métiers circulaires, divers articles confectionnés, tels que vestes et pantalons, des brassières, des bonnets et des robes d'enfant. Il présente aussi, à l'exposition, des tapis de pieds imitant la mousse.

Tous ces articles sont d'une fabrication soignée et à des prix modérés.

Le jury décerne une mention honorable à M. Levrien.

M. PRAT aîné, à Oloron (Basses-Pyrénées),

Présente, à l'exposition, des tissus et des jupons de tricot, des gilets et des pantalons en flanelle, des écharpes bleu uni, et des ceintures rouge uni et écossaises destinées pour l'Aragon. Tous ces articles sont fabriqués avec soin et bon goût.

M. Prat a beaucoup amélioré et perfectionné ses produits. La consommation en a beaucoup augmenté, et le bas prix en facilite l'exportation.

Le jury décerne une mention honorable à M. Prat aîné.

MM. PETITJEAN frères, à Nîmes (Gard),

Présentent, à l'exposition, des gants, des mitaines et des mitons en soie de diverses couleurs, unis et à jour, des bonnets et des collerettes en réseau.

Cette collection de leurs articles est aussi variée que de bon goût. Ils en ont un grand débouché pour l'exportation, les prix en étant très-modérés.

Le jury, prenant en considération la perfection de leurs produits, décerne une mention honorable à MM. Petitjean frères.

CITATIONS FAVORABLES.

MM. CADENAT et JOURNET, au Vigan (Gard),

Présentent, à l'exposition, des bas de coton de 11 à 27 fr. la douzaine, des chaussettes de 4 fr. 50 c. à 14 fr. la douzaine, à bords élastiques, des bas à jour de 20 à 24 fr. la douzaine, et des calottes pour militaires à 2 fr. 5o c. la douzaine.

Tous ces articles sont à des prix modérés, et destinés à la consommation intérieure et à l'exportation.

Ils livrent sans augmentation de prix, des bas dont le talon et les pointes, garnies par un moyen de leur invention, en assurent la durée.

Le jury décerne une citation favorable à MM. Cadenat et Journet.

M. JOURNET (David), au Vigan (Gard),

Présente, à l'exposition, des bas de coton de 4 à 15 fr. la douzaine, et des calottes pour militaires à 2 fr. 5o c. la douzaine.

Ces produits sont remarquables sous le rapport de la qualité et du bas prix.

Le jury cite favorablement M. David Journet.

MM. SCOT et DELACOUR, à Caen (Calvados),

Ont exposé 2 châles et 4 paires de mitaines angora. La fabrication d'angora est particulière à la ville de Caen.

L'exposant faisait autrefois confectionner des bas, des gants, des châles et autres objets de luxe, qui trouvaient un grand débouché, non-seulement en France, mais encore en Allemagne, en Angleterre, aux États-Unis d'Amérique, et surtout en Italie.

Cet article est moins recherché depuis quelque temps, ce qui est d'autant plus à regretter que la matière première se trouvait dans le pays et procurait de l'occupation à beaucoup d'ouvriers.

MM. Scot et Delacour ont amélioré leurs produits en y introduisant de nouveaux dessins d'un effet fort agréable.

Le jury leur décerne une citation favorable.

M. BERTRAND fils, au Vigan (Gard),

A exposé des bas bourre de soie à 13 fr. la douzaine; des bas de coton gris, pour femme, à 4 fr. 25 cent. la douzaine, et des bas de coton noirs, bon teint, façon filoselle, à 3 fr. 50 cent. la douzaine.

Tous ces produits, bien confectionnés et à très-bas prix, doivent satisfaire aux besoins de la classe peu aisée de la campagne.

Le jury cite favorablement M. Bertrand fils.

M. WARÉE, à Paris, rue de Crussol, 11,

A exposé un assortiment de bourses en filet de soie à point nouveau, qui sont remarquables par leur bonne confection et leur bon goût.

Les produits de M. Warée sont principalement destinés pour l'exportation.

Le jury lui décerne une citation favorable.

M. DESTORS, à Gonesse (Seine-et-Oise),

Présente à l'exposition une pièce de tissu de coton, des camisoles, des gilets et des pantalons confectionnés avec ce tissu.

Ses produits sont remarquables par leur bas prix et leur bonne qualité.

Le jury cite favorablement M. Destors.

M. BOUDOU jeune, à Bergerac (Dordogne),

A exposé différents articles en drap feutre, tels

que berrets, bonnets, gilets, pantalons, bas, guêtres, brodequins et tuyaux de pompes à incendie et à irrigation.

La fabrication des vêtements et des tuyaux sans couture peut être une chose très-utile ; elle est susceptible de perfectionnement et d'applications variées.

Le jury juge M. Boudon jeune, digne d'une citation favorable, et il la lui décerne.

M. LASNIER-PARIS, à Saint-Martin-ès-Vignes (Aube),

A exposé des jupons et camisoles de tricot de coton sans couture dont le tissu est fait sur un métier circulaire. Ils sont de divers dessins gaufrés, et de diverses rayures d'un effet très-agréable.

Il a aussi exposé un couvre-pied en coton façonné et bien confectionné.

La bonne qualité des produits de ce fabricant, atteste les soins constants qu'il apporte à leur perfectionnement.

Le jury trouve que M. Lasnier-Paris est digne d'une citation favorable, et il la lui décerne.

M. FOLMER, à Paris, rue aux Fers, 20,

Présente, à l'exposition, des tissus de tricot de coton brodés, pour housses de meubles, et des tissus de tricot fil d'écosse brodés, pour rideaux.

Ses produits sont remarquables par leur bonne exécution.

Le jury le trouve digne d'une citation favorable et il la lui décerne.

M. SEIGNEURGENS, à Paris, rue Saint-Antoine,
110 *bis.*

Cette maison présente à l'exposition des pantalons et des vestes en tissu tricot feutré et tiré à poil, ainsi que des bas de laine pour enfants, variés de dessins de diverses couleurs.

Tous ces articles sont d'une bonne fabrication et d'une grande solidité.

Le jury décerne une citation favorable à M. Seigneurgens.

MM. DELACOUR (Théodore) et fils, à Villers-Bretonneux (Somme).

Ces fabricants présentent à l'exposition des bas de laine à carreaux dits écossais; des gilets et des caleçons de flanelle de diverses qualités.

Tous ces articles sont établis dans de bonnes conditions et à des prix modérés.

Le jury décerne une citation favorable à MM. Théodore Delacour et fils.

M. BRACONNIER, à Paris, rue d'Arcole, 3,

Présente à l'exposition des tissus tricot en laine, couleurs mélangées, de différentes dispositions, ainsi que plusieurs articles confectionnés avec ce tissu, tels que bas, guêtres, souliers, bonnets et robes d'enfant, mitaines, écharpes et pantoufles pour femmes.

Ces produits sont bien soignés, établis à des prix modérés, et en grande partie consommés pour l'exportation.

Le jury cite favorablement M. Braconnier.

M. OBRY-BOULANGER, à Villers-Bretonneux (Somme).

Ce fabricant de bonneterie présente à l'exposition des bas de coton, à fleurs, à 22 fr. la douzaine, et des bas de coton écossais, pour enfants, à 3 fr. la douzaine.

Tous ces produits sont confectionnés avec le plus grand soin.

Le jury cite favorablement M. Obry-Boulanger.

MM. GREFFULHE et Cie, (J. et E.), au Vigan (Gard),

Présentent à l'exposition des bas de coton de 4 fr. à 7 fr. la douzaine et des bonnets écrus à 2 fr. 50 c. la douzaine.

Ces produits sont bien confectionnés et à des prix très-modérés. Leur fabrique répond aux qualités à bon marché qui se font dans ce pays et les classe honorablement parmi leurs confrères.

Le jury cite favorablement MM. Greffulhe et Cie.

---

§ 2. PASSEMENTERIE.

Considérations générales.

L'industrie de la passementerie a atteint une grande perfection dans toutes ses parties. Elle procure les moyens d'embellir et d'enrichir les ornements d'église, les uniformes militaires et les costumes de tout genre, ainsi que les ameublements, les livrées et les voitures.

Les modistes ont employé, l'hiver dernier, avec succès, la passementerie en or et en argent dans la coiffure des femmes, pour bals et soirées.

La France a toujours une grande supériorité sur l'étranger par la variété, le bon goût et l'élégance de ses produits dans cet article.

La fabrication des lacets et cordonnets a marché à grands pas depuis la dernière exposition. A cette époque, on comptait, dans le département du Gard, 230 métiers, et aujourd'hui il en existe 500; ils ont donc plus que doublé. Il en est de même dans les fabriques de lacet du département de la Loire. Cette marche rapide et satisfaisante est due à la perfection de ces articles, et aussi à l'invention des lacets élastiques, qui outre leur application à divers usages, ont trouvé un emploi très-considérable comme bracelets accessoires des gants de tricot.

MÉDAILLES D'ARGENT.

M. CAPRON fils aîné, à Darnetal (Seine-Inférieure),

Expose des tissus divers pour bretelles et des bretelles confectionnées.

Les produits de cet industriel, faits à la mécanique, sont extrêmement remarquables et se fabriquent en très-grande quantité, pour la consommation intérieure et pour l'exportation; c'est un nouveau genre d'industrie dont les produits s'écoulent facilement par la modicité de leur prix.

M. Capron emploie dans cet établissement une machine à vapeur et un moteur hydraulique de la force de 20 chevaux. Il possède 140 métiers et il occupe 620 personnes. Il produit journellement 18,000 mètres de tissus, représentant 11,200 paires de bretelles dont les prix varient de 12 c. 1/2 la paire à 8 fr. La consommation mensuelle est de 7,500 kilog. de coton ; 500 kilog. de caoutchouc et 200 kilog. de soie. Il soutient avec avantage la concurrence sur les marchés étrangers, il en résulte un mouvement d'affaires de plus d'un million.

Ce fabricant intelligent, d'ouvrier modeste, s'est élevé en peu de temps au rang de fabricant distingué.

Le jury, considérant l'importance de cette fabrication de création nouvelle et la perfection de ses produits, juge M. Capron fils aîné digne de la médaille d'argent et il la lui décerne.

M. GUIBOUT, à Paris, rue Saint-Denis, 121,

A exposé des articles de passementerie en or, argent, soie, laine et fil pour ornements d'église, uniformes militaires, ameublements et articles de mode, des franges en or et argent pour ameublements riches avec guipure mate et diamantée, et des épaulettes métalliques pour officiers. Tous ces articles sont remarquables par leur perfection.

Pour éviter l'incommodité de la hauteur des boîtes en carton pour serrer les épaulettes ; M. Guibout a conçu l'idée de faire des épaulettes d'officiers, à jupes mobiles, par un procédé mécanique. Il couche à plat dans un carton de cinq centimètres de haut les deux corps d'épaulettes. Il a, depuis peu, appliqué aux coiffures riches, pour les femmes, le travail d'un point d'Espagne confectionné en guipure or et argent, mélangé de chenille; les effets en sont riches et élégants; ils imitent le travail de la broderie.

Dans les ameublements riches les broderies, crêtes et franges en or et en argent, sont appliquées et cousues ordinairement sur l'étoffe et se ternissent promptement; M. Guibout obvie à cet inconvénient en faisant une broderie mobile qui peut se placer et se déplacer à volonté; ce même système est applicable aux franges.

En 1808, cet industriel a fondé une fabrique de galons à Noisy-le-Grand (Oise). Il y possède 70 métiers et occupe 40 à 50 ouvriers. Cet établissement procure de l'ouvrage aux enfants de cette commune et y répand l'aisance.

Indépendamment de cette fabrique, M. Guibout occupe à Paris 80 à 100 ouvriers et ouvrières en galons, franges, agréments et enjolivures. L'Angleterre, les États-Unis et l'Allemagne font une grande consommation de ses produits.

Cet établissement est un des plus considérables de ce genre.

Le jury appréciant les améliorations remarquables que M. Guibout a introduites dans la passementerie lui décerne la médaille d'argent.

RAPPEL DE MÉDAILLE DE BRONZE.

M. GUÉRIN (Samuel), à Nîmes (Gard).

Ce fabricant expose des lacets de soie unis et façonnés, des lacets, des bracelets et des jarretières élastiques, ainsi que des cordons de soie et de poil de chèvre pour divers usages.

M. Guérin a le premier importé la fabrication des lacets à Nîmes, et particulièrement de ceux qui s'appliquent aux corsets et brodequins.

Ses produits s'étant améliorés, tant pour leur fabrication que pour leur régularité, sont aujourd'hui très-recherchés. Ils se vendent en France ainsi qu'à l'étranger qui demande surtout ses lacets en soie façonnés et élastiques.

Il a récemment inventé le lacet élastique dont il a une grande consommation, ces lacets étant devenus d'un usage général pour les gants, les bas et divers articles de bonneterie confectionnés.

Son établissement, qui a pris de l'accroissement depuis la dernière exposition, produit 3o à 36,ooo mètres de lacets par jour. Il est mis en mouvement par une machine à vapeur de la force de 10 chevaux. Il a 1oo métiers, il occupe 45 ouvriers dans ses ateliers et il met en œuvre annuellement 9,6oo kilog. de matières premières.

Cette maison a obtenu, en 183g, la médaille de bronze sous la raison Guérin et Pailler; le jury reconnaît qu'elle soutient sa bonne réputation et il confirme cette médaille à M. Guérin (Samuel).

MÉDAILLES DE BRONZE.

MM. GAILLARD et SIMON, à Saint-Chamond (Loire).

Leur établissement, fondé en 1839, a pris en peu d'années une grande extension, qui est due à la bonne confection des produits et au perfectionnement de plusieurs procédés de fabrication.

Ces industriels présentent à l'exposition une série d'échantillons de lacets et de cordons en soie, en bourre de soie et en coton de diverses largeurs, unis et chinés. Parmi leurs cordonnets, on distingue ceux qui sont destinés aux bordures de robes et de gilets, et dont la chaîne chinée rappelle les couleurs variées des étoffes.

Les machines de leur établissement sont mises en mouvement par un moteur hydraulique de la force de 35 chevaux, appliquée au jeu de 500 métiers à lacets qui consomment annuellement 30,000 kilog. de matières premières. Ils occupent près de 100 ouvriers dans leurs ateliers et 200 à 250 au dehors ; leurs produits ne craignent la concurrence ni de l'Allemagne ni de l'Angleterre.

En considération du grand développement que MM. Gaillard et Simon donnent à leur industrie, le jury leur décerne la médaille de bronze.

M. VAUGEOIS, à Paris, rue Mauconseil, 1,

A exposé des épaulettes d'officier pour tous les pays, des broderies pour uniformes militaires, des galons d'or et d'argent et divers autres articles de broderie dont les dessins sont très-nouveaux et d'un bon goût ; il a 40 à 50 métiers et il occupe de

5o à 7o ouvriers dans ses ateliers, et de 100 à 110 au dehors.

Il livre annuellement à la consommation 3,000 k. de passementerie. Ses produits sont d'une bonne fabrication. La majeure partie de ses affaires se font à l'étranger où elles ont pris un très-grand développement depuis plusieurs années.

La perfection de ses produits atteste les soins qu'il apporte constamment à sa fabrication pour l'améliorer.

Le jury lui décerne une médaille de bronze.

MM. JURY fils et TARDIF, à Ambert (Puy-de-Dôme),

Présentent à l'exposition plusieurs rouleaux de liens et tresses, en tissus fil et laine et fil et coton pour tirants de bottes, pour jarretières et pour divers autres usages. Ces produits bien fabriqués sont à bon marché.

Cet établissement, qui date de 1815, occupe 52 métiers faisant chacun 20 pièces à la fois, et environ 4 douzaines de pièces de 30 mètres, par jour. Trois ouvriers sont employés à chaque métier. Ils ont en outre 25 ouvriers au dehors et 15 à l'intérieur pour la préparation des matières et le pliage des articles fabriqués. Ils exportent la majeure partie de leurs produits à l'étranger et particulièrement en Suisse.

Cette industrie soutient l'existence des pauvres familles dans un pays peu fertile et peu commerçant.

Le jury pense que ces résultats sont dignes de

récompense, et il décerne la médaille de bronze à MM. Jury fils et Tardif.

MM. GUILLEMOT frères, à Paris, rue Neuve-des-Mathurins, 88.

On trouve à leur exposition, un grand assortiment de galons de soie, de tissus laine et laine et coton pour ameublements, livrées et voitures. Tous ces articles sont remarquables par leur bonne confection et le bon effet de leurs dessins variés.

Ces industriels viennent d'améliorer leurs métiers en y ajoutant un appareil qui leur facilite les moyens de fabriquer, en même temps, plusieurs pièces de rubans épinglés ou veloutés, ce qui diminue considérablement la façon et donne les moyens d'établir leurs produits à des prix beaucoup plus modérés.

Leur établissement date de 1700, et a continué de père en fils depuis cette époque. Ils ont 36 métiers et ils emploient 50 ouvriers. Ils livrent leurs produits particulièrement à l'intérieur, et apportent tous leurs soins à faire exécuter des marchandises parfaites sous tous les rapports.

MM. Guillemot frères ont obtenu, en 1827, une citation favorable et le rappel en 1834 et 1836. Le jury considérant la perfection de leurs produits et leur bonne réputation commerciale leur décerne une médaille de bronze.

RAPPEL DE MENTION HONORABLE.

M. LAURENT, à Paris, rue Saint-Denis, 227,

A exposé des boutons à queue flexible dont le

dessus est en étoffe dite lasting, des galons de diverses couleurs et de dessins variés, et des agréments pour modes en soie et en soie et argent; tous ces articles sont d'une bonne confection et d'un excellent usage.

M. Laurent a obtenu en 1834 une mention honorable; le jury de 1844 la lui confirme.

MENTIONS HONORABLES.

M. BLERYE, à Paris, rue du Faubourg-Saint-Denis, 24,

Présentait à l'exposition divers articles de passementerie, des cordons et des agréments en soie pour ameublements et coiffures de femme, des rubans façonnés et des mantelets fond satin et fond filets de soie garnis d'agréments.

Tous ces articles sont d'un effet agréable, d'un bon goût, d'une fabrication soignée et très-recherchés par le commerce intérieur.

M. Blerye possède 36 métiers, et il occupe 50 ouvriers tant dans ses ateliers qu'au dehors.

Son établissement date de 1832, et, depuis cette époque, M. Blerye a apporté tous ses soins à perfectionner la fabrication de la passementerie. Le jury décerne une mention honorable à M. Blerye.

MM. MERCIER (Joseph) et Cⁱᵉ, à Saint-Etienne (Loire).

MM. Mercier ont importé, il y a deux ans, à Saint-Étienne, la fabrication des galons veloutés pour voitures, meubles et livrées.

Les échantillons de diverses largeurs qu'ils ont exposés en soie, laine et coton, sont exécutés avec soin ; les dessins et les couleurs en sont bien entendus. Le bas prix auquel ils les cotent, prouve que cette industrie sera convenablement placée dans une ville où se trouvent réunis tous les moyens d'une grande et rapide exécution.

Cette maison a sa fabrique à Firminy, près Saint-Étienne ; elle possède 80 métiers et occupe 90 ouvriers dont 70 au dehors. Leur salaire est de 90 c. à 1 fr. 25 c. dans la montagne, et de 1 fr. 75 c. à 2 fr. dans les ateliers.

Cette fabrication, nouvellement introduite dans la localité, est susceptible d'acquérir des développements considérables.

Le jury s'empresse de mentionner honorablement MM. Joseph Mercier et compagnie.

M. PUZIN, à Paris, rue Saint-Denis, 135,

A exposé un assortiment de galons pour livrées et pour voitures, qui sont remarquables par leur bonne fabrication ; on distingue parmi ses produits des galons pour voitures, à deux fonds différents ; les bords sont brochés et le milieu est une imitation de reps. Il a aussi perfectionné les galons pour livrées par l'emploi du métier à la Jacquart.

Cet établissement date de 1750, et s'est transmis par succession dans la famille qui a toujours conservé sa bonne réputation. La marchandise qu'il livre est d'une exécution parfaite.

Le jury décerne à M. Puzin une mention honorable.

M. DESPRAT (Jean), au Puy (Haute-Loire),

Présente, à l'exposition, des pattes de bretelles de divers genres.

Cette fabrication toute nouvelle et unique dans le département de la Haute-Loire, y a été importée par M. Desprat, qui dirige lui-même son établissement; ses produits réunissent toutes les conditions d'une bonne confection.

Le tannage des peaux, leur mise en œuvre, assurent leur bonne qualité et leur bas prix, expliquent la grande consommation que ce fabricant obtient de ses produits. Il emploie près de 200 ouvriers, il livre annuellement au commerce 35,000 grosses de pattes de bretelles.

Le jury décerne une mention honorable à M. Desprat.

MM. RICHARD (Benoît) et Cie, à Saint-Étienne (Loire).

La fabrication des tissus de caoutchouc mélangés de soie et de coton, a pris, depuis quelques années, une certaine importance à Saint-Étienne. M. Richard, en les exécutant sur un métier à plusieurs pièces, a trouvé le moyen d'y ajouter des brochés de différentes couleurs, qui enrichissent ces tissus sans en augmenter beaucoup le prix. Ce fabricant a exposé des bretelles de 2 fr. 60 c. à 4 fr. Il en a aussi exposé de plus ordinaires à 1 fr. 10 c, et 1 fr. 30 c.

Cet établissement, formé à Saint-Étienne depuis le 1er avril 1843, est susceptible d'une grande extension.

Le jury décerne une mention honorable à MM. Benoît Richard et Cⁱᵉ.

M. BOURGOIN, à La Tulette, commune d'Ansac (Charente).

La fabrique de lacets du sieur Bourgoin est récemment établie. Elle produit des lacets parfaitement bien ferrés et à très-bas prix. Il en a exposé de roses en coton, ferrage blanc, de 120 centimètres de longueur, à 1 fr. 65 c. la grosse, et de noirs en fil retors à ferrage jaune, à 2 fr. 70 c. la grosse, de la même longueur.

Sa fabrique est très-bien entendue, et il occupe des ouvriers dans une contrée où il y a peu d'industrie.

Cet établissement mérite des éloges, car les produits de bonne qualité et à bon marché sont toujours dignes d'intérêt.

Le jury décerne à M. Bourgoin une mention honorable.

M. BISSON, à La-Ferté-Macé (Orne),

A présenté à l'exposition des coutils en coton, dits satin-cuir, destinés à être vernis pour la confection des chaussures de luxe, et des rouleaux de tresses en fil et coton pour la fabrication des tirants de bottes et des bretelles ; il a aussi exposé des mèches pour lampes.

Ces produits sont remarquables par leur finesse, leur parfaite confection et leur solidité.

Cet établissement est nouveau et paraît avoir de l'avenir.

Le jury décerne à M. Bisson une mention honorable.

CITATION FAVORABLE.

M. BORREL, à Paris, rue Neuve-St-Merry, 13,

A exposé des épaulettes et des pompons en laine pour l'armée.

Ces articles sont confectionnés avec le plus grand soin, et se font remarquer par la pureté des couleurs.

Le jury cite favorablement M. Borrel.

TROISIÈME PARTIE.

FILS ET TISSUS DE COTON.

—

PREMIÈRE SECTION.

FILATURE ET RETORDAGE.

M. Mimerel (du Nord), rapporteur.

Considérations générales.

Disons quelques mots sur l'industrie cotonnière, et plus spécialement sur le filage du coton.

Moyen d'échange important avec les États-Unis, moyen puissant d'alimenter notre navigation, l'industrie cotonnière serait peut-être, de toutes celles que nous possédons, la plus fructueusement exploitée pour le pays, si nos échanges se balançaient, si la navigation française prenait au moins une part notable dans les transports que ces échanges nécessitent.

Mais, tandis que nos importations des États-Unis vont toujours croissant, et s'élèvent pour le commerce spécial de 1842, au chiffre de 135 millions de francs, nos exportations, pour ces lointaines contrées, diminuent par suite de la législation qui y surcharge nos produits.

Ainsi, durant cette même année 1842, notre commerce spécial n'a envoyé que pour 48 millions, et les Américains ont eu, en quelque sorte, le monopole des transports.

Quoi qu'il en soit de ce premier aperçu, sur lequel nous aurons le devoir de revenir, jetons un coup d'œil rapide sur la naissance, le développement successif et l'état actuel de l'industrie du filage du coton.

Progrès et ses causes.

Née en France avec le siècle, cette industrie mettait en œuvre,

En 1814 (1), ... 8 millions de kil.
En 1824, ... 28   »
En 1834, ... 38   »
En 1844 (2), ... 58   »

Le prix du coton filé ne peut être constaté avant 1816, à cause du droit énorme (3) qui, sous l'Empire, grevait la matière première ; mais en 1816 (4), le kil. de chaîne filée, n° 30, valait. . . . . 12 fr. 60 c.
en 1824, ... 6   40
en 1834, ... 5   60
en 1844, ... 3   60

(1) *Voir* l'Enquête de 1834, t. III, p. 30.
(2) Tableau du commerce de la France, 1842, p. 137.
(3) 8 fr. le kilogramme.
(4) Enquête de 1834, t. III, p. 354.

Ce progrès si remarquable accompli depuis dix ans, deux causes qui se confondent l'ont amené.

L'extension des établissements, la perfection des machines, et une meilleure entente de leur mise en activité.

Extension des Établissements.

En 1834, l'Alsace possédait 56 filatures, comprenant ensemble 700,000 broches; c'était 12,500 par établissement (1).

Dans le Nord et dans la Seine-Inférieure, les établissements étaient en moyenne de 4,000 broches (2).

39 filateurs, venus de toutes les parties de la France, se présentent à l'exposition; l'ensemble des broches qu'ils possèdent est de 684,000. C'est, pour chaque filature, 17,500 : de ces filatures, la plus importante compte 60,000 broches; la plus petite, 1,000 seulement.

Ces établissements se divisent ainsi :

3 au-dessous de	5,000	broches.
12 de	5 à 10,000	»
8 de	10 à 15,000	»
6 de	15 à 25,000	»
7 de	25 à 40,000	»
3 de	40 à 60,000	»

(1) Enquête de 1834, t. III, p. 347.
(2) *Id.*, p. 184 et 270.

Et si ces 39 établissements, qui réunissent le 5ᵉ des broches que possède la filature française, sont l'image fidèle des autres manufactures du même genre, on est amené à conclure que, dans la période décennale qui vient de s'écouler, les filatures de coton ont bien plus que doublé d'importance.

En effet, elles étaient, en Alsace, de 12,500 br.

Elles seraient aujourd'hui (1) de   29,700

Dans la Seine-Inférieure et dans le Nord, c'était.   4,000

Ce serait aujourd'hui, dans le premier département   16,000

Dans le deuxième   10,000

En face d'une aussi notable extension, quelques esprits spéculatifs ont pris l'alarme ; ils se sont dit : « Est-ce une bonne chose en soi que l'agran-
» dissement des usines, la concentration en
» quelques mains de toutes les forces productives
» sociales ? Cette concentration n'a-t-elle pas
» pour résultat final une notable diminution de
» cette classe moyenne qui, de tout temps, a fait
» la force de la France ; et quand le Code civil a
» pour effet de diviser incessamment la propriété
» immobilière, n'est-il pas regrettable de voir la
» propriété mobilière se réunir, s'agglomérer,

(1) *Voir* le tableau à la fin du rapport.

» ne faire qu'un tout indivisible que quelques-
» uns seulement sont appelés à posséder? »

Si, pour un moment, ces vues plus théoriques
que pratiques se faisaient jour, si on allait jusqu'à
prétendre que les établissements agrandis amè-
nent une moins bonne distribution de la richesse
produite, du moins on ne saurait nier que la création de cette même richesse n'ait été facilitée et développée, à mesure que les manufactures sont devenues plus considérables. L'agrandissement des
filatures, en effet, a amené une meilleure division
du travail ; chaque force, chaque valeur d'intelligence a été plus spécialisée, et par leur réunion
en moins de mains, les capitaux ont vu croître
leur puissance : telle a été la première cause du
progrès dans le filage du coton.

Perfectionnement des machines.

Cette richesse plus activement, plus abondamment créée, a-t-elle, d'ailleurs, été jusqu'ici dis-
tribuée de telle sorte que, dans son partage,
on ait vu s'accroître la part des propriétaires
d'usines, et diminuer celle de la classe ouvrière?
Non sans doute ; et, sans prétendre juger de l'a-
venir par le passé, mais en ne tenant compte
que des faits accomplis, nous établissons que
c'est un résultat tout contraire qui s'est produit
chez nous.

En effet, en 1834, 3 millions de broches transformaient, en fil, 38 millions de kil. de coton.

En 1839, c'était non plus 3 millions, mais 3,400,000 broches qui, mieux conduites, demandaient 52 millions de kil. (1).

En 1844, c'est 3,600,000 broches qui réclament 58 millions de kil. de matière à mettre en œuvre.

Ainsi, les 3,400,000 broches de 1839 produisaient comme auraient fait 4,000,000 broches en 1834.

Et les 3,600,000 broches produisent aujourd'hui comme auraient fait, il y a dix ans, 4,500,000 broches.

Ce prodigieux accroissement, de 38 à 58 millions de kil., dans le court espace de dix années, la consommation ne le réclamait pas, entièrement du moins. De là, encombrement du marché, avilissement du prix; mais de là aussi, recherche constante de l'ouvrier qui, produisant plus dans le même espace de temps, arrivait encore, malgré la baisse du produit, à voir augmenter son prix de journée. Tel qui gagnait 3 fr., reçoit aujourd'hui 3 fr. 50 c., et les enfants ont vu monter à 75 c. la journée qu'ils donnaient autrefois pour 50 c.

____

(1) Rapport du jury sur l'exposition de 1839, t. 1, p. 235 et 236.

Heureuse conquête sans doute, si elle n'avait été trop souvent acquise par la ruine du chef d'atelier et la diminution du capital industriel. Un broche de filature, qui a coûté 40 fr., et que la dépréciation régulière n'a pas abaissée même à 25 fr., se vendrait à peine 15 fr., tant ont été difficiles, depuis 1836, et sauf un heureux intervalle de deux années, les résultats de l'industrie du filage du coton.

Or, il y a perte pour tous, si le chef d'industrie ne voit pas son travail récompensé : car le travail est une richesse détruite, si elle n'est pas rendue par la valeur du produit.

C'est une perte pour tous, si le capital employé dans l'usine ne se conserve pas à l'aide d'une dépréciation régulière que doit fournir le bénéfice annuel; car le capital de l'usine est une partie de la richesse publique.

Quoi qu'il en soit, en filature, les machines produisent plus et mieux, le travail de l'ouvrier est largement rémunéré.

La rémunération du chef est beaucoup plus problématique, et la valeur des usines disparaît chaque jour.

Tel est l'effet produit jusqu'ici par le perfectionnement des machines, et une meilleure entente de leur mise en activité; telle est la deuxième cause du progrès signalé.

Progrès décennal.

Supposons la consommation en équilibre avec la production, et l'industrie du filage revenue à son état normal; le progrès décennal incontestablement acquis sera celui-ci:

Les produits sont généralement plus beaux, plus réguliers. Les progrès dans la filature du coton fin sont surprenants, surtout chez quelques producteurs; voilà pour la qualité.

51 millions de kil. de coton filé sont donnés, en 1844, pour le capital qui représentait, il y a dix ans, 36 millions de kil. de même produit; voilà pour le prix.

Coton d'Alger.

Nous avons dit en commençant, que l'industrie du coton devait être à la fois un moyen d'échange et un puissant encouragement à la navigation, et nous avons montré que ce double résultat n'était pas atteint.

Nous aurions droit de nous alarmer d'un semblable état de chose, si l'avenir ne faisait entrevoir d'autres et plus heureuses conséquences.

On devine que nous arrivons à parler des essais de plantation de coton qui ont été faits dans notre colonie d'Alger.

Le succès de ces essais importe beaucoup; car cueillir du coton dans l'Algérie, c'est y multiplier nos exportations; et en même temps que nous fournirons plus à la colonie, nous ne fournirons pas moins à l'Amérique, puisque nous pourrons toujours facilement nous payer, par ses produits, de ce qu'elle aura acheté chez nous. En multipliant nos échanges avec Alger, nous contribuons encore à la prospérité de la marine, car les transports coloniaux sont réservés, et les Américains sont impuissants à s'en saisir.

Tout concourt donc à nous faire désirer que la culture du coton prospère dans notre colonie; mais déjà ce désir n'est-il pas presque une réalité, c'est au moins ce que semblent annoncer les faits que nous allons vous exposer.

Le gouvernement de l'Algérie avait envoyé, dès 1839, un échantillon de coton qui avait été filé en Alsace: il renouvela à deux reprises ces envois depuis un an.

Le ministre de la guerre en remit d'abord 14 kil. à son collègue du commerce, qui à son tour les adressa à la chambre de commerce de Rouen, avec invitation de les faire convertir en fil.

Arrêter ses machines pour entreprendre des essais sur 14 kil., c'est du temps et du produit perdus; c'est conséquemment une perte d'argent: c'est encore une étude sérieuse, que celle d'une matière nouvelle; c'est une responsabilité, qu'assigner à l'avance la part que cette matière pourra prendre dans la consommation.

Les filateurs de Rouen se montrèrent peu empressés à répondre à l'appel que leur fit la chambre de commerce. Un seul, qui ne calcule jamais quand il s'agit d'un intérêt national, se présenta, c'est M. Crépet fils aîné.

Ses machines, créées pour la filature des gros numéros, étaient insuffisantes pour le coton d'Alger : les essais péniblement faits, mais poussés cependant jusqu'au n° 58, suffirent pour indiquer que ce coton était supérieur aux sortes de la Louisiane et de la Caroline, et devait être classé dans les cotons L. S.

Ce résultat obtenu, il fut facile de voir que le deuxième envoi de coton devait être adressé à la chambre de commerce de Lille, puisque, antérieurement, des essais sur ce même produit avaient été faits en Alsace. C'est, en effet, ce qui eut lieu. La chambre de commerce de Lille, comprenant l'importance du résultat à obtenir, confia la filature de l'échantillon envoyé, à un de ses membres, au dévouement duquel on n'a jamais eu vainement recours. Il était distingué par sa science théorique, distingué par sa science pratique, et capable entre tous de résoudre le problème et d'assigner sa véritable place, sa véritable valeur au coton d'Afrique.

L'essai ne se fit pas attendre. L'aspect du coton d'Alger n'est pas flatteur : il n'a pas d'éclat, pas de brillant, pas de longue soie ; en revanche, le brin est fin et fort. Bref, la matière brute, soumise à l'appréciation du commerce, avait été estimée à 1 fr. le demi-kil.

Le fil que M. Th. Barrois rapporta à la chambre, et qui figure à l'exposition, atteint le n° 140 pour le premier échantillon, 161 pour le deuxième ; il est égal en force, en finesse, en régularité, à celui qu'on obtient des G. L. S. de l'Amérique, et qui valent 3 fr. le demi-kil.

Ce résultat est immense : pour produire le coton fin, une seule sorte de filament existe, le Géorgie longue soie, dont la récolte moyenne n'excède pas 3 millions de kil. ; de là, le prix toujours élevé de cette matière.

Que, dans notre colonie, la culture du coton se propage ; tant de tissus, faits aujourd'hui avec le coton d'Égypte, gagneront beaucoup en beauté, fabriqués qu'ils seront avec une matière semblable à celle qu'indique le nouveau produit colonial : ainsi, notre industrie sera dotée d'un nouvel élément de prospérité, et Alger donnera avec grand avantage à sa métropole, des produits de tout autre nature que ceux que la métropole peut lui envoyer.

Prions donc le gouvernement d'appeler l'attention des colons sur la culture du coton. Qu'aux graines de la Louisiane, qui ont produit, dit-on, les essais envoyés, on substitue les graines de G. L. S. qu'enverra facilement le commerce de Charlestown et de Savannah ; qu'on connaisse le climat et la nature du terrain, les moyens de cueillir, de préparer et d'emballer, et nul doute, que le gouvernement n'ait bientôt à annoncer à la France une conquête agricole et industrielle qui devra la payer de bien des sacrifices.

MM. CRÉPET fils aîné, à Rouen (Seine-Inférieure), et Th. BARROIS, à Lille (Nord).

Le jury n'a pas pu comprendre dans les récompenses qu'il décerne, MM. Crépet fils aîné de Rouen, et Th. Barrois de Lille : ils ne présentent en coton filé, que celui qui provient des cultures de la colonie d'Afrique : ce coton n'est pas entré dans la consommation, et le jury ne récompense que les services rendus aux consommateurs ; c'est là sa seule mission, et il n'a pas cru, même par exception, pouvoir s'en écarter.

Il regrette vivement que MM. Crépet et Barrois, connaissant mal les limites naturelles imposées au jury, aient cru faire acte d'exposant, et n'aient pas envoyé, en même temps que des cotons d'Alger, des produits de leur fabrication habituelle. Ils devaient le faire avec d'autant plus de confiance, que le premier de ces honorables citoyens avait obtenu la médaille d'argent en 1839, et que le n° 140 exposé par le deuxième est d'une perfection telle qu'il aurait à bon droit fixé l'attention et serait resté sans doute classé au premier rang.

Le jury rend une complète justice au dévouement de MM. Crépet et Barrois. Mais il n'a pas le droit d'apprécier et de récompenser leurs efforts et leurs succès.

HORS DE CONCOURS.

MM. HARTMANN et fils, de Munster (Haut-Rhin).

M. Hartmann père faisant partie du jury.

MM. Th. Legrand ; Wibeaux-Florin ; Dolfus-Mieg ; Pouyer-Quertier et Palier ; Gros, Odier, Roman et Cie ; Forel frères et Bureau, employant les produits de leur filature, seront jugés comme fabricants de tissus.

RAPPELS DE MÉDAILLES D'OR.

MM. VANTROYEN et **MALLET**, à Lille (Nord),

Exposent des fils simples et doublés, sous les n°s 200 à 300 métriques : ces filateurs ont le rare mérite d'avoir contribué à affranchir nos fabricants de tulle de la nécessité de s'approvisionner en Angleterre des n^{os} qu'ils emploient au-dessous de 200.

C'est là un véritable service rendu, que le jury s'empresserait de récompenser, s'il lui restait quelque chose à faire en faveur de MM. Vantroyen et Mallet : mais ces exposants, qui travaillaient autrefois sous la raison Vantroyen, Cuvelier et Cie, ont obtenu la médaille d'or en 1834, un rappel de cette médaille en 1839 ; et quoique depuis cette époque des progrès incontestables de qualité, l'accroissement d'un tiers de leur établissement, semblent de nouveaux titres à de nouvelles faveurs, le jury ne peut que rappeler une deuxième fois, mais avec une satisfaction non douteuse, la médaille d'or que MM. Vantroyen et Mallet n'ont pas cessé de mériter.

MM. Ed. COX et Cie, à la Louvière, près Lille (Nord),

Exposent des nos 130 à 400 métrique, des fils doublés pour dentelle du no 200 au no 500 anglais, produits admirables, dont la ténuité échappe à l'œil et qui semblent ne plus laisser de place au progrès. Produits auxquels rien d'analogue ne peut être comparé.

Le jury rappelle avec une entière conviction à MM. Ed. Cox et Cie, la médaille d'or qu'ils ont obtenue à l'exposition de 1839.

MM. Nic. SCHLUMBERGER et Cie, à Guebwiller (Haut-Rhin).

Ce nom est en honneur dans l'industrie, si MM. Schlumberger ne sont pas appelés à fournir des produits aussi fins que les manufacturiers du Nord, auxquels de moins vastes établissements permettent des soins de détail plus minutieux, MM. Schlumberger, en échange, ont le difficile avantage de bien et parfaitement diriger plusieurs établissements; filature de coton, filature de lin, ateliers de construction; rien ne leur est étranger, et leurs produits offrent un ensemble tel, qu'ils s'achètent de confiance, et que cette confiance n'est jamais trompée. Le jury se plaît à rappeler, pour la 2e fois à MM. N. Schlumberger et Cie, la médaille d'or qu'ils ont reçue en 1834.

M. Ant. HERZOG, au Logelbach, près de Colmar (Haut-Rhin).

Une médaille d'argent dès 18:9, deux rappels successifs en 1823 et 1834, une médaille d'or en 1839; telles sont les récompenses obtenues depuis 25 ans r. l'exposant, et qui témoignent de sa constance, en même temps qu'elles viennent prouver, que pour arriver lentement, on n'arrive pas moins sûrement. On voit peu de carrière industrielle aussi soutenue, aussi constamment progressive. Les fils exposés par M. Herzog étaient de nature à lui faire occuper le premier rang dans l'industrie qu'il exerce, si, déjà, il ne s'en était emparé. Le jury lui vote le rappel de la médaille d'or.

M. FAUQUET-LEMAITRE, à Bolbec (Seine-Inf.).

Cet industriel est toujours le chef des filateurs de coton dans la Seine-Inférieure. Quantité de broches, qualité de produits; personne sous ces deux rapports ne prétend marcher son égal.

C'est 6,000 balles de coton que consomment annuellement ses 60,000 broches. Et cette quantité n'est jamais acquise aux dépens de la qualité. La médaille d'or en 1834, le rappel de la médaille en 1839 disent assez que le jury ne peut plus rien pour M. Fauquet-Lemaître. Il peut cependant rappeler à la France industrielle, que M. Fauquet-Lemaître reste toujours un modèle à imiter, et il remplit ce devoir en votant à cet industriel un second rappel de la médaille d'or.

MM. FÉRAY et Cⁱᵉ, à Essonne (Seine-et-Oise).

L'habileté industrielle est héréditaire dans cette famille, et M. Féray serait à bon droit l'orgueil de son aïeul M. Oberkampf, si ce remarquable manufacturier existait encore.

M. Féray, décoré bien jeune encore, a obtenu en 1839 la médaille d'or pour la filature du lin. S'il ne nous appartient pas d'en proposer le rappel en parlant des filatures de coton, on ne nous contestera pas, en célébrant les gloires de cette dernière industrie, de déclarer que M. Féray y occupe un premier rang, et que pour être cité aussi honorablement que lui, il faudrait comme lui, fournir des produits toujours égaux, toujours marqués d'un cachet de perfection, qu'on peut difficilement atteindre.

MÉDAILLES D'OR.

M. PICQUOT-DESCHAMPS, à Rouen (Seine-Inf.),

Présente à l'exposition des produits très-beaux, sortis des filatures qu'il a fondées en 1822, 1830, 1837 et 1842, lesquelles comprennent ensemble 36,000 broches.

540,000 kil. de coton filé sortent annuellement de ces établissements, et le jury départemental déclare que comme filateur, « M. Picquot-Deschamps » s'est placé en première ligne, et que ses fils jouissent d'une réputation très-distinguée. »

En 1839 M. Picquot a obtenu la médaille d'argent.

Depuis lors, il a fondé son 4ᵉ établissement; pour récompenser tant de persévérance et de succès, le jury décerne à M. Picquot-Deschamps la médaille d'or.

MM. Henry HOFER et Cie, à Kaysersberg (Haut-Rhin),

Ont fondé en 1839 une filature de 21,000 br.

Dès la mise en activité de leur établissement, MM. Hofer et Cie envoyèrent leurs produits à l'exposition, et quoiqu'ils n'eussent pas encore de réputation acquise, le jury leur décerna une médaille d'argent.

Aujourd'hui, d'excellentes chaînes 5o à 70 : de jolies trames jusqu'au n° 110, sont soumises à l'appréciation du jury.

Dans les fabriques d'Alsace et de St.-Quentin, ces produits son placés au premier rang, et aucun autre ne vient prétendre à la supériorité.

Des succès prompts et soutenus ont paru au jury dignes des plus hautes récompenses. Il décerne la médaille d'or à MM. Hofer et Cie.

RAPPELS DE MÉDAILLES D'ARGENT.

MM. PLATARET et Cie, à Paris, rue Pavée-Saint-Antoine, 7, 9, 11, 13 et 15.

M. Plataret a 3 filatures : les produits qui en proviennent, mélangés de laine, de soie, de coton, de cachemire, servent à confectionner des tissus et des articles de bonneterie.

Ainsi arrive au bout de l'année un chiffre de production de 1,200,000 fr. Ainsi est assurée l'existence d'un grand nombre d'ouvriers.

La médaille d'argent fut décernée en 1834 à

MM. Plataret et Payen. Le jury en vote le rappel à
MM. Plataret et Cie.

MM. KŒCHLIN-DOLLFUS et frères, à Mulhouse (Haut-Rhin).

11,000 broches en coton, 4,000 en laine peignée.
Tel est l'ensemble de l'établissement des exposants.

Une production bonne, égale, suivie d'une vente
de l'importance de 1 1. à 1,200,000 fr., tels sont les
titres de MM. Kœchlin-Dollfus et frères à l'attention
du jury.

Ces industriels ont, depuis 1839, ajouté à leur
filature de coton une filature de laine : à cette
époque, ils avaient été proclamés dignes d'une
médaille d'argent. Le jury, pour récompenser leurs
efforts, leur en vote le rappel.

MM. E. SEILLIÈRE et Cie, à Senones (Vosges).

Depuis 20 ans cette maison présente ses produits
à l'exposition.

Médaille de bronze décernée en 1823 à M. Seillière; médaille d'argent en 1834, sous la raison
Seillière et Provençal,

Rappel en 1839 sous la même raison,

1170 employés et ouvriers,

26,000 broches de filature,

332 métiers de tissage,

1,500,000 fr. de production annuelle,

Bons produits, prix modérés, tels sont les titres
de M. E. Seillière et Cie.

Peu d'établissements ont plus d'importance, et le
jury décerne à MM. E. Seillière et Cie un second
rappel bien mérité de la médaille d'argent.

M. TESSE-PETIT, à Lille (Nord).

Ce filateur présente à l'exposition des cotons très-fins, qui témoignent à la fois de progrès très-importants réalisés chez lui, de progrès importants à réaliser encore pour que M. Tesse-Petit égale ses devanciers en perfection. Encore quelques pas et l'exposant prendra place au premier rang. Il a obtenu la médaille d'argent en 1834; le rappel en 1839; il est incontestablement digne du deuxième rappel que le jury lui décerne comme récompense.

M. POUYER-HELLOUIN, à Rouen (Seine-Inf.).

« Cette filature donne de très-bons produits qui » conviennent surtout aux tissus grand teint. »

Cette note si explicite du jury départemental est confirmée par l'examen attentif qui a été fait des produits de M. Pouyer-Hellouin.

Aussi le jury n'hésite pas à le déclarer digne du rappel de la médaille d'argent qu'il a obtenue en 1839.

MÉDAILLES D'ARGENT.

MM. SCHLUMBERGER et HOFER, à Ribeauvillé (Haut-Rhin),

Exposent des fils, série de 40 à 120. Ces produits sont bons, réguliers, et proviennent d'un établissement conduit avec intelligence et soin.

Une médaille d'argent a été décernée en 1827 à MM. Heilmann frères, alors propriétaires de l'établissement que MM. Schlumberger et Hofer exploitent aujourd'hui. Cette médaille fut rappelée en 1834 aux mêmes MM. Heilmann. Aujourd'hui, et eu égard à la bonne qualité de leurs produits, le jury décerne une médaille d'argent à MM. Schlumberger et Hofer.

M. DELAMARE-DEBOUTTEVILLE, à Fontaine-le-Bourg (Seine-Inférieure).

« Ce filateur exploite trois établissements dans le » département; il fournit des produits remarqua-» bles qui doivent être classés au premier rang, et » qui sont très-recherchés. »

Ainsi s'exprime le jury de la Seine-Inférieure, ainsi diront tous ceux qui ont inspecté les produits de M. Delamare.

Certes, si M. Delamare avait déjà exposé; s'il avait fait de plus longues preuves dans l'industrie, il aurait des droits aux plus hautes faveurs : mais il arrive, et quelle que soit sa supériorité, le jury croit récompenser ses succès et l'encourager à persévérer dans la voie qu'il s'est ouverte en lui accordant la médaille d'argent.

M. J.-B. COURMONT, à Wazemmes-lès-Lille (Nord).

C'est un modeste et intelligent ouvrier qui, aidé des capitaux et des conseils d'un des grands industriels du Nord, fonda en 1833 une filature de coton.

Cette filature a été augmentée d'un tiers depuis 1839, et pour se frayer bonne route M. Courmont ne connaît pas d'obstacle.

Il exposait en 1839 des numéros 200 à 228. Il expose aujourd'hui des numéros 144 à 200. M. Courmont ferait mieux encore s'il montrait au jury les produits qu'il livre le plus à la consommation et qui sont très-recherchés dans la série de 90 à 120.

Mais le coton 144 exposé par M. Courmont, présente netteté et force, et le jury, qui en 1839 avait décerné une médaille de bronze à cet industriel, récompense aujourd'hui ses efforts et ses progrès en lui donnant la médaille d'argent.

M. MASSON aîné, à Roanne (Loire).

Cette maison arrive pour la première fois au concours avec un matériel de 30,000 broches, une production de 1 million de francs, et une attestation du jury départemental qui déclare les produits de l'établissement remarquables à la fois par leur beauté et leur prix modéré.

Les prix et qualité des objets exposés justifient l'opinion du jury départemental.

Une bonne filature de coton est chose très-utilement placée à Roanne : le jury veut récompenser les heureux efforts de M. Masson en lui accordant la médaille d'argent.

RAPPELS DE MÉDAILLES DE BRONZE.

M. GERVAIS, à Caen (Calvados).

A obtenu en 1839 le rappel de la médaille de bronze qui lui a été décernée en 1834. Tout justifie le nouveau rappel que le jury lui décerne.

M. LALIZEL aîné, à Barentin (Seine-Inférieure).

Depuis 1839 M. Lalizel aîné a augmenté d'un

tiers son établissement. Ses produits sont à juste titre recherchés. Les filés qu'il expose ont paru au jury mériter le rappel de la médaille de bronze décernée à M. Lalizel lors de la dernière exposition.

MÉDAILLES DE BRONZE.

M. FESSARD, à Maromme (Seine-Inférieure).

Filature de 15,000 broches, production estimée à 800,000 fr., qualité bonne, quoique ordinaire et ayant cours régulier dans le commerce.

Le jury décerne à M. Fessard une médaille de bronze.

MM. NEVEU et MARION, à Malaunay (Seine-Inférieure).

Filature de 10,000 broches, 500,000 fr. de production, « fils remarquablement bons et d'un pla- » cement facile. » Cette dernière note émane du jury départemental.

L'examen des produits de MM. Neveu et Marion, qui n'avaient pas encore exposé, détermine le jury à leur accorder la médaille de bronze.

M. Henry WITZ, à Cernay (Haut-Rhin).

Établissement de 8,400 broches qui donne l'existence à 150 ouvriers. Produits estimés qui se vendent sur les lieux mêmes et qu'emploient les maisons les mieux famées pour la beauté de leurs tissus.

M. H. Witz n'a pas encore exposé. Ses fils sont solides et réguliers. Cet industriel mérite la médaille de bronze et le jury la lui décerne.

M. LUSSAGNET et Comp., à Nay, près Pau (Basses-Pyrénées).

C'est dans le midi, dans les Basses-Pyrénées, que MM. Lussagnet et Cie ont fondé en 1837 une filature de coton, entreprise difficile et hardie, dans un pays où le climat est loin de favoriser le travail industriel, mais où il est bien utile cependant de répandre l'aisance par le travail. 6,000 broches, une roue hydraulique de 30 chevaux, forment déjà un établissement important. De semblables essais veulent être encouragés, c'est le désir du jury départemental. Les produits de MM. Lussagnet et Cie sont bons; ils ont un débit facile dans le pays.

Le jury leur décerne une médaille de bronze.

MENTIONS HONORABLES.

Le jury mentionne honorablement :

M. LALIZEL (François), à Malaunay (Seine-Inférieure), déjà mentionné en 1839.

M. SELLIER, à Gonneville (Manche), déjà mentionné en 1827.

Il mentionne encore honorablement :

MM. DUPRÉ et CHAISE-MARTIN jeune, de Limoges (Haute-Vienne),

Qui alimentent le midi et une partie de l'ouest des produits de leur filature.

M. BONNET, de Cubjac (Dordogne).

M. Bonnet, de Cubjac, qui a introduit une filature dans un pays où l'industrie n'existe pas et où son développement a besoin d'être encouragé.

CITATION FAVORABLE.

Le jury cite favorablement
M. BOURDEAU, à Gouvieux (Oise).

RETORDAGE DU COTON.

RAPPEL DE MÉDAILLE D'ARGENT.

M. MICHELEZ fils aîné, à Paris, rue de Sèvres, 159.

M. Michelez retord annuellement 60,000 kil. de coton.

Dès longtemps placé au premier rang dans son industrie, M. Michelez a obtenu la médaille d'argent en 1827 et le rappel en 1839. La perfection soutenue de ses fils retors indique qu'un nouveau rappel ne saurait lui être contesté et le jury le lui accorde.

MÉDAILLE D'ARGENT.

M. BRESSON aîné, à Paris, à Paris, rue du Faubourg-Saint-Denis, 106.

M. Bresson est aujourd'hui le principal retordeur de coton. C'est sur 120,000 kil. qu'il exerce son industrie. Il possède un matériel considérable qu'une machine à vapeur met en mouvement. Il occupe un grand nombre d'ouvriers et produit pour plus d'un million. Le fil d'Irlande qu'il livre au commerce lui a fait une réputation incontestée. Depuis 1839 son établissement a beaucoup augmenté d'importance. A cette époque le jury lui avait donné une médaille de bronze, aujourd'hui il lui décerne la médaille d'argent.

RAPPEL DE MÉDAILLE DE BRONZE.

MM. LAUMAILLER et FROIDOT, à Coye (Oise).

Ces exposants présentent des cotons pour lisses et des cotons retors dont la qualité est hors de censure. L'importance de leur retorderie est d'environ 40,000 kil. par an. La qualité de leurs produits justifie le rappel de la médaille de bronze qu'ils ont obtenue en 1839. Le jury leur vote ce rappel.

MENTIONS HONORABLES.

Le jury mentionne honorablement :

MM. GOMBERT père et fils, à Paris, rue de Sèvres, 102, déjà mentionnés en 1827 ;

M. VIMOR-MEAUX, fabricant de cotons retors et de ouates, à Perpignan (Pyrénées-Orient.).

CITATION FAVORABLE.

Il cite

Mme veuve SIEURIN, fabricante de ouates, à Paris, rue Saint-Victor, 49.

TABLEAU

DES FILATURES DONT LES PRODUITS SONT EXPOSÉS.

NOMS.	DÉPARTEMENTS.	Nombres de broches.	MOYENNES.	Dates de la fondation.
Courmont.........	Nord.	5,000		1833
E. Cox et Cie......	Id.	10,000		1825
Vantroyen et Mallet..	Id.	10,000		1823
Tesse-Petit........	Id.	10,000	70,000 en 7 établ.	1819
Th. Barrois........	Id.	12,000	10,000.	1340
Lecomte	Oise.	15,000		1840
Wibeaux-Florin	Nord.	8,000		1812
Kœchlin-Dollfus et frères..	Haut-Rhin.	11,000		1839
N. Schlumberger et Cie	Id.	56,000		1810
H. Witz..........	Vosges.	8,000		1819
H. Hofer et Cie	Haut-Rhin.	21,000		1839
Schlumberger et Hofer.	Id.	17,000	29,700 en 10 établ.	1820
A. Herzog.........	Id.	40,000	2,970.	1818
Ernest-Seillière et Cie.	Vosges.	28,000		1804
Hartmann et fils....	Haut-Rhin.	60,000		1820
Gros. Odier. Roman et Cie.	Id.	30,000		1802
Dollfus , Mieg et Cie ..	Id.	26,000		1802
Gervais..........	Calvados.	5,000		1833
Sellier..........	Manche.	4,000		1796
Delamare Deboutteville	Seine-Inférieure.	20,000		1796
Vaussart..........	Id.	24,000		1835
Crépet	Id.	8,000		1835
Neveu et Marion.....	Id.	9,000		1839
Pouyer-Quertier et Peller.	Id.	7,000	256,000 en 15 établ.	1841
Forel frères.......	Id.	10,000	16,000.	1841
Lalizel aîné........	Id.	7,000		1841
Pouyer-Hellouin.....	Id.	6,000		1831
Lalizel jeune......	Id.	5,000		1840
Picquot-Deschamps...	Id.	36,000		1840
Fauquet-Lemaitre...	Id.	50,000		1804
Fessart..........	Id.	15,000		1804
Ch. Legrand.......	Id.	30,000		1804
Masson aîné.......	Loire.	27,000		1837
Lussagnet et Cie	Basses-Pyrénées.	6,000		1820
Bourdeau.........	Oise.	7,000	80,500 en 7 établ.	1819
Dupré et Chaise-Martlejeune	Haute-Vienne.	1,000	11,500.	1819
Plataret.........	Seine.	15,000		1821
Bonnet..........	Dordogne.	1,000		1843
Féray et Cie.......	Seine-et-Marne.	23,000		1805
		683,500	en 39 établ. 17,500	

DEUXIÈME SECTION.

TISSUS DE COTON UNIS, ÉCRUS ET BLANCS, TISSUS DE COULEUR, TISSUS CLAIRS ET LÉGERS UNIS, BROCHÉS OU BRODÉS.

M. Keittinger, rapporteur.

Considérations générales.

L'industrie des tissus de coton a subi, depuis 1839, bien des alternatives. Il y avait alors encombrement et suspension d'une partie du travail; ce n'est qu'après avoir langui jusqu'à la fin de 1840 et après l'écoulement du trop-plein, que les établissements ont pu reprendre de nouveaux développements et ont, pour produire à meilleur marché, en diminuant leurs frais généraux, augmenté le nombre des métiers à tisser mécaniquement, et les ont perfectionnés. Cette augmentation s'est à la fois produite en Alsace et en Normandie. En Alsace, le nombre des métiers qui, en 1839, était d'environ 13,000, dépasse aujourd'hui 18,000; en Normandie il s'est élevé de 6,000 à près de 9,000, et la production de ces métiers ne s'est pas seulement accrue dans la proportion du nombre, mais encore dans une moyenne de 15 pour 100 en plus pour chaque métier. Ce résultat doit être attribué aux perfectionnements des métiers, à la meilleure qualité des cotons filés et surtout à l'habileté des ouvriers due à une plus longue pratique.

Toutes ces causes font que la production, qui était en Alsace, en 1839, d'environ 65,000,000 de mètres, dépasse aujourd'hui 100,000,000; et que la Normandie, qui n'en produisait à peine que 28,000,000, en livre au commerce plus de 52,000,000.

Cette augmentation a eu lieu graduellement pendant la période des cinq années qui se sont écoulées depuis 1837, et surtout en 1841 et 1842, époque de reprise d'affaires pour le tissage du coton; alors la production des métiers à bras était encore considérable. Ce n'est qu'en 1843 que le nombre en a sensiblement diminué par la concurrence des métiers mécaniques, et parce que, dès cette époque, contrairement à la tendance signalée en 1839, la mode s'éloignait de la forme, c'est-à-dire de tout ce que fournit à l'imagination, la nature dans ses fleurs, l'architecture dans ses ornements, pour se porter vers les carreaux et les rayures tissées; cette tendance a été fatale aux toiles peintes, et par suite aux tissus écrus qui leur sont destinés.

A ces causes sont venues s'en joindre d'autres qui n'ont pas moins contribué à déterminer la crise qui frappe en ce moment l'industrie cotonnière en général : d'abord l'adoption, par la consommation, des étoffes de laine de toute sorte et des mousselines-laine, chaîne coton, imprimées, et ensuite l'abaissement du cours des toiles de fil, qui a opéré un revirement en leur faveur aux dépens du coton longtemps favorisé par les prix élevés de ces toiles.

Le tissage mécanique des calicots pour l'impression présente, dans la Seine-Inférieure, un progrès de perfection et de bonne qualité, obtenu depuis 1839. Ce progrès a évidemment contribué à la vogue marquée dont jouissent les indiennes de Rouen.

En Alsace l'amélioration s'est principalement portée sur les tissus destinés à la vente en blanc, dont la fabrication utilise les deux tiers des moyens de production et livre au commerce des produits qui la placent au premier rang. Ses madapolams depuis 70 jusqu'aux percales 140 portées, ses cretonnes, ses croisés, ses jaconas, organdis, etc., sont presque sans rivaux sur nos marchés. Une nouvelle branche de tissage fait dans ce moment de grands progrès en Alsace, c'est celle des mousseline-laine, chaîne coton; elle occupe déjà près de 2,000 métiers mécaniques et est fortement stimulée par les fabriques d'impression de la localité, qui, en obtenant de plus en plus de véritables succès dans ce genre, assurent à ces tissus un écoulement facile et avantageux.

Le tissage à la main est réduit à la fabrication des articles très-ordinaires, dont une grande partie est destinée à faire des soutiens pour doublures, et à quelques tissus grandes largeurs de toutes qualités : aussi la classe des tisseurs à bras, si nombreuse en Alsace, dans les Vosges et en Normandie, souffre-t-elle cruellement, son salaire n'étant plus en rapport avec ses besoins. Cette position est d'autant plus difficile pour cette classe d'ouvriers, que beaucoup, par des habitudes sédentaires, perdent l'énergie et même la force nécessaires pour se livrer aux travaux des champs et de terrassement. Espérons toutefois que ce n'est qu'un état transitoire, qui cessera bientôt par le développement généralement prédit aux industries des tissus de fil et de laine, et que hâtent de tous leurs vœux les amis de l'humanité et de la prospérité nationale.

La tendance, signalée plus haut, du goût pour les carreaux et les rayures, a favorisé le développement, ralenti en 1839, des tissus de coton de couleurs, dont la fabrication occupe beaucoup d'ouvriers ; plus de 1,500 métiers à bras fonctionnent à Sainte-Marie-aux-Mines et dans toute l'Alsace, et produisent des cotonnades des qualités les plus fines. Rien de plus séduisant que les tissus légers pour robes et cravates exposés par quelques maisons de ces contrées ; elles ont aussi, depuis la dernière exposition, considérablement augmenté leurs moyens de fabrication par les plus heureux mélanges de la soie et de la laine avec le coton.

Rouen est toujours le grand centre de production de la cotonnade dite rouennerie. On compte, dans cette ville et dans le pays de Caux, plus de 500 fabricants qui occupent près de 120,000 métiers à bras, tant dans le département de la Seine-Inférieure que dans les départements de la Somme et de l'Eure. La prospérité de cette intéressante fabrication dépend de la diversité de ses genres, qui s'adressent surtout à la grande consommation, satisfont aux goûts stationnaires des habitants des campagnes, et des villes auxquelles ils offrent à bon marché des imitations des articles que la mode consacre lorsqu'ils paraissent dans des étoffes d'un prix plus élevé.

La fabrication des cotonnades, dont les principaux foyers de production sont la Normandie, l'Alsace et Roanne, réunit de nombreux éléments de prospérité générale ; elle est exploitée par de nombreux patentés qui apportent aux revenus de l'État un contingent très-important ; elle occupe un très-grand nombre d'ouvriers, parce que tout y est produit par la force humaine. La Normandie seule fournit à cette industrie plus de 200,000 tisseurs, ourdisseurs, trameuses, etc., sans compter les nombreux établissements de filature et de teinture qui sont exclusivement créés pour l'alimenter.

Le jury regrette de ne pas voir figurer à l'exposition les produits de la fabrique de Troyes, dont les futaines et autres doublures occupent une si large place dans la consommation du pays et méritent à tous égards la faveur dont elles jouissent.

Parmi les fabriques de tissus de coton serrés, il en est une qui, depuis quelques années, a pris un grand développement; c'est celle de Flers, pour la literie : ses coutils, destinés à cet usage, se livrent à des prix vraiment étonnants par leur modicité. Aussi son marché a-t-il pris une grande extension, et le jury n'aurait pu qu'accueillir avec intérêt des représentants de cette fabrique, si quelques-uns avaient répondu à l'appel que le Gouvernement a fait à toutes les industries.

Tarare est toujours la fabrique par excellence pour les mousselines unies, claires et mi-doubles, et pour les organdis. Elle doit sa supériorité, non-seulement à l'habileté de ses tisserands, mais encore à la perfection des apprêts. Le mérite de leur réussite peut être en partie revendiqué par un industriel très-distingué qui est venu fonder dans ses murs un grand établissement, où il met en pratique les procédés anglais et écossais.

La fabrique de Tarare ne nous laisse plus rien à envier aux étrangers ; elle réussit parfaitement: elle a enlevé à la Suisse ses mousselines claires ou serrées ; à l'Angleterre ses beaux organdis, et ne s'est laissé ravir par aucun ces mousselines si fines, si transparentes, connues sous le nom de *tarlatane* : les Anglais eux-mêmes leur rendent justice, et ils nous achètent souvent ces tissus, après nous avoir fourni les fils extra-fins dont ils sont composés. L'Allemagne et l'Amérique les accueillent également avec faveur. Ce n'est pas seulement dans ces produits d'une beauté exceptionnelle qu'excelle cette fabrique : toutes les qualités de mousseline, depuis 0,15 c. le mètre jusqu'à 10 et 12 fr., occupent ses nombreux ateliers ; elle livre surtout au commerce une grande quantité de mousselines serrées dites jaconas, dans les bas prix, pour l'usage des doublures.

Elle a su donner à ses organdis un attrait nouveau, en les ornant de rayures, de carreaux, de bouquets, soit blancs, soit en laine et soie de couleurs, qu'elle façonne souvent à l'aide de la machine Jacquart.

Le jury de 1839 avait déjà signalé la nouvelle conquête de Tarare sur la Suisse, en félicitant cette ville d'avoir naturalisé et développé en France, sur une grande échelle, la fabrication des mousselines brodées pour meuble. Nous sommes heureux de constater les développements constants de cette industrie, qui occupe un grand nombre de femmes dans les campagnes environnantes. Le goût français, en variant les dessins de la broderie, en substituant aux semis de fleurs détachées des dessins plus riches, a produit des compositions qui couvrent toute la superficie d'un rideau.

L'industrie de Saint-Quentin, qui déjà en 1839 exploitait exclusivement la fabrication des mousselines brochées tissées à la Jacquart, est toujours sans rivale ; elle a pris de nouveaux développements, perfectionné ses produits et les offre dans toutes les qualités à meilleur marché. Elle continue aussi le tissage, à la marche et à la Jacquart, des percales et jaconas façonnés, qui sont aussi remarquables par la finesse de la toile que par la perfection du dessin. Ces diverses fabrications pour ameublements et vêtements n'ont rien à envier à l'industrie étrangère, qu'elles ont complétement remplacée en France.

Si le tissage des calicots et percales unies a été presque enlevé à Saint-Quentin par l'Alsace et la Normandie, centres de la fabrication des toiles peintes où s'emploient ces sortes de produits, ce pays industrieux n'a pas laissé ses moyens de production longtemps inactifs ; il a promptement réorganisé le travail, en joignant à l'important tissage des jaconas pour doublure, qu'il a toujours fabriqués, celui des mousselines-laine et des chaînes coton, qui sont très-recherchées par l'impression parisienne.

Nous terminerons cet exposé sur les tissus de coton en général en faisant mention de leur position relativement au commerce extérieur. Jusqu'en mai 1843, les exportations ont généralement diminué d'importance, par suite des dissensions de l'Espagne, de la crise des États-Unis, des grands sinistres et de la position déplorable de nos colonies ; mais depuis cette époque la situation s'améliore, des demandes plus importantes ont eu lieu, et notre colonie d'Alger y est comprise pour une notable part, et surtout en calicots écrus. Le jury espère que la fabrique des tissus de coton, encouragée par cette reprise d'affaires, fera de nouveaux efforts pour établir des relations durables également profitables à cette fabrication et au pays.

PREMIÈRE DIVISION.

TISSUS SERRÉS UNIS, ÉCRUS ET BLANCS.

MM. GROS, ODIER, ROMAN et Cie, à Wesser-ling (Haut-Rhin).

L'établissement de tissage fondé en 1803 à Wesserling, par la respectable maison Gros, Odier, Roman et Cie, a pour moteur une chute d'eau et une pompe à feu, ensemble de la force d'au moins 60 chevaux; il contient 1,033 métiers mécaniques, 900 à bras, 32 machines à parer; 2,143 ouvriers y sont occupés; avec cette organisation on convertit annuellement en tissus très-variés 410,000 kilog. coton filé et 7,500 kilog. laine filée, provenant de leur filature.

En 1839 cette maison avait seulement 570 métiers mécaniques, aujourd'hui ce nombre est presque doublé; il a été augmenté dans la proportion à peu près égale à la suppression des métiers à bras qui était de 1400.

Cette augmentation considérable de métiers mécaniques a été favorable à la production et à la perfection des produits; elle a permis à MM. Gros, Odier, Roman et Cie d'élever considérablement le chiffre des marchandises qu'ils fabriquent pour la vente en blanc qui, de 34,000 pièces en 1839, s'élève à 50,000 pièces.

Sur une fabrication totale de 84,000 pièces, en y comprenant les calicots d'impression, cette maison livre au commerce plus de 60 articles de blanc depuis les madapolams, 70 portées jusqu'aux percales 140 portées, cretonne, croisé, brillantés, jaconas, organdi, etc., et 2,000 pièces mousseline laine; tous ces articles, fabriqués sous la direction de M. Jacques Gros qui est à la tête des filatures et des tissages de Wesserling, sont d'une supériorité remarquabl~ ~t occupent le premier rang dans la consommat..on.

L'impression étant la principale branche de la maison Gros, Odier, Roman et Cie, ils trouveront à l'article qui les concerne, au chapitre des impressions, la récompense que leur mérite l'ensemble de leurs produits.

MM. DOLLFUS, MIEG et Cie, à Mulhouse (Haut-Rhin),

Exposent 10 pièces tissus de coton, de laine, de laine et coton, balsorine laine et soie, gaze ouvragée à la Jacquart, fabrication distinguée destinée à devenir dans leurs ateliers d'impressions de charmantes nouveautés fort recherchées par les consommateurs français et étrangers.

Leur établissement de tissage est mu par une machine à vapeur de la force de 24 chevaux, il contient 300 métiers mécaniques et occupe 335 ouvriers.

La production annuelle des tissages de MM. Dollfus, Mieg et Cie, est de 30,000 pièces dont la fabrication est très-soignée et remarquablement belle.

Comme MM. Gros, Odier, Roman et Cie et MM. Hartmann et fils, MM. Dollfus, Mieg et Cie trouveront à l'article des impressions, leur principale branche, la désignation de la récompense qui leur est accordée pour l'ensemble de leurs produits.

MM. FÉRAY et Cⁱᵉ, à Essonne (Seine-et-Oise).

LM. Féray et Cⁱᵉ exposent 12 pièces calicots madapolams, percale, jusqu'à 140 portées d'une fabrication remarquable en ce qu'elle réunit à une extrême finesse la force qui constitue une bonne et solide qualité ; ces pièces sont le type de la plus grande perfection dans leur genre, et occupent le premier rang dans la consommation comme tous les articles de la fabrication de cette maison recommandable, qui trouvera aux chapitres de filature de coton et de fil de lin l'indication de la récompense qui lui est attribuée.

RAPPELS DE MÉDAILLES D'ARGENT.

M. Pierre FERGUSON, à Ronchamp (Haute-Saône).

M. P. Ferguson, associé et le premier en nom de la maison Ferguson, Bornèque et Cⁱᵉ de Bavillers, qui a obtenu en 1839 une médaille d'argent, a formé depuis à Ronchamp un établissement de tissage mécanique dont il expose les produits, des calicots, des madapolams, des façonnés et des brillantés d'une belle fabrication qui constatent d'une manière évidente le mérite de ce fabricant.

Le jury lui vote le rappel de la médaille d'argent décernée en 1839 à la maison Ferguson et Bornèque.

M. DUFORESTEL-LEFEBVRE, à Rouen (Seine-Inférieure),

Expose 3 pièces calicot, types de sa fabrication

ordinaire, qui est de plus en plus recherchée par la fabrique d'indienne de Rouen.

Son établissement, mu par une force de 15 chevaux, compte 3oo métiers mécaniques; il produit par année 2,ooo,ooo de mètres de calicot.

M. Duforestel-Lefebvre est un des plus anciens fabricants de cotonnade du département de la Seine-Inférieure; il a, un des premiers, fondé un établissement de tissage mécanique pour la fabrication des calicots, qui lui a valu la médaille d'argent en 183g; depuis il n'a pas seulement suivi les progrès de son genre d'industrie, mais il s'y fait remarquer en première ligne par la perfection et les qualités constantes de ses produits.

Il donne l'exemple d'un ordre remarquable dans ses ateliers et des soins les plus attentifs pour la moralité et la santé de ses ouvriers. Il tire ses cotons filés des meilleurs établissements de la Seine-Inférieure.

Le jury lui confirme la médaille d'argent qu'il a reçue en 183g.

M. VAUSSARD fils, à Bondeville (Seine-Inférieure),

Expose deux pièces de calicot pour l'impression. L'établissement de M. Vaussard fils, fondé à Bondeville en 183g, est l'un des plus importants et des premiers qui, sur une grande échelle, ont donné l'impulsion de ce genre de fabrication dans le département de la Seine-Inférieure; il file tous les cotons qu'il emploie dans ses tissages mécaniques qui comptent 4oo métiers; ses produits sont bons pour l'impression et s'écoulent sur la place de Rouen.

Le jury le reconnaissant toujours digne de la médaille d'argent qu'il a obtenue en 1839, lui en vote le rappel.

MÉDAILLES D'ARGENT.

M. Xavier JOURDAIN, à Altkirch (Haut-Rhin).

Cet établissement, fondé en 1828 à Altkirch par M. Xavier Jourdain, possède un moteur hydraulique de la force de 30 chevaux, 450 métiers à tisser mécaniquement ; occupe 333 ouvriers, et produit annuellement 43,000 pièces.

M. Xavier Jourdain expose 5 pièces calicot lisse, 3 pièces calicot croisé, 1 pièce mousseline coton et 1 laine et coton.

Cette maison fabrique principalement des qualités ordinaires et à bas prix ; elles sont remarquables par leur régularité et se vendent facilement.

Cet intelligent manufacturier a apporté d'ingénieux perfectionnements aux métiers mécaniques, il a adapté à son moteur un système de régulateur qui contribue à la perfection de ses tissus.

Le jury lui décerne une médaille d'argent.

M. Théodore LEGRAND, à Rouen (Seine-Inférieure).

M. Th. Legrand produit chaque semaine près de 10,000 kilogrammes de coton filé, dans les numéros 28, à 34,000 mètres, qu'il convertit dans ses ateliers de tissage, teinture et apprêts, en tissus très-variés, en calicots lisses et croisés de toutes laizes ; ces ateliers contiennent 450 métiers mécaniques.

Il y a quelques années, il teignait en bleu et apprêtait presque toute cette fabrication, qu'il vendait pour la côte de Guinée et le Sénégal ; mais depuis, ces débouchés nous ayant été enlevés par la concurrence anglaise, M. Legrand s'est livré à la fabrication des calicots pour l'impression ; ses produits se vendent bien sur la place de Rouen. Depuis quelques mois il a entrepris de fortes commandes pour l'Algérie. M. Legrand a, dans tous les temps, cherché et souvent réussi à exporter une notable partie de sa fabrication.

On remarque, dans son exposition, des calicots teints, pour doublure, du prix de 25 c. le mètre.

M. Legrand expose pour la première fois. Le jury, considérant l'importance de son établissement, n'hésite pas à lui décerner une médaille d'argent.

MM. PELLOUIN et BOBÉ, à Rouen (Seine-Inférieure),

Exposent des toiles de coton pour ménage, d'une excellente qualité, qu'ils ont les premiers établies mécaniquement, et dont le grain imite parfaitement celui des toiles de lin et de chanvre, qu'elles remplacent avec avantage, par leur bas prix, pour l'usage des classes pauvres.

Les laizes de cet article varient de 75 à 120 centimètres, et les prix de 52 c. à 1 fr. Il est très-recherché et s'écoule facilement.

Ils exposent aussi des calicots pour l'Algérie.

L'établissement de MM. Pellouin et Bobé, mû par une force de 55 chevaux, occupe 700 ouvriers dans ses filatures et son tissage mécanique.

Le jury décerne une médaille d'argent à MM. Pellouin et Bobé.

MM. POUYER-QUERTIER et PALIER, à Fleury-sur-Andelle (Eure).

MM. Pouyer-Quertier et Palier exploitent à Fleury-sur-Andelle une filature de coton et un tissage mécanique de 250 métiers, le tout mû par une force de 40 chevaux.

Les produits de leur filature ont paru à la commission des fils de coton, très-bien filés; ils sont tous convertis en calicots dans leurs ateliers.

Ils exposent deux pièces calicot, type de leur fabrication, qui sont convenables pour l'impression, et qui sont classées en première ligne sur la place de Rouen.

Le jury a aussi remarqué une pièce de calicot pour l'Algérie, dont la qualité est supérieure, à prix égal, à tout ce qui lui a été présenté pour cette contrée; il décerne une médaille d'argent à MM. Pouyer-Quertier et Palier.

MÉDAILLES DE BRONZE.

M. ROUSÉE, à Darnétal (Seine-Inférieure).

Les ateliers de ce fabricant contiennent 120 métiers mécaniques. M. Rousée expose trois pièces calicot dont la qualité est excellente, et qui rivalisent avec ce qu'il y a de meilleur sur la place de Rouen.

Le jury lui décerne une médaille de bronze.

MM. DEBU père et fils, à Rouen (Seine-Inférieure),

Exposent deux pièces de calicot, une écrue et une blanche, qui sont le type de leur fabrication; des premiers, à Rouen, ils ont donné l'exemple d'une grande perfection; ils se soutiennent au premier rang, et leurs produits sont très-recherchés.

Leur établissement contient seulement 120 métiers mécaniques; le jury leur décerne une médaille de bronze.

MM. Fernand DELOYS, PELLETIER et C^le, à Rouen (Seine-Inférieure),

Exposent des calicots pour l'impression et l'Algérie, et des toiles fortes pour ménage. Ces diverses qualités conviennent à leurs destinations; elles sont fabriquées avec des cotons de leur filature.

Leur établissement contient seulement 130 métiers mécaniques.

Le jury leur décerne une médaille de bronze.

MM. Antoine COLLIN et C^le, à Saulx (Vosges),

Exposent deux pièces calicot écru d'une bonne fabrication, dont les prix et la qualité sont convenables pour l'impression.

Cet établissement, créé en 1835, contient 400

CITATIONS FAVORABLES.

M. CHENVIÈRE aîné, à Melun (Seine-et-Marne).

Expose 4 pièces calicot de très-bonne qualité, types de 24,500 mètres qu'il fait tisser annuellement dans la maison centrale de Melun.

Le jury le cite favorablement.

DEUXIÈME DIVISION.

TISSUS EN COTON DE COULEUR.

FABRICATION DE L'ALSACE.

RAPPELS DE MÉDAILLES D'ARGENT.

MM. Xavier KAYSER et Cᴵᵉ, à Sainte-Marie-aux-Mines (Haut-Rhin).

Cette maison occupe dans ses ateliers de tissage et de teinture, et au dehors, plus de 500 ouvriers ; elle produit plus de 400,000 mètres de tissus de coton, laine et coton, soie et coton, soie et laine ; elle expose 58 échantillons de ces diverses fabrications. Environ moitié de sa production est destinée à la consommation intérieure ; on y remarque des cravates soie et coton, des balsorines, des écharpes frangées d'un très-bon goût, et dont l'effet est séduisant ; l'autre moitié, d'articles spéciaux pour les colonies d'Amérique, et particulièrement pour les Philippines ; ils luttent avec avantage pour la qualité et quelquefois pour le prix avec les produits similaires anglais.

MM. Xavier Kayser et compagnie ont obtenu la médaille d'argent en 1827, deux rappels en 1834 et 1839 ; le jury leur décerne de nouveau cette distinction.

Madame veuve LAURENT-WEBER et Cie, à Mulhouse (Haut-Rhin).

Cette fabrique, fondée à Mulhouse en 1816, est une des plus considérables de l'Alsace pour la production des tissus de couleur en coton, laine, fil de lin et soie, et mélanges de ces diverses matières; le jury départemental porte sa production à 30,000 pièces, soit 850,000 mètres par an, et à 900 ouvriers le nombre qu'elle occupe dans ses ateliers de tissage de teinture et d'apprêts, et 600 au dehors.

Rien de plus varié que cette fabrication; ces habiles industriels s'attachent surtout à suivre le goût ; ils le devancent même en étant quelquefois les inventeurs de gracieuses nouveautés.

Ils exposent 32 coupes très-variées, parmi lesquelles on remarque des étoffes dites *fils d'Écosse* pour robes et pour cravates, dont le tissu est d'une grande finesse, d'un charmant apprêt; quelques coupes pure laine et croisé laine méritent également d'être citées.

Le jury leur rappelle la médaille d'argent qu'ils ont obtenue en 1839.

MM. BLECH frères, à Sainte-Marie-aux-Mines (Haut-Rhin).

Cette maison, une des premières qui ait entrepris sur une grande échelle la fabrication des tissus de couleur, à Sainte-Marie-aux-Mines, expose 66 coupes représentant les types très-variés de sa fabrication, qui est très-belle et très-soignée. Cette maison livre au commerce intérieur des nouveautés pleines de goût, dont les couleurs, très-vives, sont parfaitement calculées, et d'un heureux effet.

On remarque, dans leur exposition, de fort jolies cravates satinées, et des écharpes en soie gros grain.

MM. Blech frères exportent une notable partie de leurs produits, qui trouvent à l'étranger un facile écoulement; le chiffre de leurs exportations est important.

Ils occupent dans leurs ateliers 300 ouvriers et 300 au dehors, et produisent 23,000 pièces.

Le jury leur rappelle la médaille d'argent qu'ils ont obtenue en 1834.

MÉDAILLES D'ARGENT.

MM. A. MOHLER et Cie, à Obernai (Bas-Rhin).

M. A. Mohler faisait valoir, en 1839, sous la raison Mohler frères, une fabrique de cotonnades et de nouveautés à Sainte-Marie-aux-Mines, cette maison obtint alors une médaille de bronze.

A cette époque l'industrie des cotonnades étant souffrante et les ouvriers qu'elle emploie très-malheureux, M. A. Mohler s'est décidé à fonder, à Obernai, un établissement qui lui permit de sortir de cette rivalité industrielle. Cet établissement, élevé et conduit avec une grande intelligence, est bientôt devenu très-important, et produisit, en 1843, des articles nombreux en tapis de laine, en couvertures de lit, en châles tartans, madras, et plus de 4000 pièces de cotonnades variées; cette fabrication, généralement en coton, emploie aussi la laine et la soie; elle est fort bien traitée, et favorise la consommation par des prix convenables pour les positions les plus modestes, et pour l'exportation.

Le moteur de cet établissement est une chute d'eau; les moyens de production, 60 métiers à la Jacquart et 350 ordinaires, presque tous dans les ateliers. Le jury départemental constate que cette maison occupe déjà 529 ouvriers, tisserands, teinturiers, dévideurs, et termine en signalant à la reconnaissance publique M. A. Mohler, à cause de la sollicitude qu'il montre pour le bien-être de ses ouvriers, qu'il a mis à l'abri du besoin en créant une caisse de secours au profit des infirmes et des malades.

Le jury décerne une médaille d'argent à M. A. Mohler.

___

MÉDAILLES DE BRONZE.

M. Napoléon KŒNIG, à Sainte-Marie-aux-Mines (Haut-Rhin),

Expose 100 coupons variés en tissus de coton, pour robes, mouchoirs et cravates, qui sont des types de sa fabrication, dont la production est d'une importance secondaire à Sainte-Marie-aux-Mines, mais dont le succès présage de prompts développements. Les articles de M. Napoléon Kœnig sont d'un bon courant, fort bien traités et d'un prix modéré ; ils sont très-recherchés pour le commerce intérieur.

Cette maison expose pour la première fois. Le jury lui décerne une médaille de bronze.

M. Médard SCHLUMBERGER, à Mulhouse (Haut-Rhin),

Expose 14 pièces étoffes à la Jacquart, pour ameublement, dont 2 pièces laine et soie, 7 pièces tout coton, 2 pièces damassé blanc et 2 pièces mousseline brochée blanche pour tenture ; ces dernières pièces sont une nouvelle production pour l'Alsace. En général, la fabrication de M. Médard Schlumberger est bonne et d'un prix modéré ; il montre beaucoup d'intelligence dans l'emploi du métier à la Jacquart.

Le jury lui décerne une médaille de bronze.

MENTION HONORABLE.

M. J.-D. URNER jeune, à Sainte-Marie-aux-Mines (Haut-Rhin).

Les coupes exposées par M. Urner jeune ont un cachet de nouveauté et de distinction ; on remarque surtout des cravates mousseline *organdi* fine et d'autres *satinées* soie qui sont d'un fort bon goût.

M. Urner se présente pour la première fois au

concours; le jury lui décerne une mention honorable.

TROISIÈME DIVISION.

FABRICATION DE ROUEN.

RAPPEL DE MÉDAILLE D'ARGENT.

M. CAIGNARD, à Rouen (Seine-Inférieure).

Les articles de rouenneries exposés par M. Caignard sont d'une bonne fabrication, et sont très-
recherchés par les consommateurs. On remarque
des toiles à carreau du prix de 80 c. les 120 centimètres, qui valaient 96 c. en 1839; M. Caignard
n'a point obtenu cette diminution de prix aux dépens de la qualité; il comprend les véritables besoins de la consommation et la sert consciencieusement.

Ce manufacturier distingué est, pour la fabrique
de Rouen, souvent un conseil éclairé, et toujours
un bon exemple.

Le jury lui rappelle la médaille d'argent qu'il a
obtenue en 1839.

MÉDAILLES D'ARGENT.

M. TRICOT jeune, à Rouen (Seine-Inférieure).

M. Tricot se livre avec beaucoup de goût à la fabrication des articles qui conviennent à l'exportation,
et particulièrement au commerce de troque pour
la côte d'Afrique; il y réussit d'une manière remar-

quable; aussi est-il regardé par les exportateurs comme un des hommes qui, en France, comprennent le mieux les besoins de leur commerce, et qui ne reculent devant aucun effort pour y satisfaire.

Ses pagnes, ses hamacs si variés ne séduisent pas seulement les populations sauvages auxquelles ils sont destinés, ils ont été admirés à l'exposition par les personnes de goût, comme des productions exceptionnelles, et présentant un véritable cachet artistique; nos dames regardaient presque avec un œil d'envie les écharpes aux vives couleurs qui doivent parer les noires africaines.

On remarque souvent dans la fabrication de M. Tricot des articles dont la création spontanée révèle chez ce modeste fabricant l'intelligence des besoins du commerce.

M. Tricot expose pour la première fois; le jury, pour récompenser ses efforts et ses succès, lui décerne une médaille d'argent.

M. CHATAIN fils, à Rouen (Seine-Inférieure).

M. Chatain fils occupe dans les départements de la Seine-Inférieure et de la Somme près de 600 ouvriers.

Il expose des cotonnades et des tissus laine et coton; ses produits sont remarquables par leur bon goût et leur perfection, et sont fort recherchés par les acheteurs.

Les succès dus à l'intelligence de ce jeune fabricant, et l'importance de sa fabrication, ont déterminé le jury à lui décerner une médaille d'argent.

MM. RAFFIN père et fils, à Roanne (Loire).

La fabrique de MM. Raffin père et fils, fondée à Roanne en 1830, a pris bientôt un rapide essor et a grandement contribué à la réputation dont jouit, dans le commerce, la fabrique de cotonnade de cette ville. Pour donner des soins plus assidus à leur fabrication, ces habiles industriels ont réuni 150 métiers dans des ateliers de tissage; ils en entretiennent 180 dans les environs de la ville; ils teignent tous les cotons qu'ils emploient.

MM. Raffin père et fils ont exposé 15 coupes de tissus de coton de 120 centimètres de largeur, du prix de 1 fr. 10 c., qui sont des types de bonne fabrication dans leur genre; leurs dessins pour robes sont heureux; on remarque la qualité de 2 pièces carreau bleu qui s'emploient dans tous les ports de la Méditerranée pour faire des chemises à nos marins; il est impossible de mieux servir la consommation que ne le fait la maison Raffin père et fils.

Le jury leur accorde une médaille d'argent.

RAPPELS DE MÉDAILLES DE BRONZE.

M. VISQUESNEL, à Rouen (Seine-Inférieure),

Expose 13 coupes mouchoirs en coton, en diverses largeurs, dont la fabrication est très-soignée et les prix avantageux. On remarque, dans l'exposition de M. Visquesnel, des mouchoirs rouge et blanc, et des rouges fantaisie, dont les nuances sont parfaites, ainsi que des deuils lilas. Les prix de ces articles sont très-favorables pour les consommateurs.

Le jury, appréciant l'ensemble des produits de M. Visquesnel, s'empresse de lui voter le rappel de la médaille de bronze qu'il a reçue en 1839.

M. LEMONNIER jeune, d'Yvetot (Seine-Inférieure).

On remarque dans les produits exposés par M. Lemonnier jeune, des toiles dites Rouenneries, de 120 centimètres de largeur, au prix de 65 c., des mouchoirs à 70 c. la douzaine, qui étaient cotés à l'exposition de 1839, à 85 c.; les couleurs de ces mouchoirs sont bon teint.

Le jury, reconnaissant que M. Lemonnier jeune est toujours digne de la médaille de bronze qui lui a été accordée en 1839, s'empresse de la lui rappeler.

M. MONTIER-HUET, à Bolbec (Seine-Inférieure),

Expose 12 paquets mouchoirs, du prix de 4 à 9 fr. la douzaine; ils sont les échantillons d'une fabrication bien classée dans le commerce de rouennerie, et dont la qualité et le prix sont avantageux pour les consommateurs.

Le jury lui rappelle la médaille de bronze qu'il a obtenue en 1839.

M. VAUTIER, à Rouen (Seine-Inférieure).

M. Vautier occupe 100 ouvriers dans ses ateliers, à fabriquer des tissus de coton pour parapluies; ces tissus sont d'une très-bonne qualité et d'un teint parfait; ils sont, par leur bas prix, à la portée d'un grand nombre de consommateurs qui ne peuvent atteindre aux parapluies de soie.

Le jury rappelle la médaille de bronze qui a été accordée en 1839 à M. Vautier.

MÉDAILLES DE BRONZE.

M. Ch. BLUET, à Rouen (Seine-Inférieure).

M. Ch. Bluet succède, depuis peu de temps, à son père, qui était un des bons fabricants de Rouen. Il expose 15 coupons de cotonnades, remarquables par leur beau travail et leur bonne qualité. L'agencement des couleurs décèle chez ce jeune fabricant un goût distingué qui devra, plus tard, lui attirer des récompenses d'un rang plus élevé, lorsqu'il aura donné plus d'extension à sa fabrication ; dès à présent le jury lui accorde une médaille de bronze.

M. QUESNEL-MASSIF, à Rouen (Seine-Inférieure).

Les marchandises exposées par M. Quesnel-Massif se recommandent par leur bonne fabrication et la modicité de leur prix. Le jury a remarqué des carreaux rouges grand teint, de 120 centimètres de largeur, à 85 c., qui conviennent pour la côte d'Afrique, ainsi que des toiles à chemises, pour les Antilles, qui ont 90 centimètres de largeur et ne coûtent que 55 c.; ses étoffes fantaisies à 70 c. ne sont pas moins avantageuses.

Le jury, reconnaissant combien cette fabrication est intéressante pour les consommateurs nombreux auxquels elle s'adresse, décerne une médaille de bronze à ce jeune fabricant.

Madame veuve GLATIGNY, à Rouen (Seine-Inférieure).

Madame veuve Glatigny établit, avec 40 métiers à la Jacquart, des étoffes pour meubles en laine, et d'autres en laine et coton, toutes de bon goût et à des prix modérés; et avec 100 métiers au dehors, des rouenneries qui représentent le type de l'ancienne et belle fabrication rouennaise.

Les pièces exposées par madame Glatigny sont d'une bonne fabrication ; leur prix, quoique plus élevé que tout ce qui se fait dans ce genre, ne l'est pas relativement à la qualité.

Le jury décerne une médaille de bronze à madame Glatigny.

MENTIONS HONORABLES.

M. GOUET, à Rouen (Seine-Inférieure),

Expose 8 coupons damiers pour ameublement, qui sont parfaitement fabriqués; ces articles se vendent facilement.

Cette fabrique est plus remarquable par la perfection des produits que par l'importance de la production.

Le jury lui vote une mention honorable.

MM. DECHELETTE frères et **LAPOIRE**, de Roanne (Loire).

Dans une proportion beaucoup moins importante que MM. Raffin père et fils, de la même ville, MM. Dechelette frères et Lapoire fabriquent des cotonnades à peu près dans les mêmes prix et dont les qualités sont satisfaisantes. Le jury a remarqué une pièce croisée à 1 fr. 30 c. qui lui a paru d'une bonne fabrication; il décerne une mention honorable à MM. Dechelette frères et Lapoire.

M. MOREL, à Saint-Pierre-Église (Manche),

A exposé 13 échantillons de cotonnade quadrillée violet et paliaca et mouchoirs de poche; le tout d'une qualité commune, mais très-bonne et de couleur solide; cette marchandise convient pour la consommation locale, où elle s'écoule facilement.

Le jury lui décerne une mention honorable.

QUATRIÈME DIVISION.

TISSUS DIVERS.

MÉDAILLE D'ARGENT.

M. BUREAU jeune, à Nantes (Loire-Inférieure),

A créé en 1825, à Nantes, un établissement qui a bientôt pris une assez grande importance, sous la direction de cet intelligent et laborieux fabricant.

Il expose des pièces dites finettes et des futaines de retors, en blanc, écrues, et quelques pièces tein-

tes; ces **types** de la fabrication de M. Bureau jeune,
sont d'une qualité parfaite et bien entendue dans
l'intérêt du consommateur. Il file les cotons employés dans son établissement et teint ses étoffes.

Le jury lui décerne une médaille d'argent.

RAPPEL DE MÉDAILLE DE BRONZE.

M. FEUGÉ-FESSARD, à Troyes (Aube),

Expose 2 couvertures de coton avec fourrure et
doublure à fleurs et à carreau, dont la fabrication
est très-soignée.

Le jury lui rappelle la médaille de bronze qu'il a
obtenue en 1839.

MÉDAILLES DE BRONZE.

M. L. CHAPERON, à Nantes (Loire-Inférieure),

Expose 8 pièces futaines écrues, blanches et teintes qui sont d'une fabrication très-soignée, et dont
quelques pièces superfines, signalées par le jury départemental, sont réellement remarquables.

Il file une partie de ses cotons et teint ses
étoffes.

Le jury lui décerne une médaille de bronze.

M. A. P. BERTIN, à Nantes (Loire-Inférieure),

Expose 3 coupons de toile de coton pour ménage
et 2 coupons futaine; le tout fabriqué avec de bas
numéros filés par M. Bertin, et d'un prix avantageux pour les consommateurs.

Le jury lui accorde une médaille de bronze.

MENTIONS HONORABLES.

M. HENRY aîné, à Paris, rue Poissonnière, 13.

M. Henry aîné a obtenu en 1827 une médaille d'argent qui lui a été rappelée en 1834 et 1839 pour sa fabrication fort remarquable d'étoffes de laine et soie pour ameublement; depuis, cédant ses affaires à son fils, cet homme capable et industrieux, par vocation, a voulu consacrer ses loisirs à l'industrie en fabriquant des couvre-pieds en coton, dont il expose quelques-uns, ainsi que des écharpes en fil: ces objets sont bien faits et heureux dans dans leur genre.

On ne peut trop louer le génie inventif de M. Henry aîné qui, dans toute sa carrière, a contribué au développement de l'industrie.

Le jury s'empresse de lui décerner une mention très-honorable.

M. VIMOR-MAUX, à Perpignan (Pyrénées-Orientales),

Expose une couverture en fil et coton et des rubans de coton pour espardille; une partie de ces rubans s'exporte en Espagne et l'autre se vend dans les montagnes du Roussillon pour la ligature des espardilles en usage dans ce pays, qui les tirait d'Espagne avant la création de l'établissement de M. Vimor-Maux.

Le jury lui décerne une mention honorable.

M. CUVRU-BULTEAU, à Roubaix (Nord),

Expose 15 coupes tissus de coton pour pantalons

à 1 fr. 5o le mètre ; ces articles sont d'un prix très-modéré et sont très-recherchés.

Le jury décerne une mention honorable à M. Cu-vru-Bulteau.

M. CLIQUET (Florimond), à Roubaix (Nord),

Expose 8 coupes étoffes de coton tissé blanc pour pantalons ; elles se recommandent par leur bonne fabrication.

Le jury lui décerne une mention honorable.

M. DEFRENNES-DUPLOUY, à Lannoy (Nord),

Expose une courte-pointe, un couvre-berceau et trois jupons, dont le prix est avantageux aux consommateurs.

Cet établissement, fondé en 1843, est encore peu important.

Le jury décerne une mention honorable à M. Defrennes-Duplouy.

M. GITTARD-SAINNEVILLE, à Amiens (Somme),

Expose 6 coupons velours de coton qui ont 180 centimètres de largeur.

Le jury, considérant la difficulté résultant de la largeur de ces tissus, leur bonne fabrication et leur prix, accorde à M. Gittard-Sainneville une mention honorable.

MM. ADÉODAT, LEFEBVRE et Cie, à Amiens (Somme).

L'assortiment de velours de coton présenté à l'exposition par MM. Adéodat, Lefebvre et Cie est très-varié; il est le type d'une fabrication utile à la consommation.

Ces fabricants occupent 45 ouvriers.

Le jury leur décerne une mention honorable.

CITATIONS FAVORABLES.

M. J. B. DEBUIGNY, à Amiens (Somme),

Expose 8 coupes velours, coupés par un procédé qui lui est propre.

Le jury lui accorde une citation favorable.

MM. ROBERT-WERLY et Cie, à Bar-le-Duc (Meuse),

Exposent 3 coupons de tissus à rondes bosses, propres à la confection des corsets.

Le jury leur accorde une citation favorable.

MM. Auguste FOLLIOT et KNIGHT, à Roubaix (Nord).

4 voilettes en tissus de coton.

Ces voilettes ont paru au jury des échantillons non encore à l'état de fabrication; il ne peut que les citer favorablement.

Madame veuve DELANNOY, rue Neuve-des-Petits-Champs, 69, à Paris,

Expose 4 jupes en tissus de coton.

Citation favorable.

M. BLIN, de Pondichéry,

Expose des toiles à voiles en coton.

Le jury ne peut que citer cette fabrication, sur laquelle il n'a et ne peut se procurer aucun renseignement.

CINQUIÈME DIVISION.

TISSUS DE COTON CLAIR ET LÉGER BROCHÉS ET BRODÉS.

RAPPEL DE MÉDAILLE D'OR.

M. LECOQ-GUIBÉ, à Alençon (Orne),

Expose des mousselines de coton unies, écrues et blanches, qui réunissent à une grande finesse la perfection du tissage, et des mousselines brodées, dont les dessins sont élégants et d'un travail remarquable. Cette maison se tient au premier rang et est toujours digne de la médaille d'or qu'elle a reçue en 1827, sous la raison Clérambault et Lecoq-Guibé, et qui lui a été rappelée en 1834 et 1839.

Le jury s'empresse de lui en voter, de nouveau, le rappel.

MÉDAILLE D'OR.

MM. LEHOULT et Cie, à Saint-Quentin (Aisne).

MM. Lehoult et Cie, dont l'établissement a été fondée en 1804, à Saint-Quentin, ont obtenu en 1819 une médaille d'argent qui leur a été rappelée en 1823; depuis, cette maison ne s'est pas présentée au concours, elle n'a cependant cessé d'être en voie de progrès. Aujourd'hui son importance est considérable : le jury du département de l'Aisne constate qu'elle entretient 1200 métiers et occupe

2,400 ouvriers dans ses ateliers de filature et de tissage.

Ces habiles fabricants exposent 28 échantillons de leurs produits, du prix de 1 fr. 12 c. à 3 fr. 40 c. le mètre. On trouve, parmi ces types de leur fabrication, des applications sur tulles, pour stores et rideaux, qui sont d'un très-bel effet et d'une grande perfection, et des brillantés d'un tissage remarquable par la finesse de la toile et l'exécution pure du dessin.

Le jury, reconnaissant les longs et incessants services rendus par cette honorable maison, qui a toujours marché à la tête de l'industrie de Saint-Quentin, s'empresse de lui décerner une médaille d'or.

MÉDAILLES D'ARGENT.

M. Jules FION, de Tarare (Rhône).

La maison Jules Fion, de Tarare, est une des plus considérables pour la production des articles meubles brodés au crochet sur tulles et sur mousselines. Dès 1834 elle donnait à Tarare l'élan qui devait assurer à la France cette fabrication que nous fournissait la Suisse, et dont nous sommes aujourd'hui complétement affranchis.

M. Jules Fion, qui avait obtenu en 1839 une mention honorable, a depuis donné de grands développements à sa fabrication de broderies; les échantillons qu'il expose sont d'une grande perfection et d'un goût distingué.

Le jury, considérant l'importance de cette maison et les services qu'elle a rendus à l'industrie française, lui décerne une médaille d'argent.

M. DAUDEVILLE, à Saint-Quentin (Aisne).

L'établissement de M. Daudeville, fondé en 1827, fabrique toujours les mousselines brochées et les bandes brochées en blanc et en couleur, qui lui valurent en 1839 la médaille de bronze.

Depuis cette époque sa fabrication a pris une grande importance et ses produits une perfection qui les font de plus en plus rechercher par les consommateurs auxquels le génie inventeur de M. Daudeville offre constamment de charmantes nouveautés.

Le jury lui décerne une médaille d'argent.

MM. J. JACQUEMIN et HUET jeune, à Saint-Quentin (Aisne),

Ont envoyé à l'exposition une grande quantité d'échantillons de leur fabrication; ceux-ci présentent une grande variété, sont d'une belle exécution et de prix relativement fort modérés. On remarque des mousselines brochées, avec bouquet à la Jacquart, dont l'effet est très-heureux; des rideaux de tulle brodés au crochet, des bandes brochées, brodées au crochet et au plumetis.

Cette maison se sert avec beaucoup d'intelligence du métier à la Jacquart.

Le jury lui décerne une médaille d'argent.

M. ESTRAGNAT fils aîné, à Tarare (Rhône).

On remarque dans l'exposition de M. Estragnat

fils aîné des robes tarlatanes et gaze, à bordures et à volants brodés en blanc et en couleurs, dont les dessins sont charmants, et beaucoup d'autres produits d'un goût distingué et d'une exécution réellement très-remarquable.

La fabrication de M. Estragnat fils aîné, suivant la note du jury du département du Rhône, occupe 2 à 3oo ouvriers à la fabrication des mousselines unies, et plus de 1,8oo brodeuses.

Le jury lui décerne une médaille d'argent.

RAPPEL DE MÉDAILLES DE BRONZE.

M. André PRAMONDON, à Tarare (Rhône).

On remarque dans les nombreux produits exposés par M. André Pramondon des organdis et tarlatanes de diverses couleurs, et des laines ombrées jaune, bleu, ponceau, d'un goût gracieux ; leurs vitrages, meubles et rideaux mousseline brodée sont aussi remarquables par leur bonne exécution.

Cette maison achète sur la place de Tarare une notable partie des produits qu'elle livre au commerce.

Le jury lui vote le rappel de la médaille de bronze.

MM. SALMON (Alexandre) et DUVAL, à Tarare (Rhône),

Ont exposé 16 échantillons de leur fabrication de mousseline brodée, qui sont remarquables par la vivacité des nuances et les heureux effets du battant brocheur en soie sur lancé blanc et avec laine sur couleurs; leurs organdis à carreaux écossais sont aussi fort gracieux.

Cette fabrication, peu importante, présente des innovations qui font honneur au goût de MM. Salmon et Duval.

Le jury leur vote le rappel de la médaille de bronze qu'ils ont obtenue en 1834.

M. RENAUDIÈRE, à Paris.

Les rideaux exposés par cette maison sont d'un très-bon goût et d'une exécution soignée.

Le jury lui rappelle la médaille de bronze qu'elle a reçue en 1839.

MÉDAILLES DE BRONZE.

M. LUCY-SÉDILLOT, à Tarare (Rhône), et à Paris, rue des Jeûneurs, 10,

A établi en 1836 une maison à Tarare. Elle fait broder dans la montagne des mousselines unies qu'elle achète à Tarare, et dont le jury du Rhône estime le chiffre annuel à 10,000 pièces d'une valeur de 200,000 fr. Les rideaux et pièces mousseline brodée exposés par cette maison sont très-remarquables par l'heureux choix des dessins et par la perfection des broderies, qui est on ne peut plus soignée.

Le jury lui décerne une médaille de bronze.

MM. LESUR frères, à Saint-Quentin (Aisne).

MM. Lesur frères, dont l'établissement ne date que de 1842, exposent des broderies appliquées sur tulle qui sont d'une élégance remarquable et d'un goût distingué qui présage un avenir brillant à cette fabrique lorsqu'elle aura pris plus de développement.

Le jury lui accorde une médaille de bronze.

M. Auguste MARLIÈRE, à Saint-Quentin (Aisne).

M. Auguste Marlière, dont l'établissement date de 1837, expose des tissus plissés, rayés, brodés et unis, fort bien exécutés, et qui présentent une nouveauté de fabrication pour laquelle ils sont brevetés depuis une année.

Le jury lui accorde une médaille de bronze.

MM. Édouard MASSÉ et fils, à Saint-Symphorien (Loire).

Cette maison, particulièrement recommandée par le jury départemental, expose des mousselines unies d'une belle fabrication et des tissus brodés dont le travail est très-soigné.

Le jury leur décerne une médaille de bronze.

MENTIONS HONORABLES.

MM. BRUN frères, fils et DÉNOYEL, à Tarare (Rhône),

Exposent 12 pièces mousseline brodée dont les dessins pour stores et rideaux sont gracieux; la fabrication est bien exécutée et les prix modérés.

Le jury leur décerne une mention honorable.

M. LEPELLETIER-DAMAS, à Bonnot (Doubs).

L'établissement fondé en 1838 par M. Lepelletier-Damas occupe un grand nombre d'ouvriers.

Les vitraux et rideaux qu'il expose sont bien fabriqués et heureux dans leurs dispositions; en général, la production de cette maison dénote l'intelligence des besoins du commerce.

Le jury lui décerne une mention honorable.

CITATION FAVORABLE.

M. MARTIN MATAGRIN, à Tarare (Rhône).

Le jury acorde une citation favorable à cette maison pour les divers articles mousseline brodée qu'elle expose.

QUATRIÈME PARTIE.

PRÉPARATION DU LIN ET DU CHANVRE, FILATURE, TISSAGE DES TOILES UNIES, TOILES A VOILES, BATISTES, LINGE DAMASSÉ, COUTILS, TUYAUX SANS COUTURE.

M. Schlumberger (Charles), rapporteur.

Considérations générales.

Lorsque le jury, en 1839, signala les progrès naissants de la filature mécanique du lin et du chanvre, il émit le vœu de la voir grandir rapidement et se fixer sur toute la surface de la France.

A-t-elle réalisé ces prévisions? son développement répond-il à tous les besoins du pays? Nous ne pouvons malheureusement répondre affirmativement.

Il ne faudrait pas croire cependant que cette industrie n'ait pas marché; le nombre de broches a plus que doublé depuis 1839 : on en compte aujourd'hui 120,000 réparties à peu près comme il suit :

44 Filatures	dans les départements du Nord,	réunissant	96,650 broches.
3 —	— à l'Est,	—	4,500 —
3 —	— au Midi,	—	4,000 —
5 —	— à l'Ouest,	—	9,250 —
3 —	— au Centre,	—	5,600 —

Mais ce nombre est bien inférieur à celui que

nos rivaux possèdent, et insuffisant de beaucoup en présence de notre production considérable de matières textiles.

Un temps d'arrêt se manifeste dans la formation d'établissements nouveaux, les capitaux ne s'y engagent qu'avec une extrême timidité ; c'est qu'en réalité les résultats obtenus jusqu'à ce jour n'ont rien qui puisse tenter les spéculateurs.

Quelles sont les causes de ce peu de succès? Elles ne viennent pas du défaut de capacité de nos filateurs, car nous comptons parmi eux des hommes qui ont fait leurs preuves et qui sont des plus habiles dans l'art d'expérimenter et de tirer tout le parti pratique des machines. On ne peut les attribuer non plus aux machines elles-mêmes, car, outre qu'un grand nombre de nos ateliers sont montés avec des métiers anglais perfectionnés, nous comptons en France des constructeurs du premier mérite qui, pour la construction des machines à filer, ne craignent aucune comparaison. Elles sont tout autres ; leur détail excéderait les bornes légitimes de ce rapport, et il engagerait d'ailleurs des questions économiques dont le débat n'est pas de notre ressort. Notre mission est de constater les faits ; aux pouvoirs constitués d'en tirer les conséquences.

Il est un fait surtout que nous devons signaler,

parce qu'il est de nature à exercer une influence fâcheuse sur notre production générale. La loi est déjà intervenue deux fois pour protéger notre industrie contre la concurrence étrangère ; elle supposait dans ses calculs que cette concurrence serait franche, loyale, et s'exercerait à armes égales ; il n'en est pas ainsi. L'Angleterre inonde notre marché de mauvais fils faits avec des basses matières ; tantôt c'est du *phormium tenax*, tantôt on fait entrer l'étoupe mélangée avec du cœur de lin dans les fils.

Qu'en résulte-t-il ? Les tissus de ces matières sont d'un mauvais usage, le fil de *phormium* se détériore rapidement à l'eau ; les toiles faites avec des fils d'étoupes deviennent au lavage pelucheuses et creuses. Ces faits sont fâcheux, car la toile se recommande principalement par sa solidité, son long usage ; ce sont ces propriétés qui en font le prix pour l'acheteur : on désire surtout, dans certaines contrées, pouvoir conserver un certain approvisionnement de linge ; il se transmet comme un héritage. Nul produit n'est donc plus impérieusement appelé à remplir des conditions de bonne qualité et de longue durée.

Nous nous empressons de reconnaître, à la louange de nos filateurs, qu'ils ont résisté au mauvais exemple ; ils ont maintenu les bonnes méthodes, ont toujours pratiqué les principes d'une bonne et consciencieuse fabrication. Aussi les fils français obtiennent-ils sur nos marchés des prix supérieurs aux fils anglais ; et cependant ces prix sont souvent insuffisants pour une légitime rémunération ; trop souvent encore nos fils sont-ils délaissés, car le bas prix est un terrible antagoniste. Et pourtant, que les fabricants de tissus y prennent garde ; ce serait une mauvaise spéculation pour eux que de courir après un ou deux bénéfices faciles peut-être à réaliser, si ensuite l'infériorité de leurs produits les faisait délaisser par la consommation. Ce sont eux surtout qui doivent donner à la filature française le meilleur encouragement, en ne s'attachant qu'à des produits faits avec de bonnes matières et consciencieusement travaillés ; qu'ils se persuadent bien que le bas prix n'est désirable qu'autant qu'il n'est pas obtenu aux dépens de la qualité, autrement ce n'est qu'un leurre dont le consommateur n'est pas longtemps la dupe.

La France a le plus grand intérêt à s'approprier la filature du chanvre par machines ; nous la voyons avec plaisir se propager, et nous avons à l'exposition, de ses produits qui sont remarquables.

Le chanvre croît en abondance dans plusieurs de nos contrées, et acquiert dans quelques-unes des qualités supérieures. Sa filature présentait plus de difficulté que celle du lin ; la force, la dureté, la longueur de ce filament étaient de très-grands obstacles à vaincre. Plusieurs machines ingénieuses ont été inventées pour broyer, assouplir et couper cette matière rebelle ; elles donnent aujourd'hui de beaux et excellents produits employés principalement pour l'importante fabrication des toiles à voile, mais qui trouvent aussi leur emploi pour les toiles ordinaires et de ménage.

Nous avons pensé qu'il ne serait pas sans intérêt d'entrer dans quelques détails de statistique sur la position de la filature mécanique en France et à l'étranger ; ils peuvent donner la mesure de ce que nous avons déjà fait, de ce qui nous reste à faire, et fournir quelques renseignements utiles à ceux·qui s'occupent de cette industrie au point de vue théorique ou pratique (1).

D'une enquête faite en 1840 , en Angleterre, il résulterait que le royaume-uni (l'Angleterre, l'Écosse et l'Irlande) possédait alors près d'un million de broches. On a pris, pour trouver la quantité de fils fabriqués , le numéro

---

(1) On peut, pour plusieurs détails intéressants , consulter l'ouvrage de M. Choimet. Un volume in-8°, 1841. A la librairie industrielle de Mathias.

moyen 30 anglais (18,000 mètres au kil.), et pour produit dans cette grosseur, 40 kil. par broche par 300 jours de travail.

Ce calcul, comme on voit, donne une production de 40 millions de kilogrammes. Les chiffres des exportations pris sur les documents anglais viendraient d'ailleurs confirmer ce calcul.

Fils exportés en 1841 . . . . 11,500,000 kilog. ⎱
Fils en toile: . . . . 20,000,000 ⎰ 31,500,000 kilog.
Resterait pour la consommation intérieure. . . . 8,500,000

Ce dernier chiffre serait en effet très-bas, puisque l'Angleterre n'importe pas de fils ; mais d'une autre part elle importe une assez forte quantité de toiles diverses qu'il est impossible de donner en poids, et que nous devons nous borner à citer textuellement.

1841. — *Importations dans le Royaume-uni.*

Batistes et mouchoirs en pièces . . . 34,525 pièces.
Linons . . . . 5,784 yards carrés.
Tissus damassés . . . . 6,986 *id.*
Coutils et piqués . . . . 1,858 *id.*
Toiles à voiles . . . . 24,755 *id.*
Les mêmes à la valeur . . . . 690 livres sterling.
Toiles unies et ouvrées. . . . . 10,688 yards carrés.
Id. *id.* . . . . 268,300 aunes.
Id. *id.* . . . . 11,792 pièces.
Autres tissus de fils. . . . . 7,853 livres sterling.

En Belgique, la filature mécanique n'a encore qu'une importance secondaire, mais elle tend chaque jour à prendre du développement ; on estime aujourd'hui que 55,000 broches sont en activité dans huit filatures.

D'une autre part, l'habileté des fileuses à la main, le bas prix de la main-d'œuvre et les encouragements du gouvernement pour cette industrie des campagnes, font produire encore une très-forte partie de fils à la main qui doivent combler l'insuffisance des fils mécaniques, tant pour l'exportation que pour la consommation intérieure, qui est relativement plus grande en Belgique qu'en Angleterre et en France.

1842. — Exportation de Belgique.

En fils simples . . . 810,936 kilog. } 4,440,936 kilog.
En toiles 3,630,000

La filature mécanique ne produisant que deux millions de kilog., le surplus et toute la consommation intérieure a été fourni par la filature à la main : l'importation étant presque nulle (142,000 kil. en 1842).

La situation est inverse en France ; notre exportation est peu importante en présence d'une importation dont le chiffre alarme si souvent nos producteurs.

Voici le tableau que nous fournissent les documents officiels des douanes.

FILS DIVERS.

IMPORTATIONS AVEC DISTINCTION DES PRINCIPAUX PAYS DE PROVENANCE.

(Commerce spécial.)

PAYS DE PROVENANCE.	1840.	1841.	1842.	1843.
	kil.	kil.	kil.	kil.
Angleterre. . . .	6,164,068	9,149,341	10,696,236	6,490 060
Belgique.	587,505	646,001	545,774	1,079,550
Autres pays . . .	93,850	122,460	68,708	60,380
Totaux . . .	6,845,423	9,917,802	11,310,718	7,629,990

TOILES.

ANNÉES.	TOILES UNIES ÉCRUES, BLANCHES, MI-BLANCHES, TEINTES ET IMPRIMÉES.				
	Angleterre.	Belgique.	Association allemande.	Autres pays.	Totaux.
	kil.	kil.	kil.	kil.	kil.
1840	943,095	2,513,934	119,315	187,010	3,763,354
1841	1,630,682	3,184,126	118,945	145,952	4,679,705
1842	1,822,257	2,343,696	100,382	129,977	4,496,212
1843	549,131	2,083,565	53,583	48,338	2,766,007

En prenant la valeur officielle des importations en moyenne de 3 fr. 50 c. le kil. pour les fils, et de 3 fr. 75 c. pour les toiles, on arrive encore à la somme de 37,077,450 fr. pour 1843.

Si nous savons tirer parti de la richesse de notre sol, ne pourrions-nous pas lui faire produire cette valeur énorme que nous demandons à l'étranger ?

Les chiffres statistiques de l'enquête répondent à cette question. Nous cultivons annuellement :

158,300 hectares ensemencés en chanvre, qui donnent 65,315,000 kil.
90,200 *id.*   *id.*   en lin. 34,820,000
                                                        —————————
                                                        100,135,000

Nous avons importé ⎰ Chanvre 8,600,000
  en 1842 :   ⎱ Lin. . . 3,840,000
                     —————————
                     12,440,000
Dont il faut déduire. . . . . 1,000,000 d'exportation.
                               Reste . . . 11,440,000
                                           —————————
                               Ensemble 111,575,000
On admet que la marine, la navigation intérieure et différents autres usages, emploient à peu près. 40,000,000
                                                              —————————
En sorte qu'il reste encore à mettre en œuvre. . . . 71,575,000

Pour connaître approximativement la quantité de fils employés à divers usages, il faut d'abord déduire 20 pour 100 pour déchet de peignage et autres : resterait donc 57,260,000 kil. fils de longs brins et étoupes.

Nos filatures mécaniques, avec 120,000 broches, produisent au minimum :

En chanvre, lin et étoupe, environ. . . . . 6,000,000 kilog.
Le surplus doit être filé à la main. 51,260,000
Et nous importons en outre en 1843 :
En fils divers. . . 7,629,900 ⎱
En toiles . . . . . 2,766,000 ⎰ Ensemble 10,395,900
                                                    —————————
                                Consommation. . . 67,655,900

Le produit de nos filatures n'est donc encore

que la onzième partie de la consommation générale.

Ces filatures, au nombre de 58, sont réparties dans plusieurs localités, et particulièrement là où elles viennent alimenter de nombreux métiers de tissage et de tordage : Lille et Amiens sont les grands centres de production, ainsi que nous l'avons vu plus haut.

Comme le rapport de 1839 l'avait déjà fait remarquer, deux systèmes de filature sont toujours employés : la filature à préparation mouillée et étirages courts pour les fils fins, et la préparation sèche et à longs étirages pour les fils plus gros en lin ou en chanvre.

1° Le plus grand nombre de broches (98 à 100,000) produisent les fils de lin et d'étoupes par le système mouillé ; on ne descend guère au-dessous de 9,000 mètres au kilog. (n° 15 anglais). La moyenne de la production varie entre les n°s 12 et 24,000 mètres ; quelques filateurs vont à 36,000 mètres, mais peu au delà.

Ainsi que nous l'avons dit en commençant, les fils sont généralement beaux, bons, réguliers, et luttent pour la perfection avec les bonnes filatures étrangères. Les tisserands jaloux de leur bonne réputation, et qui tiennent à conserver l'honneur de leurs fabriques, s'adressent avec confiance à nos filateurs, même avec avantage, parce qu'ils sont sûrs d'avoir des fils de purs longs brins sans mélange d'étoupes.

Quelques filateurs, comprenant d'avance une partie des observations faites plus loin sur le tissage, ont ajouté à leurs établissements des blanchisseries d'après la méthode irlandaise, soit pour lessiver les fils employés au tissage, soit pour blanchir entièrement ceux destinés à la rubannerie, à la passementerie et aux coutils.

2° Le surplus des broches (18 à 20,000) sont employées aux fils à sec; mais il faut remarquer ici que ces 20,000 broches produisent autant et peut-être plus que les 100,000 autres, puisque dans certaines filatures et dans les plus gros numéros, une broche file plus d'un kilog. de fil par jour. De très-beaux produits de ce genre de travail ont figuré à l'exposition.

Ces fils étant étirés dans la longueur presque entière de la fibre, conservent plus de force que les fils mouillés; ils se tissent facilement et treuvent un excellent emploi dans les toiles de ménage, des chaînes de tapis, emballages, sacs, doublures, draps de lit et chemises de soldats, tentes, et dans les toiles à voiles.

Puisque nous citons les toiles à voiles, disons de suite qu'une grande question s'agite à leur égard; savoir : les toiles à voiles en fils de lin valent-elles mieux que celles en fils de chanvre?

Comme dans toutes les questions de cette nature, l'intérêt privé, la routine, et ajoutons une conviction, défendent de chaque côté la supériorité. Jusqu'à présent les toiles en fils de lin ont un succès commercial très-certain; mais se sont-elles trouvées vis-à-vis des toiles en chanvre dans les mêmes conditions? Nous ne le pensons pas; et dans des questions aussi graves, le jury ne peut s'en rapporter qu'aux deux grands juges, le temps et l'expérience comparative prolongée.

Il faut seulement bien poser la question : Les fils de lin et les fils de chanvre, filés et tissés par les mêmes procédés, dans les mêmes grosseurs et comptes, donneront-ils des toiles à voiles qui, employées ensemble dans les mêmes circonstances, seront égales en qualité ou supérieures l'une à l'autre? Les expériences sont encore à faire.

Nous disions au commencement de cette notice, en faisant la part des circonstances dans lesquelles se trouve la filature, que les capitalistes sont froids et peu disposés à lui ouvrir leurs caisses; c'est qu'aussi il faut des avances considérables pour fonder un établissement de quelque importance. A nombre de broches égales, une filature de lin ou de chanvre coûte infiniment plus qu'une filature de coton. La force motrice qu'elle dépense est quatre ou cinq fois plus grande : ainsi un cheval de force ne peut mener que 70 ou 80 broches en fil mouillé et 35 à 50 en fil sec; les mécaniques et les métiers sont également bien plus dispendieux. L'expérience du fondateur, des avantages de localité, une bonne organisation peuvent donner quelques économies de premier établissement; mais le grand art est de produire beaucoup pour diminuer les frais généraux. Les Anglais excellent à atteindre ce but; nos plus habiles s'évertuent et réussissent quelquefois à obtenir les mêmes résultats.

En résumé, les 120,000 broches que nous possédons aujourd'hui produisent annuellement 6 millions de kil. de fils divers. Le capital engagé est évalué à 30 millions. 4,500 à 5,000 ouvriers et contre-maîtres sont employés, et les salaires de tout genre montent à près de 5 millions. La force motrice employée peut être estimée à 2,000 chevaux vapeur.

Du Tissage.

Que dirons-nous du tissage qui n'ait pas été répété plusieurs fois déjà dans les rapports précédents, à savoir : Que les filés de toute espèce se perfectionnant successivement viennent aider de plus en plus nos habiles tisserands à produire de magnifiques étoffes en tous les genres.

Dans la partie qui nous occupe, que l'on commence par la forte et solide toile à voile pour finir à la fine et légère batiste, qu'on examine avec soin les beaux linges damassés et les coutils variés, ne sera-t-on pas étonné de voir les nombreuses transformations que l'ouvrier intelligent fait subir à un simple fil de trame, qui vient croiser et lier sa chaîne en tous sens?

Quelques perfectionnements sont cependant à signaler depuis 1839.

Le tissage mécanique, qui n'en était qu'aux essais, s'est décidément emparé d'une partie de la fabrication, et déjà quelques centaines de métiers produisent des toiles de bonne qualité et bien estimées par les administrations auxquelles elles sont particulièrement destinées.

Le linge de table damassé et ouvré, déjà si beau en 1839, a fait de nouveaux progrès. Une intelligence plus exercée de la mise en carte a donné plus de relief au dessin, en le faisant ressortir par des ombres bien ménagées. Ce mérite se fait surtout remarquer chez un de nos premiers fabricants, qui a le privilége d'exceller dans tout ce qu'il entreprend. Il est parvenu, par un procédé qui lui est propre, à obtenir un dessin bien détaillé et heureusement ombré. Les contours de ses fleurs sont découpés par un seul fil; son métier n'a pas de lisse, et il obtient ces effets par la lecture et la mise en carte du dessin. La facilité de se procurer des fils mécaniques dans tous les numéros, l'habitude surtout, qu'ont acquise nos ouvriers, de se servir du métier à la Jacquart et de se jouer avec toutes ses difficultés, ont amené une réduction très-sensible dans le prix de cette sorte de linge de table, et en ont en même temps répandu la fabrication sur tous les points de la France. Ces prix sont même au-dessous de ceux de la Saxe, et l'économie n'est pas le seul avantage que nous ayons sur ce pays; nous l'emportons encore par le mérite du travail; le satiné des fonds est plus uni, les fleurs se dessinent mieux sur un tissu plus serré, et l'aspect général est plus séduisant.

Réservé autrefois pour la table du riche, le linge damassé est abordable aujourd'hui à l'aisance la plus ordinaire, et il faut espérer que la consommation, sortant de ses vieilles habitudes, adoptera largement ce linge fleuri, si solide en même temps qu'il est si agréable à l'œil.

De tous les tissus unis en fils, la batiste sera toujours le plus beau, le plus brillant, celui dont la France a le plus droit de s'enorgueillir, car il lui appartient exclusivement; il ne peut prospérer que sur le sol français qui l'a vu naître. Toutes les tentatives faites pour le naturaliser à l'étranger ont échoué, et la Belgique elle-même, si habile dans le tissage du fil, n'a pas été plus heureuse que les autres. Cependant c'est à sa porte, sous ses yeux, dans quelques arrondissements du département du Nord, que s'exerce cette belle fabrication, qu'elle nous envie sans pouvoir nous l'enlever ni même la partager. Ce caractère exclusif et national a maintenu cette belle fabrication. Nous voudrions pouvoir dire qu'elle prospère, mais nous sommes obligés de reconnaître qu'elle ne prend pas de développement, bien que la beauté, la supériorité de ses produits soient irréprochables. Elle conserve toujours des débouchés importants pour l'Angleterre, l'Amérique, et surtout pour la Havane; elle les doit en partie au goût et à la belle exécution des vignettes imprimées dont elle enrichit les mouchoirs. Le tableau des douanes constate que, pour l'année 1842, l'exportation de la batiste s'élève à 52,000 kilog., valeur de 8,324,900 fr.

La fabrication de la toile unie n'a rien à attendre de l'invention; elle ne peut que perfectionner le tissu par la régularité, la finesse et la force. Plusieurs fabriques font avec succès des efforts pour atteindre ces conditions de qualité sans lesquelles, pour la toile, il n'y a pas de salut.

Bien choisir et assortir les qualités des fils de chaîne et trame, en ne mettant point entre eux une trop grande différence de finesse, est un point essentiel. Il en est un qui peut influer encore davantage sur la qualité de la toile, c'est la préparation et le lessivage des fils avant le tissage : cette opération, faite quelquefois sans soin et sans précaution, a occasionné de fréquents dommages.

Avec la facilité de se procurer en fils mécaniques la quantité justement nécessaire en chaîne et en trame pour monter une toile, le simple ouvrier qui a quelques cents francs devant lui se fait fabricant pour son compte. Croyant économiser l'argent et le temps, il veut lessiver ses fils lui-même et, pressé par le désir de réaliser, il abandonne les procédés anciens et longs, mais inoffensifs, de lessivage; il va au plus vite, trempe ses fils dans des bains de chlore et d'acide dont il ignore l'emploi et qui, lui donnant des résultats immédiats, lui font négliger les précautions nécessaires pour éviter l'altération future des fils ainsi traités.

En effet, la résistance du fil n'est pas tout d'abord sensiblement diminuée, mais elle s'altère peu à peu, et lorsque la toile, livrée au blanchiment, passe par de nouvelles opérations chimiques, elle en sort quelquefois toute détériorée, de telle sorte qu'au bout de quelques mois de magasin, elle se déchire comme du coton, les fils se cassent à la couture, elle n'est plus en réalité que d'un fort mauvais usage.

Pour prévenir ces dangers, dont la répétition fréquente serait si funeste à toute la toilerie, nous ne pouvons qu'encourager nos filateurs à joindre à leur établissement le blanchiment des fils : en suivant ces opérations avec intelligence et la connaissance raisonnée des agents chimiques employés, ils livreront aux fabricants de toiles des fils bien préparés, lessivés ou blanchis, dont la ténacité aura été convenablement ménagée. C'est pour la filature le moyen le plus sûr de combattre le préjugé que rencontre dans quelques esprits la toile faite avec du fil mécanique; préjugé auquel les fabricants peuvent opposer avec raison les expériences qui se font journellement aux administrations de la guerre et de la marine, et qui prouvent que les toiles ainsi fabriquées résistent aux épreuves dynamométriques les plus fortes, qu'elles en sortent comparativement victorieuses, quand d'ailleurs elles sont bien tissées.

Le coutil de fil pour la literie nous a été longtemps fourni par la Belgique presque exclusivement; aujourd'hui le nom de Turnhout ne figure presque plus que dans les annales industrielles. La fabrique d'Évreux a recueilli l'héritage étranger et l'a fait fructifier. Remplaçant les éternelles barres bleues par des rayures variées et souvent même par des dessins, elle a su donner l'attrait de la nouveauté à un article qui, par sa destination, paraissait peu susceptible de ce genre de mérite. Ses coutils, en fil pur ou mélangé de coton, blancs ou rayés, remplissent bien toutes les conditions que réclame la consommation et en sont bien accueillis.

La fabrique de Laval, qui avait vu lui échapper la toile de fil, avait trouvé une compensation dans le coutil pour pantalon : pendant quelques années, cette fabrication avait été importante et trouvait ses débouchés non-seulement en France, mais encore à l'étranger. Cette source de travail s'est ralentie pour elle ; mais ce qu'elle a perdu, Roubaix l'a gagné, et ses intelligents manufacturiers, en appliquant à cette fabrication le goût qui leur est propre, l'ont variée et mélangée de mille manières, l'ont appropriée à toutes les bourses, l'ont fait accepter souvent par la mode, et lui ont donné ainsi une grande extension.

PREMIÈRE SECTION.

TEILLAGE DU LIN ET DU CHANVRE.

MENTIONS HONORABLES.

M. ROUXEL (Frédéric), à Saint-Brieux (Côtes-du-Nord).

M. Rouxel a formé un atelier pour la préparation et le teillage du chanvre et du lin ; il a importé une machine pour perfectionner ce travail.

Il opère déjà sur 250 à 300,000 kilogrammes de lin en bois.

De pareils établissements méritent d'être encou
ragés, et beaucoup de propriétaires devraient suivre cet exemple.

Le jury fait une mention très-honorable des travaux de M. Rouxel, et espère que son établissement
prendra de l'extension.

M. GUESNON, à la Chapelle-Yvon (Calvados).

Il a établi, avec un moteur hydraulique de
15 chevaux, un atelier pour le travail des chanvres et lins en branches; cet atelier, qui ne date
que de 1843, peut opérer sur 600,000 kilogrammes de matières premières.

M. Guesnon a donné un bon exemple, le jury
souhaite récompenser ses efforts à la première exposition, et dès aujourd'hui il lui vote une mention
honorable.

DEUXIÈME SECTION.

FILATURE.

RAPPELS DE MÉDAILLES D'OR.

MM. E. FÉRAY et Cie, à Essonne (Seine-et-Oise).

Malgré la création de plusieurs filatures nouvelles, ces fabricants, distingués sous tous les
rapports, sont restés en première ligne pour la
perfection des filés et le bon choix des matières
premières. Tous les tisserands que nous avons
consultés ont assuré qu'ils donnaient toujours la
préférence aux fils de M. Féray, même en les
payant un prix plus élevé.

Tant à Essonne que dans la filature de Palleau, à l'exploitation de laquelle **M.** Féray est associé, 6,500 broches produisent par jour 600 kilogrammes fil de lin, dans le n° 28 ™/ₘ au kilogramme, et 350 kilogrammes fil étoupes, n° 18 ™/ₘ au kilogramme, aux prix moyens de 5 fr. 60 c., 3 fr. 25 c. le kilogramme.

Une grande partie des fils est toujours employée, à Essonne, à la fabrication des linges damassés, et, en 1839, on croyait qu'il serait impossible de faire mieux cet article ; cependant, par d'ingénieuses combinaisons de tissage, MM. Féray ont obtenu des fils plus parfaits encore, et les prix ont successivement diminué depuis la dernière exposition.

L'ensemble de ces produits justifie bien la médaille d'or obtenue en 1839, et dont le jury les juge de plus en plus dignes.

M. FAUQUET-LEMAITRE, à Rouen (Seine-Inférieure).

M. Fauquet, de Bolbec, honoré depuis long-temps des premières récompenses pour ses produits en filature et tissage du coton, a créé une filature de lin qui doit être successivement accrue jusqu'à 7,000 broches, et dont 2,500 sont déjà en activité.

Les fils de lin envoyés par M. Fauquet à l'exposition montrent que dans cette fabrication il saura se mettre comme dans les autres en première ligne, et justifier ainsi le rappel de la médaille d'or qui lui est votée dans le rapport sur la filature du coton.

MM. Nicolas **SCHLUMBERGER** et Cie, à Gueb-willer (Haut-Rhin).

Ces fabricants distingués ont été des premiers à monter un atelier spécial pour la construction des machines à filer le lin et le chanvre.

Pour se tenir au courant des perfectionnements, ils ont établi à côté de leur atelier de construction une filature de 1,400 broches, dont 1,200 pour fils au mouillé et 200 en fils secs.

Les produits de cette filature sont très-estimés et trouvent des débouchés faciles parmi les tisserands du pays.

MM. N. Schlumberger ont obtenu en 1839 une médaille d'or pour leurs machines à lin; elle leur est rappelée dans le rapport de la commission des machines; mais nous devons les mentionner ici pour signaler la manière distinguée avec laquelle ils s'occupent de plusieurs industries.

MÉDAILLES D'OR.

MM. SCRIVE-LABBÈ et Édouard **SCRIVE**, à Lille (Nord).

Dès 1832, M. Scrive-Labbè importait en France des métiers perfectionnés à filer le lin. Cette filature a été successivement accrue sous la direction de ces habiles fabricants, et cet important établissement se compose aujourd'hui de 9,500 broches de filature produisant tous les numéros de fils pour le tordage et le tissage, et les produisant avec toute la perfection désirable. Le nombre d'ouvriers occupés est de 500; trois machines à vapeur, ensemble de la force de 120 chevaux, mettent les machines en mouvement. Les progrès obtenus par MM. Scrive sont d'autant plus méritoires qu'ils ont été faits dans le centre même de la redoutable concurrence étrangère, et dans une ville où il faut être très-habile fabricant pour tenir la première ligne.

Le jury signale ces progrès remarquables par lesquels MM. Scrive-Labbè justifient les récompenses honorables qui, plusieurs fois, leur ont été décernées, et il vote, en faveur des propriétaires de cette belle filature, la médaille d'or.

SOCIÉTÉ ANONYME POUR LA FILATURE DU LIN ET DU CHANVRE, à Amiens (Somme).

Fondé en 1838, cet établissement modèle a puissamment contribué à la création de ceux qui se sont successivement formés à Amiens et dans les environs. Les premières machines ont été importées d'Angleterre, et chaque fois qu'un perfectionnement a paru dans ce pays, la société d'Amiens a su se le procurer. Presque tout le matériel de la filature a été ensuite construit dans les ateliers mêmes de l'établissement. Le lin et le chanvre sont filés à Amiens. 8,500 broches y sont mises en activité par un moteur hydraulique de 60 chevaux, qui emprunte encore le secours de deux machines à vapeur de 140 chevaux de force. Six à sept cents ouvriers y sont occupés.

Le produit journalier est de plus de 4,000 kilogr.

dans toutes les finesses, mais principalement au numéro moyen 9,000 mètres au kilogramme.

Les deux systèmes de filature sont employés à
Amiens et donnent dans tous les numéros des produits très-estimés par les tisserands du pays même,
du nord de la Bretagne et de la Normandie : une
grande partie est vendue à la fabrication des rubans
de fil.

Pour faciliter l'emploi des fils à toiles et à rubans,
la société d'Amiens a joint à la filature une grande
blanchisserie de fils d'après le système irlandais;
elle donne d'excellents produits dont les échantillons exposés sont une preuve.

Le jury, en considérant l'importance de la filature
d'Amiens, ses produits beaux et variés, la perfection de son organisation et l'habileté de la direction,
lui décerne la médaille d'or.

MÉDAILLES D'ARGENT.

M. J.-J. DUPASSEUR, à Gerville, près Fécamp (Seine-Inférieure).

La filature de Gerville date de 1838; elle possède
2300 broches; les produits sont de belle qualité et
à bon marché. Les lins employés proviennent en
grande partie des environs du Havre, où on les cul-
tive très-bien.

La filature occupe 150 ouvriers dans les ateliers
et 50 tisserands au dehors, mais le nombre de ceux-
ci doit être successivement accru.

La force du moteur est de 30 chevaux.

Le produit est de 5 à 600 kilogr. de fil par jour.

Un lessivage avec blanchiment du fil est en activité dans la fabrique.

Le jury décerne à M. Dupasseur une médaille d'argent pour l'ensemble de sa fabrication.

MM. CAILLIÉ, CATERNAULT, MAREAU et MATIGNON frères, à Mortagne (Vendée).

Cette filature, commencée en 1840, a été mise tout de suite en activité, et à mesure de l'achèvement complet des machines, elle a donné des produits qui ont été estimés par les consommateurs. Les échantillons envoyés à l'exposition sont très-bien filés, et le jury départemental assure qu'ils sont semblables aux produits en magasin.

La filature se compose de 5,000 broches; elle occupe 270 ouvriers.

On y emploie les lins du pays, et plus tard on y filera également les chanvres.

Le jury décerne à la filature de ces fabricants une médaille d'argent.

COMPAGNIE POUR LA FILATURE DU CHANVRE, à Alençon (Orne).

La filature d'Alençon a été fondée en 1839 sur la proposition de M. Mercier; elle se compose aujourd'hui de 2,800 broches mues par force hydraulique et machine à vapeur.

Deux cent quatre-vingts ouvriers sont employés dans les ateliers ou au tissage, et le produit de la filature est de 950 à 1,000 kilogrammes par jour.

Le numéro moyen du fil est de 12,000 mètres au kilogr., on le livre au prix de 2 fr. 75 c. le kilogr.

Le jury, en considérant que la filature d'Alençon pour le chanvre a été fondée l'une des premières en France, qu'elle a de l'importance, et que ses produits trouvent un placement avantageux dans le commerce, lui décerne une médaille d'argent.

M. LAINÉ-LAROCHE, à Angers (Maine-et-Loire).

M. Lainé possède une machine pour assouplir et préparer le chanvre; les matières qu'il emploie dans sa filature proviennent de la vallée de la Loire, entre Angers et Ancenis; elles sont d'une qualité supérieure. Ces chanvres sont triés et divisés avec soin de manière à ce que chaque partie de la plante soit filée suivant l'application qu'elle doit recevoir plus tard.

Les beaux fils exposés par M. Lainé proviennent du premier choix; ils sont surtout destinés au tissage des toiles à voiles de la marine royale.

La filature d'Angers est établie depuis 1841.

120 ouvriers y sont employés.

550 broches, filant à sec, produisent par jour 500 à 600 kilog. de fil.

Le moteur à vapeur est de 10 chevaux.

Le prix des fils est de 2 fr. 20 c. le kilog. n° 2,000 mètres au kilog., 2 fr. 50 c. le n° 5,000 mètres, 3 fr. le n° 10, 3 fr. 40 c. le n° 14.

M. Lainé-Laroche fait aussi confectionner dans ses ateliers des courroies en fil de chanvre, qui sont d'une grande force et qui trouveront d'utiles applications. Elles sont faites en diverses largeurs, à deux ou quatre bandes : nous citerons quelques-uns de leurs échantillons :

Deux Bandes.

Largeur.	Force.	Fils en chaîne.	Poids du mètre.	Prix du mètre.
0^m,15^c.	5,000^k.	450	450^{gr}.	3L. 25^c.
0^m,10	3,400	280	320	2 80
0^m,05	1,600	150	160	2 30

Quatre Bandes.

0^m,25	16,000	1,400	1,550	8 50
0^m,10	6,800	580	640	5 60

M. Lainé-Laroche expose pour la première fois; mais ce début fait présager tous les succès qui pourront être obtenus par cet habile fabricant. Le jury lui vote une médaille d'argent.

MM. MALIVOIRE et Cie, à Liancourt (Oise).

Ces fabricants ont établi à Liancourt une filature de 1,000 broches. Un moteur hydraulique de 12 chevaux, remplacé au besoin par une machine à vapeur de 10 chevaux, met les métiers en mouvement.

130 ouvriers y sont employés.

Outre les fils de tissage, ces messieurs se livrent à une fabrication toute spéciale; celle des fils propres à la chaussure et à la sellerie qui étaient auparavant tous importés d'Angleterre.

Ces fils sont bien fabriqués et parfaitement appropriés à l'emploi auquel ils sont destinés.

Le jury vote à MM. Malivoire et compagnie une médaille d'argent pour l'ensemble de leurs produits, et pour avoir introduit dans le pays une industrie spéciale.

MÉDAILLE DE BRONZE.

M. DUTUIT (Adolphe), à Barentin (Seine-Inférieure).

La filature de Barentin a été fondée en 1839 ; elle se compose aujourd'hui de 1,200 broches, mues par une machine à vapeur de 14 chevaux.

80 ouvriers y sont occupés.

Les fils exposés sont bien faits et d'un bon choix de matières.

Le jury décerne à M. Dutuit la médaille de bronze.

RAPPEL DE MENTION HONORABLE.

M. FIÉVET–MAHIEUX, à Boué (Aisne).

M. Fiévet mérite la confirmation de la mention honorable qu'il a reçue en 1839, pour la perfection de ses fils à dentelles, qui sont toujours très-bien filés et d'une surprenante finesse.

MENTIONS HONORABLES.

MM. de ROSTAING et Cⁱᵉ, à Fontaine-les-Ribouts (Eure–et–Loir).

Depuis un an seulement cette filature est en pleine activité, et déjà les produits qu'elle a envoyés à l'exposition lui marquent une bonne place dans l'avenir.

Elle se compose de 500 broches à lin et de 450 à étoupes. La production courante est de 200 kilogr. par jour.

Elle occupe 60 ouvriers, et possède un moteur hydraulique.

Le jury mentionne très-honorablement la filature de MM. Rostaing et compagnie.

MM. SARVY et L. MOLÉON, à Saint-Esprit, près Bayonne (Basses-Pyrénées).

Cette filature, qui n'a pas encore un grand développement, est mue par une machine à vapeur de 15 chevaux.

Elle occupe 110 ouvriers.

Les fils exposés sont bien filés, et promettent de l'avenir à cette filature placée dans une localité dont les tisserands jouissent d'une bonne réputation.

Le jury vote à MM. Sarvy et Moléon une mention honorable.

MM. LEBLAN et Cie, à Pérenchies, près Lille (Nord).

Cet établissement eut des débuts difficiles : des obstacles sans cesse renaissants avaient fait craindre un instant qu'il ne pût supporter l'active concurrence étrangère. Mais depuis quelque temps, sa direction éclairée par le temps est devenue plus habile, les 3,600 broches que possède la filature sont en activité, les produits sont bons, la vente est facile et assurée pour plusieurs mois à l'avance.

Le jury espère que l'établissement de MM. Leblan et Cie, s'ils persistent dans la voie nouvelle où ils sont entrés, arrivera aux premières récompenses. Aux 3,600 broches qui fonctionnent, d'autres doivent être ajoutées, un puissant moteur les attend. Si les faits que nous citons avaient une plus longue durée, ils fixeraient dès à présent l'attention sérieuse du jury ; mais pour éviter un classement dont l'expérience montrerait peut-être l'exagération ou l'insuffisance, le jury vote à MM. Leblan et compagnie une mention honorable.

MM. BÉRARD fils et Cie, à La Membrolle, près Tours (Maine-et-Loire).

Auprès des beaux fils de toute espèce exposés, ceux de cette filature paraissent nécessairement grossiers et communs ; cependant il faut bien reconnaître que la matière première employée est de toute dernière qualité, et que les plus gros fils coûtent seulement 85 c. le kilog., puis 1 fr. 55 c. le n° 4,000 mètres, 1 fr. 35 c. le n° 3 et demi, 2 fr. 30 c. le n° 9.

Ils ne peuvent pas être plus chers, car ils sont destinés aux chaînes grossières des tapis de pied ; cependant ils pourraient être un peu mieux soignés dans leur confection.

La filature date de 1839 ; elle occupe 40 ouvriers, emploie les chanvres et lins communs du pays, et avec 400 broches, mues par un moteur hydraulique de 8 à 10 chevaux, elle produit 85 à 90,000 kilog. de fils par an. Le jury vote une mention honorable à MM. Bérard fils et compagnie.

———

CITATIONS FAVORABLES.

Mme veuve SAVREUX, à Paris, rue des Moulins, 9,

A exposé des fils à dentelles d'une prodigieuse

finesse, que le jury cite favorablement en raison surtout de l'habileté de la fileuse qui a produit ces fils remarquables.

TROISIÈME SECTION.

TISSAGE.

§ 1ᵉʳ. TOILES OUVRÉES OU DAMASSÉES.

MM. FERAY et Cⁱᵉ, déjà cités à la filature.

NOUVELLE MÉDAILLE D'ARGENT.

M. P.-F. BÉGUÉ, à Pau (Basses-Pyrénées).

Cet habile fabricant continue avec persévérance le tissage des linges damassés et ouvrés, ainsi que celui des toiles unies et des mouchoirs. De même qu'il a importé dans la contrée le métier Jacquart, il est toujours le premier à introduire dans sa fabrication les méthodes perfectionnées pour lutter avec les grands centres de production. Les divers services de linge exposés cette année sont beaux et à des prix modérés. Le jury a remarqué avec intérêt le service entièrement fabriqué avec des fils français qui proviennent de lins cultivés et filés à Castres.

M. Bégué possède également une blanchisserie renommée dans le pays. Le jury, pour récompenser les constants efforts et les succès de M. Bégué, lui décerne une nouvelle médaille d'argent.

MÉDAILLE D'ARGENT.

MM. LE FOURNIER-LAMOTTE père et fils et DUFAY, à Condé-sur-Noireau (Calvados).

Ces fabricants ont obtenu, dès leur début, en 1839, une médaille de bronze; depuis lors ils ont donné une grande extension à leur établissement, et ils ont joint à la fabrication du linge de table celle des étoffes d'ameublement en damas de laine et coton. Tous les articles présentés cette année à l'exposition sont très-bien fabriqués et montrent que les études du tissage ont été faites à la bonne école. MM. Le Fournier-Lamotte occupent 280 ouvriers, dont plus de moitié dans leur établissement; ils ont près de cent métiers Jacquart. Le jury leur décerne une médaille d'argent pour l'ensemble de leur fabrication.

MÉDAILLES DE BRONZE.

MM. DUHAMEL frères, à Paris, rue des Deux-Boules, 11.

MM. Duhamel exposent des linges de table damassés et ouvrés d'une belle fabrication; mais ils excellent surtout dans la fabrication des linges ordinaires, connus sous le nom de damiers et œils de perdrix qui sont fabriqués avec le plus grand soin et très-appréciés dans le commerce. MM. Duhamel occupent 40 métiers Jacquart. Le jury leur décerne une médaille de bronze.

M. DANDRÉ, à Paris, rue Bertin-Poirée, 19;

A exposé des tissus unis et damassés en coton et

en lin très-bien exécutés : on a remarqué une nappe d'une très-grande largeur. Sa fabrication est très-variée en tous les genres : il occupe un grand nombre d'ouvriers.

Le jury vote une médaille de bronze à M. Dandré.

M. G. SCHLUMBERGER-SCHWARTZ, à Mulhouse (Haut-Rhin).

Ce fabricant, déjà distingué par le jury en 1839, continue avec persévérance la fabrication du linge de table. Les services qu'il envoie cette année sont d'une bonne fabrication. Bien placé dans une localité tout industrielle, M. Schlumberger ne pourra que prospérer davantage encore et augmenter successivement ses ateliers.

Les services exposés sont beaux et surtout solides. Le jury, en reconnaissant les efforts faits par M. Schlumberger-Schwartz, lui vote une médaille de bronze.

M. Auguste DECOSTER, à Lille (Nord).

Les linges damassés et ouvrés de M. Decoster sont bien fabriqués ; en exposant une pièce de 20 serviettes tissées en sujets différents sur la même chaîne extra-fine, il a voulu montrer tout ce qu'il pouvait faire en fabrication.

M. Decoster fait fonctionner une quarantaine de métiers ; ce nombre pourra augmenter encore si dans sa fabrication il continue d'y porter les mêmes soins que ceux qui furent employés pour obtenir les échantillons exposés.

Le jury décerne à M. Decoster une médaille de bronze.

MENTIONS HONORABLES.

M. DENEUX-MICHAUT, à Hallencourt, près Abbeville (Somme).

La fabrication principale de M. Deneux était la toile à carreaux et la toile unie; il y a, depuis trois ans, ajouté celle du linge de table, et les produits qu'il expose promettent un bel avenir à cette partie de sa fabrication.

Il occupe déjà 55 ouvriers; il a 12 métiers Jacquart. Le jury mentionne honorablement les produits de M. Deneux-Michaut.

M. COLLOT-BRUNO, à Saint-Rambert (Ain).

Ce fabricant expose des linges de table qui ne sont pas très-brillants comparativement avec les autres tissus du même genre; mais la qualité en est bonne et les dessins assez bien réussis.

M. Jean-Toussaint MYET, à Fahy-les-Autrey (Haute-Saône).

M. Myet expose un assortiment de tissus damassés bien exécutés, à des prix qui peuvent concourir avec ceux des autres fabriques; les dessins de ce fabricant sont d'un bel effet.

CITATIONS FAVORABLES.

Le jury accorde des citations favorables à **MM.**

Charles BAYART, à Armentières (Nord),

Pour son linge de table d'une bonne fabrication courante et d'un prix peu élevé.

WATTIER-CASTEL, à Lille (Nord),

Pour sa fabrication de toiles à matelas, à laquelle il a ajouté celle du linge de table.

SINEY père et fils, à Saint-Lô (Manche),

Pour les deux échantillons en fil écru envoyés par eux : le jury exprime le regret que ces fabricants n'aient pas envoyé de tissus blanchis, afin de mieux faire connaître leur fabrication.

MEUNIER-BOURDAT, à Voiron (Isère),

Pour des linges damassés bien fabriqués.

§ 2. BATISTES, TOILES FINES ET MOUCHOIRS.

RAPPEL DE MÉDAILLE D'ARGENT.

MM. CHÉDEAUX et Cⁱᵉ, à Paris, rue Notre-Dame-des-Victoires, 36,

Présentent une collection variée de produits en batiste blanche et imprimée qui montrent l'habileté de ces fabricants.

Ils occupent un grand nombre d'ouvriers et produisent pour une somme importante de tissus; ils ont obtenu en 1827 une médaille d'argent, un rappel en 1834. Le jury les juge toujours très-dignes de cette médaille qu'il leur rappelle.

RAPPELS DE MÉDAILLES DE BRONZE.

M. Auguste GODARD, à Bapaume (Pas-de-Calais) et à Paris, rue de Cléry, 40.

M. Godard continue avec succès la fabrication des batistes écrues, blanches et imprimées. Le jury lui confirme la médaille de bronze qu'il avait obtenue en 1839.

M. Louis MARY, à Saint-Rimault (Oise).

Ce fabricant se distingue par la persévérance qu'il met à continuer la belle fabrication des toiles fines dites demi-hollande ; celles qu'il expose sont conformes à ce qu'il livre journellement au commerce, et lui méritent la confirmation de la médaille de bronze qu'il a obtenue en 1839.

MÉDAILLE DE BRONZE.

MM. BOULARD et Cie, à Cholet (Maine-et-Loire).

MM. Boulard et Cie font tisser des toiles genre batiste et des mouchoirs en toile fine. Ils ont monté une blanchisserie, un atelier de teinture et d'apprêt que le jury départemental signale comme rendant des services dans la localité.

Les mouchoirs et toiles exposés par MM. Boulard et Cie sont très-bien fabriqués et à des prix modérés.

Le jury vote une médaille de bronze à MM. Boulard et Cie pour l'ensemble de leur fabrication.

MENTIONS HONORABLES.

M. Alexis CRESPIN, à Cambrai (Nord).

M. Crespin est successeur de MM. veuve Delloye et fils ; il fabrique les mêmes articles que ceux dont s'occupait cette maison ; les produits qu'il expose prouvent qu'il continuera avec succès à maintenir l'ancienne réputation de ses prédécesseurs.

Le jury mentionne honorablement M. Crespin qui, pour la première fois, se présente en son nom.

MM. MISTIVIERS et HAMOIR, à Valenciennes (Nord),

Exposent deux pièces de batiste d'une bonne fabrication qu'ils ont déclaré avoir été tissées sous leur direction par l'ouvrier Antoine Manez de Saint-Pithon.

Le jury leur vote une mention honorable.

MM. LUSSIGNY frères, à Valenciennes (Nord).

MM. Lussigny exposent des batistes très-belles, écrues, blanches et imprimées parmi lesquelles se trouvent des articles à bon marché, et très-bien fabriqués.

Le jury mentionne honorablement MM. Lussigny frères qui procurent du travail à un grand nombre d'ouvriers.

MM. DENOYELLE frères, à Valenciennes (Nord),

Exposent de très-belles batistes qui méritent également une mention honorable.

CITATIONS FAVORABLES.

A M. Jean PELLERIN, à Andrezé (Maine-et-Loire).

Pour des toiles et mouchoirs d'une bonne fabrication.

A M. MACHARD, à Fougères (Ille-et-Vilaine).

Pour des coutils et mouchoirs qui sont une fabrication nouvelle dans le pays.

---

§ 3. TOILES UNIES ORDINAIRES ET COMMUNES.

MÉDAILLE D'OR.

MM. E. LELIÈVRE et Cie, à Cambrai (Nord).

L'établissement de MM. Lelièvre, qui date de 1838, se compose :

D'un atelier de lessivage et blanchiment des fils; d'un atelier de dévidage, cannetage et parage mécaniques; d'un atelier de 150 métiers à tisser qui doit être porté à 200; enfin d'une blanchisserie de toiles par les procédés les plus perfectionnés. 350 à 400 ouvriers sont occupés à ces différents travaux. Une machine à vapeur de 36 chevaux met les métiers en activité. Dans les circonstances difficiles que cet établissement a été obligé de traverser pour sa création complète et par les succès qu'il obtient aujourd'hui, on doit reconnaître toute l'habileté des chefs qui en ont la direction.

Le produit est de 15 à 1,600,000 mètres de toiles de toute espèce, écrues, demi-blanc ou blanches, qui, se vendant depuis 85 c. jusqu'à 2 fr. le mètre, représentent une production de 2 millions de francs.

Le commerce a su bientôt apprécier les produits de cette fabrique; les administrations de la guerre et de la marine en ont employé déjà avec un avantage marqué; et c'est un mérite qui parle haut en faveur de leur fabrication que de voir accepter d'importantes fournitures sans rejets.

Le jury décerne une médaille d'or à MM. Lelièvre et compagnie, non-seulement pour l'importance de leur établissement et leur bonne fabrication, mais aussi pour avoir, par leur persévérance, créé un établissement modèle de tissage des toiles.

NOUVELLE MÉDAILLE D'ARGENT.

MM. VÉTILLART et fils, à Pontlieue (Sarthe).

MM. Vétillart continuent à s'occuper des différentes améliorations qu'il est possible d'apporter dans l'industrie des toiles; ils ont ajouté à leur établissement une blanchisserie de fils d'après le meilleur système anglais que M. Vétillart fils a été étudier lui-même dans le pays. Les fils blanchis envoyés à l'exposition sont bien traités pour l'emploi auquel ils sont destinés, et il est à désirer, comme nous l'avons dit déjà, que de semblables blanchisseries se montent dans les principaux centres de tissage. Comme tisserands, la réputation de MM. Vétillart est faite depuis longtemps, et les toiles envoyées à l'exposition prouvent qu'ils continuent de mériter leur réputation.

MM. Vétillart ont déjà obtenu en 1839 la médaille d'argent; mais en raison des services qu'ils ont rendus à l'industrie de la localité par l'établissement de leur blanchisserie, le jury leur décerne une nouvelle médaille d'argent.

RAPPEL DE MÉDAILLE D'ARGENT.

MM. GOUPILLE et VERDIER, à Fresnay (Sarthe).

Ils ont envoyé à l'exposition une collection de toiles qui montrent la bonne fabrication et le bon choix des fils. Les prix de ces toiles sont très-modérés en raison de la bonne qualité des tissus. Une toile, en 75 centimètres de largeur, à 2 fr., une, en 90 centimètres, à 6 fr. 50 c., et une, en 120 centimètres, à 4 fr., sont belles et bonnes.

Ces fabricants ont joint à leurs toiles des échantillons de très-beaux fils à la main, filés par la femme Fontaine, de Fresnay.

Ces produits annoncent que cette maison est toujours digne de la médaille d'argent qui lui a été décernée en 1839, lorsqu'elle était dirigée par M. Goupille seul : et le jury la lui confirme.

MÉDAILLES D'ARGENT.

M. LEMAITRE-DEMEESTERE, à Halluin (Nord).

Ce fabricant expose plusieurs pièces de toile qui dénotent une bonne entente de la fabrication des tissus. Son exemple et son influence ont fait développer cette industrie dans la localité.

Il occupe jusqu'à 500 ouvriers, dont 130 dans ses ateliers; et il fabrique des toiles unies, du linge de table, des toiles à matelas et du calicot pour une valeur de près de 700,000 fr.

Le jury, considérant l'importance de cet établissement, la variété et la qualité de ses produits, vote à M. Lemaître-Demeestere une médaille d'argent.

M. MAHIEU-DELANGRE, à Armentières (Nord).

M. Mahieu expose des échantillons de sa grande fabrication de toiles et de linge de table; ces produits sont d'une qualité de grande consommation, mais en raison des prix ils sont très-bien fabriqués. Leur apprêt pourtant devrait être un peu moins dur.

M. Mahieu a monté également une filature de 1,200 broches, et il en monte en ce moment une autre de 3,000 broches. Il occupe un très-grand nombre d'ouvriers.

Le jury vote en faveur de M. Mahieu-Delangre, pour l'importance et l'ensemble de sa fabrication, une médaille d'argent.

M. ROUSSEAU père et fils, à Fresnay (Sarthe).

Ce fabricant expose des toiles de différentes largeurs, qui sont bien fabriquées et estimées par le commerce; il emploie généralement des fils français, et d'après la régularité de ses toiles, on voit qu'il achète dans nos bonnes filatures.

M. Rousseau a obtenu en 1834 une médaille de bronze; l'extension qu'il a donnée depuis à sa fabrication, et surtout le soin qu'il met à ne faire que de bonnes et belles toiles, lui méritent la médaille d'argent que le jury lui décerne.

M. BANCE, à Mortagne (Orne).

Lorsqu'en 1839, M. Berger Deleinte exposa des toiles à tableaux de 4 et 5 mètres de largeur, on fut étonné qu'un tissage aussi régulier pût se faire sur de si grandes laizes. M. Bance, habile fabricant de toile, qui a pris la suite des affaires de M. Berger, a voulu présenter quelque produit aussi de sa création, et, à cet effet, il a bâti sous le nom de métier une véritable construction en charpente scellée dans la pierre de taille, sur un emplacement de 10 mètres en carré, et cela pour tisser une pièce de toile; la pièce envoyée à l'exposition a plus de huit mètres de largeur, et est certainement un prodige de tissage, à tel point que beaucoup de connaisseurs n'ont cru à la réalité du fait que lorsqu'ils ont vu fonctionner la *maison-métier* de M. Bance.

Cette pièce n'est pas présentée seulement comme chose extraordinaire; le fabricant a déjà reçu des commandes pour des pièces semblables; elles sont en cours de fabrication.

Les autres toiles de M. Bance sont aussi très-bien fabriquées, et le prix n'en est pas trop élevé.

Le tissage des toiles à tableaux se faisait autrefois en Belgique, mais on ne livrait que des largeurs moindres; en donnant en France de l'extension à cette spécialité, M. Bance a rendu un véritable service à l'industrie et aux artistes, qui ont tous admiré les belles toiles de son exposition.

Le jury vote en faveur de M. Bance une médaille d'argent.

RAPPELS DE MÉDAILLES DE BRONZE.

M. Jacques BOYER, à Fresnay (Sarthe).

M. Boyer est un des tisserands distingués du département de la Sarthe; il a, sous la direction de M. le Vte de Perrochel, fait adopter plusieurs perfectionnements dans cette industrie. Le jury lui vote le rappel de la médaille de bronze qu'il a reçue en 1834 et 1839, et dont il est toujours digne.

MM. BILLON père et fils, à Fresnay (Sarthe),

Ont exposé des toiles très-bien faites. Les qualités sont bien en rapport avec les prix : on y reconnaît un bon choix de fils français.

MM. Billon père et fils sont toujours dignes de la médaille de bronze qu'ils ont obtenue en 1839.

MÉDAILLES DE BRONZE.

MM. HAROUARD et LAYA, au Mans (Sarthe).

MM. Harouard et Laya cherchent à perfectionner les produits ordinaires en toiles; ils ont établi une petite filature de 360 broches pour employer le chanvre de la Sarthe, qui est d'une très-belle qualité, à en juger par l'échantillon qu'ils ont envoyé.

Ils pourront donner une extension considérable à cette fabrication ainsi qu'au tissage, puisqu'ils s'annoncent comme possesseurs d'une force hydraulique de 80 chevaux. Les toiles à emballages, celles à sacs sont bonnes relativement à leur prix; les toiles à voiles ne sont pas dans d'aussi bonnes conditions, et

l'on aurait tort d'y mettre du fil d'étoupes comme
dans la pièce N° 956.

Le jury vote une médaille de bronze à MM. Harouard et Laya pour l'ensemble de leurs produits.

MM. BACHEMALLET, BARNICAUD et DIETZ,
à Saint-Vincent-des-Vergnes (Puy-de-Dôme).

Ils ont établi, près Blanzat, un tissage mécanique qui doit être porté à 120 métiers, et cela est
facile puisqu'ils possèdent une force de 56 chevaux
employée pour mettre en activité quarante métiers.
L'échantillon envoyé à l'exposition prouve une
bonne fabrication.

Quatre-vingt-dix ouvriers sont occupés dans la fabrique et quatre-vingts au dehors, pour le tissage à
la main.

Le jury décerne à ces fabricants la médaille de
bronze.

MENTIONS HONORABLES.

M. le comte de PERROCHEL, à Saint-Aubin
(Sarthe).

Le jury, qui déjà dans plusieurs de ses rapports
s'est empressé de mentionner honorablement les
efforts de M. le Cte de Perrochel pour propager et
développer dans son département les bonnes méthodes agricoles et manufacturières, lui donne ici
de nouveau un témoignage de haute considération
et d'estime pour le noble usage qu'il fait de sa fortune.

M. BARON-DU-TAYA, à l'Hermitage, près Saint-Brieuc (Côtes-du-Nord).

M. Baron expose des toiles faites en fil à la main ; ces toiles sont belles et fines, mais le tissu en est clair et peu régulier comparativement avec les belles toiles de la Sarthe. Il serait mieux de filer un peu plus gros et de produire un tissu ayant plus de main. Les prix de ces toiles sont au reste peu élevés et peuvent soutenir la concurrence avec les produits d'autres fabriques. Ces observations ne sont faites ici que dans la vue d'exciter de nouveaux efforts de la part de M. Baron-du-Taya pour maintenir et encourager la filature du lin dans son département. On voit d'ailleurs dans le rapport du jury départemental, avec quel désintéressement et quel courage M. Baron cherche à conserver du travail à l'intéressante population ouvrière qui l'entoure.

Le jury central mentionne de la manière la plus honorable les travaux de M. Baron-du-Taya.

M. DEMEESTERE-DELANNOY, à Halluin (Nord).

Ce fabricant occupe un grand nombre d'ouvriers qui tissent les toiles de lin, le linge de table et le calicot ; mais comme il est impossible de juger la qualité des produits sur une seule pièce, et le bulletin du jury départemental ne donnant point de renseignements sur cette manufacture, le jury ne peut qu'offrir une mention honorable à ce fabricant pour l'importance de sa production.

MM. SCRIVE frères (Désiré, Jules et Henri), à Lille (Nord).

Ces fabricants ont monté à Lille un tissage mécanique de 5o métiers, avec machine à vapeur de 12 chevaux. Ils ne font encore qu'une qualité de toile dans les largeurs 87, 95 et 110 centimètres.

Ces produits sont estimés dans le commerce.

Cet établissement, confié à une habile direction, prendra certainement du développement.

Le jury, dans cette espérance, signale les nouveaux travaux de MM. Scrive frères, en renvoyant au rapport de la commission des machines, qui devra juger leur importante fabrication de cardes.

M. Louis DESMARCHELIER, à Halluin (Nord),

Envoie à l'exposition une seule pièce de toile; il emploie moins d'ouvriers que M. Demeestère-Delannoy; mais les 100 ouvriers de cette usine occupent des logements dans la propriété de M. Desmarchelier. Le jury accorde à ce fabricant une mention honorable.

M. François GESLIN, à Fresnay (Sarthe).

M. Geslin a été distingué déjà en 1839; il expose des toiles bien tissées, très-régulières et à bon marché.

Le jury lui vote une mention honorable.

MM. CORNILLEAU-LEFEBVRE et CHABRUN, au Mans (Sarthe).

Ces fabricants font peigner chez eux une assez forte quantité de chanvre qui est consommée en partie par la marine royale. Ils fabriquent également des toiles d'emballage bien tissées et à bas prix.

Le jury donne une mention honorable à ces fabricants pour l'ensemble de leurs produits.

M. LIMON-DUPAREMEUR, à Quintin (Côtes-du-Nord),

Expose des échantillons de ses produits en fils à la main et fils mécaniques ; les toiles sont bien tissées, mais trop légères. La pièce de nappes n° 26 est d'une bonne fabrication, imitant la cretonne ; en soignant ce genre de toile de diverses largeurs, on doit arriver à de bons résultats : il faut surtout s'adresser aux bonnes filatures pour avoir des fils de purs brins sans mélange d'étoupes.

Le jury mentionne très-honorablement les travaux de M. Limon-Duparemeur.

CITATIONS FAVORABLES.

M. Joseph LIVACHE, à Fresnay (Sarthe),

A exposé des toiles d'une bonne fabrication et dont les fils sont bien assortis.

M. Nicolas GESLIN, à Fresnay (Sarthe).

M. Geslin a déjà été distingué en 1839 ; ses produits méritent de nouveau d'être cités comme bien fabriqués.

M. BEAULIEUX, à Fougères (Ille-et-Vilaine),

Fabrique des toiles de ménage en chanvre et en lin, à des prix très-modérés.

M. Pierre RENARD, à Fresnay (Sarthe).

M. Renard expose de belles toiles qui ont été appréciées par le jury.

M. RENOUT fils, à Fresnay (Sarthe).

Les échantillons exposés par M. Renout donnent une preuve de son habileté comme tisserand.

---

§ 4. TOILES A VOILES.

MÉDAILLE D'OR.

MM. MALO-DICKSON et Cie, à Coudekerque-Branche-lès-Dunkerque (Nord).

Nous avons parlé dans les observations générales de la fabrication des toiles à voiles en fils de lin; ce sont MM. Malo, Dickson et Cie qui, en 1837, ont importé et commencé ce genre de tissage : ils faisaient d'abord 30,000 mètres ; l'ensemble dépasse aujourd'hui 400,000 mètres, d'une valeur de 700,000 fr., produits par 120 métiers à tisser. Ces toiles sont fabriquées avec une perfection remarquable comme régularité de tissage et de lisières. Les fils employés sont filés à sec, lessivés ensuite avec soin, et tissés sans aucune espèce de parement.

Ces habiles fabricants confectionnent eux-mêmes les fils qu'ils emploient ; ils possèdent 2,600 broches qui alimentent leur atelier, et dont l'excédant de production est vendu à divers tisserands, qui ont trouvé avantageux d'employer les procédés de tissage en usage chez MM. Malo-Dickson et Cie.

Deux machines à vapeur, ensemble de 60 chevaux, mettent en mouvement leurs nombreuses machines.

450 ouvriers sont employés dans cette usine.

Le jury laissant d'ailleurs à l'expérience comparative le soin de prononcer entre les toiles à voiles de chanvre et les toiles en lin, a voulu constater le succès commercial obtenu dans les fournitures de toiles de la marine marchande : dès à présent, il peut prendre en considération les progrès d'un établissement de premier ordre, et récompense par la médaille d'or les services rendus par MM. Malo-Dickson et Cie à une importante industrie.

RAPPELS DE MÉDAILLES D'ARGENT.

MM. JOUBERT, BONNAIRE et Cie, à Angers (Maine-et-Loire).

Cette fabrique de toiles à voiles est une des plus anciennes de France ; ses produits restent toujours estimés par le commerce et par la marine royale. Le jury leur confirme en conséquence la médaille d'argent qu'ils ont obtenue.

Veuve SAINT-MARC, PORTEU et TETIOT aîné, à Rennes (Ille-et-Vilaine).

Cet établissement réunit toutes les opérations depuis la préparation du chanvre jusqu'à la confection de la toile. Il continue d'approvisionner la marine royale et le commerce d'excellentes toiles à voiles. Le jury confirme à ces fabricants la médaille d'argent obtenue en 1834, rappel dont le jury de 1839 les avait également jugés dignes.

MÉDAILLES D'ARGENT.

MM. A. CHÉROT aîné et Cie, à Nantes (Loire-Inférieure).

MM. Chérot aîné et Cie exposent des toiles à voiles fabriquées avec des fils de chaîne un peu déprimés : l'essai de ce tissage, commencé en 1838, paraît avoir donné quelques résultats avantageux, mais qu'un seul certificat ne suffit pas pour constater.

Les toiles, au reste, sont très-belles ; elles sont tissées à sec sans encollage, et sont fabriquées d'ailleurs avec des fils mécaniques qui sont bien faits et doivent être d'un bon usage.

La filature se compose de 1,000 broches, mues par une machine à vapeur de 18 chevaux ; elle produit 4 à 500 kil. de fils de chanvre, et occupe 150 ouvriers, sans compter les tisserands au dehors.

Le jury décerne à MM. Chérot et Cie une médaille d'argent.

MM. TRUDELLE frères et LECLERC frères, à Angers (Maine-et-Loire).

MM. Trudelle sont de très-anciens fabricants de toiles à voiles, et les produits qu'ils exposent prouvent une longue pratique et une bonne connaissance de la fabrication. Leurs toiles sont d'une grande régularité et à belles lisières. Ils occupent 150 ouvriers et un très-grand nombre de fileuses. Leur fabrication est de 200,000 mètres, dont la marine royale, qui estime principalement les toiles de cette maison, consomme annuellement pour près de 3oo,ooo fr.

Le jury décerne une médaille d'argent à ces habiles fabricants.

MENTIONS HONORABLES.

M. DUCHEMIN aîné, à Dinan (Côtes-du-Nord),

Expose des toiles à voiles assez bien fabriquées. Il occupe beaucoup d'ouvriers dans un pays où il est utile de maintenir l'industrie des campagnes. Le jury lui vote une mention honorable.

MM. Charles HOMON et DESLOGE, à Morlaix (Finistère),

Exposent des toiles à voiles qui sont belles de couleur, mais qui laissent à désirer sous le rapport de la régularité et des lisières : défauts qui existent seulement dans quelques parties. Ces fabricants occupent un assez grand nombre d'ouvriers ; ils blanchissent et apprêtent les toiles. Le jury leur vote une mention honorable.

CITATIONS FAVORABLES.

Des citations favorables sont accordées :

A M. PORTEU fils aîné, à Rennes (Ille-et-Vilaine),

Pour l'importance de son usine et les dispositions de la blanchisserie et du lavoir.

A M. Guillaume LEROUX, à Landivisiau (Finistère),

Pour ses toiles à voiles assez bien fabriquées, mais qu'il devrait se dispenser de lisser pour en aplatir le grain.

A M. VIMOR-MAUX, à Perpignan (Pyrénées-Orientales).

Ce fabricant a fait des essais de toiles à voiles en fil de lin et coton pour navires et bâtiments légers : une plus longue expérience est nécessaire pour juger l'emploi de ces produits. Il est déjà cité au tissage du coton et à la filature.

A MM. BLIN et Cie, de Pondichéry,

Qui envoient des essais de toiles en coton et en lin, bien que leur qualité laisse à désirer.

---

§ 5. COUTILS.

MÉDAILLE D'ARGENT.

M. Louis-Henri TAILLANDIER, à Évreux (Eure).

M. Taillandier est du nombre des fabricants qui conservent les bonnes traditions et s'appliquent à obtenir surtout les belles et solides qualités. Ses coutils ont, dans la consommation, une réputation méritée, et le jury départemental les a recommandés d'une manière particulière à l'attention du jury central. Nous avons dit, dans nos considérations générales, que les coutils d'Évreux avaient remplacé complétement ceux qui nous étaient fournis par la fabrication étrangère. M. Taillandier a puissamment contribué à ce succès commercial : il occupe d'ailleurs un grand nombre d'ouvriers, et les produits qu'il expose sont d'une parfaite fabrication.

Par ces considérations, le jury vote à M. Taillandier une médaille d'argent.

MÉDAILLES DE BRONZE.

MM. TELHIARD et Cie, à Évreux (Eure).

Ce fabricant a exposé une belle collection de coutils de toute espèce, bien fabriqués, parmi lesquels on remarque un coutil en chaîne-coton et trame-soie, qui pourra recevoir d'utiles applications. Il emploie beaucoup d'ouvriers dans le pays ; ses produits variés sont estimés, et il en fabrique une quantité considérable.

MM. Telhiard ont pris la suite des affaires de M. Belleme, ancien fabricant d'Evreux. Leur première exposition montre ce qu'entre leurs mains, cette industrie peut devenir par la suite. Le jury leur vote une médaille de bronze.

MM. MARIE et Cie, à Laval-Avesnières (Mayenne).

Les tissus de ces fabricants sont bien fabriqués, bons et solides, et le prix en est parfaitement en rapport avec la qualité. MM. Marie se défendent autant que possible contre la terrible concurrence de Roubaix, en produisant bien et à bon marché; ils occupent du reste beaucoup d'ouvriers dans la localité.

Le jury décerne à MM. Marie et Cie la médaille de bronze.

MENTIONS HONORABLES.

M. FRILOUX, à Flers (Orne), et à Paris, rue du Sentier, 17.

Les coutils rayés et façonnés de M. Friloux sont d'une bonne fabrication, et les prix peuvent en être cités comme exemple de bon marché ; savoir :

130 centim. de largeur, de 70 c. à 1 fr. 20 c. le mètre.
140   id.   1re qualité, à 1 fr. 90 c. le mètre.

Le jury vote une mention honorable à M. Friloux.

M. CHAUVIN-GEORGET, à Laval (Mayenne).

Les coutils de ce fabricant soutiennent la réputation de Laval ; ils sont d'un bon tissu, bien fabriqués et solides.

Le jury accorde une mention honorable à M. Chauvin-Georget.

---

§ 6. TUYAUX SANS COUTURE.

RAPPEL DE MÉDAILLE DE BRONZE.

M. DEBEINE, rue Mercier, 2, à Paris.

M. Debeine fabrique avec perfection, des tuyaux sans couture, des sacs de plusieurs genres et des tapis d'escaliers très-bien faits.

Il fournit au commerce de 25 à 30,000 sacs et 8 à 10,000 mètres de tuyaux tous les ans.

La perfection de ses produits montre qu'il est toujours digne de la médaille de bronze obtenue en 1839, et que le jury lui confirme.

MENTION HONORABLE.

M. TOUZE, à Essonne (Seine-et-Oise),

Envoie des échantillons de tuyaux qui sont d'une bonne exécution; la bonté en a d'ailleurs été constatée dans des expériences faites à Brest par une commission de la marine.

M. Touze fabrique 6,000 mètres de tuyaux par an.
Le jury lui accorde une mention honorable.

CITATIONS FAVORABLES.

M. DEMOISEAU, rue de Lorillon, 14, à Paris.

Les tuyaux de M. Demoiseau sont de bonne qualité, ils sont forts et bien régulièrement fabriqués.

M. VILLION, à Montrouge, près Paris,

Fabrique des tuyaux sans couture et des sacs; ses produits sont estimés par le commerce.

M. François NION, à Dieppe (Seine-Inférieure),

Expose des seaux à incendie qui sont bien fabriqués.

CINQUIÈME PARTIE.

TISSUS IMPRIMÉS.

MM. Barbet et Schlumberger (Charles), rapporteurs.

Considérations générales.

L'industrie des impressions sur tissus comporte des connaissances très-étendues. Le manufacturier est obligé d'emprunter aux sciences de la mécanique, de la chimie et du dessin les procédés ingénieux qu'il emploie ; les étoffes de coton, de laine, de soie et de lin que la grande consommation ou la mode si variable lui demandent, l'obligent, à chaque instant, à changer ses procédés de fabrication et à en chercher de nouveaux mieux appropriés ou plus économiques. Aussi les capitaux engagés dans une manufacture d'impressions sont-ils considérables ; car, outre la dépense de premier établissement, en bâtiments, moteurs, machines et fonds de roulement, les perfectionnements nouveaux qu'on est obligé d'adopter pour ne pas être dépassé, entraînent à des dépenses imprévues en frais de construction et d'expériences entreprises trop souvent en pure perte.

Malgré la concurrence toujours croissante des étoffes tissées, l'impression sur tissus est encore augmentée depuis 1839; l'exportation a eu une influence notable sur cet accroissement.

Nous sommes pour tous et partout les arbitres de la mode: aussi cette exportation en articles de nouveautés est-elle importante; elle n'exclut pas les indiennes courantes, qui sont recherchées pour la beauté de l'impression, la solidité des couleurs, comparativement à ce qui se fait à prix égal chez nos voisins.

Il y a peu d'années encore, les étoffes étrangères imprimées étaient demandées dans nos magasins de nouveautés de la capitale par une certaine classe de consommateurs: aujourd'hui nos mousselines, nos jaconas, nos étoffes légères en laine ou en soie imprimées brillent et sont recherchées dans les riches magasins de toutes les grandes villes de l'Europe et de l'Amérique; espérons que les populations chinoises y prendront goût.

Depuis 1839 des changements ont été opérés dans cette industrie. A cette époque la laine imprimée n'avait encore qu'une place peu importante dans la consommation; cette fabrication était presque exclusivement réservée à Paris et à ses environs.

Aujourd'hui les établissements de Paris ont doublé leurs produits; en Alsace, les impressions sur laine et sur laine-coton ont pris une très-grande extension. L'importance des impressions sur coton y a diminué d'autant, et la fabrication de l'indienne courante et à bon marché se concentre aujourd'hui de plus en plus à Rouen.

Les prix ont généralement diminué, suivant les genres, de 15 à 20 pour 100. Cette diminution n'a pas été obtenue au détriment de la qualité, ni par l'abaissement des salaires ; c'est aux procédés de fabrication mieux entendus qu'elle est due.

Mais il faut le dire aussi, ces diminutions successives laissent aujourd'hui si peu de différence entre les prix d'achat du tissu et celui de la vente en imprimé, que souvent les bénéfices ne viennent pas rémunérer dans une proportion raisonnable toute une année de travail et de soins : aussi y a-t-il eu des moments difficiles à passer depuis cinq ans, et la prudence seule des fabricants, en diminuant leur production, a-t-elle permis de sortir de cet état de malaise.

L'amélioration dans la situation est sensible aujourd'hui ; espérons que les prix pourront se relever un peu ; cette circonstance aiderait les fabricants, et n'affecterait pas la consommation.

Depuis la dernière exposition, plusieurs machines nouvelles ont été appliquées à l'impression ; les rouleaux à deux, trois et quatre couleurs fonctionnent avec facilité dans presque tous les établissements. Le fixage des couleurs par la vapeur a été perfectionné d'une manière remarquable.

On a introduit à Rouen un procédé de blanchiment des tissus pour impression, au moyen de la vapeur employée sous une pression de quatre ou cinq atmosphères : les résultats en sont avantageux par la promptitude et la régularité de l'opération, qui réussit toujours entre les mains d'un ouvrier attentif. A la vérité, la dépense première est un peu élevée, 30,000 fr. pour un appareil blanchissant 200 pièces de 80 mètres en vingt-quatre heures.

Mentionnons enfin l'emploi général de la *garancine*, qui, à Rouen en particulier, s'est propagée dans toutes les fabriques depuis trois ans. Le rapport sur la teinture constatera les avantages qui sont résultés de l'emploi de ce produit et l'avenir qui l'attend. Il rendra à M. Lagier la justice qui lui est due, en disant combien il a fallu de soins, de sacrifices et de persistance de sa part, pour faire substituer ce produit à la garance, toujours si variable dans sa qualité et souvent dans son emploi.

EXPOSANTS HORS DE CONCOURS.

MM. HARTMANN et fils, à Munster (Haut-Rhin).

Honoré de la médaille d'or en 1834, et d'un rappel en 1839, M. Hartmann est, cette année, membre du jury : cette circonstance nous interdit tout éloge sur l'établissement de Munster, dont le nom est d'ailleurs depuis longtemps en honneur dans l'industrie.

MM. KEITTINGER et fils, à Lescure, près Rouen (Seine-Inférieure).

Honoré de la médaille d'or en 1839, M. Keittinger fait aujourd'hui partie du jury central et se trouve hors de concours.

M. Henry BARBET et Cie, à Rouen (Seine-Inférieure).

M. Barbet étant membre du jury central, il se trouve également hors de concours.

RAPPELS DE MÉDAILLES D'OR.

MM. DOLLFUS, MIEG et Cie, à Mulhouse (Haut-Rhin).

Le goût et la perfection d'exécution, la belle simplicité des dessins se réunissent pour faire, des impressions de cette maison, des articles presque hors ligne, qui forcent la mode à les adopter et que la vogue fait ensuite rechercher dans tous les pays étrangers.

Dire que ces produits sont d'une fabrication remarquable, signaler l'immense étendue de l'établissement, c'est répéter ce qui a été constaté à toutes les expositions. Nos rapports sur la filature et le tissage des cotons ont fait connaître l'importance des ateliers de MM. Dollfus, Mieg et Cie; leurs impressions occupent 1,100 ouvriers, qui produisent 65 à 70,000 pièces en tous les genres de fabrication.

Honorés de la médaille d'or en 1819, du rappel de cette médaille en 1834 et 1839, le jury vote à MM. Dollfus, Mieg et Cie un nouveau rappel de la médaille d'or.

MM. J. GROS, ODIER, ROMAN et Cie, à Wesserling (Haut-Rhin).

Par son importance, la variété de ses produits et leur bonne confection, cette maison soutient toujours au premier rang sa bonne et ancienne renommée. Aussi ses tissus imprimés trouvent-ils en France et dans tous les pays un facile débouché.

Parmi les produits de sa fabrication courante qu'elle expose, il serait difficile de discerner le plus remarquable : il faut les citer tous, car tous sont exécutés avec une rare perfection.

Le rapport sur les tissus de coton a fait connaître l'importance de sa fabrication en tissus unis et façonnés pour l'impression ou la vente en blanc.

L'impression occupe 1,200 ouvriers; les machines sont mises en mouvement par une machine à vapeur de 36 chevaux; 55 à 60,000 pièces en coton, laine et articles divers sortent annuellement des ateliers de MM. Gros, Odier, Roman et Cie.

Honorés de la médaille d'or en 1819, cette distinction leur a été confirmée en 1834 et 1839 : c'est avec la plus vive satisfaction que le jury vote encore la confirmation de la médaille d'or.

MM. KŒCHLIN frères, à Mulhouse (Haut-Rhin).

Ce fut en 1746 que Jean Kœchlin père fonda la

première fabrique d'indiennes à Mulhouse. Depuis lors chacun des membres de cette grande et belle famille est venu rendre des services signalés à l'industrie, et la maison Nicolas Kœchlin frères a porté sa réputation dans tous les pays civilisés. Devenus trop nombreux, les établissements ont dû se partager : la fabrique d'indiennes a été prise par deux des frères, Ferdinand et Daniel Kœchlin. De grands travaux d'utilité publique ont appelé plus tard toute l'attention de Ferdinand, et Daniel est resté possesseur de l'ancienne fabrique d'indiennes.

M. Daniel Kœchlin, qui a fait des découvertes importantes qu'il a généreusement abandonnées au domaine public, fabricant distingué dont la carrière commerciale peut servir d'exemple aux jeunes manufacturiers, philanthrope éclairé cherchant sans cesse à améliorer le sort de la classe ouvrière, est le chef de la maison Kœchlin frères. Secondé de dévouement et d'intérêt par deux de ses fils et par son gendre, cette association devait rester et reste encore au premier rang parmi ses nombreux et habiles concurrents.

Après les détails qui précèdent il est presque superflu d'ajouter que les produits de ces exposants jouissent à juste titre d'une bonne réputation en France et à l'étranger, et qu'un grand nombre d'ouvriers trouvent du travail dans leur belle fabrique.

Le jury est heureux de donner ici une marque d'estime et de considération à MM. Kœchlin, en votant le rappel de la médaille d'or obtenue déjà à plusieurs expositions.

MM. SCHLUMBERGER, KŒCHLIN et Cie, à Mulhouse (Haut-Rhin).

Cette maison s'est livrée presque exclusivement à l'impression des toiles pour l'ameublement; elle ne redoute aucune concurrence dans ce genre qu'elle exécute avec une rare perfection.

Dans les dessins exposés cette année, on a pu particulièrement remarquer une chasse à l'éléphant, un vase de fleurs avec bordures pour stores, et un dessin fleurs naturelles nuancées de diverses couleurs.

Ces fabricants possèdent aussi une filature importante et un tissage mécanique, dont les produits viennent alimenter en partie leurs ateliers d'impression. Ces deux établissements sont spécialement dirigés par M. Schlumberger; c'est à M. Joseph Kœchlin qu'on doit les belles impressions qui font depuis plusieurs années la haute réputation de la société.

Deux moteurs à vapeur mettent les machines en mouvement; 550 ouvriers sont employés dans l'établissement; 30,000 pièces de tous genres y sont imprimées chaque année.

La médaille d'or leur a été décernée en 1834; rappelée en 1839, le jury ne peut que leur voter de nouveau le rappel de cette médaille.

MM. Adrien JAPUIS et Jean-Baptiste JAPUIS, à Claye (Seine-et-Marne).

Fondée dans le département de Seine-et-Marne, cette fabrique produit spécialement les étoffes sur coton pour ameublement, stores, portières, etc., imprimées. Depuis plusieurs années on a joint à ce genre l'impression sur laine.

Nous avons remarqué et nous nous plaisons à constater que cette maison ne livre au commerce que des produits très-soignés qui la mettent au premier rang pour ce genre d'industrie.

Parmi les nombreux articles qui ont été exposés, nous citerons particulièrement des dessins à colonnes double rouge, double lilas et double bleu : il est impossible de voir une dégradation plus parfaite. Il en est de même pour un meuble dessin fleurs naturelles à sept ou huit couleurs.

Nous mentionnerons aussi des impressions sur laine et sur velours, dont le fond est très-intense.

Dans cet établissement, on occupe 3oo ouvriers qui produisent 10 à 11,000 pièces.

En 1834, il a été décerné une médaille d'or à ces habiles manufacturiers ; en 1839, elle a été confirmée. Le jury leur vote de nouveau le rappel de la médaille d'or.

MM. GIRARD et Cie, à Déville, près Rouen (Seine-Inférieure).

La fabrique de toiles peintes de MM. Girard et Cie, fondée à Déville en 1818, est depuis longtemps la plus considérable du département de la Seine-Inférieure ; elle produit annuellement plus de 5o,ooo pièces, dont plus d'un sixième s'exporte. MM. Girard et Cie fabriquent toujours avec succès les indiennes fonds blancs. On remarque, dans leur exposition, des lilas garancés dont les nuances sont parfaites, et des oranges métalliques qu'ils réussissent également bien. Ces fabrications, de 20 à 25 c. de façon le mètre, sont d'autant plus avantageuses pour les consommateurs, qu'elles sont d'un teint parfait. Ils exposent aussi des meubles riches imprimés à la planche à plusieurs couleurs garancées, dont la fabrication est très-soignée et d'un prix modéré.

M. Girard, chef de cette importante maison, plus qu'octogénaire, est le doyen des fabricants d'indiennes de Rouen ; il est arrivé par son mérite personnel à ce haut degré qu'il occupe aujourd'hui dans sa spécialité. L'industrie des toiles peintes lui doit plusieurs machines qui ont rendu et rendent encore des services : c'est lui qui a donné à Rouen l'élan pour la production à bon marché, si favorable aux consommateurs et pour l'exportation. Aussi les marchandises de MM. Girard et Cie trouvent-elles d'importants débouchés sur les marchés étrangers.

Le jury s'empresse de décerner à MM. Girard et Cie le rappel de la médaille d'or qu'ils ont reçue en 1839.

MM. DEPOULLY et Cie, à Puteaux (Seine).

M. Depoully, homme de goût artistique par excellence, habile fabricant qu'aucune difficulté n'arrête, continue avec succès l'impression sur tous les genres d'étoffes en laine, laine-coton et soies pures ou mélangées. Ses châles sont d'un grand effet et d'une belle fabrication. Les feutres imprimés pour tapis donnent un nouvel aliment aux imprimeurs et un article solide et bon marché pour la consommation. Toutes les étoffes exposées montrent que MM. Depoully et Cie sont toujours très-

dignes de la médaille d'or que le jury leur confirme.

M. GODEFROY (Paul), à Saint-Denis (Seine).

En 1839, ce fabricant a obtenu la médaille d'or
pour la perfection de ses produits. Ceux qu'il expose
montrent que les difficultés d'exécution sont toujours heureusement surmontées par lui. Son esprit
inventif lui fait rechercher chaque jour de nouveaux
procédés, il les simplifie et les applique d'une
manière heureuse à la fabrication. Les étoffes en
laine, velours, soie pure ou mélangée, les châles imprimés, ne laissent rien à désirer; sa mousseline
fond violet fondu est remarquable.

Le rapport sur les châles a signalé un moyen perfectionné par M. Godefroy, pour l'impression des
chaînes destinées à la confection des châles tissés,
qui doit aider à l'effet et à la beauté des couleurs.

Le jury vote en faveur de M. Godefroy (Paul) le
rappel de la médaille d'or, pour l'ensemble de ses
produits.

M. CARON-LANGLOIS fils, à Beauvais (Oise).

Plusieurs industries sont exploitées par ce fabricant avec l'habileté, la bonne direction et le
génie inventif des procédés qui lui ont valu des
distinctions à plusieurs expositions. Les tapis de
foyer, les draps imprimés, les impressions sur
laine pure ou mélangée, soies et articles de fantaisie, sont exécutés avec beaucoup de soin : on
reconnaît le bon fabricant dans l'exécution des
étoffes, le bon négociant dans la création et le

choix des articles divers destinés à répondre aux deı.andes si variables du commerce.

L'établissement de M. Caron est monté d'ailleurs sur une grande échelle; il occupe beaucoup d'ouvriers.

Récompensé par la médaille d'or en 1839, le jury la lui confirme comme en étant toujours très-digne.

MÉDAILLES D'OR.

MM. Jean SCHLUMBERGER jeune et Cie, à Thann (Haut-Rhin).

Fondé en 1825, cet établissement prit dès son début une place honorable parmi les nombreuses fabriques d'Alsace; il soutient toujours ce rang distingué.

La production des toiles de coton imprimées, bon teint, est continuée dans cette fabrique avec beaucoup de succès et de soin; l'impression sur laine pure et sur laine et coton a été portée, depuis deux ans, à une grande perfection.

Près de 400 ouvriers sont employés aux divers travaux de la fabrique, un moteur hydraulique de 3o chevaux de force met les machines en mouvement, la production annuelle est de 3o à 35,000 pièces de tissus divers.

Doué de l'intelligence et de l'activité industrielles, M. Schlumberger jeune se tient au courant des progrès; il cherche souvent à les prévoir et à faire le premier l'essai, toujours dispendieux, des procédés nouveaux : aussi a-t-il importé en Alsace, la *perrotine*, les grilles perfec-

tionnées pour foyer, la tondeuse appliquée aux calicots, l'hydro-extracteur, et enfin le stéréotypage
de la gravure pour l'impression, procédé sans lequel
il n'eût pas été possible de suffire économiquement
aux grandes gravures nécessitées par l'emploi de la
perrotine.

Distinguée à l'exposition de 1834 par la médaille
d'argent, et par un rappel de cette médaille en 1839,
cette fabrique a fait, depuis, de nouveaux progrès, et
le jury, en réunissant tous les titres de MM. Schlumberger et Cie, leur vote la médaille d'or.

M. PIMONT aîné, à Rouen (Seine-Inférieure).

Nulle exposition, plus que celle de M. Pimont
aîné, n'atteste les connaissances variées et positives
du manufacturier habile ; en effet, les genres
qu'il expose ne sont pas de ceux où l'on impro-
vise un succès avec un dessin, une idée simple,
réalisée aussitôt qu'elle est conçue ou copiée; ses
châles et ses meubles au rouleau et à la planche,
imitent, à bon marché, les étoffes qui réunissent
les plus brillants et les plus nombreux assemblages
de couleurs; ils sont fabriqués en couleurs solides
sur coton, dans les fabrications les plus difficiles,
et dont l'exécution réclame des soins de tous les
instants.

Au milieu des produits les plus variés, on remarque, dans cette exposition, des meubles genre
lapis de la plus belle réussite, et dont les couleurs
présentent un ensemble parfait.

M. Pimont est presque sans rival dans cette fabrication, qui est, chez lui, favorisée par une demande

suivie et occupe sans chômage beaucoup d'ouvriers imprimeurs, ce qui est, malheureusement pour cette classe d'ouvriers, une exception fort rare. Plus qu'aucun autre fabricant, M. Pimont arrête peu ses ateliers: il ne craint pas de produire, sans commande et à l'avance, des genres qui s'adressent surtout à la classe nombreuse des habitants des campagnes et particulièrement du midi de la France; ceux-ci préfèrent au changement la certitude d'avoir des vêtements et des ameublements réunissant à une grande vivacité et variété de couleurs, la solidité qui en assure la durée.

M. Pimont aîné n'exploite pas uniquement les anciens genres, qu'il a su presque seul conserver à la consommation; il suit aussi tous les progrès de la fabrication des toiles peintes; toutes les innovations dues à la chimie moderne sont utilisées par lui comme elles le sont par ses confrères qui font les indiennes le plus à la mode. Et s'il a, comme le lui attribue le rapport de 1839, introduit le premier, à Rouen, l'article meuble, il ne néglige aucun moyen pour rester à la tête de ce genre, en y appliquant les améliorations qui, chaque jour, déterminent la vogue des autres productions rouennaises, ce qui est évidemment constaté par les beaux meubles *résiste* blanche et rouge qu'il expose; cette fabrication garancière n'a rien à envier aux autres articles analogues.

Les produits de M. Pimont se vendent aussi pour l'exportation. Il a obtenu en 1834 la médaille d'argent, en 1839 le rappel de cette médaille; le jury lui décerne une médaille d'or.

M. GODEFROY (Léon), à Puteaux (Seine).

M. Godefroy est un de nos plus habiles imprimeurs d'étoffes, sa fabrication embrasse tous les genres; ses tissus de laine pure, laine et coton, laine et soie, foulards, baréges, batiste de fil, lasting, réussissent également bien, et jouissent dans le commerce intérieur et d'exportation d'une grande vogue bien méritée.

L'établissement de Puteaux comprend : une machine à vapeur de 18 chevaux, deux machines à imprimer, une planche plate, cent tables d'impression, et cinq perrotines mues par la machine à vapeur. Le nombre d'ouvriers est ordinairement de 3oo à 35o.

M. Godefroy a le premier imprimé les mousselines laine en bleu de France. Les gravures sur rouleaux ont été perfectionnées par ses essais hardis, qui ont donné l'impulsion à plusieurs genres d'impression.

Récompensé en 1839 par la médaille d'argent, le jury vote une médaille d'or à M. Godefroy, pour son excellente fabrication.

RAPPELS DE MÉDAILLES D'ARGENT.

M. Édouard ROBERT, à Thann (Haut-Rhin).

Les produits de cet établissement ont toujours été estimés dans le commerce. La perfection de ses impressions au rouleau lui ont toujours mérité des éloges. Ainsi que plusieurs fabriques d'Alsace, celle-ci a joint à sa fabrication courante d'indiennes, les impressions sur laine pure ou mélangée : elle les réussit bien. Un moteur de 20 chevaux met les machines en mouvement, 270 ouvriers sont employés, la production est de 16,000 pièces en tissus de tout genre.

Le jury confirme à M. Robert la médaille d'argent qu'il a obtenue en 1839, sous le nom de Roulet-Robert.

M. Jacques FAUQUET, à Bolbec (Seine-Inférieure).

M. Jacques Fauquet exploite à Bolbec, sur une grande échelle, une fabrique d'indiennes dont les produits sont bien fabriqués et s'écoulent très-facilement.

Parmi les marchandises exposées par cette maison recommandable, on distingue des indiennes lapis et des meubles rouge *résiste* d'une grande vivacité, et des fonds blanc, petit dessin, variés, imprimés au rouleau à une et plusieurs couleurs, dont les prix sont très-avantageux et favorisent l'exportation.

L'ensemble de la production de cette fabrique dépasse 25,000 pièces.

Le jury décerne à M. Jacques Fauquet, le rappel de la médaille d'argent qu'il a reçue en 1834.

MM. HAZARD frères, à Malaunay, près Rouen (Seine-Inférieure),

Ont exposé des toiles peintes, type de leur production, qui est très-estimée. Ils se livrent particulièrement à la fabrication des articles garancines, qu'ils traitent avec perfection. On remarque, dans leur exposition, des carreaux puce lisses fond blanc, dont l'effet est des plus heureux et la réussite très-soignée.

Cette maison a reçu, en 1839, la médaille d'argent : elle était alors établie à Saint-Aubin-Épinay; en 1841, elle a transporté son établissement à Malaunay ; déjà sa production, qui s'élève à 25,000 pièces, est une des plus recherchées sur la place de Rouen.

Le jury lui vote le rappel de la médaille d'argent.

MM. André CHARVET et FEVEZ, à Lille (Nord),

Exposent un grand assortiment de tissus bien imprimés, et qui montrent que, malgré l'éloignement des grands centres de production, on peut arriver, avec des soins et l'entente de la fabrication, à produire des tissus rivalisant avec les articles similaires.

Distingués en 1839 par la médaille d'argent, le jury leur confirme cette récompense.

MÉDAILLES D'ARGENT.

MM. BLECH, STEINBACH et MANTZ, à Mulhouse (Haut-Rhin).

Les produits exposés par cette maison sont fabriqués avec beaucoup de goût, aussi ont-ils été généralement appréciés par la consommation. Les couleurs en sont vives, les dessins d'un bel effet, on remarque surtout les ombrés sur laine pure et sur chaîne coton : ses impressions en couleurs fixées à la vapeur sont parfaitement réussies.

Ces fabricants ont également fabriqué des indiennes en petit teint; ils ont satisfait en cela aux demandes des consommateurs séduits par le meilleur marché et l'éclat des couleurs, mais il serait à regretter qu'une trop grande extension fût donnée à des produits de ce genre.

L'établissement se compose d'une filature et d'une fabrique d'impressions; il emploie un très-grand nombre d'ouvriers, deux machines à vapeur y servent de moteur. Le produit est de 5o,ooo pièces en tissus divers.

Successeurs d'une ancienne maison, MM. Blech, Steinbach et Mantz exposent en leur nom pour la première fois, le jury leur décerne une médaille d'argent.

M. Josué HOFER, à Mulhouse (Haut-Rhin).

Cet établissement date de 1831. Un des premiers il a donné la grande impulsion à l'impression des mousselines laine chaîne-coton; la fabrication en est très-bonne, les produits sont recherchés par la consommation, et il est à constater que cette maison a été toujours au premier rang dans ce genre d'impressions. Un grand nombre d'ouvriers sont employés dans cette fabrique; un moteur de 15 chevaux anime les machines. Le produit annuel est de 25,ooo pièces sur tissus divers.

En 1839, M. Hofer a obtenu une médaille de bronze; le jury reconnaissant qu'il a augmenté et perfectionné sa fabrication, lui décerne une médaille d'argent.

M. P. BATAILLE, à Rouen (Seine-Inférieure).

Cette maison expose un grand assortiment de cravates et de foulards, types de sa fabrication, qui est aussi remarquable par la variété que par le bon marché de ses produits.

Pour séduire les consommateurs, M. P. Bataille entreprend tous les genres de foulards ; il imprime les cartes géographiques et les traits les plus mémorables de notre histoire ; il propage les belles actions ; tout ce que le pays admire, vénère et aime, est retracé dans ses nombreux dessins.

La production de cette fabrique s'élève annuellement à près de 2 millions et demi de cravates et foulards dont la valeur est d'environ 1,500,000 fr.; son établissement est parfaitement organisé, aucune invention utile ne s'y fait attendre, il ne recule devant aucun sacrifice pour diminuer le prix de ses produits et en rendre l'écoulement facile : aussi les a-t-il vraiment popularisés ; il est en même temps parvenu à établir une branche importante d'exportation.

Cet ingénieux manufacturier a obtenu, en 1839, la médaille de bronze ; le jury lui décerne la médaille d'argent.

M. STACKLER, à Rouen (Seine-Inférieure).

L'établissement de M. Stackler, fondé en 1821, a pris de grands développements depuis la dernière exposition ; ses produits ont obtenu une vogue suivie et méritée par une fabrication exceptionnelle et d'une réussite constante.

Les articles fond noir avec enlevage qu'il expose le placent au premier rang dans ce genre auquel il a su donner un cachet particulier qui plaît, et que seul il a pu atteindre; on doit, pour lui rendre pleine justice, ajouter que son noir offre aux consommateurs une solidité remarquable relativement à tout ce qui se fait dans cette fabrication.

M. Stackler réussit parfaitement l'article meuble; les pièces qu'il expose sont d'une très-bonne fabrication, et justifient pleinement la faveur qu'il obtient près des consommateurs.

M. Stackler a reçu, en 1839, une médaille de bronze; le jury, appréciant ses efforts et ses succès, lui décerne une médaille d'argent.

MM. DALIPHARD et DESSAINT, à Radepont (Eure),

Ont fondé en 1820 à Radepont (Eure) un établissement de toiles peintes qui n'a cessé de progresser; il est aujourd'hui très-considérable, et, après celui de M. Girard et compagnie, livre le plus de marchandises au commerce de Rouen.

MM. Daliphard et Dessaint occupent 400 ouvriers, et produisent annuellement 40,000 pièces, dont 12,000 pour l'étranger; cette maison ne cherche pas seulement l'exportation pour écouler son trop-plein; plus que toute autre elle fabrique exprès, a des dispositions qui ne conviennent que pour telle ou telle contrée; cette manière de travailler est utile pour le pays, elle est malheureusement encore trop rare.

Les marchandises de MM. Daliphard et Dessaint sont d'une bonne qualité courante bien soignée; les prix en sont avantageux, aussi se vendent-elles très-facilement.

Vu l'importance de la fabrication de cette maison et ses efforts pour satisfaire aux demandes des exportateurs, le jury lui décerne une médaille d'argent.

RAPPEL DE MÉDAILLE DE BRONZE.

M. J. A. KŒCHLIN, à Darnetal (Seine-Inférieure).

La maison A. Kœchlin, de Darnetal, continue de fabriquer des indiennes dont les prix varient depuis 42 c. le mètre jusqu'à 75 c.; elles sont bien fabriquées et se vendent facilement, le prix en étant en rapport avec la qualité.

Le jury rappelle à M. A. Kœchlin la médaille de bronze qu'il a reçue en 1839.

MÉDAILLES DE BRONZE.

MM. SCHEURER, GROS et Cie, à Thann (Haut-Rhin).

Ces jeunes et habiles fabricants ayant pris la suite d'un des principaux établissements d'Alsace, il n'est pas surprenant que, dès leur première exposition, ils viennent montrer des marchandises très-bien fabriquées en tous les genres. Leurs indiennes, et tissus de laine pure ou mélangée sont appréciés des consommateurs; ils trouvent leur placement en France et pour l'exportation.

Près de 400 ouvriers sont employés aux travaux divers; une force de 20 chevaux les aide dans leurs travaux; 20,000 pièces de belles marchandises sortent annuellement de la fabrique.

MM. Scheurer, Gros et compagnie exposent pour la première fois; le jury leur décerne une médaille de bronze.

M. DECHANCÉ, à Rouen (Seine-Inférieure),

Expose un bel assortiment de fonds unis en couleurs très-variées avec enlevage; ces marchandises sont d'une fort belle exécution, et sont très-recherchées par les consommateurs, auprès desquels elles jouissent d'une faveur marquée.

Les enlevages sont la branche principale de la fabrication de M. Dechancé; le jury a cependant aussi remarqué dans leur exposition des cravates fantaisies, qui sont très-soignées, comme tout ce qu'entreprend cette maison.

M. Dechancé expose pour la première fois; le jury lui accorde une médaille de bronze.

M. Charles STEINER, à Ribeauvillé (Haut-Rhin).

Avoir conservé et perfectionné une fabrication difficile et toute spéciale qui a fait longtemps la base des affaires et la réputation de quelques maisons d'Alsace; produire des articles très-bien fabriqués, et dont le jury départemental, composé d'hommes spéciaux, a reconnu la perfection, tel est le mérite de M. Steiner.

Ses tissus imprimés sur rouge andrinople, ses meubles, ses châles, joignent à l'éclat, à la beauté des couleurs, un très-bon goût de dessins, qui les fait rechercher en France et à l'étranger.

Un moteur hydraulique met en mouvement les machines; 130 ouvriers sont employés; ils produisent 145,000 mouchoirs et 2 ou 3,000 pièces d'étoffes diverses, évalués à plus de 400,000 fr.

Le jury vote à M. Steiner une médaille de bronze pour sa bonne et belle fabrication.

MM. DELAMORINIÈRE, GONIN et MICHELET, à Paris, quai de Béthune, 2.

Dans l'exposition de ces jeunes fabricants on reconnaît les traditions utiles et la bonne école où ils ont puisé toutes les connaissances pratiques de la fabrication des tissus imprimés. Leurs étoffes se distinguent par la bonté, l'harmonie et l'éclat des couleurs, et l'impression très-soignée des dessins. Établis depuis peu, ils occupent déjà un grand nombre d'ouvriers, et leurs ateliers prennent journellement du développement.

Pour récompenser un tel début, le jury leur décerne une médaille de bronze.

MM. FRIES et CALLIAS, à Guebwiller (Haut-Rhin).

Ils possèdent une fabrique d'indiennes et une

blanchisserie de calicots; un moteur hydraulique. 150 ouvriers sont employés. L'importance des affaires est estimée à 5oo,ooo fr.

Les produits du blanchiment sont très-estimés; ceux de la fabrique d'indiennes sont destinés à la consommation courante.

Le jury vote à MM. Fries et Callias une médaille de bronze pour l'ensemble de leurs produits.

MM. CÉAS et CHAUMOUILLÉ, à Bourg-lès-Valence (Drôme),

Exposent une collection de mouchoirs imprimés à deux faces sur tissus de lin; les couleurs en sont vives et bien nuancées, et les mouchoirs de cette maison trouvent un placement facile dans la consommation.

Ces fabricants achètent leurs fils et font tisser les toiles dans les qualités convenables pour l'impression.

Ils occupent un grand nombre d'ouvriers et leur fabrication est importante.

Le jury leur vote une médaille de bronze.

MM. RÉVILLIOD et Cⁱᵉ, à Vizille (Isère),

Exposent des impressions sur soie ou laine, pure ou mélangée, et sur mousseline tarare. La plupart de ces étoffes forment des dessins obtenus par les impressions faites d'avance sur chaînes. Elles sont d'une bonne exécution et estimées par les fabricants de Lyon, qui en font imprimer une grande partie par M. Révilliod.

Beaucoup d'ouvriers sont employés dans cette

usine, qui jouit d'ailleurs d'une ancienne réputation méritée.

MM. Révilliod et C⁴⁰· exposent pour la première
fois en leur nom; le jury leur accorde une médaille de bronze.

MENTIONS HONORABLES.

MM. COLOMBE et LALAN, à Suresne (Seine).

Ils impriment des tissus de laine pure ou mélangée et des châles; leurs produits sont d'une
bonne exécution et recherchés dans le commerce.

Le jury leur vote une mention honorable.

M. PAUL aîné, à Bourg-lès-Valence (Drôme).

La variété des couleurs, le bon goût des dessins,
et l'impression des deux côtés, sont les qualités signalées par le jury départemental en faveur de ce
fabricant.

Le jury central, reconnaissant les qualités de ces
produits, vote une mention honorable à M. Paul
aîné.

M. Jean-Hyacinthe BOISMARD, à Rouen (Seine-Inférieure),

Expose des meubles au rouleau dont la fabrication est bonne et les prix très-modérés, aussi sont-
ils recherchés par les consommateurs, que cette
maison sert très-consciencieusement.

Le jury accorde une mention honorable à M. Boismard.

MM. BROQUETTE et LECOMTE, à Paris, rue de
l'Échiquier, 46,

Exposent des étoffes imprimées par un procédé
qu'ils assurent être tout nouveau. Le choix des
étoffes, la délicatesse des dessins et la vivacité des
couleurs ont fait remarquer ces tissus. Ces fabricants
impriment aussi les tissus de laine et laine coton.
Leurs produits sont généralement bien exécutés.

Cette maison ayant reçu depuis peu une nouvelle organisation, le jury lui vote une mention
honorable.

CITATIONS FAVORABLES.

A M. FAUCILLON, à Saint-Denis (Seine),

Pour des châles en soie, laine et cachemire, imprimés avec soin et avec de belles couleurs.

A MM. DEBIEUX frères, à Saint-Denis (Seine),
rue du Port, 15,

Pour des étoffes et châles imprimés, d'une bonne
fabrication.

M. BONAVION (Pierre), à Avignon (Vaucluse),

Fabrique des mouchoirs et des indiennes; il
expose également un échantillon de garance et de
garancine.

M. HEMET et Cte, à Rouen (Seine-Inférieure).

Le jury accorde une citation favorable aux impressions sur fils de coton de M. Hemet et compagnie.

ÉTOFFES IMPRIMÉES EN RELIEF.

RAPPELS DE MÉDAILLES DE BRONZE.

M. LHOTEL, à Paris, rue Sainte-Foy, 8.

La fabrication d'étoffes en relief a toujours été très-soignée chez M. Lhotel; il possède un atelier dans lequel il peut obtenir des étoffes de tout genre au moyen d'une machine à vapeur de 4 chevaux qui fait mouvoir 10 presses hydrauliques. M. Lhotel est de plus en plus digne de la médaille de bronze qu'il a obtenue en 1839; le jury la lui confirme.

M. CARRÉ, à Paris, rue Beauregard, 42,

A été distingué, en 1839, pour la bonne gravure de ses planches et l'exécution soignée de ses impressions. Il a perfectionné encore ses produits; on a remarqué dans son exposition un tapis fond noir à dessins blancs produits par le procédé des rongeants, comme essai. Le jury lui confirme la médaille de bronze obtenue à si justes titres en 1839.

MM. FANFERNOT et DULAC, à Belleville (Seine),

Exposent une collection variée de leur fabrication, sur une grande échelle, d'étoffes en relief pour tables, tapis, pianos et couvertures de meubles.

Ces étoffes sont bien exécutées; elles présentent les échantillons des produits journellement livrés à la consommation, qui apprécie la bonne fabrication de cette manufacture.

Le jury vote à MM. Fanfernot et Dulac le rappel de la médaille de bronze obtenue en 1839.

MÉDAILLE DE BRONZE.

M. RHEINS, à Paris, rue Saint-Martin, 223.

Il a obtenu une mention honorable en 1839; depuis lors une grande extension a été donnée à ses ateliers, dans lesquels une machine à vapeur de 8 chevaux met en activité 25 presses de différents genres. M. Rheins a perfectionné les impressions en relief, en pouvant imprimer les fonds en couleur pour varier les effets.

Il fabrique également des tissus imitant la tapisserie et le point de marque ; il les livre avec une grande diminution de prix.

Les étoffes imprimées en relief de toute nature, et les produits qu'il expose montrent qu'il les fabrique avec soin et solidité.

Le jury vote à M. Rheins une médaille de bronze.

MENTIONS HONORABLES.

M. GOBERT, à Paris, rue Saint-Jacques, 13,

Expose des tissus imprimés en relief qui sont bien exécutés et de bonne couleur; une mention honorable avait été donnée, en 1839, à M. Gobert: le jury lui accorde de nouveau cette récompense.

M. DESPRÉAUX, à Versailles (Seine-et-Oise),

Expose une collection très-bien exécutée d'étoffes de soie gravées en relief, et de cuirs vénitiens ; cette fabrication, plusieurs fois essayée déjà, a été reprise et perfectionnée par ce fabricant : on peut espérer que ses efforts seront couronnés de succès.

Le jury lui vote une mention honorable.

OMISSION A LA PAGE 91.

DRAPERIE.

MÉDAILLE DE BRONZE.

MM. VIMONT frères, à Elbeuf (Seine-Inférieure),

Exposent des articles de diverse nature, qui ont paru d'une fabrication distinguée ; le jury a principalement remarqué des draps castors surfoulés, une pièce drap noir n° 13436 et une pièce garance croisé quatre laines n° 13526, dont la qualité est fort belle.

Le jury leur décerne la médaille de bronze.

SIXIÈME PARTIE.

TISSUS DIVERS.

M. Blanqui, rapporteur.

PREMIÈRE SECTION.

TAPIS.

La fabrication des tapis ne s'est pas étendue, depuis la dernière exposition, hors des points qu'elle occupe sur notre territoire. Aubusson, Felletin, Tourcoing, Nîmes, Abbeville en sont toujours les foyers principaux ; mais ces foyers ont acquis une importance plus considérable, destinée à s'accroître encore, il faut l'espérer. Une production de tapis qui ne s'élève pas à plus de 8 millions de francs, pour suffire aux besoins d'une consommation comme la nôtre et à ceux de l'exportation, en vérité c'est bien peu, et il est permis de supposer que nos habiles fabricants dépasseront bientôt ce chiffre trop modéré. Les efforts qu'ils ont faits pour arriver à ce but sont fort louables : non-seulement ils ont cherché à perfectionner leurs procédés et à varier leurs dessins, mais quelques-uns d'entre eux ont tenté de s'ouvrir des voies nouvelles, en apportant un soin particulier à la confection des tapis ras pour tentures, portières et ameublements.

Ces efforts annoncent toutefois que la vieille industrie des tapis rencontre des obstacles difficiles à surmonter, soit dans les habitudes des populations, soit dans le prix élevé des produits, soit peut-être dans leur peu de durée. Il s'est répandu depuis quelques années, dans la consommation, une variété de tapis dits *écossais*, qui ne sont pas chers, assurément, mais qui durent si peu, que leur prix, quelque borné qu'il soit, est encore fort au-dessus de leur valeur. Les consommateurs sont très-disposés à appliquer à tous les genres de tapis les reproches fondés qu'on adresse au tapis écossais, grossier tissu qui déconsidère tous les autres, et dont le jury n'entend pas encourager la production à leur détriment. Les tapis ras d'Aubusson et les moquettes représentent seuls aujourd'hui la véritable fabrication française, toujours très-capable de livrer au commerce de magnifiques veloutés, mais qui en fait peu, à cause de leur prix élevé. C'est dans ces deux sortes de tapis que se sont manifestés à l'exposition les progrès les plus remarquables. Sans parler ici des œuvres si riches et si élégantes du premier de nos fabricants, qui siége dans le jury, tout le monde a été frappé de l'exécution admirable des portières présentées par M. Castel, qui a si dignement représenté et soutenu, après M. Ch. Sallandrouze, l'honneur de la fabrique d'Aubusson. La ville de Tourcoing et celle de Nîmes ont exposé des moquettes de différents styles, très-recherchées des étrangers, et qui ont valu à notre industrie d'importantes commandes.

Le caractère général des améliorations obtenues consiste dans un meilleur choix des matières, dans la vivacité des couleurs et dans la variété des dessins, plus que dans l'abaissement des prix. Le système de la fabrication est demeuré, à peu de chose près, tel qu'il était au commencement de ce siècle, et notre supériorité relative, c'est-à-dire celle que nous avons sur le reste de l'Europe, dépend surtout du goût de nos artistes, comme dans l'industrie des impressions sur étoffes. Le tapis dit de *la forêt vierge*, exposé par M. Ch. Sallandrouze et qui a été acheté par le roi de Prusse, en est un exemple frappant : c'est un simple tapis ras ; mais l'harmonie des couleurs en est si belle, le dessin si pur et l'originalité si heureuse, qu'on a fait peu d'attention à l'exécution, quoiqu'elle fût parfaite. Nous en dirons autant des moquettes de Tourcoing et de Nîmes, dans lesquelles la solidité s'unit toujours à tant de goût. Les fabricants de tapis français sont, avant tout, des artistes : tout ce qu'on leur achète pour l'étranger est œuvre d'art.

Il faut oser leur dire que ce n'est là, pourtant, que la moitié de leur tâche, et qu'ils ne seront des fabricants complets, des fournisseurs de la grande consommation, que lorsqu'ils auront concilié la beauté de leurs produits avec le bon marché qui en assure l'écoulement certain. Dans l'état actuel des affaires, la plus forte production individuelle ne dépasse pas 800,000 fr. par année, et la plupart des fabricants n'atteignent pas le taux de 300,000 fr. De pareils chiffres annoncent bien clairement que la fabrication des tapis, en France, n'a pas encore dit son dernier mot.

Sans vouloir soulever à ce sujet aucune question de théorie, peut-être est-il permis de demander si la double influence, en sens inverse, du tarif de 22 pour 100 sur les laines et des droits énormes qui pèsent sur les tapis étrangers, n'a pas constitué à la fabrication des tapis français une position trop artificielle. Le droit sur les laines est à la valeur; celui des tapis est au poids : qui sait ce qu'une telle combinaison a pu produire jusqu'ici sur le mouvement et sur les habitudes de la consommation ? Il y a certainement plus d'une cause à étudier dans ce phénomène étrange d'une production aussi médiocre pour une population de 34 millions d'hommes, qui s'enrichit tous les jours; surtout lorsqu'on voit que cette production semble chercher un refuge dans la fabrication des tentures, et se créer un avenir si différent de son passé.

En attendant, le jury ne saurait trop encourager les efforts qui ont été faits pour maintenir l'industrie des tapis au rang qu'elle occupe et pour lui ouvrir des débouchés nouveaux. Le jury a de l'ambition pour cette belle industrie plus qu'elle ne semble en avoir elle-même, et il espère que la libéralité de ses récompenses saura l'exciter à de plus énergiques tentatives. Il est à désirer que les fabricants se vouent principalement au culte de l'utile, et qu'ils fortifient leurs tapis ras, leurs moquettes et leurs jaspés, tout en les embellissant. Aujourd'hui leurs frais généraux sont énormes, eu égard à la modeste consommation chargée d'y faire face; aussitôt que celle-ci s'accroîtra, les produits baisseront de prix, et les profits croîtront avec les salaires. Toute la question est là. Il faut que les fabricants de tapis fassent ce qu'ont fait les imprimeurs sur étoffes, les filateurs, les fabricants de drap. N'a-t-on pas vu, depuis quelques années, augmenter avec une rapidité extrême la demande des foyers, des descentes de lit, des petits tapis haute laine, parce qu'ils étaient bien confectionnés et pas trop chers? Le jury se flatte qu'une ère semblable ne tardera pas à s'ouvrir pour les tapis grand format de tout genre, et c'est dans cet espoir qu'il a décerné les récompenses qui vont suivre.

EXPOSANT HORS DE CONCOURS.

M. Charles SALLANDROUZE-LAMORNAIX, à Aubusson (Creuse), et à Paris, boulevard Poissonnière, 23,

A exposé cette année, comme aux expositions précédentes, les plus beaux tapis qui soient sortis des ateliers de Felletin et d'Aubusson. Hors de concours par sa position de membre du jury, comme il le serait par la supériorité de ses produits, M. Ch. Sallandrouze n'en a pas moins voulu contribuer à l'éclat de l'exposition de 1844, où son magnifique tapis de l'Hôtel-de-Ville et celui qui a produit une si vive sensation sous le nom de *Forêt vierge*, ont occupé le premier rang. M. Sallandrouze a aussi exposé des portières d'un fini exquis, des moquettes remarquables par leur éclat et leur solidité, des veloutés, des tapis haute laine, et généralement tout ce qui compose le plus bel assortiment en ce genre.

Le jury lui exprime sa haute satisfaction pour sa persévérance à maintenir l'industrie des tapis dans la bonne voie, par la puissance de l'exemple et par l'excellente direction qu'il n'a cessé de lui imprimer.

RAPPEL DE MÉDAILLE D'OR.

MM. VAYSON et Cie, à Abbeville (Somme).

M. Vayson a obtenu la médaille d'or en 1839 et

la médaille d'argent aux expositions précédentes. Les produits qu'il a exposés cette année, fort admirés des connaisseurs, ont dignement soutenu la réputation de M. Vayson et justifié de tout point la haute récompense dont ce fabricant distingué a été l'objet.

Le jury lui décerne le rappel de la médaille d'or.

***

MÉDAILLES D'OR.

M. Émile CASTEL, à Aubusson (Creuse),

Qui expose pour la première fois, s'est élevé, dès son début d'exposant, aux premiers rangs de la fabrique. Ses produits se distinguent particulièrement par l'excellent choix des matières, par la finesse et par la perfection dans l'exécution. Les quatre portières qu'il a exposées n'ont rien laissé à désirer : heureuse harmonie des couleurs, sujet bien entendu, tissu fin et solide, admirable effet de l'ensemble, rien n'y manquait, et le fabricant qui a produit pour son coup d'essai des produits d'une telle valeur mérite d'être proclamé digne du premier rang qu'il a su occuper.

Le jury lui décerne la médaille d'or.

M. Henri LAURENT, à Amiens (Somme),

Est un de nos plus habiles fabricants de tapis. Tout le monde connait l'heureuse impulsion qu'il a donnée à cet article, la bonne qualité de ses tapis ras, le goût exquis de ses moquettes, et surtout le zèle consciencieux qu'il apporte dans les moindres détails de sa fabrication. Le jury central qui lui a décerné une médaille d'or pour d'autres succès non moins légitimes, signale ici pour mémoire les services rendus par cet honorable fabricant, dont l'intelligence et l'activité suffisent à toutes les affaires.

MM. FLAISSIER frères, à Nîmes (Gard).

L'industrie des tapis a fait de grands progrès à Nîmes depuis quelques années, grâce au zèle et à l'esprit inventif de cette ville, en tête desquels l'opinion générale a placé MM. Flaissier frères. Ces honorables industriels ont débuté, en 1837, par la fabrication des tapis écossais qu'ils jugèrent bientôt insuffisants, et ils introduisirent, en 1838, dans la ville de Nîmes le travail des moquettes, jusqu'alors concentré dans les manufactures du centre et du nord. Le jury récompensa, en 1839, cette tentative hardie par une médaille d'argent, et depuis lors, MM. Flaissier frères n'ont cessé de multiplier leurs efforts. C'est ainsi qu'ils ont ajouté à leur fabrication les étoffes pour portières, tentures et meubles, laine et soie, où ils excellent, les tapis moquettes pour meubles, les moquettes bouclées ou veloutées dites *impériales*, des tapis veloutés haute laine, fabriqués par un procédé particulier, dont nous avons pu apprécier la belle qualité sur un petit échantillon. Leurs tapis, dits français, imitant la tapisserie à la main, ont eu beaucoup de succès. En un mot, MM. Flaissier frères sont doués de l'esprit d'invention, d'activité et de persévérance qui caractérise les grands fabricants; le jury leur décerne une médaille d'or.

RAPPEL DE MÉDAILLE D'ARGENT.

MM. PARIS frères, à Aubusson (Creuse),

Ont obtenu la médaille de bronze en 1834 et la médaille d'argent en 1839. Ils ont exposé cette année deux tapis très-bien exécutés et quelques devants de canapé, haute laine, de la plus belle confection et d'une excellente qualité.

Le jury décerne le rappel de la médaille d'argent à ces habiles et modestes fabricants.

NOUVELLES MÉDAILLES D'ARGENT.

M. BELLAT aîné, à Aubusson (Creuse),

Dont l'établissement remonte à 1819, possède 12 métiers, entretient 35 ouvriers et fabrique des tapis pour une valeur de 60 mille fr. par année; le jury lui a accordé, en 1839, une médaille d'argent. Le jury de 1844 lui en accorde une nouvelle, justifiée sous tous les rapports, par la bonne qualité et le bon goût des produits que M. Bellat a exposés cette année.

MM. ROUSSEL, RÉQUILLART et CHOCQUEL, à Tourcoing (Nord),

Entretiennent 100 métiers consacrés à la fabrication des moquettes supérieures et ordinaires, et des tapis de foyers. Ils sont très-avantageusement connus pour la bonne qualité de leurs produits, fort répandus et goûtés dans la consommation. Ceux qu'ils ont exposés cette année se recommandaient par des qualités plus remarquables encore qu'aux expositions précédentes. Le jury leur décerne une nouvelle médaille d'argent comme un témoignage de sa satisfaction pour leur persévérance dans la voie du progrès.

MÉDAILLES D'ARGENT.

MM. LECUN frères et Cie, à Nîmes (Gard).

Après MM. Flaissier frères et presque sur la même ligne, la ville de Nîmes compte parmi ses plus ingénieux fabricants MM. Lecun et compagnie qui ont obtenu, en 1839, une médaille de bronze. MM. Lecun exécutent dans leurs ateliers tous les travaux préliminaires qui se rattachent à la fabrication des tapis, préparation de la laine, filature, teinture, etc. Leur établissement de teinture a beaucoup contribué au développement de l'industrie Nîmoise. MM. Lecun se sont livrés avec succès à la fabrication des tapis jaspés, et ils ont abordé avec la même distinction le travail des moquettes. L'importance de leur établissement, si vaste, si varié, si complet; l'atelier de teinture dont ils ont doté les premiers la ville de Nîmes, et la haute intelligence avec laquelle ils le dirigent ont paru au jury des titres dignes de la médaille d'argent qu'il leur décerne.

M. J.-J. SALLANDROUZE, à Aubusson (Creuse),

Expose des tapis écossais, des tapis ras et des jaspés très-bien exécutés et d'une fabrication courante, à des prix modérés. Ce fabricant s'est constamment efforcé de répondre aux besoins de la consommation par une production régulière, soignée dans les détails et dans le choix des matières. Le jury lui décerne une médaille d'argent.

RAPPELS DE MÉDAILLES DE BRONZE.

M. Alexis SALLANDROUZE, à Aubusson (Creuse),

A obtenu en 1834 une médaille de bronze. Il a exposé cette année un tapis ras, sujet oriental, dont les accessoires ont été exécutés avec soin, et font le plus grand honneur à son habileté.

Le jury lui décerne le rappel de la médaille de bronze.

MM. BELLANGER père et Cie, à Tours (Indre-et-Loire),

Ont obtenu en 1839 le rappel de la médaille de bronze pour la bonne confection et le prix modéré de leurs produits. Ceux qu'ils exposent cette année ont paru dignes d'attention au jury, qui accorde à MM. Bellanger père et Cie le rappel déjà décerné en 1839.

NOUVELLE MÉDAILLE DE BRONZE.

MM. RÉDARÈS frères, à Nîmes (Gard),

Ont contribué pour une bonne part au développement que la fabrication des tapis a pris dans cette ville. Ils se livrent au travail des tapis écossais et des moquettes. Ils ont pris, depuis quelque temps, un brevet d'invention pour la fabrication d'un tapis qu'ils nomment *linewool*, mêlé, selon certains procédés, de fil et de laine, et dont l'effet est agréable à l'œil. Le jury décerne à MM. Rédarès frères une nouvelle médaille de bronze.

MÉDAILLES DE BRONZE.

MM. DEMY-DOINAUD et Cie, à Aubusson (Creuse),

N'ont fondé leur établissement à Aubusson qu'en 1843. Ils étaient jusque-là d'habiles négociants, dont l'intelligence et l'activité servaient d'une manière très-efficace les intérêts de la fabrication des tapis. La grande expérience qu'ils ont de cet article, dont leur maison de Paris possède d'immenses assortiments, a dû nécessairement contribuer au succès de leur manufacture, encore peu développée aujourd'hui, mais appelée à s'étendre. Le jury décerne à M. Demy-Doinaud une médaille de bronze.

M. TABARD aîné, à Aubusson (Creuse),

Dont la fabrique est fort ancienne, expose pour la première fois. Le nombre de ses métiers n'est pas très-considérable; mais ses produits sont très-recherchés à cause de leur beauté, de leur éclat et surtout de leur bon marché. Le jury décerne à M. Tabard aîné une médaille de bronze.

MM. VAYSON, PORET et Cie, à Paris, rue du faubourg Saint-Jacques, 53,

Ont exposé des tapisseries fabriquées par un nouveau procédé importé d'Allemagne, depuis un an environ.

Le jury, voulant récompenser les efforts et les perfectionnements qu'ils ont apportés dans cette nouvelle industrie, accorde à ces fabricants une médaille de bronze.

MENTIONS HONORABLES.

MM. COUMERT, CARRETON et CHARDON-NAUD, à Nîmes (Gard),

Exposent pour la première fois des tapis. Le genre auquel ils se sont voués est une étoffe exactement semblable à celle des tapis riches d'Aubusson, et fabriquée sur le métier ordinaire, au lieu d'être le produit de la haute lice. La chaîne et la trame de cette étoffe présentent une grande solidité. Le broché relié à l'envers la fortifie beaucoup et peut dispenser de l'emploi des thibaudes. Le jury accorde à MM. Coumert, Carreton et Chardonnaud une mention honorable.

Il accorde également une mention honorable à MM.

BARBAZA et Cie, à Bellon-sur-Somme (Somme);

Frédéric COULET, à Nîmes (Gard);

Antoine GAUSSINEL, à Clermont - l'Hérault (Hérault);

HATTAT, à Paris, rue Richelieu, 81;

LAVAL et SAUREL, à Nîmes (Gard);

Pour la bonne qualité de leurs produits. Le jury espère que les établissements de ces honorables fabricants, de fondation très-récente, acquerront bientôt des développements dignes d'une plus haute récompense.

CITATION FAVORABLE.

M. DENNEBECQ, à Paris, rue Saint-Nicolas-d'Antin, 56,

Sait raviver les couleurs des vieux tapis de la savonnerie, des tapis veloutés, des tapis haute laine, et les remet à neuf par un procédé dont il n'est pas l'inventeur, mais qu'il exploite avec beaucoup d'intelligence. Il a exposé des échantillons dont une partie demeure frappée de vétusté, tandis que la partie restaurée brille de tout l'éclat de la nouveauté.

Le jury accorde une citation favorable à M. Dennebecq.

DEUXIÈME SECTION.

TAPISSERIES AU MÉTIER ET A L'AIGUILLE.

Cette modeste industrie reprend faveur. On peut la diviser en deux parties bien distinctes : les tapisseries au métier et les tapisseries à la main. Les premières n'ont pas seules de l'importance pour les procédés plus expéditifs de leur exécution, et si l'on en jugeait par le nombre des exposants, la tapisserie à l'aiguille l'emporterait sur sa rivale. Celle-ci a pris une extension qui tend à s'accroître par le perfectionnement des instruments du travail, tels que métiers à broder, finesse et bon teint de la laine, variété des modèles, etc. La tapisserie à l'aiguille est plus chaude, plus douce et aussi solide que la tapisserie au métier, et quoiqu'elle paraisse être exécutée le plus souvent par des personnes appartenant aux classes aisées, elle offre néanmoins des ressources importantes aux femmes pauvres qui sont chargées de commencer sur le canevas la tâche qui s'achève par des mains plus fortunées.

RAPPEL DE MÉDAILLE DE BRONZE.

M. ROUGET-DELISLE, à Paris, passage des Petites-Écuries, 15 et 20,

A obtenu une médaille de bronze en 1839 pour ses utiles travaux sur les couleurs, d'après la théorie de M. Chevreul. Il expose cette année des tapisseries fabriquées selon ce système et d'un effet très-agréable.

Le jury lui a décerné, à l'occasion du rapport sur les machines, le rappel de la médaille de bronze.

MÉDAILLE DE BRONZE.

MM. DEMY-DOINAUD et Cie, à Paris, rue Vivienne, 16, et à Aubusson (Creuse),

Ont reçu en 1839, pour leurs divers produits, une mention honorable, que le jury a remplacée cette année par une médaille de bronze pour leurs belles tentures. Les tapisseries figurent aussi au premier rang parmi les produits exposés par ces messieurs. Le jury rappelle cette circonstance comme un nouveau titre pour MM. Demy-Doinaud à la décision honorable dont ils ont été l'objet.

Mademoiselle CHANSON et Cie, à Paris, rue Sainte-Anne, 51 *bis*,

Est l'auteur d'un métier à tapisseries très-simple et très-ingénieux, à l'aide duquel le canevas peut être fixé et tendu dans tous les sens d'une manière égale et solide, par la seule action d'une vis placée à portée de l'ouvrière. La manœuvre de ce métier est très-facile, et il en résulte une grande économie de temps et une grande perfection de travail. Mademoiselle Chanson a trouvé également un nouveau moyen de reproduire toutes les fleurs sur un canevas, sans recourir aux dessins quadrillés qu'on tirait précédemment de Berlin. Le jury lui décerne une médaille de bronze.

MENTIONS HONORABLES.

Le jury accorde une mention honorable à MM.

PÉRILLIEUX-MICHELEZ, à Paris, rue des Lombards, 41,

En raison de l'excellente exécution de ses tapisseries et surtout du riche assortiment de ses produits ;

Et BUCHER, à Paris, boulevard Montmartre, 15.

CITATIONS FAVORABLES.

A Mademoiselle **GÉRARD**, à Paris, rue Saint-Honoré, 333.

A M. HELBRONNER, à Paris, ruede la Paix, 10,
Et à M. JOLY, à Paris, rue Saint-Denis, 381.

TROISIÈME SECTION.

DENTELLES, TULLES, BRODERIES.

Les dentelles, les tulles et les broderies ont
vivement frappé l'attention publique, à l'exposition de cette année. Ces élégants produits y figuraient en grand nombre et avec une variété remarquable tout à la fois sous le rapport du goût
et de l'exécution. Aucun département n'a manqué à l'appel, et nous avons vu avec plaisir reparaître le point d'Alençon qui semblait oublié,
les valenciennes et plusieurs autres dentelles
spéciales, dont la cherté croissante avait jusqu'à
ce jour considérablement restreint la consommation. Cependant, le fait capital de l'exposition,
en ce qui concerne cette gracieuse industrie,
c'est l'invasion du tulle et la transformation rapide des dentelles de fil en dentelles de coton.
L'originalité française a fait place à l'*imitation*,
et l'exposition regorgeait d'imitations d'Angleterre, d'imitations belges, d'imitations et d'*applications* de tout genre, et même d'*imitations*
françaises. Est-ce un bien? est-ce un mal? L'avenir seul décidera. Les affaires de l'industrie ne

se gouvernent pas par les mêmes règles que celles de l'art : toutes les fois que, par une cause quelconque, la consommation change de route, la tâche du fabricant est de suivre ses traces et de sauver les intérêts du travail, sur quelque matière qu'il s'exerce. Quelque supériorité que les belles dentelles de fil aient sur les dentelles de coton, si les valenciennes et les points d'Alençon qui reparaissent heureusement venaient à disparaître, il faudrait bien se réfugier dans la production du tulle, et s'applaudir d'avoir trouvé un asile pour nos ouvrières déshéritées.

Telle est, en effet, la tendance actuelle des choses, en dépit des efforts habiles et persévérants de nos fabricants de dentelles. Grâce aux progrès de la filature, les cotons retors sont aujourd'hui si parfaits dans les numéros appropriés, que leur apparence est égale à celle des plus beaux fils de mulquinerie, et qu'ils servent à produire des réseaux d'une perfection égale à celle des plus riches dentelles. L'œil exercé des femmes ne peut les distinguer qu'à l'aide d'une attention minutieuse; l'aspect est absolument le même, et comme il ne s'agit point d'un tissu qui serve de vêtement, la matière importe peu, dès que la vue, j'ai presque dit la vanité, est satisfaite. Si l'on considère, en outre, qu'à l'aide du coton on peut fabriquer, au prix de dix à quinze francs le mètre, des tulles assez richement brodés pour remplacer les dentelles de fil de cent francs et même de cent cinquante francs le mètre, on comprendra la vogue désormais assurée des imitations de tout genre et le remplacement général des fils de mulquinerie qui coûtent cinq mille francs le kilogramme, par les retors de coton, beaucoup plus aisés, d'ailleurs, à travailler. Les blondes de soie ne se sont pas relevées de l'abandon où elles sont tombées, et l'on n'en fabrique plus guère que pour l'exportation.

Affirmons donc hardiment, sans en faire de reproche à personne, mais aussi pour éviter une erreur volontaire, que les fils de coton se sont glissés partout, même dans les dentelles jusqu'à ce jour les plus intègres, telles que le point d'Alençon et les belles valenciennes. Il ne faut pas s'en plaindre : elles dureront moins et on en fera davantage. Le blanchissage les empêchera de se transmettre de siècle en siècle avec les héritages, et les ouvrières de nos jours ne seront pas privées de travail par la perfection du travail de leurs mères. Qu'il nous suffise de dire que la fabrication des tulles s'élève aujourd'hui à plus de dix millions de francs par année, c'est-à-dire à plus du triple de celle des dentelles. Elle prend de jour en jour une extension plus considérable et plus rapide. Le tulle se fabrique sur une lar-

geur de quelques centimètres et sur une longueur
de plusieurs mètres ; on le brode, on le broche,
on le façonne avec une grande facilité, et l'heureuse application du métier à la Jacquart, sans
parler des métiers spéciaux, permet d'obtenir le
réseau avec la rapidité de la toile, aux prix les
plus modérés.

Tout en s'applaudissant du mouvement qui
règne dans cette industrie d'importation récente,
le jury a vu avec satisfaction la reprise de certains articles de fabrication éminemment française, tels que le point d'Alençon, les valenciennes, les dentelles de Bayeux dont plusieurs exposants ont envoyé de magnifiques échantillons.
Peut-être même faut-il attribuer cette recrudes-
cence à l'invasion des tulles, car nous ne croyons
pas que le strass ait nulle part remplacé le dia-
mant ni altéré sa valeur. Nous nous félicitons
qu'il reste encore un peu de travail individuel au
foyer domestique, et que les dentelles de fil offrent de nouvelles ressources aux filles et aux
femmes qui craignent le séjour des grands ateliers en commun. Nous en dirons autant du progrès des broderies, constaté cette année par de
ravissantes productions, peut-être plus admirées
des étrangers que de nous-mêmes, et qui donnent
lieu chaque jour à des commandes importantes.
Le mouvement de nos affaires s'est accru, en ce

genre, dans des proportions inouïes, et nous pourrions citer tel fabricant de broderies qui dépense plus de trente mille francs par an, rien qu'en enveloppes de carton pour expédier ses produits en Amérique, produits qui consistent en robes, en collerettes, en fichus brodés où le travail est tout et la matière première presque rien. Le jury n'a pas accordé à ces utiles industriels des récompenses de l'ordre le plus élevé; mais les médailles plus modestes qu'il décerne à plusieurs fabricants de dentelles, de tulles et de broderies, témoignent hautement de sa sollicitude et de sa sympathie pour leurs efforts.

RAPPELS DE MÉDAILLES D'OR.

M. CLÉRAMBAULT, à Alençon (Orne),

A obtenu en 1839 le rappel de la médaille d'or qui lui avait été décernée en 1827 pour l'ensemble de ses produits, parmi lesquels figuraient des dentelles dites *points* d'Alençon. Les sept pièces qu'il a exposées cette année sont remarquables par la finesse, l'extrême régularité et la solidité du fonds. Le jury décerne à M. Clérambault le rappel de la médaille d'or.

MM. LEFÉBURE et sœur et PETIT, à Bayeux (Calvados),

Ont obtenu, sous le nom de madame veuve Carpentier, la médaille de bronze en 1819, celle d'argent en 1823, celle d'or en 1827 pour les progrès constants de leur fabrique de dentelle de fil et de blondes de soie. Les objets nombreux qu'ils ont présentés au concours de 1844, nommément une aube et une robe en dentelle de fil, ont été fort admirés, ainsi qu'une châle noir et une mantille du plus beau travail. Cette maison soutient dignement la réputation de la fabrique de Bayeux. Le jury lui décerne le rappel de la médaille d'or.

RAPPELS DE MÉDAILLES D'ARGENT.

M. D'OCAGNE, à Alençon (Orne),

A obtenu en 1819 une médaille d'argent qui lui fut rappelée à toutes les expositions suivantes. Il expose cette année dix échantillons de point d'Alençon, qui sont très-distingués par des qualités diverses et surtout par la modération de leurs prix. Le jury décerne à M. d'Ocagne le rappel de la médaille d'argent.

M. Théodore FALCON, au Puy (Haute-Loire),

A obtenu en 1839 la médaille d'argent pour avoir créé dans le département de la Haute-Loire une fabrique de dentelles dont il s'attache à étendre tous les jours l'importance et à varier les produits. Celles qu'il a présentées cette année attestent de plus en plus l'esprit inventif de ce fabricant distingué, l'un de ceux qui ont le plus contribué au succès des dentelles dans ces derniers temps. Le jury lui décerne le rappel de la médaille d'argent.

NOUVELLE MÉDAILLE D'ARGENT.

M. le baron MERCIER, à Alençon (Orne),

A obtenu plusieurs médailles d'argent aux diverses expositions précédentes, et il a puissamment contribué dans ces derniers temps à la reprise de faveur dont jouit en ce moment le point d'Alençon, qui n'avait pas paru aux expositions depuis 1823. Le jury décerne à M. le baron Mercier une nouvelle médaille d'argent.

MÉDAILLES D'ARGENT.

MM. VIDECOQ et SIMON, à Alençon (Orne),

Ont exposé des dentelles point d'Alençon, d'une élégance, d'un goût et d'une vigueur d'exécution fort remarquables. Le jury leur accorde une médaille d'argent.

M. LEBOULANGER, à Bayeux (Calvados), et à Valenciennes (Nord),

A exposé un manteau en dentelle de fil remarquable par le bon goût du dessin et la richesse de l'exécution. Tous ses articles se font distinguer par la réunion des qualités les plus recherchées dans ce genre de travail, auquel M. Leboulanger occupe environ 800 ouvrières. Le jury lui décerne une médaille d'argent.

M. VIOLART, à Courceulles (Calvados),

Aussi habile artiste que sérieux fabricant, est un

des hommes qui ont lutté avec le plus d'énergie dans les mauvais jours de l'industrie des dentelles, et il a puissamment contribué à relever cet article du discrédit où il était tombé. Il expose cette année des produits très-variés, très-riches et très-beaux, dentelles de Bayeux, imitations de Bruxelles, châles, voiles et robes en dentelle noire, applications d'Angleterre, qui proviennent de sa fabrique de Courceulles, et qui, malgré leur belle confection, n'ont pas été fabriquées pour l'exposition. M. Violart avait obtenu, en 1834, la médaille de bronze; le jury lui décerne une médaille d'argent.

M. DOGNIEN, à Lyon (Rhône),

Est le premier fabricant de cette ville dans sa spécialité, et surtout par la variété et l'originalité de ses produits, toujours appropriés au goût des consommateurs, gracieux, élégants, agréables à la vue et remarquables par un caractère qui leur est propre. Le jury a distingué son tulle, dit de France, qui est la première application de la mécanique Jacquart au métier anglais de tulle bobin; il décerne à M. Dognien une médaille d'argent.

MM. HERBELOT fils et GENET-DUFAY, à Calais (Pas-de-Calais),

Sont à la tête de l'industrie calaisienne des tulles, qui a pris une si grande extension depuis quelques années. Les produits qu'ils ont exposés, exécutés avec une grande netteté, dans des proportions hardies et à des prix très-modérés, ont paru dignes de la médaille d'argent.

RAPPELS DE MÉDAILLES DE BRONZE.

Madame Marie HOTTOT et Cᵗᵉ, à Paris, place de la Bourse, 12,

A exposé des dentelles et des blondes. En 1839, le jury a accordé à madame Marie Hottot le rappel d'une médaille de bronze décernée en 1834; il s'empresse de lui renouveler aujourd'hui ce rappel.

M. HULOT, à Paris, rue du Dauphin, 10,

A exposé des dentelles et des imitations sur tulle. Le jury confirme à M. Hulot la médaille de bronze qui lui a été décernée en 1823, et rappelée en 1827, sous la raison Hulot, Larminat et Prat.

MÉDAILLES DE BRONZE.

M. CHAMPAILLE, à Calais (Pas-de-Calais),

A exposé une voilette et une écharpe fort belles, et des pièces de tissus pour robes. Ce fabricant est un des plus habiles de la ville de Calais, cette métropole des tulles. Le jury lui décerne une médaille de bronze.

M. PEARSON, à Calais (Pas-de-Calais),

A envoyé à l'exposition une caisse assortie de tous les produits de sa fabrique, imitations de Valenciennes, guipures, tulles brodés, admirablement confectionnés. Le jury lui décerne une médaille de bronze.

M. DUPAS KOËL, à Mirecourt (Vosges),

L'un des fabricants les plus distingués de la ville de Mirecourt; il a beaucoup contribué à redonner de l'élan à la fabrication, et les produits qu'il a exposés ont été généralement remarqués pour leur finesse, leur belle exécution, le bon choix des matières.

Le jury décerne à M. Dupas Koël une médaille de bronze.

M. AUBRY-FABVREL, à Mirecourt (Vosges),

A exposé divers échantillons qui témoignent des progrès que cet honorable industriel a fait faire à la fabrique.

Le jury lui décerne une médaille de bronze.

M. TORCAPEL, à Caen (Calvados),

Expose pour la première fois des tulles brodés de la fabrique de Caen, du goût le plus pur. Les connaisseurs ont particulièrement remarqué la grâce et la légèreté de ses dessins, la régularité des mailles, l'aspect avantageux du réseau.

Le jury accorde à M. Torcapel une médaille de bronze.

M. GEFFROTIN, à Paris, rue de Cléry, 13,

A envoyé à l'exposition divers objets, tels que robes, écharpes, châles, mantelets, aubes, parfaitement exécutés et qui témoignent de son habileté dans les divers genres dont se compose son industrie.

Le jury accorde à M. Geffrotin une médaille de bronze.

MENTIONS HONORABLES.

Le jury décerne une mention honorable à MM.

AUBRY frères, à Mirecourt (Vosges),

JOUVET-PARDINEL, à Viverols (Puy-de-Dôme),
SÉGUIN, au Puy (Haute-Loire),
Mesdemoiselles VILLAIN, à Caen (Calvados),
M. RENAUDET-COGNAC, à Chatellerault
(Vienne).

Broderies.

MÉDAILLES D'ARGENT.

MM. WISNICK, DOMAIRE et ARMONVILLE, à
Paris, rue Richelieu, 104,

N'ont exposé que de simples échantillons tirés de
leurs riches magasins, tels que châles brodés à l'aiguille, écharpes, robes de mousseline, mouchoirs
brodés, etc. Mais ces produits ne laissent rien à désirer. Ils en exportent pour plus de 500,000 fr. par
année, et ils en fabriquent pour plus de 1 million.
Le jury leur décerne une médaille d'argent.

M. LINARD, à Paris, place des Victoires, 12,

Est l'auteur de ce beau châle brodé sur crêpe de
Chine, qui est regardé par tous les hommes compétents comme un chef d'œuvre de fabrication. Les
autres articles de M. Linard ne sont pas moins remarquables et motivent la récompense dont ce fabricant est l'objet. Le jury lui décerne une médaille
d'argent.

RAPPEL DE MÉDAILLE DE BRONZE.

M. BIAIS, à Paris, rue du Pot-de-Fer-St-Sulpice, 4,

A obtenu, en 1839, une médaille de bronze dont
le jury lui vote le rappel.

NOUVELLE MÉDAILLE DE BRONZE.

M. DREUILLE, à Paris, rue Grange-Batelière, 17,

A obtenu, en 1839, une médaille de bronze pour le développement qu'il avait donné alors à l'industrie des broderies. L'importance que sa maison a acquise détermine le jury à lui accorder une nouvelle médaille de bronze.

MÉDAILLES DE BRONZE.

M. PERSON, à Paris, rue Montmartre, 95,

A exposé des broderies fort remarquables aussi par leur belle exécution. Le jury lui décerne une médaille de bronze.

Mesdemoiselles BEAUVAIS et Cie, à Paris, rue Vivienne, 57,

Ont fait de grands progrès depuis 1839 dans leur industrie, nous allions dire dans leur art. Le manteau de cour qu'elles ont exposé, les trois robes brodées, et divers autres échantillons ont paru admirablement exécutés. Le jury accorde à mesdemoiselles Beauvais une médaille de bronze.

Mesdames WOTOUSKI et MAUFUS, à Aubusson (Creuse),

Ont fondé à Aubusson une véritable école de broderie qui est destinée à acquérir une grande extension et dont les produits ont paru parfaitement exécutés. Le jury leur décerne une médaille de bronze.

MENTIONS HONORABLES.

Le jury accorde une mention honorable à

Mademoiselle Léonie HORRER, à Nancy (Meurthe) ;

M. BEUQUE et sœurs, à Lyon (Rhône);

MM. DRAPS et GOUDENOVE, à Paris, rue Vivienne, 31.

QUATRIÈME SECTION.

GAZES ET TISSUS DE SOIE POUR BLUTERIE.

RAPPEL DE MÉDAILLE D'OR.

M. HENNECART, à Paris, rue de Provence, 16,

A obtenu, en 1839, une médaille d'or pour ses gazes de soie à bluter les farines. Le jury lui en décerne le rappel.

RAPPEL DE MÉDAILLE D'ARGENT.

MM. COUDERC (Antoine) et SOUCARET fils, à Montauban (Tarn-et-Garonne),

Déjà récompensés pour le même produit.

MÉDAILLE DE BRONZE.

MM. BONNAL et Cie, à Montauban (Tarn-et-Garonne),

Se présente avec des produits dignes d'intérêt, mais dont la création en France appartient à ses prédécesseurs. Le jury décerne à M. Bonnal une médaille de bronze.

CINQUIÈME SECTION.

TISSUS DE VERRE.

NOUVELLE MENTION HONORABLE.

MM. DUBUS (Théodore) et Cⁱᵉ, à Paris, rue du Faubourg-Saint-Denis, 190,

A obtenu une mention honorable, en 1839, pour ses tissus dits de verre, imitant le brocard de soie. Le jury avait cru devoir garder sur la valeur de cette fabrication une sage réserve ; il accorde à M. Dubus une nouvelle mention honorable.

NON-EXPOSANTS.

MÉDAILLE D'OR.

M. Jean-Antoine ARNAUD, mécanicien, à Lyon (Rhône).

Le jury du Rhône recommande d'une manière toute spéciale cet habile mécanicien pour l'invention du procédé qui porte aujourd'hui son nom. Le procédé Arnaud est un grand service public rendu non-seulement à l'industrie lyonnaise, mais encore à toutes les industries qui emploient la soie ou tout autre filament.

Ce procédé a pour but d'apprécier et de constater avec la plus grande exactitude le rendement des filaments confiés à la teinture ou à l'ouvraison, et par conséquent de prévenir ou de reconnaître les soustractions qui pourraient avoir lieu.

Pour faire apprécier l'importance de cette découverte, il suffit de rappeler que la soie peut, à la
teinture, perdre 3o pour 100 de son poids, ou
prendre jusqu'à 85 pour 100 de surcharge.

Cette grande marge dans le rendement à la teinture de cette précieuse matière a, de temps immémorial, été la source de graves et coupables abus.
Pour en donner une idée, nous ne croyons pouvoir
mieux faire que de citer l'extrait suivant d'un mémoire rédigé *en 1772 par les syndics, maîtres-
gardes, inspecteurs-royaux et contrôleurs jurés
de la grande fabrique d'or, d'argent et de soie de
la ville de Lyon au sujet d'un fait de piquage
d'once.*

« Le piquage d'once, y est-il dit, coûte chaque
» année plus d'un million au commerce. Ce n'est
» rien encore, mais il discrédite absolument nos
» manufactures par la défectuosité dans la fabrica-
» tion et la couleur des étoffes faites avec des soies
» restreintes et inégales. »

Si en 1772, avec environ 10,000 métiers, le piquage d'once s'élevait à un million, on peut sans
exagération l'évaluer aujourd'hui, avec nos 50,000
métiers, avec nos progrès en chimie et l'insuffisance des moyens de répression, à plus de 6 millions pour les fabriques de Lyon seulement. A quel
chiffre ces coupables soustractions ne l'élèveraient-
elles pas si on pouvait faire pour les fabriques de
Saint-Étienne, Saint-Chamond, Nîmes, Avignon,
Paris et la Picardie l'appréciation approximative
qui vient d'être faite pour celles de Lyon?

Pour combattre cette plaie hideuse, une société

de fabricants s'est constituée à Lyon; elle a pris pour base de ses opérations le procédé Arnaud dont elle a déjà pu constater l'heureuse influence.

Malgré la simplicité, l'économie, et surtout à cause de l'efficacité de son procédé, il a fallu à cet artisan honorable, douze ans de lutte énergique contre l'indifférence, les préventions et les coupables manœuvres des intérêts qu'il venait attaquer.

Toutefois on est heureux de faire observer ici que beaucoup de teinturiers honnêtes ont accueilli avec joie le procédé Arnaud, parce qu'il les délivre non-seulement d'une ruineuse concurrence, mais aussi du soupçon qui pesait sur l'industrie de la teinture en général.

Depuis un an seulement, à l'époque de l'organisation de la *société de garantie* contre le piquage d'once, Arnaud reçut d'elle une rémunération, et cependant le brevet qui lui garantit la propriété de son procédé expire dans deux ans.

Le jury croit faire un acte de haute justice en décernant à Jean Arnaud la médaille d'or.

Il désire que l'éclat de cette récompense contribue à la propagation de son procédé dans toutes les fabriques de France.

M. ROUSSY, chef d'atelier, à Lyon (Rhône).

Pour le récompenser des utiles inventions dont il avait doté l'industrie des soieries, le jury lui décerna en 1839 une médaille d'argent.

Depuis lors M. Roussy ne s'est pas arrêté; le jury du Rhône signale avec les plus grands éloges les nou-

veaux procédés inventés par lui, et entre autres le *compensateur*, mécanisme simple et ingénieux qui facilite et allége le travail de l'ouvrier sur les métiers lourds et compliqués. Le jury du Rhône termine en ces termes son rapport sur M. Roussy :
« Homme honorable et habile ouvrier, Roussy doit
» à son caractère et à sa conduite autant qu'à sa ca-
» pacité de siéger depuis dix ans au conseil des
» Prud'hommes , où il a su se concilier l'estime
» des fabricants et des ouvriers. »

Le jury central, heureux d'honorer et de récompenser en M. Roussy la classe si utile et si intelligente des chefs d'atelier de Lyon, lui décerne la médaille d'or.

MÉDAILLES D'ARGENT.

M. CHASSAGNE, directeur de fabrique, à Aubusson (Creuse),

Déjà recommandé à la dernière exposition par le jury départemental de la Creuse, a rendu de grands services à l'industrie des tapis par la création de plusieurs procédés importants, appliqués à la fabrication des jaspés, des tapis double-droits, écossais et autres.

Le jury , considérant que M. Chassagne s'est élevé du rang de simple ouvrier , par la seule protection de son talent, à la position qu'il occupe aujourd'hui, lui décerne une médaille d'argent.

M. BON, apprêteur, à Lyon (Rhône).

A côté des deux grandes opérations de la teinture et du tissage, il en est une troisième, l'apprêt, dont l'importance s'accroît chaque jour.

L'art de donner ou de rendre à la matière ouvrée l'éclat, le moëlleux, l'uni, qui font surtout le mérite des tissus de soie, est devenu d'autant plus essentiel que, depuis quelque temps, l'industrie s'est appliquée à mélanger avec la soie, le coton, la laine, le lin, etc.

M. Bon est, de tous les apprêteurs de Lyon, celui qui, depuis dix ans surtout, a le plus contribué aux progrès de l'apprêt de toutes les étoffes. Aucun sacrifice ne lui coûte pour venir en aide aux fabricants lyonnais que leur génie porte à varier sans cesse leurs produits.

Des hommes, comme M. Bon, sont éminemment utiles dans une grande industrie où toutes les spécialités se prêtent une active et mutuelle assistance, où toutes concourent au but commun de la perfection et du bon marché des produits.

Telle est l'opinion exprimée par le jury départemental sur les efforts de ce laborieux industriel; le jury central se plaît à le récompenser, en lui décernant la médaille d'argent.

M. MARTINON, chef d'atelier, à la Croix-Rousse, à Lyon (Rhône),

A siégé longtemps au conseil des Prud'hommes de Lyon et siége aujourd'hui au conseil municipal de la Croix-Rousse.

L'esprit d'ordre et de progrès qui préside à la direction de son atelier, le rang honorable qu'il tient dans l'estime publique, les services qu'il n'a cessé de rendre à l'industrie en général, le mettent en première ligne parmi les chefs d'atelier de Lyon; et le jury central, sur les recommandations du jury du Rhône, lui décerne la médaille d'argent.

MÉDAILLES DE BRONZE.

M. DUFOUR, chef d'atelier, professeur de théorie, ancien prud'homme, à la Croix-Rousse, à Lyon (Rhône),

Se recommande par les nombreux perfectionnements qu'il a introduits dans les moyens de fabrication des étoffes et des châles de soie.

Cette opinion du jury départemental s'accorde avec le jugement du jury central qui vote à M. Dufour la médaille de bronze.

M. GERVAZY, chef d'atelier, aux Brotteaux, à Lyon (Rhône).

L'excellente tenue de ses ateliers, les soins et l'intelligence qu'il apporte dans le montage de ses métiers et dont il a particulièrement fait preuve en établissant le métier sur lequel a été tissé le grand panneau de tenture exposé par MM. Mathevon et Bouvard, ont recommandé M. Gervazy à l'attention du jury du Rhône.

Le jury central est heureux de décerner à ce chef d'atelier la médaille de bronze.

M. GUINARD fils aîné, chef d'atelier, à Lyon (Rhône).

Le jury départemental signale ce chef d'atelier

comme un homme modeste, laborieux et habile. Toujours prêt à seconder le fabricant dans ses innovations, il est entouré de l'estime et de l'affection des chefs et des ouvriers.

Le jury lui décerne une médaille de bronze.

RECOMMANDATION SPÉCIALE.

M. HUBERT, à Paris, rue Saint-Nicolas-d'Antin, 55.

M. Hubert est un des plus anciens manufacturiers de France; sorti du service militaire, il créa en 1796, une filature de coton et tissage de velours à Dieppe : l'année suivante, une filature au rouet dans l'hospice des orphelins de la même ville.

En 1806, il est nommé directeur de la filature d'Aubenton (Aisne).

En 1809, directeur de la filature et tissage de Saint-Michel (Aisne).

En 1814, il a rendu des services à l'arrondissement de Vervins, pendant l'occupation des troupes alliées.

En 1815, directeur de la filature et tissage de Lenglé (Loiret).

En 1817, administrateur des forges et fonderies de Chaillot.

En 1821, administrateur de l'établissement des forges et fonderies de la Gare.

En 1824, fondateur de l'agence générale des manufactures à Paris.

Les chefs de tous ces établissements ont tous

donné les plus grands éloges sur le zèle, la loyauté et les connaissances de M. Hubert.

Depuis 1830 jusqu'à ce jour, M. Hubert s'est occupé de travaux industriels; il a également cherché à fonder des prisons modèles pour les jeunes détenus, de longues correspondances ont eu lieu à ce sujet entre lui et les administrations de l'intérieur et de la justice, beaucoup de ses propres idées sont mises aujourd'hui en pratique.

Des malheurs et des revirements de fortune ont successivement accablé M. Hubert; parvenu à l'âge de 75 ans, son activité et son zèle ne l'ont point abandonné; mais, à un âge aussi avancé, où trouver un emploi? Nous savons que le désir de M. Hubert serait de trouver un asile où il pût reposer après tant d'infortunes. Le jury recommande, en conséquence, M. Hubert à M. le Ministre, pour ses longs et nombreux services.

DEUXIÈME COMMISSION.

MÉTAUX ET AUTRES SUBSTANCES MINÉRALES.

Membres de la Commission.

MM. le Vicomte Héricart de Thury président, d'Arcet, Berthier, Chevalier (Michel), Chevreul, Combes, Denière, Dufaud, Dumas, Durand (Amédée), Goldenberg, Mimerel ingénieur, Morin, Mouchel, Péligot, Pouillet, le baron Séguier.

SECTION PREMIÈRE.

SUBSTANCES MINÉRALES.

M. le vicomte Héricart de Thury, rapporteur.

§ 1. INDUSTRIE DES MARBRES.

On admire la beauté des marbres, des granits et des porphyres que les Romains ont employés dans la construction et l'ornement des temples et des monuments qu'ils ont élevés dans les Gaules. On regrette de ne pas connaître les carrières d'où ils ont tiré ces admirables roches. On dit qu'elles viennent d'Asie, d'Égypte, d'Afrique; d'autres supposent ces carrières épuisées, et généralement on ignore qu'elles sont, pour la plupart, situées aux portes ou à peu de distance des villes dans lesquelles ces marbres ont été employés par les Romains qui connaissaient mieux que nous ne les connaissons, les carrières où ils ont puisé les précieux matériaux des magnifiques monuments dont nous voyons tant de vestiges à Lyon, à Vienne, à Aix, à Arles, à Nîmes, à Avignon, à Toulouse, à Narbonne, à Limoges, à Autun, etc., etc.

Quelques-unes de ces carrières, à l'époque de la construction de nos grandes basiliques, furent remises en exploitation, comme d'autres le furent plus tard et successivement par Charlemagne, François Iᵉʳ, Henri IV, et particulièrement par Louis XIV, lorsqu'à l'exemple de Henri IV, il écrivit aux intendants de toutes les provinces de lui désigner les carrières de marbre qui pouvaient lui fournir des colonnes et des blocs pour ses palais de Marly, Meudon, Trianon, Versailles, etc., etc.

Dans un état des dépenses faites pour les bâtiments du roi de 1675 à 1715, on voit, en effet, que Louis XIV pour encourager les exploitants des carrières de marbre du royaume, fit faire des colonnes de six, sept et huit mètres,

1° Dans les carrières de Campan-d'Antin et de Serrancollin (Hautes-Pyrénées);

2° Dans celles des vallées d'Aspe et d'Ossau (Basses-Pyrénées);

3° Dans celles des Corbières (Pyrénées-Orientales) ;

4° Dans les carrières de marbre blanc statuaire de Saint-Béat, vallée d'Arau ;

5° Dans celles de marbre griotte de Caunes et rouge de Languedoc ;

6° Dans celles des vallées de Sallat et de Biros ou de Bordes (Ariége) ;

7° Dans celles de Sainte-Baume et d'Apt ou du Tolonnet ;

Et 8° dans celles de Flandre ou du Nord.

On doit facilement juger quel put être l'effet de telles commandes et de l'activité qui dut être apportée dans l'exploitation des carrières de marbre désignées par Louis XIV.

Les magasins de la couronne furent abondamment approvisionnés. On y comptait plus de six cents colonnes de toutes grandeurs et des milliers de blocs de marbre de toute espèce. Aussi est-il bien difficile de se rendre raison des motifs qui, sous Louis XV, firent donner la préférence à certains marbres étrangers et négliger nos carrières qui furent bientôt abandonnées ; mais le magasin du gouvernement avait été si bien approvisionné par Louis XIV, que, plus d'un siècle après, l'Empereur y trouva encore de riches et précieuses ressources qui servirent à la décoration de l'arc du Carrousel, du palais du Sénat, de la salle de la Chambre des députés, du palais de Compiègne, de celui de Saint-Cloud, etc. ; mais, prévoyant l'épuisement prochain du magasin du gouvernement, Napoléon, en 1809, demanda à son ministre de l'intérieur, de faire dresser par les ingénieurs des mines un état général des carrières de marbre de tous les départements, et d'en envoyer des échantillons, dont il serait fait une collection avec un catalogue descriptif de chaque carrière, travail qui fut fait et remis à l'Empereur, et dont malheureusement on n'a retrouvé aucune trace. Napoléon en avait cependant témoigné hautement sa satisfaction et il en avait si bien apprécié les détails, que dans le nombre des palais, édifices et monuments qu'il avait résolu d'élever, il ordonna que le palais du roi de Rome qui devait être construit sur la montagne de Sainte-Marie de Chaillot, vis-à-vis le Champ-de-Mars, serait tout en marbre des carrières de France, qu'il désigna d'après ceux des galeries de Versailles.

Par de tels moyens, les exploitations de nos marbrières devaient infailliblement reprendre promptement la grande activité qu'elles avaient eue sous Louis XIV ; malheureusement les circonstances ne permirent pas de donner suite au projet de l'Empereur ; le gouvernement s'est trouvé dans l'impossibilité de soutenir les exploitations; elles furent abandonnées, oubliées et plusieurs considérées comme épuisées, tandis que des blocs et des colonnes ébauchées restaient sur les chantiers, attestant encore les masses qu'on pouvait y mettre en œuvre.

Tel était, il y a peu d'années, l'état de notre industrie marbrière, abandonnée à elle-même, et ne se soutenant que par les efforts, la persévérance et les sacrifices de quelques exploitants, jusqu'au moment où nos grandes expositions, ouvertes à leurs produits, sont venues ranimer leur zèle, et donner une nouvelle impulsion à cette industrie. Sous ce rapport, les médailles qui ont été décernées à plusieurs de ces exploitants, soit par le jury central, soit par la société d'encouragement, ont produit les plus heureux résultats; à chaque exposition nous avons vu de nouvelles entreprises, nos anciennes exploitations prendre les plus grands développements, et les propriétaires de nos usines marbrières, par l'application des principes de la mécanique, perfectionner leurs engins et moyens, de manière à marcher rapidement de progrès en progrès, et arriver à un degré de prospérité qu'il sera facile au gouvernement de soutenir désormais, par des demandes de fournitures de marbres pour ses monuments publics.

L'exposition de nos marbriers a été, cette

année, à tous égards, plus remarquable que toutes les précédentes, quoique quelques jurys d'admission, d'après la circulaire du Ministre de l'agriculture, n'aient pas permis aux industriels d'envoyer tous les produits qu'ils avaient préparés pour l'exposition.

Nous avons à regretter de n'avoir pas vu y figurer les roches granitiques, porphiriques et syénitiques 1° du département des Côtes-du-Nord et du Finistère, dont M. le comte de la Fruglaie avait envoyé une belle collection à M. le ministre de l'intérieur, pour le tombeau de l'Empereur dans l'église des Invalides, et 2° du département des Vosges, également proposées par M. Varelle de Servance. Ces roches auraient prouvé que nous possédons en ce genre tout ce que les monuments des anciens nous présentent de plus remarquable, et que nous trouverons en France tout ce que nous pouvons désirer, sans avoir besoin de recourir aux pays étrangers, dont nous ne devrons plus à l'avenir être tributaires sous ce rapport.

———

I. *Marbriers exploitant des marbrières.*

MÉDAILLE D'OR.

M. GÉRUZET (Aimé), à Bagnères-de-Bigorre (Hautes-Pyrénées).

Par ses grandes et nombreuses exploitations de

carrières de marbre des Hautes-Pyrénées, et par sa belle usine de Bagnères-de-Bigorre, M. Géruzet s'est placé en tête de l'industrie des marbres de France et particulièrement des Pyrénées, à laquelle il a donné une puissante impulsion. Cette impulsion a depuis déterminé l'ouverture de plusieurs carrières nouvelles et l'établissement de plusieurs usines dans lesquelles on travaille le marbre avec succès.

Celle de M. Géruzet, la plus importante de toutes, est située sur une dérivation de l'Adour. Elle se compose : 1 °d'une grande scierie à eau, à cinq roues ordinaires, de la force de 64 chevaux, et faisant marcher dix châssis armés chacun de 20 lames qui débitent annuellement de 800 à 1000 mètres cubes de marbre, en tranches de diverse épaisseur; 2° d'une scierie à refendre les tranches; 3° d'une scierie à refendre les blocs; 4° d'ateliers de vingt-deux tours et machines diverses pour creuser, arrondir, faire les moulures, les rosaces, etc., mis en mouvement par une roue à la Poncelet de la force de dix chevaux; 5° d'un pantographe ou machine à sculpter, etc.

Dans le bâtiment de l'administration est un grand et riche magasin de tous les marbres confectionnés. Ce magasin est décoré d'une belle collection de grands échantillons ou panneaux de tous les marbres qui ont été travaillés dans cette usine. M. Géruzet fait recueillir et placer dans cette collection, tous les faits géologiques et tous les fossiles que présentent les marbrières des Pyrénées.

Cette usine qui emploie plus de quatre-vingts

ouvriers, livre annuellement au commerce intérieur 400,000 fr. de marbre et 200,000 fr. à l'exportation. On y exécute en ce moment douze colonnes
de 4ᵐ,50 de longueur en marbre campan vert,
rouge brun, qui ont été demandées pour le palais
de Berlin. Chaque colonne est confectionnée sur le
tour en 75 heures.

Parmi les objets que M. Géruzet a exposés, le
jury a particulièrement distingué, 1° une cheminée en stalactite à consoles et griffes de lion.

2° Une grande plaque de stalactite de la plus
rare beauté;

3° Une console étagère avec un verre d'eau complet qui ont été choisis par le Roi; une colonne
creuse de 3 mètres de hauteur, des chandeliers et
un barillet, le tout exécuté en marbre amarante
cachemire, ainsi nommé par S. A. R. Mgr.
le Prince Royal, qui avait manifesté à M. Géruzet
une prédilection très-prononcée pour ce marbre
qu'il venait de découvrir : S. A. R. lui avait com-
mandé cette étagère et le verre d'eau pour les
offrir à S. M. la Reine.

La grande plaque de stalactite est une pièce unique, vraiment remarquable et digne du Muséum
d'histoire naturelle, où il serait à désirer qu'elle fût
placée par le gouvernement; ce vœu a été émis
par le jury central conformément à l'avis de la
commission.

M. Géruzet a déclaré au jury d'admission des
Hautes-Pyrénées qu'il devait en grande partie la
prospérité de son établissement, et la plupart des
mécanismes de ses usines, à M. François Tapie,

son contre-maître, habile mécanicien, qui s'est formé de lui-même et qui, par ses sentiments, ses principes, sa bonne conduite et ses connaissances théoriques et pratiques, s'est élevé au-dessus de tous ses ouvriers, dont il est l'exemple, le meilleur modèle et le directeur. Le jury d'admission a, sous ces divers rapports, recommandé M. François Tapie au jury central ; la commission des substances minérales a rappelé ces circonstances en rendant hommage au zèle éclairé de cet habile contre-maître.

M. Géruzet avait obtenu, en 1834, la médaille d'argent. En 1836, il a reçu la décoration de la Légion d'honneur, en 1839, il a obtenu la médaille d'or.

Les grands développements que depuis cinq ans M. Géruzet a donnés à son usine de Bagnères-de-Bigorre, usine modèle, par sa division méthodique du travail, la beauté de ses machines, et surtout les nouvelles carrières de marbre qu'il a découvertes et mises en exploitation, ont décidé la commission à proposer et le jury central à voter une nouvelle médaille d'or à M. Géruzet.

RAPPEL DE MÉDAILLE D'ARGENT.

M. FRAISSE (François), à Perpignan (Pyrénées-Orientales).

A l'exposition de 1839 M. Fraisse obtint une médaille d'argent pour les marbres des carrières de

Baixas, Estagel, Tautavel et Tech, dont il avait présenté plusieurs échantillons travaillés dans son usine de Perpignan. Il a depuis, entre autres travaux, exécuté pour l'église Saint-Mathieu de cette ville, un grand maître-autel monumental, dont les colonnes, jaune et rose, ont 4 mètres de hauteur, et dans l'ornementation duquel il a employé vingt-huit échantillons de marbres d'une grande beauté.

Le jury ayant constaté que M. Fraisse est de plus en plus digne de la médaille d'argent, lui vote le rappel de cette récompense.

NOUVELLE MÉDAILLE D'ARGENT.

M. LAYERLE-CAPEL (Jean), à Toulouse (Haute-Garonne).

Doyen de nos marbriers, M. Layerle-Capel est celui de tous nos exploitants qui a montré le plus de persévérance dans ses efforts et ses sacrifices pour soutenir l'exploitation des carrières de marbre des Pyrénées. C'est à ses recherches, à ses études et à ses travaux que nous devons la connaissance des belles carrières, exploitées jadis, dans le département de la Haute-Garonne et qu'il aurait remises en exploitation, s'il n'avait été arrêté par le défaut de chemins et les difficultés de transport.

M. Layerle-Capel, qui possède à Toulouse une grande marbrerie, a présenté à l'exposition dix échantillons de marbre des carrières qu'il exploite, savoir :

1° Le blanc statuaire penteloïde de St-Béat ;

2° La brèche rosée spathique;
3° La brèche de Survielle;
4° Le marbre noir de Cier-de-Rivierre;
5° Le nankin rosé;
6° Le nankin granité;
7° Le rouge d'argent d'Essès;
8° La brèche véritable de Barbazan;
9° La brèche chinoise de Sauveterre;
10° La brèche du Lac.

M. Layerle-Capel avait en outre préparé pour l'exposition un bloc de marbre blanc statuaire de première qualité, de 3^m,75 de longueur sur 0^m88 de largeur, et 0^m,57 d'épaisseur cubant 1^m,88, que malgré sa belle qualité, le jury de la Haute-Garonne n'a pas cru pouvoir admettre et expédier pour l'exposition à raison de son volume et de son poids. Le jury ajoute qu'en ce moment un magnifique bloc est extrait de la carrière de St-Béat pour la statue équestre du général Gobert, confiée au ciseau de M. David d'Angers; mais les difficultés des communications et le mauvais état du pont de Cierp-de-Luchon en retardent l'expédition, et les frais de transport entraînent une dépense considérable (1).

M. Layerle-Capel avait obtenu, en 1837, une médaille d'argent qui a été rappelée en 1834. Le jury déclare que cet exploitant, a tout fait pour soutenir l'industrie des marbres, et reconnaît ses droits à une nouvelle médaille d'argent qu'il lui décerne.

---

(1) Ce bloc de marbre vient d'arriver à Paris.

MÉDAILLES D'ARGENT.

M. A. TARRIDE fils et Cⁱᵉ, à Toulouse (Haute-Garonne).

M. Tarride, au village du Pont-de-la-Taule, arrondissement de Saint-Girons, département de l'Ariége, exploite plusieurs carrières de marbre qui donnent :

1. des griottes rouges ;
2. des griottes vertes ;
3. des marbres cervelas ;
4. des marbres Isabelle ;
et 5. des marbres jaunes de Fonsaintes.

L'exploitation la plus importante de M. Tarride, est celle de la carrière de *noir-antique* découverte à Aubert, près de Saint-Girons, après quatorze mois de déblayement de plus de 2,000 mètres cubes de terres, au milieu desquelles on a découvert des blocs à demi-détachés et des tronçons de colonnes laissés par les ouvriers sur le chantier. Une médaille de Jules César a été trouvée avec divers outils dans les décombres de cette carrière, dont M. Tarride a envoyé pour échantillons 1° une grande table de 2 mètres sur 1 mètre ; 2° une cheminée à consoles, et 3° des colonnes travaillées dans son usine où sont employées 126 lames de scie, mises en mouvement par une roue hydraulique de la force de 15 chevaux.

Le jury décerne à M. Tarride une médaille d'argent.

MM. LANDEAU-NOYERS et Cie, à Sablé (Sarthe).

L'industrie marbrière a pris, depuis quelques années, une très-grande importance dans le département de la Sarthe, par les soins et les efforts de **MM.** Landeau-Noyers et Cie, qui ont découvert de nouvelles carrières de marbre de couleur d'une très-bonne qualité, sur lesquelles il a été fait un rapport à l'Académie des sciences, le 12 mars 1842, et dont les exploitants ont présenté de belles tables de deux mètres carrés à l'exposition.

MM. Landeau-Noyers et Cie ont établi, autour de Sablé, quatre usines hydrauliques de 360 lames, dont la force motrice est de 130 chevaux.

Une de ces usines de 175 lames, est remarquable, dit le jury départemental, par la précision de ses appareils, et particulièrement par l'emploi d'un régulateur très-ingénieux qui y est établi.

Le beau marbre noir de Sablé est connu depuis longtemps, mais les gris panachés, le rose en jugeraie, et le serrancolin de l'ouest, sont des marbres nouveaux très-fins et d'une belle qualité, dont le succès est assuré.

Le jury décerne à **MM.** Landeau-Noyers et Cie une médaille d'argent.

MM. LEROY DE LA FERTÉ et Cie, à Paris, rue Grange-aux-Belles, 43.

MM. Leroy de la Ferté et Cie exploitent, dans la chaîne du Jura, un marbre jaune rubané très-fin, qu'ils ont employé avec le plus grand succès pour des meubles, des vases, des coupes et divers objets d'ornements.

L'établissement de MM. Leroy de la Ferté et Cⁱᵉ, à Paris, consiste dans une usine qui possède une machine hydraulique de 40 chevaux. Ils travaillent tous les marbres du commerce avec une rare perfection.

Le jury leur décerne une médaille d'argent.

RAPPEL DE MÉDAILLE DE BRONZE.

Madame veuve **HENRY**, de Laval (Mayenne).

Madame veuve Henry, propriétaire d'une usine hydraulique contenant 200 lames, sur la Mayenne, exploite avec succès les marbres noirs et de couleur du département de la Mayenne, dont plusieurs ont été découverts par madame Henry, et peuvent fournir des blocs et des colonnes dans les plus grandes dimensions.

Le jury pense que l'usine de madame veuve Henry et ses exploitations méritent le rappel de la médaille de bronze qui lui fut décernée en 1839.

MÉDAILLES DE BRONZE.

M. **GALINIER**, à Montpellier (Hérault).

Distingué à l'exposition de 1834 pour la belle qualité et le poli de ses marbres, M. Galinier a présenté cette année, comme échantillon de ses travaux, une table ronde de marbre vert et une table ronde de marbre blanc avec incrustation de marbres de toutes couleurs, d'une très-belle exécution.

Le jury lui décerne une médaille de bronze.

M. PHILIPPOT (Jean), à Perpignan (Pyrénées-Orientales).

Encouragé par la mention honorable qu'il avait obtenue en 1839, M. Philippot, tout en se livrant à ses travaux de marbrerie, a découvert dans la commune de Couat, arrondissement de Prades (Pyrénées-Orientales), de belles carrières de marbre brèche, de griotte brune, de griotte grise et de griotte rouge à nautilites, dont il a envoyé, à l'exposition, de beaux échantillons. Ces marbres, qui sont très-fins et très-beaux, doivent avoir le plus grand succès.

Le jury lui décerne une médaille de bronze.

MM. CABARRUS et GRADIT, à Engomer, arrondissement de Saint-Girons (Ariége).

L'usine de MM. Cabarrus et Gradit est placée avantageusement pour travailler les marbres de l'Ariége, qui y sont très-nombreux et d'une grande beauté. Le jury a vu avec intérêt la table mosaïque des marbres de l'arrondissement de Saint-Girons, de MM. Cabarrus et Gradit, auxquels il décerne une médaille de bronze.

M. BERNARD, à Grenoble (Isère).

L'établissement de M. Bernard est très-ancien et connu avantageusement par la belle exécution de sa marbrerie. M. Bernard travaille avec le plus grand succès tous les marbres du département de l'Isère. Les échantillons qu'il a présentés ont été distingués par le jury, qui lui décerne une médaille de bronze.

M. PERRONCEL, à La Mure (Isère).

L'établissement de M. Perroncel, à la Mure, ne date que de 1841, mais il se signale par une admirable perfection dans le travail et par la qualité supérieure des marbres qu'il exploite.

La console de marbre noir de Sainte-Luce, et le guéridon de serpentine verte des Hautes-Alpes, qu'il a envoyés à l'exposition, sont de la plus grande beauté.

Le jury décerne à M. Perroncel une médaille de bronze.

RAPPEL DE MENTION HONORABLE.

M. MILLER-THIRY, à Nancy (Meurthe).

M. Miller-Thiry obtint une mention honorable en 1839; le jury du département de la Meurthe dit que les pavés bitumés qu'il présente, ne sont qu'un accessoire de sa marbrerie, qui emploie plus de cent ouvriers, et dont les marbres proviennent des carrières de Schirmeck, que M. Miller-Thiry exploite avec le plus grand succès depuis huit ans.

Le jury rappelle la mention honorable qui lui fut décernée en 1839.

MENTIONS HONORABLES.

MM. VIREBENT-DOAT (Auguste) et Cie, à Toulouse (Haute-Garonne).

MM. Virebent (Auguste) et Cie ont établi, à Toulouse, une grande marbrerie pour la mise en œuvre des marbres et stalactites qu'ils exploitent dans la chaîne des Pyrénées.

Les marbres travaillés par M. Virebent sont d'une belle exécution et d'après de bons dessins ou des modèles choisis.

Parmi les divers objets qu'ils ont exposés, le jury a distingué leurs cheminées de marbre vert des Gresillons de la vallée d'Aure, dans les Hautes-Pyrénées, et celles de stalactite pseudo-orientale de la caverne de Montbrun, dans la Haute-Garonne.

Le jury décerne à MM. Virebent-Doat et Cie une mention honorable.

MM. BELHOMME et DUCOS (Léon), à Toulouse (Haute-Garonne).

M. Belhomme, conservateur des archives départementales de la Haute-Garonne, découvrit en 1835, dans le ravin de Cayroule-Hautainboule, dans la montagne Noire, arrondissement de Castres, département du Tarn, une grotte profonde creusée dans une masse de marbre blanc lamellaire, qui fut reconnu par M. Gaffié, habile marbrier de Toulouse, pour un marbre statuaire de première qualité.

Associé avec M. Ducos (Léon), de la chambre de commerce de Toulouse, M. Belhomme, ayant obtenu du gouvernement la permission d'exploiter cette ancienne carrière, en fit extraire quelques blocs. Les premiers se trouvèrent veinés, mais en entrant plus avant dans la masse on découvrit du marbre statuaire de qualité supérieure, et qui fut assimilé au plus beau Paros.

MM. Belhomme et Ducos avaient présenté un bloc pour l'exposition, mais le jury, à raison de son volume, ne jugea pas pouvoir l'expédier, et MM. Belhomme et Ducos se virent réduits à faire prélever sur les faces de ce bloc trois échantillons, pour mettre le jury central à même d'apprécier la qualité de ce marbre, dont la carrière, dite de Saint-Bruno, n'est qu'à une journée du canal du Midi.

D'après la beauté et la qualité des échantillons présentés par MM. Belhomme et Ducos, le jury central, considérant que la découverte de la carrière de Saint-Bruno est d'une haute importance pour la statuaire, pense que cette découverte doit être mentionnée honorablement, en attendant que l'extraction ait fait connaître le développement qu'elle pourra prendre.

MM. GARIEL et HÉLIE, à Cours-des-Noyers (Yonne).

MM. Gariel et Hélie ont entrepris, à Cours-des-Noyers, arrondissement de Tonnerre, l'exploitation d'une carrière de marbre jaune-serin, nuancé de jaune-bistre ou café, susceptible d'un très-beau poli, qui fait partie de la grande masse du beau calcaire de Tonnerre. Les travaux de MM. Gariel et Hélie ont été jugés dignes d'une mention honorable.

CITATION FAVORABLE.

M. CORBIER (Élie), à Anduze (Gard).

M. Corbier (Élie) a mis en exploitation une carrière de marbre noir près d'Anduze.

Le chemin de fer de la vallée du Gardon, qui a donné, dans l'arrondissement d'Alais, une si grande impulsion à l'industrie minérale, et particulièrement aux mines de houille et aux fonderies, y fera faire, indubitablement, des découvertes importantes qui donneront lieu à de nouvelles exploitations.

La marbrerie de M. Corbier est un exemple qui mérite d'être encouragé par une citation favorable.

---

2. *Marbriers mettant en œuvre les marbres du commerce.*

MÉDAILLES D'ARGENT.

M. SEGUIN, à Paris, rue d'Assas, 12.

La marbrerie de M. Seguin est incontestablement aujourd'hui l'usine de Paris la plus remarquable par le travail des marbres dans tous les genres. Elle se divise en deux parties distinctes, savoir : 1° les ateliers de mise en œuvre ou de marbrerie de tous genres, et 2° les ateliers de sculpture et gravure à la mécanique.

Dans ses ateliers de marbrerie M. Seguin travaille également et indistinctement les granits, les porphires, les marbres, les albâtres et les pierres, dans tous les genres, depuis le genre égyptien et le grec le plus pur, la renaissance, le Louis XIV, le Louis XV, enfin le moderne avec les caractères de chacun, leurs sculptures, leurs moulures, leurs figures, leurs cariatides, leurs chimères, leurs animaux, leurs coquilles, etc., etc.

Mettant à profit les études qu'il a faites de l'art chez les anciens et les modernes, M. Seguin s'est livré à la restauration des monuments des temps passés, dégradés ou mutilés pendant les guerres et les révolutions, et il a réussi dans cette grande et importante entreprise avec un succès complet.

Parmi les nombreux produits des ateliers de M. Seguin, le jury a particulièrement distingué ses belles cheminées de marbre de différents styles, ses bas-reliefs, ses médaillons, ses sculptures, ses mosaïques, ses marqueteries, enfin et ce qui lui est propre, ce qui est nouveau et vraiment remarquable, ses inscriptions monumentales faites et gravées à la mécanique, de manière à produire ces inscriptions dans les plus beaux caractères de nos premières fonderies de caractères d'imprimerie.

Le jury central prenant en considération les différentes parties dans lesquelles M. Seguin s'est placé au premier rang, savoir : 1° la haute marbrerie; 2° la restauration des monuments en marbres; 3° les mosaïques et marqueteries; et 4° le travail des marbres à la mécanique pour les bas-reliefs, les sculptures, les ornements et la gravure des inscriptions, a décidé qu'il lui serait décerné une médaille d'argent et qu'elle serait rappelée pour chacune des spécialités auxquelles il se livre avec le plus grand succès.

MÉDAILLES DE BRONZE.

M. ROCLE, marbrier, à Paris, boulevard Beaumarchais, 43.

L'établissement de M. Rocle est connu depuis longtemps pour la supériorité de ses sculptures, le fini du travail, la beauté de son poli. De nombreux perfectionnements sont dus à cet habile marbrier, qui fait et exécute avec le plus grand succès tous les genres anciens et modernes pour la marbrerie civile et monumentale. Ses ateliers sont parfaitement organisés, le travail y est suivi progressivement d'une manière vraiment remarquable. M. Rocle travaille avec le même succès tous les marbres, en s'attachant à en faire ressortir toute la beauté. Ses magasins sont richement approvisionnés et peuvent toujours répondre à toutes les demandes. Parmi les huit belles cheminées qu'il avait faites pour l'exposition, le jury central a particulièrement distingué une grande et superbe cheminée de marbre blanc, style Louis XV, d'un admirable travail.

Le jury décerne à M. Rocle une médaille de bronze.

M. MUDESSE, marbrier, rue des Fossés-du-Temple, 6.

M. Mudesse, un de nos premiers marbriers, a créé en marbrerie une industrie nouvelle, la marbrerie plaquée sur zinc, pour les cadres, les piédestaux, les pendules, etc. Les avantages que présente ce placage ne furent pas appréciés dans le principe, et tout autre que M. Mudesse se serait infailliblement découragé par suite des oppositions qu'il rencontrait; mais il sut persévérer, il perfectionna ses moyens d'exécution, il simplifia ses procédés, il organisa ses ateliers d'une manière vraiment remarquable pour la division de chaque branche de travail et l'ordre qui y règne, quelque nombreux que soient ses ouvriers, à la tête desquels on est toujours sûr de le trouver.

Ses encadrements de glaces en marbre blanc, vert, noir, etc., ornés de bronzes dorés ou florentins, sont de la plus grande beauté et très-recherchés. Ses piédestaux, ses socles et toutes ses garnitures sont admirables pour leur travail, leur assemblage et leur précieux poli.

Le jury central décerne une médaille de bronze à M. Mudesse, qui a eu la satisfaction de voir LL. MM. et LL. AA. RR. apprécier ses ouvrages, et ordonner qu'il leur fût fait un choix de ses plus beaux encadrements de marbre blanc et de marbre noir.

MENTION HONORABLE.

FOURNIER DE SAINT-AMANT (Pierre-Prosper), Ateliers de marbrerie de la maison de détention d'Yssès, près Villeneuve-sur-Lot (Lot-et-Garonne).

Quoique les ateliers de marbrerie de la maison de détention d'Yssès doivent être placés dans la catégorie des établissements de détention et de correction, le jury pense cependant, à raison de sa spécialité et de sa haute importance, devoir en faire ici une mention spéciale.

Ces ateliers qui avaient été établis, en 1839, par M. Duverger, sont aujourd'hui dirigés par M. Fournier de Saint-Amant, qui y emploie 158 détenus, et compte les porter incessamment à 200. Tous les marbres français ou étrangers y sont travaillés avec le même succès, ainsi que le prouvent les beaux produits exposés.

Le jury appréciant tout le bien que M. Fournier de Saint-Amant fait aux détenus de la maison d'Yssès, en leur faisant connaître le prix du travail, qui les relève de l'état dans lequel les avait entraînés l'oisiveté, source de tous les crimes, décerne à M. Fournier de Saint-Amand une mention honorable toute spéciale, et le félicite sur les succès extraordinaires et vraiment remarquables qu'il est parvenu à obtenir d'individus jusqu'alors entièrement étrangers à ce genre d'industrie, et quelquefois à toute espèce de travail.

§ 2. ALBATRES.

Le travail des albâtres est le même que celui des marbres, dont l'albâtre calcaire des stalactites et des stalagmites a la dureté, la propriété et tous les caractères, tandis que l'albâtre gypseux de chaux sulfatée en diffère essentiellement.

1. *Albâtre calcaire.*

Le jury a vu avec un vif intérêt la belle cheminée et la grande plaque d'albâtre de Stalactite exposées par M. Géruzet. Il a même émis le vœu que cette plaque d'albâtre fût achetée par le gouvernement pour être placée soit dans la collection de géologie du muséum d'histoire naturelle, soit dans celle de l'école royale des mines.

2. *Albâtre de chaux sulfatée.*

Deux sortes d'albâtre de chaux sulfatée ont été exposés, 1° l'alabastrite ou chaux sulfatée anhydre, et 2° la chaux sulfatée (*albâtre gypseux*).

---

1. *Alabastrite anhydritique.*

MENTION HONORABLE.

M. SAPEY, membre de la Chambre des Députés, à Vizille, près Grenoble (Isère),

A présenté une cheminée et un plateau d'alabastrite anhydritique de Saint-Firmin-de-Vizille, près de Grenoble, substance qui pour sa dureté, son éclat, sa contexture et son aspect extérieur, ressemble beaucoup à certains marbres blancs cristallisés, mais dont elle diffère cependant essentiellement, quant à ses principes constituants.

D'après sa dureté, et sa blancheur, l'alabastrite de Saint-Firmin peut être employée avec succès pour la statuaire et la sculpture, mais des intérieurs des édifices seulement et à l'abri de l'humidité.

M. Sapey en a fait venir un bloc de plus de deux mètres cubes, de la plus grande beauté, qu'il a proposé d'employer comme marbre blanc dans la crypte du tombeau de l'empereur.

Le jury décerne à M. Sapey une mention honorable.

---

2. *Albâtre de chaux sulfatée.*

MÉDAILLE DE BRONZE.

M. LE MESLE, à Paris, rue du Chemin-Vert, 24,

A exposé une série d'échantillons bruts et préparés d'albâtre gypseux ou de chaux sulfatée, provenant de ses exploitations des carrières de Lagny (Seine-et-Marne).

Cet albâtre, à raison de ses effets de couleur et de cristallisation, a souvent été employé dans la marbrerie, mais il a le grave inconvénient d'être tendre et cassant.

Son principal usage, lorsqu'il est pur, est pour la fabrication du stuc et pour celle du plâtre aluné, dit ciment anglais de M. Savoie.

Le jury reconnaît que les produits de M. Le Mesle méritent une médaille de bronze.

§ 3. SUBSTANCES MINÉRALES EMPLOYÉES DANS LES ARTS.

I. *Pierres à lisser, Molettes et Brunissoirs.*

Nos doreurs, bijoutiers et orfévres, nos relieurs, papetiers, cartonniers, etc., etc., ont été longtemps obligés de se fournir des pierres à lisser, des molettes et brunissoirs apportés d'Allemagne, et de prendre ces outils et instruments tels qu'on les apportait, sans pouvoir souvent trouver ceux qui convenaient précisément à leur état. Établir cette fabrication en France, et l'établir suivant les besoins et les demandes, ou dans les proportions nécessaires et convenables à chaque profession, était leur rendre un service important, et le jury apprendra avec intérêt que deux artistes intelligents se sont attachés à nous affranchir du tribut que nous payions à l'Allemagne pour ces instruments, en les fabriquant au gré et suivant les demandes des ouvriers des diverses professions qui en font usage.

NOUVELLE MÉDAILLE DE BRONZE.

M. HUTIN (Désiré-Joseph), à Paris, boulevard Beaumarchais, 104,

A établi, en 1827, une petite usine au moyen de la force d'un demi-cheval, transmise par une courroie qu'il a placée sur une roue hydraulique, dans une dérivation du canal de l'Ourcq, à l'écluse de la Bastille. Cette usine comprend une scierie mécanique, avec des meules et tables de polissage, au moyen desquelles il débite, travaille, et confectionne les agates, les jaspes, les silex, les hématites sanguines, etc., pour en faire des pierres à polir, des molettes, des brunissoirs, dans toutes les formes et toutes les dimensions demandées.

Le succès obtenu par M. Hutin, l'a décidé à travailler également les agates, les cornalines, les sardoines, les jaspes, les jades, etc., etc., pour la joaillerie, la bijouterie, les musées et les collections de minéralogie, dans lesquels on distingue plusieurs belles tables et plaques de jaspes, d'agates et de bois agatisés, travaillées dans son usine avec une grande perfection.

Le jury lui décerne une nouvelle médaille de bronze.

MÉDAILLE DE BRONZE.

M. CÉLIS (Pierre-Théodore), faubourg du Temple, 50.

Depuis plusieurs années M. Célis a entrepris la fabrication des brunissoirs de sanguine ou hématite, à l'usage des doreurs, bijoutiers, orfèvres, etc., etc. Ses lissoirs, ses dents, doubles-dents et molettes, sont très-recherchés par nos artistes, qui les prennent et choisissent de préférence aux brunissoirs d'Allemagne, M. Célis les leur fournissant à leur gré et suivant leurs demandes, dans les formes et dimensions exigées par le genre de travail auquel ils se livrent.

Le jury décerne à M. Célis une médaille de bronze.

II. *Meules de grès artificiels.*

Les aciéristes, les taillandiers, les conteliers, etc., se plaignent souvent de l'inégalité du grain et de la dureté des grès molasses de leurs meules à aiguiser.

En effet, sans aucun caractère apparent, ces grès passent quelquefois subitement du très-dur au tendre et même au très-tendre, au point que les meules s'usant promptement d'une manière irrégulière dans leur contour ou circonférence, ne peuvent plus servir et sont souvent rebutées après quelques jours d'essai, comme défectueuses et incapables d'aucun service.

Toutes les meules et les pierres à aiguiser, repasser ou affûter, ne sont heureusement pas d'aussi mauvaise qualité, mais le grave inconvénient des grès molasses est qu'ils ne présentent pas toujours le degré de dureté que demande le genre de travail auquel elles sont destinées, outre le grave inconvénient de produire dans les ateliers une poussière dangereuse et très-funeste pour les ouvriers. Sous ce double rapport les anciennes meules laissaient beaucoup à désirer, aussi plusieurs fabriques de grèsserie ont-elles cherché à faire des meules et des pierres de grès artificiels de différents degrés de grains et de dureté. Quelques-unes ont obtenu des résultats assez satisfaisants, mais aucune jusqu'à ce jour n'était parvenue à en obtenir d'aussi parfaits que MM. Perrot et Malbec exposants sous le n° 2716.

MÉDAILLE D'ARGENT.

MM. PERROT et MALBEC, à Paris, rue de la Barillerie, 1.

Parmi les produits présentés par ces fabricants, le jury a particulièrement distingué :

1° Leurs meules de grès siliceux de diamètre et d'épaisseur variés ;

2° Les meules de grès en émeri pour service horizontal ou vertical ;

Et 3° des pierres plates en émeri, servant à dresser les lames ou outils, et à leur donner tous les profils nécessaires pour la confection des moulures.

Le jury, considérant que par la composition de leurs meules, MM. Perrot et Malbec ont remédié aux graves inconvénients de la poussière dont se plaignaient les ouvriers des manufactures d'armes, et que leurs meules ont été adoptées par les manufactures du Gouvernement dont les ouvriers n'atteignaient pas le temps de leur retraite, par suite des maladies qu'ils contractaient, décerne à MM. Perrot et Malbec une médaille d'argent.

III. *Émeri et ses préparations.*

L'émeri, longtemps considéré comme un minerai de fer siliceux, et, depuis les analyses de Vauquelin et de Tennant, reconnu être un sable adamantaire ou de Télésie, la pierre la plus dure que l'on connaisse, est d'un usage essentiel et indispensable dans la plupart des arts pour user, scier, planir, percer, polir, etc., les substances dures telles que les cristaux, les agates, les jaspes, les marbres, et les métaux. D'après la nature et la dureté de ces différentes matières, il est évident que l'émeri doit être également de différents degrés de dureté et de finesse, et là sont les difficultés; rarement on trouve précisément les émeris qui conviennent à telle ou telle profession. Ils sont d'ailleurs souvent altérés par des mélanges de diverses matières plus ou moins dures, qui les font distinguer sous les noms d'émeri de Naxos, de Jersey et Guernesey, d'Almaden, de Pologne, de Saxe, de Suède, de Perse, de Ceylan, etc., etc.

MÉDAILLES DE BRONZE.

M. ROJON, à Paris, rue de la Tannerie, 35.

La fabrication des émeris, d'après leur extrême dureté, ne peut s'opérer sans difficultés, ainsi que

leur préparation. Le jury saura donc gré à M. Rojon,
de Paris, exposant sous le n° 2552, de s'être particulièrement livré à cette importante fabrication,
dans laquelle il est parvenu à faire 1° des poudres
d'émeri parfaitement pures, très-recherchées pour
l'usage de l'optique et de la mécanique;

Et 2° des poudres de ponce et de tripoli à polir
les plaques de daguerréotype.

Le jury décerne à M. Rojon une médaille de
bronze.

M. BLAZY (François), à Louviers (Eure),

A exposé, sous le n° 2028, des plaques et rouleaux d'émeri, encollés par un procédé de son invention, qui empêche les gerçures et maintient la
substance dans le service des machines à carder.

L'invention de M. Blazy peut présenter des
avantages importants pour les machines à carder,
le jury la récompense en lui décernant une médaille de bronze.

M. FRÉMY, à Paris, rue Beautreillis, 21.

A exposé des papiers et toiles préparés avec des
poudres d'émeri et de verre pulvérisé, qui sont
très-recherchés par diverses industries.

Le jury central décerne à M. Frémy une médaille de bronze.

IV. *Meules de pierre meulière, Meules de moulin.*

MÉDAILLES D'ARGENT.

M. GUEUVIN-BOUCHON, à La Ferté-sous-Jouarre (Seine-et-Marne).

L'exploitation de pierres meulières de M. Gueuvin-Bouchon pour la fabrication des meules de moulin est de 1,000 à 1,200 par an, et de 80,000 carreaux, dont un tiers environ pour l'exportation.

C'est la plus importante de toutes les exploitations des environs de La Ferté-sous-Jouarre.

Ancien officier d'artillerie, M. Gueuvin-Bouchon s'est fait praticien pour connaître tous les besoins de cette industrie, et c'est par suite des études qu'il en a faites qu'il y a successivement introduit tous les perfectionnements que lui doit cette industrie, jusqu'alors abandonnée à la simple pratique des ouvriers.

Aussitôt que M. Gueuvin a eu connaissance du procédé de ventilation de M. Train, il s'est empressé de traiter avec lui de ce procédé pour l'appliquer à ses meules, et c'est encore un des principaux perfectionnements qu'il a introduits dans la fabrication de ses meules, qui obtiennent de jour en jour plus de succès.

Le jury accorde une médaille d'argent à M. Gueuvin-Bouchon.

M. le comte de NAYLIES, à Paris, rue du Chemin-Vert, 7.

Les exploitations du bois de la Barre de M. le

comte de Naylies présentent la même activité que celles de M. Gueuvin-Bouchon. Il fait annuellement environ 1,000 meules et plus de 40,000 carreaux de pierre à meule, dont plus de moitié pour l'exportation. Les meules de M. de Naylies sont de première qualité et très-estimées. Plus de 100 ouvriers sont occupés dans les carrières de la Barre.

Le jury ne pouvant établir de différence entre les meules de M. de Naylies et celles de M. Gueuvin-Bouchon, et trouvant les deux exploitants dans les mêmes conditions pour le nombre des meules et leur bonne qualité, accorde à M. de Naylies une médaille d'argent.

MÉDAILLE DE BRONZE.

M. ROGER fils, à La Ferté-sous-Jouare (Seine-et-Marne),

A entrepris en 1836 l'exploitation et la fabrication des meulières de La Ferté pour la fabrication des meules de moulin. Il en fait annuellement 600, dont 100 pour l'exportation, avec un millier de carreaux. Il occupe de 75 à 100 ouvriers. Ses meules sont de bonne qualité. M. Roger fils avait fait l'application du premier système aérifère de M. Train, mais il annonce qu'il a cru devoir y renoncer, et qu'il essayera les nouveaux perfectionnements qui ont été depuis proposés et qui paraissent ne pas avoir les inconvénients du premier qui manquait de solidité.

Le jury accorde une médaille de bronze à M. Roger fils.

CITATION FAVORABLE.

M. DÉFIS, à Paris, rue de la Croix-Saint-Martin, 6 *bis*.

A exposé une meule montée sur un nouveau système, qui demanderait à être éprouvé pour que le jury pût porter un jugement sur ses avantages. Aussi se borne-t-il à citer favorablement M. Défis pour ses essais.

§ 4. ARDOISES.

Anciennement considérées comme couverture de luxe, les ardoises deviennent chaque jour d'un usage plus commun et plus général, malgré l'emploi du plomb, du cuivre, du zinc, de la tôle galvanisée e même celui des tuiles; mais pour qu'elles puissent soutenir la concurrence avec ces différentes matières, les exploitants ne sauraient apporter trop de soin et d'attention dans la confection des ardoises, ainsi surveiller le choix des masses et éviter les schistes pyriteux, les masses tendres et quelquefois inégales et terreuses, enfin ne pas tolérer l'effeuilletage abusif des schistes ardoisés, qui, s'il donne l'avantage de faire des ardoises légères, a d'autre part le grave inconvénient de produire des ardoises tellement minces et légères qu'elles deviennent fragiles, ne peuvent résister aux coups de vent, aux ouragans, à la grêle, au plus léger choc, et qu'elles donnent fréquemment lieu à un déchet considérable entre les mains des couvreurs.

Les ardoisières d'Angers, exploitées depuis bien des siècles , ont été longtemps les seules dont les produits parvinssent à Paris; la difficulté des transports ne permettait pas l'arrivage des ardoises du Nord, mais l'ouverture des canaux a facilité leur emploi dans les départements voisins, d'où elles se sont successivement répandues peu à peu jusqu'à Paris, où elles entrent aujourd'hui en concurrence avec celles d'Angers.

MÉDAILLE D'OR.

SOCIÉTÉ DES ARDOISIÈRES d'Angers (Maine-et-Loire).

Elle a, dans ces derniers temps, apporté de grandes améliorations dans l'exploitation des carrières, qui ont reçu un immense développement; conduite avec méthode et d'après les meilleurs principes, l'extraction a été poussée à une plus grande profondeur. Les anciens engins ont été remplacés par des agents mécaniques plus perfectionnés, et même par des machines à vapeur, qui permettront de poursuivre les effondrations dans les parties inférieures des schistes ardoisés, réunissant la finesse du grain à la densité, et fournissant les ardoises lisses, souples et souvent de première qualité.

Les améliorations ont eu pour résultat : 1° l'accroissement, rapide et progressif d'année en année, de la fabrication ; et 2° l'écoulement de tous les produits par la réduction des prix de vente : ainsi dans les quatre dernières années, la fabrication et la vente ont atteint le chiffre de 475,000,000 d'ardoises, savoir :

Années.	Fabrication.	Vente.
1. En 1840.	111 millions. . . .	98 millions.
2. En 1841.	116 »	94 »
3. En 1842.	121 »	134 »
4. En 1843.	127 »	149 »

Les ardoisières d'Angers, au nombre de onze, emploient 3,362 ouvriers, 17 machines à vapeur, représentant 230 chevaux-vapeur, 300 chevaux et 50 ânes.

Les produits exposés par la commission administrative sont tous du plus beau choix et de première qualité, ce sont :

Le mille.

1. Des échantillons de 1re carrée fine, taillée au doleau. 25 fr.
2.   *idem*   de 1re carrée forte,   *idem*. . . . 25
3.   *idem*.   de 1re carrée fine, rondie à la mécanique, quatre cornières. 30
4.   *idem*   de 1re carrée fine, rondie à la mécanique, épaulée. 26
5.   *idem*   de 1re carré forte, rondie à la mécanique, épaulée. 26
6. Ardoise coffine, taillée au doleau irrégulièrement. . . 30
7. *idem* 2e carrée fine, taillée au doleau. 18
8. *idem* 3e *idem*.   *idem*. 9
9. *idem* 4e *idem*,   *idem*. 8
10. Grande écaille, rondie à la mécanique. 60
11. Petite écaille,   *idem*. 10

____

12. Carreaux de schiste, carrés, losanges, octogones, polis.
13. Tablettes de schiste ardoisier polies.
14. Table de schiste ardoisier polie.

Le jury, en considération des améliorations importantes apportées dans l'exploitation des ardoisières d'Angers, décerne à la compagnie une médaille d'or.

___

NOUVELLE MÉDAILLE DE BRONZE.

SOCIÉTÉ ANONYME DES ARDOISIÈRES de Rimogne et de Saint-Louis-sur-Meuse (Ardennes).

L'exploitation de ces ardoisières a pris depuis quelques années une très-grande extension, elles emploient 450 ouvriers, l'exploitation se fait au moyen de 2 machines à vapeur et de 3 machines hydrauliques, représentant une force de plus de 200 chevaux-vapeur. Les ardoisières produisent plus de 45,000,000 d'ardoises par an, répondant à une valeur de 540,000 fr.

Les échantillons exposés sont :

1. Des ardoises carrées à 20 fr. les 1050.
2.   —   du grand Houin à 10 fr. les 1050.
3.   —   du grand Barras à 14 fr. les 1050.
2 *bis.*   —   du grand Houin taillées à la mécanique.
3 *bis.*   —   du grand Barras   *idem.*
4. Des mêlées veinées à 11 fr. les 1050.
5. Les flamandes à 12 fr. les 1050.
6. Les communes à 6 fr. les 1050.

Ces ardoisières fournissent les départements des Ardennes, du Nord, du Pas-de-Calais, de l'Aisne, de l'Oise, de Seine-et-Marne, de la Saône, etc.

Les ardoises de Rimogne et de Saint-Louis sont d'excellente qualité. Les vieux châteaux et les églises des Ardennes présentent des couvertures faites, il y a plusieurs siècles, avec ces ardoises qui ont très-bien résisté aux injures des temps, et qui sont dans un parfait état de conservation.

Le jury a reconnu que la Cie anonyme de Rimogne et de Saint-Louis, qui avait obtenu une médaille de bronze en 1839, mérite une nouvelle médaille de bronze.

MÉDAILLE DE BRONZE.

M. DEBRY (André-Joseph), exploitant l'ardoisière de Monthermé (Ardennes),

A présenté à l'exposition : 1° une table d'ardoise mosaïquée de 4,500 pièces, de diverses variétés d'ardoises de chaque exploitation de ce département, du prix de 400 fr. ;

2° Un tableau d'ardoises à l'usage des écoles, à fournir à 10 fr. le mètre carré ;

3° Six ardoises encadrées pour mémorial journalier ;

4° Six ardoises lisses pour l'enseignement.

M. Debry a donné une grande extension à sa fabrication qui comprend, indépendamment des objets présentés comme échantillons, toutes les ardoises de couverture, de carrelage, de tablettes, etc., etc.

La bonne qualité des ardoises de M. Debry, qui avait obtenu une mention honorable en 1834, décide le jury à lui décerner une médaille de bronze.

§ 5. PIERRES LITHOGRAPHIQUES.

La France possède plusieurs gisements importants de pierres lithographiques. Les concours de la Société d'encouragement, ses prix, et la médaille accordée à ceux qui en ont entrepris l'exploitation, ont fait constater que plusieurs de ces gisements pouvaient produire des pierres au moins égales à celles de Munich. Il ne peut rester aucun doute aujourd'hui à cet égard, et la France est assurée de trouver des pierres de première qualité, soit dans ses masses de calcaire liasique, soit dans celles de l'étage moyen du calcaire oolitique. Ces pierres s'y trouvent en couches horizontales plus ou moins régulières, d'une facile exploitation, et pouvant donner des masses de très-grandes dimensions.

RAPPEL DE MÉDAILLE D'ARGENT.

M. DUPONT (Auguste), à Châteauroux (Indre).

L'exploitation des pierres lithographiques, entreprise à Châteauroux par M. Dupont (Auguste), commencée en 1823, a depuis été distinguée dans tous les concours, où elle s'est montrée avec supériorité, d'un mérite égal pour certains travaux, et préférable pour d'autres aux pierres d'Allemagne. Le rapport du jury central de 1839 constatait leur bonne qualité, qui, d'après le prix inférieur à celui des pierres de Munich, la leur ferait préférer. L'exploitation de M. Dupont se soutient avec activité. Il en extrait des pierres et des cylindres de toutes dimensions et du plus beau choix. La grande usine qu'il a établie, de la force de 150 chevaux, consistant en une scierie mécanique de 80 lames, et deux dressoirs-polissoirs de la force de 30 chevaux, lui donne les moyens de répondre à toutes les demandes de pierres pour l'impression des étoffes, les impressions lithographiques, le satinage et généralement tous les travaux manufacturiers.

M. Dupont (Auguste), avait obtenu en 1839 une médaille d'argent, le jury s'empresse de la lui rappeler, en déclarant qu'il est de plus en plus digne de cette distinction.

MÉDAILLE DE BRONZE.

M. PETIT, à Paris, rue du Pont-de-Lodi, 6, chez M. Deleuil,

A fait connaître, en avril 1843, à la société d'encouragement, une carrière de pierres lithographiques, qu'il avait découverte dans la commune de Mirecourt, département des Vosges. Les premiers essais de ces pierres, ayant paru satisfaisants, M. Petit a fait extraire des pierres plates et des cylindres qu'il a présentés à l'exposition. Ces pierres qui appartiennent au calcaire, du système oolitique, ont été essayées par M. Kœppelin, auquel la lithographie doit d'importantes améliorations, et qui en a constaté la bonne qualité. M. Petit peut fournir des cylindres de 1, 2 et 3 mètres

de largeur sur o",4o de diamètre, parfaitement
homogènes dans toute leur masse et sans aucun défaut.

Le jury accorde à M. Petit une médaille de
bronze.

____

MENTIONS HONORABLES.

M. DONADIEU aîné, au Vigan et à Nîmes (Gard).
MM. ABRIC et Cie, *idem.*
M. le comte **d'ASSAS**, *idem.*
MM. BERTRAND et **GUY**, *idem.*

Ont tous les quatre exposé des pierres lithographiques du Mont-Dardier, arrondissement du Vigan, Nimes, département du Gard. Ces pierres
sont identiquement les mêmes; elles appartiennent
à la même masse. Elles paraissent toutes de même
nature et même qualité; enfin elles présentent
toutes les conditions désirables d'une bonne pierre
lithographique.

Des contestations se sont élevées sur la priorité
de la découverte des pierres lithographiques du
Mont-Dardier : le jury central n'est point appelé à
juger cette question, il doit rester étranger à toutes
discussions entre les exposants; mais, sans rien
préjuger sur la question, il reconnaît seulement
que la société d'encouragement a décerné dans sa
séance du 29 mai 1844, un prix de 1,500 fr. à
M. Donadieu aîné, pour la découverte et l'exploitation d'une nouvelle carrière de pierres lithographiques dans le département du Gard, qu'il avait
annoncée au mois de juin 1840.

Le jury central devant se borner à constater la qualité des produits exposés, sans rien préjuger sur les droits respectifs de MM. Donadieu aîné, Abric, le comte d'Assas, Bertrand et Guy, leur en faisant même à chacun toute réserve, et reconnaissant que les pierres exposées, quelles que soient les circonstances de la découverte de leur gisement, sont de bonne qualité, et qu'elles réunissent toutes les conditions désirables d'une bonne pierre lithographique, mais que jusqu'à ce jour les travaux d'exploitation des carrières du Mont-Dardier du Vigan ne sont encore qu'à leur début, et, suivant les bulletins du jury d'admission du département du Gard, des établissements récents commençant à peine et des compagnies sur le point de se constituer, accorde une mention honorable à MM. Donadieu aîné, Abric, comte d'Assas, Bertrand et Guy, comme ayant présenté à l'exposition des pierres lithographiques reconnues de bonne qualité.

§ 6. PLASTIQUE PAR INCRUSTATION ET CONCRÉTION CALCAIRES.

Depuis longtemps la propriété des eaux de la source du faubourg Saint-Alyre de Clermont, de déposer le carbonate de chaux qu'elles contiennent sur tous les corps qu'elles rencontrent dans leur cours était connue et le pont naturel qu'elles ont formé sur le ruisseau de Saint-Alyre avait donné la mesure du degré de cette propriété, dont quelques habitan's de ce faubourg, à l'instar de ceux de Sancto-Philippo, en Toscane, avaient profité pour établi. sur cette source une petite fabrique de plastique par incrustation, sur des moules de médaillons , de bas-reliefs, d'animaux, de nids d'oiseaux, de plantes, de fruits, etc., etc., qu'ils vendaient aux curieux, aux voyageurs et aux étrangers qui visitaient le pays ou qui se rendaient aux eaux du Mont-d'Or., et qui ont donné à la source de Saint-Alyre la même célébrité que celle dont jouissent les eaux de Sancto-Philippo, en Italie.

Le succès de la petite fabrique du faubourg Saint-Alyre , a peu à peu éveillé l'attention des habitants du pays et bientôt ayant reconnu la même propriété dans diverses autres sources de l'arrondissement de Clermont, plusieurs d'entre eux ont formé des établissements semblables pour exploiter cette propriété que possèdent également beaucoup d'autres sources de France et notamment celle d'Arcueil, près de Paris, dont on trouve dans quelques collections des produits non moins dignes d'intérêt que ceux des fabriques du Puy-de-Dôme et de Sancto-Philippo.

Le jury d'admission du département du Puy-de-Dôme a envoyé à l'exposition les produits de trois de ces fabriques, savoir : 1° ceux de M. Clementel de Saint-Alyre de Clermont ; 2° ceux de

MM. Laussedat, Percepied-Maisonneuve; et 3°
ceux de **MM.** Mandon frères.

MENTIONS HONORABLES.

M. CLÉMENTEL, à Saint-Alyre-de-Clermont
(Puy-de-Dôme).

Le jury d'admission du Puy-de-Dôme dit que
M. Clémentel, propriétaire des bains de Saint-
Alyre, est le premier qui ait exploité la propriété
incrustante de la source de Saint-Alyre, qu'il est
recommandable par l'ancienneté de sa fabrication,
et qu'il livre depuis longtemps au commerce en
France et à l'étranger une foule d'objets qui ont
fait la réputation de cette source.

Dans le nombre des objets exposés par M. Clémentel, et indépendamment de ses médaillons,
le jury a distingué de belles incrustations d'animaux,
d'oiseaux, de nids, de plantes, de fleurs et de fruits
pour lesquelles il lui décerne, à titre d'encouragement et comme premier fondateur de cette industrie de plastique naturelle, une mention honorable.

MM. LAUSSEDAT et **PERCEPIED-MAISON-
NEUVE**, à Saint-Nectaire (Puy-de-Dôme).

MM. MANDON frères, à Saint-Nectaire (Puy-de-
Dôme).

MM. Laussedat et Percepied-Maisonneuve, d'une
part, et MM. Mandon frères, d'autre part, ont nouvellement établi sur les sources minérales de St-Nec-
taire deux fabriques d'incrustation. Le dépôt calcaire de ces sources, plus fin, plus serré et plus com-

I.

pacte que celui de la source de Saint-Alyre, plus favorable à la plastique d'incrustation, assure le plus grand succès à ces deux fabriques.

Après l'épuration préalable des eaux, on les dirige sur des moules de soufre, avec lesquels on a pris les creux ou empreintes des bas-reliefs et médailles qu'on veut reproduire. On fait d'abord déposer dans les moules une couche de carbonate calcaire mince, très-fine, blanchâtre à demi transparente, à laquelle on donne de la solidité par une couche d'un dépôt moins fin, plus incrustant et plus ou moins épais suivant les sujets.

Lorsqu'on juge l'incrustation suffisamment épaisse et solide, par un coup sec donné à propos sur sa tranche, on la détache du moule, dont elle donne l'empreinte avec un fini, un poli et une vérité que le plus habile mouleur ne donnerait que difficilement à la plastique la plus pure.

Les produits des deux fabriques de Saint-Nectaire sont également remarquables par leur beauté, et le jury en mettant en première ligne celle de MM. Laussedat et Percepied-Maisonneuve, parce qu'elle a présenté un plus grand nombre de sujets, croit de toute justice devoir décerner aux deux fabriques de Saint-Nectaire une mention honorable qui leur paraît également méritée par MM. Mandon frères.

§ 7. SUBSTANCES MINÉRALES COMBUSTIBLES.

I. *Plombagine (crayons de plombagine artificielle).*

Longtemps tributaire de l'Angleterre et de l'Allemagne pour les crayons de plombagine (fer carburé, improprement appelé mine de plomb), la France ne peut oublier que c'est au génie inventif et inépuisable du célèbre Conté, surnommé par le général en chef de l'armée d'Égypte, avec autant de raison que de justice, le pourvoyeur général et mieux encore la seconde providence de l'expédition, qu'elle doit la fabrication de ses crayons indigènes, vainement tentée longtemps avant Conté, et par lui portée aussitôt sa découverte à un tel degré de perfection, qu'il nous affranchit aussitôt du tribut que jusqu'alors nous avions payé à l'étranger, auquel fournissent au contraire aujourd'hui les diverses fabriques établies d'après les principes et les procédés de Conté.

Depuis la première exposition des produits de l'industrie française en l'an ix, dans laquelle le gouvernement décerna à Conté une médaille d'or pour cette importante fabrication qui fit époque dans les arts, Humblot-Conté, son gendre, par ses recherches et ses travaux, a tellement perfectionné la fabrication de la plombagine artificielle, que non-seulement il est parvenu par la préparation et les proportions des matières premières à faire des crayons parfaitement homogènes et répondant à tous les degrés de tons et de dureté demandés dans les premières qualités de crayons anglais, alors les plus estimés et les plus recherchés par les artistes et les dessinateurs, mais même à établir et à soutenir dans tous les pays étrangers la concurrence de ses crayons avec ceux qui y étaient fabriqués en plombagine naturelle de première qualité.

Depuis la publication des procédés de fabrication de Conté et de Humblot-Conté, plusieurs fabriques de plombagine artificielle se sont élevées en France et se sont fait distinguer dans nos expositions par la bonne qualité de leurs crayons.

Cette année trois fabriques se sont présentées: 1° M. Desprez-Guyot, à la gare d'Ivry, près Paris; 2° M. Gilbert, de Givet (Ardennes); et 3° M. Berthier, pour la maison de détention de Poissy, département de Seine-et-Oise.

MÉDAILLES D'ARGENT.

M. DESPREZ-GUYOT, à Paris, Boulevard Saint-Denis, 24,

A créé à la gare d'Ivry, près et au-dessus de Paris, un grand établissement pour la fabrication des

crayons de plombagine artificielle d'après les principes de MM. Conté et Humblot-Conté, dont, par
suite de ses études et de ses recherches, il a modifié
les procédés de préparation des matières premières.
Ses nombreux ateliers, et tous les moyens mécaniques, sont mis en mouvement et secondés par la
vapeur.

M. Desprez-Guyot produit par jour 100 grosses
de 12 douzaines, ou 14,400 crayons à dessin et li-
néaires, à l'usage de tous les états et professions,
dans les diverses qualités des numéros d'Humblot-
Conté.

Cette importante fabrique, dont les crayons se
distinguent de ceux de toutes les autres par la forme
ronde ou cylindrique de la plombagine, et par le
procédé de son enchâssement dans le bois, fournit
l'Italie, la Hollande, la Belgique, les colonies, et
même l'Angleterre, qui a dû renoncer à son monopole, à raison du bas prix et de la bonne qualité des
crayons de la fabrique d'Ivry.

Le jury décerne à M. Desprez-Guyot, celui de
nos fabricants qui paraît avoir le mieux compris les
besoins de l'époque, la bonne qualité et le bon marché, une médaille d'argent.

M. GILBERT et Cie, à Givet (Ardennes).

L'établissement de M. Gilbert, créé en 1823 par
MM. Pivet et Lefebvre, de Liége, pour la fabrication des crayons ordinaires et communs d'Allemagne, a pris, depuis 1836, entre ses mains les plus
grands développements. Cette fabrique se compose
aujourd'hui de 20 ateliers, 4 scieries mécaniques,

et de 9 machines mises en mouvement par la vapeur, de la force de 8 chevaux.

On y fabrique avec le plus grand succès tous les numéros des crayons fins de Humblot-Conté pour la ligne et le dessin.

Leur bonne qualité les fait rechercher par les artistes et dessinateurs. Elle prouve les soins que prend M. Gilbert pour le choix, les préparations et les proportions de matières premières alliées à la plombagine.

Sa fabrication annuelle est de 25,000 grosses de 12 douzaines de crayons de toutes les qualités, parmi lesquels la commission a particulièrement distingué les nᵒˢ 1, 2, 3, 17, 18, 19 et 20, indépendamment des crayons communs à l'usage de toutes les professions.

M. Gilbert fabrique également les plumes métalliques et la cire à cacheter dans toutes les qualités et avec le même succès.

Le jury central décerne à M. Gilbert une médaille d'argent.

MENTION HONORABLE.

M. BERTHIER, en la maison de détention de Poissy (Seine-et-Oise).

La fabrication des crayons de plombagine artificielle a été introduite dans la maison de détention de Poissy par les soins de M. Berthier, avec celle des plumes métalliques, des dés à coudre, etc.

La bonne qualité et le bas prix des crayons de tous les numéros fabriqués par M. Berthier lui en garantissent le succès.

Le jury central, en le félicitant d'avoir établi dans la maison de répression de Poissy des ateliers de charité, dans lesquels les détenus, en se livrant au travail, apprennent les règles du devoir et à devenir meilleurs, décerne à M. Berthier la mention honorable réservée aux fondateurs de ces sortes d'établissements.

II. *Houille (charbon de terre) mise en œuvre.*

Les Anglais ont depuis longtemps employé la belle qualité de houille en ornements de deuil. Ils en ont fait des vases et divers objets dont on trouve de beaux exemples dans les collections.

En France, le travail du jais ou jayet était l'objet d'une industrie spéciale pour la bijouterie de deuil, mais la houille n'avait pas encore été mise en œuvre.

MENTION HONORABLE.

M. ORY, à Paris, rue des Gravilliers, 28.

M. Ory, l'un de nos plus habiles tourneurs, a essayé sur le tour divers échantillons de houille des mines du département du Nord, et d'après les succès qu'il a obtenus de ses premiers essais, il a exécuté avec une rare perfection divers objets qu'il a présentés à l'exposition, et parmi lesquels le jury central a particulièrement distingué :

1° Deux grandes lampes ;
2° Des candélabres ;

3° Des flambeaux ;
4° Des cadres de diverses grandeurs;
5° Des vases, des coupes, des patères, etc. ;
6° Des encriers.

Le jury estime que les objets de houille tournés, présentés par M. Ory, méritent d'être mentionnés honorablement à raison de leur belle exécution et de la beauté du poli.

III. *Des Bitumes, Goudrons, et de leurs applications.*

L'exploitation des mines de bitume, qui semblait, il y a quelques années, prendre un essor qui paraît aujourd'hui incroyable et même fabuleux, est actuellement rentrée dans l'état normal de toutes les exploitations des substances minérales. L'impartialité de l'expérience a fait promptement justice de toutes les inventions de bitumes artificiels et de leurs applications aussi éphémères que malheureuses, dont il ne reste plus que des victimes pour tous vestiges.

Sagement administrée, l'exploitation des bitumes naturels est et sera toujours une bonne industrie, et même une industrie avantageuse par les développements dont elle est susceptible ; mais elle a besoin d'être dirigée avec prudence et discernement dans les combinaisons qu'elle exige, comme dans ses applications.

Au reste, il n'est personne qui n'ait applaudi et qui n'applaudisse tous les jours, et particulièrement dans les temps de pluie et de dégel, au bon emploi que l'administration municipale en a fait faire sur nos promenades des boulevards, des Champs-Élysées, sur les trottoirs, sur nos places publiques et particulièrement sur la place Louis XV.

RAPPELS DE MÉDAILLES DE BRONZE.

MM. DU MÉNY et Cⁱᵉ, à Paris, boulevard Poissonnière, 23.

M. Du Mény continue avec succès l'exploitation des mines de bitume de Pyremont et Seyssel, qui emploient plus de 300 ouvriers, tant pour l'exploitation que pour les préparations et applications de bitume; la quantité de matières premières est de 1,200,000 kil. dont moitié pour l'exportation; la préparation mécanique des matières se fait à l'aide d'une roue hydraulique de la force de 40 chevaux.

Le jury avait décerné, en 1839, une nouvelle médaille de bronze à la Compagnie de Seyssel, il s'empresse de déclarer que cette Compagnie se montre de plus en plus digne de cette distinction.

MM. DOURNAY et Cⁱᵉ, à Lobsann (Bas-Rhin), et à Paris, rue Neuve-Saint-Jean, 4 bis.

La mine de Lobsann, avantageusement connue par la qualité de ses bitumes et leur bonne application, continue ses opérations avec succès. La fabrication est de plus de 1,200,000 kilog. de bitume, mastic dont M. Dournay a présenté des échantillons; son papier bitumé est d'un bon emploi dans la fabrique.

Le jury estime que MM. Dournay et Cie sont de plus en plus dignes de la médaille de bronze qui leur avait été accordée pour ses applications.

MÉDAILLE DE BRONZE.

M. DEBRAY, à Bastennes (Landes), et à Paris, rue du Faubourg-Saint-Denis, 93.

M. Debray a présenté des échantillons de la mine de bitume de Bastennes, département des Landes, qui employe 400 ouvriers. La fabrication du mastic bitumineux de **M.** Debray est de 800,000 à 1,000,000 de kilos de mortiers préparés pour les applications de mastic asphaltique.

Le bitume de Bastennes est de bonne qualité et employé avec succès ; le jury lui accorde une médaille de bronze.

MENTIONS HONORABLES.

M. LABARRAQUE, à Graville-l'Heure, près le Hâvre (Seine-Inférieure).

M. Labarraque a établi à Graville-l'Heure une usine où il prépare, pour le calfatage des navires, un brai composé de bitume de la Trinité, des Barbades, du Mexique, de la Grèce, de l'Égypte, avec des huiles de baleine et des oxydes métalliques, suivant un brevet pris au nom de M. Chauffard.

Des essais ont été faits avec succès sur plusieurs bâtiments et vaisseaux. Mais les applications du

brai Chauffard n'ayant lieu que depuis 1842 seulement, le jury, tout en reconnaissant les avantages
que paraît offrir l'emploi du brai Chauffard, accorde
à M. Labarraque une mention honorable.

MM. BADON et Cie, aux Belles-Loges (Seine-et-Marne).

M. Badon, au moyen d'immersion bitumineuse,
a cherché à donner aux grès friables de Fontainebleau et aux briques tendres et sableuses, la dureté
qui leur manquait.

L'imbibition du bitume dans les grès tendres et
dans les briques paraît leur donner en effet de la
consistance et de la ténacité, ainsi que l'ont constaté
MM. les ingénieurs des ponts et chaussées et les
architectes des travaux publics. Ces matières qui
étaient autrefois rebutées à cause de leur friabilité
et de leur prompte altération par les gelées, sont
aujourd'hui reconnues propices pour les constructions hydrauliques et l'assainissement des lieux bas
et humides.

Le procédé de M. Badon étant encore une nouvelle découverte, le jury, en attendant que de grandes applications constatent tous les avantages qu'elle
pourrait présenter, accorde à M. Badou une mention honorable.

MM. CAMUS et TINDEL (Maurice), à Gujan (Gironde).

MM. Maurice Camus et Tindel ont, comme M. Labarraque, mais par un procédé différent, cherché à
fournir à la marine et à l'industrie un goudron

préparé avec différentes matiéres alcalines et métalliques au moyen desquelles ils ont un goudron
noir inflammable des vernis et des couleurs solides
et incombustibles.

Ce goudron dans les essais qui en ont été faits au
chemin de fer de Bordeaux, à la Teste, a parfaitement réussi, ainsi qu'il est prouvé par les attesta-
tions de MM. les administrateurs de cheminsde fer.
Il résulte également des certificats de diverses administrations que des charpentes, des menuiseries
et des câbles qui avaient été peints avec le goudron
de MM. Maurice Camus et Tindel ne se sont point
enflammées au milieu des incendies qui ont dévoré
les bâtiments où on avait employé ce goudron.

L'établissement ne date que de 1842 seulement, mais le jury central reconnaissant que le
goudron de l'usine de Gujan promet de très-grands
avantages pour la marine, les chemins de fer, et
en général pour toutes les constructions, accorde
à MM. Maurice Camus et Tindel, une mention honorable, assuré que cette nouvelle et importante
fabrication aura le plus grand succès et méritera,
à la prochaine exposition, une récompense de premier ordre.

MM. LASSERRE frères et C¹ᵉ, à Paris, boulevard
Bonne-Nouvelle, 25.

MM. Lasserre frères font des applications de bitume avec succès; leur mastic est bien préparé.
Ils emploient de 600 à 800,000 kilog. de mine
brute pour obtenir de 500 à 600,000 kilogr. de

bitume raffiné, dont un tiers pour l'exportation.

Le jury estime que MM. Lasserre frères méritent une mention honorable.

CITATIONS FAVORABLES.

M. COVILLION, à Cognac (Charente).

Parmi les nouvelles applications de bitume, celle de M. Covillion pourra devenir très-importante si, comme tout porte à le croire, l'expérience confirme les résultats avantageux que promet sa découverte, à laquelle le jury accorde une citation favorable.

M. LEGOUX, à Bayeux (Calvados).

Les tuyaux, les gouttières, les pavés infiltrés de bitume exposés par M. Legoux ont été éprouvés et présentent l'avantage de résister dans telle ou telle circonstance où les tuyaux de terre s'altéraient et se décomposaient promptement. On connaît déjà les essais de pavés de grès bitumés.

Le jury central estime que les essais de M. Legoux méritent une citation-favorable.

MM. MONNOT et VITU, à Dijon (Côte-d'Or).

. MM. Monnot et Vitu ont exposé des rosaces mosaïques en bitume d'un travail soigné et parfaitement exécuté qui mérite d'être cité favorablement.

SECTION II.

MÉTAUX DIVERS.

MM. Berthier et Mouchel, rapporteurs.

§ 1. PLOMB.

MÉDAILLE D'OR.

Les concessionnaires des mines de plomb et argent de Pontgibaud (Puy-de-Dôme), représentés par MM. PALLU et Cⁱᵉ.

On compte, en France, trente-neuf concessions de gîtes de plomb et argent, mais la plupart de ces gîtes sont depuis longtemps délaissés ou n'ont été qu'à peine explorés, et ces concessions n'ont d'ailleurs donné naissance qu'à trois établissements qui aient de l'importance, savoir : l'établissement de Poallaouen (Finistère), l'établissement de Vialas (Lozère), et l'établissement de Pontgibaud (Puy-de-Dôme). Les deux premiers sont anciens, celui de Pontgibaud est nouveau et à peine achevé, mais il est déjà le plus considérable des trois.

Les mines de Pontgibaud sont connues depuis longtemps. Le célèbre métallurgiste Jars avait entrepris de les exploiter sur la fin du dernier siècle, mais les troubles de la révolution l'ont obligé de renoncer à son projet. M. le comte de Pontgibaud en ayant demandé et obtenu la concession, il y a une vingtaine d'années, s'est aussitôt appliqué à les mettre en valeur : il a consacré des sommes considérables pour exploiter les principaux gîtes, il a construit une laverie, une fonderie, et il a même livré quelques produits au commerce. Mais l'expérience lui ayant montré que l'entreprise ne pourrait avoir de succès, qu'autant qu'elle recevrait un très-grand développement, il a cédé ses droits à une société anonyme, dont il est d'ailleurs resté l'un des plus forts actionnaires. Cette société qui a choisi M. Pallu pour gérant, était déjà en possession des mines de Pontgibaud en 1839, et c'est encore elle qui se présente cette année à l'exposition, à laquelle elle a envoyé des échantillons de ses divers minerais, ainsi que des échantillons du plomb et de l'argent qu'elle en extrait, et de la litharge qu'elle prépare avec le plomb.

Les mines de Pontgibaud consistent en filons de galène plus ou moins argentifère, et qui est souvent accompagnée de blende. La richesse de la galène est très-variable : le plomb que l'on en extrait en grand contient depuis 150 grammes jusqu'à 420 grammes d'argent au quintal métrique : cette dernière teneur est très-considérable, et si elle se maintient, comme tout porte à le croire, l'établissement lui devra sa prospérité. Les filons sont en très-grand nombre, on en exploite actuellement treize, et il en est dans lesquels on rencontre jusqu'à 5 mètres de minerai natif. Ces filons constituent deux groupes, qui se trouvent à peu de distance de la petite ville de Pontgibaud : le groupe de Pranal et Barbencot, et le groupe de Roure et Rozier.

L'exploitation du premier groupe a présenté de grandes difficultés, en raison des émanations de gaz acide carbonique qui se manifestent de toutes parts à travers les fissures de la roche, et qui viciaient l'air des excavations souterraines jusqu'à le rendre irrespirable; mais les exploitants sont parvenus avec un plein succès à vaincre cet obstacle à l'aide de puissants ventilateurs, qui agitent l'air et le renouvellent jusqu'à une distance de 500 mètres. Les différents centres d'exploitation de ce groupe sont reliés entre eux par un chemin de fer qui a 1,350 mètres de développement. La profondeur des travaux atteint 90 mètres. On en extrait 1,000 à 1,200 mètres cubes d'eau par vingt-quatre heures.

Le groupe de Roure et Rozier n'a été exploité sérieusement que depuis 1839. On y a pratiqué une galerie de recherche qui traverse plusieurs filons dont la longueur est de 600 mètres, et deux puits dont le plus profond a 75 mètres. Un chemin de fer de 800 mètres relie les diverses parties de ce groupe. On y installera incessamment une forte machine à vapeur, à défaut de moteur hydraulique.

Avant de fondre le minerai métallique, il faut le séparer de sa gangue pierreuse, et lui faire subir ce que l'on appelle la préparation mécanique. La compagnie a construit, à cet effet, tous les ateliers nécessaires; ces ateliers renferment 3 bocards à 12 pilons, 5 tables à secousse, des cribles, des tables dormantes, des tables à tombeau et tous leurs accessoires. La préparation mécanique est exécutée, à l'aide de ces appareils, suivant le mode qui est actuellement jugé partout le meilleur. M. Pallu y a même introduit des perfectionnements notables, en substituant aux bocards à grilles des bocards ouverts, convenablement disposés, et qui ont l'avantage de produire moins de sable fin, ce qui, comme on sait, est d'une grande importance ; en outre il recueille les bourbes très-riches qu'entrainent les eaux provenant du lavage.

Après avoir subi la préparation mécanique, les minerais sont portés à la fonderie. Celle-ci renferme 3 fourneaux à réverbère doubles, servant au grillage ; 3 fourneaux à manche, 1 fourneau de coupelle, un fourneau écossais, un bocard à sec et un bocard à eau pour broyer les scories, des cubilots et des ateliers pour confectionner et réparer les machines. Les bonnes dispositions adoptées par M. Pallu, lui permettent de tenir ses fourneaux à manche, en feu pendant trois ou quatre mois consécutifs, tandis que dans la plupart des usines on est obligé de les réparer tous les mois et quelquefois même plus souvent.

Le torrent de gaz qui s'échappe des fourneaux, entraîne avec lui en quantité très-notable des particules de minerai extrêmement ténues et des vapeurs métalliques, et il en résulterait une perte sensible en plomb et en argent si l'on ne cherchait pas à les recueillir. On connaît pour cela divers moyens, mais ces moyens sont tous embarrassants et imparfaits. M. Pallu a cherché à faire mieux, et pour cela il aspire les vapeurs à l'aide d'un ventilateur, dans l'intérieur duquel il détermine la condensation, au moyen d'un filet d'eau qui arrive par l'axe de l'appareil : il a obtenu ainsi quelques bons résultats, mais ce moyen laisse encore à désirer. On doit néanmoins lui tenir grand compte de ses efforts.

La compagnie de Pontgibaud dispose d'un moteur hydraulique considérable qui lui est fourni par la Sioule. Pour utiliser ce moteur, elle a creusé un canal de 2,200 mètres de longueur qui distribue l'eau sur dix-sept roues. La puissance mécanique de ces roues équivaut à la force de 200 chevaux.

Le nombre des ouvriers de tous rangs employés dans l'établissement est aujourd'hui de plus de quatre cents. Les produits marchands, argent, plomb et litharge, ne sont pas encore arrivés au chiffre qu'ils doivent atteindre : tout se trouve disposé pour un produit annuel de la valeur de 500 à 600 mille fr. : en 1842 cette valeur n'était encore que de 200,000 fr., et depuis 1839 elle ne s'est élevée au total qu'à 900,000 fr.; mais elle s'accroît depuis quelque temps avec une grande rapidité.

La compagnie est devenue récemment propriétaire d'une mine d'anthracite, qui se trouve à une petite distance de Pontgibaud, et elle a le projet d'employer ce combustible pour chauffer sa machine à vapeur, et, si cela est possible, pour alimenter ses fourneaux.

La création de l'établissement de Pontgibaud a exigé une mise de fonds considérable : on évalue le capital engagé à 3,000,000, et cela ne paraît pas exagéré.

Il ressort de ce qui vient d'être exposé, que la compagnie Pallu a rendu un service éminent au pays et à l'industrie en fondant l'établissement de Pontgibaud, et en donnant à cet établissement tout le développement dont il était susceptible. La France consomme une quantité considérable de plomb : elle en a reçu, en 1842, de l'étranger plus de

18,000,000 de kilogrammes, valant 7 à 8 millions ;
et sa production intérieure dépasse à peine une valeur de 300,000 fr. On ne saurait donc trop encourager les entreprises qui ont pour objet la mise
en valeur des mines de ce genre que son sol
recèle.

Ajoutons que la compagnie de Pontgibaud
administre son établissement d'une manière toute
paternelle, et qu'elle s'est acquis l'estime générale
de la contrée par la manière dont elle se comporte
avec tous ses employés. Elle a fondé une caisse de
prévoyance qui a pour but de secourir les ouvriers
dans leurs maladies, en payant les frais du médecin
et des médicaments, et en fournissant aux malades,
quelle que soit la cause de leur maladie, une in-
demnité de 50 c. par jour, pendant tout le temps
de leur inactivité. En outre, un fonds de réserve
qui s'accroît annuellement formera, plus tard, un
capital destiné à fournir des secours aux infirmes,
aux veuves et aux orphelins.

Le jury du Puy-de-Dôme insiste beaucoup, dans
son rapport, sur le mérite de la compagnie de Pontgibaud et de son gérant, et il recommande fortement l'un et l'autre à la justice et à la bienveillance
du jury central.

Le jury central, appréciant l'importance de l'établissement de Pontgibaud, les difficultés de tous
genres qu'il a fallu vaincre pour le créer, les chances défavorables qu'il a fallu courir, et reconnaissant que la réussite est due aux efforts et à la
persévérance de la compagnie, et à l'intelligente
activité de M. Pallu, son gérant, décerne une

médaille d'or aux concessionnaires des mines de Pontgibaud, représentés par MM. Pallu et Cie.

MÉDAILLE D'ARGENT.

MM. SIMON (Jules) et Cie, à Paris, rue de Bercy-Saint-Antoine, 10, successeurs de MM. Hamard et Cie,

Continuent à laminer du plomb et du zinc; ils ont ajouté à leur fabrication la préparation des tuyaux de plomb par pression et sans soudure.

Ils sont parvenus à réduire, à volonté, l'épaisseur des lames de plomb à 1/20e de millimètre, et donnent à ceux-ci jusqu'à 15 mètres de longueur sur 2^m,75 de largeur.

Ils peuvent donner aux tuyaux de plomb préparés par pression une longueur indéfinie. Le plus long de ceux qu'ils ont présentés à l'exposition avait 133 mètres. Le diamètre de ces tuyaux varie entre 2 et 110 millimètres. La disposition qu'ils ont adoptée pour leur fabrication est excellente et rend le travail très-régulier et très-rapide. C'est une presse hydraulique, mise en mouvement par une machine à vapeur, qui pousse le plomb, entretenu à l'état de demi-fusion, de bas en haut à travers la filière, et le tuyau, à mesure qu'il s'élève, s'enroule de lui-même sur un moulinet d'un diamètre convenable.

Le jury, ayant égard à l'extension qu'a reçue la fabrication dans l'usine de MM. Simon et Cie, et prenant en considération les perfectionnements qu'ils y ont introduits, principalement en installant une fabrication régulière et bien entendue des tuyaux de plomb par pression, leur décerne une médaille d'argent.

RAPPEL DE MÉDAILLE DE BRONZE.

M. CAVAILLIER (Antoine-Léonard), à Marseille rue Montébello, 40 (Bouches-du-Rhône).

M. Cavaillier a exposé : 1° un alliage de plomb et d'arsenic, destiné à la préparation du plomb de chasse; 2° du plomb dur laminé; 3° de l'étain affiné.

Le jury des Bouches-du-Rhône dit dans son rapport que le plomb arsénié est maintenant généralement employé à la place du sulfure d'arsenic pour la fabrication du plomb de chasse, que M. Cavaillier est parvenu à en rendre la composition plus constante et qu'il en a beaucoup diminué le prix.

Le plomb durci par la trempe est destiné par M. Cavaillier à faire des feuilles pour toitures et pour doublage des vaisseaux ; mais l'expérience n'a pas encore prononcé sur les qualités de ce plomb.

L'étain affiné par M. Cavaillier est employé avec avantage dans les faïenceries. M. Cavaillier lui applique des marques anglaises pour surmonter, dit-il, les préjugés des consommateurs, mais il affirme qu'il l'obtient avec les étains bruts du Pérou, et on peut l'en croire puisqu'il le vend à 10 p. °/. au-dessous du cours.

M. Cavaillier est un ancien militaire de la vieille

garde ; l'établissement de son usine date de l'époque de la restauration ; il a exposé le premier des tuyaux de plomb sans soudure en 1819, et il a obtenu pour cela une mention honorable. En 1823 il lui a été décerné une médaille de bronze ; ayant reparu à l'exposition de 1834, il paraît que son nom a été altéré, et il a été accordé une mention honorable à un sieur Cavalier qui n'existe pas et que l'on croyait être son concurrent. Aujourd'hui M. Cavaillier demande le redressement de cette erreur, et il sollicite le maintien de la récompense qu'il avait reçue en 1823.

Le jury croit qu'il est de toute justice de lui accorder le rappel de la médaille de bronze qui lui a été décernée à cette époque.

MÉDAILLES DE BRONZE.

MM. DUFOUR et DEMALLE, à Paris, rue Neuve-Saint-Augustin, 32, successeurs de MM. Voisin et Cie,

Ont continué à fabriquer des feuilles de plomb de grandes dimensions par coulage ; et leur production annuelle s'est élevée à 8 ou 900,000 kilogrammes.

Le jury leur accorde une médaille de bronze.

MM. LAGOUTTE et fils, à Paris, quai de Billy, 8,

Sont les premiers qui aient installé en France la fabrication des tuyaux de plomb et d'étain par pression, sous la direction de l'inventeur de ce procédé.

Le jury leur décerne une médaille de bronze.

MM. LOYSEL et HUBIN, à Paris, rue Saint-Louis, 9, au Marais,

Possèdent, à Montivillers, une fabrique dans laquelle ils produisent annuellement 400,000 kilogrammes de plomb laminé, en occupant seulement 4 à 5 ouvriers; à Paris ils préparent des tuyaux repoussés à l'aide d'une machine.

Le jury leur accorde une médaille de bronze.

MENTION HONORABLE.

M. POULET, à Paris, rue Fontaine-au-Roi, 16,

A exposé des échantillons de fils de plomb de diamètres variés, dont on se sert avec avantage pour attacher les espaliers.

Le jury lui accorde une mention honorable.

CITATIONS FAVORABLES.

M. MABIRE, au Hâvre (Seine-Inférieure),

Pour sa fabrication de plomb de chasse.

M. KENT-PÉCRON (Alfred), à Boulogne-sur-Mer (Pas-de-Calais),

Pour sa fabrication de couverts en alliage et de divers objets de plomberie.

------

§ 2. CUIVRE ET CHAUDRONNERIE.

RAPPELS DE MÉDAILLES D'OR.

LA COMPAGNIE DES FONDERIES DE CUIVRE,
de Romilly (Eure),

A présenté, à l'exposition, divers objets en cuivre rouge et en cuivre jaune de la plus belle exécution. On doit citer particulièrement un foyer de locomotive, une barre ronde forgée du plus gros diamètre que l'on ait encore vu, des clous forgés pour le doublage des navires, et fabriqués à l'aide d'une machine qui en produit 70 par minute, et enfin des épingles de divers numéros, d'une seule pièce, faites à la mécanique, et qui peuvent être vendues aux mêmes prix que les épingles de première qualité à têtes rapportées. Cette dernière fabrication n'est installée à Romilly que depuis peu de temps.

La compagnie a, depuis peu de temps, aussi établi dans son usine des fourneaux dans lesquels elle traite des minerais de cuivre qu'elle fait venir de diverses contrées de l'Amérique méridionale et principalement de Corocoro en Bolivie.

Le jury lui rappelle la médaille d'or qui lui fut décernée dans les précédentes expositions.

M. FRÈREJEAN (Victor), à Vienne (Isère),

Fabrique dans son établissement de Pont-l'Évêque pour une valeur de plus de deux millions d'objets en cuivre de toutes sortes et des plus grandes dimensions, à l'usage de la marine et du commerce.

M. Frèrejean (Victor) possède, en outre, d'autres grandes usines dans lesquelles on traite des minerais de fer de nature variée où l'on affine la fonte, et qu'il dirige lui-même avec beaucoup d'habileté. Il a été rendu compte de l'état de ces usines à l'article du fer. Nous nous contenterons de rappeler ici que c'est dans son établissement, et grâce à sa complaisance et à sa coopération, que M. l'ingénieur des mines Ebelmen a pu effectuer ses importantes recherches sur la transformation des combustibles solides en gaz oxyde de carbone.

M. Frèrejean (Victor) s'est placé par ses travaux au premier rang des métallurgistes français. Aussi est-ce avec le plus grand empressement que le jury lui rappelle la médaille d'or qui lui a été décernée dans les expositions précédentes.

M. THIÉBAUT, à Paris, rue du Faubourg-St-Denis, 152.

L'établissement de M. Thiébaut est du premier ordre. On y prépare des objets de toutes sortes en cuivre et en bronze, depuis les plus volumineux jusqu'aux plus délicats. On remarquait à l'exposition des viroles en cuivre jaune et des cylindres en cuivre rouge d'une parfaite exécution, et qui sont actuellement très-recherchés par les manufactures de toiles peintes.

C'est dans l'usine de M. Thiébaut qu'ont été fondues toutes les grandes pièces en cuivre qui furent nécessaires pour l'établissement des bateaux à vapeur transatlantiques.

M. Thiébaut ne laisse d'ailleurs échapper aucune occasion de perfectionner son outillage et d'étendre sa fabrication.

Le jury s'empresse de lui rappeler la médaille d'or qui lui a été décernée en 1839.

MÉDAILLES D'ARGENT.

MM. ESTIVANT frères, à Givet (Ardennes),

Ont réuni aux usines qu'ils possédaient il y a cinq ans celles qui appartenaient à M. Mesmin, savoir : la fonderie de Ripelle, la batterie de Flohival, le laminoir et la tréfilerie de Flohimont, le laminoir de Flimen et la batterie de Landréchamps, qui sont toutes échelonnées sur le même cours d'eau.

En 1843 ils ont employé 550,000 kilogrammes de cuivre rouge et 300,000 kilogrammes de zinc, sans compter les vieilles *mitrailles*, et ils ont vendu pour une valeur de 1,900,000 fr. d'objets manufacturés.

MM. Estivant frères ont perfectionné le tombac, dont la fabrication est plus difficile que celle du laiton ordinaire, et dont on fait actuellement un grand usage pour fabriquer, par estampage, des objets d'ornement pour les appartements, etc.

Le jury leur decerne une médaille d'argent.

MM. MATHER et Cⁱᵉ, à Toulouse (Haute-Garonne).

L'usine de MM. Mather et Cⁱᵉ est avantageusement située sur la Garonne, près de l'embouchure du canal de Languedoc, par lequel elle reçoit ses matières brutes et expédie ses produits manufacturés. La chute d'eau qui met ses machines en mouvement a une force de 8o chevaux. On affine dans cette usine divers cuivres de l'Amérique méridionale, particulièrement ceux du Chili, et du plomb de diverses localités. Elle renferme deux fourneaux d'affinage, deux fourneaux à recuire, deux forges, deux laminoirs, un martinet et un bocard. On y met en œuvre 200,000 kilogrammes de cuivre et 40,000 kilogrammes de plomb; et la vente annuelle s'élève à 55o,ooo fr.

MM. Mather et Cie rendent ainsi les plus grands services à l'industrie et au commerce du midi de la France. Le jury leur décerne une médaille d'argent.

RAPPEL DE MÉDAILLE DE BRONZE.

MM. REVEILHAC fils et Cie, à Paris, rue de la Roquette, 2.

Ils laminent du cuivre dans une usine qui est avantageusement située à Essonne, et travaillent beaucoup à façon.

Le jury leur rappelle la médaille de bronze qu'ils ont obtenue en 18/9.

MÉDAILLES DE BRONZE.

M. HYON, à Paris, rue des Fontaines, 17.

Son usine est située sur le canal de Saint-Maur et prend chaque jour plus d'extension. On y fabrique des feuilles de cuivre qui sont bien laminées, et des bandes de divers alliages.

Le jury accorde à M. Hyon une médaille de bronze.

M. LEBAS, à L'Aigle (Orne),

Fabrique des anneaux, des dés à coudre, des bagues et œillets pour la marine. Il a importé d'Allemagne la fabrication des dés dits *verges* de tailleurs, qui ne se font encore, en France, que chez lui. Il emploie annuellement 60,000 kilogrammes de cuivre.

Le jury lui accorde une médaille de bronze.

MENTIONS HONORABLES.

MM. ROBERT (Alexandre) et Cⁱᵉ, à La Villette, quai de la Marne, 26.

M. Robert a exposé du cuivre provenant du traitement d'un minerai d'Amérique; du cuivre provenant des pièces démonétisées du Mexique; de l'étain affiné de toutes les qualités réclamées par le commerce et des alliages provenant de la réduction des scories d'étain, qui sont employés pour la composition des bronzes.

L'usine dans laquelle il prépare ces métaux existe depuis 1839. Elle renferme plusieurs fourneaux à réverbère qui sont très-bien disposés. C'est M. Robert, lui-même, autrefois simple ouvrier, qui les a établis.

Le minerai de cuivre que l'on traite actuellement

dans cette usine vient des mines de Corocoro, qui sont situées dans les montagnes de la Bolivie, à plus de 300 kilomètres de la côte. Ce minerai est d'une grande richesse et consiste en un mélange de très-petits grains de cuivre natif et de petits grains de quartz à l'état de sable. L'établissement emploie 19 ouvriers et produit annuellement 12,000 quintaux métriques de métaux affinés.

Le jury récompense M. Robert par une mention honorable pour la bonne entente de ses travaux devenus déjà si importants.

M. GAUBERT-BOUCHER, à L'Aigle (Orne),

Fabrique des vases d'airain fourrés, et fait concurrence à l'usine de Givet.

Le jury lui accorde une mention honorable.

M. MARIA, à Paris, rue du Faubourg-Saint-Antoine, 58,

A succédé à M. Lequart pour la fabrication des tringles et moulures d'appartements recouverts de cuivre jaune. Il occupe 35 à 40 ouvriers. Ses produits sont très-estimés. Le jury lui accorde une mention honorable.

CITATION FAVORABLE.

M. GARNIER, à Paris, rue Basse-Saint-Pierre-Popincourt,

A établi, tout nouvellement, à Tierceville, près de Gisors, une usine dans laquelle il lamine du cuivre et du zinc.

Le jury lui accorde une citation favorable.

Plaqué.

MÉDAILLE DE BRONZE.

M. GRISET, à Paris, rue Ménilmontant, 77,

Est le seul fabricant de plaqué brut d'argent sur cuivre ; celui qu'il livre au commerce est très-solide et a des titres qui varient à volonté de un cinquième à un deux-cent-quarantième.

Le jury lui accorde une médaille de bronze.

§ 3. ZINC.

RAPPEL DE MÉDAILLE D'ARGENT.

LA SOCIÉTÉ DE LA VIEILLE-MONTAGNE, ayant pour gérant M. LARRABURE, à Paris, rue Richer, 14,

Possède des usines, à Houz et à Bray, dans lesquelles elle fabrique une masse extrêmement considérable de zinc laminé de bonne qualité, et des objets moulés et estampés, en zinc, de toutes les formes.

Le jury lui rappelle la médaille d'argent qu'elle a obtenue aux précédentes expositions.

MÉDAILLE DE BRONZE.

MM. CHAUVITEAU et Cⁱᵉ, à Paris, rue du Havre, 5,

Laminent 800,000 kilog. de zinc par année, et

ont ainsi élevé contre la société de la Vieille-Monta-
gne une concurrence utile aux consommateurs. Le
jury leur accorde une médaille de bronze.

RAPPEL DE MENTION HONORABLE.

M. LAMY, à Paris, boulevard Beaumarchais, 63,

Continue à fabriquer divers objets en zinc qui
sont bien confectionnés.

Le jury lui rappelle la mention honorable qu'il
a obtenue en 1834.

CITATIONS FAVORABLES.

M. CHÉRET jeune, à Paris, rue de la Fidélité, 4,

Fabrique divers objets en zinc. Le jury lui accorde une citation favorable.

M. CHIBON fils, à Paris, rue de Charonne, 51,

Fabrique divers objets en zinc. Le jury lui accorde une citation favorable.

MM. PLACE et LETALEC, à Paris, rue du Temple, 76,

Expose divers appareils pour cabinets d'aisance,
couvertures, etc., en zinc et en fonte.

Fer galvanisé.

RAPPEL DE MÉDAILLE D'OR.

MM. SAINT-POL et Cie, à Paris, rue d'Angoulême – du – Temple, 40, ayant pour conseil M. Sorel.

C'est maintenant la compagnie St-Pol qui exploite le procédé de galvanisation ou de zingage du fer inventé par M. Sorel et pour lequel le jury de 1839 a décerné à celui-ci une médaille d'or.

La compagnie a exposé cette année du fer et de la fonte zingués sous toutes sortes de formes et appropriés à une multitude d'usages.

L'invention de M. Sorel a fructifié, et les prévisions du jury de 1839 ont été pleinement confirmées. Depuis cette époque, la fabrication du fer galvanisé a plus que doublé. L'usine de la rue d'Angoulême produit actuellement à elle seule pour plus de 1,200,000 fr. d'objets divers par année, et en outre la compagnie ayant cédé son droit pour de certaines contrées à plusieurs personnes ou associations, il s'est établi en France et à l'étranger un certain nombre de fabriques dont la production paraît être déjà considérable.

Les qualités utiles du fer zingué ne sont plus contestées aujourd'hui. Les consommateurs ont eu le temps de s'en convaincre par l'usage, et les expériences multipliées qui ont été exécutées dans l'arsenal du port de Brest, d'après les ordres de M. le ministre de la marine, et par une commission nommée par lui, ont levé tous les doutes qui pouvaient exister à cet égard.

Cette commission, instituée le 29 septembre 1839, a commencé un premier travail le 13 décembre suivant, et elle a repris ce travail sur une plus grande échelle, du 14 mai au 15 août 1840, avec l'assistance d'un officier désigné par M. le ministre de la guerre. Elle a soumis à la galvanisation 20,000 kil. de fer ouvré de façons très-diverses, et le 30 avril 1841 elle a rendu compte du résultat de ses expériences à M. le ministre de la marine. Elle dit dans son rapport : 1° qu'elle n'a pas hésité à reconnaître que sous le rapport de la conservation du fer le procédé de galvanisation a donné le résultat le plus satisfaisant, que partout où dans le zingage la surface du fer avait été recouverte par la couche galvanique, il a été impossible de découvrir la plus petite trace d'oxydation ; qu'exposées aux influences atmosphériques, les surfaces se recouvrent bientôt d'une légère efflorescence blanchâtre, mais qu'au bout de 15 à 18 mois cette couche très-mince se trouve transformée en une croûte de carbonate de zinc continu, adhérente au métal et d'une assez grande dureté pour le préserver de toute altération ultérieure ;

2° Que les objets soumis à la galvanisation acquièrent une augmentation d'épaisseur de $0^{mm},188$ à $0^{mm},196$, et que l'adhérence de la couche galvanique avec le fer est assez grande pour qu'elle ne s'en détache ni par le battage ni par l'écrouissage ;

3° Que la galvanisation diminue notablement la force de résistance du fer réduit en fil ; mais qu'il ne paraît pas qu'elle altère d'une quantité appréciable, la résistance des pièces en fer forgé lorsque

L

leurs dimensions sont un peu considérables; qu'à cet égard cependant il serait nécessaire de multiplier encore les expériences;

4° Que la tôle zinguée peut remplacer le zinc ou le fer-blanc dans la confection des couvertures, des gouttières, des tuyaux de descente pour les eaux, et même des tuyaux de poêle, pourvu qu'on s'arrange de manière à ce qu'elle ne soit pas en contact direct avec la flamme.

Le 15 décembre 1842 une nouvelle commission a été nommée par M. le ministre de la marine pour continuer et mener à fin les expériences commencées par la première. Cette seconde commission a fait connaître au ministre le résultat de son travail le 13 avril 1843. Elle a confirmé de tous points ce qui avait été dit par la première commission, et de plus elle a ajouté que l'on parvenait facilement à conserver au boulet dans la double opération du décapage et du zingage, les dimensions et le poids renfermés dans les limites du règlement, et que prenant en considération la grande valeur que représente dans l'espèce l'approvisionnement de la guerre et de la marine, comme aussi les pertes immenses résultant du fait seul de l'oxydation, et l'avantage que procurerait au trésor l'adoption d'un moyen efficace de conservation, elle n'hésiterait pas à proposer d'adopter le procédé du zingage, si elle ne croyait devoir indiquer qu'il serait convenable d'expérimenter auparavant les boulets zingués, pour reconnaître si à raison du changement moléculaire qu'ils éprouvent peut-être par le zingage, ils sont toujours susceptibles de résister aux chocs auxquels ils doivent être exposés.

En juin 1842, le conseil des bâtiments civils a émis l'avis « que le procédé de M. Sorel et les différentes applications qui en ont été faites méritent en général d'être approuvés et recommandés par M. le ministre des travaux publics et MM. les architectes, comme pouvant être d'une grande utilité dans les constructions civiles et particulières. »

Enfin, le 12 février dernier, M. le ministre de la guerre, après avoir consulté le comité des fortifications, a adressé une circulaire à MM. les colonels du génie, par laquelle il les engage à saisir les occasions qui pourront s'offrir de faire, toutes les fois que les frais de transport ne seront pas trop considérables, une utile application des procédés de zingage à la menue féronnerie des édifices militaires exposés aux effets de la rouille, et à appeler sur ces objets l'attention des chefs du génie sous leurs ordres.

Les expériences dont il vient d'être rendu compte, ainsi que la notoriété publique, établissent maintenant d'une manière incontestable que le fer galvanisé peut être employé avec un très-grand avantage dans la plupart des circonstances où le fer nu serait exposé à être rapidement détruit par la rouille. Il reste peut-être encore quelques doutes sur un seul point, celui de savoir si l'opération du zingage, qui exige que le fer soit soumis alternativement à l'influence de degrés très-différents de chaleur, n'altère pas la tenacité de ce métal en modifiant sa contexture ; mais en attendant que des épreuves précises aient été faites à cet égard, on peut affirmer dès à présent que cette altération, si elle est réelle, n'a dans la plupart des cas que très-peu d'importance.

Depuis 1839, les ouvriers employés dans les fabriques de la compagnie Saint-Pol ont acquis par la pratique plus d'habileté, d'où il résulte que les produits qui sortent actuellement de leurs mains sont mieux préparés qu'ils ne l'étaient à cette époque, et que cependant on peut les vendre moins cher.

M. Sorel, qui fait partie de la compagnie à titre d'inventeur et de conseil technique, a d'ailleurs introduit plusieurs perfectionnements dans la fabrication.

Il a tellement amélioré son système de chauffage des chaudières, que les objets à zinguer en sortent maintenant parfaitement nets et exempts des tâches d'alliage, de zinc et de fer qui s'y trouvaient autrefois.

En 1839, on décapait les pièces avec de l'acide sulfurique étendu d'eau. Cette eau acidulée avait plusieurs inconvénients, et avait principalement pour effet fâcheux de mettre beaucoup de carbone à nu lorsqu'on laissait les pièces un peu trop long-temps dans la liqueur : l'application du zinc sur le fer devenait alors très-difficile et souvent même impossible sur des fontes très-grises. Aujourd'hui il se sert avec un succès complet des eaux acides qu'on obtient comme résidu dans l'opération de l'épuration des huiles à brûler. Ces eaux acides possèdent la propriété précieuse pour l'industrie du zingage, de décaper le fer, en dissolvant l'oxyde qui peut se trouver à sa surface, sans attaquer ce métal, soit libre soit combiné avec le carbone. M. Sorel a même remarqué que les pièces à décaper pouvaient rester des mois entiers dans ces eaux sans qu'il se dissolvît rien; grâce à cette heureuse observation on galvanise actuellement les fontes grises avec la même perfection que le fer forgé, tandis qu'autrefois on ne pouvait y parvenir qu'en passant plusieurs fois au bain de zingage un grand nombre de pièces qui étaient incomplétement recouvertes du métal conservateur.

L'industrie de la galvanisation du fer inventée par M. Sorel, est maintenant définitivement établie et parfaitement consolidée, ses produits sont reçus avec confiance par le public, et employés avec avantage dans une multitude de circonstances.

Le jury pense en conséquence qu'il est de toute justice d'accorder à la compagnie Saint-Pol, et à M. Sorel, le rappel de la médaille d'or qui fut décernée à M. Sorel en 1839.

§ 4. LAITON.

MÉDAILLE DE BRONZE.

M. JOLLY, à Paris, rue Albouy, 5,

Est un ouvrier actif et ingénieux qui paraît être un des premiers qui se soient occupés à confectionner par l'emboutissage, combiné à l'estampage et le repoussé, les becs à gaz, les cadenas, clefs, cachets, coulants de bourse, les petites boîtes et étuis à aiguilles, les porte-plumes, les œillets à corsets et autres petits objets d'une utilité journalière.

Le jury lui accorde une médaille de bronze.

CITATION FAVORABLE.

M. MALLAT, à Paris, rue Neuve-Saint-François, 5, au Marais.

Fabrique deux sortes de plumes métalliques, qu'il qualifie d'inaltérables et qui ont réellement une longue durée; les unes sont à pointes de rubis, et les autres à pointe d'osmiure d'iridium, consolidées par un tuteur qui a pour effet, 1° de soutenir le bec et de prévenir le croisement des branches; 2° de maintenir dans la plume une quantité d'encre suffisante pour que l'on puisse écrire pendant longtemps; 3° et d'éviter que la plume crache et répande de l'encre sur le papier.

Le jury récompense M. Mallat par une citation favorable.

§ 5. ÉTAIN, ÉTAMAGE, OR FAUX, BRONZE EN POUDRE, CLOCHES.

Étain.

RAPPEL DE MÉDAILLE DE BRONZE.

M. PIEREN, à Paris, rue Quincampoix, 17.

M. Pieren a **exposé** de la poterie d'étain, et particulièrement des théières qui imitent parfaitement les théières anglaises.

Le jury, en considération du perfectionnement que M. Pieren a apporté dans sa fabrication, lui rappelle la médaille de bronze obtenue en 1839.

RAPPELS DE MENTIONS HONORABLES.

M. ROUSSEVILLE, à Paris, rue St.-Martin, 155,

Continue à fabriquer avec succès de la poterie

d'étain et des couvercles en alliage. Il renouvelle ses formes et les améliore chaque jour.

Le jury lui accorde le rappel de la mention honorable obtenue en 1839.

M. CAHOUET, à Paris, rue de Pontoise, 10.

M. Cahouet a exposé 36 moules à cierges, plusieurs mandrins en acier et une machine qui sert à percer les cierges.

La fabrique de M. Cahouet existe depuis 1829; elle emploie 10 ouvriers et elle produit 80 à 100,000 moules par année. On en exporte à l'étranger pour une valeur de 80,000 francs. Ces moules, qui sont en étain et d'une seule pièce, ont déjà attiré l'attention du jury en 1839, et ont mérité à M. Cahouet une mention honorable. Le jury lui rappelle cette mention.

MENTIONS HONORABLES.

MM. ROUSSEAU et POISSON, à Paris, rue de Bondy, impasse de la Pompe, 13.

MM. Rousseau et Poisson ont succédé à M. E. Clancau, qui avait obtenu une médaille de bronze en 1839. Ils fabriquent, comme faisait celui-ci, de l'étain battu pour la mise au tain des glaces et des feuilles d'étain allié de bismuth, de zinc et de plomb, et enduites sur une de leur face d'un vernis gras. Ils présentent ces feuilles métalliques comme propres à être collées sur les murailles pour préserver les appartements de l'humidité et empêcher la dégradation des papiers de tenture; c'est sur cet objet spécialement qu'ils appellent l'attention du jury; l'expérience paraît avoir effectivement démontré l'efficacité de l'emploi des feuilles métalliques de MM. Rousseau et Poisson, car on en fait actuellement une consommation assez considérable; puisque la production annuelle est de 40,000 feuilles; ces feuilles se vendent au prix de 2 francs le mètre carré, et plus du tiers passent à l'étranger. Cette fabrication occupe 15 ouvriers.

Le jury accorde à MM. Rousseau et Poisson une mention honorable.

MM. ROBERT et Cie, au Petit-Poigny, près Rambouillet (Seine-et-Oise),

Fabriquent des feuilles d'étain pour l'étamage de glaces, pour servir d'enveloppes et pour fermer les bouteilles; d'autres feuilles aussi en étain, dites *papier métal*, sont destinées à préserver les murs de l'humidité.

Le jury leur accorde une mention honorable.

M. VAULOT, à Paris, rue Saint-Martin, 222,

Est un bon fabricant de poterie d'étain qui s'adonne principalement à la confection des comptoirs.

Le jury lui accorde une mention honorable.

M. CORNILLARD, à Paris, rue de la Croix-Saint-Martin, 15,

Prépare en très-grande quantité de l'étain en feuilles de bonne qualité.

Le jury lui accorde une mention honorable.

CITATIONS FAVORABLES.

Le jury cite favorablement :

M. BROUILLET, à Paris, rue Aubry-le-Boucher, 28.

M. BARGÈS, à Paris, rue Aumaire, 13,

M. CORLIEU, à Paris, quai du Marché-Neuf, 24,

Pour leur poterie d'étain bien confectionnée.

Étamage de la fonte.

RAPPEL DE MÉDAILLE D'ARGENT.

M. A. BUDY, à Paris, quai Pelletier, 42.

En 1839 M. Budy a obtenu une médaille d'argent pour avoir découvert un moyen d'étamage plus durable que l'étamage ordinaire, et applicable particulièrement aux ustensiles en fonte, sur lesquels on n'avait pas pu réussir jusqu'alors à fixer l'étain d'une manière satisfaisante. M. Budy a parfaitement répondu aux encouragements que lui a donnés le jury de 1839 : il a développé son industrie et aujourd'hui sa fabrication personnelle roule sur une somme annuelle de plus de 100,000 francs, indépendamment de ce que fabriquent dans les départements et à Paris même, les personnes auxquelles il a cédé son droit. Ses ustensiles de fonte étamée sont maintenant employés dans tous les hôpitaux de Paris, et la marine en fait un grand usage. Ses procédés de fabrication ont reçu de l'expérience une pleine sanction ; mais néanmoins il a cherché à les perfectionner encore, et il y est parvenu d'une manière si heureuse, que depuis deux ans, il a pu réduire tous ses prix de moitié, en maintenant la bonne qualité de son étamage, et ce qu'il y a encore de satisfaisant, c'est que, tout en arrivant à ce résultat, il a pu cesser d'employer le nickel, métal dont auparavant il faisait une assez grande consommation et qu'il était obligé de tirer en totalité de l'étranger ; il ne se sert plus maintenant pour allier à l'étain que de métaux qu'il trouve en France.

Le jury félicite M. Budy de ses efforts persévérants et de ses succès ; il lui rappelle avec empressement la médaille d'argent qui lui a été décernée en 1839.

Or faux , Bronze en poudre.

MENTIONS HONORABLES.

MM. DELAHAYE et Cie, à Paris, rue de Reuilly, 3.

On évalue à plus de 2 millions la valeur de l'or faux en feuilles et du bronze en poudre que l'on consomme annuellement en France. Malgré les tentatives que l'on a faites à diverses époques, la préparation de ces matières est restée jusqu'à ces derniers temps entre les mains des étrangers, et des Bavarois principalement. MM. Delahaye et Cie ont entrepris depuis un an de la naturaliser chez nous, et ils paraissent avoir déjà obtenu quelque succès. Ils ont fait établir une machine à vapeur de la force de huit chevaux, qui doit servir à faire mouvoir un laminoir et à battre les feuilles métalliques. Ils occupent actuellement quarante ouvriers et ils ont fabriqué dix mille paquets d'or faux et sept cents kilogrammes de bronze en poudre en un an.

La préparation de ces matières présente deux difficultés principales : premièrement la confection des alliages et secondement le recuit des poudres. Les alliages se composent de cuivre, de zinc et d'un peu de plomb; mais on prétend qu'il y a peu d'ouvriers qui puissent à volonté les faire tels qu'ils aient une certaine couleur déterminée. Quant au recuit que l'on fait subir aux poudres de bronze, il doit avoir pour effet de leur communiquer de certaines teintes tout en leur conservant le plus haut reflet métallique possible, et cela tient à un tour de main qui est en possession d'un petit nombre d'ouvriers seulement.

MM. Delahaye et Cie se croient dès à présent maîtres de leur fabrication. Il paraît du moins qu'ils sont dans la bonne voie ; mais il leur reste encore à subir l'épreuve du temps. Le jury récompense leurs premiers succès en leur accordant une mention honorable.

M. GILLEBERT, à Paris, rue Folie-Méricourt, 38.

M. Gillebert a présenté à l'exposition du bronze en poudre de toutes les nuances; il en prépare actuellement 2,000 kilogr. par an, dont la valeur est d'environ 100,000 fr. Sa fabrique existe depuis l'année 1838. Il n'occupe que quatre ouvriers, parce que ses meules à broyer, qui sont au nombre de quatre, sont mises en mouvement par une machine à vapeur. Cette machine est à haute pression et de la force de quatre chevaux.

M. Gillebert emploie comme matière première les débris et déchets d'or faux, qu'il se procure par la voie du commerce; mais il ne prépare ni l'alliage ni les feuilles. Ses produits ont déjà une bonne renommée dans le commerce, et il en exporte une assez grande quantité.

Les efforts de M. Gillebert pour introduire la fabrication du bronze en poudre paraissent être les premiers qui aient été fructueux. Le jury le récompense en lui accordant une mention honorable.

Cloches.

RAPPEL DE MÉDAILLE DE BRONZE.

M. HILDEBRAND, à Paris, rue Saint-Martin, 202,

Continue à fabriquer des cloches qui sont très-bien faites.

Le jury lui rappelle la médaille de bronze qu'il a précédemment obtenue.

MÉDAILLE DE BRONZE.

M. BOLLÉE (Ernest), au Mans (Sarthe),

Fabrique des cloches qui sont bien faites et or-

nées avec goût. Le jury lui accorde une médaille de
bronze.

CITATIONS FAVORABLES.

Le jury cite favorablement :

M. GALLOIS, à Paris, rue Saint-Martin, 349.

Pour ses cloches.

MM. BARABAN frères, à Nancy (Meurthe).

Pour leurs cloches.

M. PELLETIER, à Paris, rue Royale-Saint-Martin,
17.

Pour leur assortiment de timbres qui sont destinés
à remplacer les sonnettes, et pour le mode d'échap-
pement qu'il a imaginé, et qui est aujourd'hui généralement adopté.

---

§ 6. BATTAGE DE L'OR.

NOUVELLE MÉDAILLE D'ARGENT.

M. FAVREL, à Paris, rue du Caire, 27.

M. Favrel a présenté cette année, comme aux
expositions précédentes, de l'or, de l'argent et du
platine en feuilles et en poudre. Sa fabrication
prend chaque jour de l'extension ; il opère actuellement sur 350 kilogrammes d'or fin et 100 kilogrammes d'argent. Il livre annuellement au com-

merce 25 à 28 millions de feuilles métalliques dont le cinquième passe à l'étranger. Sa vente s'élève à plus de 1,500,000 francs, et il fournit à lui seul à plus du tiers de la consommation. Il occupe 135 ouvriers dans ses ateliers et 25 au dehors.

M. Favrel s'est placé à la tête de son art et hors ligne. Il travaille sans relâche au perfectionnement de ses procédés. Il est parvenu depuis quelques années à amener l'or à une telle minceur, qu'avec 10 grammes il prépare 1000 feuilles qui peuvent ensemble couvrir la surface d'un carré de sept mètres de côté. Il réduit actuellement le platine en feuilles tellement minces qu'elles adhèrent assez fortement aux corps sur lesquels on les applique pour qu'on puisse leur donner un bruni qui leur fait prendre l'éclat de l'acier, ce que l'on n'avait pas encore pu obtenir. Il gaufre l'or et le platine dont les dentistes ont besoin.

Il a simplifié ses presses à vapeur et il a organisé mécaniquement ses moyens de refroidir les baudruches. Il brûle toutes les balayures de ses ateliers, qui sont riches en or et en argent, dans un fourneau disposé d'une manière particulière, de telle sorte que les fumées parcourent une suite de tuyaux dans lesquels se déposent toutes les particules métalliques entraînées par les gaz, qui se perdaient autrefois.

Enfin il a inventé et exécuté une machine à l'aide de laquelle il peut remplacer les bras des hommes, pour battre l'or et l'argent. Cette machine fonctionne bien et donne des feuilles d'aussi bonne qualité que celles fournies par les ouvriers ordinaires, mais cependant l'expérience a fait voir qu'elle ne peut encore atteindre la perfection des ouvriers très-habiles. Cet appareil est mis en mouvement par une machine à vapeur de la force de quatre chevaux, qui fait marcher en même temps trois laminoirs, trois ventilateurs et deux moulins à moudre les cendres et à les tourner avec du mercure.

M. Favrel porte maintenant toute son attention sur la préparation des *outils* (livrets de feuilles de baudruche entre lesquelles on place l'or et l'argent pour les soumettre aux coups du marteau). Les étrangers ont eu jusqu'ici l'avantage sur nous à cet égard. L'art du batteur d'or n'aura atteint sa perfection, en France, que quand nous leur aurons enlevé cet avantage. La persévérance et l'habileté de M. Favrel doivent nous faire espérer un prompt succès.

La fabrication de l'or battu est lente et extrêmement minutieuse : on s'en fera une idée quand on saura qu'avant de pouvoir être livrée au commerce, les feuilles sont soumises au recuit un très-grand nombre de fois, et qu'elles doivent recevoir environ dix-huit mille coups de marteau. M. Favrel a décrit cette fabrication, avec tous ses détails, dans un mémoire qu'il nous a communiqué ; ce mémoire est écrit avec une netteté et une clarté parfaites : il serait à désirer qu'il fût rendu public par la voie de l'impression.

On ne saurait trop louer l'ordre et la bonne tenue qui règnent dans les ateliers de M. Favrel. Il traite ses ouvriers avec une justice pleine de bienveillance, et il en est récompensé par l'attachement qu'ils lui portent tous et par les soins empressés qu'ils mettent à le satisfaire. On doit dire encore, à la louange de M. Favrel, que quoiqu'il prime son industrie, il n'excite nullement l'envie, et qu'au contraire tous ses rivaux le considèrent comme un guide et comme un ami.

M. Favrel avait obtenu une première médaille d'argent, en 1834. Il lui en a été décerné une seconde, en 1839. Le jury lui décerne une nouvelle médaille d'argent avec le plus grand empressement.

MENTION HONORABLE.

M. BOTTIER, à Paris, rue Saint-Jean-de-Beauvais, 30.

M. Bottier est batteur d'or; mais il se présente cette année à l'exposition comme fabricant d'*outils* ou de *moules*. On appelle ainsi les livrets de feuilles de baudruche, qui sont destinés à contenir les lames d'or, d'argent ou de bronze, que l'on soumet au battage. La préparation de ces outils présente des difficultés et est encore imparfaite en France. M. Bottier s'efforce avec autant d'activité que de persévérance de ravir leur secret aux étrangers. Il croit y être parvenu depuis quelques mois, et effectivement, il a déjà livré au commerce un certain nombre d'outils qui, au témoignage de M. Favrel, se sont trouvés aussi bons que les meilleurs de ceux que l'on fait venir de l'Angleterre. La découverte de M. Bottier a besoin de la sanction du temps; mais dès à présent le jury s'empresse de lui accorder une mention honorable.

§ 7. TRÉFILERIE. FER-BLANC. CLOUTERIE. PEIGNES A TISSER.

Tréfilerie.

RAPPEL DE MÉDAILLE D'OR.

MM. FESTUGIÈRES frères, aux Eyzies (Dordogne),

Ont ajouté une tréfilerie à leur grande usine à fer, et fabriquent d'excellent fil ; c'est un nouveau motif pour leur rappeler la médaille d'or qu'ils ont obtenue en 1839. (*Voyez* à l'article *Fers.*)

RAPPEL DE MÉDAILLE D'ARGENT.

MM. MIGNARD-BILLINGE et fils, à Belleville, boulevard de la Chopinette, 26,

Fabriquent du fil de fer et de cuivre de tous calibres, des tubes sans soudure pour les presses hydrauliques, des fils d'acier pour les instruments de musique, etc. Ils confectionnent aussi des fils d'acier fondu, qui servent à faire des pivots et des pignons d'horlogerie, et pour ces derniers objets ils n'ont pas encore de concurrents.

Le jury s'empresse de leur rappeler la médaille d'argent qu'ils ont précédemment obtenue.

MÉDAILLES D'ARGENT.

M. E. BOUCHER, à Paris, rue Grange-aux-Belles, 21,

Fabrique avec le fer de Fourchambault, du fil

qui est sans défaut. Ses élastiques pour meubles et ses boucles sont très-estimés dans le comme ce.

Il occupe 5o ouvriers, et emploie annuellement 4oo,ooo kilogrammes de fer et 3o,ooo kilogrammes de cuivre.

Le jury lui décerne une médaille d'argent.

M. CAPITAIN et Cie, à Abainville (Meuse),

A fait de grands efforts et a dépensé beaucoup d'argent dans la vue d'arriver à préparer du fer cylindré propre à être transformé en fil avec promptitude et économie, et il a si bien réussi qu'il peut actuellement, avec deux tréfileries, réduire en fils la plus grande partie de 1,8oo,ooo kilogrammes de fer rond de 5 millimètres de diamètre, qui sortent annuellement de ses machines à cylindrer.

Le jury lui a déjà décerné une médaille d'argent. (*Voyez* à l'article *Fers.*)

MM. BOUGUERET, COUVREUX, LANDEL et Cie, à Châtillon-sur-Seine (Côte-d'Or),

Fabriquent dans leur grande usine, du fer rond de 5 millimètres de diamètre, pour la préparation du fil de fer, comme à Abainville, mais leurs produits sont un peu moins recherchés; ils possèdent 86 bobines et la quantité de fil qu'ils produisent s'élève à 2 millions de kilogrammes par année. (*Voyez*, pour la médaille, à l'article *Fers.*)

RAPPEL DE MÉDAILLE DE BRONZE.

M. ROGER, à Paris, place du Panthéon,

Fabrique à la filière des pièces en acier et en cuivre de toutes formes, rondes, plates, pleines ou creuses; il est le seul ouvrier qui fabrique les métiers de Lyon dits *battants*. On lui doit un indicateur qui fait connaître la tension de la vapeur dans les machines à haute et à basse pression. C'est un ouvrier très-habile, et le jury lui accorde avec empressement le rappel de la médaille de bronze qui lui a été décernée en 1839.

MÉDAILLES DE BRONZE.

MM. SIRODOT (Victor), MOUCHET et Cie, à Oloron (Basses-Pyrénées),

Ont fondé depuis trois ans, sur une chute d'eau considérable, un établissement dans lequel ils occupent déjà quarante-cinq ouvriers et fabriquent annuellement 200,000 kilogr. de fil de fer, de chaînes et de pointes. Cet établissement est appelé à rendre de grands services dans la localité.

Le jury a trouvé juste de les récompenser en leur décernant une médaille de bronze.

MM. PANCERA, DUCHAVANY et Cie, à Chavanoz, près Lyon (Rhône),

Ont succédé à MM. Villette frères, et fabriquent comme ceux-ci du trait faux d'or et d'argent qui est bien préparé.

Le jury leur accorde une médaille de bronze.

MENTIONS HONORABLES.

M. FALATIEU jeune, à Bains (Vosges),

Fabrique dans son usine à fer du fil qui est d'excellente qualité.

(*Voyez* à l'article *Fers.*)

MM. LABBÉ et LEGENDRE, à Gorcy (Moselle),

Ont récemment établi dans leur usine à fer une tréfilerie qui renferme trente-huit bobines, et qui produit 625,000 kilogr. de fer.

Cette fabrication est toute nouvelle et mérite déjà d'être récompensée par une mention honorable.

MM. BOUILLON jeune et Cie, à Limoges (Haute-Vienne),

Ont établi sur une chute d'eau, de la force de cent quatre-vingts chevaux, une usine considérable qui occupe cent cinquante ouvriers, et dans laquelle ils produisent pour une valeur de 460,000 fr. de fil d'excellente qualité et très-ductile, des pointes, des chaînes, etc.

Le jury leur accorde une mention honorable, dont ils sont déjà très-dignes, quoique leur établissement soit tout nouveau.

M. T. BOISSET, à Saint-Sulpice-sur-Rille, près L'Aigle (Orne),

Fabrique du fil de laiton de toutes grosseurs pour toiles métalliques et pour la confection des fleurs artificielles, le tout de très-bonne qualité. Il occupe sept ouvriers.

Le jury lui accorde une mention honorable.

CITATIONS FAVORABLES.

Le jury cite favorablement :

M. PALMER, à Paris, rue de Montmorency, 16,

Pour ses étirages en cuivre, fer et acier.

M. PAROT, à Saint-Germain-en-Laye (Seine-et-Oise),

Pour ses outils servant aux lamineurs et aux tréfileurs.

Clouterie.

MÉDAILLE DE BRONZE.

M. SIROT père, à Trith-Saint-Léger, près Valenciennes (Nord),

Fabrique pour une valeur de 200,000 fr. de chevilles en fer et en cuivre, qui sont très-estimées des cordonniers. Il occupe cent ouvriers qui travaillent à soixante-douze métiers, et il dispose d'une chute d'eau de la force de douze chevaux.

M. Sirot est un mécanicien habile. Le jury s'empresse de lui décerner une médaille de bronze.

MENTIONS HONORABLES.

M. GANGLOFF, à Ippling, canton de Sarreguemines (Moselle),

A commencé en février 1843 à fabriquer des clous à monter, en acier, par un procédé qu'il a importé de l'étranger. Ses clous, à l'usage des cordonniers, ont paru parfaitement faits, et bien que son établissement soit tout nouveau, le jury a cru devoir lui accorder une mention honorable.

MM. PAREAU et Cie, à Montbéliard (Doubs),

Fabriquent annuellement 200,000 kilogr. de clous d'épingle tant à la main qu'à la mécanique.

Leur usine est récemment formée. Le jury leur accorde une mention honorable.

CITATIONS FAVORABLES.

Le jury cite favorablement :

M. BUXMANN, à Paris, rue Neuve-de-Nazareth, 36,

Pour ses enseignes en zinc et en fer battu.

M. MONTROZIER, à Chatonnay (Isère),

Pour sa fabrication mécanique de pointes de Paris.

Grillages.

MÉDAILLE DE BRONZE.

M. TRONCHON, à Paris, avenue de Saint-Cloud, près la barrière de l'Étoile,

Fabrique, à l'aide d'une machine, des grillages et des treillis en fil de fer pour les jardins, et dont l'utilité paraît être bien constatée.

Le jury lui accorde une médaille de bronze.

MENTION HONORABLE.

M. J.-A. PAROD, à Vernonet, près Vernon (Eure),

Fabrique, à l'aide d'une machine, des treillages

qui sont bien confectionnés à l'usage des constructeurs de chemins de fer.

Le jury lui accorde une mention honorable.

Câbles en fil de fer.

MÉDAILLE DE BRONZE.

MM. VÉGNY et Cie, à Paris, rue Grange-aux-Belles, 7,

Fabriquent des câbles en fils métalliques qui sont très-bien confectionnés. Ces câbles sont employés dans les exploitations de mines et dans les carrières. On s'en sert aussi pour les machines à vapeur fixes des chemins de fer. MM. Végny en ont livré 10,000 mètres en cinq pièces, sans nœuds ni reprises, à la compagnie du chemin de la Loire.

Le jury leur accorde une médaille de bronze.

MENTION HONORABLE.

M. PIVERT jeune, à Paris, rue de l'Université, 29,

Fabrique des câbles en chanvre et en fil de fer. Le jury lui accorde une mention honorable.

CITATION FAVORABLE.

Le jury accorde une citation favorable à

M. LEJUIF (Auguste), à Rouen (Seine-Inférieure),

Pour ses câbles en fil de fer

Peignes à tisser.

RAPPEL DE MÉDAILLE D'ARGENT.

MM. DEBERGUE, DESFRÈCHES et GILLOTIN, à Lisieux (Calvados),

Ont été déjà signalés dans les expositions précédentes pour l'excellente confection de tous leurs produits, qui consistent principalement en peignes à tisser et à étirage pour la filature du lin. Ils sont sans rivaux sur le continent, et ils ne laissent échapper aucune occasion d'introduire des perfectionnements dans leur fabrique.

Le jury s'empresse de leur rappeler la médaille d'argent qu'ils ont obtenue aux expositions précédentes.

NOUVELLE MÉDAILLE DE BRONZE.

MM. CHATELARD et PERRIN, à Lyon (Rhône),

Qui sont depuis longtemps si favorablement connus pour leur fabrication de peignes d'acier, ont encore perfectionné leurs produits et sont parvenus à donner aux peignes deux cent dix dents sur une longueur de 27 millimètres.

Le jury leur décerne une nouvelle médaille de bronze.

§ 8. TOILES ET TISSUS MÉTALLIQUES.

RAPPEL DE MÉDAILLE D'OR.

MM. A. ROSWAG et fils, à Schelestadt (Haut-Rhin), et à Paris, rue Saint-Denis, 321.

Ce sont MM. Roswag qui ont introduit les pre-

miers en France la fabrication des toiles métalliques, et nul ne les a surpassés tant pour l'importance
de la fabrication que pour la qualité des produits.
Ils fournissent au commerce toutes les variétés de
toiles qui leur sont demandées, et ils sont parvenus
à en confectionner qui sont tellement fines qu'elles
portent cinq mille mailles sur une surface de 3 centimètres carrés.

La qualité des toiles métalliques dépend en partie de la qualité des fils de cuivre ; on ne saurait nier
que ceux qui sortent de nos fabriques aient laissé
jusqu'ici quelque chose à désirer sous le rapport de
la ténacité ; mais tout porte à croire que bientôt nous
ferons aussi bien que l'Allemagne et l'Angleterre,
et alors nos toiles métalliques auront atteint leur
plus haut degré de perfection.

M. A. Roswag père a obtenu la médaille d'or à
toutes les expositions. Le jury n'a point hésité à lui
en décerner le rappel.

RAPPELS DE MÉDAILLES D'ARGENT.

Madame veuve SAINT-PAUL et fils, à Paris, boulevard des Filles-du-Calvaire,

Fabriquent des toiles métalliques qui sont recherchées pour faire des tamis.

Le jury leur rappelle la médaille d'argent obtenue dans les expositions précédentes.

MM. DELÂGE et LAROCHE puîné, à Lacouronne
(Charente),

Sont connus depuis longtemps comme de très-habiles fabricants, et leurs toiles métalliques non-seulement sont employées dans les papeteries des environs, mais encore dans toute la France en concurrence avec les toiles de Schelestadt; elles sont en outre exportées en Belgique.

Le jury s'empresse de leur rappeler la médaille d'argent qu'ils ont obtenue en 1839.

MÉDAILLE DE BRONZE.

MM. TROUSSET fils, CATALA et Cie, à Angoulême (Charente),

Font concurrence à **MM. Delâge et Laroche puiné.** Ils sont inventeurs d'une toile vélin, dite *toile Catala*, dont la trame est d'un fil beaucoup plus fort que la chaîne, et qui dure plus longtemps que les toiles ordinaires; 2° d'une autre toile qui est destinée à la fabrication par machines du papier vergé.

C'est la première fois que ces fabricants paraissent à l'exposition. Le jury leur décerne une médaille de bronze.

MENTION HONORABLE.

M. H.-G. STAMMLER, à Strasbourg (Bas-Rhin),

Fabrique depuis longtemps, en fils de fer et de cuivre, un grand nombre d'objets de fantaisie très-remarquables par leur élégance, tels que portefeuilles, paniers, bourses, bracelets, et qui sont bien reçus par le commerce. Sa vente s'élève annuellement à 120,000 fr.

Le jury lui accorde une mention honorable.

CITATION FAVORABLE.

Le jury cite favorablement :

M. TANGRE, à Paris, rue Saint-Maur, 47,
Pour sa fabrique de tamis métalliques.

---

§ 9. AIGUILLES.

NOUVELLE MÉDAILLE D'ARGENT.

MM. VANTILLARD (Victor) et Cie, à Mérouvel,
près L'Aigle (Orne).

La fabrique d'aiguilles de Mérouvel date de 1819; mais pendant les onze premières années quatre compagnies successives qui en avaient entrepris l'exploitation s'y sont ruinées. M. Victor Vantillard, qui était entré dans cette fabrique dès l'âge de douze ans, entreprit de la relever par ses propres efforts, et presque sans ressources. Il travailla d'abord sur une très-petite échelle; il s'occupa à former des ouvriers parmi les habitants du pays, et à force de soin et de persévérance il a obtenu un succès complet. Aujourd'hui sa fabrique occupe près de deux cents ouvriers, qui sont tous Français, et il en sort chaque année pour 250,000 fr. d'aiguilles.

Ces aiguilles ont été jugées de bonne qualité, et propres à soutenir la concurrence étrangère.

Il ne manque plus à la France qu'une seule chose pour que la fabrication des aiguilles s'y trouve portée au plus haut degré de perfection, c'est l'établissement de la fabrication du fil d'acier fondu, du moins à des prix modérés : jusqu'à présent on est obligé de tirer ce fil de l'étranger, et l'on n'est pas toujours assuré de s'en procurer du meilleur. On ne saurait fixer trop fortement l'attention de nos métallurgistes sur ce sujet.

M. Victor Vantillard avait obtenu une médaille d'argent en 1839. Le jury, en considération des nouveaux progrès qu'il a fait faire à sa fabrique, lui en décerne une nouvelle.

MÉDAILLES DE BRONZE.

M. H.-J. NEUSS fils, à Vaise, près Lyon (Rhône),

Est venu d'Aix-la-Chapelle, depuis peu d'années, pour établir à Vaise un grand atelier dans lequel il fabrique des aiguilles, des épingles, des broches, des fils de fer et d'acier. Il occupe déjà cent cinquante ouvriers, et sa production s'étend chaque jour. Ses aiguilles sont très-bonnes, et, selon le jury du département du Rhône, il peut les livrer à des prix qui sont moindres d'un cinquième que celui des aiguilles d'Aix-la-Chapelle.

Le jury se plaît à signaler le mérite de M. Neuss fils, et quoique la création de son établissement soit toute récente; il lui décerne une médaille de bronze.

MM. MASSUN et fils, à Metz (Moselle),

Sont venus aussi d'Aix-la-Chapelle pour importer en France l'industrie de la fabrication des aiguilles. Ils se sont établis à Metz en août 1842; déjà ils emploient soixante-dix ouvriers et possèdent trente métiers à aplatir et percer les têtes d'aiguilles, et une machine de la force de dix chevaux; ils produisent 5 à 600,000 aiguilles par semaine au prix de 3 fr. à 15 fr. le mille, et leur fabrication

totale s'élève à 130,000 fr. par an. Ils font venir
d'Aix-la-Chapelle le fil qu'ils emploient.

Le jury leur décerne une médaille de bronze.

SECTION III.

APPLICATIONS DE L'ÉLECTRICITÉ.

M. Dumas, rapporteur.

MM. CHRISTOFLE et Cie, à Paris, rue de Bondy, 52.

M. Christofle expose à divers titres, savoir :

1° Comme bijoutier, ayant déjà obtenu en 1839
une médaille d'or; mais, il ne peut être question
d'apprécier des produits de ce genre dans cette partie
du rapport; elle concerne la commission des beaux-
arts;

2° Comme doreur au trempé, exploitant le brevet pris par M. Elkington, et livrant au commerce
cette dorure légère qui, appliquée sur le bronze, le
laiton et le cuivre, a pris une extension si considérable depuis quelques années;

3° Comme doreur par voie humide, au moyen
de la pile, exploitant les brevets pris par MM. Elkington et de Ruolz, et fournissant au commerce
des produits destinés à rivaliser avec la dorure au
mercure;

4° Comme argenteur par voie humide, exploitant les brevets de MM. Elkington et de Ruolz, et
produisant des objets divers de décoration ou d'usage
en bronze, maillechort ou fer argenté, dont la fabrication constitue une nouvelle industrie.

M. Christofle s'est donc chargé, comme bijoutier, d'exploiter en grand des brevets pris par MM. Elkington et de Ruolz; il n'a aucun droit personnel à l'invention des procédés qu'il met en pratique.

Aussi, le jury doit-il surtout apprécier les résultats que M. Christofle a mis sous ses yeux, au point de vue du mérite absolu, indépendamment de l'invention elle-même.

La dorure au trempé, déjà pratiquée à Paris, depuis longtemps, par les associés de M. Elkington, n'a reçu depuis qu'elle se pratique dans les ateliers de M. Christofle, aucun perfectionnement notable. Elle s'y exécute avec tous les soins qu'une pareille opération exige; mais, sous le rapport de la perfection relative des produits, comme sous celui de l'économie du travail, la longue expérience de M. Elkington et son habileté bien connue n'avaient presque rien laissé à faire à ses successeurs.

La dorure électrique offre sur la dorure au trempé un avantage inappréciable. Tandis que la dorure au trempé permet seulement de déposer à la surface de la pièce une pellicule d'or excessivement mince, sans qu'on puisse en augmenter l'épaisseur au delà d'une limite très-restreinte, la dorure électrique permet d'augmenter, au contraire, l'épaisseur de la couche d'or à volonté sur les objets soumis à cette méthode de dorure. C'est ainsi, que la dorure électrique se trouve amenée à remplacer la dorure ancienne au mercure, dont elle peut à volonté, atteindre ou même dépasser beaucoup les avantages, sous le rapport de l'épaisseur de la couche.

En effet, la dorure électrique s'obtient en plongeant la pièce bien décapée dans une dissolution d'or, après l'avoir mise en communication avec le pôle négatif de la pile. La quantité d'or, déposée sur la pièce, est sensiblement proportionnelle au temps de l'immersion. Son épaisseur ne connait donc pas d'autre limite que celle que l'acheteur entend y mettre lui-même.

L'appareil de dorure adopté par M. Christofle a paru, au jury, vraiment manufacturier, d'un emploi facile, simple dans ses dispositions et régulier dans sa marche. A mesure que l'or est soustrait au liquide par les pièces qui s'en recouvrent, un artifice très-simple le lui restitue, en grande partie du moins.

On a fait à ce procédé de dorure diverses objections : on a dit que l'or n'adhérait pas aux pièces; qu'il noircissait avec le temps; qu'il n'était pas possible de se rendre compte du poids de l'or déposé sur une pièce donnée; que la couche d'or était inégalement répartie sur la pièce; que le procédé n'était pas plus salubre que l'ancien; qu'il n'était pas plus économique.

L'adhérence de l'or appliqué par la pile sur une pièce bien décapée, se démontre par une foule de faits incontestables. Il existe maintenant dans la circulation des pièces dorées, au moyen de couches de métal assez mince, pour que l'usure de l'or soit complète sur certaines parties de la pièce. Dès lors, on a pu facilement se convaincre que l'or adhérait jusqu'à la dernière pellicule; qu'il s'usait, peu à peu, sans se détacher par lamelles.

Les pièces dorées par la pile peuvent recevoir

tous les tons que la dorure au mercure sait depuis longtemps communiquer à ses produits.

La mise au mat s'effectue sans difficulté particulière; mais, théoriquement, personne n'aurait voulu assurer qu'à la longue, la lumière, l'air ne peuvent pas exercer sur la dorure électrique une action un peu différente de celle qui se produit sur la dorure au mercure. Les pièces dorées au mercure, en effet, laissent reparaître bien souvent au bout de quelques années des tâches mercurielles dont rien ne faisait dès l'abord soupçonner l'existence. Si le temps avait révélé quelque particularité de ce genre, inhérente à la dorure galvanique, on peut espérer que l'industrie aurait su y trouver remède. Mais, jusqu'ici, des bronzes dorés, depuis deux ans, n'ont pas souffert.

Les pièces exposées par MM. Odiot ont dix-huit mois de fabrication. Divers objets dorés, depuis deux ans, abandonnés sur des planches, à l'air et à la poussière, ont repris tout leur éclat par un simple lessivage.

On peut se rendre compte de la quantité d'or déposée sur la pièce par la durée de l'immersion ou par la pesée des pièces. Le premier procédé n'est applicable qu'à des pièces d'une surface connue. Le second offre diverses difficultés qui exigeront qu'on accorde une certaine tolérance au doreur. La pièce étant généralement très-lourde, quand il s'agit d'un bronze d'art, et la couche d'or très-légère, toutes les erreurs des pesées portent sur l'or et constituent des quantités du poids total de l'or déposé sur la pièce qui pourraient devenir importantes. Mais, comme il est certain que la pièce immergée dans le bain ne perd rien de sa propre matière et ne gagne que de l'or, toute la question se réduit à la peser avant et après l'opération, avec une balance d'une sensibilité suffisante; c'est ce que pratique M. Christofle.

L'inégale répartition de l'or sur la pièce est inévitable dans tous les procédés de dorure, et si ce défaut atteignait des proportions, qui en rendissent la correction essentielle, il serait certainement plus facile de l'obtenir par la dorure galvanique qui se prête si bien à l'emploi des réserves. L'expérience apprend, d'ailleurs, que par une circonstance qui est favorable à la résistance aux frottements, les aspérités se chargent plus que le fonds. C'est le contraire dans les procédés au mercure.

La salubrité du nouveau procédé demeure évidente pour quiconque a essayé d'en étudier la pratique; d'ailleurs, en suivant les conseils de M. d'Arcet, les appareils de décapage, qui dans cet atelier, comme dans les ateliers au mercure, donnent des vapeurs nitreuses, ont été ventilés avec un plein succès. La salubrité est donc évidente en fait et en raison.

On peut affirmer qu'il en est de même de son économie relative.

Voici, du reste, une pièce importante dans cette discussion; elle est signée de M. Hossaüer, orfévre du roi à Berlin, qui pratique le nouveau procédé depuis deux ans.

« Je regrette de ne pouvoir vous exposer le ré-
» sultat, comme économie de temps, d'or, de matières
» premières et de charbon, que je trouve dans l'em-

» ploi du procédé galvanique appliqué à la dorure
» sur différents métaux dans ma fabrique.

» Ce sera pour moi le sujet d'un rapport que je
» compte vous adresser sous peu.

» Mais j'ai trouvé que les résultats à cet égard
» dépassaient de beaucoup mes espérances. »

Chez M. Christofle 3 ouvriers et 1 commis suffisent pour déposer 2,500 grammes d'or ou d'argent.
— Tandis que 4 hommes par l'ancien procédé ne
déposeraient que 128 grammes.

L'application de l'argent sur le cuivre, le laiton, le bronze, le packfong, le fer, etc., constitue
véritablement une industrie nouvelle, qui répond
à certains besoins auxquels ne satisfont ni le plaqué, ni les procédés imparfaits d'argenture mis autrefois en usage.

Les couverts de maillechort ou packfong argenté
que M. Christofle livre au commerce en quantité
considérable, 400 par jour, et qui contiennent 60
grammes d'argent par douzaine, contribueront à
répandre l'usage d'une vaisselle propre, agréable
et salubre chez les consommateurs nombreux qui
ne pourraient pas aborder l'argenterie proprement
dite. Douze couverts de packfong argenté pris au
hasard chez M. Christofle, et à son insu, ont été
employés dans un ménage où on s'en servait tous
les jours, pendant plus d'une année, sans qu'on ait
pu y découvrir le moindre inconvénient. M. le ministre du commerce a voulu lui-même qu'un essai
en fût fait dans une des écoles qui relèvent de son
ministère. Le résultat obtenu peut s'apprécier, à la
simple vue du couvert revenu de l'école de Châlons

et mis sous les yeux du jury par les soins de M. le ministre du commerce. Cette épreuve, répétée dans un grand nombre d'institutions, a obtenu partout le même succès.

L'argenture, appliquée sur des bronzes d'art, peut rivaliser de solidité maintenant avec la dorure. Ses défauts tiennent tous à la nature même de l'argent; métal exposé, comme on sait, à brunir sous l'influence des émanations d'hydrogène sulfuré. Mais, cela n'a rien qui soit spécial à l'argenture galvanique.

Le nouveau procédé s'applique d'une manière très-favorable à la restauration du vieux plaqué. Il a obtenu beaucoup de succès à cet égard. Il est évident que rien n'empêche de l'appliquer aussi souvent qu'on le juge nécessaire à la restauration générale ou partielle des pièces qui ont déjà été soumises elles-mêmes à l'argenture voltaïque et où l'on se propose de réparer les points altérés par l'usage.

L'argenture voltaïque constitue donc une branche d'industrie nouvelle, qui, exploitée déjà sur une grande échelle, prendra, on peut le prédire, un rang très-élevé dans la consommation, à mesure qu'elle sera mieux connue.

Le jury central a été frappé des excellentes dispositions prises par M. Christofle pour assurer à sa nouvelle et délicate industrie la production régulière et loyale qui garantit la confiance et la faveur des consommateurs éclairés. La comptabilité est tenue de telle manière que le poids de l'or ou de l'argent est garanti par M. Christofle, et que le mode de vente qu'il a adopté repose sur cette base.

Il a vu avec intérêt, chez cet habile industriel, la réunion de trois procédés qui se complètent mutuellement, la dorure au trempé, la dorure galvanique et l'argenture galvanique, et qui tous les trois sont exploités sur une grande échelle.

Il décerne à M. Christofle une nouvelle médaille d'or.

MÉDAILLE D'ARGENT.

M. BOQUILLON, à Paris, rue Saint-Martin, 208.

M. Boquillon expose divers objets, obtenus par les procédés galvanoplastiques. La commission les a examinés avec intérêt. Elle s'est assurée que cet exposant a pris part d'une manière active à la plupart des inventions ou des perfectionnements dont l'emploi de l'électricité dans les arts métallurgiques a été l'objet depuis quelques années.

Pour reconnaître le zèle et l'intelligence déployés par M. Boquillon dans les études auxquelles il s'est livré, touchant l'emploi industriel de l'électricité, le jury lui décerne une médaille d'argent.

MÉDAILLES DE BRONZE.

MM. NOUALHIER et BOQUET, à Sèvres (Seine-et-Oise),

Ont exposé des vases de verre ou de porcelaine couverts d'un enduit métallique à l'extérieur. Cet enduit plus ou moins épais à volonté est appliqué par la pile de Volta. Ordinairement, il est en cuivre rouge. Son effet principal consiste à soustraire le vase aux chances d'une rupture qu'on lui fait courir en l'exposant brusquement à l'action du feu.

Sous ce rapport, certains vases culinaires, nombre d'appareils de chimie, peuvent trouver dans les procédés de MM. Noualhier et Boquet des moyens de préservation que l'économie domestique, que l'industrie et la science sauront mettre à profit. On ne serait pas surpris de voir appliquer ces procédés aux vases destinés à la distillation des acides, à celle de l'acide sulfurique en particulier. En effet, on peut dire que les procédés de MM. Noualhier et Boquet permettent de produire des vases de cuivre revêtus à l'intérieur d'un enduit de verre ou de porcelaine, inaltérable aux acides concentrés.

Cette application des procédés galvaniques est récente; on ne peut pas juger encore de son importance industrielle; le jury central décerne à MM. Noualhier et Boquet une médaille de bronze.

M. HULOT, à Paris, passage de Venise, 2,

Expose des reproductions de médailles obtenues par les procédés galvanoplastiques, et qui sous tous les rapports ont paru aux artistes d'une exécution irréprochable.

Les procédés de M. Hulot, tout en reposant sur le principe général mis en pratique par M. Jacobi, renferment quelques tours de mains qui lui sont propres. Ils offrent de grands avantages pour la reproduction à bon marché des médailles rares, dont ils pourraient servir à répandre des copies d'une identité absolue avec l'original.

Le jury central décerne à M. Hulot une médaille de bronze.

Plaques métalliques propres à la photographie.

Ces plaques sont en doublé d'argent de différentes grandeurs et à différents titres. Le titre varie depuis le 5ᵉ jusqu'au 60ᵉ, et même jusqu'au 80ᵉ ; mais le 30ᵉ et le 40ᵉ sont le plus généralement employés. La grandeur varie depuis la plaque entière, qui a 0ᵐ,165 sur 0ᵐ,22, jusqu'au 8ᵉ de plaque, qui n'a que 0ᵐ,06 sur 0ᵐ,04 ; le 8ᵉ, le 6ᵉ et le quart de plaque s'emploient surtout pour le portrait ; la demi-plaque et la plaque entière, pour les vues et les monuments.

On reconnaît une bonne plaque à l'homogénéité de l'argent, à l'égalité de son planage, et à l'absence de gerçures ou de fissures qui pourraient mettre le cuivre à nu, ou devenir un obstacle à son nettoyage. Les plaques au 30ᵉ et au 40ᵉ peuvent servir de dix à quinze fois.

Lors de la découverte de la photographie, les plaques métalliques étaient fournies par les fabricants de plaqué, et on s'aperçut bientôt que la beauté et la netteté des épreuves ne pouvaient être obtenues que sur une plaque recouverte d'une couche bien homogène, et dont le titre permît de faire servir les plaques plusieurs fois.

Les photographes ne pouvaient faire un choix dans les plaques livrées par le commerce ; de là l'établissement de fabriques spéciales de plaques propres à cet art.

MENTIONS HONORABLES.

M. MICHEL, à Paris, quai de l'Horloge, 47,

Un des premiers s'adonna d'une manière spéciale à la fabrication de plaques pour la photographie. Ses produits ont été, dès l'abord, l'objet d'une préférence qu'il a su conserver.

M. BELFIELD-LEFÈVRE, à Paris, place de la Concorde, 8,

Frappé des difficultés de se procurer des plaques qui réunissent toutes les qualités désirables, a cherché si la galvanoplastie ne lui fournirait pas les moyens d'obtenir du plaqué. Ses expériences ont été couronnées de succès, et il a mis sous les yeux du jury des épreuves obtenues sur plaques ainsi préparées, et qui sont comparables aux plus belles épreuves connues.

Plusieurs membres de la commission ont vu opérer cet artiste, et ont remarqué son mode de polissage, et ses moyens d'obtenir des épreuves d'une teinte voulue.

De nouvelles expériences sont cependant nécessaires pour constater les avantages qui ressortent de ces modifications.

M. VILLEROI, à Paris, rue Mazarine, 29.

En mettant tout ses soins à la préparation des plaques photographiques, M. Villeroi est parvenu à obtenir de bons produits. Le jury central lui accorde une mention honorable.

SECTION IV.

FERS, FONTES, TÔLES, FERS-BLANCS, FONDERIES, ARTS DIVERS.

M. Michel Chevalier, rapporteur.

Considérations générales.

Le fer est de tous les métaux celui dont la consommation donne le mieux la mesure du développement et de l'avancement des arts utiles. Sous ce rapport, les accroissements rapides de la quantité de fer nécessaire à la France donnent une idée bien favorable du progrès de cette branche de la civilisation. Il y a vingt-cinq ans, en 1819, lorsque, pour la première fois, l'administration recueillit des renseignements sur l'importance des usines à fer du royaume, les relevés officiels accusèrent une production de 112,500 tonnes (de 1,000 kilog.) de fonte. Les derniers états qui concernent l'année 1842 indiquent une production de 399,456 tonnes. La progression est dans le rapport de 100 à 358. Dans le même délai on est passé, pour le fer forge, de 74,200 tonnes à 284,824. Ici la progression est plus rapide encore, car elle est exprimée par le rapport du simple au quadruple (exactement de 100 à 384).

Lors de la dernière exposition l'on possédait les renseignements relatifs à l'année 1837. Nous allons mettre en regard ceux de l'exercice 1842, les derniers qui aient pu être publiés.

	1837.	1842.
Hauts-fourneaux au combustible végétal . .	433	418
Hauts-fourneaux au coke seul ou mélangé de houille et de charbon de bois.	34	51
Nombre total des hauts-fourneaux actifs . .	467	469
Minerai employé, tonnes de 1,000 kilog. .	973,333	1,128,911
Fonte au combustible végétal _id._	268,937	297,174
Fonte au combustible minéral _id._	62,741	102,282
Total de la fonte produite	331,678	399,456
Nombre total des ouvriers des hauts-fourneaux	6,991	4,782
Fer affiné au charbon de bois	101,080	99,830
Fer des forges catalanes, ou méthode directe	8,916	9,965
Fer affiné à la houille, méthode anglaise et méthode champenoise, fer de riblon . . .	114,617	175,029
Produit total en fer forgé	224,613	284,824
Nombre total des ouvriers des forges	9,099	11,040
Nombre total des ouvriers de l'industrie de la fonte et du fer	15,980	15,822

Le nombre total des ouvriers employés pour l'extraction et la préparation des minerais, la fabrication de la fonte et la fabrication du fer en barre s'est élevé, en 1837, à 33,356 et en 1842 à 32,616.

On le voit, le nombre des appareils pour la fusion des minerais n'a pas sensiblement augmenté; mais la production s'est accrue dans la proportion de 100 à 120; pour une période de cinq années c'est assez peu. La production du fer en barre a augmenté dans un plus grand rapport, celui de 100 à 127. Il est digne d'attention que le personnel des hauts-fourneaux ait diminué dans une forte proportion. Ce résultat, s'il est parfaitement constaté, provient certainement de l'adoption de moyens mécaniques plus perfectionnés.

Les diverses méthodes de fabrication ne se sont pas étendues dans une égale proportion.

La fonte au bois n'a pas diminué; elle a même un peu augmenté. Cependant elle représente aujourd'hui une fraction un peu moindre de la production totale. Elle ne s'est accrue, en effet que de 10 pour cent, dans l'intervalle des cinq années de 1837 à 1842, tandis que sur la fonte au coke la progression a été de 63 pour cent.

Ainsi la fabrication de la fonte au combustible minéral gagne du terrain: elle vient d'apparaître, par exemple, dans le Berry, où d'excellents minerais s'offrent à bas prix sur les bords du canal encore inachevé qui porte le nom de cette province, et, selon toute apparence, elle s'y développera beaucoup, car moyennant ce canal, le minerai et le combustible se trouvent très-rapprochés l'un de l'autre.

La production du fer forgé à la houille s'accroît d'une manière encore plus accélérée : pour ne parler que du fer obtenu par la méthode anglaise proprement dite, c'est-à-dire où le fer affiné à la houille s'élabore entre des cylindres étireurs ou lamineurs, on en obtenait, en 1837, 82,855 tonnes. En 1842, c'était 142,600, soit près du double, et chaque jour cette fabrication s'étend, à mesure que dés voies de transport économiques s'achèvent et permettent aux charbons de nos nombreux bassins houillers de pénétrer dans les régions multipliées en France, mais rarement pourvues de combustible minéral, qui recèlent les minerais en abondance. Sous ce rapport comme sous beaucoup d'autres, on peut affirmer que la question du progrès des forges françaises se confond avec celle du prompt établissement des voies de communication économiques. De combien d'autre industries ne peut-on pas en dire autant ?

La méthode dite *champenoise* où le fer, affiné à la houille, s'élabore sous les marteaux des anciennes forges, tend à être absorbée par la méthode anglaise proprement dite. La méthode champenoise était excellente pour une transition ;

mais elle ne possède qu'une valeur transitoire. Plusieurs des établissements qui l'avaient adoptée, ont remplacé par des laminoirs leurs marteaux et se sont classés ainsi parmi les forges à l'anglaise. En 1834, la méthode champenoise était à son apogée. Elle fournissait 34,855 tonnes. Par une baisse continue, elle était tombée, en 1840, à 24,547. Elle s'est relevée, en 1842, à 27,411; mais on doit s'attendre à la voir s'amoindrir de plus en plus.

Pendant le même intervalle, de 1837 à 1842, l'affinage au charbon de bois éprouvait une imperceptible diminution. Depuis 1825, la quantité de fer obtenu par le seul combustible végétal est à peu près stationnaire. En 1825, elle s'élevait à 102,479 tonnes; elle était, en 1834, de 102,087; en 1837, de 109,996; en 1842, de 109,795. Il semble que la tendance des forges françaises soit de réserver le combustible végétal pour la production de la fonte et d'opérer la conversion de la fonte en fer forgé au moyen du combustible minéral, toutes les fois qu'elle peut s'en procurer à des prix qui ne soient pas excessifs. Dans la Haute-Marne et la Meuse, on est parvenu à faire subir à l'industrie des fers cette transformation, même en payant de 50 à 60 fr. la tonne de houille qui vaut de 3f,50 à 4f,50 dans les forges de l'Aveyron et dans celles du pays de Galles, et qu'en

Angleterre les maîtres de forges payent rarement au delà de 10 fr. Il est vrai que dans la Haute-Marne et la Meuse on opère l'affinage de la fonte en économisant la houille à un degré qui n'est égalé nulle part.

En 1839, les améliorations les plus apparentes dans les procédés des forges consistaient dans l'emploi de l'air chaud pour les hauts-fourneaux et même pour les feux d'affinerie au charbon de bois ; dans la substitution du bois à demi carbonisé, dit *charbon roux*, ou même du bois vert au bois parfaitement carbonisé ; dans la construction d'appareils qui permettaient de se servir de la flamme du gueulard ou des feux d'affinerie, ou de celle des fours tant à puddler qu'à réchauffer, pour la production de la vapeur nécessaire aux machines motrices, pour agir sur des produits qui attendaient une élaboration nouvelle, tels que la gueuse qui doit subir l'affinage, le fer qui doit être battu sous le marteau, la tôle qui doit recevoir de nouveau la compression du laminoir, les feuilles de fer qu'il faut convertir en fer-blanc, ou le fil de fer qui est à recuire.

L'usage du *charbon roux* et du bois, tant desséché que vert, a commencé en 1835. Cette innovation avait fait concevoir des espérances qui ne se sont pas complétement réalisées à beaucoup près. La marche des hauts-fourneaux ainsi chargés, a été moins régulière, et le surcroît de frais qu'a alors entraîné le transport, a absorbé la majeure partie du bénéfice obtenu par l'économie du combustible. Depuis 1839, le nombre des hauts-fourneaux où l'on travaillait avec du bois à ces différents états, mélangé ou non de charbon, a été en diminuant. Il était alors de 53; c'est le maximum qui ait été atteint. En 1842, il n'y avait plus que 34 fourneaux qui travaillassent ainsi, et encore la dose de charbon associée au bois était-elle devenue plus forte.

L'emploi de l'air chaud dans les hauts-fourneaux remonte à peu près à la même époque que celui du bois cru, ou semi-carbonisé. Il existe particulièrement dans les établissements où les hauts-fourneaux s'alimentent de combustible minéral ou de bois en tout ou en partie. Ainsi, sur 51 hauts-fourneaux qui brûlaient du combustible minéral, en 1842, 39, les quatre cinquièmes chauffaient leur air. Sur les 34 hauts-fourneaux chargés en partie avec du bois cru ou à demi carbonisé, 26, les trois quarts, recouraient au même moyen. Au contraire, sur les 384 hauts-fourneaux au charbon de bois, 52 seulement, soit 14 sur cent, en faisaient usage. Cette pratique ne s'est pas répandue également dans toutes les parties du territoire. Dans la Côte-d'Or, beaucoup de hauts-fourneaux au combustible végétal travaillent à l'air chaud ; ailleurs on s'en tient généralement à l'air froid. L'air chaud donne des résultats fort différents suivant les différentes destinations de la fonte. La fonte de moulage obtenue à l'air chaud est beaucoup plus douce ; mais la fonte qui résulte de l'emploi de l'air chaud est plus difficile à affiner ; elle exige pour l'affinage des tours de main qui restent à découvrir ou qui sont peu connus.

Une innovation plus récente encore, en tant qu'on ne la ferait remonter qu'à l'époque où elle est entrée dans la pratique générale des forges, est celle qui consiste à utiliser la chaleur jusqu'alors perdue. Déjà, antérieurement à 1814, des expériences en grand avaient eu lieu à ce sujet, et des appareils fonctionnant régulièrement avaient été établis pendant quelque temps dans les usines de M. Aubertot près de Vierzon ; les gaz sortant du gueulard avaient été utilisés par M. Aubertot pour des usages multipliés. Cet habile manufacturier, qu'on peut à bon droit appeler le Nestor des maîtres de forges français (car il a cessé à peine, à 84 ans, de diriger en personne ses établissements), avait employé les gaz du gueulard non-seulement pour la cuisson de la chaux, qui au surplus avait été déjà pratiquée de cette manière, mais pour des opérations métallurgiques plus importantes, plus compliquées et plus délicates. Entre ses mains, la chaleur produite ainsi, au moyen des gaz du gueulard ou de ceux des foyers d'affinerie, avait été suffisante pour cémenter des aciers, pour réchauffer des fers destinés à passer de nouveau sous le marteau, et même pour porter des boulets et d'autres grosses pièces de fonte à des degrés de chaleur voisins de la fusion, accidentellement à celui de la fusion même. Ces améliorations remarquables qui semblaient ouvrir une carrière nouvelle à l'art des forges, avaient été perdues de vue, quoique M. Aubertot les eût libéralement divulguées. Un très-petit nombre de maîtres de forges, en France et en Allemagne, en avaient conservé la tradition et l'avaient consacrée par le maintien de quelques appareils. A Vierzon même, à la suite de changements temporairement survenus dans l'administration, les innovations de ce genre introduites par M. Aubertot avaient été abandonnées.

Ce fut vers 1835 que ces idées préoccupèrent de nouveau les maîtres de forges. La science joignit ses efforts aux leurs. Elle rendit un meilleur compte des opérations qui se passaient dans le ventre des hauts-fourneaux et dans les appareils d'affinage. Elle éclaira particulièrement la théorie de la réduction du minerai ; elle analysa les produits de la combustion, spécialement dans les fourneaux à courant d'air forcé, tels que les hauts-fourneaux. Elle montra que non-seulement l'oxyde de carbone, gaz réducteur, y domine l'acide carbonique duquel il n'y a plus aucune action à attendre, mais que même, excepté dans le voisinage de la tuyère et au sommet du fourneau, l'acide carbonique n'existait pas en quantité appréciable, et que tout le carbone s'y présentait à l'état d'oxyde propre à donner de bons résultats. Elle s'appliqua à évaluer exactement l'effet utile qu'on retirait du combustible. On peut maintenant évaluer, grâce aux travaux récents de M. Ebelmen sur plusieurs hauts-fourneaux, que, dans les hauts-fourneaux au charbon de bois, la chaleur perdue s'élève aux six dixièmes ou aux deux tiers. Dans les hauts-fourneaux au coke la perte dépasse les quatre cinquièmes; de sorte qu'il y aurait un plus grand profit encore à attendre de l'application d'appareils propres à utiliser les gaz du gueulard dans les établissements qui possèdent des hauts-fourneaux au coke que dans ceux où les hauts-fourneaux s'alimentent de combustible végétal. Il résulterait aussi des recherches du même ingénieur que les gaz du gueulard des hauts-fourneaux au coke sont exempts des éléments sulfureux dont il était naturel d'y redouter la présence.

Dans les fours à réverbère le gaspillage du

combustible est plus énorme encore que dans les fourneaux à courant d'air forcé.

De même on a obtenu une mesure plus exacte de la température qu'il était possible d'attendre régulièrement de la combustion des gaz qui s'échappent des gueulards des hauts-fourneaux; d'accord l'une avec l'autre, la théorie et la pratique ont établi que cette combustion devait donner et donnait en effet une chaleur suffisante pour faire entrer la fonte en parfaite fusion et pour l'affiner.

L'attention des maîtres de forges s'étant tournée de ce côté, et le haut prix des bois les ayant contraints à ne rien négliger de ce qui serait propre à rendre utile une si grande quantité de chaleur jusqu'alors consommée stérilement, on a vu naître une grande variété d'appareils pour utiliser les gaz du gueulard, ceux des foyers d'affinerie, et la flamme des fours à reverbère. Cette puissance calorifique qui venait d'être révélée, a été appliquée à produire de la vapeur pour alimenter les machines motrices, à chauffer l'air, à cuire de la chaux ou des briques, à griller les minerais, à chauffer les fours où le fer est préparé pour recevoir une compression nouvelle sous les marteaux ou entre les cylindres, à recuire les fils de fer, à cémenter l'acier. Ces procédés nouveaux marchent de pair avec des dispositions mieux combinées pour le bon emploi du charbon dans les hauts-fourneaux et les feux d'affinerie, et, aujourd'hui, on peut dire que toutes celles des forges françaises qui sont habilement dirigées, et le nombre en est grand, tirent un parti bien meilleur qu'autrefois de leurs combustibles, soit que l'emploi de la flamme, naguère perdue, ait donné lieu à une épargne considérable, soit que les appareils soient mieux disposés pour obtenir directement et du premier coup un meilleur résultat. Sous ce rapport, il y a lieu de penser que, présentement, les bonnes forges françaises n'ont rien à envier à celles des autres pays.

Enfin, depuis la dernière exposition, une opération métallurgique, délicate et difficile, l'affinage de la fonte, a été produite au moyen des gaz du gueulard des hauts-fourneaux.

Dès 1836, un métallurgiste français, M. Sire, de Lure (Haute-Saône), prit un brevet d'invention pour *un haut-fourneau et des fours à la suite,* propres à la fusion du minerai de fer et à la fabrication du fer en barres, *avec la chaleur de la flamme et des gaz combustibles qui sortiront du fourneau.* Ce brevet est demeuré sans application. En 1837 s'organisèrent, sous la direction de M. Robin, dans les forges du Bas-Rhin, appartenant à la famille de Dietrich, dont le nom est anciennement connu dans l'art des forges, des expériences qui furent suivies, en 1838, à l'usine de Jœgerthal (dépendante des forges du Bas-Rhin), et qui démontrèrent que la solution du problème de l'affinage par les gaz était possible. Ces expériences ne cessèrent à Jœgerthal que parce qu'on n'y possédait pas, près du haut-fourneau, une force motrice suffisante pour opérer le cinglage et l'étirage. Vers la même époque (quelques personnes ont dit que c'était antérieurement, mais même en admettant que cette assertion soit fondée, on doit regarder comme constant que les forges du Bas-Rhin n'en avaient pas connaissance), on poursuivait le même but dans l'usine royale de Wasseralfingen en Wurtemberg.

Pendant plusieurs années l'affinage au gaz a occupé avec une ardeur soutenue plusieurs métallurgistes en France et en Allemagne. On s'est livré à des tentatives variées. Des obstacles imprévus se présentaient sans cesse; il a fallu en triompher. La vie même des hommes était mise en péril par les explosions de gaz inflammable qui se produisaient; il y avait à conjurer ce danger formidable et on y a réussi. Aujourd'hui enfin le problème doit être considéré comme résolu complétement. L'affinage au gaz est devenu un procédé manufacturier. Il se fait sans porter dommage à la fabrication de la fonte dans le haut-fourneau. Le mérite de cette heureuse découverte qui promet une grande économie à l'industrie du fer, et une forte baisse de prix au consommateur, revient à des maîtres de forges français. Car les renseignements que le jury a pu réunir paraissent établir positivement que les établissements étrangers où cet objet si désirable était poursuivi, avec beaucoup de zèle et de lumières cependant, n'étaient point parvenus, malgré le savoir et l'expérience des hommes qui les dirigeaient, à une fabrication régulièrement satisfaisante, lorsqu'en France on avait enfin atteint ce terme.

Cette acquisition de l'art des forges est l'un des progrès les plus remarquables que le jury ait eu à constater dans l'Exposition.

L'emploi des gaz sortant du gueulard et de ceux des foyers d'affinerie a conduit à une autre innovation qui donne déjà des résultats pratiques et à laquelle un grand avenir semble réservé : c'est celle qui consiste à produire de l'oxyde de carbone dans des appareils spéciaux, en faisant passer un courant d'air au travers de combustibles de rebut ou de peu de valeur, tels que des fraisils, des débris de toute espèce et des tourbes, ou à engendrer, par un procédé quelconque, des gaz réducteurs. On conçoit que cette idée, considérée en elle-même indépendamment de toute application, est fort large, et qu'elle est susceptible de se prêter à des usages multipliés, sauf à recevoir la sanction de l'expérience. On se sert avec succès de gaz ainsi créés dans l'usine d'Audincourt, pour donner des chaudes portées jusqu'au blanc soudant à des fers destinés à prendre entre des cylindres lamineurs une figure assez complexe. Ces essais qui remontent manufacturièrement à 1842, et dont la réussite paraît complète, méritent d'être hautement signalés, et le jury exprime le regret que les propriétaires d'Audincourt n'aient pas adressé à l'Exposition des échantillons des produits ainsi obtenus.

Sous d'autres rapports, depuis cinq ans un progrès signalé a été accompli dans les forges françaises. Le travail mécanique y a été perfectionné à un degré remarquable. Beaucoup de forges se sont montées pour fabriquer des rails, et les fabriquent présentement de manière à n'avoir qu'un faible rebut, même en les soumettant à l'acceptation de juges sévères. Les tôles françaises étaient beaucoup plus chères que les tôles étrangères ; elles ont éprouvé une forte réduction de prix sans perdre de leur qualité, et quelques établissements se sont soigneusement appliqués à conserver la spécialité de tôles tout à fait supérieures. Pareillement, une grande amélioration s'est fait sentir dans la production du feuillard. De même des fils de fer et des essieux.

L'art de la fonderie, en première fusion surtout, n'a pas moins avancé, et les fondeurs de la Champagne, entre tous les autres, ne craignent le parallèle avec personne.

A tous égards enfin l'industrie des fers a mis admirablement à profit les cinq années qui viennent de s'écouler. Elle excelle dans toutes les variétés de la fabrication, et l'on peut dire aujourd'hui qu'elle n'attend plus que le perfectionnement de la viabilité du territoire et particulièrement l'achèvement des lignes navigables et leur mise en bon état d'entretien et d'exploitation, pour livrer ses produits aux consommateurs à des prix analogues à ceux auxquels est tombée, chez les peuples les plus favorisés, cette matière première que réclament toutes les branches du travail des sociétés.

---

§ 1. INDUSTRIE DES FERS.

RAPPELS DE MÉDAILLES D'OR.

M. FRÈREJEAN, à Vienne (Isère).

L'établissement de Vienne est un des plus considérables du midi. Le travail du cuivre y est réuni, sur une grande échelle, à celui du fer. (*Voyez* à l'article *cuivre*.)

M. Frèrejean a fait faire des pas à la métallurgie : tout récemment il vient d'introduire, dans l'une de ses usines, à Pont-l'Évêque, le mazéage au moyen des gaz perdus d'un haut-fourneau au coke. C'est le premier exemple de la mise en valeur des gaz du gueulard d'un haut-fourneau au combustible minéral. Les résultats de cet emploi des gaz d'un haut-fourneau au coke, s'il avait été plus étendu et que l'efficacité en eût été positivement constatée par une plus longue expérience, justifieraient seuls la plus haute distinction dont le jury puisse disposer.

Une médaille d'or a été décernée en 1827 à M. Frèrejean. A toutes les expositions le jury s'est empressé de lui en donner le rappel.

Le jury reconnaissant les efforts que n'a cessé de faire M. Frèrejean pour l'avancement des arts métallurgiques, et pour créer du travail aux populations, lui accorde avec une vive satisfaction le rappel de la médaille d'or antérieure.

MM. FESTUGIÈRES frères, maîtres de forges, à Ans, aux Eyzies, à la Forge-Neuve et au Banquet (Dordogne).

MM. Festugières frères possèdent trois hauts-fourneaux auxquels fut jointe, en 1829, une usine à l'anglaise de huit fours à puddler. Leurs établissements se sont accrus, en 1842, d'une tréfilerie. Ils livrent au commerce du fer en barres, des fils de fer, des clous et des pointes. Leur production est de 2 millions de kilogrammes de fer à ces différents états. Ils occupent dans l'intérieur de leurs ateliers 310 ouvriers et environ 400 au dehors.

Les produits fabriqués par MM. Festugières jouissent depuis longtemps d'une bonne réputation qui se soutient. Les fils de fer qu'ils ont exposés sont d'une qualité digne d'être citée.

Le jury leur accorde le rappel de la médaille d'or. (Voir à l'article *Tréfilerie.*)

NOUVELLES MÉDAILLES D'OR.

M. BOIGUES et Cie, à Fourchambault (Nièvre).

Cet établissement créé en 1821 obtint à l'exposition de 1823 une médaille d'or qui fut rappelée en 1827, 1834 et 1839.

En 1827, une seule machine à vapeur y était établie, et la fabrication ne dépassait pas trois à quatre mille tonnes.

En 1839, deux machines à vapeur y fonctionnaient, et les produits pouvaient s'élever à six mille tonnes.

Maintenant cinq machines à vapeur y sont établies pour la mise en mouvement de tous les engins nécessaires aux fabrications très-variées qu'y subit le fer, et les produits s'élèvent à la quantité de dix à douze mille tonnes, tant en fer à la houille qu'en fer au charbon de bois. Tous les générateurs de vapeur sont chauffés par les gaz des fours et ne coûtent pas un centime de combustible.

Depuis 1839, on a ajouté aux moyens de production six feux d'affinerie au charbon de bois. Ces feux sont construits de manière à économiser le combustible à un degré remarquable. La gueuse y est échauffée par la chaleur perdue, et le foyer est clos d'une manière très-avantageuse. La production de 1,000 kilog. de fer, qui absorbait autrefois 72 hectolitres de charbon pesant de 3o à 35 kilog., n'en requiert plus que 3o. Le fer obtenu dans ces feux d'affinerie est destiné à former des étoffes pour la confection des essieux d'artillerie, de messageries, de locomotives et de wagons de chemins de fer. Les essieux de Fourchambault sont à juste titre renommés pour ces divers usages.

A Fourchambault maintenant les bandages pour roues de locomotives et de wagons se confectionnent par un procédé nouveau. Ils se préparent au marteau pour être terminés au laminoir. Ces bandages réunissent à la ténacité une grande dureté sur leur surface extérieure.

Les hauts-fourneaux annexes de ce vaste établissement produisent annuellement vingt mille tonnes de fonte, et leur travail a été assez amélioré pour que maintenant 1 kilog. 10 de combustible en moyenne suffise à la production de 1 kilog. de fonte. En 1827 ce terme moyen était de 1 kilog. 40, en 1839 de 1 kilog. 3o. On a donc acquis, par les soins et perfectionnements apportés à la réduction du minerai depuis 1839, une économie réelle de 15 pour 100.

La production des hauts-fourneaux dépendant de Fourchambault en fonte moulée s'élève à 2 millions de kilog. au moins.

On peut considérer Fourchambault comme un établissement modèle, tant par la perfection de la fabrication et la qualité des produits que par la sage administration et la bonne tenue des ouvriers qui y sont employés. Les enfants et les adultes y reçoivent dans une école spéciale fondée par les propriétaires, l'instruction nécessaire à de bons chefs d'ateliers. Aussi les ouvriers de Fourchambault jouissent-ils d'une bonne renommée et sont-ils fort recherchés par les maîtres de forges.

Le jury départemental de la Nièvre s'exprime ainsi sur Fourchambault :

» Les avantages que présente cet important » établissement sont immenses ; progrès toujours » croissants dans la fabrication ; modèles offerts » aux exploitations françaises de la même indus- » trie ; entretien de 3,000 familles qui représentent » au moins 10,000 individus ; valeur donnée aux » bois de la localité et à toutes les matières brutes » qui resteraient enfouies dans le sein de la terre » sans l'existence d'un aussi grand centre de con- » sommation. »

L'usine de Fourchambault dès son origine s'est placée à la tête des forges françaises, et, depuis, elle n'a cessé de conserver son rang en grandissant toujours de manière à ne pas être dépassée.

L'établissement de Fourchambault, par suite des progrès immenses qu'il a réalisés et de la bonne réputation de ses produits, s'est rendu digne d'une nouvelle médaille d'or.

LA COMPAGNIE DES HOUILLÈRES ET FORGES DE L'AVEYRON.

Les forges de l'Aveyron sont un grand et bel

établissement, concentré tout entier à Decazeville, qui se livre aujourd'hui avec succès à la fabrication de toute espèce de fer, sous la direction habile de M. Cabrol, à qui revient le mérite de les avoir construites, à l'origine, sur un plan qui est justement admiré dans l'ensemble et dans les détails. La compagnie de l'Aveyron exploite actuellement, outre ses six hauts-fourneaux au coke, situés dans l'Aveyron, un grand nombre de hauts-fourneaux au bois placés dans la Dordogne et autres départements voisins. En combinant dans diverses proportions les fontes au bois avec les fontes au coke, qui pourtant forment plus des quatre cinquièmes de la consommation de ses ateliers d'affinerie, elle est parvenue à obtenir une grande variété de produits d'une qualité parfaitement appropriée à leurs divers usages. Les forges de l'Aveyron dont, à l'origine, les fers étaient très-médiocrement estimés, livrent maintenant au commerce d'excellent feuillard et de la tôle fort appréciée, ainsi que des barres de tout échantillon. La façon extérieure donnée à ces produits est tout à fait remarquable. La principale production des forges de l'Aveyron consiste en rails de chemins de fer, fabriqués exclusivement avec la fonte au coke. La majeure partie des fers en barres provient de même de fontes au coke. La compagnie n'emploie d'autres fontes au coke que celles qui proviennent de ses propres hauts-fourneaux de Decazeville.

En 1839, la production des forges de l'Aveyron était de 6 à 7 millions de kilogr. Elle est doublée aujourd'hui. Tout annonce qu'elle s'accroîtra encore. Ces forges sont situées au milieu d'un gîte inépuisable de charbon et de fer. La navigation du Lot, qui s'achève, leur permettra bientôt d'effectuer des mélanges de minerais fort avantageux. En ce moment la compagnie joint à ses forges un grand atelier de construction de machines. C'est l'un des établissements métallurgiques de la France qui sont appelés au plus grand avenir, et son influence sur le marché se fait déjà sentir, au profit du consommateur, par une baisse de prix. Les fers en barres de l'Aveyron, malgré 70 fr. de transport, se vendent aujourd'hui couramment 300 fr. les 100 kilogr. à Paris.

La compagnie des houillères et forges de l'Aveyron occupe trois mille ouvriers.

En 1839, le jury lui décerna une médaille d'or.

Depuis 1839, les conditions économiques de cet établissement ont subi une transformation complète. Ce résultat n'est pas dû seulement à de vastes travaux accomplis dans les mines de charbon et de fer, et justement signalés par l'administration des mines dans ses comptes-rendus, et à un vaste ensemble de chemins de fer d'exploitation établi avec une rare sagacité; il faut l'attribuer, pour la majeure part, au progrès intrinsèque de la fabrication. Naguère la situation de la compagnie de l'Aveyron était précaire; elle est florissante aujourd'hui, malgré la baisse des prix.

Par ces motifs, le jury décerne à la compagnie des houillères et des forges de l'Aveyron, une nouvelle médaille d'or.

MÉDAILLES D'OR.

MM. le comte D'ANDELARRE et de LISA, maîtres de forges, à Treveray (Meuse).

MM. le comte d'Andelarre et de Lisa ont obtenu des fers affinés au moyen des gaz du gueulard des hauts-fourneaux. C'est la première fois que ces produits paraissent à l'exposition de l'industrie nationale. À cause de l'importance qu'aurait cette application des gaz du gueulard, par suite de l'économie de combustible qui en serait la conséquence, le jury avait à examiner cette innovation métallurgique avec une attention particulière, et à constater soigneusement :

1° Le degré d'ancienneté de ce mode de procéder dans l'établissement de MM. d'Andelarre et de Lisa ;

2° L'état actuel de cette fabrication ; si elle est ou non passée à l'état manufacturier, c'est-à-dire si elle est encore à l'état d'expérience ou si au contraire elle est pratiquée d'une manière régulière et si elle donne des produits acceptés par le consommateur ;

3° Si c'est à Treveray que cette fabrication a été organisée à l'état manufacturier et courant, pour la première fois, du moins en France.

Quant au degré d'ancienneté, il résulte des pièces officielles ou officieuses qui étaient jointes au dossier de MM. d'Andelarre et de Lisa, ou qui postérieurement ont été produites, qu'à partir de l'été de 1841, l'on n'a pas suivi d'autre mode d'affinage du fer dans l'usine de Treveray.

Quant à la qualité, il ressort des renseignements recueillis par le jury que d'abord les produits furent de qualité irrégulière, tantôt bons, tantôt mauvais. L'opération était difficile à conduire; elle fatiguait les hommes, les exposait même à des explosions très-dangereuses, et les marchands de fer, par l'effet de la crainte qu'inspire toujours un procédé nouveau, étaient en méfiance contre les fers ainsi obtenus; mais en ce moment cette méfiance est dissipée. Pour les uns, elle l'est récemment, depuis quelques mois seulement; pour les autres, elle l'est depuis un délai plus considérable. Les produits de Treveray sont présentement d'une qualité non-seulement égale, mais sensiblement supérieure à ce qu'ils étaient lorsque dans la même usine on affinait le fer par la méthode champenoise, et ils sont reconnus pour tels. Il est de plus constant que le déchet éprouvé dans le puddlage par ce procédé est moindre que par l'ancienne méthode. Le jury départemental de la Meuse estime que le bénéfice sous ce seul rapport est d'un septième environ de la quantité de fonte qui subit le puddlage.

Ces faits ont été établis par des certificats nombreux qu'ont présentés les exposants; ils résultent également des renseignements officiels publiés par l'administration dans le *compte rendu des travaux des ingénieurs des mines* en 1842 et 1843, et des déclarations qu'ont recueillies les membres du jury spécialement chargés de cet examen, près de diverses personnes parfaitement dignes de foi et convenablement placées pour que leur témoignage fût décisif.

Restait une troisième question, celle de savoir si c'est à Treveray que ce procédé a été pratiqué en France pour la première fois manufacturièrement, c'est-à-dire, répétons-le, d'une manière régulière et en donnant des produits régulièrement acceptables par le consommateur. Sur ce point la réponse n'est pas moins affirmative. Jusqu'à ces derniers temps le seul établissement où l'on ait manufacturièrement affiné des fers au gaz en France est Treveray. En ce moment même ce procédé ne subsiste à l'état manufacturier qu'à Treveray, aux forges de M. Riant en Bretagne et à Bigny dans le Cher. Dans ces deux derniers établissements on travaille d'après les errements de Treveray, d'accord avec MM. d'Andelarre et de Lisa.

Il y a même tout lieu de croire que, hors de France, l'établissement de Wasseralfingen en Wurtemberg, celui de tous dont on a le plus parlé à l'occasion de l'affinage au gaz, et qui avait devancé Treveray dans les tentatives à ce sujet, est arrivé plus tard que Treveray à résoudre le problème de l'affinage au gaz, en supposant même que ce problème fût pleinement résolu à Wasseralfingen au commencement de l'année courante.

Lorsqu'il s'est agi de déterminer la récompense qu'il était juste d'accorder à MM. d'Andelarre et de Lisa, le jury n'a point eu à rechercher à qui appartenait l'initiative des diverses idées qui avaient pu être émises ou essayées au sujet de l'affinage au gaz. Circonscrivant son examen et se renfermant, ainsi qu'il convenait, dans les strictes limites de ses attributions, il s'est seulement posé la question de savoir à qui revenait le mérite des résultats manufacturiers. Or, ainsi q 'il vient d'être dit, la conclusion de l'investigation attentive du jury est qu'en effet c'est bien à Treveray, dans l'usine de MM. d'Andelarre et de Lisa, que l'affinage au gaz a été opéré pour la première fois manufacturièrement sur le sol français; le jury se regarde même comme fondé à penser que l'honneur de cette importante découverte revient à notre patrie.

Ainsi MM. d'Andelarre et de Lisa, les premiers en France et selon toute apparence en Europe, ont fait des gaz du haut-fourneau l'emploi qui présentait le plus de difficulté et auquel on doit assigner le plus d'importance. Ils ont rendu à l'industrie ce service signalé, non-seulement en supportant de lourds sacrifices pécuniaires, mais en courant personnellement des périls pendant des essais où des explosions de mélanges de gaz combustibles et d'air atmosphérique se manifestaient d'abord fréquemment. M. d'Andelarre particulièrement a fait preuve, dans ces circonstances, de beaucoup de résolution et de dévouement, en même temps que d'une rare persévérance et d'une intelligence remarquable.

D'après ces motifs le jury décerne, avec une haute satisfaction, à MM. d'Andelarre et de Lisa, une médaille d'or.

MM. BOUGUERET, COUVREUX, LANDEL et Cie, maîtres de forges, à Châtillon-sur-Seine (Côte-d'Or).

L'établissement de Châtillon-sur-Seine date de 1822 ; c'est la première fois qu'il expose des produits de sa fabrication courante.

MM. Bougueret et Cie font valoir, tant dans la Côte-d'Or que dans les départements voisins, vingt-deux hauts-fourneaux et trente-huit feux de forge au charbon de bois, une forge à la houille composée de douze fours à puddler et huit fours à réchauffer, et quatre tréfileries comprenant 86 bobines ; ils livrent annuellement au commerce 9 millions de kilogrammes de fer laminés, et 3 millions de kilogrammes de fer martelé au bois et de fil de fer : total, 12 millions de kilogrammes de fer marchand, c'est-à-dire les deux tiers environ de la production de la Côte-d'Or.

Par les soins de MM. Bougueret, Couvreux, Landel et Cie ou par ceux de leurs habiles prédécesseurs, MM. Maître, Louis, Basile, Humbert et Cie qui, eux-mêmes, succédaient à M. le duc de Raguse, ces usines ont successivement reçu toutes les améliorations que recommandait la théorie et que sanctionne aujourd'hui la pratique ; ainsi, tous les hauts-fourneaux et les feux d'affinerie sont soufflés à l'air chaud ; les gaz combustibles, qui s'échappaient en pure perte du gueulard des hauts fourneaux, sont maintenant recueillis et employés à chauffer l'air des souffleries, à recuire le fil de fer et à produire de la vapeur ; les flammes perdues des fours à puddler et à réchauffer sont aussi appliquées aux mêmes usages économiques ; enfin une amélioration récente, qui a pris naissance dans le Châtillonnais, consiste dans l'application du ventilateur à force centrifuge au soufflage des fours à réchauffer.

En même temps que les procédés métallurgiques étaient perfectionnés dans ces usines, on y mettait en vigueur un système de primes, sagement conçu, déjà pratiqué ailleurs avec succès et qui, en augmentant le salaire des bons ouvriers, donne un puissant moyen d'améliorer la qualité des produits.

Le jury, prenant en considération l'importance de la fabrication de MM. Bougueret, Couvreux, Landel et Cie, ainsi que les perfectionnements de toute espèce qui ont été introduits dans leurs usines, leur décerne une médaille d'or.

MM. SERRET, LELIÈVRE et Cie, maîtres de forges, à Denain (Nord).

L'usine de Denain date de 1834. Elle est l'un des fruits de l'esprit industriel qui, depuis douze ans, s'est manifesté, avec tant de puissance, dans le département du Nord et particulièrement dans l'arrondissement de Valenciennes. On y travaille, exclusivement, au combustible minéral ; elle se compose de deux hauts-fourneaux au coke, dix-huit fours à puddler, dix fours à réchauffer. Elle occupe 454 ouvriers à l'intérieur et en tout 702. Les houilles qu'elle emploie sont celles de la localité ; ses minerais sont tirés de l'arrondissement d'Avesnes et des environs de Boulogne. Ces derniers sont enchéris par les transports, à un degré fâcheux, et il serait bien à désirer qu'on parvînt à découvrir sur les lieux une certaine quantité du minerai qui est associé si souvent au charbon. Quoique la production du seul de ses hauts-fourneaux qui fût en feu au 1er mai soit élevée (14 à 15 tonnes par jour), l'usine de Denain est loin de suffire à la consommation de la forge, qui va toujours croissant d'une manière rapide. De 1,200,000 kilogrammes de fer qu'on obtenait en 1835 et 1836, on est arrivé, en 1843, à 7 millions de kilogrammes de fer, indépendamment d'une certaine quantité de mouleries. On subvient aux besoins de la forge au moyen de fontes belges au coke et d'un peu de fontes au bois de Couvain. L'amélioration des produits a marché de pair avec l'étendue de la fabrication. Denain livre aujourd'hui des tôles et des feuillards de bonne qualité, et de la meilleure apparence, à des prix modérés. Au moyen de mélanges intelligents, et par une bonne entente du travail, on est parvenu, sous le rapport de l'économie, comme sous celui de la valeur intrinsèque des produits, à d'excellents résultats. L'établissement qui était en souffrance, il y a cinq ans, lorsqu'il vendait, à Paris, ses fers ordinaires 39 francs, travaille avec avantage aujourd'hui que la concurrence le force de les donner à 33 francs.

MM. Serret, Lelièvre et Cie ont utilisé la flamme perdue des fours à puddler pour la production de la vapeur qui leur sert de moteur. Onze chaudières sont chauffées au moyen des gaz provenant de treize fours à puddler et de trois à réchauffer. Elles produisent la vapeur nécessaire à trois machines à basse pression, d'une force totale de 140 chevaux. La force totale des machines de l'établissement est de 304 chevaux.

La situation prospère dans laquelle se trouve aujourd'hui l'établissement de Denain, malgré la baisse qu'ont subie les fers depuis l'origine, doit être attribuée principalement au directeur actuel, M. Adcock. Le jury se plaît à lui rendre ce témoignage.

En considération des progrès des forges de Denain, de la grandeur sur laquelle la fabrication y est montée, et de la qualité qu'ont acquise rapidement les produits, malgré les difficultés que rencontre toujours une création nouvelle, le jury décerne à MM. Serret, Lelièvre et Cⁱᵉ une médaille d'or.

Forges du Bas-Rhin, veuve DE DIETRICH et fils, maîtres de forges, à Niederbronn (Bas-Rhin).

Les établissements compris sous la dénomination de *Forges du Bas-Rhin* se composent de cinq usines distinctes, savoir : la forge de Jægerthal, la forge de Rauschendwasser, l'usine de Niederbronn, la forge de Zinswiller et l'usine de Reichshoffen. Jægerthal, Rauschendwasser, Niederbronn et Zinswiller réunissent quatre hauts-fourneaux, neuf foyers d'affinerie, trois foyers de martinets, une fonderie, un train de laminoirs pour les cercles et les petits fers, plusieurs ateliers de fonderie alimentés par les hauts-fourneaux et par trois cubilots. Reichshoffen est un atelier de construction où ont été montés des bateaux à vapeur destinés à la navigation du Rhin. La maison de Dietrich vient d'acquérir les forges voisines de Mutterhausen et de Mertzwiller.

Les hauts-fourneaux marchent ordinairement au charbon de bois seul, et quelquefois avec un mélange de charbon de bois, de bois cru et d'un peu de coke.

Les forges du Bas-Rhin tirent des minières de la contrée leur principale consommation ; ce sont des minerais en grains assez pauvres auxquels on ajoute aujourd'hui les minerais très-riches du grand duché de Nassau.

On y produit des fontes brutes d'affinage qui sont traitées dans les usines mêmes, des fontes moulées de première fusion, des fontes brutes de moulage que l'on traite dans les cubilots et auxquelles on ajoute une proportion plus ou moins grande de fontes écossaises depuis qu'on peut se procurer celles-ci à bon marché.

Les forges du Bas-Rhin fournissent, en outre, à la consommation, des fers forgés de tous les échantillons, jusques et y compris les petits fers martinés, des petits fers laminés, des cercles et des fers à fiches.

Pendant la dernière campagne, elles ont vendu environ 1,250,000 kilog. de fontes moulées de première et deuxième fusion, évaluées à environ 445,000 fr., et en fers de toutes qualités, environ 820,000 kilog., estimés à 442,000 fr. La production totale a été ainsi de 2,070,000 kilog. valant près de 900,000 fr.

Les forges du Bas-Rhin occupent environ 5oo ouvriers en tout.

L'acquisition des propriétés de la société de Mutterhausen double à peu près les forces productives de MM. de Dietrich; les relevés ci-dessus ne comprennent ni les produits, ni les ouvriers de ces dernières usines.

Les moulages des forges du Bas-Rhin sont depuis longtemps en réputation; ils se distinguent surtout par la netteté et la régularité des formes. Le jury s'en est convaincu en examinant le fourneau gothique, la grande rosace, les balustres, la jardinière, ainsi que les autres pièces de luxe et d'ornementation qui figuraient à l'exposition. Les diverses roues dentées qui ont été exposées offrent des exemples de difficultés d'un autre genre vaincues avec beaucoup de bonheur. C'est aux forges du Bas-Rhin qu'il convient d'attribuer, pour la majeure part, l'amélioration des projectiles et surtout celle des projectiles creux qui a été réalisée il y a un petit nombre d'années.

Aussi longtemps que les forges du Bas-Rhin se bornaient à l'emploi des minerais généralement pauvres exploités dans le département, leurs fers passaient pour *bons métis;* la fabrication d'ailleurs en a toujours été soignée. Depuis que l'on traite dans quelques-uns des hauts-fourneaux des minerais fort riches tirés d'Allemagne, la qualité des fontes s'est beaucoup améliorée et les fers qui en proviennent peuvent être classés parmi les fers forts.

Par l'adjonction des forges de Mutterhausen,

MM. de Dietrich ont acquis un atelier d'affinage de
la fonte suivant le procédé anglais. Les huit barres
laminées envoyées à l'exposition sortent de cette
forge. Jusqu'à ces derniers temps les fers à la houille
de Mutterhausen avaient peu de réputation ; mais
ils peuvent être améliorés. Il y a lieu de penser que
l'intelligence et l'activité de MM. de Dietrich ne
manqueront pas de réaliser des progrès sous ce
rapport.

Les forges du Bas-Rhin sont au nombre des établissements du nord-est de la France où l'on se
tient le mieux au courant des nouveaux procédés de
fabrication, et où ces procédés sont appliqués avec
le plus d'intelligence.

Cet établissement s'est signalé par ses efforts
en faveur de l'amélioration de l'industrie des fers.
Les gaz sortant des hauts-fourneaux y servent
actuellement à chauffer l'air de la soufflerie et les
chaudières. C'est là que, pour la première fois,
on a tenté d'affiner la fonte au moyen des gaz du
gueulard des hauts-fourneaux, sous la direction de
M. Robin.

Les usines à fer de MM. de Dietrich se recommandent sous le rapport de la bonne fabrication,
de la qualité des produits, de la modicité des prix.
Elles se distinguent aussi, à d'autres titres. L'action
bienfaisante que la famille de Dietrich exerce, depuis cent cinquante ans, sur la population nombreuse à laquelle elle fournit du travail, est bien
connue dans toute l'Alsace.

En 1827, la maison veuve de Dietrich et fils obtint une médaille de bronze.

Le jury décerne à MM. de Dietrich une médaille d'or.

—————

RAPPEL DE MÉDAILLE D'ARGENT.

M. CHARRIÈRE, à Allevard (Isère).

L'usine d'Allevard comprend deux hauts-fourneaux, un feu d'affinerie et quatre taillanderies. Elle est très-ancienne; la qualité de ses produits est renommée. Jusqu'en 1839, elle n'a produit que des fontes pour les aciers et pour les usages de l'artillerie; maintenant elle se livre à la production des fers forgés, et ceux qu'elle fournit sont d'une ténacité et d'un nerf bien remarquables. Elle produit 1,200,000 kilogrammes de fonte et 200,000 kilogrammes de fer. Elle emploie 300 ouvriers y compris ceux du dehors tels que les charretiers, muletiers et charbonniers.

M. Charrière est parvenu, par un meilleur emploi des matières, à abaisser modérément, il est vrai, le prix de ses fontes à acier, quoique le combustible ait renchéri autour de lui. Il est à désirer que la production des fontes à acier s'étende à Allevard. Les minerais de la localité semblent éminemment propres à cette production importante.

Parmi les objets qu'a exposés M. Charrière, les plus dignes d'attention sont deux essieux de locomotives. Ces essieux ont été soumis, en présence du jury départemental, à des épreuves poursuivies à outrance, qui ont eu des résultats fort satisfaisants, consignés dans un rapport spécial de l'ingé-

nieur en chef des mines du département, M. Gay-
mard.

Le jury émet le vœu que la pratique sanctionne ces expériences et s'estime autorisé à en
exprimer l'espoir positif; quant à présent, il accorde avec satisfaction, à M. Eugène Charrière,
le rappel de la médaille d'argent, décernée en
1834, à l'établissement, dirigé par lui, sous la
raison sociale Giraud père, et qui a été rappelée
en 1839.

____

NOUVELLES MÉDAILLES D'ARGENT.

COMPAGNIE DES FORGES DE FRAMONT (Vosges).

L'usine de Framont est fort ancienne. On en
fait remonter la fondation à six cents ans. Elle se
compose aujourd'hui de deux hauts-fourneaux au
charbon de bois, produisant de la fonte moulée et
de la fonte destinée à l'affinage, six feux d'affinerie
avec leurs marteaux et martinets; deux fours à
puddler et un four à réchauffer pour la tôlerie.
Elle a un atelier spécial pour la fabrication des
grosses pièces en fer, telles que arbres de machines,
essieux de wagons et de locomotives. Les essieux
de Framont, fabriqués avec des fontes à l'air froid,
sont d'une très-grande tenacité. C'est un produit
supérieur.

La compagnie de Framont s'attache à fournir
des tôles de la meilleure qualité. Eu égard à l'extension que prennent la navigation à vapeur et l'u-
sage des machines à vapeur en général, on conçoit

combien il importe d'avoir des tôles d'un mérite éprouvé, et combien il est avantageux qu'une partie des fabricants résiste à la tentation de la fabrication à bas prix. A Framont, l'on n'a rien négligé pour s'assurer cette production spéciale. Les tôles de Framont résultent d'un corroyage, opération qui augmente, on le sait, la tenacité du fer dans une forte proportion. On réunit en un paquet quatre à cinq plaques, épaisses chacune de 4 à 5 centimètres, larges de 3o et longues de 5o. Le paquet ainsi obtenu est chauffé au blanc et battu sous les marteaux. On le lamine ensuite entre les cylindres.

La production est de 6oo,ooo kilog. de fonte moulée et de 9oo,ooo kilog. de fer ou de tôles. Elle occupe, tant dans les ateliers que dans les mines, qui donnent lieu à une exploitation régulière et profonde par puits et galeries, 33o ouvriers, et pour l'exploitation des bois et le service des transports, 3oo à 4oo personnes.

Les fers de Framont jouissent de temps immémorial d'une réputation excellente.

En 1834, le jury décerna à M. Champy, alors propriétaire de Framont. une médaille de bronze. En 1839, la compagnie actuelle de Framont, qui date de 1834, a obtenu une médaille d'argent.

Le jury, considérant les efforts qu'elle a faits avec succès pour l'amélioration des produits, lui décerne une nouvelle médaille d'argent.

FORGES DE VIERZON (Cher), MM. GRE-NOUILLET, LUZARCHES, DESVOYES et Cie.

Les forges de Vierzon sont composées de deux hauts-fourneaux, indépendamment d'un troisième situé dans le département de l'Indre, huit feux d'affinerie, treize fours à puddler, à réchauffer et à travailler le riblon, deux fourneaux de fusion, l'un à réverbère, l'autre à la Wilkinson, un train de laminoirs auxquels on en joint d'autres maintenant, et un équipage de marteaux et de martinets. Elles produisent 1 million de kilog. de fer travaillé exclusivement au charbon de bois, 3,500,000 à 4,000,000 de kilog. de fer obtenu à la houille et 500,000 kilog. de fonte de première et de seconde fusion. Total 5 millions à 5 millions et demi de kilog. estimés à 2,200,000 fr. au moins.

Les fers des usines de Vierzon sont reconnus pour être d'excellente qualité, particulièrement ceux qui proviennent du travail au bois. Ils servent pour la fabrication des câbles de marine; les essieux sont remarquables par leur nerf.

Les feuillards méritent une mention particulière.

Le modèle de pendule en fonte de première fusion mis sous les yeux du jury est d'une très-bonne exécution.

Les prix cotés sur leurs envois à l'exposition par MM. Grenouillet, Luzarches, Desvoyes et Cie sont modérés.

Les améliorations introduites dans l'industrie des fers depuis une dizaine d'années ont été mises en pratique à Vierzon. Une machine à vapeur de 5o

chevaux pour les souffleries a ses chaudières chauffées par la flamme perdue des feux d'affinerie et
d'un four à réchauffer. Une machine nouvelle de
80 chevaux destinée à mettre en mouvement trois
laminoirs, dont l'un pour la fabrication des rails,
va de même être alimentée à l'aide des flammes
perdues de huit fours à puddler ou à réchauffer.
Ces améliorations et l'adoption de la fabrication à
l'anglaise datent de 1839.

C'est aux forges de Vierzon qu'ont eu lieu, à
une époque déjà reculée de plus de trente ans, les
premières tentatives pour utiliser le calorique
perdu. Elles y furent couronnées de succès et ne
furent abandonnées que par l'effet de circonstances
accidentelles.

L'établissement de Vierzon a obtenu deux médailles d'argent, l'une à l'exposition de 1823, l'autre à celle de 1827. Le jury décerne à MM. Grenouillet, Luzarches, Desvoyes et Cie une nouvelle
médaille d'argent.

MÉDAILLES D'ARGENT.

MM. CAPITAIN et Cie, dans la Haute-Marne et la Meuse.

M. Capitain est simultanément à la tête de trois
sociétés qui exploitent ensemble quinze hauts-fourneaux, tous travaillant au bois, situés dans la Haute-
Marne et la Meuse, avec vingt-trois feux d'affinerie
et dix-sept fours à puddler. Ces usines sont distri-
buées à peu près symétriquement autour de Join-
ville, le centre d'administration est à Rimaucourt

près de Chaumont. Le bel établissement d'Abainville qui compte six fours à puddler est l'un de
ceux qui sont aussi dirigés par M. Capitain ; mais il
y a deux ans à peine qu'Abainville est passé des
mains de M. Muel, qui avait fait les plus grands
sacrifices pour le porter à un haut degré de perfection, aux propriétaires actuels. L'ensemble
de ces établissements fournit toutes les variétés
de fer qui sont réclamées par le commerce, des
tôles, du feuillard, des bandes pour scier la pierre,
des essieux en quantité considérable, beaucoup de
fils de fer, et toute espèce de moulerie courante.
M. Capitain a livré des portes d'écluses en fer pour
le canal de Troyes. Le nombre des ouvriers qui
travaillent dans l'intérieur de ces ateliers est de
1,500; et le nombre total de ceux qui travaillent
au dehors et au dedans s'élève à 4,500. La production est d'environ 15 millions de kilog. d'objets
livrés au commerce, tant en fonte qu'en fer ; sur
quoi il y a présentement 1,800,000 kilog. de fils
de fer et une masse très-forte d'essieux à fusées
étampées, qui trouvent du débit même à l'é-
tranger.

M. Capitain s'est particulièrement occupé d'a-
baisser le prix de plusieurs articles d'une consommation usuelle, en simplifiant la fabrication par la
suppression de quelques-unes des opérations partielles par lesquelles passaient les produits. Ces
tentatives ont été opérées avec intelligence et résolution ; cependant elles sont trop nouvelles encore
pour qu'on puisse dès à présent se prononcer positivement sur le mérite des effets obtenus.

Les fils de fer et les essieux de MM. Capitain et Cie sont ainsi à bas prix. On a pu réduire les prix de vente des fils de fer de 100 fr. par 1,000 kilog.

Dans presque toutes ces usines et notamment à Abainville, on tire maintenant un bon parti des gaz, qui autrefois s'échappaient en pure perte par les gueulards des hauts-fourneaux et par les cheminées des feux d'affinerie. On les utilise pour chauffer les chaudières des machines à vapeur, ou pour diverses opérations métallurgiques, particulièrement pour le recuit des fils de fer.

Le jury reconnaît les efforts industrieux de M. Capitain et se plaît à les signaler. Il exprime l'espoir que ses tentatives en faveur de la production à bon marché seront couronnées d'un plein succès. Il doit cependant tenir compte de ce que Abainville, qui est de beaucoup le plus important et le plus perfectionné des établissements qu'administre ce maître de forges, n'est entre ses mains que depuis moins de deux ans, et qu'il était parvenu au point d'avancement qui le distingue aujourd'hui, avant de passer sous la direction de M. Capitain.

En conséquence, le jury décerne à MM. Capitain et Cie une médaille d'argent.

MM. GIGNOUX et Cie, maîtres de forges, à Cuzorn (Lot-et-Garonne).

L'usine de Cuzorn était autrefois une forge catalane. En 1827, l'autorisation fut accordée de la convertir en haut-fourneau; un four à puddler y fut joint en 1840; mais on conserva le marteau afin de travailler par la méthode champenoise. C'est à grand'peine et à grands frais que le procédé de l'affinage par la houille a été ainsi introduit dans le pays, où il était complétement ignoré. On l'y a porté à un remarquable degré de perfection. L'usine de Cuzorn donne du fer au marteau de la meilleure façon, de très-bonne qualité et de toute dimension.

La production est de 400,000 kilogr.

Le jury ayant égard aux sacrifices de MM. Gignoux pour acclimater une méthode perfectionnée dans leur département où l'esprit manufacturier est très-peu développé, et tenant compte des heureux résultats auxquels ils sont parvenus, leur accorde une médaille d'argent.

NOUVELLES MÉDAILLES DE BRONZE.

MM. DOË frères et Cie, maîtres de forges, sur le canal de Saint-Maur, à Charenton-Saint-Maurice (Seine).

L'usine de Saint-Maur se compose de six fours à puddler et quatre à réchauffer; elle a trois trains de cylindres. Elle a pour annexes deux hauts-fourneaux situés dans l'arrondissement de Vassy (Haute-Marne), ceux de Chamouilley-Haut et de Brousseval. Elle utilise, en outre, 1 million de kilogr. de débris de fonte que lui fournit Paris, et 100,000 kilogrammes de ferraille. Elle produit environ 3,500,000 kilogr. de fer. Par sa proximité de Paris elle est d'une utilité fort réelle qu'on éprouve à tout instant. 500 ouvriers, soit à Saint-Maur, soit à Brousseval et à Chamouilley, en comptant les travaux accessoires, y trouvent de l'emploi.

MM. Doë frères ont obtenu une médaille de bronze en 1839. Depuis lors, leur établissement a pris du développement, autant sous le rapport de la quantité produite qui a été doublée, que de la variété des articles. Il a sensiblement amélioré ses qualités. Le jury leur accorde une nouvelle médaille de bronze.

MM. POLI et Cie, maîtres de forges, à Grenelle (Seine).

M. Poli fabrique des fers de ferrailles en opérant une classification de matières qui lui permet d'obtenir une quantité assez considérable de fers de qualité supérieure. C'est ce qu'il appelle le *corroyé ferraille*. Ensuite vient le fer *deux-chaleurs*, puis le fer *ébauché*, qui doit recevoir une façon de plus afin d'être couverti en grosses pièces de fers, et enfin le fer ordinaire de riblon. L'établissement de Grenelle utilise non-seulement la ferraille ordinaire qui se présente dans une grande ville comme Paris, mais beaucoup de débris de bon fer qui résultent du travail de grands ateliers de mécanique et de construction, situés à Paris et même au dehors.

Les mécaniciens, les constructeurs de voitures, les grandes messageries, emploient les fers de M. Poli. C'est une fabrication intéressante qui n'a pu réussir que moyennant de grands soins, et une direction pleine de vigilance.

La production de M. Poli est de 1,600,000 kilogrammes, et occupe soixante-dix ouvriers. En 1839, la forge de Grenelle, alors aux mains de MM. Thoury et Cie, a obtenu une médaille de bronze. Le jury, en considération des efforts de M. Poli et des nouveaux résultats qu'il a obtenus, lui décerne une nouvelle médaille de bronze.

MÉDAILLES DE BRONZE.

M. BERTRAND-GEOFFROY, maître de forges, à Saint-Paul-lès-Dax (Landes).

Cette usine, de date assez récente, est assez grande et assez complète. Il s'y trouve deux hauts-fourneaux, des feux d'affinerie, des fours à puddler, des laminoirs, des marteaux, une fonderie. On y a appliqué divers perfectionnements qui avaient été constatés ailleurs. M. Bertrand-Geoffroy a introduit dans le pays des fabrications qui y étaient inconnues. Il est le premier qui y ait fait de la tôle. Avec les rognures des tôles il obtient des pièces de fer pour la carrosserie, qui se distinguent par leur solidité et leur bon marché. La production des forges de Saint-Paul est estimée à 600,000 kilogr. de fer de toute espèce.

Le jury, en considération de ces titres, accorde à M. Bertrand-Geoffroy une médaille de bronze.

MM. BOURGEOIS et Cie, maîtres de forges, à Sionne (Vosges).

Les établissements de MM. Bourgeois et Cie se composent de cinq hauts-fourneaux, dont quatre en roulement; quatre feux d'affinerie au bois, six fours à puddler ou à réchauffer. Le nombre des ouvriers dans l'intérieur des ateliers est de cent vingt à cent trente. Le nombre total est de trois cents à quatre cents. Les moteurs sont une machine à vapeur de quarante chevaux et douze roues hydrauliques, ensemble de cent soixante chevaux. La forge à l'anglaise date de 1835. On y fabrique des fers martelés et laminés, des essieux et de gros fers ronds. La production totale est de 2,250,000 kilogr. représentant une valeur d'un million de francs.

MM. Bourgeois ont acquis, depuis 1839, le haut-fourneau qui appartenait à M. Gustave Muel, et dont les produits avaient été remarqués à la dernière exposition.

Le jury décerne une médaille de bronze à MM. Bourgeois et Cie.

LA SOCIÉTÉ DES FORGES DE PAIMPONT, à Paimpont (Ille-et-Vilaine).

Les forges de Paimpont, dont l'existence est ancienne, se composent aujourd'hui de deux hauts-fourneaux au charbon de bois, six feux d'affinerie, deux fours à puddler, avec le matériel dit à l'anglaise, aussi bien que d'anciens marteaux. Tous les ateliers sont mis en activité par des moteurs hydrauliques. La force motrice s'augmente en ce moment d'une machine à vapeur de quarante chevaux. Cent ouvriers y travaillent au dedans et deux cents environ sont occupés au dehors. En 1843, d'importantes améliorations y ont eu lieu. La méthode Wallonne a été remplacée, pour l'affinage au bois, par le procédé en usage dans le Berry, et le puddlage à la houille a été introduit. La fabrication a été ainsi beaucoup agrandie, et les prix de vente ont pu être réduits sans que la qualité des fers, qui est estimée, en ait souffert.

Les forges de Paimpont livrent aujourd'hui au commerce 1,200,000 kilogr. de fer.

Le jury a remarqué le fer feuillard, les essieux et le fer en barre, première qualité, exposés par cet établissement.

En considération des améliorations que la société de Paimpont vient d'apporter à ses forges, le jury lui décerne une médaille de bronze.

MENTIONS HONORABLES.

M. DEMIMUID, maître de forges, à Longeville (Meuse).

Les fers de M. Demimuid sont nerveux et propres au carrossage et à la mécanique. Depuis peu, M. Demimuid s'est mis à travailler des fontes importées des bords du Rhin, indépendamment de celles qu'il produit lui-même.

Le jury accorde à cet exposant une mention honorable.

M. FALATIEU jeune, près de Bains (Vosges).

M. Falatieu fabrique des fers fins d'un mérite reconnu. Il suit les progrès de l'art. Son établissement est fort ancien. Quarante ouvriers y sont occupés intérieurement, une centaine est employée au-dehors. La production est de 350,000 kilogr. de fer provenant de 500,000 kilogr. de fonte de Comté.

Le jury mentionne honorablement M. Falatieu jeune.

M. FALATIEU, à Pont-du-Bois (Haute-Saône).

(Voir aux *Aciers*.)

MM. SIMON-VERNAY et Cie, de Bérard, près Saint-Étienne (Loire).

MM. Simon-Vernay et Cie exposent des spécimens des produits qu'ils obtiennent à la forge par eux montée auprès de Saint-Étienne, en 1842. Cette forge comprend cinq fours à puddler, trois fours à réchauffer, dix paires de laminoirs. Elle livre au commerce des fers analogues à ceux qui se fabriquaient déjà dans les forges de l'arrondissement de Saint-Étienne, des rails, du fer en barres, de la verge ronde ou plate, des essieux. On y emploie des fontes de diverses origines, et on en retire 1,600,000 kilog. de fer de toute espèce.

L'établissement est convenablement monté, il s'est créé aussitôt une clientelle. Le jury se plaît à lui accorder une mention honorable.

M. BARBAZAN (Jules), maître de forges, à Lagrénerie, commune de Salons (Corrèze).

Les forges de Lagrénerie se composent d'un haut-fourneau et de trois feux d'affinerie. Elles donnent depuis longtemps des fers d'excellente qualité; elles ont le privilége d'approvisionner, depuis un grand nombre d'années, la fabrique royale d'armes de Tulle. M. Barbazan qui les exploite depuis trois ans y a introduit un changement heureux. Le minerai et la castine, qui auparavant étaient amenés de la Dordogne, à dos de mulets ou dans des chars à bœufs, par des chemins impraticables une partie de l'année, sont maintenant tirés de communes plus accessibles situées pour la plupart dans la Corrèze, où ils sont répandus à la surface du sol. Il occupe ainsi beaucoup de femmes et d'enfants d'une population nécessiteuse. En cela M. Barbazan rend un service local tout à fait digne d'être pris en considération, et donne un exemple qui concourra peut-être à exciter l'esprit industriel fort peu développé dans le département. Le roulage ordinaire amène ensuite ces matières aux forges, ce qui procure à celles-ci un approvisionnement régulier, sans atténuer en rien la qualité des fers.

Le jury accorde à M. Barbazan une mention honorable.

MM. TRAXLER et HUILLIER, à Bessous (Haute-Vienne).

MM. Traxler et Huillier ont exposé des fers provenant de l'usine de Bessous (Haute-Vienne), appartenant à MM. Humblot, Oudart et Huillier, à l'appui d'un procédé dont ils se déclarent les inventeurs pour l'affinage au gaz.

Quelques-uns des membres de l'association qui exploite l'usine de Bessous sont venus de la Champagne s'établir dans le Limousin, où l'art des forges est peu avancé, et ils y ont apporté avec eux l'esprit d'amélioration dont les maîtres de forges sont animés dans la Haute-Marne et la Meuse.

Il résulte des informations qui ont été rassemblées que des essais en grand pour l'affinage au gaz ont été faits à Bessous, depuis deux ans, et qu'ils

sont tout à fait propres à faire concevoir des espérances. Il en résulte aussi que le procédé n'y a
point encore été entièrement porté à l'état manufacturier.

En conséquence, le jury se borne à signaler, par
une mention honorable, les produits qui ont été
présentés à l'exposition.

M. LACOMBE (Étienne), à Avalatz, commune de Saint-Juéry (Tarn).

Cet établissement, consacré principalement à faire
du fer de riblon, n'existe que depuis 1843. M. Lacombe s'applique à produire du fer nerveux pour
les câbles de marine.

Le jury, prenant cependant en considération les
bons renseignements qui lui sont parvenus, accorde à M. Lacombe une mention honorable.

M. PREVOT aîné, maître de forges, aux Fénières, commune de Jumilhac (Dordogne).

L'établissement des Fénières est fort ancien. Il
se compose d'un haut-fourneau, de trois feux d'affinerie, d'un atelier de moulage. Il produit du fer
en barres qui est de très-bonne qualité et de la
poterie.

Le jury accorde à M. Prevot aîné une mention
honorable.

CITATIONS FAVORABLES.

MM. YVERNAUD frères , maîtres de forges, à Crozon (Indre).

Les fers exposés par MM. Yvernaud sont de bonne qualité.
Le jury cite favorablement ces exposants.

M. RIBEYROL, maître de forges, à Jaumelières, commune de Javeilhac (Dordogne).

L'établissement de Jaumelières est formé de deux hauts-fourneaux et de deux feux d'affinerie. On y travaille, comme dans les autres forges de la Dordogne, au charbon de bois exclusivement. M. Ribeyrol a exposé deux échantillons de fer en barres méplates pour les bandages de roue. C'est du fer de très-bonne qualité.
Le jury accorde à M. Ribeyrol une citation favorable.

M. LALLEMAND, maître de forges, à Uzemain (Vosges).

M. Lallemand a trois feux d'affinerie, livre au commerce 6oo.ooo kilog. de fer en barres et en verges de peu d'apparence, mais d'excellente qualité; il occupe 4o ouvriers intérieurement et 14o au dehors pour les charrois, la carbonisation, etc. Cet établissement est fort ancien et la réputation de ses produits est depuis longtemps faite.
Le jury cite favorablement M. Lallemand.

M. LEMONNIER-JULLY, mécanicien, à Chatillon-sur-Seine (Côte-d'Or).

M. Lemonnier a perfectionné l'égrappoir destiné à faire subir au minerai oolitique la dernière préparation mécanique avant la fusion, en le débarrassant des noyaux calcaires et des coquillages fossiles, dont il est mélangé encore au sortir des patouillets.

L'égrappoir de M. Lemonnier est devenu d'un emploi général dans les forges du Châtillonais. Il a plus de durée que l'ancien égrappoir, en accomplissant au moins aussi bien son objet, et cependant il est moins cher.

Le jury cite favorablement M. Lemonnier-Jully.

M. GIRARDOT, maître de forges, à Fougerolles (Haute-Saône).

Cet exposant a présenté des fers ronds, carrés et plats, fabriqués au marteau et obtenus par le seul combustible végétal.

En considération de la bonne qualité de ces produits, le jury cite favorablement M. Girardot.

---

§ 2. TÔLES ET FERS-BLANCS.

RAPPELS DE MÉDAILLES D'OR.

MM. FALATIEU et Cie, à Bains (Vosges).

L'établissement de Bains date de 1733. Il se compose de cinq feux d'affinerie, cinq fours à réchauffer où l'on utilise la flamme des feux d'affinerie ; plusieurs trains de cylindres lamineurs et étireurs, un cubilot et divers appareils accessoires pour la fabrication du fer-blanc et pour tourner, quand il y a lieu, les fontes moulées. La principale production est du fer-blanc, dont on livre au commerce 580,000 kilog., le reste montant à 120,000 kilog. est formé de fer en plaques, de tôles, de fers en barres de tout calibre, et de feuillard et quelques fontes coulées.

Les fers-blancs de Bains sont appréciés depuis longtemps par les consommateurs. Ils subissent sans se gercer les épreuves les plus variées de l'emboutissage. Les autres fers de Bains sont de même excellents. L'établissement s'est toujours maintenu au niveau des progrès réalisés par la métallurgie.

En 1839, le jury a accordé à MM. Falatieu le rappel d'une médaille d'or, décernée en 1827 et rappelée en 1834. Il renouvelle aujourd'hui ce rappel.

M. DE BUYER, à la Chaudeau (Haute-Saône).

M. de Buyer se livre depuis longtemps à la production des tôles et fers-blancs. Son établissement a été monté avec beaucoup d'intelligence et est dirigé avec un très-grand soin. L'échelle de la fabrication y a été successivement agrandie. On y a mis à profit les perfectionnements révélés aux arts métallurgiques, pour l'élaboration du fer et pour l'économie du combustible. Les produits de la Chaudeau sont excellents, ils s'élèvent à 12,000 caisses de fers-blancs et 150,000 kilog. de tôles et

fers noirs; 164 ouvriers sont occupés à l'intérie
650 environ à l'extérieur. L'établissement emp
1,000,000 kilog. de fonte.

Le jury a accordé à M. de Buyer une méda
d'or qui a été rappelée en 1834 et en 1839.
jury s'empresse d'en accorder le rappel.

MÉDAILLE D'ARGENT.

**M. HILDEBRAND (André), à Sémouse, comm
de Xertigny (Vosges).**

L'établissement de M. Hildebrand, qui é
ancien (1676), a été reconstruit et considéra
ment agrandi par le propriétaire actuel en 18
Il comprend aujourd'hui quatre feux d'affine
quatre fours à réchauffer, trois trains de lamine
un martinet et une étamerie; 125 ouvriers y t
vent de l'emploi, sans compter 70 personnes
sont occupées au dehors. Les diverses améliorat
dont la métallurgie s'est enrichie y ont été n
en pratique. On y emploie l'air chaud pour l'
nage de la fonte; dans la même opération on
sert de bois vert et de tourbe mélangée au char
de bois; on a recours à la tourbe sur une gra
échelle pour divers usages. M. Hildebrand a
ainsi réduire ses frais en conservant à ses proc
tout leur mérite. Les fers de la taillanderie,
tôles et les fers-blancs de Sémouse sont de prem
qualité. Les fers-blancs sont d'un éclat remarqu
et d'une malléabilité encore plus digne d'at
tion.

La consommation de Sémouse est de 1,000,000 de kilog. de fonte de Franche-Comté. La production est de 12,000 caisses de fers-blancs, 80,000 kilog. de fer en barres, 110,000 kilog. de tôles fines. On l'estime à 550,000 fr.

M. Hildebrand expose pour la première fois.

Le jury accorde à M. Hildebrand une médaille d'argent.

MÉDAILLE DE BRONZE.

M. MÉTAIRIE, à Pont-Saint-Ours (Nièvre).

Cet établissement est un démembrement des usines de l'ancienne société de Pont-Saint-Ours, qui avait été hautement distinguée par le jury, en 1823.

M. Métairie se consacre à la fabrication des tôles de très-bonne qualité, et conserve ainsi l'excellent type, dont d'importantes industries ne peuvent se passer. Il en livre au commerce 300,000 kilog. qui résultent de 520,000 kilog. de fonte achetée au dehors.

Le jury décerne à M. Métairie une médaille de bronze.

MENTION HONORABLE.

MM. FALATIEU et CHAVANNE, à Mailleron-court-Saint-Pancrace (Vosges).

C'est seulement depuis le 1er janvier que cet établissement est détaché de celui de Bains, dont il fers noirs; 164 ouvriers sont occupés à l'intérieur, 650 environ à l'extérieur. L'établissement emploie 1,000,000 kilog. de fonte.

Le jury a accordé à M. de Buyer une médaille d'or qui a été rappelée en 1834 et en 1839. Le jury s'empresse d'en accorder le rappel.

MÉDAILLE D'ARGENT.

M. HILDEBRAND (André), à Sémouse, commune de Xertigny (Vosges).

L'établissement de M. Hildebrand, qui était ancien (1676), a été reconstruit et considérablement agrandi par le propriétaire actuel en 1839. Il comprend aujourd'hui quatre feux d'affinerie, quatre fours à réchauffer, trois trains de laminoirs, un martinet et une étamerie; 125 ouvriers y trouvent de l'emploi, sans compter 70 personnes qui sont occupées au dehors. Les diverses améliorations dont la métallurgie s'est enrichie y ont été mises en pratique. On y emploie l'air chaud pour l'affinage de la fonte; dans la même opération on se sert de bois vert et de tourbe mélangée au charbon de bois; on a recours à la tourbe sur une grande échelle pour divers usages. M. Hildebrand a pu ainsi réduire ses frais en conservant à ses produits tout leur mérite. Les fers de la taillanderie, les tôles et les fers-blancs de Sémouse sont de première qualité. Les fers-blancs sont d'un éclat remarquable et d'une malléabilité encore plus digne d'attention.

pas encore d'imitateur : celle des grandes constructions en fonte. Depuis 1839, le développement donné par M. Émile Martin à cet ordre de travaux lui a fait doubler ses moyens de production. Il produit aujourd'hui *quatre cent cinquante mille kilogrammes* par mois, quantité non-seulement hors de proportion avec ce que livre tout autre établissement français, mais même supérieure à ce que produisent les grandes fonderies anglaises du même genre. La production du mois de mai de la présente année a été de 628,000 kilog. En 1827, l'établissement de M. Émile Martin, déjà réputé considérable pourtant, produisait annuellement 1,000,000 de kilog. seulement.

Pour donner une idée juste de la puissance productive de cet établissement, nous dirons que vingt fermes du pont en cinq arches de la Mulatière, du poids d'environ 36,000 kilog. chacune, commencées le 1er avril dernier, ont été terminées le 1er juin, et cela sans que les travaux habituels en aient été ralentis ou gênés.

En ce moment, M. Émile Martin se dispose à exécuter deux ponts en fonte uniques en leur genre, qui seraient destinés au chemin de fer d'Avignon à Marseille, et doivent être jetés, l'un sur la Durance, l'autre sur le Rhône, à moins de changements adoptés avant la mise en œuvre, chacun d'eux aurait sept arches de 65 mètres d'ouverture avec une flèche de 4m.50 seulement. Le seul ouvrage semblable est le pont de Southwark à Londres, sur la Tamise, dont les arches ont aussi 65 mètres d'ouverture, mais où la flèche est de 6m.50, ce qui atténue la difficulté. Les ponts de chemins de fer exigent bien plus de rigidité et de solidité que les autres, et cependant chaque arche de ces deux ponts, te's que les projette M. Émile Martin, ne pèserait que 5oo,ooo kilog., tandis que sur le pont de Southwark c'est de 95o,ooo. Nous donnons ces détails, quoiqu'il ne s'agisse encore que d'un projet, pour donner la mesure de la puissance de la fonderie française et de la perfection à laquelle elle est arrivée.

L'introduction, dans les travaux publics, de ponts en fonte à arches d'une aussi grande ouverture, mérite d'être signalée. On conçoit quels avantages elle offre à la navigation, et, dans la plupart des cas, elle présentera une économie notable.

Les ateliers de forges, ajustage et montage établis sur une grande échelle depuis l'exposition de 1839, par M. Émile Martin, dans le but spécial de la fabrication du matériel des chemins de fer, forment une création nouvelle et unique en France jusqu'à ce moment, au moins par ses proportions; on y a exécuté en tout ou en majeure partie le matériel des chemins de fer de Saint-Germain, de Versailles (rive droite et rive gauche), de Nîmes à Beaucaire, de Montpellier à Nîmes, de Bordeaux à la Teste, de Paris à Orléans; c'est-à-dire de toutes les lignes du Midi et de celles qui touchent à Paris, à l'exception de celle de Rouen, dont le matériel a été confectionné par la compagnie anglo-française des Chartreux (près de Rouen), et par des moyens anglais.

Les nouveaux ateliers de M. Émile Martin sont appelés à rendre de grands services, au moment où un grand développement se prépare pour les chemins de fer en France. La perfection et le bon marché des articles du matériel des chemins de fer ne peuvent être obtenus que par une fabrication répétée en grand nombre par les mêmes mains. Tel est le secret de la perfection et de l'économie qui distinguent les constructeurs anglais. C'est par là aussi que M. Émile Martin s'est mis en position de faire bien et de faire à bon marché. Il a fabriqué, par exemple, environ 5,000 roues en fer.

M. Émile Martin n'a profité de l'espèce de monopole dont son établissement a joui jusqu'à présent, que pour perfectionner sa fabrication et pour baisser successivement ses prix, à mesure que l'expérience et le travail lui en ont fourni les moyens. Ainsi, le prix des roues en fer montées sur leur essieu qui était, au début, de 1 fr. 40 c. le kilog., a été réduit par lui successivement et sans concurrence à 0 fr. 95 c. le kilog. pris à l'usine pour le chemin de fer de Marseille à Avignon.

La confiance que M. Émile Martin a inspirée aux ingénieurs des chemins de fer, est fondée sur l'étude suivie à laquelle il s'est livré, en Angleterre, du matériel et des moyens d'exécution, et sur l'application qu'il a su faire, à cette fabrication, des principes de simplicité et d'uniformité adoptés par l'administration de la guerre pour le matériel de l'artillerie. C'est ainsi qu'il a composé un atlas, dans la forme de tables de Gribeauval, qui a été adopté par l'administration des ponts et chaussées pour le chemin de fer de Montpellier.

Les renseignements qui suivent sont de nature à montrer les progrès de l'établissement de M. Émile

Martin et les développements qui y ont été apportés, depuis cinq ans, à la fabrication du matériel des chemins de fer.

En 1827, sa fonderie livrait environ 1 million de kilog. d'objets moulés.

De 1834 à 1839 la fabrication de la fonderie fut moyennement de 1,150,000 kilog., valant au prix de l'époque 520,000 fr. Il y joignait vers la fin de cette période une production de 100,000 fr. en matériel de chemins de fer.

Pendant les trois années 1839, 1840, 1841, la production moyenne de la fonderie fut de 2,150,000 kilog. d'une valeur de 750,000 fr. et de 525,000 fr. en matériel de chemins de fer.

Pendant les années 1842, 1843, et le premier semestre de 1844, la production rapportée à l'espace d'un an a été :

Pour la fonderie, de 3,000,000 kilog. estimés à 960,000 fr.—Pour le matériel des chemins de fer, de 1,100,000 fr.

Le premier semestre de 1844 a donné, pour la fonderie, une valeur de 864,000 fr. — Pour les ateliers du matériel des chemins de fer, 745,000 fr.

M. Émile Martin a obtenu, en 1839, pour ses travaux de fonderie, une nouvelle médaille d'or.

Le jury, prenant en considération, tant les grands développements donnés par M. Émile Martin à ses travaux de fonderie, depuis la dernière exposition; que les ateliers spéciaux qu'il a élevés sur une grande échelle, depuis 1839, pour la fourniture du matériel des chemins de fer, lui eût décerné une troisième médaille d'or, s'il y avait eu un seul pré-

cédent d'une distinction semblable. C'est avec la
plus vive satisfaction qu'il lui vote le rappel des
deux médailles d'or qui lui furent décernées en
1834 et 1839.

MÉDAILLE D'OR.

M. ANDRÉ, au Val d'Osne (Haute-Marne).

La fonderie de M. André jouit d'une excellente
réputation dans le commerce. Ses produits peuvent être évalués moyennement de 1,200,000 à
1,500,000 kilog. 215 ouvriers sont employés dans
ses ateliers, sans compter un nombre très-variable
qui est occupé au dehors et qui s'élève quelquefois
à 400. C'est ce fabricant qui a introduit dans la
Champagne les bons procédés de moulage qui y
étaient ignorés.

La carrière de M. André, comme fondeur, se divise en deux périodes distinctes :

D'abord simple adjudicataire de la fourniture des
tuyaux de la ville de Paris, sans avoir d'établissement qui lui appartint, il fit exécuter ces tuyaux
par des ouvriers sous-entrepreneurs dans les hauts-
fourneaux de la Champagne, et quoique alors il fût
étranger à l'art du fondeur, il sut, à force d'activité et d'intelligence, se procurer les moyens d'or-
ganiser les meilleurs procédés de moulage, ce qui,
outre la perfection des produits, amena de grandes
économies dans la fabrication. M. André put ainsi
opérer une baisse de prix qui força ses compétiteurs
à adopter ses méthodes. Par là fut rendu un service
signalé aux fonderies de première fusion qui, jus-

qu'alors, en Champagne, n'avaient que des procédés lents, imparfaits et coûteux. Ce fut plus utile encore aux consommateurs qui purent se procurer les objets en fonte moulée à un prix beaucoup moindre.

Plus tard, en 1835, M. André créa sa belle fonderie de première et seconde fusion du Val d'Osne. Là, il a déployé toutes les ressources de son esprit industrieux, et sa fonderie a acquis une très-grande extension, surtout depuis trois ans. M. André a pris à tâche d'appliquer chez lui, sans délai et sans reculer devant la dépense, toutes les innovations dont l'efficacité est constatée. Ainsi c'est lui qui a donné en Champagne l'exemple du bon emploi de la chaleur perdue : il s'en sert pour la force motrice, pour chauffer l'air et pour l'étuvage des moules. Aussi est-il considéré comme occupant incontestablement le premier rang parmi les fondeurs de la Champagne.

Quand M. André a commencé à s'occuper des mouleries, les grilles de balcons valaient, à Paris, 1 fr. le kilog.; les tuyaux, 45 cent. Les grilles sont tombées à 40 ou 50 cent.; les tuyaux à 26 ou 27. Il est hors de doute que personne, autant que M. André, n'a contribué à ce résultat.

Les produits exposés par M. André sont remarquables par la pureté des formes, l'élégance du dessin, et le fini des surfaces au sortir du moule. Ils attestent, à l'honneur de l'industrie nationale, un grand état d'avancement dans la moulerie des ornements de la plus grande proportion et particulièrement des figures.

M. André a annexé à l'établissement du Val d'Osne une école gratuite que les apprentis sont astreints à fréquenter. Il y a fondé aussi une caisse d'épargne et une caisse de secours.

M. André a obtenu, en 1839, la médaille d'argent. Le progrès dont il a continué d'être le promoteur depuis cette époque, la masse, la belle exécution et la variété de ses produits, l'importance du marché de Paris qu'il dessert et où il a occasionné une baisse de prix remarquable, toutes ces circonstances réunies lui méritent la plus haute récompense dont le jury puisse disposer.

En conséquence, le jury lui décerne une médaille d'or.

RAPPEL DE MÉDAILLE D'ARGENT.

M. MARSAT, à Angoulême (Charente).

M. Marsat possède autour d'Angoulême plusieurs établissements comprenant ensemble trois hauts-fourneaux, six feux d'affinerie, deux fonderies. Il y a fort longtemps qu'il en dirige l'exploitation. La production en est considérable, eu égard aux dimensions habituelles des usines dans cette partie de la France. Il livre à la consommation 2 millions 300,000 kilog. de fers et de fontes. Il fournit des fontes en gueuse à la fonderie de Ruelle qui appartient à la marine royale. Il produit d'excellents fers et de bonnes fontes moulées en première fusion. A Ruelle, ses fontes ont résisté aux épreuves les plus rigoureuses. Récemment dans son usine de Lamothe, M. Marsat a installé une machine à vapeur dont la chaudière est chauffée avec les gaz qui s'échappent du haut-fourneau.

En 1839, M. Marsat a obtenu une médaille d'argent.

Le jury reconnaissant les efforts de M. Marsat, le bon esprit dans lequel ses établissements sont conduits, la qualité de plus en plus recommandable de ses produits, lui accorde le rappel de la médaille d'argent qui lui fut décernée à l'exposition précédente.

NOUVELLE MÉDAILLE D'ARGENT.

MM. DE RAFFIN et Cie, fondeurs à la Pique (Nièvre).

L'établissement de MM. de Raffin et Cie se compose d'une fonderie produisant annuellement 800,000 kilog. de fonte moulée et d'ateliers de forges où se confectionnent 300,000 kilog. de grosse serrurerie, et de chaînes-câbles, tant pour le service de la marine que pour d'autres destinations. Dans cette production sont compris beaucoup d'instruments aratoires. Cet établissement vient de confectionner une chaîne de *six mille cinq cents mètres* pour le remorquage des bateaux sur le Rhône. On peut juger, d'après un bout exposé par ces fabricants, de la régularité et de la bonne exécution de cette chaîne. 180 ouvriers sont employés dans leur usine.

La perfection des objets qui en sortent et leur prix très-modéré méritent d'être signalés.

MM. de Raffin et Cie ont obtenu à la dernière exposition une médaille d'argent pour la bonne confection de leurs instruments aratoires, et une mention honorable pour leurs enclumes et étaux.

La fabrication de MM. de Raffin et Cie a pris une grande extension depuis cette époque, dans toutes ses parties. La somme des ventes annuelles des instruments aratoires de tout genre dépasse seule 100,000 fr. MM. de Raffin ont rendu de grands services à l'agriculture non-seulement de la Nièvre, mais d'une partie étendue du royaume, car ils expédient leurs produits au delà de Paris, en fournissant très-promptement, à un prix peu élevé, sur de bons modèles, tous les instruments aratoires qu'elle pouvait réclamer.

En considération de l'importance ascendante de cet établissement, de la bonne confection de ses produits et des services journellement rendus à l'agriculture, le jury décerne à MM. de Raffin et Cie, pour l'ensemble de leur production, une nouvelle médaille d'argent.

MÉDAILLES D'ARGENT.

MM. VIVAUX frères, à Dammarie, près Ligny (Meuse).

L'établissement de MM. Vivaux se compose d'un haut-fourneau et de deux cubilots. Il occupe intérieurement 150 ouvriers, indépendamment de 100 environ à l'extérieur, et la production en est grande. La chaudière de la machine à vapeur qui met en mouvement la soufflerie est alimentée par les gaz du haut-fourneau.

Cette fonderie est principalement consacrée à la

production de la poterie. Les ustensiles qu'on y fabrique sont remarquables par leur légèreté, et leur exécution régulière. Elle ne l'est pas moins par la douceur du métal. Une marmite présentée à l'exposition a été percée à froid au poinçon, d'une très-grande quantité de trous. Le couvercle et le fond ont été sciés sur plusieurs points avec la plus grande facilité, sans laisser apercevoir aucune défectuosité et sans que la moindre fente ait été produite par cette épreuve délicate.

Cette douceur extraordinaire de la fonte est due à l'emploi de l'air chaud lancé dans le creuset du haut-fourneau à un degré particulier de température, et au soin extrême avec lequel l'établissement est dirigé dans toutes ses parties.

MM. Vivaux frères exposent pour la première fois

Le jury justement frappé de la supériorité des produits de MM. Vivaux frères, et de l'économie avec laquelle ils travaillent, leur accorde une médaille d'argent.

MM. MOREL frères, à Charleville (Ardennes).

MM. Morel frères exposent une assez grande quantité d'objets en fonte de première fusion : ce sont principalement des marmites de toute grandeur, des fourneaux, des plaques de cheminées, etc. Ces objets sont surtout remarquables par les bas prix auxquels ils sont cotés. Les articles de poterie ont un degré d'épaisseur supérieur à ce qui est en usage dans d'autres fonderies très-renommées, mais dont le consommateur du pays fait une loi et qui doit être motivé par la nature de la fonte.

Les établissements de MM. Morel embrassent quatre hauts-fourneaux, douze feux d'affinerie, quatre fours à puddler, des laminoirs, des fours de chaufferie, des ateliers de moulage. On y fabrique de la fonte moulée, des fers en barres, des tôles, des clous; la production totale est de 9 millions de kilog. 1,180 ouvriers y trouvent l'emploi de leurs bras, soit au dedans, soit au dehors.

MM. Morel se sont fait remarquer par leurs efforts pour diminuer la consommation du combustible. En 1836, on consommait dans leurs hauts-fourneaux 25 stères de bois par 1,000 kilog. de fonte grise de moulage. Cette consommation est aujourd'hui réduite à 17. Ils ont perfectionné tous leurs appareils; ils ont tiré un meilleur parti des forces motrices, ont mieux organisé leurs souffleries. Ils se montrent sous tous les rapports animés de l'esprit d'amélioration.

Le jury leur décerne, pour l'ensemble de leur fabrication, une médaille d'argent.

MM. PINART frères, maîtres de forges à Marquise (Pas-de-Calais).

L'établissement de Marquise date de quatre années. Il se compose de deux hauts-fourneaux au coke, produisant de la fonte de moulage et de la fonte d'affinage, à raison de 10,000 kilogrammes par fourneau par jour, et de deux cubilots pour la seconde fusion. La fonte de Marquise est un produit nouveau dans le Pas-de-Calais. On connaissait depuis longtemps des minerais de fer dans le Boulonnais, mais leur nature les rendait d'un traitement difficile, et on ne pouvait les fondre seuls. Tout ce qu'on en extrayait était transporté dans le département du Nord, où on le mélange avec les minerais d'Avesnes. MM. Pinart, à force de recherches, parvinrent à découvrir, à proximité, d'autres minerais propres à former un bon mélange avec les anciennes mines. Dès lors l'industrie du fer a été fondée dans le Boulonnais, et aujourd'hui d'autres établissements se sont élevés auprès de celui de MM. Pinart.

Les fontes de première fusion de Marquise sont remarquables par leur ténacité, ainsi qu'on a pu le constater à l'occasion des fournitures faites par MM. Pinart pour les travaux des chemins de fer.

Les chaudières des machines à vapeur qui mettent la soufflerie en mouvement sont chauffées avec les gaz du gueulard.

Le jury, considérant que l'établissement de MM. Pinart est une création, que la fabrication y est soignée et que les produits y sont de bonne qualité, décerne une médaille d'argent à MM. Pinart frères.

M. VORUZ, fondeur de fonte et de cuivre, à Nantes (Loire-Inférieure).

Tous les objets envoyés à l'exposition par M. Voruz sont d'une bonne exécution. Il emploie 150 ouvriers. Il produit annuellement 800,000 kilogrammes de fonte moulée et 75,000 de fonderie de cuivre, en mécanismes divers, dont plusieurs sont destinés à la marine. L'établissement comprend trois cubilots et un four à réverbère. La valeur de la production dépasse 700,000 fr.

Parmi les objets fournis par M. Voruz, on signale les cylindres des bateaux à vapeur, dits inexplosibles, comme des pièces remarquables par leur légèreté.

Le jury départemental s'étant transporté dans les ateliers de M. Voruz, déclare qu'il a été satisfait, non-seulement de la fabrication, mais plus encore de l'ordre parfait qui règne dans le travail, de la bonne organisation qui y préside, et de l'habileté avec laquelle M. Voruz est parvenu à intéresser chacun de ses ouvriers à bien faire.

Le jury accorde à M. Voruz une médaille d'argent.

MÉDAILLES DE BRONZE.

M. DUCEL fils, fondeur, à Paris, rue des Quatre-Fils, 22.

M. Ducel fils a exposé beaucoup d'ornements en fonte, d'assez grande dimension : une vasque, une croix, des fonts baptismaux, un bas-relief, une descente de croix, deux pieds de bancs de jardin, un lion, une cuvette à bascule, des balcons de croisée, etc.

L'établissement de M. Ducel fils emploie 450 ouvriers, et fournit des quantités considérables de fontes moulées de toute espèce, et principalement en ornements. Le moulage d'ornements de M. Ducel est suffisamment net.

M. Ducel n'a pas exposé en 1839.

Le jury lui accorde une médaille de bronze.

MM. BESQUENT (Jules) et Cie, à Trédion (Morbihan).

MM. Jules Besquent et Cie exposent divers échantillons de poteries de fonte et des boites de roue, etc. Ils y ont joint quelques échantillons de fer fabriqués à la Basse-Indre avec leurs fontes brutes.

L'établissement se compose d'un haut-fourneau et d'un cubilot. Il emploie 80 ouvriers et produit 500,000 à 600,000 kilogrammes de fonte.

MM. Jules Besquent et Cie se montrent empressés à améliorer la fabrication et à réaliser les perfectionnements relatifs à l'économie du combustible. D'après le dernier rapport annuel de l'administration des mines (pag. 63), les gaz perdus, dont on se servait déjà pour chauffer les chaudières de la machine à vapeur de la soufflerie, ont été appliqués au chauffage d'un appareil à air chaud, dont l'emploi a eu pour résultat de diminuer de 10 à 12 pour cent la consommation du combustible, d'augmenter la production journalière, et de donner des fontes plus grises, plus douces à la lime, plus propres au moulage; ces mêmes fontes se sont montrées d'abord plus difficiles à traiter dans le four à puddler, mais avec de la persévérance, on est parvenu à en retirer des produits de bonne qualité.

Le jury accorde à MM. Jules Besquent et Cie une médaille de bronze.

MM. BLANCHON et BOISBERTRAND, maîtres de forges, à La Chapelle-St-Robert (Dordogne).

L'établissement de la Chapelle-Saint-Robert se

compose de deux hauts-fourneaux au charbon de bois, et de deux feux d'affinerie. Il date de 1836. Il produit de la fonte, dont la qualité tout à fait supérieure a été constatée dans la fonderie de Ruelle, qui s'en alimente en partie, et des fers très-nerveux.

En considération de cette qualité des produits, le jury accorde à MM. Blanchou et Boisbertrand, une médaille de bronze.

MENTIONS HONORABLES.

M. PAIGNON, à Bizy (Nièvre).

M. Paignon produit, dans deux hauts-fourneaux au bois, 1,500,000 kilogrammes de fonte de bonne qualité, dont une partie est affinée de manière à produire 140,000 kilogrammes de fer et environ 50,000 kilogrammes d'acier. Le reste de la fonte de M. Paignon est vendue pour alimenter des fonderies de seconde fusion.

M. Paignon est un manufacturier habile qui se conforme aux progrès de son art. Il a obtenu, en 1834, une médaille d'argent pour ses aciers, et, en 1839, un rappel de cette médaille avec une mention honorable pour ses fontes.

Le jury, à l'occasion de ses fontes, lui accorde une nouvelle mention honorable (voir les *Aciers*).

M. LEMOINE, à Corbelin, près Varzy (Nièvre).

M. Lemoine produit, dans deux hauts-fourneaux, 1,800,000 kilogrammes de fonte, dont une partie est convertie en 150,000 kilog. d'acier.

Le reste est vendu pour alimenter des fourneaux de deuxième fusion et des aciéries. La fonte pour la deuxième fusion est fabriquée à l'air chaud; la fonte à acier s'obtient à l'air froid.

Le commerce se loue des produits de M. Lemoine.

Le jury accorde à M. Lemoine, pour ses fontes, une mention honorable (voir les *Aciers*).

MM. GUÉRIN et Cie, maîtres de forges, à Montluçon (Allier).

Cet établissement se compose d'un haut-fourneau aujourd'hui en activité, et d'un autre haut-fourneau en construction. La soufflerie est mue par une machine à vapeur de 60 chevaux. Ses produits servent, en petite quantité, à des mouleries de première fusion qui se font dans l'établissement; la majeure partie se vend aux forges des départements voisins, à Fourchambault, à Vierzon, ainsi que dans la Haute-Vienne et le Puy-de-Dôme, pour y être convertie en fer ou pour être moulée en seconde fusion.

Obtenus avec les minerais du Berry, dont la supériorité est connue, et avec le coke de Commentry, ces produits sont déjà remarquables. Les mouleries et les fers provenant de la fonte de Montluçon sont d'une bonne qualité.

Le haut-fourneau de Montluçon a été mis en feu en novembre 1842. Pendant l'année 1843 il a donné près de 3,300,000 kilogrammes de fonte.

Un grand avenir semble réservé aux usines à fer de Montluçon. Elles ont sous la main d'excellents minerais et de bons charbons. Leurs communications sont assurées par le canal du Berry, le canal latéral à la Loire, et la Loire elle-même. Déjà leur heureuse influence s'est fait sentir par une baisse de prix marquée sur les fontes brutes. Enfin une direction intelligente préside à ce nouvel établissement, et ne contribuera pas peu à mettre en valeur les éléments de prospérité qui s'y trouvent réunis.

Le jury, considérant la date récente de cette création, se borne, quant à présent, à lui accorder une mention honorable, en exprimant l'espoir qu'à une exposition prochaine il y aura lieu à lui décerner une récompense d'un ordre plus élevé.

M. P. BRISOU fils aîné, à Rennes (Ille-et-Vilaine).

L'établissement de M. Brisou se compose d'un haut-fourneau et d'un cubilot. M. Brisou expose des fontes moulées de première fusion, dites poteries. Ces articles ont de bonnes formes, mais laissent à désirer sous le rapport de la légèreté.

Le haut-fourneau date de 1822, et c'est seulement en 1843 que M. Brisou y a ajouté un atelier de seconde fusion, ce qui lui permet de varier davantage sa fabrication.

Récemment il a pris soin de renouveler ses modèles.

La production de M. Brisou est de 450,000 kilogrammes de fontes moulées, tant en première, qu'en seconde fusion.

Le jury départemental signale la modicité relative des prix de ce fabricant.

M. Brisou expose pour la première fois.

Le jury lui accorde une mention honorable.

M LEPET-DESUÈDE, fondeur, à Douai (Nord).

Cette fonderie, de deuxième fusion, date de 1820. Elle emploie 30 ouvriers.

M. Lepet-Desuède expose des ornements en fonte de fer, d'une exécution remarquable.

Le jury lui accorde, avec satisfaction, une mention honorable.

M. ELMEREING (Bernard-Gustave), fondeur à Louviers (Eure).

Cette fonderie, établie en 1836, est susceptible d'un grand développement, étant placée au centre de grands établissements industriels qui emploient beaucoup de machines.

M. Elmereing a exposé seulement une cheminée en fonte.

Le jury le mentionne honorablement.

CITATIONS FAVORABLES.

MM. PRENEY (Gabriel) et **BALLARD**, fondeurs, à Perrigny (Jura).

La fonderie de MM. Preney et Ballard date de 1840. Elle occupe 8 ouvriers seulement. Ces fondeurs ont exposé un fourneau en fonte, coulé d'une seule pièce, destiné à un bain-marie, qu'ils disent économique.

Le jury n'a pu vérifier le dire de MM. Preney et Ballard, au sujet du degré d'économie que procure leur fourneau. Mais il a reconnu qu'ils avaient vaincu une difficulté réelle, en le coulant d'une seule pièce. Ce fait annonce une fabrication intelligente.

Le jury accorde à MM. Preney et Ballard une citation favorable.

M. METFREDERQUE, à Paris, rue de la Pépinière, 23.

A exposé divers objets en fonte, des corbeilles, un christ, etc. Le jury, considérant la bonne qualité de ces produits, accorde à M. Metfrederque une citation favorable.

§ 4. ARTS DIVERS.

MÉDAILLE D'ARGENT.

Câbles de marine.

M. DAVID, fabricant de chaînes et câbles en fer pour la marine, au Hâvre (Seine-Inférieure).

M. David a monté son usine en 1831. Ses produits sont fort estimés. Il emploie les meilleurs matériaux et donne un soin particulier au soudage de ses anneaux. Il rend ainsi de véritables services au commerce maritime. La supériorité de ses câbles a été éprouvée dans des coups de vent survenus au mouillage de l'île Bourbon. Des bouts de chaîne en fer, de 34 millimètres de diamètre, ont montré une ténacité de 27 kilogrammes par millimètre carré, dans des essais faits par ordre de l'administration de la marine.

M. David expose pour la première fois.

Le jury, reconnaissant l'importance des efforts de M. David, et des services qu'il rend, lui décerne une médaille d'argent.

MÉDAILLE DE BRONZE.

Objets en fonte malléable.

MM. ELLIOT (Thomas) et SAINT-PAUL, fabricants d'objets en fonte malléable, à Paris, rue Fontaine-au-Roi, 39.

Ces fondeurs ont exposé divers objets de quincaillerie en fonte adoucie et rendue malléable.

MM. Elliot et Saint-Paul n'emploient que la fonte anglaise de premier choix. Ils la fondent dans des creusets qu'ils fabriquent eux-mêmes, et la coulent dans des châssis en fer où l'empreinte des modèles a été obtenue avec soin dans du sable de Fontenay.

Après que les bavures et coulées ont été enlevées avec soin des objets coulés, on les place dans des creusets avec un cément particulier. Ces châssis sont lutés et placés dans un four où ils sont exposés à une température assez forte pour que le cément produise l'effet désiré. Après cette opération, la fonte, de cassante qu'elle était après le coulage, se trouve avoir acquis beaucoup de ténacité et se ploie comme du fer forgé. Les essais faits dans un étau prouvent qu'elle a acquis ainsi une malléabilité remarquable.

Cette fonderie fournit une grande quantité d'articles pour la fabrique de serrurerie d'Escarbotin, ce qui doit amener une baisse de prix dans cet article. La fabrication est de 50,000 à 60.000 kilog. par an. Deux autres fonderies appartenant aux mêmes fabricants existent à Pont-Audemer. La valeur réunie de la production de MM. Elliot et Saint-Paul représente une somme de 200,000 fr.

C'est une fabrication qui mérite d'être encouragée. Il est regrettable cependant qu'elle se porte quelquefois sur des articles qui réclament une très-grande solidité et où la présence d'une soufflure peut occasiónner des accidents graves. Ainsi, on confectionne avec la fonte malléable des objets de sellerie, des mors, des étriers. Il serait prudent de s'interdire la fabrication de ces articles.

Quoique cette industrie ne soit pas nouvelle, et qu'elle ait été abandonnée par quelques fabricants anglais, après avoir été montée chez eux sur une grande échelle, le jury considérant que MM. Thomas Elliot et Saint-Paul l'exploitent en ce moment de manière à rendre des services à plusieurs branches de travail qui tiennent à la quincaillerie, et paraissent être les seuls dans ce cas, juge opportun d'encourager MM. Thomas Elliot et Saint-Paul, et leur accorde, en conséquence, une médaille de bronze.

RAPPEL DE MENTION HONORABLE.

Couverts en fer étamé.

M. BERGAIRE, de Darney (Vosges).

CITATIONS FAVORABLES.

Couverts en fer étamé.

M. AULON, de Darney (Vosges).

M. MATHEY (Humbert), de Darney (Vosges).

Ce genre de fabrication étant destiné à la classe peu aisée, et lui offrant l'avantage de la propreté, présente, à ce titre, de l'intérêt, et doit être encouragé.

Trois fabricants des Vosges ont exposé : MM. Bergaire aîné, Claude Aulon et Mathey.

Le premier emploie 3o ouvriers, le second 15. Aussi la fabrication du premier est-elle double de celle du second.

M. Bergaire aîné livre à la consommation 18,000 douzaines de couverts par an. En 1834, il lui fut accordé une mention honorable. M. Claude Aulon ne produit que 9,000 couverts par an.

Le prix de la douzaine de couverts est de 2 fr. 90 cent., ce qui les met à la portée de tout le monde.

Lorsque les travaux de la campagne sont terminés, et que l'hiver commence, les manœuvres du pays, accoutumés à ce genre de travail, y trouvent de l'occupation, et comme ce sont alternativement les mêmes ouvriers qui travaillent pour le compte de MM. Bergaire et Aulon, il s'ensuit qu'il y a parité dans la confection des objets exposés par l'un et par l'autre de ces fabricants.

Le troisième exposant, M. Mathey (Humbert), a une production moindre : il ne fournit que 1,000 douzaines de couverts aux mêmes prix que les précédents.

Le jury confirme et renouvelle la mention honorable accordée, en 1834, à M. Bergaire, alors

sous la raison Bergaire et Langay, et cite favorablement MM. Claude Aulon et Mathey.

NON EXPOSANTS.

MÉDAILLE D'OR.

MM. THOMAS et LAURENS, ingénieurs civils,
à Paris , rue de l'Université, 26.

MM. Thomas et Laurens se sont présentés devant le jury avec les titres suivants :

1° Une nouvelle distribution de la force de la
vapeur pour les usines à fer, consistant à multiplier
les machines, au lieu d'en avoir une seule qui mette
en mouvement, par des engrenages ou d'autres
transmissions de mouvement, les divers équipages
de cylindres, et les autres mécanismes de ces grands
ateliers. Dans ce système, la génération de vapeur,
la pompe à air et le condenseur, sont communs à
toutes les machines. Les machines, elles-mêmes,
sont simples, à cylindre couché, et marchent à
grande vitesse ;

2° L'emploi dans quelques arts chimiques de la
vapeur *sur-chauffée*, c'est-à-dire chauffée dans un
appareil spécial, après être sortie de la chaudière
où elle a été engendrée. Ce système a été appliqué
avec succès, par MM. Thomas et Laurens, à la
revivification du noir animal pour les raffineries ;

3° Des méthodes soignées de construction, pour
tirer parti de la chaleur perdue des gaz des hauts-
fourneaux, et de la flamme des fours à réverbères.
MM. Thomas et Laurens se sont attachés à répan-

dre ces appareils utiles. Depuis 1839, ils ont chauffé des chaudières pour une force de 550 chevaux, et ils sont en train d'établir leur système pour une force de près de 400 chevaux ;

4° Une grande participation aux travaux qui ont eu lieu pour arriver à l'affinage de la fonte, par le moyen des gàz du gueulard des hauts-fourneaux. Ce résultat important a été enfin obtenu, et est passé à l'état de fabrication régulière dans l'établissement de Treveray (Meuse), par les soins d'une association formée entre MM. d'Andelarre et de Lisa, maitres de forges, et MM. Thomas et Laurens, ingénieurs civils.

Le jury n'a pas examiné si MM. Thomas et Laurens sont en droit de revendiquer l'initiative des idées sur lesquelles sont fondées les améliorations précédentes, ou même s'ils ont été les premiers qui aient établi quelques appareils destinés à obtenir ces divers effets. Ainsi, les machines à vapeur à grande vitesse étaient en usage, avant MM. Thomas et Laurens, dans les locomotives des chemins de fer, et sur les bateaux à vapeur de l'Ohio et du Mississipi. Ainsi il paraît qu'avant eux l'idée de sur-chauffer la vapeur avait été émise. Ainsi, encore avant eux, d'autres avaient utilisé pour divers usages les gaz des hauts-fourneaux ou des foyers d'affinerie, et les flammes des fours à réverbère; ainsi, enfin, d'autres avaient antérieurement essayé d'affiner la fonte par le moyen des gaz perdus.

Mais il n'en reste pas moins à MM. Thomas et Laurens, le mérite de grands services rendus à l'industrie manufacturière.

1° A l'égard de la nouvelle distribution de la force de la vapeur dans les usines, et l'emploi de machines partielles à grande vitesse, sans engrenages ou sans transmissions de mouvement destructives de la force, avec communauté de génération, ou au moins de pompe à air et de condenseur, ils en ont pris l'initiative dans les usines à fer;

2° Pour la vapeur *sur-chauffée*, c'est eux qui l'ont appliquée à la revivification du noir animal dans les raffineries;

3° A l'égard de l'emploi de la chaleur perdue pour la génération de la vapeur, ils ont amélioré les fourneaux, et ils ont beaucoup contribué à répandre dans l'industrie métallurgique ce mode économique de chauffage;

4° En ce qui concerne l'affinage au gaz, il est constant que cette grande amélioration a été acquise aux forges françaises, dans l'usine de Tréveray, et la grande part qu'y ont eue MM. Thomas et Laurens est incontestable. On ne peut s'empêcher de reconnaître que cette amélioration est destinée à marquer d'une manière saillante dans les annales de l'industrie des fers.

Ainsi, MM. Thomas et Laurens ont contribué, par les dispositions qu'ils ont imaginées, et par leur activité personnelle, à plusieurs perfectionnements importants dans l'industrie nationale. A ce titre, le jury leur décerne une médaille d'or. En 1839, MM. Thomas et Laurens avaient obtenu une médaille d'argent.

SECTION V.

ACIERS, LIMES, FAUX, OUTILS DE FORGES, QUINCAILLERIE, VIS A BOIS, ETC., COUTELLERIE.

M. Gustave Goldenberg, rapporteur.

§ 1. ACIERS.

Considérations générales.

Cette matière a été l'objet de nombreuses et savantes recherches, mais malgré tout ce qui a été fait à cet égard, la théorie de la fabrication est encore très-incomplète, et bien des questions sont restées à l'état d'hypothèses. La pratique surtout laisse encore beaucoup de points obscurs et de problèmes non résolus, et cela se conçoit aisément, puisque l'application même des principes connus doit se compliquer de modifications nombreuses et difficiles à saisir, quand il s'agit d'un produit dont la nature est sujette à tant de variétés.

La qualité d'un acier est souvent bien imparfaitement représentée par son apparence, et les plus habiles connaisseurs peuvent s'y tromper: ainsi la quantité de carbone contenue dans divers aciers, peut varier dans bien des proportions, et motiver pour chacun de ces aciers un traitement particulier, sans qu'il soit possible au coup d'œil le plus exercé, de reconnaître les traces de ces différentes proportions de carbone sur le grain de chacun.

Il est donc de la plus rigoureuse nécessité que le fabricant et le consommateur se rendent un compte exact de la nature de l'acier qu'ils produisent ou qu'ils travaillent; car la consommation de cette matière est immense, et son emploi est tel, qu'une barre se fractionne souvent en petites parcelles réparties sur un grand nombre d'objets qui sont d'un prix quelquefois élevé, et dont la bonté peut-être compromise par une mauvaise qualité d'acier.

Pour parvenir à ce but, il faut donc recourir à d'autres moyens, et pour être bien fixé sur les diverses propriétés d'un acier, il faut les étudier et s'en rendre compte par les opérations qu'on lui fait subir; car dans cette fabrication, comme dans beaucoup d'autres, le système le plus rationnel est de reconnaître *la cause par son effet*, et très-souvent des procédés de fabrication sont dans le cas d'être modifiés d'après la nature des résultats obtenus.

Les essais doivent être multipliés et conduits avec une grande précaution; le plus ou moins de forge, le plus ou moins de chaleur, etc., qu'on donne à l'acier, peuvent opérer de grandes modifications dans la finesse ou la blancheur de son grain, ou dans sa dureté, et si l'on ne sait faire la part de toutes ces circonstances, on risque de se tromper, l'essai est inutile, ou ce qui est pire encore, il est erroné.

Des expériences sur une plus vaste échelle, s'opèrent d'elles-mêmes par la consommation, qui est le juge en dernier ressort du fabricant, et c'est elle encore qui doit l'éclairer. Mais elle peut aussi dans certains cas l'induire en erreur; c'est ainsi qu'on veut souvent faire supporter à l'acier les conséquences d'un traitement mala-droit, ou qu'on exige de lui un autre emploi que celui auquel il est destiné, ou qu'on apporte dans son appréciation, des préjugés et des con-sidérations étrangères; et comme en se fiant à ce qu'on appelle la réputation, on tombe facilement dans l'erreur, l'art consiste ici à reconnaître la vérité et à se fixer d'après les résultats généraux.

On peut distinguer généralement trois espèces d'aciers : *les aciers naturels*, *les aciers cémentés*, *et les aciers fondus ;* mais chacune de ces grandes espèces comporte de nombreuses sous-divisions résultant, soit des différences de procédés dans fabrication, ou de la matière première qu'on emploie, soit du plus ou moins de dureté et de nerf qu'on rencontre dans chacune d'elles.

Comme les différentes propriétés des aciers déterminent l'emploi particulier de chacun, et par suite font connaître la part qui lui revient dans la consommation, il importe ici, pour nous rendre compte de cette industrie en France, et des ressources qu'elle offre, d'examiner la nature des aciers que nous fabriquons, et d'en faire la comparaison avec ceux de l'étranger.

La France produit et fabrique les nombreuses variétés des aciers naturels, des aciers cémentés et des aciers fondus. Nous donnerons successivement quelques détails sur ces trois diverses espèces, savoir :

1° *Aciers naturels.*

Les aciers naturels s'obtiennent par l'affinage de la fonte, ou par l'affinage immédiat des minerais. Nous employons pour la fabrication des premiers, soit les fontes blanches, que nous tirons de la Prusse ou de la Savoie, soit les fontes blanches et grises françaises.

L'acier que nous fabriquons avec les fontes spathiques du Rhin, et d'après la méthode allemande, est tout à fait pareil à celui qui se fait en Prusse. Il est à la fois dur et nerveux, et d'un emploi très-avantageux pour les outils tranchants, et de taillanderie, les limes au paquet, les scies, etc.

Un autre genre d'acier naturel est celui que nous produisons avec les fontes blanches françaises. Il se fabrique particulièrement dans l'Isère avec celles du Dauphiné ; mais pour obtenir la première qualité d'acier, il est nécessaire de mélanger ces fontes avec celles de la Savoie, qui les surpassent en dureté.

Par le concours de ces deux espèces de fontes, et à l'aide d'un raffinage convenable, on obtient un acier qui est d'un très-bon usage, pour tout article exigeant beaucoup de nerf. Aussi les manufactures d'armes lui donnent-elles la préférence sur tous les autres aciers français : il est un peu moins vif que celui d'Allemagne ; mais par cette raison même, il se laisse mieux travailler à l'état *brut*, et c'est ainsi que la coutellerie de Thiers et celle de Saint-Étienne en font une grande consommation.

Enfin la troisième espèce d'acier naturel se fabrique avec les fontes grises françaises. Nos principaux établissements de ce genre sont dans la Nièvre, les Vosges et la Haute-Saône. L'acier brut qu'ils fournissent s'emploie généralement pour les outils aratoires ; étant raffiné, il est consommé pour les objets de coutellerie, les armes blanches, etc. On doit cependant remarquer qu'il a moins de dureté et de nerf que celui d'Allemagne.

La fabrication des aciers naturels par l'affinage immédiat des minerais, n'est en usage que dans les Pyrénées ; on y produit l'acier indistinctement avec le fer dans les fours à la Catalane, la pro-

duction en est fort irrégulière et souvent acci-
dentelle. Cet acier, d'une qualité inégale, ne
s'emploie guère que pour certains outils : il est
peu répandu dans le commerce.

Indépendamment des aciers naturels, nous
fabriquons encore :

2° *Les aciers cémentés.*

Leurs prix modérés sont très-abordables à
différents genres de consommation, aussi sont-ils
d'un usage répandu, et ceux dont la production
a le plus augmenté depuis cinq ans. Nous employons pour leur fabrication, à la fois les fers
français, et ceux de la Suède, et de la Russie. Le
bon choix de ces fers est une condition nécessaire de la qualité de l'acier cémenté, et bien que
des progrès sensibles aient été réalisés depuis
quelques années, nous ne sommes pas encore
parvenus à lui donner toutes les qualités qui le
rendraient capable de remplacer celui d'Allemagne, comme cela est arrivé en Angleterre; et
puisque l'obstacle ne réside pas dans le manque
de dureté, il semblerait que le choix d'un fer
très-nerveux, joint à une fabrication soignée,
devrait nous conduire nécessairement au même
résultat. Il est inutile de parler des conséquences
qu'aurait cette application.

La bonne fabrication de l'acier cémenté tire du reste une nouvelle importance, de ce qu'elle est en grande partie la base de celle de l'acier fondu, dont il nous reste à parler.

3° *Aciers fondus.*

Leur principal centre de production est à Saint-Étienne, où ils se fabriquent de deux manières différentes : 1° à l'aide des fers qui sont cémentés, pour cet usage; on emploie ordinairement ceux de l'Ariége et quelques fers de Suède; 2° en l'obtenant immédiatement au moyen de la limaille.

Le premier de ces procédés est celui qui est le plus généralement pratiqué, parce qu'il a donné jusqu'à présent les seuls résultats satisfaisants sous le rapport de la qualité.

Le second est plus prompt et moins dispendieux, car de cette manière l'acier s'obtient immédiatement de la limaille de fer ou de riblons, auxquels on ajoute du charbon pilé et qu'on coule ensuite dans un creuset. Aussi cet acier se vend-il à un très-bas prix; mais sa qualité inférieure et fort inégale s'est opposée jusqu'à présent à l'extension de sa consommation.

L'acier fondu étant d'un grain plus fin que les aciers naturels et cémentés, ainsi que d'une nature plus homogène, est aussi celui qui peut acquérir le plus de dureté à la trempe, et qui présente la surface la plus nette après le polissage ; ces différentes propriétés recommandent son emploi pour tous les objets qui exigent une forte trempe et un beau poli ; par contre il a moins de nerf que d'autres aciers, et quoiqu'on soit parvenu à fabriquer des aciers fondus très-tendres, on n'a pas encore réussi à les rendre aussi nerveux que les aciers naturels.

Cependant si l'acier fondu est réduit à de petites dimensions, il conserve plus de dureté et d'élasticité que l'acier naturel. C'est ainsi que pour établir des ressorts d'une certaine épaisseur comme ceux des pendules, lampes, etc., qui exigent un fort nerf, l'acier naturel est le seul convenable ; d'un autre côté cet acier est impropre à la fabrication des ressorts de montres, et pour cet objet, l'acier fondu seul peut être employé ; car l'acier naturel étant déjà moins dur que l'acier fondu, perdrait encore beaucoup de sa dureté par les différentes chaudes auxquelles il faudrait le soumettre pour le réduire à une épaisseur aussi faible, et par cette raison il ne présenterait plus l'élasticité nécessaire.

Tels sont les différents genres de productions que nous réunissons, et sous ce rapport la France est peut-être le seul pays qui possède une fabrication d'acier aussi variée. L'Allemagne ne produit que l'acier naturel, elle fabrique fort peu d'acier fondu et presque point d'acier cémenté. Les Anglais au contraire ne s'occupent que de la fabrication des aciers cémentés et fondus, et pour établir les bonnes qualités il leur faut recourir aux fers de Suède et de Russie, puisque leurs propres fers ne peuvent servir que pour les aciers tout à fait inférieurs.

Nous devons cependant faire connaître un fait regrettable et qui mérite d'être étudié. Malgré la grande variété d'aciers que nos fabricants livrent au commerce, ils ne sont pas encore parvenus à répondre à tous les besoins de la consommation ; c'est ainsi que nous devons recourir à la Styrie quand il s'agit d'obtenir des produits doués de beaucoup de nerf, et à la Prusse pour les objets qui demandent à la fois du nerf et de la dureté.

Il en est de même des qualités supérieures d'acier fondu ; pour la fabrication de cet acier, les Anglais ont eu soin de s'assurer par des marchés à long terme les premières marques de fers de Suède, parce qu'une expérience centenaire leur a prouvé la supériorité de ce fer sur tous les autres fers de l'Europe, et l'acier fondu qui en résulte réunit à un plus haut point que les autres aciers fondus, le nerf à la dureté ; c'est pour ce motif qu'il est recherché pour bien des usages.

Il serait donc à désirer que nous pussions réussir à combler les lacunes que présente notre fabrication, afin de nous affranchir du tribut que nous payons encore à l'Allemagne et à l'Angleterre.

En ce qui concerne les aciers naturels, les principales difficultés que nous aurons à vaincre ont leur source dans la nature même de notre minerai; car les premières qualités d'aciers naturels supposent des minerais riches en manganèse, qui sont très-rares, surtout en France; les seuls que nous ayons sont dans le Dauphiné et dans les Pyrénées, encore n'est-on point parvenu à produire des fontes miroitantes comme en Prusse.

Les fontes de l'Isère et de la Savoie ont beaucoup d'analogie avec celles de la Styrie, on évite dans ce pays de produire des fontes miroitantes et l'on préfère les fontes blanches radiées ou grenues pour la fabrication de l'acier, parce que l'affinage en est moins long et moins difficile.

La différence que nous remarquons entre les fontes de la Prusse et celles de la Styrie explique celle qui existe dans les aciers; ceux de Styrie ont plus de nerf que les aciers de Prusse et sont d'un excellent emploi pour les faux et certains ressorts, tandis que les derniers qui sont plus vifs et d'un grain plus fin conviennent mieux à la taillanderie.

Il est donc probable qu'en adoptant la méthode allemande pour l'*affinage* des fontes du Dauphiné et de la Savoie, on arrivera à produire les mêmes aciers que la Styrie. Il sera plus difficile d'obtenir avec nos minerais des aciers semblables à ceux de la Prusse, parce qu'il existe une différence notable entre ses fontes et les nôtres. Il est possible cependant qu'on atteigne ce but par le raffinage en mélangeant convenablement les aciers bruts de l'Isère avec des fers cémentés de première qualité de la Suède.

Le succès de ces diverses combinaisons ne manquerait pas de devenir la source d'une grande richesse pour le Dauphiné, et les fabricants de cette contrée trouveront sans doute dans cette considération des motifs puissants pour stimuler leurs efforts. Si les essais sont conduits avec méthode, nous pensons qu'ils ne manqueront pas d'amener d'heureux résultats.

Enfin en ce qui concerne les aciers fondus, et pour rivaliser à ce sujet, de qualité avec les Anglais, nous devons chercher à tirer directement comme eux des fers de Suède aux premières marques

Hoop L	Double bullet.	G and L.	G and F.

qui sont fabriqués avec les minerais de Dannemora et dont la production totale a été livrée jusqu'à présent exclusivement à la maison Sykes de Hull.

Il est probable que si notre gouvernement veut s'intéresser à cette affaire comme elle le mérite, il obtiendra des fabricants suédois la cession d'une partie de ces fers, et dans ce cas nous serions à même de suffire au moins à notre propre consommation qui est aujourd'hui la plus importante de tous les pays, tandis que notre production ne forme que *le tiers* de la fabrication anglaise ou allemande.

Ce serait encore un beau problème à résoudre que de trouver le moyen de fabriquer avec nos propres fers de l'acier fondu, d'aussi bonne qualité que celui qui se fait avec les meilleurs fers de Suède; et le jury appelle l'attention des industriels et surtout des métallurgistes, sur un sujet qui peut avoir des conséquences aussi importantes.

RAPPELS DE MÉDAILLES D'OR.

MM. **JACKSON** frères, à Assailly, près Saint-Étienne (Loire).

La fabrique d'aciers de MM. Jackson est une des plus considérables de ce genre que nous ayons eu

France. Elle se compose de deux principaux éta-
blissements, dont l'un est situé à Assailly, près
Rive-de-Gier, et l'autre à la Bérardière, près Saint-
Etienne.

Le premier renferme :

7 grands fours de cémentation,
38 fours doubles pour la fusion des aciers,
23 fours à coke,
Laminoirs, marteaux de forge et d'étirage.

Le second renferme :

14 fours doubles pour la fusion des aciers,
14 fours à coke,
Marteaux de corroyage et d'étirage.

La totalité de leurs produits est d'environ :

900,000 kilogr. acier fondu,
500,000   »   acier pour ressorts,
100,000   »   acier corroyé,
30,000   »   aciers divers.

Soit... 1,530,000 kilogr. ou une valeur de près de
2,000,000 fr.

Cette maison, en s'appliquant à la fabrication
d'une grande variété d'aciers, a rendu des services
réels à beaucoup d'autres industries, qu'elle a mises
à même de se procurer des matières premières à bon
marché et d'une qualité convenable. Depuis la dernière exposition elle a encore attaché son nom à la
fabrication des faux en acier fondu. Cet article avait
été jusqu'alors établi en acier cémenté parce qu'on
trouvait l'acier fondu trop cher et trop dur.

MM. Jackson sont parvenus à lui donner une qualité propre à lui faire subir toutes les opérations qu'exige la fabrication des faux, et à le fournir en même temps à un prix très-peu élevé, qui permet de l'employer avantageusement.

A l'exposition de 1823 ils ont obtenu une médaille d'or, rappel de cette médaille en 1834 et 1839, et la croix d'honneur.

Le jury confirme à MM. Jackson frères la médaille d'or qu'ils méritent à tant de titres.

M. BAUDRY, à Athis-Mons (Seine-et-Oise).

M. Baudry fabrique à Athis-Mons des aciers de cémentation et des fers. Pour la fabrication des aciers il emploie les fers de Suède et de Sibérie, dont il améliore encore la qualité par un corroyage qu'il leur fait subir avant la cémentation. Cette opération augmente naturellement ses prix de revient; mais elle augmente aussi la qualité de ses aciers, qui sont aujourd'hui très-recherchés et qui ne craignent aucune comparaison.

L'usine d'Athis se compose d'une presse et d'un laminoir pour le puddlage, de deux trains de cylindres pour l'étirage, de deux fours à puddler, de trois fours à réchauffer, de deux fours de cémentation et d'un martinet pour le corroyage des aciers.

Son moteur consiste dans une roue hydraulique et dans deux machines, dont la vapeur est produite avec la flamme perdue des fours à réchauffer.

Sa production annuelle est de 200,000 kilogr. aciers et de 1,800,000 kilogr. fers.

M. Baudry a obtenu la médaille d'or en 1839;

aujourd'hui le jury l'en regarde comme toujours digne et lui en fait le rappel.

M. DEQUENNE fils, à Sainte-Hélène, près Raveau (Nièvre).

L'établissement de M. Dequenne s'occupe de la fabrication des aciers cémentés avec les fers de Suède et ceux du Nivernais. Il en produit annuellement 160,000 kilogr., qui représentent une valeur de 250,000 fr.

Ces aciers sont très-estimés pour ressorts de voiture, coutellerie, etc., etc.

Depuis quatre ans M. Dequenne a ajouté la fabrication des limes à celle des aciers, et ce nouveau développement ne peut qu'augmenter l'importance de ses forges, puisque l'une de ses fabriques est alimentée par les produits de l'autre.

Le jury cite les honorables antécédents de cette maison qui a obtenu la médaille d'or en 1819, et des rappels en 1823, 1834 et 1839. Comme M. Dequenne lui paraît toujours digne de cette distinction, le jury la lui rappelle de nouveau.

M. RUFFIÉ (Alexandre), à Foix (Ariége).

Les échantillons exposés par M. Ruffié sont des aciers cémentés fabriqués avec les fers de l'Ariége, et des aciers pour outils aratoires provenant de la fonte directe au procédé catalan du minerai de fer de Rancier.

Sa production est d'environ de 320,000 kilogr. fers et 275,000 kilogr. aciers.

Une grande partie de ses aciers sont convertis par

lui en faux, dont la production s'élève à environ 5o,ooo pièces.

Ce fabricant a reçu en 1819 la médaille d'argent, en 183 la médaille d'or, rappel de cette médaille en 1827 et 1834; il a de plus été décoré de la croix de la Légion d'honneur.

Le jury se plait à lui rappeler de nouveau [la médaille d'or.

MM. COULAUX aîné et Cⁱᵉ, à Molsheim (Bas-Rhin).

MM. Coulaux aîné et Cⁱᵉ fabriquent les aciers naturels avec les fontes blanches du Rhin. La qualité de ces aciers est absolument la même que celle des aciers d'Allemagne. (Voir pour les récompenses l'article *Quincaillerie.*)

RAPPELS DE MÉDAILLES D'ARGENT.

M. PAIGNON (Charles), à Bizy, commune de Parigny-les-Vaux (Nièvre).

M. Paignon expose des aciers naturels bruts, dont la qualité est très-convenable pour les outils aratoires. Leur prix varie de 5o à 54 fr. les 100 kilogrammes.

Ce fabricant a obtenu la médaille d'argent en 1834, son rappel en 1839 pour les aciers, et une mention honorable pour ses fontes.

Le jury, appréciant les progrès que M. Paignon a fait faire à l'art métallurgique, lui rappelle la médaille d'argent pour l'ensemble de ses produits.

M. LAMARQUE (Victor) et Cie, à Saint-Paul-de-Jarrat (Ariége).

M. Victor Lamarque a succédé à la société anonyme qui exploitait cette usine sous la direction de M. Garrigou.

L'acier cémenté est aujourd'hui le principal objet de sa fabrication. Cet acier jouit d'une bonne réputation, et son laminage est très-bien exécuté.

Les scies pour marbre que cet établissement fabrique en acier brut simplement laminé, et découpé à une longueur déterminée, sont très-recherchées, et forment un produit important des usines Saint-Antoine.

Le jury rappelle à M. Victor Lamarque la médaille d'argent, que M. Garrigou, son associé et son prédécesseur, avait obtenue en 1839.

MÉDAILLES D'ARGENT.

M. FALATIEU jeune (Joseph-Louis), à Pont-du-Bois (Haute-Saône).

M. Falatieu jeune possède à Pont-du-Bois des forges qui ont près d'un siècle d'existence; il y produit annuellement environ :

600,000 kilogrammes de fers;
180,000 — d'aciers naturels;
50,000 — d'aciers cémentés pour ressorts de voitures; d'une valeur totale de 550,000 f.

Les fers de cette usine sont travaillés au bois, et se font remarquer par leur nerf et leur pureté, aussi la majeure partie se convertit en tôle pour machines à vapeur.

Les aciers naturels fabriqués avec les fontes grises sont de bonne qualité et s'emploient avantageusement dans leur état brut pour outils aratoires, et quand ils sont raffinés on les recherche pour la coutellerie et la quincaillerie. Il n'est pas sans intérêt d'ajouter que, pendant longtemps, cet établissement fournissait exclusivement tous les aciers nécessaires à la fabrication de nos armes blanches.

Le jury considérant l'importance et le mérite des usines de M. Falatieu, lui accorde pour l'ensemble de ses produits la médaille d'argent. Il avait obtenu la médaille de bronze en 1827.

M. GOURJU (Alphonse), à Beaupertuis (Isère).

M. Gourju emploie à la fabrication de ses aciers naturels les fontes de l'Isère, de la Savoie et de la Prusse.

Depuis quelques années il a introduit dans le département de l'Isère l'affinage de l'acier à la méthode allemande, qui donne un acier plus fin et plus dur que l'ancienne méthode. Des essais analogues avaient déjà été faits par M. Milleret, et il est à souhaiter que la persévérance de M. Gourju le conduise à de meilleurs résultats.

Si ce fabricant parvenait à obtenir, par l'emploi seul de la fonte de France, des aciers naturels égaux en qualité aux aciers naturels d'Allemagne, il en résulterait un double avantage, celui du bas prix et celui d'attirer en France une fabrication pour les

besoins de laquelle nous sommes encore les tributaires de l'étranger.

Le jury, pour reconnaître les efforts intelligents
que déploie ce fabricant dans l'intérêt de l'industrie
des aciers, lui accorde la médaille d'argent.

M. LEMOINE, à Corbelin, près Varzy (Nièvre).

Les aciers de l'établissement de M. Lemoine à
Corbelin sont faits avec les fontes de la Nièvre, ces
aciers naturels bruts sont très-goûtés dans le département, et leur usage est avantageux pour les instruments aratoires.

M. Lemoine fabrique encore annuellement
1,800,000 kil. de fonte noire et grise. Les fontes
noires sont recherchées par les fonderies de seconde
fusion, en raison de leur excellente qualité et de
leur prix modéré (170 fr.), et les fontes grises
fournissent l'acier naturel.

Le jury accorde à M. Lemoine une médaille
d'argent pour l'ensemble de ses produits.

MM. GRANJON et Cie, à Lyon (Rhône).

Leur établissement ne date que depuis 1840, et
dans ce court espace de temps il a grandement développé son importance, car il est aujourd'hui à
même de livrer au commerce tous les échantillons
d'acier fondu désirables, soit en barres, en tôle ou
en fil.

Le zèle que ces fabricants ont déployé dans la
voie qu'ils se sont tracée, a déjà trouvé sa récompense dans l'honorable appréciation de leurs produits par les consommateurs, et leurs aciers sont

en tous points dignes de la réputation dont ils jouissent.

Le jury appréciant les efforts de MM. Granjon, et les beaux échantillons qu'il ont exposés, leur accorde la médaille d'argent.

MM. J.-L. DESSERRES et Cie, usine de Saint-Louis, à Saverdun (Ariége).

Les aciers fabriqués par cette maison s'obtiennent par la cémentation des fers de l'Ariége. Une grande partie de ces aciers est convertie en faux dans le même établissement.

Les échantillons exposés sont d'un travail correct et d'un étirage très-soigné.

(Voir, pour la récompense, l'article *Faux*.)

MÉDAILLES DE BRONZE.

MM. SCHMIDBORN et Cie, à Sarralbe (Moselle).

MM. Schmidborn et Cie fabriquent les aciers naturels avec les fontes blanches du Rhin. Leur établissement central est à Goffontaine (Prusse). Celui de Sarralbe, dont nous avons à examiner les produits, n'en est qu'une succursale. Il se compose d'un feu d'affinerie, et de deux feux de raffinerie.

Les aciers de ces fabricants jouissent d'une réputation méritée et le jury leur décerne pour leurs produits de Sarralbe la médaille de bronze.

M. GRASSET, à Saint-Aubin (Nièvre).

M. Grasset fabrique dans les forges de Ladouée

les aciers naturels bruts des fontes grises. Ces aciers jouissent depuis longtemps d'une bonne réputation, qui leur a valu et leur vaut encore une préférence marquée dans le commerce.

M. Grasset vend ses aciers au prix de 54 fr. les 100 kil., et en fabrique annuellement 125,000 k.

Le jury se plaît à lui décerner la médaille de bronze.

MENTIONS HONORABLES.

M. DESPRET (Antoine), à Anor (Nord).

Les aciers exposés par M. Despret sont en fer cémenté, dont il convertit une grande partie en limes. Son établissement ne date que de deux ans, et produit déjà 50,000 kil. aciers de différentes espèces, et 30,000 paquets de limes.

Le jury lui accorde la mention honorable.

M. TOURNIER, à Renaye (Isère).

Ce fabricant a exposé des aciers naturels de l'Isère, qui sont obtenus avec les fontes du Dauphiné et de la Savoie.

Ces aciers réunissent le bon marché à une qualité convenable pour des emplois très-variés.

Le jury lui accorde la mention honorable.

M. LASNÉ DU COLOMBIER, à Mignard, commune de Narcy (Nièvre).

M. Lasné a exposé des aciers naturels bruts, faits avec les fontes grises. Ils sont comme tous les aciers de la Nièvre d'un très-grand emploi pour les outils aratoires.

Son établissement produit annuellement 70.000 k. Le jury accorde à cet exposant une mention honorable.

CITATION FAVORABLE.

M. LEGOUX, à L'Aigle (Orne).

M. Legoux a exposé des aciers propres pour filières de fil de fer et de laiton, qui sont d'un usage assez répandu.

Le jury lui accorde une citation favorable.

---

§ 2. LIMES.

Considérations générales.

Ce produit important et d'une si grande consommation par suite de son indispensable utilité pour le travail des métaux, présente de grandes difficultés dans sa fabrication. La simple vue d'une lime suffit du reste pour s'en convaincre, puisque le tranchant de cet instrument, se compose d'une infinité de petits grains d'acier, qui doivent avoir chacun une qualité et une disposition parfaites, pour résister sous une forme aussi frêle au rude contact des métaux.

Il suit de là, que l'emploi et le traitement convenable des aciers, la forge, la taille et la trempe sont des opérations d'une haute importance dans cette fabrication, qui n'est conduite à bonne fin que par leur réussite simultanée.

Si l'on considère que tout ce travail est manuel et que tout dépend du tact et de l'habitude de l'ouvrier, on comprendra facilement, combien il faut d'expérience et de soin, pour donner à cette grande variété de tailles et de formes, une régularité presque parfaite; car on exige que les limes de même forme et grandeur, soient non-seulement de bonne qualité et droites; mais encore bien semblables entre elles, du même poids et de la même finesse de taille; et c'est sans contredit l'un des articles dans l'achat duquel le consommateur se montre le plus défiant et le plus craintif.

Il n'est donc pas étonnant que certains établissements soient parvenus à donner à leur *marque* une très-grande valeur, et cette réputation était surtout acquise aux Anglais, parce qu'ils étaient les premiers et pendant longtemps les seuls, qui fissent usage des *aciers fondus*, dans la fabrication des limes; cet acier est en effet supérieur, par sa plus grande dureté et son grain plus homogène.

Quant à la lime commune ou au paquet, une préférence analogue existait en faveur des Allemands qui fabriquaient ce produit avec l'acier naturel des fontes spathiques du Rhin : sous le rapport de l'usage et de la qualité, cette lime est inférieure à celle en acier fondu ; mais elle a l'avantage du meilleur marché, et se vend à peu de perte après son usé, pour l'aciérage des outils de taillanderie. Cette dernière considération est d'une grande influence sur la vente de cet article.

Nos fabriques de limes ont donc à lutter à la fois contre ces deux concurrences, et malgré tous leurs efforts, les importations annuelles sont encore de trois à quatre mille quintaux métriques, sans compter ce qui est introduit par fraude.

Cependant après avoir examiné soigneusement les limes de l'exposition, et fait la comparaison de ces produits avec ceux de l'Angleterre et de l'Allemagne, nous sommes heureux de constater que nos fabricants établissent aujourd'hui cet article aussi bien que l'étranger. Les progrès obtenus depuis cinq ans sont très-importants surtout pour ce qui concerne les grandes dimensions. Quant à la petite lime, nous la faisons depuis longtemps avec perfection ; le goût et l'intelligence apporté dans cette fabrication, surtout dans celle des limes de dentiste et d'horlogers valent à nos fabricans des exportations en Allemagne et même en Angleterre, ainsi que nous avons été à même de nous en convaincre.

Nous pouvons donc déclarer sans crainte d'être démentis, que l'engouement qui existe encore en faveur des limes étrangères, n'est plus qu'un préjugé, souvent long à déraciner, quand il s'agit d'un objet si difficile à produire, et surtout si l'on considère avec quelle répugnance le consommateur se prête à l'essai et à l'adoption des nouvelles marques.

Ce préjugé pourrait du reste se prolonger encore longtemps, si la consommation continuait à forcer plusieurs fabricants à faire usage d'aciers inférieurs pour établir des limes à bas prix ; car il faut bien se pénétrer qu'il est absolument impossible d'obtenir de bons résultats dans ce genre, avec de mauvaises matières premières.

Ainsi pour rivaliser avec les Anglais dans la lime fine, ou à la douzaine, l'emploi d'un bon acier fondu est d'une rigoureuse nécessité, encore faut-il que cet acier soit fait avec les meilleurs fers de Suède. Il est essentiel, d'un autre côté, d'employer les aciers naturels des fontes du Rhin, pour donner les qualités voulues à la lime commune ; à moins qu'on ne trouve un acier cémenté, raffiné, équivalent à l'acier d'Allemagne pour l'usage de la taillanderie.

Si l'on parvenait à ce résultat au moyen de l'acier cémenté, nul doute que tout l'avantage ne restât de son côté, puisque toute autre considération mise à part, cet acier serait plus propre que l'acier naturel à la fabrication de la lime commune, en vertu de sa plus grande dureté et de sa nature plus homogène.

Actuellement que les limes françaises peuvent lutter de qualité avec les produits étrangers, le devoir du fabricant est de publier cette vérité; continuer à cacher ses produits sous une marque étrangère, c'est prolonger à l'infini les fâcheuses défiances de la consommation, c'est fuir la difficulté, au lieu de la vaincre. Si des obstacles restent encore à écarter, ces mêmes obstacles portent en eux des éléments de succès futurs; car les causes qui retardent la réputation d'une marque, forment sa sauve-garde, une fois qu'elle est parvenue à se faire jour.

RAPPELS DE MÉDAILLES D'OR.

M. MONMOUCEAU, à Orléans (Loiret).

Par l'intelligente direction qui préside à son établissement, ce fabricant a beaucoup contribué à éloigner la lime anglaise des marchés de la France.

Les limes et râpes qu'il fabrique continuent à mériter la confiance dont elles jouisssent généralement, et se distinguent par leur belle confection, jointe à une qualité convenable et à des prix modérés.

Aussi, le jury se plaît-il à lui rappeler la médaille d'or, accordée en 1819 et rappelée en 1823, 1827, 1834 et 1839.

M. DEQUENNE fils, à Saint-Hélène, près Raveau (Nièvre),

A réuni depuis la dernière exposition la fabrication des limes à celle des aciers qu'il exploite avec distinction depuis trente ans.

Les échantillons de limes râpes, et carreaux que ce fabricant a exposés se font remarquer par leur forme convenable et leur belle taille.

(Voir, pour la récompense, l'article *Acier*.)

RAPPELS DE MÉDAILLES D'ARGENT.

M. GÉRARD (Charles), à Breuvanne (Haute-Marne).

Les limes et râpes en acier fondu et corroyé de M. Gérard sont d'une qualité soignée, et se recommandent par leur grande variété de formes et de dimensions, et le bas prix auquel ces produits sont offerts aux consommateurs.

La fabrique de limes de Breuvanne, fondée par M. Dessoye, exploitée ensuite par MM. Gérard et Miélot, a beaucoup contribué au développement de cette industrie en France.

Le jury lui rappelle la médaille d'argent accordée en 1827 et rappelée en 1834 et 1839.

M. MIÉLOT aîné, à Breuvanne (Haute-Marne).

La fabrique de M. Miélot forme la moitié de l'ancien établissement Gérard et Miélot. Ces deux associés ont opéré ce partage à l'amiable, et continuent chacun séparément à exploiter leur établissement.

Les limes et râpes de M. Miélot se distinguent par les mêmes qualités que le jury reconnaît aux produits de M. Gérard; aussi rappelle-t-il à ce fabricant la médaille d'argent décernée en 1827 et rappelée en 1834 et 1839.

M. SCHMIDT, à Belleville, Chaussée de Ménilmontant, 24.

Ce fabricant continue toujours à faire de très-bonnes limes, et la confiance qu'elles inspirent est le résultat d'une fabrication soignée.

Le jury se plaît à lui rappeler la médaille d'argent dont il est toujours digne.

RAPPELS DE MÉDAILLES DE BRONZE.

M. GOURJON fils, à Nevers (Nièvre).

M. Gourjon, père, a obtenu une médaille de bronze à l'exposition de 1827 pour ses limes, et ses aciers cémentés en fer du Nivernais. Cette récompense a été confirmée en 1834, et rappelée en faveur de son fils en 1839.

Cet établissement est conduit avec intelligence et économie, et ses produits sont livrés en grande partie aux établissements royaux, ainsi qu'aux principales usines du département.

Le jury rappelle à M. Gourjou la médaille de bronze.

M. SOYER, à Nevers (Nièvre),

Fabrique principalement ses limes avec l'acier cémenté. Une qualité convenable et des prix modérés ont mis ce fabricant à même de développer son industrie, et aujourd'hui il se trouve à la tête de 25 ouvriers et d'un établissement en pleine activité.

Le jury se plait à lui rappeler la médaille de bronze déjà obtenue en 1839.

NOUVELLES MÉDAILLES DE BRONZE.

M. RAOUL aîné, à Paris, rue Popincourt, 12.

M. Raoul aîné continue à suivre dignement l'exemple que lui a tracé son père, et ses produits portent le cachet d'une belle exécution ; ses petites limes surtout se distinguent par une délicatesse extrême dans le travail.

Le jury se plait à accorder à M. Raoul aîné une nouvelle médaille de bronze.

M. PUPIL, à Paris, rue des Bourguignons, 23.

Depuis longtemps les limes de M. Pupil sont honorablement connues dans le commerce, et les échantillons exposés par ce fabricant ne peuvent que confirmer la bonne réputation dont elles jouissent.

Le jury se plaît à lui donner une nouvelle médaille de bronze.

MÉDAILLES DE BRONZE.

M. DÉROLAND, à Paris, rue de Charonne, 25.

M. Déroland fabrique toutes espèces de limes, et les succès qu'il a obtenus nous font espérer que les préjugés existant encore en faveur des marques étrangères trouveront un adversaire redoutable dans ce fabricant intelligent.

Le jury pour encourager ses efforts lui accorde une médaille de bronze.

M. FROID, à Paris, rue du Faubourg-Saint-Martin, 50.

L'objet principal de sa fabrication est la petite lime, surtout la lime pour dentiste, et la supériorité qu'il s'est acquise dans cette spécialité est reconnue même à l'étranger.

Le jury lui accorde une médaille de bronze.

M. TABORIN, à Paris, rue Amelot, 52,

Fabrique toutes espèces de limes, mais principalement celles de grandes dimensions pour les établissements de construction. La bonne qualité d'acier qu'il emploie, et les soins qu'il donne à sa fabrication ne manqueront pas de donner de l'extension à sa vente.

C'est la première fois que M. Taborin expose, et le jury se plaît à lui décerner la médaille de bronze.

MM. BOULLAND et fils, à Paris, rue du Faubourg-Saint-Denis, 123,

Fabriquent des limes en acier fondu, et en acier cémenté, qui sont généralement estimées par le consommateur.

Le jury reconnaît la bonne confection des échantillons exposés, et décerne à MM. Boulland la médaille de bronze.

MENTIONS HONORABLES.

MM. SIBILLE et Cie, à Liancourt (Oise).

Le jury accorde aux produits de MM. Sibille et Cie une mention honorable.

M. PICHOT, à Paris, rue du Faubourg–Saint-Antoine, 84.

M. Pichot fabrique particulièrement la lime au paquet en acier fondu, qui est recherchée par nos établissements de construction.

Le jury lui accorde une mention honorable.

CITATION FAVORABLE.

MM. PAINCHAUT et **LE TESSIER**, à Guilers, près Brest (Finistère).

Leur établissement est encore à ses débuts; les échantillons exposés donnent une idée avantageuse de leur fabrication, et leur méritent une citation favorable.

§ 3. FAUX.

Considérations générales.

On ne fabrique généralement que deux espèces de faux : l'une est affûtée à coups de marteau, et l'autre s'affûte à la meule.

La première est la seule dont on se serve en France. Elle exige l'emploi d'un acier très-nerveux, afin de pouvoir encore supporter le martelage après la trempe, sans se criquer ; car si elle avait trop de dureté, elle risquerait de se fendre, à moins qu'on ne lui donnât un recuit tel, que l'effet de la trempe serait pour ainsi dire détruit.

La seconde espèce de faux est en usage en Angleterre, et dans quelques contrées de l'Amérique. Son affûtage se fait à la meule, et elle acquiert par là un tranchant très-fin, qui est en même temps plus vif que celui des faux affûtées à coups de marteau ; cette différence s'explique facilement, car la faux n'étant pas exposée à l'opération fatigante du martelage, on peut sans aucun risque employer à sa fabrication des aciers plus durs auxquels on donne une trempe plus forte qu'aux premières. Elle se fabrique, soit en fer soudé d'acier cémenté, soit en acier fondu laminé, et dans ce dernier cas, sa lame est rapportée à un dos en fer à l'aide de rivets.

La faux affûtée au marteau se fait généralement d'une seule pièce et d'une même nature d'acier; mais nous la fabriquions en France avec de l'acier cémenté, qui pendant longtemps laissait à désirer, tandis que les Allemands emploient pour cet article les aciers naturels; ceux-ci, d'une nature plus nerveuse, peuvent recevoir une trempe plus dure et néanmoins se laisser affûter au marteau aussi facilement que les autres. C'est pour cette raison que l'importation des faux de Styrie est restée toujours très-considérable, malgré leur prix élevé.

Nous sommes également parvenus à établir *des faux en acier fondu*, et cette fabrication a déjà donné de beaux résultats. Jusqu'à présent, on trouvait cette qualité d'acier trop dure, et les faux qu'on en fabriquait se cassaient à la trempe, ou ne supportaient pas le martelage, à moins qu'on ne les détrempât pour ainsi dire complétement; le prix trop élevé de cet acier, formait du reste un autre obstacle à son emploi.

Ces deux genres de difficultés n'existent plus aujourd'hui: on a réussi à fabriquer à bon marché un acier fondu plus tendre, qui supporte parfaitement toutes les opérations qu'exige la fabrication de cet article. Les faux établies à l'aide de cet acier s'affûtent au marteau aussi bien que celles de Styrie, auxquelles on commence à les préférer, parce qu'on leur trouve une qualité plus égale; aussi la vente de cet article a-t-elle pris un grand développement, ainsi que le prouve le chiffre toujours croissant de la production des trois dernières années.

Depuis quelque temps on fabrique également les faux en acier naturel des fontes spathiques; comme cet acier a beaucoup d'analogie avec la nature de l'acier de Styrie, son emploi doit donner des résultats avantageux, et contribuer à nous affranchir de la concurrence étrangère.

Il y a longtemps qu'on fait ce genre de faux dans le Jura, mais en fer soudé d'acier. Cette faux, tout en étant de bonne qualité, n'était jamais très-répandue, et la production se vendait presque entièrement dans la localité, probablement à cause de sa différence d'aspect, de façon et de travail, avec la façon allemande.

La fabrication des faux laminées à dos rapportés, qui s'était développée pendant quelque temps, a grandement diminué depuis deux ans; parce que ces faux, par suite de leur prix plus élevé, ne peuvent soutenir la concurrence avec les autres,

MÉDAILLES D'OR.

MM. MASSENET, GÉRIN et JACKSON frères, à Saint-Étienne (Loire).

M. Massenet, gérant de cet établissement, est digne, à plus d'un titre, de la reconnaissance du pays par les services qu'il a rendus à l'industrie nationale.

Ancien élève de l'école polytechnique, il s'est retiré du service militaire en 1815, après six ans de grade de capitaine de génie, et neuf années de campagnes. De concert avec M. Garrigou, il a fondé à cette époque la première fabrique de faux en acier cémenté.

Plusieurs fabriques importantes de ce genre se sont élevées depuis, mais l'établissement de Toulouse, dirigé par M. Massenet, resta toujours placé au premier rang.

En 1839, il est revenu à St-Étienne pour y créer une fabrique de faux en acier fondu, qui est aujourd'hui l'une des plus considérables, puisque sa vente annuelle s'est élevée à 250,000 pièces.

La bonne réputation qui est acquise à la faux en acier fondu nous fait espérer qu'elle remplacera bientôt la faux en acier de Styrie, dont l'importation a diminué d'une manière sensible l'année dernière. Ce qui nous fortifie dans cette opinion, c'est que MM. Massenet, Gérin et Jackson commencent à les exporter en Suisse, où elles se vendent avec succès, quoique à un prix plus élevé de 30 p. o/o.

Le jury, en constatant à la fois les efforts et les

succès de MM. Massenet, Gérin et Jackson, se plait à leur décerner la médaille d'or.

M. RUFFIÉ (Alexandre), à Foix (Ariége).

Les faux en acier cémenté de M. Ruffié sont connues avantageusement dans le commerce, et les soins apportés dans leur fabrication ont valu à l'exposant des débouchés considérables pour cet article.

Les échantillons exposés sont d'une très-belle exécution. (Voir, pour la récompense, à l'article *Acier.*)

MM. COULAUX aîné et Cie, à Molsheim (Bas-Rhin).

L'ancienne manufacture d'armes blanches de Klingenthal ayant été vendue par le gouvernement, qui a transporté cette fabrication à Chatellerault, MM. Coulaux aîné et Cie ont acheté les usines qui la composaient, et afin de les rendre à leur ancienne activité, ils y ont tout récemment établi la fabrication des faux en acier naturel. L'acier qu'ils emploient pour cet article est celui qu'ils fabriquent avec les fontes du Rhin, et comme par sa qualité nerveuse il s'approche le plus de l'acier de Styrie, qu'il surpasse par la finesse du grain, il est probable que cette fabrication aura un grand succès, surtout en ce qui concerne la faux affûtée au marteau, qui est celle que nous employons en France.

Les échantillons exposés sont d'une très-belle confection et ne laissent rien à désirer.

Cette maison fabrique également les faux en

acier fondu forgées, et celles laminées à dos rapporté. (Voir, pour la récompense, à l'article *Quincaillerie.*)

MÉDAILLE D'ARGENT.

MM. J.-E. DESSERRES et Cie, usine de Saint-Louis, à Saverdun (Ariége).

Cet établissement, qui produit les aciers et les faux, a été fondé en 18 9, mais ce n'est que depuis quelques mois que M. Desserres s'en est rendu l'acquéreur et en a entrepris la gestion. Malgré ce court espace de temps, il a réussi à faire connaitre les produits de cette fabrique d'une manière très-avantageuse, et l'activité et les soins qu'il ne cesse de donner à sa fabrication ne pourront manquer de lui assurer de nombreux débouchés.

Les faux exposées par cette maison sont d'une belle confection, et le jury se plait à lui décerner la médaille d'argent pour l'ensemble de ses produits.

RAPPEL DE MÉDAILLE DE BRONZE.

M. BOBILLIER (François-Sylvain), au-dessus de la fin des Gras (Doubs).

La fabrique de M. Bobillier fournit annuellement 6000 faux à la consommation, dont 1/5 est exporté. Ces faux sont fabriquées en fer et acier, d'une bonne confection, et d'un mérite généralement apprécié.

Le jury lui rappelle la médaille de bronze, accordée en 1834.

MÉDAILLE DE BRONZE.

M. PELLETIER (François-Joseph), successeur de M. Billod, à Laferrière-sous-Jougne (Doubs).

Les produits de cette maison se recommandent par une bonne qualité, et jouissent dans la localité d'une réputation méritée. Leur prix modéré les admet même sur les marchés de la Suisse.

Le jury accorde à M. Pelletier la médaille de bronze.

MENTION HONORABLE.

MM. POURCHET frères, à Maisons-du-Bois (Doubs).

Les faux en fer et acier exposées par M! Pourchet font preuve d'un travail soigné.

Le jury lui accorde une mention honorable.

---

§ 4. OUTILS DE FORGES, ENCLUMES, ÉTAUX, SOUFFLETS.

Considérations générales.

L'immense développement de notre industrie métallurgique, a donné une grande importance à la fabrication des outils de forge, et l'on peut estimer à plusieurs millions les produits qu'elle fournit annuellement à la consommation.

Les enclumes exposées sont généralement

d'une belle forme et d'un fini parfait ; mais leur table d'acier laisse encore beaucoup à désirer. On y remarque souvent des pailles, des gerçures et des inégalités de trempe.

Comme la bonne exécution de la mise d'acier est une condition essentielle de réussite, nous devons appeler à cet égard l'attention des fabricants.

Les imperfections que nous venons de signaler, résultent de la manière défectueuse qu'on a généralement adoptée dans l'*aciérage* de cet outil. La plupart des fabricants d'enclumes prennent de l'acier cémenté trempé ; qu'ils font casser en petits morceaux d'un cube de 20 à 40$^m/_m$, et qu'on pose ensuite l'un à côté de l'autre sur un châssis de fer d'environ 16$^c/_m$ carrés ; on fait subir à ces châssis une chaude soudante afin que les morceaux collent ensemble, puis on les soude sur le bloc d'enclume ; il faut ordinairement quatre de ces châssis pour former la table.

Cette méthode donne lieu à plusieurs inconvénients. D'abord celui qui résulte du raffinage fatigant et incomplet de l'acier dans une petite forge, ensuite les coups de marteau portant presque toujours sur le plat côté de ces morceaux, tendent plutôt à les écarter qu'à les réunir. En effet si l'on examine attentivement la table d'une enclume trempée, on reconnaît, pour ainsi dire, les contours de chaque morceau d'acier : elle a l'air d'un damier, et ceci indique un soudage vicieux ou incomplet ; de là aussi, bien des pailles et des places tendres.

En Allemagne on procède d'une manière plus rationnelle :

L'acier brut qu'on destine à l'enclume est d'abord parfaitement raffiné *dans un martinet*, et subit plusieurs corroyages ; de cette manière on obtient un acier bien soudé et d'une nature très-homogène ; on l'étire en barre à la largeur de l'enclume, on coupe ces barres en morceaux plus ou moins longs selon la dimension de la table et on soude ces plaques très-facilement et sans aucun inconvénient.

Il résulte de ce procédé que les tables sont non-seulement d'une trempe parfaite et égale, et ne présentent pas de solutions de continuité dans l'acier, mais qu'elles prennent encore un poli brillant, si on les frotte avec du grès.

L'essentiel est, de n'employer que des aciers bien raffinés et d'une bonne qualité, et sous ce rapport on doit recommander les aciers naturels produits avec les fontes miroitantes, parce qu'ils prennent une bonne trempe et supportent bien le feu. C'est aussi l'acier qui est généralement employé en Allemagne, et on obtient par là des produits supérieurs aux nôtres quant à la qualité.

Les *tas d'orfèvres* où de ferblantiers, dont nous remarquons plusieurs échantillons, auraient depuis longtemps déjà dû ouvrir les yeux à nos fabricants d'enclumes, puisqu'on les acière avec une plaque d'acier bien raffiné, par un procédé analogue à celui que nous avons décrit. Ces tas ou bigornes sont d'une belle confection et d'une bonne trempe; ils n'auraient cette dernière qualité que d'une manière bien imparfaite, si on les avait aciérés comme les enclumes.

Nous espérons qu'à la prochaine exposition ce grave défaut aura entièrement disparu, et qu'on saura joindre une amélioration de qualité à ce fini de travail et de façon que nous sommes à même de constater dès à présent.

Plusieurs espèces de *soufflets* sont exposées et se font remarquer par une bonne disposition. Nous croyons qu'il serait imprudent d'établir des préférences à cet égard, parce que la forme convenable d'un soufflet dépend beaucoup de l'habitude de l'ouvrier et du genre de fabrication auquel il est destiné.

Les *étaux* sont généralement bien établis et dans de justes proportions pour l'usage qu'on en exige. L'emploi d'un bon fer est pour cet article de la plus grande nécessité; et la qualité de cette matière ne doit jamais être sacrifiée au bon marché.

On a apporté quelques perfectionnements dans cette fabrication : le plus important se remarque dans l'étau adopté par la marine, et consiste à donner un prolongement à la vis au delà de la boîte ; de cette manière si l'étau est ouvert de toute sa largeur, la vis reste beaucoup plus engagée dans la boîte que dans l'ancien modèle.

Nous avons encore à signaler les grandes améliorations qui ont eu lieu dans les prix de ces divers articles. Les *enclumes* qui se vendaient il y a quinze ans à 240 francs les 400$^{kil.}$ sont offertes aujourd'hui à 100 francs. Il en est de même des *étaux* ; leur prix, de 240 francs, est descendu à 130 francs. C'est donc une différence très-considérable avec les anciens prix et qui mérite d'être appréciée. Les soufflets ont également ment subi une forte baisse.

RAPPELS DE MEDAILLES D'ARGENT.

M. CHAMOUTON, à Paris, rue François-Miron, 13.

Cette maison dont la fondation remonte à 1793, s'est maintenue constamment au premier rang par sa belle et bonne fabrication. Ses enclumes, étaux, bigornes, se distinguent par leur belle forme et leur fini parfait.

Aussi le jury s'empresse-t-il de rappeler à

M. Chamouton la médaille d'argent accordée en 1839.

M. POTDEFER, à Nevers (Nièvre).

Les produits de ce fabricant actif et capable jouissent depuis longtemps d'une réputation méritée. Qualité constante, prix modérés, voilà ce qui distingue sa fabrication.

Il est encore à remarquer que M. Potdefer est le seul fabricant de la Nièvre qui ait exposé depuis 1806, sans aucune interruption.

Le jury lui rappelle avec satisfaction la médaille d'argent, qu'il lui avait accordée en 1839.

MÉDAILLE D'ARGENT.

M. MALESPINE, à Saint-Étienne (Loire).

L'établissement de M. Malespine est un des plus importants pour la fabrication des outils de forge.

Il produit annuellement

700,000 kilogr. fer, essieux et grosses pièces de forge.
1,500 pièces enclumes.
1,200 étaux.
200 bigornes.
300 soufflets.
400 filières.
30,000 kilogr. pelles à terre.

Les produits exposés par ce fabricant se recommandent par leur bonne exécution et leur prix très-modéré ; les essieux de wagons surtout, sont d'un beau travail.

Depuis la dernière exposition il a établi une forge pour puddler lui-même ses fers; il en obtient un double avantage, celui d'avoir des fers propres à l'usage auquel il les destine, et celui d'y produire avec plus de facilité et d'économie les grosses pièces de forge qu'on lui demande.

Les succès obtenus par M. Malespine sont d'autant plus méritoires, qu'il a commencé sa carrière comme simple ouvrier forgeron.

Le jury, pour lui exprimer sa satisfaction, se plait à lui décerner la médaille d'argent.

Il avait obtenu la médaille de bronze en 1834 et son rappel en 1839.

RAPPEL DE MÉDAILLE DE BRONZE.

M. SCHMITT, à Paris, rue de la Tannerie, 12.

La fabrique de M. Schmitt est depuis longtemps avantageusement connue dans le commerce; les enclumes et les étaux qu'elle produit sont d'un travail soigné.

Le jury lui rappelle la médaille de bronze, qui lui fut décernée en 1839.

NOUVELLE MÉDAILLE DE BRONZE.

M. DELAFORGE, à Paris, rue de Pontoise, 12.

Les forges portatives de ce fabricant se distinguent par leur belle exécution et leurs prix modérés (de 120 à 170 fr. pour une forge toute en fer et son soufflet).

Il a obtenu en 1823 la citation favorable, la

mention honorable en 1827, et la médaille de bronze en 1834.

Le jury, appréciant les progrès notables que M. Delaforge a réalisés dans sa fabrication, lui décerne une nouvelle médaille de bronze.

MÉDAILLES DE BRONZE.

M. FUSELLIER, à Nevers (Nièvre).

La fabrication de M. Fusellier est depuis long-temps très-appréciée par la consommation. Cet établissement présente beaucoup d'avantages à la localité, sous le rapport des moyens qu'il possède de satisfaire à tous les besoins, en ce qui concerne le forgeage et l'ajustage du fer.

L'ancre pour l'artillerie de terre et l'enclume exposées par ce fabricant sont fort bien exécutées.

Le jury, pour récompenser ses efforts intelligents, lui accorde la médaille de bronze.

M. RICHARD-DORIVAL, à Balan (Ardennes).

Quoique fort ancienne, cette maison se présente pour la première fois à l'exposition, mais accompagnée d'honorables antécédents.

M. Richard a créé en 1806 la fabrication de ces outils dans les Ardennes. En 1829 son fils lui succéda, et depuis cette époque seulement cet établissement a livré à la consommation plus de 12,000 enclumes et 5,500 étaux, ce qui prouve le mérite de ses produits.

Le jury se plaît à décerner à ce fabricant la médaille de bronze.

MM. CHAUFFRIAT et BARON, à Saint-Étienne (Loire).

Les étaux, enclumes et pelles exposés par MM. Chauffriat et Baron sont bien fabriqués, et d'un prix modéré.

Leur vente s'est grandement développée, grâce aux soins et à l'activité que ces fabricants déploient dans la gestion de leurs affaires.

Il est seulement à regretter qu'ils n'aient pas jugé convenable d'épargner au gouvernement les frais de transport de leur énorme enclume de 1,625 kil., qui ne présente point l'utilité qu'on désire trouver dans les objets admis à l'exposition.

On a accordé à MM. Chauffriat la mention honorable à l'exposition de 1839 ; aujourd'hui le jury leur décerne la médaille de bronze.

MM. DOREMUS et ENFER, à Paris, rue de Malte, 32.

Ces fabricants ont exposé des forges portatives et des soufflets circulaires sans emploi de bois ; les soufflets sont d'une grande puissance, ce qui a permis d'en réduire les dimensions presqu'à moitié de grandeur des anciens ; ils sont encore très-faciles à manier ; les cuirs sont montés sans clous, au moyen de cercles à vis, et sont par conséquent moins susceptibles de réparation.

Le jury décerne à MM. Doremus et Enfer une médaille de bronze.

M. PAILLIETTE, à Paris, rue de la Montagne-Sainte-Geneviève.

M. Pailliette a exposé un soufflet carré à vent continu qui lui a valu la mention honorable en 1839.

La faveur avec laquelle ce soufflet a été accueilli par la consommation depuis la dernière exposition décide le jury a décerner cette fois à M. Pailliette, une médaille de bronze.

M. THOMAS (Louis), à Nevers (Nièvre).

M. Thomas a fondé en 1835 à Nevers une fabrique d'étaux, enclumes et autres outils de forge. Cet établissement conduit avec activité et économie ne peut manquer d'acquérir de nouveaux développements.

Le jury accorde à M. Thomas une médaille de bronze.

MENTIONS HONORABLES.

M. VILLEMOITE, à Metz (Moselle).

Les étaux et bigornes exposés par M. Villemoite sont fabriqués dans des proportions convenables.

Le jury se plaît à lui accorder une mention honorable.

MM. MEURANT frères, à Charleville (Ardennes).

MM. Meurant sont d'habiles serruriers dont les produits sont très-estimés.

Les crics et étaux exposés par ces fabricants sont d'un bon travail, et leur valent de la part du jury la mention honorable.

CITATION FAVORABLE.

M. LERICHE-MEURANT, à Charleville (Ardennes).

Le jury accorde une citation favorable à ce fabricant pour sa forge portative d'une construction simple et économique.

------

§ 5. QUINCAILLERIE.

Considérations générales.

La quincaillerie se rattache à presque toutes les autres industries par la grande variété d'outils qu'elle est appelée à leur fournir. Cette considération donne la mesure de son importance, et en même temps de la gravité de sa mission, surtout si l'on admet combien la perfection d'une main-d'œuvre dépend de l'instrument qui a servi à l'exécuter.

La date encore peu ancienne (1817), à partir de laquelle la quincaillerie a commencé à marquer comme industrie importante, est celle de l'organisation de grands centres de fabrication ;

Des difficultés de plus d'un genre s'opposèrent à leurs premiers développements : la multitude d'articles à établir, dont le plus grand nombre n'avait pas été jusque-là fabriqué en France , et pour lesquels on était obligé de faire venir des ouvriers étrangers, l'incertitude sur le choix des matières premières le plus convenables, la peine qu'on éprouvait à former de bons ouvriers français , puisque les ouvriers étrangers s'y opposaient autant que possible, toutes ces causes réunies devaient compliquer la tâche des fabricants.

On avait non-seulement à vaincre les difficultés de fabrication intérieure, mais il fallait encore lutter contre une fabrication étrangère dont la réputation était bien établie. Aussi pendant longtemps les progrès ont-ils été peu sensibles, et les produits français ne pouvant réunir de prime abord, toutes les qualités qu'on trouvait dans les produits étrangers, il en résulta une prévention fâcheuse contre la quincaillerie française. Il s'agissait donc de détruire une mauvaise réputation pour en acquérir une bonne, et sous ce rapport les efforts des fabricants ont amené d'heureux résultats; il ne reste plus aujourd'hui que quelques articles qui soient encore demandés de préférence aux étrangers, et que nous n'avons pu établir faute de matières premières convenables, ou parce que nous ne possédons pas encore pour quelques spécialités, des ouvriers assez expérimentés.

La quincaillerie s'occupe peu d'articles de luxe, mais principalement d'articles de première nécessité, et dont la majeure partie est consommée par les classes les moins aisées. Il suit de là que le principal mérite d'un outil consiste dans une qualité régulière, jointe à une forme convenable, ainsi que dans une juste proportion entre son prix et le degré d'usage qu'il peut faire.

Il convient donc de bannir de cette fabrication les ornements et complications qui ne serviraient qu'à augmenter le prix sans aucune utilité.

En envisageant sous ces trois points de vue les articles exposés, nous avons à constater des améliorations réelles; car les fabricants se sont appliqués avec persévérance à perfectionner leurs produits, tant sous le rapport des formes extérieures, que sous celui de la qualité. Les diminutions de prix sont moins sensibles, en raison des exigences légitimes de la grande majorité des consommateurs qui n'admettent plus dans ces articles la médiocrité, par la raison qu'un bon outil abrége leur travail et le rend meilleur, tandis qu'un mauvais leur fait perdre leur temps et leurs peines.

On se ferait du reste une idée incomplète du grand développement que la quincaillerie a acquis en France, si l'on admettait comme base unique le nombre des exposants; car en dehors des établissements les plus importants et les plus connus, il existe un grand nombre de fabricants et d'ouvriers, répandus sur tous les points de la France, s'occupant chacun d'articles spéciaux, ou travaillant pour les besoins de sa localité; leur sphère d'activité, quoique plus restreinte, n'en est pas moins digne d'intérêt, et réunis, ils forment un ensemble de travail imposant qui est à considérer dans l'appréciation générale de cette industrie.

Ainsi que nous venons de le dire, la quincaillerie, par suite même de l'immense variété de ses produits, occupe un très-grand nombre d'ouvriers; la plupart de ces ouvriers travaillent à la pièce et se trouvent dans une bonne position sociale, peu troublée par les crises qui affligent souvent d'autres populations industrielles. Cette considération jointe à tant d'autres rend la quincaillerie digne de la sollicitude du Gouvernement.

RAPPEL DE MÉDAILLE D'OR.

MM. COULAUX aîné et **Cie**, à Molsheim (Bas-Rhin).

La maison Coulaux, par la grande variété de sa fabrication et l'importance de ses usines, est une des premières dans son genre.

Elle fabrique l'acier, les limes, les faux, les scies laminées, les vis à bois et tous les outils composant la grosse quincaillerie.

Quand on connaît les difficultés inhérentes à chacune de ces branches d'industrie, on est à même d'apprécier ce qu'il faut de soin et d'activité pour donner à tous ces produits la perfection de travail et de qualité qui se fait généralement remarquer dans les articles de la fabrique de MM. Coulaux.

A l'exposition de 1823 cette maison a obtenu la médaille d'or, et le rappel de cette médaille en 1834 et 1839. MM. Coulaux aîné et Cie, faisant toujours honneur à cette récompense de premier ordre, le jury leur confirme la médaille d'or avec la même satisfaction.

MÉDAILLES D'ARGENT.

MM. PEUGEOT aînés et **JACKSON** frères, à Hérimoncourt (Doubs).

Depuis la dernière exposition MM. Peugeot frères ont partagé leur établissement. MM. Peugeot aînés se sont associés à MM. Jackson, et continuent, sous l'intelligente direction de M. Fritz Peugeot, l'exploitation des usines qui leur sont tombées en partage. Ils ont ajouté depuis, de nouvelles constructions ; de sorte que cette maison est aujourd'hui comme auparavant à même de satisfaire aux demandes du commerce.

La réputation que MM. Peugeot frères se sont acquise dans la fabrication des scies laminées est maintenue honorablement par MM. Peugeot aînés et Jackson, et le jury se plaît à leur décerner une médaille d'argent.

M. SALIN (Jacques-Maillard), à Valentigny (Doubs).

Cette maison fabrique les scies laminées, les aciers de ressorts, et différents articles de quincaillerie. Ses produits, qui sont établis avec l'acier fondu de sa propre fabrication, jouissent d'un placement avantageux, et sont généralement estimés.

Cet établissement, quoique ancien, expose aujourd'hui pour la première fois depuis sa séparation avec MM. Peugeot. Le jury accorde à M. Maillard-Salin la médaille d'argent.

M. GAUTIER, à Paris, rue François-Miron, 6.

La fabrique de taillanderie de M. Gautier a été fondée en 1790, et depuis cette époque elle a constamment suivi les perfectionnements progressifs de l'industrie.

Les produits de ce fabricant actif et expérimenté se font remarquer par leur belle confection, et leur excellente qualité.

Cet établissement avait obtenu aux précédentes expositions des médailles de bronze, aujourd'hui le jury le juge digne de la médaille d'argent.

M. MERCIER-BLANCHARD, à Paris, rue des Gravilliers, 37.

Les articles exposés par M. Mercier se composent d'environ 400 outils divers pour selliers, bourreliers, carossiers, relieurs, papetiers, peintres et cordonniers; tous ces outils se font généralement remarquer par leur bonne exécution et leur qualité.

Aussi leur mérite est-il généralement apprécié, et a permis à M. Mercier de donner de nouveaux développements à son établissement qui est aujourd'hui un des premiers dans son genre.

Le jury se plaît à accorder la médaille d'argent à M. Mercier-Blanchard, qui avait obtenu une médaille de bronze en 1839.

M. MONGIN, à Paris, rue des Juifs, 11.

La fabrique de scies de M. Mongin soutient toujours sa vieille réputation. Les scies pour scieurs de long de ce fabricant, ainsi que celles pour scieries mécaniques sont surtout très-recherchées par les consommateurs.

M. Mongin a obtenu plusieurs médailles de bronze. Aujourd'hui le jury, pour récompenser le zèle et l'intelligence de ce fabricant, se plaît à lui accorder la médaille d'argent.

RAPPEL DE MÉDAILLE DE BRONZE.

M. CAMUS fils, à Paris, rue de Viarmes, 33,

A exposé des outils pour menuisiers, machines à

plomber, tas polis et haches, qui sont le résultat d'une bonne fabrication.

Le jury lui rappelle la médaille de bronze accordée en 1834.

NOUVELLE MÉDAILLE DE BRONZE.

M. ARNHEITER, à Paris, rue Childebert, 13.

Les échantillons qu'il a exposés se font remarquer par leur grande variété et souvent par leur ingénieux perfectionnement.

Les instruments d'agriculture et de jardinage de ce fabricant, jouissent d'une bonne réputation, et les améliorations qu'il ne cesse d'apporter dans ses produits méritent d'être cités.

M. Arnheiter a obtenu la médaille de bronze en 1834, son rappel en 1839. Aujourd'hui le jury lui décerne une nouvelle médaille de bronze.

MÉDAILLES DE BRONZE.

MM. SOMBORN et Cie, à Boulay (Moselle).

La fabrique de grosse quincaillerie de M. Somborn est conduite avec intelligence et économie, et ses produits trouvent généralement en France un écoulement facile, par suite de leur façon convenable et de leurs prix modérés.

C'est la première fois que ce fabricant paraît à l'exposition, et le jury s'empresse de lui décerner la médaille de bronze.

Madame veuve BATELOT, à Blamont (Meurthe).

L'importance de sa fabrication d'outils aratoires et de taillanderie a augmenté par suite de la bonne qualité de ses produits et leurs prix modérés.

Une mention honorable a été accordée à son établissement en 1839. Aujourd'hui le jury lui décerne la médaille de bronze.

M. CHEVALIER, à Paris, rue Ménilmontant, 9,

A exposé une belle collection d'outils de taillanderie dont la qualité et la bonne fabrication sont généralement appréciées.

Aussi son établissement peut-il être classé parmi les principaux dans son genre, et le mérite de ce fabricant est d'autant plus grand, qu'il y a vingt ans il était encore ouvrier et sans aucune fortune.

M. Chevalier emploie pour sa fabrication, principalement des matières premières des usines françaises.

Il a obtenu une citation favorable en 1834 et 1839. Aujourd'hui le jury se plaît à lui décerner la médaille de bronze.

M. GÉRARD, à Paris, rue Saint-Antoine, 195.

Pour faciliter la fabrication de ses outils de menuisiers et d'ébénistes, M. Gérard a introduit dans ses ateliers plusieurs machines d'une conception aussi simple qu'ingénieuse.

Les outils qu'il a exposés se recommandent par une confection bien raisonnée pour l'usage auquel ils sont destinés.

Le jury lui accorde une médaille de bronze.

MM. BERNIER aîné et frères, rue du Faubourg-Saint-Antoine, 91.

Leurs outils de menuisiers et d'ébénistes ont été reconnus d'un travail très-soigné. Depuis long-temps cette maison s'occupe avec succès de ce genre de fabrication, et la bonne réputation que M. Klun s'était déjà acquise, est maintenue honorablement par ses successeurs.

Le jury leur accorde la médaille de bronze.

———

RAPPELS DE MENTIONS HONORABLES.

M. KLEIN, à Paris, rue Montmartre, 118,

A exposé un établi d'ébéniste garni de ses outils, d'une parfaite exécution.

Il a encore exposé des formes mobiles, d'une combinaison ingénieuse, pour élargir les chapeaux.

Le jury se plaît à lui rappeller la mention honorable accordée en 1834.

M. LEVASSEUR, à Paris, rue des Ursins, 4.

Le jury rappelle en sa faveur la mention honorable qui lui fut accordée en 1839 pour ses outils d'affûtage, et le fait avec d'autant plus de satisfaction que M. Levasseur s'en est rendu plus digne par le perfectionnement qu'il a apporté à ses outils. Son procédé consiste dans une plaque de métal qu'on peut facilement faire avancer ou reculer, et hausser ou baisser. Par ce moyen, il empêche la détérioration de leurs lumières.

M. BRESQUIGNAN, à Paris, rue des Gravilliers, 29.

Dans la série d'outils de selliers qui se recommandent par leur bonne fabrication, le jury a remarqué avec intérêt son couteau mécanique et son régulateur.

Il rappelle à ce fabricant la mention honorable, qu'il n'a cessé de bien mériter depuis 1839.

MENTIONS HONORABLES.

M. ROBERT-THOMAS, à Givonne (Ardennes).

Ce fabricant continue à maintenir la bonne réputation qu'il s'est acquise pour ses produits en fer platiné, tels que bassines, casseroles, pelles à terre; et le jury s'empresse de lui accorder la mention honorable.

M. GRANGER (Auguste), à Saint-Étienne (Loire).

M. Granger a exposé des outils de menuiserie, dont il a commencé la fabrication à St-Étienne, il y a deux ans.

Le jury, appréciant les efforts que ce fabricant a dû faire pour introduire une industrie aussi difficile dans une contrée qui ne possédait pas cette spécialité, lui accorde la mention honorable pour les résultats déjà obtenus.

M. DESPRATS (Joseph-Vincent), à Gand (Haute-Garonne),

A exposé 3o pelles à terre dont la confection et

le prix modéré lui ont mérité de la part du jury une mention honorable.

M. CAMUS, à Paris, rue de Viarmes, 18.

Les marteaux de moulin, pièces à plomber, tôles piquées, brouettes et balances à bascule exposés par cette maison sont d'une belle et bonne fabrication. Le perfectionnement que ce fabricant a apporté aux bascules consiste à fixer le plateau au moment où l'on y pose la charge, par deux crochets de sûreté, qui sont adaptés au levier. Par ce moyen on empêche l'usure des couteaux, qui résulte ordinairement de la vacillation du plateau.

Le jury lui accorde la mention honorable.

M. BOURLIER (David), à Montéchéroux (Doubs).

M. Bourlier a exposé un assortiment complet d'outils d'horlogerie, dont la fabrication est très-étendue à Montéchéroux. Le beau travail qui distingue généralement les produits de cette localité est d'autant plus remarquable que ce sont des cultivateurs qui s'appliquent à cette industrie dans les moments où l'agriculture ne réclame pas leurs bras.

Le jury se plaît à accorder une mention honorable à M. David Bourlier.

M. LENOIR neveu, à Chaudron (Maine-et-Loire).

M. Lenoir a fondé depuis un an une fabrique d'outils aratoires. Il a exposé quatre pelles en fer, carrées, qui se recommandent par leur prix modéré.

Le jury lui accorde une mention honorable.

M. BERNARD, à Paris, rue Saint-Jacques, 218,

A exposé un assortiment d'instruments d'horti-culture fabriqués avec soin et intelligence.
Le jury lui accorde une mention honorable.

M. GONORD-ROSSE, à Cintray, près Breteuil (Eure).

Les échantillons de sa fabrication de tenailles, marteaux, tire-fonds, se recommandent par leurs prix modérés.
Le jury lui accorde la mention honorable.

M. DUMAY, à Paris, rue Jean-Robert, 22.

Le jury accorde à M. Dumay une mention hono-rable pour les instruments de selliers, carrossiers, papetiers, etc., qu'il a exposés. Les produits sont généralement très-bien fabriqués, et se recomman-dent par leurs prix modérés.

CITATIONS FAVORABLES.

M. LARENONCULE, à Paris, rue des Gravilliers, 29.

Le jury accorde une citation favorable à ce fa-bricant pour les outils de ferblantier qu'il a expo-sés, et qui se recommandent par leur bonne fabri-cation.

M. PHILIPPE, à Paris, rue de Charonne, 32.

M. Philippe s'occupe de la fabrication des outils

pour ferblantier. Le grand assortiment qu'il a exposé a été jugé d'une belle confection et d'une bonne qualité.

Le jury lui accorde une citation favorable.

M. FRANÇOIS, à Versailles (Seine-et-Oise).

Les outils aratoires de M. François sont bien fabriqués et trouvent leur débouché principal dans nos colonies.

Le jury lui accorde une citation favorable.

M. DUBOUCHÉ (Jean-Baptiste), à Limoges (Haute-Vienne).

Le jury accorde une citation favorable à M. Dubouché pour son outil à battre les faux.

M. BOURDEAUD, à Excideuil (Dordogne).

Le jury accorde une citation favorable à M. Bourdeaud pour son appareil à battre les faux.

M. LAVAUX, à Paris, rue de Charenton, 38.

Le jury cite favorablement M. Lavaux pour ses outils aratoires.

§ 6. VIS, BOULONS, CHARNIÈRES, FERS ESTAMPÉS.

Considérations générales.

Les produits de cette industrie, quoique de peu de valeur pris isolément, ne laissent pas que d'avoir une grande importance par les quantités

énormes qui sont livrées annuellement à la consommation.

Par suite du bas prix auquel on est parvenu à
les établir, la vente en a augmenté d'une manière
prodigieuse. Il y a quarante ans nous consom-
mions à peine annuellement 10 millions de pièces
de vis à bois, et nous les achetions à l'étranger;
aujourd'hui nous produisons dans le même espace de temps au delà de cent millions, et nous
pouvons les vendre à l'extérieur, partout où les
douanes n'y mettent pas obstacle.

Nous devons ces résultats aux perfectionnements des machines; car la vis qui se forgeait et
se taraudait à la main est aujourd'hui découpée,
emboutie et taraudée à la mécanique, qui nous
la fournit à meilleur marché et mieux faite.

Tout récemment encore on est parvenu à terminer la pointe de manière à pouvoir engager
immédiatement la vis dans le bois, sans le secours
préalable de la vrille. Cet article a subi il y a peu
de temps une nouvelle baisse de prix : espérons
qu'elle est le résultat de procédés de fabrication
plus avantageux et non d'une diminution du
salaire des ouvriers, qui pour le travail mécanique sont généralement peu rétribués.

L'extension que tend à prendre l'industrie
des machines, devra donner de nouveaux développements à la fabrication des *boulons;* le bon

choix du fer employé pour cet article, est la principale condition de sa qualité : il faut donc éviter de faire usage de fers cassants, qui ne lui donneraient pas la résistance nécessaire et qui en rendraient même l'emploi dangereux dans bien des cas.

Les *charnières* s'obtenaient également par un procédé mécanique qui semblait ne laisser rien à désirer ; cependant cette fabrication vient de recevoir un nouveau perfectionnement qui, en diminuant le prix de cet article, ne pourra manquer d'augmenter encore l'importance de sa consommation.

L'industrie des ustensiles en tôle étamée, nommée communément *fer battu*, quoique d'une date récente, a déjà eu un énorme développement, et la vogue dont jouit cet article va chaque jour en augmentant. La maison Japy dans laquelle cette industrie a pris naissance vend déjà à elle seule 5 à 600,000 kilogrammes par an.

Ces ustensiles sont fabriqués au moyen du mouton ou du balancier, qui permettent de donner à la tôle toutes les formes et dimensions désirables, depuis la poissonnière et la marmite jusqu'au sucrier. Et pour que rien ne soit perdu, on emploie les chutes qui résultent de cette fabrication pour les ferrures de meubles, cadenas, jouets d'enfants, etc.

Ces ustensiles ont sur ceux en fonte l'avantage d'être plus légers et de se chauffer plus facilement, et par conséquent d'une manière plus économique; ils sont encore d'un usage moins dangereux pour la santé que ceux en cuivre, et d'un prix beaucoup moins élevé.

NOUVELLE MÉDAILLE D'OR.

MM. JAPY frères, à Beaucourt (Haut-Rhin).

Le mérite de cette maison s'appuie sur une réputation d'un demi-siècle d'existence, et qu'elle a maintenue jusqu'à ce jour avec la plus grande distinction; des faits pareils sont rares dans le commerce et donnent la mesure de l'habileté et du zèle que ces fabricants ont dû déployer pour enrichir l'industrie des inventions si remarquables qu'elle leur doit.

L'importance de ses établissements, et le nombre de ses ouvriers (3,000), joints à la multiplicité et à la perfection de ses produits, doivent placer leur maison au nombre des premières de France.

Les principales branches de leur fabrication sont les mouvements de montre, la serrurerie, les vis, les boulons, les charnières, les ustensiles en fer battu, ainsi qu'une foule d'autres articles. Pour faire connaître l'importance de ces industries, il suffit d'indiquer la vente annuelle de cette maison, qui s'élève à la somme de 3 millions. Il est peu d'établissements qui présentent un pareil chiffre, surtout quand il s'agit d'une fabrication, non de matières premières, mais purement d'objets façonnés, et qui sont en grande partie d'une minime valeur. Bon nombre de leurs produits sont exportés en Suisse, en Italie, et dans le Levant, ce qui est d'autant plus remarquable que les matières premières qu'ils emploient leur coûtent plus cher que dans les pays où ils exportent les articles manufacturés.

Une médaille d'argent a été décernée à MM. Japy en 1806. En 1819 ils ont obtenu la médaille d'or, qui leur a été rappelée en 1823, 1827, 1834 et 1839. M. Japy jeune a reçu en outre la décoration de la Légion d'honneur.

Le jury, considérant les nombreux services que ces fabricants ont déjà rendus à l'industrie, et qu'ils rendent encore journellement, ne peut exprimer trop fortement à leur égard sa satisfaction, aussi s'empresse-t-il de leur accorder une nouvelle médaille d'or.

NOUVELLE MÉDAILLE D'ARGENT.

MM. MIGEON et fils, à Morvillars (Haut-Rhin).

MM. Migeon et fils ont créé en 1828 une fabrique de vis à bois et articles analogues. Cet établissement occupe aujourd'hui 800 ouvriers et produit annuellement pour une somme de 550,000 francs.

Cette maison possède en outre à Morvillars des forges où elle produit des fils de fer dont la plus grande partie est employée à sa fabrication de vis à bois.

Les articles fabriqués par MM. Migeon sont d'une bonne qualité et d'une confection régulière;

et les soins particuliers que ces Messieurs ne cessent d'apporter dans les moindres détails de leur fabrication ne peuvent qu'augmenter l'importance de leur établissement.

MM. Migeon et fils ont obtenu en 1839 la médaille d'argent; depuis ils ont grandement développé leur vente et leurs moyens de production, et le jury se plaît à leur voter une nouvelle médaille d'argent.

MÉDAILLE D'ARGENT.

M. JAPY (Louis), à Berne (Doubs).

M. Louis Japy a fondé en 1838 un établissement à Berne, où il fabrique les ustensiles de ménage en fer étamé, la grosse et la petite horlogerie, les pignons, les lampes mécaniques, et divers autres articles.

Les connaissances spéciales qu'il possédait dans cette fabrication, et les soins habiles qu'il y apporte, lui ont valu une réputation bien méritée, surtout pour ce qui concerne ses ustensiles en fer battu, qui se distinguent parmi tous les autres par leur fini et leur brillant étamage.

La commission des instruments de précision rendra compte des produits d'horlogerie et de la lampe exposés par ce fabricant.

Le jury, tout en restant fidèle à sa mission, s'empresse de signaler dans ses rapports toute bonne organisation que le fabricant introduit dans l'intérêt de la classe ouvrière, et il se trouve heureux de constater que M. Japy a fondé, et qu'il entretient à ses frais une école primaire pour les enfants de ses ouvriers.

C'est la première fois que M. Louis Japy expose, et le jury se plaît à lui décerner la médaille d'argent pour l'ensemble de ses produits.

RAPPELS DE MÉDAILLES DE BRONZE.

M. PRUDHOMME, à Bercy (Seine).

Les boulons de M. Prudhomme se distinguent par leur bonne qualité et leur confection soignée. Il fabrique cet article dans toutes ses variétés, pour carrossiers, mécaniciens, filateurs, etc.

M. Prudhomme a obtenu la médaille de bronze en 1839. Le jury la lui rappelle avec éloge.

M. VARLET, à Paris, rue du Faubourg Saint-Antoine, 3.

Les produits estampés que M. Varlet a exposés, comme réchauds, grilles, brûloirs, poêles, chaufferettes, etc., sont en général d'une bonne fabrication, et d'un prix avantageux.

Le jury lui rappelle la médaille de bronze accordée en 1834.

MÉDAILLES DE BRONZE.

M. LEJEUNE fils, à Paris, rue de Charenton, 83.

Les produits de la fabrique de M. Lejeune jouissent depuis longtemps d'une réputation bien méritée dans le commerce, et ce fabricant intelligent vient d'y acquérir de nouveaux droits par un perfectionnement important qu'il a introduit dans la fabrication des charnières, et qui consiste à les découper sans déchet, ce qui lui procure une grande économie dans le prix de revient de cet article et le met à même de le vendre à meilleur marché qu'on ne l'a fait jusqu'à présent.

Les moulins exposés par le même fabricant se distinguent par une belle exécution.

Le jury, appréciant l'importance de l'établissement de M. Lejeune et les perfectionnements qu'il a introduits dans sa fabrication, lui décerne la médaille de bronze. M. Lejeune avait obtenu la mention honorable en 1839.

MM. PÉCHENARD-NANQUETTE et Cie, à Pied-Celle, près Fumay (Ardennes).

MM. Péchenard-Nanquette et Cie ont fondé depuis quatre ans une fabrique d'ustensiles en fer battu et étamé.

Cet établissement, malgré la date récente de sa fondation, s'est déjà signalé par des progrès réels, puisqu'il est parvenu à faire une grande variété de pièces, tout en employant les tôles des Ardennes, qui sont d'une qualité inférieure à celles du Berry et de la Franche-Comté. Ce résultat est dû à la perfection des machines, et notamment de celle qui sert à l'emboutissage, pour laquelle cette maison est brevetée.

MM. Péchenard et Cie occupent 200 ouvriers et produisent pour 400,000 fr. de fer battu.

Le jury pour reconnaître leurs efforts et les résultats déjà obtenus leur accorde une médaille de bronze.

M. BLOCH, à Versailles (Seine-et-Oise),

Ancien contre-maître d'une fabrique de boulons, se présente pour la première fois à l'exposition avec les produits de l'établissement qu'il a fondé lui-même à Versailles il y a six ans.

A force de travail et d'économie il est parvenu à donner les boulons qu'il fabrique, 10 à 15 p. 100 au-dessous des anciens prix, et ce résultat a été obtenu sans altération de la qualité, ni diminution du salaire des ouvriers.

Le jury décerne à M. Bloch une médaille de bronze.

MENTIONS HONORABLES.

MM. ROWCLIFFE frères et Cie, à Rouen (Seine-Inférieure),

Viennent de créer une fabrique de vis à bois. Cet établissement se trouvant au centre d'une grande consommation et possédant des machines perfectionnées, doit avoir de grandes chances de succès. Les produits exposés par cette maison parlent en sa faveur, et le jury s'empresse d'accorder la mention honorable à ces fabricants.

M. COQUERET, à Paris, place Royale, 26.

M. Coqueret s'est appliqué avec zèle et intelligence à la fabrication des vis cylindriques, et ses efforts ont été couronnés de succès, car son établissement occupe aujourd'hui le premier rang, et ses produits sont généralement estimés.

Aussi le jury se plait-il à lui accorder la mention honorable.

M. VITASSE, à Montey-Saint-Pierre (Ardennes).

Les boulons de ce fabricant se font remarquer par leur prix modéré et un travail régulier. M. Vitasse se présente pour la première fois à l'exposition, et le jury lui décerne une mention honorable.

CITATION FAVORABLE.

M. BOTTOLIER, à Paris, rue Geoffroy-Langevin.

Le jury accorde une citation favorable à M. Bottolier, pour les vis cylindriques qu'il a exposées.

---

§ 7. COUTELLERIE.

Considérations générales.

Il y a cinq ans M. Amédée Durand a parfaitement indiqué dans son rapport sur la coutellerie, les conditions dans lesquelles se trouve cette industrie. Comme il n'est pas survenu de changements notables à cet égard, nous n'aurons aujourd'hui à nous occuper que de quelques détails de fabrication et à examiner les progrès qu'elle a réalisés et ceux dont elle est encore susceptible.

Il serait difficile de juger de l'ensemble de cette industrie, par les seuls articles envoyés à l'exposition, puisque toutes les branches n'y figurent pas, et dans ce nombre il faut citer l'une des principales fabriques, celle de *Nogent*, à moins qu'on ne veuille admettre comme ses représentants les couteliers de Paris, qui demandent à la vérité un grand nombre de ses produits, afin de les monter eux-mêmes, à l'exception toutefois des ciseaux et quelques autres articles qu'ils vendent tels qu'ils les reçoivent.

Par l'indication de ce fait, nous sommes loin de vouloir diminuer le mérite que le coutelier parisien s'est acquis dans cette fabrication ; car indépendamment des lames qu'il confectionne lui-même, c'est lui qui indique à Nogent les modèles et les perfectionnements à introduire ; c'est entre ses mains que l'argent, la nacre et l'ivoire reçoivent ces formes gracieuses et de bon goût qui distinguent nos montures, et font de notre coutellerie de luxc un objet artistique ; c'est enfin grâce à ses efforts éclairés que cette branche a réalisé les progrès étonnants, qui lui ont valu la vogue universelle dont elle jouit.

On voit donc par ce qui précède que les relations intimes qui existent entre ces deux fabriques sont fondées sur des avantages réciproques, et Paris qui demande à Nogent une grande partie de ses lames, est à même de lui fournir des manches bien fabriqués et d'ajouter un nouveau lustre à l'excellente fabrication de Nogent.

Il est vraiment fâcheux qu'une industrie aussi importante que celle de la Haute-Marne et à laquelle le gouvernement accorde la plus grande protection qu'il puisse donner, ne soit représentée que par des intermédiaires dans la solennité qui réunit tant d'autres industries, et que des considérations d'intérêt personnel aient empêché le fabricant de Nogent d'occuper la place qui lui eût été si bien acquise dans les cadres de la coutellerie.

Toutefois, bien que des échantillons spéciaux nous aient fait défaut, nous ne devons pas moins constater les nombreux perfectionnements auxquels cette fabrique a su atteindre ; ses produits réunissent une qualité supérieure à des formes agréables et variées et jouissent d'une réputation distinguée ; et tout en améliorant les qualités, elle a diminué les prix d'une manière sensible ; sur beaucoup d'articles cette réduction s'élève à environ 10 p. 0/0 depuis cinq ans.

Les efforts qui ont dû être faits pour atteindre ce résultat sont d'autant plus remarquables, que les obstacles de fabrication sont plus nombreux à Nogent que partout ailleurs, par suite de la rareté des usines hydrauliques, et de la nécessité où l'on se trouve de recourir à des agents plus dispendieux pour faire marcher les aiguiseries. En effet beaucoup de meules sont mises en mouvement soit par la main de l'homme, soit par le concours des chevaux; si l'on joint à cela le prix très-élevé de la houille et des autres matières premières on pourra apprécier ce qu'il a coûté de peines pour surmonter d'aussi grandes difficultés.

A côté des fabriques de Paris et de Nogent vient se ranger celle de Thiers. Cette localité offre une situation des plus heureuses pour la fabrication de la coutellerie. Le bon marché des matières premières, l'abondance des aiguiseries mues par l'eau et le bas prix de la houille lui assurent de nombreuses chances de succès; et si le génie manufacturier parvient à tirer tout le parti possible de ces ressources, nul doute que Thiers n'arrive au rang des premières fabriques de l'Europe.

Ce qui distingue principalement ses produits, ce sont les prix très-modérés auxquels ils sont établis, et à cet égard nous ne croyons pas qu'il soit convenable d'aller plus loin; nous pensons au contraire que cette tendance, honorable et utile du reste, est peut-être tombée dans quelques exagérations, surtout s'il fallait admettre que le bon marché n'ait pu être obtenu que par des prix de fabrication trop restreints.

Quoi qu'il en soit, c'est aussi vers un autre but que le fabricant de Thiers doit diriger toute son attention, et puisqu'il a résolu d'une manière aussi complète le problème du bon marché, il ne voudra pas perdre de vue la question tout aussi importante de la bonne fabrication. S'il y apporte la perfection voulue, s'il s'attache à produire de belles qualités ainsi que plusieurs exposants en ont déjà donné l'exemple, il lui sera permis d'augmenter ces prix de vente et les salaires de ses ouvriers.

Le bas prix de la coutellerie commune de Thiers est encore surpassé par celui des couteaux de Saint-Étienne, et l'*Eustache*, qui était déjà renommé sous ce rapport, a subi une nouvelle baisse d'un demi-centime ; mais quand on songe que l'ouvrier qui s'applique à cette fabrication, gagne à peine de quoi mener une triste existence, le bon marché du couteau Eustache perd de son prestige.

Tels sont les principaux genres de cette industrie, d'autant plus importante, qu'il est impossible de la suivre dans toutes ses fractions ; car elle étend son réseau sur toute la France, et a son représentant dans la moindre localité. Ses développements ne peuvent du reste aller qu'en croissant en raison des progrès obtenus et de ceux qui se préparent. Déjà notre coutellerie commune est parvenue à lutter sur les marchés de l'extérieur avec la concurrence allemande et anglaise. Quant à celle de luxe, ainsi que nous avons eu occasion de le remarquer, elle jouit aujourd'hui d'une supériorité marquée sur toutes les autres.

Nous n'ajouterons que quelques mots sur la *coutellerie en fonte* qu'on commence à introduire en France. Cette fabrication a fait de grands progrès en Angleterre et en Allemagne, principalement celle des ciseaux d'exportation. Il va sans dire que les articles ainsi produits, tout en ayant beaucoup d'apparence, ont fort peu de qualité; il serait donc à désirer que ces produits ne pussent cacher leur infériorité sous une marque qui annoncerait une qualité supérieure, ainsi que cela a déjà eu lieu dans d'autres pays, en frappant le nom *acier fondu* sur des ciseaux en *fonte de fer*.

Nos lois punissent du reste très-sévèrement ces sortes de délits, et nos fabricants et nos magistrats comprennent trop bien tout le préjudice qui pourrait résulter, pour notre industrie en général, d'un abus pareil, pour ne pas veiller attentivement à ce qu'il ne soit jamais toléré en France; car la bonne foi est l'âme du commerce, et il faut éviter que la déloyauté de quelques individus ne puisse compromettre la bonne renommée de toute une fabrication.

Les instruments de chirurgie forment, sans aucun doute, la partie la plus intéressante de la coutellerie; nul autre instrument ne peut recevoir une destination aussi noble et aussi utile, et ne demande un travail plus rigoureusement soigné; sur nul autre ne pèse une aussi grave responsabilité.

C'est en effet une haute mission que celle de fournir à la chirurgie des auxiliaires aussi puissants et aussi indispensables, et nous devons reconnaître avec une vive satisfaction que nos fabricants français l'ont dignement comprise.

Les perfectionnements très-importants qu'ils ont apportés dans cette fabrication, sont les résultats, non-seulement d'un travail manuel, mais encore de conceptions scientifiques.

Certes la partie matérielle ou pratique de cette fabrication offre déjà une tâche assez compliquée, elle exige des soins aussi intelligents que minutieux pour donner à ces instruments cette grande précision de formes, et cette qualité à toute épreuve, qu'ils doivent réunir au plus haut point, puisque quelques grammes d'acier mal travaillés ou mal façonnés peuvent souvent compromettre le succès d'une opération chirurgicale.

Cependant il s'est trouvé des hommes guidés par des intentions généreuses qui, non contents d'exécuter habilement les modèles qu'on leur présentait, ont voulu créer à leur tour, et concourir à perfectionner l'art de l'opérateur par celui du fabricant.

Pour atteindre ce but, c'est dans la science même qu'ils devaient puiser leurs inspirations ; car ce n'est qu'en visitant les hôpitaux, qu'en assistant aux diverses opérations, qu'ils ont pu étudier l'usage de chaque instrument, et qu'ils ont appris à connaître toute l'importance de leur travail.

Nulle ville comme Paris ne pouvait du reste offrir plus de facilité à leurs nobles efforts, par cette concentration de sciences et de lumières, et par cette réunion de professeurs distingués, dont le nom et l'art sont devenus européens, et dont les conseils éclairés ont pu les aider puissamment.

C'est ainsi que tout se réunissait pour favoriser leur zèle dans la voie de perfectionnement qu'ils s'étaient tracée, et de là résulte que la fabrication des instruments opératoires a secondé avec intelligence et souvent avec bonheur les efforts de la chirurgie, et qu'elle a pris part, quoique d'une manière indirecte et secondaire, aux progrès d'un art dont le but est de servir l'humanité.

Récompenser une telle industrie est donc non-seulement faire acte de justice mais encore faire une chose utile, en attirant des hommes instruits et supérieurs dans une carrière qui n'avait guère compté jusqu'à présent que des ouvriers capables à peine de comprendre les indications et les besoins auxquels ils étaient appelés à satisfaire.

Aujourd'hui que la supériorité de nos instruments de chirurgie est incontestable, que nous en exportons dans tous les pays, nous recommandons à nos fabricants de contrôler et d'essayer *très-sévèrement* tous leurs produits; afin de maintenir la bonne réputation dont ils jouissent. Il serait même à désirer qu'on pût appliquer des épreuves générales, auxquelles on soumettrait *chaque pièce* avant de l'offrir à l'acheteur; car il nous semblerait fâcheux que des objets propres à une tout autre destination fussent soumis à des expériences plus sévères par nos manufactures d'armes, que ceux qui touchent aux intérêts les plus précieux de l'humanité.

RAPPEL DE MÉDAILLE D'OR.

M. CHARRIÈRE, à Paris, rue de l'École-de-Médecine, 6.

Le rapport du jury de l'exposition de 1839, qui accordait à M. Charrière une médaille d'or, se terminait ainsi : « En résumé M. Charrière a exécuté » avec beaucoup d'habileté, d'après les idées des chi-

» rurgiens, plusieurs innovations ou modifications
» d'un haut intérêt ; il a lui-même importé ou
» créé plusieurs instruments utiles ; il a donné au
» commerce d'exportation d'instruments de chi-
» rurgie une immense extension ; enfin il a con-
» tribué puissamment à la 'grande diminution qui
» existe aujourd'hui dans le prix de ces instru-
» ments. »

Nous avions à rechercher : 1° si, depuis cette
époque, le fabricant s'était présenté à l'exposition
de 1844 avec des inventions nouvelles ou des
modifications intéressantes, si sa fabrique avait
suivi une voie d'accroissements et de progrès ;
2° si son commerce d'exportation s'était agrandi,
si en un mot son industrie avait acquis une importance graduelle et évidente.

La fabrication des instruments de chirurgie suit
nécessairement les progrès de la science. Ainsi, depuis 1839, une opération nouvelle a été introduite
en chirurgie, c'est celle qui a pour but de guérir le
strabisme. A cette opération nouvelle, il a fallu de
nouveaux instruments, et la collection exposée par
M. Charrière est remarquable. Elle comprend les
instruments propres à toutes les méthodes et à tous
les procédés.

M. Charrière a modifié d'une manière avantageuse le scarificateur, en le rendant plus léger et
plus facile à armer.

Nous avons examiné avec intérêt les instruments
de sauvetage, imaginés par M. Charrière, et surtout
les appareils destinés à donner des secours aux as-
phyxiés et aux noyés.

M. Charrière a exposé les divers modèles de gibernes-trousses, de caisses d'instruments, qui lui ont été commandés pour le service de l'armée et de la marine; tous ces objets nous ont paru fabriqués avec des soins extrêmes.

Énumérer seulement les instruments nouveaux fabriqués, inventés ou modifiés par M. Charrière, nous entraînerait au delà des justes limites; nous ne ferons que signaler un porte-ligature de l'arrière-bouche; différents compresseurs de tumeurs érectiles, plus de 20 instruments nouveaux destinés aux opérations qui se pratiquent sur les yeux, d'autres pour les maladies de l'oreille et de la bouche; 23 instruments nouveaux ou avantageusement modifiés pour les maladies des voies génito-urinaires de l'homme et de la femme.

Pour la pratique des accouchements, des forceps, des céphalotribes, des compas pelvimètres d'un nouveau modèle. Les modifications apportées aux forceps résultent surtout des procédés employés dans la trempe, qui ont heureusement perfectionné les instruments à pression.

Nous avons aussi remarqué avec intérêt le nouveau système de pompes à ventouses exposé par M. Charrière; l'innovation de ce fabricant consiste dans l'application d'un piston à double parachute, qui donne à l'instrument une liberté et une facilité d'action qui le préserve de toute chance de dérangements possibles.

En envisageant les produits exposés par M. Charrière, sous le point de vue commercial et industriel, nous reconnaissons d'abord que la fabrication des instruments de chirurgie est devenue par les soins de M. Charrière, une fabrication fort importante. Si, dès 1839, l'Angleterre, tant vantée pour ce genre d'industrie, ne possédait pas, ce dont nous nous sommes assurés, des ateliers comparables à ceux de M. Charrière, l'extension qu'il leur a donnée depuis enlève toute chance à la concurrence étrangère.

M. Charrière a fait construire depuis peu dans un vaste local tous ses ateliers dans lesquels il n'emploie pas moins de 80 à 90 ouvriers gagnant depuis 3 jusqu'à 9 fr. par jour. Au dehors, et principalement à Nogent, 150 à 200 ouvriers sont encore occupés par M. Charrière.

A la fabrication des instruments de chirurgie, dont les ateliers, pour ce genre d'industrie, n'ont rien de comparable en Europe, M. Charrière a réuni, depuis peu de temps, des ateliers pour la fabrication des appareils et machines d'orthopédie et de bandages herniaires. C'est aussi dans son établissement que se fabriquent aujourd'hui la plupart des instruments destinés à la médecine vétérinaire, parmi lesquels nous avons remarqué avec intérêt un nouvel instrument imaginé par M. Derissieu pour fixer la bouche des chevaux lors des opérations qui se pratiquent dans cette cavité.

M. Charrière évalue à 500,000 fr. par an le produit des ventes faites par lui, dont les deux tiers pour l'exportation.

Le jury vote à M. Charrière le rappel de la médaille d'or dont il le regarde comme de plus en plus digne.

MÉDAILLE D'OR.

M. SAMSON, à Paris, rue de l'École-de-Médecine, 30.

Parmi les fabricants d'instruments de chirurgie nous avons dû distinguer M. Samson, auquel le jury a déjà accordé une médaille de bronze lors de l'exposition de 1834, et une médaille d'argent à celle de 1839.

M. Samson a présenté à l'exposition une belle collection d'instruments de chirurgie fabriqués dans l'établissement qu'il a créé en 1830, établissement où il n'occupait alors que trois ou quatre ouvriers, et où il en occupe aujourd'hui près de cinquante.

Nous avons été satisfaits des soins apportés dans les diverses parties de sa fabrication. Parmi les instruments qu'il a améliorés, nous avons remarqué surtout une scie à chaîne très-facile à démonter et un rachitome à lames mobiles, jouissant d'une grande force d'action et devant rendre très-facile l'ouverture du canal vertébral pour l'étude de la moelle épinière et de ses maladies dans les autopsies cadavériques.

Depuis la dernière exposition, M. Samson a considérablement étendu sa fabrication et ses relations commerciales. Les plus honorables témoignages lui ont été donnés par les commissions chargées d'examiner ses instruments dans diverses fournitures qu'il a faites aux administrations de la marine, aux forges royales et à la faculté de médecine de Strasbourg.

M. Samson doit être regardé comme l'un de nos

meilleurs fabricants d'instruments de chirurgie, et mérite de la part du jury la médaille d'or.

RAPPELS DE MÉDAILLES D'ARGENT.

M. CLERC-SIRHENRY, à Paris, place de l'École-de-Médecine, 6.

Les instruments présentés par M. Clerc-Sirhenry sont fabriqués avec beaucoup de soins et dignes de la réputation que s'est acquise cette maison. Nous avons remarqué surtout une belle lame de damas que M. Sirhenry est connu pour préparer d'une manière supérieure.

M. Clerc est gendre de M. Sirhenry auquel il a succédé, et il continue d'apporter dans la fabrication des instruments les soins qui ont valu d'honorables récompenses à son beau-père.

Le jury rappelle à M. Clerc la médaille d'argent, accordée à M. Sirhenry.

M. SABATIER, à Paris, rue Saint-Honoré, 84.

M. Sabatier, possédant un magasin à Paris et une fabrique à Thiers, a été à même d'introduire plusieurs perfectionnements dans la coutellerie de son pays.

Les produits par lui exposés réunissent les avantages d'une belle qualité à des prix très-modiques.

Le jury rappelle à M. Sabatier la médaille d'argent, accordée en 1839 à son père.

M. GILLET, à Paris, rue de Charenton, 41 et 43.

L'article rasoirs est sa spécialité, et sa fabrication jouit d'une très-bonne réputation.

M. Gillet père a obtenu en 1806 une citation favorable, la mention honorable en 1819, en 1823 la médaille de bronze, et la médaille d'argent en 1834; son rappel en 1839, en faveur de son fils.

Le jury lui accorde encore cette fois le rappel de cette même médaille.

M. LANGUEDOCQ, à Paris, rue Saint-Honoré, 138.

M. Languedocq a succédé à M. Gavet auquel on accorda déjà une citation favorable en 1806, la mention honorable en 1819, la médaille d'argent en 1823 et 1827, et le rappel de cette médaille en 1834.

Ce fabricant s'occupe spécialement de la coutellerie de table et de luxe, et les beaux échantillons qu'il a exposés lui ont valu de la part du jury le rappel de la médaille d'argent.

MM. BOSTMAMBRUN, oncle et neveu, à Saint-Remy, près Thiers (Puy-de-Dôme).

Ces fabricants ont exposé plusieurs couteaux de table, de cuisine, et couteaux fermants. Quoique leur établissement soit aujourd'hui peu considérable, le jury leur rappelle la médaille d'argent accordée en 1823, et rappelée aux expositions suivantes.

MÉDAILLES D'ARGENT.

MM. VIGUIÉ et Cie, à Paris, rue du Faubourg-Saint-Martin , 84.

MM. Viguié et Cie ont exposé de la coutellerie fabriquée à la mécanique. Les machines qu'ils ont inventées pour *découper*, *amincir* et *monter* les couteaux sont à la fois simples, ingénieuses et d'une bonne exécution.

Nous pensons que les nouveaux moyens de fabrication employés par cette maison auront une grande influence sur cette industrie et pourront devenir un puissant auxiliaire à la coutellerie en général.

Le jury, reconnaissant les efforts persévérants de MM. Viguié et Cie, leur décerne la médaille d'argent.

M. LAPORTE, à Paris, rue des Filles-Saint-Thomas, 20.

Ce fabricant intelligent continue à soutenir avec honneur la bonne réputation qu'il s'est acquise en France et même à l'étranger. La coutellerie de luxe lui a de grandes obligations, car c'est lui le premier qui a décidé nos grandes maisons d'orfévrerie au placement de nos couteaux de table, qu'elles préfèrent aujourd'hui à ceux d'Angleterre.

Les soins minutieux qu'il apporte dans sa fabrication le mettent à même de ne livrer au commerce que des produits d'une qualité parfaite.

M. Laporte a déjà obtenu deux médailles de bronze.

Le jury se plait à lui accorder la médaille d'argent, comme étant bien méritée.

RAPPEL DE MÉDAILLE DE BRONZE.

M. FRESTEL, à Saint-Lô (Manche).

Les couteaux et rasoirs de ce fabricant se distinguent par leur belle confection.

Le jury lui fait rappel de la médaille de bronze accordée en 1839.

NOUVELLES MÉDAILLES DE BRONZE.

M. GUERRE (Jean-Baptiste), à Langres (Haute-Marne).

M. Guerre est le seul exposant qui représente la coutellerie de Langres.

Ses produits réunissent à la fois les avantages d'une belle fabrication et d'un prix modéré.

Ce fabricant jouit du reste depuis longtemps d'une réputation honorablement acquise.

Il a obtenu la médaille de bronze en 1823, et depuis il n'a plus exposé. Le jury lui accorde une nouvelle médaille de bronze.

M. PARISOT, à Paris, rue Richelieu, 113.

M. Parisot a succédé à M. Touron, dont les produits jouissaient d'une excellente réputation. Élevé dans la fabrication de la coutellerie, et familier avec tous ses avantages et ses difficultés, il saura soutenir dignement le nom de sa maison.

M. Touron avait obtenu une médaille de bronze en 1827 et son rappel en 1834. Le jury accorde aujourd'hui à M. Parisot une nouvelle médaille de bronze.

M. VAUTHIER, à Paris, rue Dauphine, 40.

M. Vauthier est un des meilleurs fabricants de coutellerie de Paris. Ses produits se distinguent par leur forme élégante et leur qualité. Il avait obtenu la médaille de bronze à l'exposition de 1839. Le jury, appréciant le mérite de M. Vauthier dans la fabrication des couteaux fermants, lui accorde une nouvelle médaille de bronze.

MÉDAILLES DE BRONZE.

M. LÜER, à Paris, rue de l'École-de-Médecine, 12.

Nous avons examiné avec l'attention qu'ils méritent les instruments de chirurgie de cet habile fabricant, et nous avons pu constater les soins avec lesquels ils sont exécutés ; la trempe, le poli et le tranchant en sont parfaits.

M. Lüer a apporté surtout une extrême délicatesse dans la fabrication des instruments destinés aux opérations qui se pratiquent sur les yeux ; et nous pouvons dire que M. Lüer est à la hauteur des bons fabricants en instruments de chirurgie.

Le jury décerne avec une vive satisfaction à M. Lüer, qui expose pour la première fois, la médaille de bronze.

M. BOURDEAUX aîné, à Montpellier (Hérault).

Cet habile coutelier travaille de la manière la plus intelligente, et exporte beaucoup à l'étranger, dans le Levant, l'Italie et l'Espagne. Ses instruments de chirurgie sont fort appréciés des premiers chirurgiens de Montpellier.

Les ateliers de M. Bourdeaux occupent environ trente-cinq ouvriers; il vend annuellement 200 à 300 grosses de rasoirs, et 2 à 3000 articles divers de coutellerie.

Le jury décerne à ce fabricant une nouvelle médaille de bronze.

M. NAVARON-DUMAS, à Thiers (Puy-de-Dôme).

Les rasoirs exposés par ce fabricant sont en acier fondu. Ceux cotés à 6 fr. 50 la douzaine ont surtout fixé l'attention du jury, qui a vu dans ce fait un progrès sensible. En effet, pour fournir à l'exportation cet article à bon marché, on employait des aciers tellement inférieurs en qualité que le rasoir devenait tout à fait impropre à l'usage auquel il était destiné. Ceux de M. Navaron sont à la vérité encore plus chers que les rasoirs dont nous parlons, mais en revanche leur qualité est infiniment supérieure.

Le jury se plaît à accorder la médaille de bronze à ces fabricants.

M. PRODON-POUZET, à Thiers (Puy-de-Dôme).

Les couteaux fermants sont la spécialité de M. Prodon-Pouzet. Les échantillons qu'il expose sont jugés d'une belle confection et se distinguent par l'élégance de leurs formes.

Ses produits jouissent dans le commerce d'une excellente renommée, et sa direction intelligente apporte chaque jour de nouveaux perfectionnements à son industrie.

Pour l'encourager encore davantage dans cette voie honorable, le jury s'empresse de lui décerner la médaille de bronze.

M. GUILLEMOT-LAGROLIÈRE, à Thiers (Puy-de-Dôme).

Cette maison est très-honorablement connue dans le commerce, et les produits qu'elle a envoyés à l'exposition n'ont fait que confirmer le mérite de sa réputation.

Les couteaux en acier ordinaire et les ciseaux de fer cémenté sont cotés à des prix fort modérés. Les rasoirs surtout sont bien fabriqués et d'une bonne trempe.

Le jury se plaît à accorder à M. Guillemot-Lagrolière la médaille de bronze.

MM. CHATELET jeune et fils, à Thiers (Puy-de-Dôme).

Les articles qu'ils ont exposés se composent d'une série de couteaux de formes variées, et de prix très-modiques.

C'est la première fois que M. Chatelet expose, et le jury lui décerne la médaille de bronze.

NOUVELLES MENTIONS HONORABLES.

M. LANNE, à Paris, rue du Temple, 42,

S'occupe spécialement de la fabrication des rasoirs, qu'il poursuit avec succès et intelligence. Parmi les échantillons exposés, le jury a remarqué avec satisfaction une boîte recouverte d'acier, renfermée dans un étui, et contenant deux bons rasoirs au prix de 2 fr. 25 c.

M. Lanne a obtenu une citation favorable en 1834, une mention honorable en 1839. Aujourd'hui le jury lui accorde une nouvelle mention honorable.

M. RENODIER, à Saint-Étienne (Loire).

M. Renodier a envoyé à l'exposition des couteaux fermants et des couteaux de table, des serrures et quelques objets de quincaillerie, qui se font généralement remarquer par leur confection simple et facile, et surtout par leur bas prix.

Ce fabricant a obtenu la mention honorable en 1834 et son rappel en 1839. Le jury lui accorde de nouveau la mention honorable.

M. DELACROIX, à Paris, passage Choiseul, 35.

M. Foubert, son prédécesseur, avait obtenu une citation favorable en 1834, et une mention honorable en 1839.

Le jury accorde une nouvelle mention honorable à M. Delacroix pour la bonne coutellerie qu'il a exposée.

RAPPEL DE MENTION HONORABLE.

M. CHEMELAT, à Paris, rue de la Vieille-Bouclerie, 5,

Expose des rasoirs en acier fondu français.

Le jury, reconnaissant la très-belle confection de ces produits. rappelle à M. Chemelat la mention honorable accordée en 1839.

MENTIONS HONORABLES.

M. DARAN, à Paris, rue Gît-le-Cœur, 4.

Les instruments de chirurgie fabriqués par M. Daran sont d'une bonne confection et lui méritent de la part du jury une mention honorable.

M. LARIVIÈRE aîné, à Nancy (Meurthe).

M. Larivière a exposé des sécateurs d'une confection raisonnée et dont les prix sont très-modérés. Ceux en acier raffiné, blanchis à la lime, valent de 2 fr. 50 à 3 fr., selon leur grandeur; ceux en acier fondu, très-bien poli, coûtent de 6 à 7 francs pièce.

Ses daviers élévatoires, destinés à l'extraction des dents, méritent également d'être cités.

Le jury décerne à M. Larivière, qui expose pour la première fois, la mention honorable.

M. TIXIER-GOYON, à Thiers (Puy-de-Dôme).

M. Tixier-Goyon a exposé une série de 221 modèles cotés à des prix très-réduits. Cette fabrique se fait remarquer par la grande variété de ses formes et l'assortiment complet qu'elle offre à la vente.

Le jury décerne à cette maison la mention honorable.

M. PICAULT, à Paris, rue Dauphine, 52.

M. Picault a exposé des couteaux qui sont taillés sur un côté comme une lime, et qu'il désigne sous la dénomination de couteaux à tranchants de scie.

Le jury ne pense pas que ce surplus de main-d'œuvre soit une amélioration réelle: néanmoins il reconnaît avec plaisir les efforts que ce fabricant fait pour perfectionner ses produits, et lui décerne la mention honorable.

M. HACHETTE (Louis-Auguste), à Rugles (Eure).

Le jury a remarqué entre autres objets de coutellerie bien fabriqués une lancette à ressorts pour saigner les chevaux. Cet instrument est d'une exécution convenable, et se vend à des prix modérés.

Le jury accorde la mention honorable à M. Hachette.

M. André BEAUJEU, à Château-Gaillard, près Thiers (Puy-de-Dôme).

Ses rasoirs sont bien faits, d'une bonne trempe et sans défauts.

Le jury accorde à M. Beaujeu la mention honorable.

M. MARMUSE, à Paris, rue du Bac, 28,

A exposé un assortiment de coutellerie qui a le mérite d'une belle confection jointe à des prix modérés.

Le jury accorde la mention honorable à M. Marmuse, qui avait obtenu deux citations favorables en 1834 et 1839.

RAPPELS DE CITATIONS FAVORABLES.

M. MORIZE, à Paris, rue Saint-Antoine, 13.

Le jury rappelle à M. Morize la citation favorable déjà obtenue en 1834, et qu'il mérite encore davantage.

M. BAUDY, à Paris, rue du Faubourg-Saint-Martin, 26.

Le jury lui rappelle la citation favorable accordée en 1839 pour sa serpette sécateur.

MM. MANŒUVRIER père et fils, à Limoges (Haute-Vienne).

Le jury rappelle en faveur de ces fabricants la citation favorable qu'il a accordée, en 1839, à M. Manœuvrier aîné.

CITATIONS FAVORABLES.

M. SANDOZ, à Paris, place Dauphine, 1.

M. Sandoz a présenté un nouveau scarificateur

qu'il a exécuté d'après les conseils du docteur Blatin. Cet instrument nous a paru plus léger, plus simple et plus facile à nettoyer que les scarificateurs allemands dont on se sert habituellement. Cet instrument, sur lequel les sociétés savantes auxquelles il a été soumis n'ont pas encore fait de rapport. a besoin de l'expérience pour sanctionner ces avantages.

Le jury accorde à M. Sandoz une citation favorable.

M. PETIT, à Nontron (Dordogne),

A produit des couteaux dits *de Nontron.* Cet article, quoique de modeste apparence, est bien exécuté.

Le jury accorde à M. Petit une citation favorable.

M. MANŒUVRIER jeune, à Limoges (Haute-Vienne).

Ce fabricant a exposé une série de rasoirs qui se recommandent par leur belle fabrication et leurs prix modérés.

Le jury lui vote la citation favorable.

MM. CHAVANNE, DESCOS et Cie, à Saint-Étienne (Loire).

Le jury accorde une citation favorable à ces fabricants pour leurs couteaux fermants qui sont cotés à des prix fort réduits.

MM. VERCHÈRE et ARTHAUD, à Thiers (Puy-de-Dôme).

Le jury accorde une citation favorable à ces fabricants pour les ciseaux en fonte qu'ils ont exposés.

M. MAYET, à Paris, place Maubert, 1.

Le jury accorde une citation favorable à ce fabricant pour les rasoirs qu'il a exposés.

M. ALLARD, à Paris, rue des Deux-Portes-Saint-Sauveur, 27.

Les couteaux tranchets de M. Allard sont en acier fondu et d'une belle fabrication.
Le jury lui accorde la citation favorable.

M. STOLTZ, à Paris, rue du Faubourg-Saint-Denis, 58.

Le jury lui accorde une citation favorable pour ses ciseaux de tailleur.

M. MAYOUT (Pierre), à Limoges (Haute-Vienne).

Le jury cite favorablement le tranchet mécanique pour redresser les souliers, exposé par ce fabricant.

LE MAIRE de Saint-Jean-du-Marché (Vosges), au nom de ses compatriotes.

Le jury accorde une citation favorable aux habitants de la commune de Saint-Jean-du-Marché qui ont exposé des couteaux de leur fabrication, à un prix très-modéré.

SECTION VI.

SERRURERIE, QUINCAILLERIE, ETC.

M. Amédée-Durand, rapporteur.

§ 1. MOYENS DE FERMETURES, CRÉMONES, ESPAGNOLETTES.

Considérations générales.

Les espagnolettes ont quelques inconvénients auxquels on a cherché à remédier en important le genre de fermeture connu sous le nom de *crémone* et en le variant à l'infini, tantôt par un retour vers les types primitifs qui se trouvaient particulièrement en Belgique et en Italie, et même chez nous, tantôt en y appliquant toutes les variétés de transmissions de mouvement que la mécanique emploie. Par un autre genre de combinaisons encore, on a marié la crémone à l'espagnolette, soit en appliquant chacun de ses éléments à chacune des extrémités d'une fenêtre, soit en faisant mouvoir l'espagnolette par un genre de bascule qui semblait devoir lui rester étranger, soit enfin en faisant une poignée qui se place pour tenir l'espagnolette fermée, comme elle se plaçait pour la tenir ouverte. Beaucoup d'efforts ont été faits : de bons résultats ont été obtenus.

Ainsi, presque tous les fabricants se sont préoccupés de corriger le gauchissement des fenêtres
par des moyens de rappel ; d'autres encore ont
pensé que, pour que le poids d'un châssis vitré ne
faussât pas ses équerres, la crémone devait, en
le fermant, le suspendre à la traverse supérieure
du bâti. Par suite de tous ces travaux, beaucoup
de prétentions se croisent pour la possession
d'inventions plus ou moins réelles. Le jury tiendra compte de cette circonstance dans ses appréciations, en les rendant les plus brèves possible.

Les espagnolettes présentaient une facilité dont
les crémones ordinaires sont dépourvues, c'est celle
de maintenir une fenêtre entrebâillée au moyen
de sa poignée, engagée seulement par son bouton dans son crochet, et de permettre ainsi à l'air
de pénétrer dans un appartement. L'un des exposants a procuré cet avantage à sa crémone, et
il en sera fait mention. Un autre s'est placé en
dehors des crémones et des espagnolettes, il a
créé un système de fermeture tout à la fois simple, commode, élégant et nouveau ; qui d'ailleurs
a l'avantage de pouvoir s'adapter aux portes dont
l'ouverture dépend du tirage d'une corde, quels
que soient la grandeur et le poids de ces portes.

MÉDAILLE DE BRONZE.

M. CONTAMINE, à Paris, rue Geoffroy-l'Asnier, 18.

Les fermetures de fenêtres exposées par M. Contamine, se sont fait remarquer par le goût de leurs ornements et le fini parfait de leur ciselure. Le mécanisme en est simple et solide. Une bascule agissant dans un plan vertical, et devant imprimer un mouvement de rotation à une espagnolette, appelait directement l'emploi de deux segments de roue d'angle; aussi est-ce là le mécanisme employé par M. Contamine, pour produire un moyen de fermeture d'une élégance très-remarquable et d'une certitude complète. Ce fabricant est de ceux dont les produits sont en même temps des préceptes. Ciseleur habile et constructeur entendu, c'est à ses seules ressources qu'il demande ce qu'il expose. A ce qui vient d'être cité il convient d'ajouter la mention d'une fabrication de râpes pour la sculpture sur marbre, et le témoignage dû à la bonne forme et à la qualité de ces outils.

Le jury décerne à M. Contamine une médaille de bronze.

MENTION POUR ORDRE.

M. FÉRAGUS, à Paris, rue de Bréda, 27.

M. Féragus, dont les travaux en crémones remontent à l'origine de l'emploi de ce genre de fermeture, ne peut être cité ici que pour mémoire et comme témoignage de la qualité soutenue de ses produits, ses grands travaux de construction en fer devant être le sujet d'un autre rapport.

MENTIONS HONORABLES.

M. JACQUOT, à Paris, rue Saint-Roch-Poissonnière, 14.

Le mode de fermeture qu'a exposé M. Jacquot, repose sur une idée nouvelle. Si on suppose un pignon armé d'un très-petit nombre de dents, cinq par exemple, et qui éprouve, sans tourner sur lui-même, un mouvement de translation dans un plan parallèle à son axe; si dans ce mouvement une de ses dents, placée dans un plan inférieur à cet axe, vient à rencontrer l'un des fuseaux d'une lanterne fixe, le mouvement du pignon autour de son axe aura lieu, et la dent immédiatement supérieure viendra s'engager dans ce fuseau. Si le pignon vient à être fixé dans cette position, tout retour vers sa station première est impossible, parce qu'il y a accrochement. Mais si l'obstacle au mouvement rétrograde de révolution vient à cesser, aussitôt le pignon, en tournant sur lui-même, se dégagera et redeviendra libre comme avant. C'est ce système qu'a réalisé M. Jacquot. Un bec à deux dents, dont l'une conduit à l'autre, accroche, s'engage dans une forte broche fixée dans le dormant de la fenêtre. Au moment où cette fermeture s'accomplit, un linguet pénètre dans la pièce engagée et s'oppose à tout mouvement rétrograde; par ce moyen on ferme une fenêtre avec la plus grande facilité, et uniquement en la poussant. Veut-on l'ouvrir, un léger mouvement de rotation, un quart de tour au plus, est imprimé à un bouton, et la croisée est ouverte.

Plusieurs avantages résultent de ce mode de fermeture : d'abord une facilité très-grande de manœuvre, ensuite la possibilité de fermer successivement le haut et le bas d'un châssis gauche, puis enfin de se prêter mieux à la décoration, puisqu'il suffit d'un simple bouton tournant, et qu'aucune partie frottant extérieurement, ne présente, comme dans les crémones, des places dépouillées de leur peinture.

Ce genre de fermeture, qui est d'une grande solidité, peut s'appliquer aux portes-cochères et y remplacer, avec une grande économie, les espagnolettes, forcément d'un prix élevé.

Le jury regrette que le mode de fermeture de M. Jacquot n'ait pas pour lui la sanction d'une longue expérience ; il se bornera, par cette considération, à le mentionner honorablement.

M. CHARBONNIER, à Paris, rue des Francs-Bourgeois, 6, au Marais.

Les crémones de cet exposant s'ouvrent et se ferment par l'emploi d'un bouton tournant qui décrit une demi-révolution. La construction en est simple, solide ; les organes qui en constituent le mouvement sont d'un petit volume. Un bouton de manivelle se meut dans une fente horizontale pratiquée dans une petite pièce circulaire rapportée sur la crémone même. Les deux points morts qu'atteint dans son jeu ce bouton de manivelle, produisent les deux états d'ouverture et de fermeture de la fenêtre.

Une particularité de cette crémone est qu'elle donne le moyen de maintenir la fenêtre entre-baillée pour la circulation de l'air.

Une mention honorable est décernée à M. Charbonnier.

M. DECHANY, à Paris, rue Pierre-Levée, 15.

Les crémones de M. Dechany sont disposées particulièrement pour rapprocher les croisées qui seraient déjetées à leur partie supérieure; l'ensemble des variétés de ferrures de ce genre, exposées par ce fabricant, est d'une bonne exécution, qui est attestée par le débit qu'il leur procure.

Le jury le juge digne de la mention honorable.

CITATION FAVORABLE.

M. CUDRUE, à Paris, rue du Faubourg-du-Temple, 56.

La grande simplicité et le bon marché de quelques-uns des modèles de crémones de M. Cudrue, méritent à cet exposant une citation favorable.

---

§ 2. MEUBLES EN FER.

Considérations générales.

La fabrication des meubles en fer prend chaque jour un développement plus étendu, soit par le nombre, soit par la variété de ses produits, soit par leur constitution. Ainsi, les uns n'admettent que du fer plein, d'autres présentent une combinaison de fer plein et de fer creux, d'autres admettent en proportion notable la fonte de fer et même le cuivre. L'ornementation varie à l'infini et a une fâcheuse tendance à l'imitation du bois, qui a des propriétés spéciales qui ne peuvent appartenir aux métaux, et dont ils ambitionneraient vainement l'aspect et le toucher. Quant aux applications de cette industrie, il semblerait qu'aucun genre de meubles ne doit lui rester étranger : lits, siéges de toute espèce, tables, guéridons, étagères, bureaux, bibliothèques, berceaux, tables de nuit, vases de décoration, lavabos, consoles, il n'est rien que nos fabricants n'entreprennent. L'exportation offre des débouchés notables à cette production, dont les résultats conviennent parfaitement aux pays chauds, qui exposent l'ébénisterie à des accidents nombreux, sans parler de la guerre que lui font les insectes dans les régions tropicales. Un avantage particulier attaché aux lits en fer employés dans les maisons particu-

lières est la facilité de leur démontage et de leur
transport. A cet égard, nos fabricants ont montré
une fécondité et une intelligence très-dignes d'é-
loges. C'est une chose très-curieuse que cette variété de combinaisons au moyen desquelles un lit
se démonte, se replie sur lui-même, pour entrer
dans un étui à peine comparable, pour le volume, à une valise. Nul doute que la fabrication
de ces objets, qui généralement sont d'une solidité suffisante, ne prenne un grand développement et ne satisfasse à des conditions difficiles
à rencontrer dans les mêmes meubles en bois
quand ils sont d'un prix peu élevé.

RAPPEL DE MÉDAILLE D'ARGENT.

M. HURET, à Paris, boulevart des Italiens, 2.

Parmi les lits qu'expose M. Huret, et qui de
25 fr. s'élèvent jusqu'aux prix qui appartiennent
au luxe, il en est un, entre les plus modestes, qui
est d'une simplicité d'exécution fort remarquable,
ainsi que d'une grande facilité de placement quand
il est plié. La combinaison en est telle que les deux
chevets se repliant sur lui-même il se trouve stric-
tement réduit à la longueur de la couchette. Tous
ces lits jouissent de la faculté d'être allongés ou ac-
courcis de 10 centimètres, pour s'accommoder à
toutes les convenances. Des berceaux à filets qui,
pliés sur eux-mêmes, sont contenus dans une boîte
qui n'a pas plus de 0^m,08 d'épaisseur, sont en même

temps d'une élégance remarquable. M. Huret, l'un des plus anciens et des plus habiles constructeurs de serrures à combinaisons, a appliqué presque exclusivement sa capacité éprouvée, à la construction de meubles variés en fer, dont le bon aspect et les dispositions intelligentes ont attiré l'attention du public.

Le jury rappelle à M. Huret la médaille d'argent que ses serrures lui avaient méritée, et qui a été constamment rappelée depuis 1819.

NOUVELLE MÉDAILLE DE BRONZE.

M. BAINÉE, à Paris, rue des Boulangers, 22.

Le plus ancien des constructeurs de lits en fer, M. Bainée, se maintient toujours à la tête de cette industrie, par une exécution consciencieuse et raisonnée. Nulle part dans ses produits on ne trouve le fabricant spéculateur ; mais partout on rencontre le mécanicien familier avec les bonnes combinaisons. Ses modes d'assemblages lui sont particuliers et peuvent être cités comme des modèles. M. Bainée ne s'est pas contenté de fournir d'excellents produits, il a donné un bon exemple, en prouvant par la prospérité de son entreprise que la fortune ne fuit pas l'homme honnête et intelligent qui ne la poursuit que par des moyens honorables. L'atelier de M. Bainée, qui renferme aujourd'hui 40 ouvriers et une machine à vapeur de 4 chevaux, ne fut animé dans ses premiers jours que par les seuls bras de son maître, qui doit trouver dans ce rapprochement son premier titre à une juste considération.

Deux cisailles d'un grand modèle, d'une bonne exécution, et d'un service éprouvé depuis longues années dans les établissements de quincaillerie, font aussi partie de l'exposition de M. Bainée.

Le jury se plaît à lui décerner une nouvelle médaille de bronze.

MÉDAILLES DE BRONZE.

M. LÉONARD, à Paris, rue des Trois-Couronnes, 30.

M. Léonard a exposé des meubles en fer de genres très-variés; dont beaucoup, tels que guéridons, tables, jardinières, étagères, chaises, sont principalement construits en tôle avec une remarquable habileté. Leurs formes se rapprochent beaucoup de celles qu'on donnait aux meubles de ce genre, il y a un siècle. L'emploi du fer pour leur construction serait un contre-sens, si ces meubles n'étaient destinés à être exportés dans les Antilles, où les insectes détruisent les produits de notre ébénisterie. Cette partie n'est qu'un accessoire dans les grandes entreprises que fait M. Léonard. Son atelier, qui contient plus de 100 ouvriers et qu'anime une machine à vapeur de 20 chevaux, est particulièrement employé aux grandes fournitures de lits, soit pour les hôpitaux, soit pour le casernement. Une telle entreprise, conduite avec activité et intelligence, constitue une ressource importante par le travail qu'elle procure à de simples manœuvres, et par la consommation de matières premières qu'elle emploie à la confection de produits dont une partie considérable s'écoule par l'exportation. L'établissement de M. Léonard étant d'une date encore récente, le jury se contente de lui accorder la médaille de bronze.

M. GESLIN, à Paris, rue Basse-du-Rempart, 36.

M. Geslin est l'un des plus anciens et des plus ingénieux fabricants de meubles en fer. On remarquait parmi les objets qu'il avait exposés un fauteuil, dit à balançoire, parfaitement approprié de forme à sa destination et à l'emploi de la matière, le fer, qui le compose ; un autre fauteuil se transformant graduellement en lit, et dans cet état recevant une enveloppe suspendue et formant tente imperméable à la pluie. Ces deux objets pesant 10 kilogrammes sont, ensemble, du prix de 50 fr. On remarquait en outre un lit dans lequel une toile, dite treillis, repliée sur elle-même etait tendue par un moyen mécanique simple et puissant, de manière à tenir lieu tout à la fois de sangle et de sommier. Divers autres objets qui figuraient à l'exposition, attestent l'esprit ingénieux de M. Geslin et son entente de la bonne fabrication.

Le jury lui accorde une médaille de bronze.

M. TRAVERS fils, à Paris, rue du Faubourg Poissonnière, 122.

M. Travers fils a exposé quatre modèles en petit de serres-chaudes, orangerie et galerie. L'emploi du fer, substitué au bois, dans les constructions de ce genre, est un sujet d'études digne, par son importance, d'attirer l'attention des constructeurs. De grands progrès ont été opérés dans ce genre, d'autres se font encore désirer ; c'est d'hommes expérimentés, comme l'est M. Travers fils, et disposant comme lui de puissants moyens d'exécution, qu'on doit les attendre.

Le jury lui accorde la médaille de bronze.

MENTIONS HONORABLES.

M. BATAILLE, à Paris, rue de la Pépinière, 74.

Les meubles en fer qu'a exposés M. Bataille, appartiennent à cette bonne fabrication qui a toujours distingué son établissement, l'un des plus anciens en ce genre. On a remarqué une armoire ayant des tiroirs comme une commode, et à sa partie supérieure des rayons comme une bibliothèque. Ce meuble à double paroi est construit dans l'intention de préserver les objets qu'il renferme des atteintes du feu. Ce but serait d'autant mieux atteint qu'on aurait mieux ménagé par le haut et par le bas des ouvertures qui permissent le renouvellement de l'air. D'autres meubles, très-variés de formes et d'ornements, ont attiré l'attention du public.

Le jury décerne à M. Bataille une mention honorable.

M. DUPONT, à Paris, rue Neuve-St.-Augustin, 3.

Les lits qu'a exposés M. Dupont ont été considérés comme le résultat d'une fabrication qui, par son étendue, méritait d'être mentionnée. Le jury a remarqué différents petits meubles qui sont d'un aspect agréable.

Le jury accorde à M. Dupont une mention honorable.

M. LAMBERT, à Paris, rue du Buisson-Saint-Louis, **16.**

Parmi les objets exposés par M. Lambert on remarquait un châssis sanglé en feuillard, ou fer mince, dont chaque bande s'agraffait à un ressort roulé en spirale et fixé au corps du lit. Un pareil fond de lit jouit d'une élasticité et d'une solidité convenables. En outre ce coucher se transforme facilement en divan.

Le jury accorde une mention honorable à M. Lambert.

CITATIONS FAVORABLES.

M. BISSON, à Paris, rue du Faubourg-Saint-Martin, **45.**

Le modèle de chambranle de lucarne en fonte qu'a exposé M. Bisson, réalise une idée utile qui mérite d'être citée favorablement.

M. LEMOITRE, à Paris, rue de la Planche, **9.**

M. Lemoitre a exposé des lits en fer d'une bonne exécution, ainsi que des siéges dont le fond est en feuillard mince.

Ces objets sont cités favorablement.

---

§ 3. SERRURERIE ET QUINCAILLERIE PROPREMENT DITE.

MÉDAILLE D'ARGENT.

MM. BRICARD et GAUTHIER aîné, à Paris, rue Pavée-Saint-Sauveur, 3.

La maison Bricard et Gauthier aîné jouit de la juste considération qui s'attache à une fabrication considérable et dirigée avec une intelligence qui se tient à la hauteur de tous les progrès des constructions mécaniques. Ainsi on remarque dans ses produits en serrurerie, des pièces qui ont éprouvé d'importants perfectionnements. Sous cette habile direction, la fabrication de Picardie a éprouvé de grandes améliorations; les pièces découpées en fer doux qui lui sont livrées sont très-bien étudiées dans leurs divisions; les moyens d'opérer, qui consistent dans l'emploi, soit du découpoir, soit de la machine à raboter, soit de la filière au banc, ont eu pour résultat de livrer à la consommation, outre beaucoup d'objets divers, des serrures de bâtiment et même de précision, qui, à de nombreux perfectionnements d'ensemble et de détail, joignent l'avantage d'une réduction très-notable sur les prix, depuis la dernière exposition.

Le jury se plaît à rendre justice aux efforts et à reconnaître les progrès nouveaux de cette maison, en lui décernant une médaille d'argent.

MÉDAILLES DE BRONZE.

M. BOUTTÉ, à Paris, rue Saint-Honoré, 290.

L'ensemble des articles de quincaillerie exposés

par M. Boutté atteste une bonne et grande fabrication. La série des objets en cuivre et en bronze établis pour les besoins de la marine est très-nombreuse et d'une exécution fort recommandable. L'importance de ces articles, les fournitures qui ont été faites, pour des services publics, par suite d'adjudications, assignent à la maison Boutté un rang distingué dans l'industrie.

Le jury s'empresse de lui décerner la médaille de bronze.

M. BOULANGER fils, à Paris, quai Jemmapes, 160.

M. Boulanger fils est un très-habile forgeron qui s'est donné pour tâche d'imiter les ferrures des XIᵉ et XIIᵉ siècles, que l'opinion vulgaire regardait comme des œuvres d'une reproduction presque impossible. Il est parvenu à son but par l'emploi du moyen connu des étampes et des soudures à chaude portée, mises en œuvre avec une intelligence très-remarquable. Un mérite, qui n'est pas le moindre dans ce genre de travail, c'est qu'il s'obtient à des prix qui permettent de le rendre usuel, circonstance qui n'est pas sans intérêt, maintenant que le goût régnant est un retour vers les choses du moyen-âge.

Le jury, en considération de l'exemple donné par M. Boulanger fils, lui accorde une médaille de bronze.

MENTIONS HONORABLES.

M. BOURNET, à Fontainebleau (Seine-et-Marne).

Les deux serrures à bec de canne et à bouton double, qu'a exposées M. Bournet, présentent des dispositions nouvelles et avantageuses. Toute serrure de ce genre nécessitait que deux trous fussent percés dans la porte qui la recevait. D'après le système de M. Bournet il n'en faut plus qu'un, et c'est celui du bouton, parce qu'en même temps il sert par sa tige de canon pour l'introduction de la clef. Une autre propriété de ce genre de serrure, c'est qu'il peut se fermer à l'intérieur sans avoir recours à la clef.

Le jury accorde à M. Bournet la mention honorable.

M. CHAPON, à Paris, rue Saint-Maur, 88,

A exposé une assez grande quantité de serrures de genres variés, et attestant toutes une bonne fabrication.

Le jury se plaît à reconnaître ce mérite en décernant à M. Chapon la mention honorable.

M. SERRE, serrurier-mécanicien, à Saint-Mihiel (Meuse),

Continue avec un soin soutenu la fabrication des crics, qui, en 1839, lui valut une citation favorable.

A l'envoi de ce genre de produits il a joint des serrures, du système de Schubb, dans lesquelles il a introduit un changemen. qui repose sur l'idée qu'avait si heureusement appliquée M. Robin, de Rochefort, lors de la dernière exposition. Ce système de serrure offre pour moyen de sûreté, de changer l'ordre dans lequel se trouvent les gorges, et de donner les moyens de mettre le panneton de la clef en rapport avec cette disposition nouvelle. A cet effet, la clef se compose d'éléments mobiles, dont chacun répond aux dimensions de l'une des gorges, et on fait correspondre l'ordre dans lequel se placent ces différents éléments avec celui qui a été assigné aux gorges.

Le jury accorde à M. Serre la mention honorable.

M. SOISSON, serrurier, à Paris, rue de Lille, 20.

Les serrures à soupape de M. Soisson offrent des garanties sérieuses contre l'introduction dans les serrures, de tout agent ayant pour objet d'en étudier la construction. C'est une difficulté ajoutée à toutes celles que les recherches des serruriers ont eu pour objet d'opposer aux tentatives des voleurs.

Le jury accorde à M. Soisson la mention honorable.

M. PIERROT-GRISARD, à Mouzon (Ardennes).

Les produits en ferronnerie exposés par M. Pierrot-Grisard, consistent en pelles et pincettes en fer guilloché et poli. Cette fabrication est de celles qui n'ont de valeur que par leur ensemble, et le jury départemental l'a trouvée fort intéressante, par les services qu'elle rend aux populations des Ardennes.

Le jury accorde à M. Pierrot-Grisard la mention honorable.

M. VALLET, à Paris, rue Fontaine-au-Roi, 4.

La fabrication des cadenas, à laquelle se livre M. Vallet, a été vue avec intérêt. Indépendamment du mérite relatif d'une bonne exécution, on y rencontre un bon marché très-remarquable : ainsi il y a tels de ces articles qui se livrent à moins de 16 centimes la pièce.

Le jury accorde à M. Vallet une mention honorable.

M. JUGIER, à Paris, rue Saint-Nicolas-Saint-Antoine, 20.

Les serrures pour meubles que fabrique M. Jugier sont d'une exécution très-satisfaisante pour ce genre d'article, qui trouve à Paris de si grands débouchés, et en même temps une si active concurrence.

Le mérite que présente cette fabrication est récompensé par la mention honorable.

M. CAMION-PIERRON, à Vrignes-aux-Bois, près Sédan (Ardennes).

Les charnières et fiches à vases de M. Camion-Pierron sont d'une bonne exécution. On y a remarqué que les parties sur lesquelles s'exerce le frottement dû aux poids des portes, présentent des surfaces plus étendues et, par conséquent, plus résistantes qu'autrefois, sans que la lame ait cessé d'être mince, ainsi qu'il convient pour pénétrer dans le bois. La brasure employée pour fixer les vases constitue un perfectionnement qui se faisait désirer.

Le jury se plaît à mentionner honorablement cette fabrication.

MM. JACQUEMIN frères et BAUD, à Morez (Jura).

Les produits modestes de ces utiles fabricants reçoivent un intérêt particulier des circonstances au milieu desquelles ils sont obtenus. Des mètres pliants en cuivre, des calibres et des montures de lunettes, généralement d'une exécution très-ordinaire, résultent du travail de pauvres populations que les neiges retiennent une partie de l'année sous leurs habitations. Ces objets trouvent en grande partie leur placement à l'étranger. Tous les intérêts se réunissent donc pour que le jury témoigne à MM. Jacquemin frères et Baud sa satisfaction en leur décernant une mention honorable.

CITATIONS FAVORABLES.

MM. PIGNÉ et PIGACHE, à Paris, rue Saint-Denis, 93.

Les trois cylindres en acier destinés à recevoir des dessins et ornements qu'ont exposés ces fabricants ont paru d'une exécution digne d'être citée favorablement.

M. RENARD, à Paris, rue Sainte-Avoye, 58.

La collection de petites serrures qu'a exposée ce fabricant et dont la destination est la gaînerie, a été jugée digne d'être citée favorablement, tant sous le rapport d'une bonne exécution que sous celui de l'ajustement des différentes parties qui composent chacun de ces articles.

M. TOURNEUX, à Vendôme (Loir-et-Cher),

A exposé une serrure qu'il appelle serrure à double pène en tous sens, dont le caractère principal consiste dans la propriété de se placer soit à droite soit à gauche, par la transposition de plusieurs des pièces qui la composent. L'idée réalisée par cette disposition n'est pas nouvelle; mais l'ajustement général de la serrure est bien entendu.

M. MARTIN, à Rochefort (Charente-Inférieure).

L'idée d'une serrure symétrique pouvant s'adapter à toutes les portes, en quelque sens qu'elles s'ouvrent, a reçu bien des réalisations dans ces derniers temps, celle qu'a exposée M. Martin est bien entendue et mérite d'être citée favorablement dans le rapport du jury.

M. PREVOST fils, à Vervins (Aisne).

La serrure exposée par M. Prevost est à bec de canne et pène dormant, la transposition de ces deux éléments permet de poser cette serrure, soit à droite, soit à gauche, suivant le besoin. Cet ajustement, sans être nouveau, quant au fond, a reçu, dans le cas présent, une bonne disposition.

---

§ 4. MOULURES EN CUIVRE.

MÉDAILLE D'ARGENT.

M. LACARRIÈRE, à Paris, rue Sainte-Élisabeth, 3 *bis*.

Ce fabricant a exposé des produits très-variés appartenant tous à une industrie peu ancienne, et qui s'est proposé de satisfaire à toutes les convenances d'installation des boutiques et magasins. Ainsi l'exposition de M. Lacarrière se composait, entre autres choses, de moulures en cuivre pour devantures de boutiques, de petits appareils d'étalage pour toute espèce d'objets, comme lingerie, chapellerie, bijouterie, horlogerie, etc., de lustres à gaz composés de cuivre et de fonte de fer dorée, admettant toutes les dispositions du plus grand luxe. On y remarquait un calorifère en forme de vasque de forme très-élégante, des feux, des candelabres, des conduits à gaz apparents, ainsi qu'ils sont prescrits actuellement, et disposés pour former ornements sur les plafonds.

M. Lacarrière, créateur de son établissement qui peut entretenir près de 100 ouvriers, l'est aussi de sa fortune. Ses travaux embrassent, en outre, des produits mentionnés plus haut, des objets d'une fabrication plus précise et plus élevée, parmi lesquels nous citerons un robinet à gaz adopté par la préfecture de police, et qui a l'avantage de maintenir distincts et indépendants les droits des usines à gaz et ceux des particuliers.

Le jury félicite M. Lacarrière sur les développements nouveaux qu'il a donnés à son établissement et lui décerne une médaille d'argent.

RAPPEL DE MÉDAILLE DE BRONZE.

M. GRONDARD, à Paris, rue Jean-Robert, 17.

Sa fabrication de tubes et moulures en cuivre, qui, dès 1834, fut l'objet d'une médaille de bronze, continue à tenir honorablement le rang qu'elle s'était fait. Le nom de M. Grondard dès longtemps estimé dans l'industrie, se trouvera rappelé à l'occasion de la construction d'engins puissants dont il est chargé. Le jury se plaît à reconnaître que la maison Grondard soutient honorablement son ancienne réputation et se montre toujours digne de la médaille de bronze qui lui fut décernée.

MÉDAILLE DE BRONZE.

M. BECQUET, à Paris, rue Dupetit-Thouars, 23, au Marais.

La fabrication de M. Becquet se recommande non-seulement par la qualité de ses produits, mais par l'intelligence très-particulière qui la dirige. Les preuves s'en trouvent dans cette variété d'objets nouveaux qui s'appliquent, soit aux convenances des magasins élégants, soit aux commodités de la vie. Ainsi, en dehors des moulures très-variées et des tubes en cuivre qui sont de fabrication courante ; le jury a distingué un porte-livre qui fixe convenablement les feuillets et s'adapte parfaitement à une baignoire ; des siéges en tubes de cuivre d'une solidité éprouvée et qui se renferment dans une canne de volume ordinaire, des charnières à nœuds perdus pour les parties ouvrantes des rampes ou mains courantes ; un tablier de cheminée dans lequel les contre-poids, si sujets à se déranger, sont supprimés et remplacés par un simple frottement faisant équilibre au poids des trappes ; des châssis de montres, à tirage d'une entente remarquable et beaucoup d'autres objets qui recommandent très-hautement l'atelier de cet exposant. Le jury s'empresse de décerner à M. Becquet une médaille de bronze.

TABLE DES MATIÈRES.

PREMIÈRE COMMISSION.

TISSUS.

PREMIÈRE PARTIE.

LAINES ET LAINAGES.

DEUXIÈME PARTIE.

SOIES ET SOIERIES.

TROISIÈME PARTIE.

FILS ET TISSUS DE COTON.

QUATRIÈME PARTIE.

CINQUIÈME PARTIE.

SIXIÈME PARTIE.

TISSUS DIVERS.

DEUXIÈME COMMISSION.

MÉTAUX ET AUTRES SUBSTANCES MINÉRALES.

FIN DE LA TABLE DU PREMIER VOLUME.

(Voyez l'*Errata* général, à la fin du troisième volume.)